DEUTSCHE DEMOKRATISCHE REPUBLIK
DEUTSCHE AKADEMIE DER LANDWIRTSCHAFTSWISSENSCHAFTEN ZU BERLIN
INSTITUT FÜR LANDWIRTSCHAFTLICHE INFORMATION UND DOKUMENTATION

Landwirtschaftliches Zentralblatt

ABTEILUNG II

PFLANZLICHE PRODUKTION

8. JAHRGANG
1963

AKADEMIE-VERLAG · BERLIN

LZ. II PFLANZLICHE PRODUKTION · JG. 1963 · NR. 9 · SEITE 2285—2580 · BERLIN · SEPTEMBER 1963

LANDWIRTSCHAFTLICHES ZENTRALBLATT

ABTEILUNG PFLANZLICHE PRODUKTION

INHALTSVERZEICHNIS

Bibliographische Angaben von Büchern und Dissertationen am Schluß eines jeden Kapitels

NAMENVERZEICHNIS

Seitenzahl in [Klammern] bedeutet Bibliographie, mit Stern * bedeutet Buchbesprechung

LANDWIRTSCHAFTLICHES ZENTRALBLATT
ABTEILUNG PFLANZLICHE PRODUKTION

1963 NR. 9 SEPTEMBER

I. ALLGEMEINES

B. Biographien, Persönliches und Nachrufe

Linder, A. **Nachruf für Sir Ronald Fisher.** Metrika [Würzburg] **5** (1962) Nr. 3. S. 141–144.

R. A. Fisher starb am 29. Juli 1962 im Alter von 72 Jahren. Er hat sich große Verdienste erworben bei der Einführung mathematisch-statistischer Methoden in alle Zweige der experimentellen Forschung. Seine Untersuchungen begannen in der landwirtsch. Versuchsanstalt in Rothamsted. Später war er Professor für Genetik in Cambridge. Alle seine Arbeiten dienten der praktischen Anwendung. Seine grundlegenden Beiträge zur Statistik sind zusammengefaßt in seinem Buch „Statistical methods for research workers", das 1925 zum ersten Male erschien und seither wiederholt überarbeitet und erweitert wurde. G. Reißig. 50.

Lindenbein, W. **Jules de Seynes, 1863, und die Definition der Keimung.** Saatgut-Wirtsch. **15** (1963) Nr. 1. S. 9–12. – 16 Lit.

Vor 100 Jahren erschien in Paris die Schrift von Jules de Seynes: „De la germination". In dieser kaum noch bekannten Veröffentlichung wird eine Begriffsbestimmung für die Keimung gegeben. Von Linné (1751), Bischoff (1833) und Nobbe (1876) wird die Keimung als die Zeit der Entfaltung der Pflanze definiert. Andere Autoren, z. B. De Candolle-Roeper (1833) und Gaertner (1788), sehen in der Keimung den Zeitpunkt, in dem der Embryo in das Wachstumsstadium eintritt. Jules de Seynes geht in dieser Gruppe der phänomenalen Definitionen einen Schritt weiter und definiert die Keimung als „die Serie von Phänomenen, welche den Embryo veranlassen, sich zu vergrößern, seine Teile zu entwickeln, um eine Pflanze entstehen zu lassen, die fähig ist, zu leben und sich selbst zu genügen". Damit fand er, seiner Zeit vorauseilend, eine Formulierung, die inhaltlich auffallende Ähnlichkeit mit der 1959 angenommenen Formulierung der Internationalen Vereinigung für Samenkontrolle hat. C. Tittel. 50.

Musabekov, Jusuf Sulejmanovič. **Justus Libich 1803–1873.** (Justus Liebig). Moskva: Izd. Akad. nauk SSSR. 1962. (213 S.) 8°. (1962 A 1206)

C. Ausstellungen, Tagungen, Mitteilungen aus den Instituten

Anonym. Second meeting of the Scandinavian Association of Geneticists at Ås and Oslo, Norway, August 1st to 3rd, 1962. **(Zweites Treffen der Skandinavischen Genetikervereinigung in Ås und Oslo, Norwegen, 1. bis 3. August 1962.)** Hereditas [Lund] **48** (1962) Nr. 3. S. 539–544.

Auf der 2. Tagung der Vereinigung skandinavischer Genetiker in Ås und Oslo wurden 13 Vorträge gehalten, die sowohl Probleme der angewandten Tier- und Pflanzenzüchtung behandelten als auch Probleme der Grundlagenforschung betrafen. Fragen der Vererbung quantitativer Eigenschaften wurden in 4 Vorträgen untersucht. In 4 weiteren Vorträgen wurden Probleme der

Drosophila-Genetik erörtert. Die Polyploidie stand bei 5 Vorträgen zur Debatte, wobei ihre Bedeutung für die Tier- und Pflanzenwelt behandelt wurde.
K. Schulz. 100.

Vortragstagungen 1961/1962. Institut für Landwirtschaftliches Versuchs- und Untersuchungswesen Rostock der Deutschen Akademie der Landwirtschaftswissenschaften zu Berlin. Berlin: Deutsche Akademie der Landwirtschaftswissenschaften zu Berlin. 1962. (228 S. m. 108 Abb., 42 Tab. u. Literaturverz.) 8°. Im 1. Teil wird das Inst. beschrieben, und es werden Berichte der einzelnen Abt. über ihre Tätigkeit gegeben, über die Institutsbauten sowie Tagungen und Kolloquien berichtet und eine Übersicht über die Veröffentlichungen des Jahres 1961 gegeben. Im 12. Teil sind folgende Originalarbeiten enthalten: über die Wirkung kleiner Strahlendosen auf den Ertrag landwirtsch. Kulturpflanzen (O. Machold); die Typisierung von *Vicia biennis* L. sowie systematische und zytol. Beobachtungen an *V. neglecta* spec. nov. (P. Hanelt und D. Mettin); Versuche mit Bor an Lemnaceen; die Wirkung des Bors auf den Kohlenhydratgehalt von *Lemna minor* L. (G. Scholz); quantitative Beobachtungen an F_1-Bastarden des Gaterslebener Maissortiments (I. Grebenščikov); Beiträge zur Kenntnis der Phycomyceten. IV. *Pleotrachelus wildemani* Petersen neu für Deutschland (A. Rieth); die laciniaten Sippen von *Brassica oleracea* L. (J. Helm); Beobachtungen an einer blaublühenden Sippe von *Lithospermum arvense* L. (P. Hanelt und J. Schultze-Motel); die quantitative Bestimmung von Khellin und Visnagin aus *Ammi visnagi* L. (Chr. Horstmann): weitere Versuche zur Züchtung einer scopolaminreichen *Datura*-Hybride (A. Romeike); Chromosomenuntersuchungen am Ehrlichschen Mäuse-Ascites-Carcinom (J. Schöneich); die Bedeutung des Lichtes für die Ausprägung eines Mutationsmerkmales der Mutante *bipartita* von *Antirrhinum majus* (H. Sagromsky); weitere Beobachtungen an Kulturen von *Porphyridium cruentum* (Ag.) Naeg. mariner Herkunft (A. Rieth); die Geschichte der Entstehung und Verbreitung von *Rubus idaeus* var. *leucocarpus* (K. Wein); die Auslösung von Chromosomenaberrationen bei *Vicia faba* durch chem. Agentien – eine Übersicht (R. Rieger u. A. Michaelis); Chimärenbildung bei der Tomatenmutante *gilva* von *Lycopersicon esculentum* Mill. nach Behandlung von heterozygotem Samenmaterial mit Colchicin und Röntgenstrahlen (K. Gröber); die Gaterslebener Mutanten der Saatgerste in Beziehung zur Formenmannigfaltigkeit der Art *Hordeum vulgare* L. s. l. IV. (F. Scholz und Chr. O. Lehmann); ein Beitrag zur Kenntnis der Gaterslebener Mutanten der Sojabohne, *Glycine max* (L.) Merr. (M. Zacharias und Chr. O. Lehmann); über Gliederungsprobleme bei Kulturpflanzen (S. Danert); Gattungsgrenzen bei höheren Discomyceten (E. H. Benedix); Isolierung von Cycloartenol aus Blättern der Kulturkartoffel, *Solanum tuberosum* L. – Sterine und Triterpenoide. II. Mitt. (K. Schreiber und G. Osske); anatomische Untersuchungen über die Reaktion von Organen der Kartoffelpflanze auf Befall durch den Nematoden *Heterodera rostochiensis* Woll. 7. Mitt. über *Heterodera*-Arten (G. Sembdner).
K. Schulz.

Trudy Kirgizskogo naučno-issledovatel'skogo instituta zemledelija. (Arbeiten des Kirgisischen Forschungs-Instituts für Ackerbau. Nr. 3.) Hrsg.: Minist. sel'skogo chozjajstva Kirgizskoj SSR. Frunze: Izd. Minist. sel'skogo chozjajstva Kirgizskoj SSR. 1960. (144 S. m. 43 Abb., 98 Tab. u. 85 Lit.) 4°. Rbl. 8,–. In dem Band sind 16 Arbeiten enthalten, in denen folgende Fragen behandelt werden: die biochem. Unterschiede der Elternformen der Mais-Linienhybride ‚WIR 156'; Weizenzüchtung auf Resistenz gegen Weizenflugbrand; Fragen der Entwicklungslenkung bei Baumwolle; Wirksamkeit der Beregnung von Zuckerrüben und Baumwolle; Dynamik des Wachstums, der Zuckerspeicherung und der Ertragsfähigkeit von Zuckerrüben bei kreuzweiser Bearbeitung der Saat; einige Eigenschaften des Strahlungsgleichgewichtes in Zukkerrübengebieten; Ernährung und Düngung von Faserpflanzen; neues colorimetrisches Verfahren zur Bestimmung reduzierender Zucker; Untersuchung Mitschurinscher Apfelsorten; Nährstoffhaushalt von Wiesenböden; Mikrobiol. Charakteristik einiger Böden; chem. Unkrautbekämpfung; nyktinastische Bewegung als Anzeiger des Lichtbedürfnisses der Pflanzen; wildes Knaulgras und seine Verwendung zum Anbau; Saattermine von Reis; Obstbauforschungen in Südkirgisien.
W. Stenz.

Problémy slovenského pol'nohospodárstva po 11. sjazde KSČ. (Probleme der slowakischen Landwirtschaft auf der 11. Sitzung der KPČ.) Bratislava: Slov. vyd. polit. lit. 1959. (81 S.) 8°. (1962 A 937)

Wyniki doświadczeń zakładu doświadczalnego Małyszyn Wielki z roku 1961. (Versuchsergebnisse der Versuchsstation Małyszyn Wielki.) Warszawa: IUNG. 1962. 4°. (ZB 2875)

Wyniki doświadczeń zakładu doświadczalnego Zelisławki. (Versuchsergebnisse der Versuchsanstalt Zelislawski.) Warszawa: IUNG. 1960. 4°. (ZB 2865)

Wyniki doświadczeń zakładu doświadczalnego Werbkowice. (Versuchsergebnisse der Versuchsanstalt Werbkowice.) Warszawa: IUNG. 1962. 4°. (ZB 2874)

Wyniki doświadczeń zakładu doświadczalnego Borusewa. (Versuchsergebnisse der Versuchsanstalt Borusowa.) Warszawa: IUNG. 1962. 4°. (ZB 2873)

II. NATURWISSENSCHAFTLICHE GRUNDLAGEN

A. Systematik der Pflanzen

Danert, Siegfried. **Über Gliederungsprobleme bei Kulturpflanzen.** Kulturpflanze **10** (1962) S. 350–358. – nach Zus.

Die infraspezifische Mannigfaltigkeit unserer Kulturpflanzen ist unter dem Einfluß des Menschen entstanden. Sie setzt sich zusammen aus Formen, die das Ergebnis einer jahrhundertelangen Auslese darstellen, aus hybridogenen Sippen, deren Eltern räumlich getrennten Anbaugebieten entstammen können, und aus künstlich erzeugten und vermehrten Mutanten. Ein dieser Mannigfaltigkeit adäquates System kann z. Z. nur auf Einzelmerkmale gegründet werden. – Am Beispiel von *Triticum aestivum* L. s. l. werden verschiedene Bestrebungen aufgezeigt, zu einer taxonom. Gesamtdarstellung zu gelangen. Bei Unterscheidung weniger Gruppen von höherer infraspezifischer Rangstufe ist auch nur eine Unterscheidung nach Einzelmerkmalen möglich. Die von Vavilov und Mitarb. nach der morphol.-geograph. Differenzierungsmethode erarbeiteten Systeme dürften natürlichen Gliederungen am nächsten kommen. Sie sind aber diagnostisch schwer benutzbar und vermögen nur ein zeitlich begrenztes Abbild der Formenverteilung zu vermitteln. 201.

Helm, Johannes. **Die laciniaten Sippen von Brassica oleracea L.** Kulturpflanze **10** (1962) S. 111–121. – nach Zus.

An Hand von Pflanzenzeichnungen aus 3 bisher fast unbeachtet gebliebenen Herbaria picta des 16. und 17. Jh. konnte der lückenlose Nachweis erbracht werden, daß die beiden von Linné 1753 aufgestellten Varietäten *laciniata* und *selenisia* der Art *Brassica oleracea* auf ein fließendes Merkmal von beträchtlicher Variationsbreite gegründet wurden. Sie stellen die beiderseitigen Endglieder einer kontinuierlichen Merkmalsreihe dar und können nicht mit zwei Namen belegt werden. Da deshalb eine scharfe morphol. Trennung der beiden Varietäten unmöglich ist, wird die lediglich durch grob-fiederlappige Blattspreiten ausgezeichnete var. *laciniata* L. als Taxon der sehr ähnliche Blattspreiten besitzenden var. *viridis* L. unterstellt. Die Gesamtheit der kontinuierlich erfaßten variablen Ausbildungsformen der heute kaum noch in Kultur anzutreffenden Feder- oder Plumagekohle dagegen wird unter der Bezeichnung var. *selenisia* L. zusammengefaßt. 201.

Hanelt, Peter und Mettin, Dieter; Halle/S., Martin-Luther-Univ. Halle-Wittenberg, Inst. für Pflanzenzücht. **Die Typisierung von Vicia biennis L. sowie systematische und cytologische Beobachtungen an Vicia neglecta spec. nov.** Kulturpflanze **10** (1962) S. 46–62. – nach Zus.

Das Untersuchungsmaterial wurde auf Feldern der Landwirtsch. Versuchsstation in Kanton gesammelt, wo es unter dem Namen *Vicia cracca* geführt wurde. Die Pflanzen gehören zu einer seltenen, oft verkannten, in der Literatur als *V. biennis* L. bezeichneten Art, deren Spontanareal in Westsibirien liegt. Die Deutung dieser Art wurde an Hand des Originalmaterials im Herbar Linné einer Kritik unterzogen: Unter *V. biennis* verstand Linné die pannonisch-pontische, bisher *V. picta* Fisch. et Mey. genannte Art, für die jetzt der ältere Linné'sche Name eintreten muß. Für die von uns untersuchte Art wurde als neuer Name *V. neglecta* Hanelt et Mettin eingeführt. Über diese Art werden morphol. und zytol. Angaben gemacht. Sie besitzt $2n = 12$ Chromosomen und stimmt zytologisch mit den früher beschriebenen 12chromosomigen Typen der *Vicia-cracca*-Gruppe überein. Soweit Vergleiche möglich sind, besteht aber keine morphol. Übereinstimmung. Die gegenseitigen Beziehungen zwischen den verschiedenen 12-, 14-, 24- und 28chromosomigen Formen dieser eng verwandten Artengruppe werden diskutiert. 201.

Unter d. Gesamtred. v. *Lavrenko, E. M.* und *Korčagin, A. A.* (Lawrenko, Je. M. und Kortschagin, A. A.) Hrsg.: Akademija nauk SSSR; Botaničeskij institut im. V.L. Komarova. **Polevaja geobotanika.** (Die Ackergeobotanik. Bd. 2.) Moskva; Leningrad: Izd. Akad. nauk SSSR. 1960. (499 S. m. 144 Abb., 26 Tab. u. 1000 Lit.) 4°. Rbl. 31,30. In den 12 Arbeiten des Bandes werden in 5 Kapiteln Untersuchungen behandelt über die Samenvermehrung der Bestandsbildner von Pflanzengemeinschaften, über die vegetative Vermehrung der Bestandsbildner, über die Bestimmung des Alters und der Langlebigkeit der Komponenten einer Pflanzengemeinschaft, über die Phänologie und über die unterirdischen Teile der Pflanzen in den Gemeinschaften. W. Stenz.

Soó, R., Haraszty, Á. u. a. **Növénytan.** (Botanik.) Budapest: Tankönyvkiadó. 1962. (997 S.) – Aus: Ung. Agrar-Rdsch. **1963** Nr. 1. Die 3. Auflage ist eine völlige Neubearbeitung, die dem neuesten Stand angepaßt ist. Der Inhalt besteht aus den Kapiteln Zytologie, Histologie, Anatomie (Organographie), Physiologie, Taxonomie, Phylogenie und Geobotanik. – Bes. umfangreiche Neufassungen waren wegen der starken Entwicklung im Kapitel Physiologie notwendig. Der taxonom. Teil beruht unverändert auf den modernen entwicklungsgeschichtlichen Systemen von Soó, wurde aber zum größten Teil neu bearbeitet. Das Kapitel Phylogenie wurde erweitert und dem neuesten Stand angepaßt, ebenso das Kapitel Geobotanik. Auch die Abb. wurden vermehrt und teils durch neue ersetzt. Namen- und Sachverzeichnis beschließen das Werk.

Durka, Miloš und *Horynová, Anna.* **Zahradnická botanika.** (Gärtnerische Botanik.) 2. Aufl. Praha: Státní zeměd. naklad. (275 S.) 8°. (1962 A 1522)

C. Physiologie der Pflanzen

Machold, Otto. **Über die Wirkung kleiner Strahlendosen auf den Ertrag landwirtschaftlicher Kulturpflanzen.** Kulturpflanze **10** (1962) S. 35–45. – nach Zus.

Die Einwirkung niederer Strahlendosen zwischen 5 und 50 μc/kg Samen wurde bei 8 Pflanzenarten und -sorten unter verschiedenen Bedingungen untersucht. Die ^{32}P-Aufnahme erfolgte durch 24- bzw. 48std. Einquellen der Samen in neutralisierter $KH_2{}^{32}PO_4$- bzw. $NaH_2{}^{32}$-PO_4-Lösung. In keinem der über 3 Jahre durchgeführten 10 Versuche war ein gesicherter Mehrertrag infolge Strahlenwirkung nachweisbar. 221.

Alberda, Th.; Wageningen, Inst. for Boil. and Chem. Res. on Field Crops and Herbage. Actual and potential production of agricultural crops. **(Wirkliche und mögliche Produktion von landwirtschaftlichen Nutzpflanzen.)** Netherl. J. agric. Sci. **10** (1962) Nr. 5. S. 325–333. – 3 Abb., 4 Tab., 11 Lit.

Sind günstige Wachstumsbedingungen geboten und besteht eine geschlossene grüne Vegetationsdecke, so kann das eingestrahlte Licht von verschiedenen landwirtsch. Nutzpflanzen zu 5–6% ausgenutzt werden, wenn die Strahlung zwischen 400 und 700 nm berücksichtigt wird. Mit Zuckerrüben durchgeführte Versuche ergaben, daß die Geschwindigkeit der Tr.-Subst.-Bildung mit zunehmender Wachstumsperiode geringer wird. Vf. führt es darauf zurück, daß die zunehmende Gewebemenge nicht mehr vollständig an der Photosynthese teilnimmt. Vf. nimmt nicht an, daß höhere Ausnutzungswerte als 5–6% erreicht werden können. Um für lange Zeit eine gute Ausnutzung der Strahlung zu erreichen, sollte versucht werden, so lange wie möglich eine geschlossene grüne Pflanzendecke zu halten. Unter diesem Gesichtspunkt ist eine späte N-Gabe in Erwägung zu ziehen. W. Hiller. 221.

Brouwer, R.; Wageningen, Inst. for Biol. and Chem. Res. on Field Crops and Herbage. Distribution of dry matter in the plant. **(Die Verteilung der Trockensubstanz in der Pflanze.)** Netherl. J. agric. Sci. **10** (1962) Nr. 5. S. 361–376. – 10 Abb., 5 Tab., 31 Lit.

Zunächst wird die Trockensubstanzzunahme in Abhängigkeit von der Zeit aufgezeigt. Wird bei Bohnen über dem Gesamttrockengewicht das Trockengewicht von Stengel + Blättern sowie Hülsen und Wurzeln aufgetragen, so nimmt bei 10 °C das Gewicht von Stengel + Blättern bis zum 45. Tag geradlinig zu und dann geradlinig ab. Das Gewicht der Hülsen steigt vom 30. bis 60. Tag langsam und dann bis zum 90. Tag rasch geradlinig an. Das Gewicht der Wurzeln steigt stetig, jedoch nicht geradlinig an. Ähnliche Angaben werden aus der Literatur für Kiefernsämlinge, Möhren, Tomaten und Gerste angeführt. W. Hiller. 221.

Sonneveld, A.; Wageningen, Inst. for Biol. and Chem. Res. on Field and Herbage. Distribution and re-distribution of dry matter in perennial fodder crops. **(Verteilung und Neuverteilung der Trockensubstanz in perennierenden Futterpflanzen.)** Netherl. J. agric. Sci. **10** (1962) Nr. 5. S. 427–444. – 20 Abb., 18 Lit.

Gegen Ende der Vegetationsperiode wird ein beachtlicher Teil der Tr.-Subst. in unterirdische Teile transportiert. Der Tr.-Subst.-Ertrag von Grasland unter holländischen Bedingungen zeigt Anfang Mai ein abs. Maximum, im Juni/Juli ein Minimum und Anfang Aug. ein zweites kleineres Minimum. Der Prozentsatz an löslichen Kohlenhydraten in Blättern und Stoppeln von Weidelgras zeigt Mitte Apr. ein sehr scharf ausgeprägtes, tiefes Minimum. Im Gegensatz dazu zeigt der Kohlenhydratgehalt einer Grasnarbe ein breites, sich über mehrere Monate hinziehendes Minimum. Die Bewegung des Tr.-Subst.-Gehaltes bei Luzerne und Klee wird aufgezeigt. Im Frühjahr wird Tr.-Subst. aus unterirdischen Pflanzenteilen in höher gelegene Teile transportiert, im Herbst erfolgt eine gegenläufige Bewegung. W. Hiller. 221.

Dobben, W. H. van; Wageningen, Inst. for Biol. and Chem. Res. on Field Crops and Herbage. Influence of temperature and light conditions on dry-matter distribution, development rate and yield in arable crops. **(Der Einfluß der Temperatur und Lichtbedingungen auf die Trockensubstanzverteilung, Entwicklungsgeschwindigkeit und den Ertrag von Feldkulturen.)** Netherl. J. agric. Sci. **10** (1962) Nr. 5. S. 337–389. – 9 Abb., 10 Tab., 17 Lit.

Folgende Probleme werden behandelt: Die Substanzverteilung in der reifen Pflanze; Einfluß der Tr.-Subst.-Verteilung auf das Pflanzenwachstum; Bestimmung des Sproß/Wurzelverhältnisses und die Wachstumsgeschwindigkeit während des vegetativen Wachstums; Einfluß des Lichts auf die Substanzverteilung in der Pflanze; Einfluß der Temperatur auf die Substanzverteilung; Einfluß der Temperatur auf Wachstum, Entwicklung und Endpflanzengewicht; Einfluß der Photoperiodizität auf den Ertrag.
W. Hiller. 221.

Meyling, H. D. Gmelig. Bladoppervlak en droge-stofproduktie van zomertarwe en haver. **(Blattoberfläche und Trockensubstanzproduktion von Sommerweizen und Hafer.)** Inst. biol. scheikund. Onderzoek Landbouwgewassen Wageningen, Meded. **1962** Nr. 184. S. 91–105. – 13 Abb., 1 Tab., 12 Lit.

In den Jahren 1960 und 1961 wurden Gefäßversuche mit So-Weizen ('Peko') und Hafer ('Marne') zur Feststellung der Wirksamkeit der assimilatorischen Oberfläche gemacht. Die N-Düngung betrug in einer Versuchsserie 700 mg/Gefäß, in der anderen 175 mg/Gefäß. Temperatur, Feuchtigkeitsgehalt und Lichtintensität waren in den einzelnen Serien verschieden. Die Tr.-Subst.-Produktion (P) wurde ebenso wie die gesamte grüne Oberfläche (O) festgestellt. Die Beziehung zwischen P und O war von der Zeit (T) und der durchschnittlichen Leistung der Photosynthese (f) abhängig. Die Versuche ergaben, daß f von der Ernährung und Temperatur so gut wie unabhängig ist, die Unterschiede zwischen Weizen und Hafer waren gering. Die Lichtintensität hatte deutlichen Einfluß auf die grüne Oberfläche bei Weizen und Hafer. Die Blattoberfläche nahm bei sinkender Lichtintensität zu. Diese Zunahme war bei Hafer stärker als bei So-Weizen. Durch Trockenheit verringerte Werte für f wurden nur bei Hafer festgestellt. E. M. Ardelt. 221.

Ullrich, Hermann; Bonn, Univ., Inst. für Landwirtsch. Bot. **Zur Physiologie von Frostresistenz und Frosthärtung.** Angew. Bot. **36** (1962) Nr. 5. S. 258 bis 272. – 65 Lit.

Dieser Tagungsvortrag ist ein Bericht über die vom Vf. „seit 1963 auf diesem Gebiet durchgeführten oder angeregten Arbeiten“ mit Berücksichtigung einiger Arbeiten aus anderen Schulen. Vf. ist an jener historischen Entwicklung beteiligt, die dazu führte, die Frage nach „der" Ursache des Frosttodes als uninteressant zu überwinden. Statt dessen kann man „jetzt verstehen, daß der Frosttod sowohl von den äußeren Vorbedingungen, ..., wie auch von der genetischen Konstitution und vor allem auch von dem entwicklungsphysiologischen Alterszustand abhängt und entscheidend beeinflußt wird". Der Vortrag geht vorwiegend auf folgende Erscheinungen ein: Eisbildung wirkt anders, je nachdem ob sie auf den Interzellularraum beschränkt ist oder nicht. Zellen gefrieren zunächst nicht als ganzes, sondern von ihren durch Membranen getrennten Bestandteilen (Cytoplasma, Plastiden, Kern, Vakuole) können nebeneinander die einen gefroren sein, die anderen noch nicht. Abhärtung ist weitgehend ein stoffwechselphysiol. Geschehen, innerhalb dessen die verschiedene Reaktion der Fermente auf Kälte wichtig ist. Abhärtung ist außerdem mit physikochem. Zustandsänderungen in der Zelle verbunden. Kohlenhydrate in der Zelle können als Schutzstoffe gegen Frostschäden wirken, vermutlich dadurch, daß sie im Eiweißmolekül an die Stelle von H_2O treten, und dadurch einem verhängnisvollem Freiwerden von Bindungen beim Gefrieren des H_2O vorbeugen. G. Kretschmer. 221.

Johansson, N.-O., Larsson, R. und Torssell, B.; Solna, Swed. Plant Protection Inst.; Uppsala, Roy. Agric. Coll., Inst. of Plant Husbandry. The effect of cold injury on growth and yield of winter wheat. **(Die Wirkung von Frostschädigung auf Wachstum und Ertrag von Winterweizen.)** Acta Agric. scand. **12** (1962) Nr. 3. S. 215–226. – 4 Abb., 1 Tab., 9 Lit.
Weizenpflanzen der Sorte 'Odin' wurden an verschiedenen Terminen zwischen Okt. und Juni im Kühlschrank gefrostet und nach 4 Tagen bonitiert (a). Im Freien stehender Weizen wurde unter einer transportablen Kühlzelle im Okt.–Nov. Temperaturen bis –22 °C während je 20 oder 28 Std. ausgesetzt (b). Einige Pflanzen wurden 2 Tage später in einen Raum mit +18 °C gebracht und nach weiteren 2 Tagen bonitiert. Bei den andern, die auf dem Feld blieben, wurden der anschließende Zuwachs und die Blätter- und Triebzahl kontrolliert und der Kornertrag bestimmt (b). - Die Frostresistenz änderte sich von Okt. bis Juni mit der schon oft konstatierten Tendenz. Die Abhärtung im Herbst verläuft parallel bei Nachweis durch a oder b, jedoch erscheinen die a-Pflanzen um etwa 2 °C weniger resistent. Am Winterausgang nahm die Differenz zunächst noch zu und verschwand dann bei Beginn der Halmbildung. Vff. führen diese Differenz auf Unterschiede der gemessenen und der tatsächlich auf die Pflanzen wirkenden Temperatur zurück, die auch durch Einsatz eines Ventilators nicht zu beseitigen sind. Verfahren b setzte die im Dez. nach Verfahren a bestimmte Frosthärte herab und ebenfalls die weitere Entwicklung und den Kornertrag, und zwar um so mehr, je früher es vorgenommen wurde. In einem weiteren Versuch (c) wurden von Okt. 1954 bis Juni 1955 die Veränderungen des Trockengewichtes, der Länge und Zahl der Blätter und Triebe von normal auf dem Acker gewachsenen Pflanzen bestimmt, daneben auch von gefrosteten. Trockengewichte und Längen nahmen bis Anfang Nov. schnell zu, später von Dez. bis April etwas ab, während gleichzeitig die Zahl der Blätter und Triebe etwas zunahm. Ende April setzte stürmisches Wachstum ein. Der vorübergehende Schwund wird auf Absterben älterer Blätter und auf Schneedruck zurückgeführt. Die ununterbrochene Zunahme der Blatt- und Triebzahlen „wird durch die Tatsache erklärt, daß Wi-Weizen keine eigentliche Winterruhe hat." G. Kretschmer. 221.

Torssell, B. und Johansson, N.-O.; Uppsala, Roy. Agric. Coll., Inst. of Plant Husbandry,; Solna, Swed. Plant Protection Inst. The influence of experimentally produced frost on winter rape and winter turnip rape at bud and flowering stages. **(Der Einfluß experimentell erzeugten Frostes auf Winterraps und -rübsen im Knospen- und Blütenstadium.)** Acta Agric. scand. **12** (1962) Nr. 3. S. 189–198. – 2 Abb., 2 Tab., 3 Lit.

Raps und Rübsen wurden zwischen Ende Mai und Ende Juni unter einer transportablen Kühlzelle auf dem Acker während je 6 Std. Temperaturen von im Mittel −2 bis −10,5 °C ausgesetzt. Zur selben Zeit wurden die obersten, je 20 cm langen Abschnitte von Pflanzen im Kühlraum 6 Std. lang einer Temperatur von −4, −5, −6 oder −8 °C ausgesetzt. Nach 10 Tagen wurde bei allen Pflanzen die Frostschädigung bonitiert. Bei den auf dem Acker gefrosteten wurden zur Erntezeit Gesamt- und Kornertrag, Zahl der Äste und der reifen und sterilen Früchte bestimmt. Die Resistenz gegen unmittelbaren Frostschaden ging während der Versuchszeit bei Raps zurück, bei Rübsen nicht. Durch −8 °C wurde niemals totales Absterben verursacht. Der Kornertrag wurde durch die Behandlung reduziert, und zwar um so mehr, je intensiver und je später die einwirkende Kälte war. Beim Raps dürfte dieser Ertragsrückgang mit Resistenzabnahme zusammenhängen. Bei Rübsen läßt er sich nur durch die Zunahme der Unfruchtbarkeit und Abnahme der Regenerationsfähigkeit während der Pflanzenentwicklung erklären. Der Ertrag an gesamter Tr.-Subst. wurde durch Kältebehandlung viel weniger reduziert als der Kornertrag. Verzweigung und Hülsenansatz wurden durch Kältebehandlung gefördert. G. Kretschmer. 221.

Kudrev, T. und Tuankova, L. (Kudrew, T. und Tuankowa, L.) Effect of indol-3-acetic acid and 2,4-dichlorphenoxyacetic acid in restoring yields of plants exposed to drought spells. **(Der Einfluß von Indol-3-Essigsäure und 2.4-Dichlorphenoxyessigsäure auf die Wiederherstellung der Erträge der Trokkenperioden ausgesetzten Pflanzen.)** Doklady Bolgarskoj akademii nauk, Sofija **15** (1962) Nr. 3. S. 317–319. — 1 Abb., 1 Tab., 2 Lit. Zus. in Russ.
Die Versuche wurden mit der Weizensorte 'San Pastore' in Wagner'schen Gefäßen ausgeführt. Bei Erreichung der Milchreife wurde den Pflanzen kurzweilig die Feuchte bis zum vollen Verwelken entzogen, sodann wieder gewässert bis zur Wiederherstellung des Turgors. Ein Teil der angetrockneten Pflanzen wurde 2mal mit wäßriger Lösung von IES und 2.4-D besprüht; jede Pflanze erhielt 200 mg des betr. Wirkstoffes. Die nach dem Wasserentzug behandelten Pflanzen lieferten bessere und schwerere Körner als die nach dem Wasserentzug nicht besprühten und die keiner Austrocknung ausgesetzten, nichtbehandelten Pflanzen. Setzt man das Korngewicht einer Ähre der keiner Austrocknung ausgesetzten Kontrolle gleich 100, so betrug das Gewicht der nach dem Wasserentzug mit 2.4-D behandelten Pflanzen 100,7% und der nach dem Wasserentzug mit IES-Lösung besprengten 125,7%, während es bei der der Austrocknung ausgesetzten Kontrolle nur 48% betrug. Man ist der Meinung, daß die durch Trockenheit bedingte Ertragseinbuße durch Behandlung mit Wuchsstoffen vermieden werden kann. M. Stoilow. 221.

Halevy, A. H. und Kessler, B.; Rehovot, Hebrew Univ., Fac. of Agric. Increased tolerance on bean plants to soil drought by means of growth-retarding substances. **(Erhöhte Widerstandsfähigkeit gegenüber Bodentrockenheit von Bohnen durch wachstumsverzögernde Substanzen.)** Nature [London] **197** (1963) Nr. 4864. S. 310-311. — 1 Abb., 2 Tab., 4 Lit.
Je 10 Versuchspflanzen wurden in Töpfen mit lehmigem Sandboden gezogen. Sobald das erste Blattpaar sich voll entfaltet hatte, wurde den Bohnen 4 × 250 ml H_2O + 50 mg „Phosfon" (2.4-Dichlorbenzyltributylphosphoniumchlorid) oder 500 mg „CCC" ([2-Chloräthyl]trimethylammoniumchlorid) verabfolgt. Nach Ausdehnung des 3. Blattpaares wurde kein Wasser mehr zugeführt. Die Kontrollpflanzen begannen 5 Tage später zu welken, nach 9 Tagen verloren sie die ersten Blätter, und nach 30 Tagen waren sie eingegangen. Die behandelten Pflanzen waren noch nach 30 Tagen turgescent, sie hatten ihr Wachstum bis zum 22. Tag nach der letzten Wasserversorgung fortgesetzt. Erst nach 22 Tagen begannen bei CCC-Behandlung einige alte Blätter zu welken, bei Zusatz von Phosfon sogar erst nach 33 Tagen. Nach

42 Tagen fielen die ersten Blätter ab. Bodenuntersuchungen ergaben bei Zusatz der beiden wachstumsverzögernden Subst. eine weitaus höhere Bodenfeuchtigkeit. Frisch- und Trockengewichtsbestimmungen bei verschiedener Bodenfeuchte ergaben eine Erhöhung bei den Versuchspflanzen gegenüber den Kontrollpflanzen bei fallender H_2O-Versorgung, woraus Vff. auf eine erhöhte Resistenz gegen Trockenheit schließen. H.-L. Pätzold. 221.

Murty, K. S. und Majumder, S. K.; Cuttack, Orissa, Centr. Rice Res. Inst. Modifications of the technique for determination of chlorophyll stability index in relation to studies of drought resistance in rice. **(Abänderungen der Methode zur Bestimmung des Chlorophyll-Stabilitäts-Index in Beziehung zu Untersuchungen der Hitzeresistenz beim Reis.)** Current Sci. **31** (1962) Nr. 11. S. 470-471. — 3 Tab., 2 Lit.

Die Hitzestabilität des Chlorophylls korreliert offenbar eng mit der Hitzeresistenz lebender Gewebe. Vff. modifizieren die von Kaloyereas (1958) und Sahadevan (1961) angegebene Technik zur Bestimmung der Stabilität des Chlorophylls bei thermischer Behandlung und empfehlen bei Reis folgende Methode: 1 g frisches Blattmaterial wird in 25 ml Wasser 1 Std. lang auf dem Wasserbad bei 65 °C gehalten, mit 40 ml Aceton 5 min lang extrahiert, dann filtriert und kolorimetriert (Rotfilter). Als Kontrolle dient ein Extrakt aus einer nicht behandelten Probe. Die Differenz beider Messungen ergibt den Chlorophyll-Stabilitäts-Index der betr. Sorte. G. Ballin. 221.

Long, William G. und Childs, J. F. L.; Orlando, Fla., U.S. Dep. of Agric., Agric. Marketing Serv. Differences in temple orange color and quality associated with „stylar-end" greening. **(Unterschiede in Farbe und Qualität von 'Temple'-Orangen unter Einbeziehung von Früchten mit Ergrünung am Stylarende.)** Proc. Florida State horticult. Soc. **73** (1960) S. 92–95. — 1 Abb., 2 Tab., 13 Lit.

Früchte mit grünem Griffelende (frühblühende) wurden mit Früchten des gleichen Alters (spätblühende) im Hinblick auf Farbe, total lösliche Feststoffe und Totalsäuregehalt verglichen. Die Resultate ergaben, daß die rel. Chlorophyllabsorption der Früchte mit grünem Griffelende ähnlich unreifer grüner Früchte war. Die Konz. der total löslichen Feststoffe in Griffel- und Kelchende war im Vergleich zur Kontrollfrucht beträchtlich vermindert. Die Konz. des Totalsäuregehaltes entsprach dem der Kontrollfrucht. Weitere Untersuchungen über innere Qualität der Früchte mit Ergrünung am Griffelende scheinen berechtigt. E. Wittenberg. 221.

Franke, Wolfgang; Bonn, Univ., Inst. für Landwirtsch. Bot. **Weitere Untersuchungen zur Stoffaufnahme durch Blätter und deren Beziehung zu Ektodesmen.** Ber. dtsch. bot. Ges. **75** (1962) Nr. 8. S. 295–307. — 10 Tab., 12 Lit.

Vf. untersuchte die Aufnahme von Ascorbinsäure (AS) durch Blätter von *Plantago major*. Die Blätter wurden entlang den Mittelnerven halbiert. Die eine Hälfte wurde sofort auf AS und Vitamin C (VC) analysiert, die andere, nachdem sie auf Wasser (W) oder AS-Lösungen gelegt worden war. Blatthälften 5 oder 6 Std. auf W gelegt, zeigten einen VC-Gehalt gegenüber den Kontrollhälften von $\pm 30\%$. Welkende, alternde oder Blätter mit rel. niedrigem VC-Gehalt (32 mg%) nahmen keine AS auf. Mit steigender Konz. der angebotenen AS-Lösung (0,1, 1, 5 und 10%) und mit der Versuchsdauer (3 Min. bis 6 Std.) stieg die AS-Aufnahme an. Versuche mit abgedeckten Schalen führten zu keiner Erhöhung der Aufnahme, eher zu einem Verlust an VC bei 0,1% AS. HPO_3 als Stabilisator der AS hemmte die Aufahme und verminderte die Nachweisbarkeit der Ektodesmen. Bei nachweislich erhöhtem VC-Gehalt der Blätter durch Behandlung mit AS-Lösung war auch die Anzahl der darstellbaren, bes. der durch die ganze Wand ragenden Ektodesmen vergrößert. B. Effmert. 222.

Mühling, H.-G.; Gießen, Univ., Inst. für Grünlandwirtsch. und Futterbau. **Zur Stoffbildung und Stoffspeicherung bei Mais.** Z. Acker- u. Pflanzenbau **116** (1962) Nr. 2. S. 129-153. — 15 Abb., 4 Tab., 44 Lit. Zus. in Engl.
Maispflanzen ('Goudster', 'Gelber Badischer Landmais', 'Pioneer 388') wurden in 8 phänol. Entwicklungsstadien geerntet und Stengel, Blätter und Kolben sowie die Gesamtpflanze analysiert. Der Tr.-Subst.-Gehalt der Kolben ist entscheidend für sortentypische Unterschiede im Tr.-Subst.-Gehalt der ganzen Pflanzen. Der Zuckergehalt des Stengels nimmt bis zur Milchreife zu, danach wird der Zucker in die Kolben verlagert und dort in Stärke umgewandelt und gespeichert. Stärke konnte nur in Körnern nachgewiesen werden, nicht in anderen Organen. Die Lignineinlagerung stagniert zwischen Vollblüte und Milchreife und nimmt dann wieder zu. Sortentypische Unterschiede im Ligningehalt sind bes. bei den Blättern zu bemerken, wobei dem Zahnmais näherstehende Hybriden aus Hartmais und Zahnmais höhere Ligninwerte zeigen. K. Arlt. 222.

Das, T. M. und Choudhuri, J. M.; Calcutta, Univ., Dep. of Agric. Effect of periodic distribution of low irradiance upon accumulation of dry matter in different parts of the rice embryo and changes in the dry weight of the endosperm during post germination stages. **(Die Wirkung der periodischen Verteilung einer geringen Bestrahlung auf die Akkumulierung der Trockensubstanz in verschiedenen Teilen des Reisembryos und Veränderungen im Trockengewicht des Endosperms während der Stadien nach der Keimung.)** Österr. bot. Z. **110** (1963) Nr. 1. S. 33–43.
Die Elongation und auch das Trockengewicht der Koleoptile von Reissämlingen wird durch periodisch gegebenes Licht beeinflußt. Periodische Behandlung mit Licht von geringer Intensität verzögert die Akkumulation von Tr.-Subst. im Koleoptilengewebe. Eine maximale Akkumulation und maximale Elongation von Tr.-Subst. erfolgt bei ununterbrochener Dunkelheit. Beides wird geringer mit zunehmender Dauer der Photoperiode. Das Mesokotyl des Sämlings zeigt die stärkste Lichtempfindlichkeit. Die Hemmungen der Akkumulation in der Koleoptile geht parallel mit einer verminderten Tr.-Subst.-Abnahme im Endosperm. Eine Bestrahlung beeinflußt demnach in erster Linie den Transport aus dem Endosperm in den Embryo.
W. Hiller. 222.

Dorovskaja, I. F. (Dorowskaja, I. F.); Ordshonikidse, Nord-Osset. Landwirtsch. Inst. Formirovanie i fotosintetičeskaja dejatel'nost' assimilirujuščej poverchnosti inbrednoj i gibridnoj kukuruzy. **(Bildung und Photosyntheseaktivität der Assimilationsfläche von Inzucht- und Hybridmais.)** Fiziologija rastenij, Moskva **9** (1962) Nr. 5. S. 635–638. — 4 Tab., 6 Lit.
Im Nordkaukasus wurden die Doppelhybriden 'WIR 267', 'WIR 37', ihre Eltern und die Ausgangsinzuchtlinien auf 70 × 70 cm mit 2 Pflanzen je Nest bei ausreichenden Feuchtigkeits- und Ernährungsverhältnissen angebaut. Es wurden 12 Zwischenernten zur Feststellung des Ertrages und der Assimilationsfläche (AF) durchgeführt. Die Hybriden (H) entwickelten ihre AF bedeutend schneller als die Inzuchtlinien (I). Die Blattfläche von H überstieg im Mittel der Beobachtungen die von I um 83,1%. Die Nettoassimilationsrate war bei ersteren im Mittel 21,9% höher. Die Heterosis äußert sich demnach hauptsächlich in einer früheren und stärkeren Entwicklung der AF. Der Ertrag (Milchwachsreife) von H betrug das 2,27fache von I. Der Blattflächenindex von H betrug nur 2,18, dies ist zu gering und weist darauf hin, daß die Pflanzenzahl je ha erhöht werden muß. J. Birke. 222.

Stoffwechselphysiologische Untersuchungen an Obstgehölzen. Unterthema Assimilation und Atmung. Dresden-Pillnitz, Inst. Obst- u. Zierpflanzenbau Dtsch. Akad. Landwirtsch.-Wiss. Berlin Plan-Nr.: 17 01 14 h/2-18/7. 39 S. Abschlußber. (26/3. 1963).

Die durch den Tagesrhythmus bedingten Veränderungen im Assimilationsverhalten abgeschnittener Blätter wurden ermittelt. Es zeigt sich, daß die Assimilationsbereitschaft durch den Witterungsablauf verändert wurde und daß klimabedingte Impulse längere Zeit nachwirken. Die Assimilationsbereitschaft der Blätter einer Baumkrone ist je nach der Himmelsrichtung der Äste verschieden. Höchster Assimilationsgewinn wird an hellen, kühleren Tagen mit leicht bedecktem Himmel erzielt. Verschiedene Apfelsorten unterscheiden sich durch ihr Assimilationsvermögen. Manche Sorten zeichnen sich durch übermäßig starke Atmung aus. Einseitige Mineralstoffversorgung eines Baumes führt zu verstärkter Atmung und demzufolge zum Absinken der Netto-Assimilation. 222.

Millet, Bernard, Tavant, Hubert, Perney, Jean-Pierre und Mange, Marcel; Besançon, Fac. des Sci., Lab. de Bot. Étude des pigments chlorophylliens chez Vicia faba: Action de l'acide gibbérellique. **(Untersuchung der chlorophyllhaltigen Farbstoffpigmente bei Vicia faba: Wirkung von Gibberellinsäure.)** C. R. hebd Séances Acad. Sci. **255** (1962) Nr. 20. S. 2650–2652. – 1 Abb., 1 Tab., 6 Lit.

Die Versuchspflanzen *Vicia faba*, Zwergform ('Sutton') und *V. faba*, Riesenform ('Aguadulce' mit sehr langer Hülse) wurden von ihrer Einsaat ab folgenden Versuchsbedingungen unterworfen: Belichtung mit 1600–1800 lx in Pflanzenniveau, 24 °C, rel. Feuchtigkeit 80-85%. In einer Parallele wurde zusätzlich die Apikalknospe der Zwergform während 2 Wochen täglich, anschließend jeden 2. Tag mit 10 μl einer Gibberellin (**I**)lösung 5:10000 behandelt. 2 Mon. später wurden von behandelten Pflanzen und Kontrollen die ersten 10 Blättergruppen (von der Spitze an gerechnet) geerntet und die Pigmente isoliert (Aceton[**II**] extraktion mit anschließender Adsorption an Al_2O_3-Säule; Eluierung der Carotine mit 2% **II** in Petroläther (**III**), der Chlorophylle mit 4,5% Äthanol (**IV**) in **III** und der Xanthophylle mit 10% **IV** in **III**; anschl. spektrophotometr. Konzentrationsbestimmung). – Die **I**-Behandlung ergab gegenüber den Kontrollen einen um ca. 5% erhöhten Gehalt an Carotin und Xanthophyll, während sich die Konz. an Chlorophyll a + b um ca. 10% verringerte. – Nach Vff. könnten die Ergebnisse erklären, weshalb Pflanzen nach Behandlung mit **I** oft chlorotisches Aussehen haben.

R. Ritter. 222.

Šlyk, A. A., Gaponenko, V. I. und Kuchtenko, T. V. (Schlyk, A. A., Gaponenko, W. I. und Kuchtenko, T. W.); Minsk, Akad. der Wiss. der Beloruss. SSR, Lab. für Biophysik und Isotopen. Kinetika C^{14} pri obnovlenii chlorofilla v rastenijach jačmenja i tabaka. **(Kinetik von ^{14}C bei der Erneuerung des Chlorophylls in Gersten- und Tabakpflanzen.)** Fiziologija rastenij, Moskva **9** (1962) Nr. 5. S. 521–533. – 8 Abb., 1 Tab., 32 Lit. Zus. in Engl.

5, 9 und 11 Tage alte Gerstenkeimpflanzen und Blätter erwachsener Tabakpflanzen wurden bei Belichtung verschiedener Stärke verschieden lange in einer $^{14}CO_2$-Atmosphäre gehalten, danach wurde fixiert und die Aktivität der Gewebe, von Chlorophyll a und b und deren Bestandteilen bestimmt. Die spezifische Aktivität (sA) von Chlorophyll b ist geringe rals von Chlorophyll a und erreicht später ihr Maximum. Der ^{14}C-Anteil im Phythol verringert sich langsam, wobei er im Phorbin und dessen Chlorophyllin zunimmt. Zu Beginn ist sA von Phythol beider Chlorophylle höher als sA von Phorbin und Chlorophyllin. Die ^{14}C-Verteilung innerhalb der beiden Chlorophyllformen ist gleich, deshalb dürfte die Umwandlung von Chlorophyll a in b als gesamtes Molekül erfolgen. Kurzzeitige Expositionen ergaben, daß gleichzeitig mit der Verwendung von früher assimiliertem Material sofort frisch assimiliertes zur Chlorophyllbildung herangezogen wird. Neu gebildetes Chlorophyll a wird ebenfalls sofort in Chlorophyll b umgesetzt. Der Chlorophyllmetabolismus verlangsamt sich mit dem Alter der Gewebe. J. Birke. 222.

Smillie, Robert M.; Upton, N.Y., Brookhaven Nat. Lab., Biol. Dep. Formation and function of soluble proteins in chloroplasts. **(Bildung und Funktion von löslichen Proteinen in Chloroplasten.)** Canad. J. Bot. **41** (1963) Nr. 1. S. 123–154. – 10 Abb., 3 Tab., 173 Lit.

Zur Bestimmung der Lokalisation von Enzymen u. a. wasserlöslichen Verbindungen in Chloroplasten von höheren Pflanzen und Algen wurde ein Dichte-Fraktionierungsverfahren in Medien, die keine Proteine lösen, entwickelt. Mit Hilfe dieser Methode war es möglich, die in Chloroplasten vorkommenden Enzyme von den in anderen Teilen der Zelle gefundenen zu isolieren. Während der lichtabhängigen Bildung der Chloroplasten erfolgte eine beträchtliche Zunahme von deren Proteingehalt. Als Index für diese Proteinsynthese kann die Aktivität der Chloroplasten-Enzyme, nicht aber die der Zellenenzyme insgesamt dienen. Bei Untersuchungen an *Euglena gracilis* konnte z. B. festgestellt werden, daß die starke Zunahme der Aldolaseaktivität in den Chloroplasten bei gleichzeitiger Abnahme der Nichtplastiden-Aldolase eintrat, so daß die Gesamtaktivität der Zelle sich kaum änderte. Die Synthese von Chloroplastenprotein erwies sich in gewissem Umfange als unabhängig von der Chlorophyllsynthese und erfolgte auch eine Zeitlang nach Abdunkeln der Blätter. Elektronenmikroskopische Untersuchungen an *Chlamydomonas moewussi* deuteten das Vorhandensein von DNS-Makromolekülen in den Chloroplasten an, der chem. Nachweis war jedoch nicht überzeugend. Dagegen konnte histo- und biochem. Plastiden-RNS nachgewiesen werden. Aus Spinat-Chloroplasten wurden ribosomenähnliche Partikel isoliert. Die Chloroplastenbildung konnte durch verschiedenartige Behandlungen gehemmt werden. 5-Fluor-Uracil war in diesem Zusammenhang nur während der ersten Stadien der Chloroplastenbildung wirksam, und andere Pyrimidinabkömmlinge, die hauptsächlich den DNS-Stoffwechsel hemmen, blieben unwirksam.

K. Koepke. 222.

Lehmann, K. und Garz, J.; Halle/S., Martin-Luther-Univ. Halle-Wittenberg, Inst. für Pflanzenernähr. und Bodenkunde. **Untersuchungen über den Umsatz der phosphathaltigen Substanzen und des Eiweißes in den Kotyledonen keimender Erbsensamen.** Flora [Jena] **152** (1962) Nr. 3. S. 516–522. – 2 Abb., 1 Tab., 19 Lit.

In den Kotyledonen keimender Erbsensamen kam es in den ersten 5 Tagen ohne deutliche Gewichtsabnahme neben einem nur geringen Eiweißabbau zu einer bedeutenden Abnahme des RNS-P und einer Verdoppelung des DNS-P, wodurch das Verhältnis RNS-P/DNS-P von 2-3 auf einen Wert < 1 absank. Das verwendete Saatgut enthielt bei geringem Phytinanteil einen auffallend hohen Anteil an anorganischem Phosphat, von dem während der ersten 4–5 Tage ein Teil in Phytin umgewandelt wurde. Erst nach dem 5. Tag begann zusammen mit einer beträchtlichen Gewichtsabnahme der Kotyledonen der für die Keimung typische Eiweiß- und Phytinabbau. In dem beobachteten Zeitraum von 24 Tagen wurde der Hauptanteil des in die Keimachsen gewanderten P als anorg. Phosphat akkumuliert. K. Koepke. 222.

Ménagé, Arlette und Morel, Georges; Versailles, Centre Nat. de Rech. Agronomiques, Stat. Centr. de Physiol. Végétale. Métabolisme de l'arginine par les tissus de tumeur végétale cultivés in vitro. **(Argininstoffwechsel pflanzlicher Tumorgewebe in vitro.)** C.R. hebd. Séances Acad. Sci. **255** (1962) Nr. 20. S. 2641–2643. – 2 Abb., 4 Lit.

Aus in-vitro-Kulturen von Tumorgeweben (*Topinambur* und *Opuntia vulgaris*) wurden die Aminosäuren mittels Permutit-50-Austauscher abgetrennt und anschließend mit Hilfe zweidimensionaler Papierchromatographie isoliert (Butanol: Eisessig: Wasser = 4:1:5 und Phenol-Metakresol-Boratpuffer pH 8,3). Das Reagens von Sakaguchi reagierte auf den Chromatogrammen mit 5 Subst. positiv, von denen 2 als Arginin (**I**) und γ-Guanidinobuttersäure

identifiziert werden konnten. Die anderen 3 unbekannten Flecke, die Ninhydrin-negativ waren, wiesen bei Topinambur keine großen Unterschiede in ihren R_f-Werten zu **I** auf. Bei *O. vulgaris* zeigte 1 unbekannte Subst. dagegen stärkere Abweichungen im R_f-Wert von **I**. — Vf. konnte mit Hilfe von Tumorkulturen in Gegenwart von radioaktiv markiertem **I** (mit ^{14}C vollständig markiert) wahrscheinlich machen, daß die gebildeten unbekannten Produkte von einem anomalen **I**-Stoffwechsel herrühren. Dieser soll zur Bildung neuer Enzyme führen, die bei ihrer Reaktion die Aminogruppe nicht angreifen. Im normalen Gewebe wird **I** dagegen durch Arginase an der Aminogruppierung angegriffen und vollständig in Ornithin und Harnstoff umgewandelt.
R. Ritter. 222.

Marcus, Abraham und Feeley, John; Beltsville, Md., U.S. Dep. of Agric., Field Crops and Animal Products Branch, Market Quality Res. Div., Agric. Marketing Serv. Nucleic acid changes in the germinating peanut. **(Veränderung der Nucleinsäuren in der keimenden Erdnuß.)** Biochim. biophysica Acta [Amsterdam] **61** (1962) Nr. 5. S. 830–831. — 2 Tab., 7 Lit.

Der Gehalt an Ribonucleinsäure und Desoxyribonucleinsäure nimmt in der Embryonenachse und den Kotyledonen keimender Erdnüsse bis 7 Tage nach der Keimung zu. Es wird daraus geschlossen, daß sie eine aktive Rolle im Keimungsstoffwechsel spielen. In Übereinstimmung mit dieser Ansicht war die „säureunlösliche Fraktion" der Nucleinsäuren stark markiert nach Inkubation der Kotyledonen mit ^{32}P. Die markierte Ribonucleinsäure konnte nach der Methode von Kirby (vgl. Biochem. J. **64** [1956] Nr. 3. S. 405) isoliert werden. W. Franzke. 222.

Kessler, B. und Monselise, S. P.; Rehovot, Israel, Nat. and Univ. Inst. of Agric. Ribonucleic acid content and ribonuclease activity of developing apple and orange leaves, as influenced by leaf and tree age. **(Ribonucleinsäuregehalt und Ribonucleaseaktivität während der Entwicklung der Blätter von Apfel und Orange in Abhängigkeit vom Blatt- und Baumalter.)** Proc. Amer. Soc. horticult. Sci. **78** (1961) S. 53–58. — 5 Abb., 12 Lit.

In Apfel- (**I**) und Orangenblättern (**II**) nimmt mit zunehmendem Alter der Bäume der Ribonucleinsäuregehalt (**III**) zu und die Ribonucleaseaktivität (**IV**) ab. Innerhalb der Blattentwicklung ist bei **II** bis zur 10. Woche ein starker, bis zur 26. Woche ein schwächerer Anstieg des **III** zu beobachten, während die **IV** nur bis zur 10. Woche steigt. Bei **I** durchlaufen **III** während der 2. bis 3. Woche, **IV** nach ca. 6 Wochen ein Maximum. Aus den Ergebnissen schließen Vff., daß der Ribonuclease in vivo eine anabolische und eine katabolische Funktion zuzuschreiben ist. H. Ackermann. 222.

Lechevallier, Denise; Paris, Sorbonne, Lab. de Physiol. Végétale. Évolution de l'activité de l'α-galactosidase au cours de la germination et de la maturation de diverses semences. **(Entstehung der α-Galaktosidaseaktivität im Verlaufe der Keimung und Reifung verschiedener Samen.)** C.R. hebd. Séances Acad. Sci. **255** (1962) Nr. 23. S. 3211–3213. — 1 Abb., 1 Tab., 6 Lit.

In Fortführung einer früheren Arbeit (vgl. LZ. Abt. II **5** [1960] Nr. 11. S. 2558.) untersuchte Vf. die Entstehung der α-Galaktosidase (**I**) aktivität in Samen mit verschiedenen Reservezuckern (Galaktosen [Raffinose (**II**), Stachyose (**III**)]; Saccharose (**IV**)): Gerste, Sonnenblume (**II** + **IV**); Kohl, Radieschen, Bohne (**II** + **III** + **IV**); Ricinus (**IV**). Substrat in allen Versuchen war Phenyl-α-D-galaktosid. Die Hydrolyseaktivität des Enzyms ergab sich aus der freigesetzten Menge an Galaktose (**V**) und wurde durch spektrophotometrische Bestimmung des in der Zeiteinheit aus dem Substrat freigesetzten Phenols ermittelt. Aus der Menge der nach Nelson-Somogyi bestimmten Menge der red. Zucker in der Probe ohne bzw. mit Substratzusatz wurde diejenige Menge der red. Zucker abgeleitet, welche als Akzeptoren der abgespaltenen **V** wirksam werden. („Übertragungsaktivität" des Enzyms). — Bei allen untersuchten Pflanzensamen zeigte sich, mit unterschiedlicher Intensität, der gleiche Verlauf der enzymat. Aktivität: z. B. nahm bei der Gerste die Hydrolyseaktivität (= Bildung von **V**) im Verlaufe der Keimung vom 1. bis zum 10. Tage von 5 auf ca. 15 mg **V** zu, während die „Übertragungsaktivität" am 5. Tage ihr Maximum aufwies. — Die zur Untersuchung der **I**-Aktivität während der Reife zwischen dem 26. 6. und 2. 9. entnommenen Proben ergaben ein Maximum der hydrolytischen Aktivität von ca. 15 mg **V** am 1. 8. Auch die „Übertragungsaktivität" hatte zum gleichen Zeitpunkt ihr Maximum. Beide Aktivitäten des Enzyms stiegen also in den ersten Phasen von Keimung und Reifung gleichsinnig an. R. Ritter. 222.

Cossins, E. A. und Turner, E. R.; Chelsea, Coll. of Sci. and Technol. Losses of alcohol and alcohol dehydrogenase activity in germinating seeds. **(Schwinden des Alkohols und der Alkoholdehydrogenase-Aktivität in keimenden Samen.)** Ann. Bot. [London] [N.S.] **26** (1962) Nr. 104. S. 591–597. — 7 Tab., 18 Lit.

Mit Samen von *Pisum sativum, Phaseolus multiflorus, Ph. vulgaris, Oryza sativa, Triticum vulgare, Hordeum vulgare, Ricinus communis* und *Vicia faba* wurden Keimversuche unter anaeroben Bedingungen durchgeführt. Dabei bildete sich in den Kotyledonen Äthylalkohol. Festgestellte Verluste an Alkohol waren nicht auf dessen Flüchtigkeit zurückzuführen. Es wird angenommen, daß der Alkohol im Stoffwechsel eine Rolle spielt und nicht nur als Endprodukt anzusehen ist. Es konnte eine aktive Alkoholdehydrogenase extrahiert werden. Die Aktivität dieses Ferments nimmt mit dem Älterwerden der Kotyledonen ab. C. Tittel. 222.

Dobroljubskij, O. K. (Dobroljubski, O. K.); Odessa, Landwirtsch. Inst. Ob učastii soedinenij skandija vokislitel'no-vosstanovitel'nych processach, proischodjaščich v rastenijach. **(Die Beteiligung von Scandiumverbindungen an Redoxprozessen in der Pflanze.)** Doklady Akademii nauk SSSR, Moskva **144(30)** (1962) Nr. 5. S. 1174–1177. — 3 Tab., 10 Lit.

1959 und 1960 wurden Weinreben der Sorte 'Aligote' 2mal (Ende Juni und Anfang/Mitte Juli) mit $Sc_2(SO_4)_3 \cdot 6\,H_2O$ in der Menge von jeweils $2{,}6 \times 10^{-4}$ g je Stock behandelt. Sc senkte in verschiedenen Wachstumsstadien, außer im Aug.; E_h in den Blättern und Beeren. Die E_h-Senkung war eng mit Veränderungen des pH-Wertes gekoppelt, letzterer wurde in den Blättern durch die Behandlung während der gesamten Beobachtungszeit gesenkt. In den Beeren konnte eine derartige Veränderung nicht festgestellt werden. Der rH-Wert sank durch die Sc-Behandlung, außer im Aug., in Blättern wie auch Beeren. Die Katalaseaktivität in den Blättern wurde stark erhöht, ebenfalls die der Ascorbinoxydase in Blättern und Beeren. Die Polyphenoloxydaseaktivität wurde durch die erste Blattspritzung gesenkt, jedoch war am Ende der Vegetationszeit die Aktivität gegenüber Kontrolle bedeutend höher, bei letzterer zeigte sich eine starke Aktivitätssenkung. Die Peroxydaseaktivität erhöhte sich in Blättern und Beeren. Die Invertaseaktivität wurde in den Blättern erhöht und in den Beeren gesenkt. Die Anwendung führte zur Erhöhung des Beerengewichts um 25 und 17%, der Zuckergehalt stieg an, der Säureegehalt sank ab, und die Reife verfrühte sich. J. Birke. 222.

Biale, J. B.; Los Angeles, Calif., Univ., Dep. of Plant Biochem. Aspects of senescence in plant materials. **(Aspekte des Alterns bei pflanzlichem Material.)** Food Preservat., Quart. **22** (1962) Nr. 3. S. 57-62. — 2 Abb., 1 Tab., 13 Lit.

Alterserscheinungen wurden bisher bes. an Blüten und Früchten untersucht, da hier die Entwicklungsprozesse sehr zusammengedrängt verlaufen. Zur Feststellung des Alterns dienten Änderungen der Atmung, aber auch der Permeabilität und Struktur der Zelle. Verbunden mit dem Altern sind z. B.

Verminderung der Atmungsintensität, Änderungen der Phosphorylierungsprozesse, stärkeres Löslichkeitsbestreben der Pektinstoffe. Bei Früchten spielen die Produktion und Wirkung von Äthylen eine bes. Rolle. Alterungsprozesse werden auch durch äußere Faktoren, die auf die dissimilatorischen Vorgänge einwirken, wie Temperatur, O_2- und CO_2-Tension, beeinflußt. Vf. weist darauf hin, daß eine Erweiterung unserer Kenntnisse über Verhalten und Einfluß von Fermenten, Nucleotiden u. a. in Beziehung zum Altern notwendig ist. G. Ballin. 230.

Skazkin, F. D. und Lukomskaja, K. A. (Skaskin, F. D. und Lukomskaja, K. A.); Leningrad, Staatl. Pädagog. Herzen-Inst. Osobennosti cvetenija u zlakov v svjazi s dejstviem na nich nedostatočnoj vlažnosti počvy. **(Besonderheiten des Blühens bei Gräsern im Zusammenhang mit ungenügender Bodenfeuchtigkeit.)** Fiziologija rastenij, Moskva **9** (1962) Nr. 6. S. 703–707. – 2 Tab., 17 Lit. Zus. in Engl.

Vegetationsversuche an Hafer zeigten, daß ungenügende Wasserversorgung im 4. Entwicklungsstadium (Blüte und Befruchtung, beginnend mit der Tetradenbildung aus den Pollenmutterzellen) zu starker Störung des Wasserhaushaltes führt. Die Tr.-Subst.-Bildung und der Kornertrag von den Primärhalmen werden stark gesenkt. Sie führt zu überwiegend kleistogamer Blüte, was zu einer starken Schädigung des ♂ Gametophyten führt. Die Kleistogamie, als Schutzreaktion gegenüber Trockenheit, führt bei hohem Wasserdefizit nicht zum Ziel, da die Embryonen der befruchteten Blüten absterben. Dieses Absterben wird höchstwahrscheinlich durch Ernährungsstörungen hervorgerufen. Darauf weist die Abtrennung des Plasmas und das Fehlen von Plasmodesmen nicht nur in den Geweben der vegetativen Organe, sondern auch des Fruchtknotens hin. J. Birke. 230.

Kružilin, A. S. und Švedskaja, Z. M. (Krushilin, A. S. und Schwedskaja, S. M.); Moskau, Pflanzenphysiol. Timirjasew-Inst. der Akad. der Wiss. der UdSSR. Osobennosti stadijnogo razvitija i morfogenez repčatogo luka. **(Besonderheiten der Stadienentwicklung und Morphogenese der Küchenzwiebel.)** Fiziologija rastenij, Moskva **9** (1962) Nr. 4. S. 466–475. – 8 Abb., 4 Tab., 13 Lit. Zus. in Engl.

Versuche im Phytotron zeigten, daß zur Jarowisation der Küchenzwiebel für die nördlichen 2jährigen Sorten 60 Tage Lagerung bei 3–4 °C und für die südlichen süßen Sorten ungefähr 40–50 Tage be i9–10 °C notwendig sind. Steckzwiebeln im Alter von 3–4 Mon. benötigen dafür mehr als 2-3 Monate. Das Lichtstadium und das Schossen erfolgten im Kurztag, wobei die Schlottenbildung stark gehemmt wird. Zum Schossen der Steckzwiebeln sind Langtagbedingungen erforderlich. Die Knospendifferenzierung der Nordsorten erfolgt nach optimaler Jarowisierung im Lichtstadium bei höheren Temperaturen. Nach langdauernder Jarowisierung beginnt die Differenzierung, und die Schößlingsanlagen werden am Ende dieses Stadiums bei niedrigen Temperaturen angelegt. Bei südlichen Sorten beginnt die Knospendifferenzierung am Ende der optimalen Jarowisationszeit ebenfalls bei niederen Temperaturen. Bei Steckzwiebeln beginnt die Knospendifferenzierung im Lichtstadium bei erhöhten Temperaturen. Die Entfernung von Hüllblättern hemmt den Jarowisationsprozeß. Dies zeigt, daß die Reservestoffe eine große Bedeutung bei der Jarowisation spielen. Die Jarowisation ist deshalb an die Speicherorgane gebunden. Die Hüllblattentfernung nach der Jarowisation führt zur Wuchshemmung und zum Absterben der Schoßtriebe, während die Entfernung der sich im Lichtstadium bildenden grünen Blätter keine derartige Wirkung ausübt. Während der Jarowisation werden Zucker angereichert, bes. Disaccharide, am Ende dieses Stadiums sinkt der Disaccharid- und steigt der Monosaccharidgehalt, was offensichtlich mit der Knospendifferenzierung korreliert.
J. Birke. 230.

Marro, M. und Ricci, A.; Milano, Univ., Staz. Sperimentale di Ortofrutticoltura. Ricerche sulla differenziazione della gemma a fiore in Malus communis. **(Untersuchungen über die Differenzierung der Blütenknospen bei Malus communis.)** Riv. Ortoflorofrutticolt. ital. **46(87)** (1962) Nr. 5. S. 450–457. – 4 Abb., 2 Lit.
In den Jahren 1952 und 1953 wurden histol. Untersuchungen zur Frage der Blütenknospendifferenzierung beim Apfel durchgeführt. Dabei wurde zwischen Holz-, Blüten- und Übergangsknospen unterschieden. Bereits Anfang Mai konnten die einzelnen Knospentypen unterschieden werden. In zahlreichen Abb. wird die Histogenese der einzelnen Knospentypen (Termine 15. 5., 25. 5., 15. 6., 1. 7.) dargestellt. S. Kramer. 230.

Nesterov, Ja. S. (Nesterow, Ja. S.); Mitschurinsk, Mitschurin-Inst. für Obst- und Gemüsebau. Period pokoja kornevoj sistemy u jabloni. **(Ruheperiode des Wurzelsystems beim Apfel.)** Doklady Akademii nauk SSSR, Moskva **147(30)** (1962) Nr. 5. S. 1230–1233. – 2 Abb., 4 Tab., 9 Lit
An Apfelsämlingen wurde in 3 Varianten (a Oberirdischer Teil und Wurzelsystem befanden sich unter natürlichen Verhältnissen, b das Wurzelsystem wurde in einer Wärmekammer bei 19,5–20,5 °C und der oberirdische Teil unter natürlichen Verhältnissen gehalten, c die gesamte Pflanze befand sich bei 18-20 °C im Labor) wurde der Einfluß der Ruheperiode (niedrige Wintertemperaturen) auf das Wachstum der Triebe, Blätter und Wurzeln sowie auf den Gehalt an verschiedenen Zuckern und Aminosäuren untersucht. b und c zeigten im Vergleich zu a ein wesentlich schlechteres Wurzel- und Blattwachstum. Bei c wurden weder Wurzeln noch Triebe gebildet. Auch im Hinblick auf die qualitative und quantitative Zusammensetzung der Zucker und Aminosäuren unterschieden sich die Varianten a und b/c deutlich voneinander. Nach Vf. benötigten Apfelsämlinge für eine normale Entwicklung den Einfluß niedriger Temperaturen in der Winterperiode. G. Graul. 230.

Brouwer, R. Influence of temperature of the root medium on the growth of seedlings of various crop plants. **(Einfluß der Temperatur des Wurzelmediums auf das Wachstum der Sämlinge verschiedener Nutzpflanzen.)** Inst. biol. scheikund. Onderzoek Landbouwgewassen Wageningen, Meded. **1962** Nr. 175. S. 11–18. – 8 Abb., 6 Lit.
Die Sämlinge wurden auf Plastikscheiben über Nährlösungen gehalten, deren Temperatur von 5–40 °C (Intervalle zu 5 °C) variiert wurde. Die Lufttemperatur lag bei 20 °C, die Luftfeuchte bei 65%, die Lichtintensität (16 Std. Belichtung /Tag)bei 70000 erg cm^{-2} s^{-1}. Versuchspflanzen waren Lein, Erdbeere, Erbse, Ackerbohne, *Phaseolus*-Bohne, Raps, Mais und Hafer. – Zwischen den Arten bestanden starke Differenzen im Verhalten. Niedrige Wurzeltemperaturen ließen das Blattwachstum sistieren (5–15 °C), ebenso zu hohe (35 °C). Dabei litt die Zellteilung nur wenig, vielmehr war das Zellwachstum vermindert. Aus den zunächst optimalen Temperaturen zwischen 20 und 30 °C kristallisierte sich im Verlauf des Wachstums ein engerer Bereich heraus, der z. B. bei der Ackerbohne bei 20, bei Erbsen und Gartenbohne bei 15 bzw. 25 °C lag. Geringer entwickelte Blattmasse ergab entspr. geringere Assimilationsleistungen. W. Stenz. 230.

Grobbelaar, W. P. The growth of maize pretreated at various soil temperatures. **(Das Wachstum von Mais nach Vorbehandlung bei verschiedenen Bodentemperaturen.)** Inst. biol. scheikund. Onderzoek Landbouwgewassen Wageningen, Meded. **1962** Nr. 178. S. 33-38. – 2 Abb., 4 Lit.
Die Bodentemperatur hat nach Versuchsergebnissen einen ausgeprägten Einfluß auf das Wachstum von Maispflanzen während der frühen Vegetationsperiode. Dabei treten morphol. und physiol. Differenzen auf, die sich auch auf den Ertrag auswirken können. In neuerlichen Versuchen wurde Mais angekeimt und 2 Tage im Dunkeln bei 20 °C gehalten. Dann wurden die Sämlinge

in Sandgefäße gepflanzt. Anschließend wurden die Pflanzen 10 Tage lang bei 5–40 °C (gestaffelt zu 5 °C) Wurzeltemperatur gehalten und schließlich bei 20 °C weiterkultiviert. – Bei 5 °C stockte die Bildung der Blätter während der 10 Tage, bei 30 °C war sie optimal. Die quantitativen Merkmale des Sprosses (Zahl und Länge der Blätter) waren nicht unterschiedlich, sondern nur die Schnelligkeit des Wachstums. Die bei 40 °C gehaltenen Pflanzen starben ab. Bei den Wurzeln machte sich nach Vorbehandlung bei 5 und 10 °C über die 10 Behandlungstage hinaus auch nach Einsetzen der Weiterkultur bei 20 °C eine Wachstumshemmung bemerkbar, wodurch aber das Sproßwachstum nicht beeinträchtigt wurde. Offenbar handelt es sich um keine Schockwirkung, sondern mehr um das Ergebnis verzögerten Wachstums.
W. Stenz. 230.

Séchet, Jacques. Influence des basses températures sur la germination des semences de Vigne. **(Einfluß niedriger Temperaturen auf die Keimung von Samen der Weinrebe.)** C.R. hebd. Séances Acad. Sci. **255** (1962) Nr. 20. S. 2653–2655. – 2 Abb., 4 Lit.
Rebensamen 'Seibel 7053' wurden 10 Tage bei 16–18 °C gequellt und anschließend einer Kältebehandlung zwischen 6 und 369 Tagen bei 2 °C ausgesetzt. Die nach verschiedener Dauer entnommenen Samenproben wurden bei 25 bis 27 °C angekeimt. – Die Behandlung der Rebensamen mit niedrigen Temperaturen führte zu einer Verringerung der Latenzzeit, steigerte die Keimungsgeschwindigkeit und vergrößerte die Keimkraft. R. Ritter. 230.

Bessis, Roger; Dijon, Fac. des Sci., Lab. de Bot. Sur quelques particularités des corrélations de croissance entre bourgeons d'un an, dans les sarments de la vigne. **(Über einige Besonderheiten der Wachstumskorrelationen zwischen einjährigen Knospen am Rebholz des Weines.)** C.R. hebd. Séances Acad. Sci. **255** (1962) Nr. 23. S. 3214–3216. – 1 Abb., 2 Lit.
Vf. konnte zeigen, daß zwischen einjährigen (nicht älteren!) Knospen des Rebholzes Korrelationen bestehen, die sich als Hemmwirkung äußern. Diese ist polarisiert und breitet sich basipetal in einem bestimmten Sektor, den Orthostichen, aus: am Ende des Triebes gewachsene Knospen wirken hemmend auf die Entwicklung orthostich darunter liegender Knospen. Durch Entfernung der Knospen kann die Hemmung aufgehoben werden. Nach Vf. könnte das bei der Bildung von Verzweigungen eine wichtige Rolle spielen. Die Hemmwirkung soll durch Hormone hervorgerufen werden. R. Ritter. 230.

Werckmeister, Peter; Geisenheim/Rh., Lehr- und Forsch.-Anst. für Wein-, Obst- und Gartenbau, Inst. für Bot. **Über embryonales Wachstum außerhalb des Samens, Keimung und Keimverzug. Untersuchungen an Bastardsamen und Embryonen der Gattung Iris L.** Biol. Zbl. **81** (1962) Nr. 6. S. 667–690. – 26 Lit.
Bei Embryokulturen von *Iris*-Bastardembryonen fand Vf. einige Besonderheiten. So können einige Embryonen ihre Entwicklung in künstlicher Kultur außerhalb des Samens fortsetzen, ohne zu keimen. Viele Bastardsamen zeigen schlecht entwickeltes Endosperm und Anomalien der Embryoentwicklung. Letztere werden ausführlich beschrieben. Derartige Anomalien lassen sich auch experimentell durch Submerskultur oder überoptimale Indolessigsäure-Gabe auslösen. Die Samen der Sektion *Pogoniris* und *Oncocyclus* machen eine Keimruhe durch, die aber nicht im Embryo festgelegt ist. Embryonen der Sektion *Regelia* keimen selbst nach Freilegen des Embryos oder Gibberellin-Behandlung nicht. Offensichtlich sind auch die physiol. Ansprüche während der proembryonalen und embryonalen Entwicklung innerhalb der Samen unterschiedlich. Der Befund, daß embryonales Wachstum auch außerhalb der Samen fortgesetzt werden kann, fordert neue Kriterien zur Bestimmung des Beginns der Keimung. Vf. gibt als Kennzeichen für embryonales Wachstum folgende an und stellt sie den bekannten des vegetativen Keimlingswachstums gegenüber: verlangsamtes primäres Dickenwachstum, Sistierung

des Wurzelwachstums, heterotrophe Ernährung aus dem Substrat, Stoffleitung von Zelle zu Zelle, verminderte Atmung und Fehlen lufterfüllter Interzellularen. G. Ballin. 230.

Stanko, S. A.; Moskau, Pflanzenphysiol. Timirjasew-Inst. der Akad. der Wiss. der UdSSR. O vlijanii sveta na obrazovanie i sostav antocianov v klubnjach kartofelja pri jarovicazii. **(Der Einfluß des Lichtes auf die Bildung und Zusammensetzung der Anthocyane in Kartoffelknollen während der Jarowisation.)** Doklady Akademii nauk SSSR, Moskva **146(30)** (1962) Nr. 2. S. 480–483. – 1 Abb., 3 Tab., 12 Lit.
Kartoffelknollen wurden 45 Tage (im Juni/Juli) unter den natürlichen Lichtverhältnissen des Polartages der Kola-Halbinsel (Sonne nur 6–8 ° über dem Horizont, vorwiegend gelbrote Strahlung) in folgenden 3 Varianten jarowisiert: 1. ununterbrochene natürliche Sonnenstrahlung, 2. während des Tages 12 Std. (9-21 h) Sonnenlicht, 3. während der Nacht 12 Std. (21–9 h) Sonnenlicht. Die Knollen verlieren im Laufe der Behandlung einen Teil ihres Wassers, und es verstärken sich verschiedene fermentative Prozesse. Dabei kommt es auch zur Anthocyanbildung. Bei Variante 1 entstanden kurze, dicke Lichtkeime mit Stolonen. Anthocyan fand sich in der Rinde der Knollen und in den Keimen. In Variante 2 waren die Keime noch dicker und kürzer, hatten aber keine Stolonen. Die Anthocyanbildung war nur wenig geringer als bei 1. Für die 3. Versuchsserie waren dünne, verlängerte Keime mit langen Stolonen typisch. Die Anthocyanbildung war sehr gering und beschränkte sich auf die Spitze der Knollen und die Keime. Auch die Blätter der Pflanzen, die sich aus den verschiedenen jarowisierten Knollen entwickelten, besaßen denselben unterschiedlichen Anthocyangehalt wie die Mutterknollen. Die Behandlungen verändern auch die Zusammensetzung der Anthocyane. Die Farbstoffe waren am vollständigsten bei Variante 1. Während sich bei Variante 2 keine Cyanidine bildeten, fehlten bei Versuch 3 die Paeonidine völlig. Die Anthocyanzusammensetzung der jungen Pflanzen, ihrer Blätter und Stengel, sowie der Tochterknollen entspricht immer der der Mutterknolle. H. Leike. 230.

Krug, H. und Fischnich, O.; Braunschweig-Völkenrode, Forsch.-Anst. für Landwirtsch., Inst. für Pflanzenbau und Saatguterzeug. **Die photoperiodische Reaktion von Kartoffelsorten verschiedener Reifezeit.** Z. Acker- u. Pflanzenbau **116** (1962) Nr. 2. S. 154–166. – 4 Abb., 2 Tab., 23 Lit.
In Tageslängen von 12, 15, 18 und 21 Std. wurde unter Glas bei Tag-Nacht-temperaturen von 20/14 °C das photoperiodische Verhalten von 6 Kartoffelsorten aus verschiedenen Reifegruppen untersucht. Die Behandlung begann Anfang Mai beim Aufgang der Pflanzen und endete nach 6 bzw. 7 Wochen mit der Rodung. Mit zunehmender Tageslänge nahmen bei allen Sorten das Längenwachstum der Sproßachse und der Stolonen sowie der Prozentsatz blühender Pflanzen zu, während das Knollengewicht und das Knollen-Kraut-Verhältnis abnahmen. Der Übergang von der Kurztag- zur Langtag-Reaktion erfolgte zwischen 11 und 15 Std. Tageslänge. Daneben bestanden Sortenunterschiede hinsichtlich des Längenwachstums der Sproßachse und der Blütenbildung, die auf graduelle Unterschiede der photoperiodischen Reaktion schließen lassen. So ist für die sehr frühen Sorten 'Erstling' und 'Saskia' eine „kritische Tageslänge" zwischen 13 und 15 Std., für 'Forelle' und 'Virginia' zwischen 12 und 14 Std. und für die mittelspäten bis späten Sorten 'Voran' und 'Vertifolia' zwischen 11 und 13 Std. anzunehmen. Ein leicht zu erfassendes, eindeutiges Kriterium für eine umfassende photoperiodische Charakterisierung der Kartoffelpflanze kann auch hiernach nicht angegeben werden. Einen Hinweis auf die photoperiodische Abhängigkeit der Knollenbildung gibt das Stolonenwachstum, auf Grund dessen weitere Sorten nach Feldbonituren eingestuft wurden. W. Junges. 230.

Tjamin, V. V. (Tjamin, W. W.); Lugowaja, Gebiet Moskau, Unions-Inst. für Futtermittelforsch. Svetovaja stadija u nekotorych bobovych kul'tur. **(Das Lichtstadium bei einigen Leguminosen.)** Agrobiologija, Moskva **1962** Nr. 4. S. 562–565. – 2 Tab.

Vf. führte zur Begründung agrotechnischer Maßnahmen mit Futterbohnen, Erbsen, Soja, Wicke und Rotklee Belichtungs- und Anbauversuche durch. Der Belichtungsversuch verlief in den 3 Varianten: Kontrolle, 12 Std. Tagesbelichtung, 12 Std. Morgen-Abendbelichtung. Gemessen wurde die Dauer des Lichtstadiums vom Aufgang bis zum Blühen. Dabei kamen Erbsen und Klee nur unter natürlichen Bedingungen zum Blühen, Wicken auch noch unter Morgen-Abendbelichtung, wenn auch sehr viel später; für Soja waren 12 Std. Mittagsbelichtung am günstigsten, während Bohnen in allen 3 Varianten kaum Unterschiede zeigten. Die Komplexwirkung mehrerer Faktoren zeigte der Aussaatversuch zu verschiedenen Zeiten. Erbsen, Bohnen, Soja und Wicke haben bei Juniaussaat ein um 7–11 Tage kürzeres Lichtstadium als bei Mai- oder Juliaussaat. Bohnen, die tagneutral sind, geben bei Frühjahrsaussaat höheren Samenertrag und größere TKM. Für Grünfutterzwecke ist jedoch ihre Aussaat als Stoppelfrucht oder zu anderen Zeiten auch noch rentabel.
U. Bandlow. 230.

Butler, R. D.; Manchester, Univ., Dep. of Bot. The effect of light intensity on stem and leaf growth in broad bean seedlings. **(Die Wirkung der Lichtintensität auf das Stengel- und Blattwachstum von Sämlingen von Vicia faba.)** J. exp. Bot. **14** (1963) Nr. 40. S. 142–152.

Sämlinge von *Vicia faba* werden im Dunkeln oder im Licht bei 0,1 bis 1000 ft.-candle gehalten. Bei allen Blättern ruft Licht eine Vergrößerung hervor, die vom 3. zum 5. Blatt noch zunimmt. Das verstärkte Wachstum bei 0,1 f.c. gegenüber den im Dunkeln gewachsenen Keimlingen beruht in erster Linie auf einer Vergrößerung der Zellenzahl, das bei 100 oder 1000 f.c. dagegen in erster Linie auf einer Vergrößerung der Einzelzelle. Sehr geringe Lichtintensitäten (0,1 f.c.) verringern die Länge der Internodien im Vergleich zum etiolierten Sämling um 15–50%, höhere Intensitäten (1000 f.c.) um 80–90%. Wie bei den Blättern ist dies in erster Linie bei den niedrigen Intensitäten auf eine Verringerung der Zellenzahl zurückzuführen. Das Licht wirkt in jedem der 3 ersten Internodien unterschiedlich. Das Licht wirkt demnach auf 2 Phasen, auf eine mehr sensitive Phase in bezug auf Zellvermehrung und auf eine weniger sensitive in bezug auf Zellvergrößerung. Diese 2 Prozesse werden wahrscheinlich von 2 verschiedenen Pigmentsystemen gesteuert.
W. Hiller. 230.

Hellmann, Kenneth P., Sell, Harold M. und Wittwer, Sylvan H.; East Lansing, Mich., State Univ., Dep. of Agric. Chem. and Horticult. 3-indazoleacetic acid and other indazole derivatives as plant growth substances. **(3-Indazolessigsäure und andere Indazol-Derivate als Pflanzenwuchsstoffe.)** Phyton [Vicente López, Argentina] **17** (1961) Nr. 1. S. 11-13. – 1 Tab., 12 Lit.

In 3 biol. Wachstumstests wurde die Wirkung von 5 Indazol-Derivaten mit der Wirkung von β-Indolylessigsäure (**I**) bei verschiedenen Konz. verglichen. Nur 3-Indazolessigsäure war so aktiv wie **I**; alle anderen geprüften Subst. waren unwirksam. Die Ergebnisse wurden im Hinblick auf die chem. Struktur der Subst. diskutiert.
H. Opel. 230.

Vlitos, A. J. und Cutler, H. G.; Carapichaima, Trinidad, Centr. Caroni Ltd.; Ste. Madeleine Sugar Co. Ltd., Agric. Res. Stat. Variability in plant growth regulating responses to fatty alcohols. **(Variabilität wachstumsregulierender Reaktionen in Pflanzen durch Fettalkohole.)** Phyton [Vicente López, Argentina] **17** (1961) Nr. 1. S. 129-130. – 2 Tab., 3 Lit.

Der Wachstumstest mit Abschnitten des ersten Internodiums von *Avena*-Pflanzen eignet sich zur Prüfung von Fettalkoholen und Wachsen nicht. Die Variation der durch 1-Octacosanol und durch kutikuläres Wachs des Zuckerrohrs verursachten Wachstumsförderungen war in mehreren parallel angesetzten Versuchen zu groß. Ursache für das Zustandekommen der unterschiedlichen Versuchsergebnisse könnten der unterschiedliche Auxingehalt der verwendeten Testpflanzen und die Schwerlöslichkeit der genannten Verbindungen in wäßrigen Medien sein. Auch Zusätze von β-Indolylessigsäure führten nicht zu reproduzierbaren Ergebnissen. H. Opel. 230.

Ryndin, S. D. Vlijanie gibberellina na rost sejancev. **(Einfluß von Gibberellin auf das Wachstum von Sämlingen.)** Sadovodstvo, Moskva **100** (1962) Nr. 8. S. 29. — 2 Tab.

12 std. Einquellen von nicht stratifizierten Apfelsamen in 0,0001-, 0,001-, 0,01-, 0,02- und 0,05%iger Gibberellinlösung führte nicht zur Beschleunigung der Keimung. Keimbereite Samen zeigten nur bei 0,02% im Vergleich zur Kontrolle eine Steigerung der Größe der Sämlinge um 20%. Das Gewicht verringerte sich hierbei auf 82,3%, während sich die Fläche des Blattapparates 2,5–3,8 mal vergrößerte. Die stärkste Wirkung zeigte sich bei der Übertragung des Wuchsstoffes in Tropfenform auf den Vegetationskegel der Sämlinge (20 Tage je ein Tropfen). Trotz optimaler Düngung zeigten die Pflanzen aller Varianten während der gesamten Vegetation chlorotisches Aussehen. Auch hier hatte die Konz. von 0,02% die stärkste Wirkung (Höhe der Sämlinge 153%, Blattfläche eines Sämlings 228%, Trockengewicht 103% im Vergleich zur Kontrolle). Bes. stark war ein positiver Einfluß des G auf Sämlinge der Birne, welche gewöhnlich langsam wachsen und deren Größe als Unterlage oft nicht den Standard erreicht. Die Birnensämlinge besaßen ein gesundes Aussehen. Die Versuche wurden im Gewächshaus durchgeführt und sollen nach diesen positiven Ergebnissen im Freiland fortgeführt werden.

H. Jank. 230.

Blesa, Carlos A. und Recalde, Luis; Zaidin, Granada, Estac. Exp. The effect of gibberellic acid on roots. I. The effect of a gibberellic acid-lanolin mixture on root development of sugar cane cuttings. **(Die Wirkung von Gibberellinsäure auf Wurzeln. 1. Mitt. Die Wirkung einer Gibberellinsäure-Lanolin-Mischung auf die Wurzelentwicklung von Zuckerrohrabschnitten.)** Phyton [Vicente López, Argentina] **16** (1961) Nr. 2. S. 183–188. — 3 Abb., 2 Tab., 10 Lit.

Die Wirkung von Gibberellinsäure-Lanolin-Mischungen (0,1, 1 und 10 mg GS/l) auf das Wurzelwachstum von Halmabschnitten des Zuckerrohrs (Sorte 'POJ 2727') wurde untersucht. Die Segmente wurden dem 3. Internodium an der Spitze der Pflanzen entnommen und besaßen je 1 Knospe. Das Wurzelwachstum und die Zahl der Wurzeln waren in allen behandelten Proben stark erhöht. Die höchsten Werte erzielten die Vff. bei Behandlung mit 10 mg GS/l an Abschnitten, die den Pflanzen 1 Woche vor der Behandlung entnommen wurden. Das Wurzelwachstum wurde nicht so stark gefördert, wenn sich aus einer Knospe gleichzeitig ein neuer Stengel bildete. Bei der Deutung der GS-Wirkungen muß die „Stengel/Wurzel-Relation" beachtet werden.

H. Opel. 230.

Davis, E. L. und Holmes, P. Jane; Amhurst, Mass., Univ., Dep. of Bot.; Bloomington, Ind., Univ., Dep. of Bot. Morphogenetic effect of gibberellic acid on the xylem of Lycopersicon esculentum L. **(Morphogenetische Wirkungen von Gibberellinsäure auf das Xylem von Lycopersicon esculentum L.)** Phyton [Vicente López, Argentina] **19** (1962) Nr. 1. S. 31–34. — 2 Tab.

Nach den vorliegenden Untersuchungen scheint GS die Zeitdauer der Zellstreckungsphase bei Internodien von Tomatenpflanzen herabzusetzen und die Phase der Differenzierung zu verlängern. Die Zufuhr von GS bewirkte nämlich eine Längenzunahme und Vermehrung von Spiraltracheiden, auch die Anzahl getüpfelter Zellen war beträchtlich erhöht. Tägliche Internodienmessungen zeigten bei Versuchspflanzen zunächst einen schnelleren Wachstumsschub als bei den Kontrollen, allerdings erfolgte der Abfall dann auch schneller. H.-L. Pätzold. 230.

Straume, O.; Inst. für Biol. der Akad. 'der Wiss. der Lett.SSR. Vlijanie gibberellovoj kisloty na rost i obmen veščestv gorocha i fasoli. **(Die Wirkung von Gibberellinsäure auf das Wachstum von Erbse und Bohne.)** Izvestija Akademii nauk Latvijskoj SSR, Riga **1962** Nr. 11. S. 59–64. – 1 Abb., 3 Tab., 15 Lit. Orig.: lett. Ausz.: russ. 230.

Dedolph, R. R.; East Lansing, Mich., State Univ., Dep. of Horticult. Effect of benzothiazole-2-oxyacetate on flowering and fruiting of papaya. **(Wirkung von Benzothiazol-2-oxyacetat auf die Blüten- und Fruchtbildung des Melonenbaumes.)** Bot. Gaz. **124** (1962) Nr. 1. S. 75 — 78. – 3 Abb., 2 Tab., 13 Lit.

Pflanzen des Melonenbaumes (*Carica papaya L.*), die mit verschiedenen Konz. (10, 20, 30, 40 und 50 ppm) von Benzothiazol-2-oxyacetat (**I**) im Aug. vor der Blütenbildung behandelt wurden, blühten in kürzerer Zeit und bereits an tiefer stehenden Nodien als Pflanzen, die mit 2.3.5-Trijodbenzoesäure, α-Naphthylessigsäure oder β-Indolylessigsäure besprüht wurden oder unbehandelt blieben. Die Ernte erfolgt fortlaufend. **I**-behandelte Pflanzen ergaben höhere Früherntcn. Eine Besprühung mit 30 ppm **I** führte innerhalb der ersten 6 Erntewochen zu einer Ertragssteigerung von 1400 lb./acre. Mit fortschreitender Erntezeit vermindern sich die Unterschiede zur Kontrolle. Die noch wirksamen Grenzkonz. bei Behandlung mit **I** liegen zwischen 20 und 30 ppm. H. Opel. 230.

Mukherjee, Rabindra Krishna und Datta, Chittatosh; Calcutta, Presidency Coll., Sect. of Plant Physiol., Dep. of Bot. Effects of gibberellic acid on growth and fruit-set in brinjal and tomato. **(Wirkungen von Gibberellinsäure auf Wachstum und Fruchtansatz der Eierfrucht und Tomate.)** Sci. and Cult. [Calcutta] **28** (1962) Nr. 10. S. 476–478. – 1 Abb., 4 Tab., 3 Lit.

Pflanzen der Tomate, *Lycopersicum esculentum*, Sorte 'Sioux', und der Eierfrucht, *Solanum melongena*, Sorte 'Muktokeshi', wurden im Alter von 1 Monat mit wäßr. Lösungen von 1, 10, 100 und 1000 ppm Gibberellinsäure (**I**) über die Blätter behandelt. Außerdem wurden die Griffel der Blüten mit Gibberellinsäure-Lanolinpaste (10, 100 und 1000 ppm) behandelt. Die ♂ Geschlechtsanlagen wurden entfernt. Von 49 behandelten Blüten der Eierfrucht bildeten 5 parthenokarpe Früchte. Bei der Tomate dagegen entwickelten von 52, 57 bzw. 143 mit 10, 100 bzw. 1000 ppm **I** behandelten Blüten 28, 39 bzw. 143 parthenokarpe Früchte aus. Sie waren kleiner als normal entwickelte Früchte und wiesen einen mit steigender **I**-Konz. abnehmenden Zuckergehalt und niedrigeren N-Gehalt auf. In Blättern der Eierfrucht nahm mit steigender **I**-Konz. der Zuckergehalt ab und der N-Gehalt zu. Die Wuchshöhe der Pflanzen lag um 32% (bei 100 ppm **I**) und um 62% (bei 1000 ppm **I**) über der Kontrolle; der ⌀ der Stengel an der Basis der Pflanzen war geringfügig erhöht. H. Opel. 230.

Grebinskij, S. O., Strugovščikova, L. P. und Liteplo, E. I. (Grebinski, S. O., Strugowstschikowa, L. P. und Liteplo, Je. I.); Lwow, Franko-Univ. Vlijanie vysokich doz rentgenovskogo oblučenija na rost i obmen fiziologičeski aktivnych veščestv v prorostkach gorocha. **(Einfluß hoher Dosen von Röntgenstrahlen auf Wachstum und Stoffwechsel physiologisch aktiver Stoffe in Erbsen-Keimpflanzen.)** Doklady Akademii nauk SSSR, Moskva **146(30)** (1962) Nr. 2. S. 471–474. – 5 Abb., 8 Lit.

Vff. behandelten Erbsensamen mit hohen Dosen (bis zu 10000 r) von Röntgenstrahlen. Die keimenden Samen wurden nach 5 Tagen mit Äther extrahiert und die Extrakte in eine saure und eine neutrale Fraktion aufgetrennt. Die Papierchromatographie (n-Butanol/Ammoniak/Wasser = 10/1/1) in Verbindung mit einem Biotest mit Erbsenstengeln zeigte eine starke Veränderung der Wachstumsaktivität in den Extrakten aus bestrahlten Pflanzen. Die Auxin-Aktivität der neutralen Fraktion zwischen Rf 0,5 und 1,0 (IAN), sowie die der sauren Fraktion zwischen Rf 0,0 und 0,5 (IES) war stark vermindert. Gleichzeitig wurde jedoch in der sauren Fraktion zwischen Rf 0,5 und 1,0 ein erhöhter Gehalt an unbekannten Stimulatoren gefunden. Mit zunehmender Bestrahlung verringerte sich die phototropische Reaktion der Pflanzen. Als Ursache dafür muß der gestörte Auxin-Metabolismus angesehen werden. H. Leike. 230.

Brouwer, R. und Loen, Elisabeth. A. Growth and uptake of individual crown roots of Zea mays L. **(Wachstum und Stoffaufnahme individueller Kronenwurzeln von Zea mays L.)** Inst. biol. scheikund. Onderzoek Landbouwgewassen Wageningen, Meded. **1962** Nr. 176. S. 19–25. — 9 Abb., 7 Lit.

Beim Studium von Wurzelwachstum und -aktivität ist es wünschenswert, den direkten Einfluß der Umwelt von den durch Wachstum und Aktivität des Sprosses gegebenen Einflüssen zu unterscheiden. Diese Forderung wird am besten verwirklicht, indem man folgende Versuchsanordnung benutzt: Eine Maispflanze wird in ein Gefäß gesetzt und in einem Glasring gehalten, an den durch Gummimuffen Glasrohre seitlich angeschlossen werden können. Jedes Rohr nimmt eine Kronenwurzel auf. In jedem Rohr lassen sich andere Bedingungen schaffen, eines davon dient als Kontrolle. Die Achse der Pflanze mit den Primärwurzeln führt durch den Glasring nach unten in das Hauptgefäß, das Nährlösung schwächerer Konz. enthält. — In Hoagland-Nährlösung ergab sich lineare Längenzunahme der Wurzeln. Das Wachstum ist je nach Wurzelquirl verschieden schnell. Das Frischgewicht nimmt mit zunehmender Wurzellänge rel. immer stärker zu, so daß sich eine gekrümmte Kurve ergibt. Weitere Untersuchungen galten unterschiedlichem Nährstoffangebot und der Wasser- und Ionenaufnahme sowie der gegenseitigen Beeinflussung der Faktoren (z. B. verringerte Wasser- und P-Aufnahme bei N-Mangel.) W. Stenz. 230.

Zenkteler, Maciej, Hildebrandt, A. C. und Cooper, D. C.; Madison, Univ. of Wisconsin, Dep. of Genetics and Plant Pathol. Growth in vitro of mature and immature carrot embryos. **(Wachstum reifer und unreifer Möhrenembryonen in vitro.)** Phyton [Vicente López, Argentina] **17** (1961) Nr. 1. S. 125–128. — 2 Abb., 15 Lit.

402 reife und unreife Embryonen der Möhre (*Daucus carota L.*) wurden in 10 verschiedenen Nährlösungen steril kultiviert. Als Nährsubstanzen dienten verschiedene Mischungen von Mineralsalzen mit Zusätzen von Wuchsstoffen, Vitaminen, Zuckern, Caseinhydrolysat, Kokosnußmilch u. a. Vff. beschreiben die verschiedenen Entwicklungsstadien und die Abnormitäten der Entwicklung, die sich in Abhängigkeit vom jeweiligen Nährmedium ausbildeten. H. Opel. 230.

Lewis, Ralph W.; East Lansing, Michigan State Univ., Dep. of Nat. Sci. Guttation fluid: effects on growth of Claviceps purpurea in vitro. **(Guttationsflüssigkeit: Wirkungen auf das Wachstum von Claviceps purpurea in vitro.)** Science [Washington] **138** (1962) Nr. 3541. S. 690–691. — 2 Abb., 6 Lit.

In Laborexperimenten waren Roggensämlinge (Sorte 'Rose') stark (zu 39%), Weizensämlinge ('Genesee') weniger (11%) und Gerstensämlinge ('Trail') nicht anfällig gegen *Claviceps purpurea*. Entspr. der Anfälligkeit wuchs der Pilz in Guttationsflüssigkeit von Roggensämlingen am stärksten und in solchen von Gerstensämlingen am schwächsten. W. Franzke. 230.

Kulešov, N. N. und Marčenko, L. A. (Kuleschow, N. N. und Martschenko, L. A.); Charkow, Landwirtsch. Inst., Lehrstuhl für Pflanzenzucht. K metodike izučenija kornevoj sistemy kukuruzy. **(Zur Methodik der Untersuchung des Wurzelsystems von Mais.)** Fiziologija rastenij, Moskva **9** (1962) Nr. 5. S. 631-634. — 3 Abb., 2 Tab., 7 Lit.
Es wurde eine Gefäßmethode (Glasgefäße h 13 cm, d 7,5 cm) zur Untersuchung der Sekundärwurzelentwicklung von Mais im Jugendstadium ausgearbeitet. Die gekeimten Karyopsen werden zu 10 Stück je Gefäß in eine auf 60% WK angefeuchtete Bodenschicht gebracht, welche sich über einer als Dränage dienenden Kiesschicht befindet. Zum Gießen ist ein Glasrohr eingeführt. Über dieser Bodenschicht müssen noch 8 cm frei bleiben. Gegen Verdunstung wird der an der Oberfläche etwas verfestigte Boden mit 2 cm Kies abgedeckt, und die Gefäße werden bei 25 °C im Thermostat gehalten. Sobald die Koleoptilen erscheinen, werden die Gefäße gewogen, und der Wasserverlust wird ergänzt, die Kiesschicht wird abgenommen und die Bodenoberfläche mit den Pflanzen mit flüssigem Paraffin vergossen. Auf die Paraffinschicht folgt eine 4,5 cm starke Bodenschicht bestimmter Feuchtigkeit, welche zum Schutz gegen Verdunstung mit einer Kiesschicht von ungefähr 2 cm abgedeckt wird. Die Gefäße werden neu gewogen und ununterbrochener Belichtung ausgesetzt, wobei im 2täg. Abstand der Gewichtsverlust (Wasser) durch das Rohr ergänzt wird. Nach 16 Tagen erfolgt die Wurzelauswaschung, und die Sekundärwurzelbildung kann in Abhängigkeit von der Feuchtigkeit der oberen Bodenschicht bei optimaler Wasserversorgung der Primärwurzeln studiert werden. J. Birke. 239.

Mark, Gerda E. und Bollard, E. G.; Auckland, Dep. of Sci. and Ind. Res., Fruit Res. Div. The stimulants required by several plant tissues for growth in sterile culture. **(Die von verschiedenen Pflanzengeweben für das Wachstum in steriler Kultur erforderlichen Stimulantien.)** New Zealand J. agric. Res. **5** (1962) Nr. 3/4. S. 360–363. — 1 Tab., 6 Lit.
Auf festem Medium (0,6% Agar) wurden Gewebestücke (6 mm ⌀, 2 mm Dicke) kultiviert. Das Grundmedium enthielt anorg. Salze, Fe-EDTA, 2% Saccharose und die Vitamine des modifizierten White-Mediums. Zugesetzt wurden ferner 10% Kokosmilch, 0,2 ppm Kinetin, 2 ppm IES und 6 ppm 2.4-D, wobei verschieden kombiniert wurde. — Wachstum wurde mit dem Gewebe jeder der 6 geprüften Pflanzenarten erzielt. Während Wurzelgewebe der Kohlrübe und Mesokarpgewebe von Kürbis bereits im Grundmedium schwach wuchsen, waren bei den anderen Geweben meist noch Kokosmilch und/oder andere Subst. erforderlich. Mark aus der Wurzel von Chinakohl (*Brassica chinensis*) benötigte zum Wachstum unbedingt 2.4-D. Bei Fruchtgewebe (*Sechium edule, Cucurbita moschata*) war das Wachstum nach Zusatz von Kokosmilch + 2.4-D am besten, bei Wurzelgewebe (*Ipomoea batatas, Pastinaca sativa, Brassica napobrassica*) nach Zusatz von Kokosmilch + IES oder Kinetin + IES. Die wirksamste Kombination wechselte also je nach der Gewebeart. Hierüber werden noch nähere Ausführungen gemacht. W. Stenz. 239.

Pilet, P.-E. und Bonhôte, J.; Lausanne, Univ., Lab. de Physiol. Végétale. Sur la culture in vitro des racines du Zea mays. **(Über die Kultur von Maiswurzeln in vitro.)** Ber. schweiz. bot. Ges. **72** (1962) S. 5–17. — 9 Abb., 3 Tab., 41 Lit. 239.

Lieth, Helmut. **Die Stoffproduktion der Pflanzendecke.** Vorträge und Diskussionsergebnisse des internationalen ökologischen Symposiums in Stuttgart-Hohenheim vom 4.–7. Mai 1960. Stuttgart: Gustav Fischer Verlag 1962. (156 S. m. 42 Abb. u. 1 Farbtaf.) 8°. DM 39,50. Das Sym-

posium war der Erinnerung an Boysen-Jensen gewidmet, der als erster die Stoffproduktion der grünen Pflanzen zu analysieren versuchte. Ihm galt auch der einleitende Vortrag von D. Müller (12 Lit.). – Im 2. Abschnitt über das „Produktionskalkül und seine Probleme" (31 Lit.) sind Vorträge von Paterson über den CVP-Index (Korrelation zwischen Klima und forstlicher Produktion) und von D. Müller über den Anteil der Netto- an der Bruttoproduktion zusammengefaßt. – Abschnitt 3 (113 Lit.) befaßt sich mit der Bestimmung der Stoffproduktion, einerseits mit der direkten (Ernte-)Methode (Bliss- Nettoprimärproduktion der Tundra); andererseits mit indirekten Methoden, wie 1. der Bestimmung des Gasstoffwechsels (Tranquilini – Bestimmung des CO_2-Gaswechselanalysen mittels URAS); 2. Analysen der floristischen Zusammensetzung der Pflanzengesellschaften (de Vries – an Dominanzgesellschaften; de Boer – an Grünlandgesellschaften; W. Krause – an Allmendeweiden des Hochschwarzwaldes; Aichinger – an Wald- und Wiesenentwicklungstypen; Schlenker – an Waldgesellschaften SW-Deutschlands); 3. der Messung des Chlorophyllgehalts der Pflanzengesellschaften (Bray – an der Vegetation in Zentralminnesota (USA) und 4. der Bestimmung der Bodenatmung als Ausdruck der Produktivität eines Gebietes (W. Haber). – Abschnitt 4 (58 Lit.) bringt eine umfangreiche Zusammenstellung von Stoffproduktionsdaten aus verschiedenen Klimagebieten (Auswertung der vorhandenen Literatur) und einen Vergleich der Holzproduktion im gemäßigten und tropischen Klima (Becking). – Abschnitt 5 enthält Beiträge zur Kausalanalyse der Stoffproduktion.(Knapp – Faktoren der Ertragsbildung; Kreeb – Hydratur und Ertrag). Den einzelnen Abschnitten sind Diskussionsbeiträge angefügt.
H. Naumann.

D. Chemie der Pflanzen

Earle, F. R. und Jones, Quentin; Peoria, Ill., U.S. Dep. of Agric., A.R.S., Northern Utilization Res. and Development Div. Analyses of seed samples from 113 plant families. **(Analysen der Samenproben von 113 Pflanzenfamilien.)** Econ. Bot. **16** (1962) Nr. 4. S. 221–250. – 2 Abb., 1 Tab., 17 Lit.
Aus dem laufenden Forschungsprogramm des U.S. Dep. of Agric. zur Erfassung von Pflanzenarten, die möglicherweise als Lieferanten von Rohmaterial für die pharmazeutische Industrie in Frage kommen könnten, werden die Ergebnisse der chem. Analyse von 1418 Samenproben aus 113 Pflanzenfamilien mitgeteilt. In einer Tab. wird der Gehalt der Samenproben an Asche, Protein, Öl, alkohollöslichen N-Subst., trichloressigsäurelöslichen N-Subst. sowie die Ergebnisse der Stärke-, Alkaloid-, Tanninteste, der HBr absorbierenden org. Säuren, des Halphen-Tests und der Infrarotanalyse angegeben. Zwei graph. Darst. vermitteln einen Überblick über die Variabilität im Öl- und Proteingehalt der untersuchten Samen aus den einzelnen Familien. Bes. vielversprechend als Quelle neuer Ölsamen sind die *Capparidaceae*, *Compositae*, *Cruciferae*, *Cucurbitaceae*, *Euphorbiaceae*, *Labiatae*, *Onagraceae* und *Ranunculaceae*. Familien mit ölreichem Samen versprechen mit größter Wahrscheinlichkeit auch hohen Proteingehalt. G. Zahn. 240.

Sullivan, J. T. Evaluation of forage crops by chemical analysis. A critique. **(Bewertung von Futtermitteln durch die chemische Analyse. Eine Kritik.)** Agronomy J. **54** (1962) Nr. 6. S. 511-515. – 35 Lit.
Methoden der Futtermittelanalyse werden kritisch überprüft mit dem Ziel, ihre Eignung für die Ermittlung der Qualität von Futtermitteln, speziell hinsichtlich ihrer Verdaulichkeit für den Wiederkäuer, festzustellen. Besprochen werden Rohprotein, Kohlenhydrate, Ätherextrakt, Lignin, Feuchtigkeit und Asche. Für einheitliche Futtermittel und Mischungen, die sich aus annähernd gleichen Teilen zusammensetzen, geben der Gehalt an Tr.-Subst., Rohprotein und Lignin ausreichende Hinweise auf ihre Verdaulichkeit und ihren energetischen Wert. Eine Anzahl von Futtermitteln kann sogar durch einen dieser Werte ausreichend genau bewertet werden. Bei Luzerne-Grasmischungen wechselnder Zusammensetzung kann man jedoch nicht aus dem Ligningehalt auf die Verdaulichkeit anderer Inhaltsstoffe schließen.
W. Franzke. 240.

Devuyst, A., Vanbelle, M., Dehaen, W., Arnould, R., Vervack, W. und Moreels, A.; Lovenjoul, Univ. de Louvain. L'influence du stade de végétation sur la composition organique et la teneur en éléments minéraux d'une herbe de prairie à faucher. **(Der Einfluß des Wachstumsstadiums auf die**

organische Zusammensetzung und den Mineralstoffgehalt von Wiesengras.) Rev. Agric. [Bruxelles] **15** (1962) Nr. 10. S. 1277–1297. – 4 Abb., 2 Tab., 83 Lit.

Die Untersuchungen auf Inhaltsstoffe erfolgten 1960 zu 8 verschiedenen Schnittzeiten beim 1. Schnitt (zwischen 13. Apr. und 31. Mai) sowie zu 9 Terminen zur Nachmahd (zwischen 13. Juli und 12. Okt.). Hauptbestandsbildner waren *Lolium perenne* (!) und *Dactylis glomerata* mit geringen Anteilen von *Bromus mollis* und *Agropyrum repens*. – Der Gehalt an verd. Rohprotein sank beim 1. Schnitt von 24,99 mit zunehmender Vegetationsdauer bis auf 10,48, beim 2. Schnitt von 14,41 auf 9,92%, der P-Gehalt sank von 0,54 auf 0,30 bzw. stieg unter Schwankungen von 0,38 auf 0,46% der Tr.-Subst. Beim K-Gehalt zeigte sich beim 1. Schnitt eine fallende (3,30 auf 1,68%), beim 2. Schnitt eine gleichbleibende Tendenz (um 2,2%). Die Werte für Ca lagen beim 1. Schnitt zwischen 0,71 und 0,59, beim 2. Schnitt zwischen 0,74 und 0,62% der Tr.-Subst. – Angaben für Spurenelemente werden ebenfalls angeführt, wobei vor Verallgemeinerungen dieser einjährigen Ergebnisse gewarnt wird. H. Pätzold. 240.

Marshall, B. und Bredon, R. M.; Uganda, Dep. of Veterin. Serv. and Animal Ind., Animal Health Res. Centre. The chemical composition and nutritive value of elephant grass (Pennisetum purpureum). **(Chemische Zusammensetzung und Nährwert von Elefantengras [Pennisetum purpureum].)** Trop. Agric. **40** (1963) Nr. 1. S. 63–66. – 4 Tab. 240.

Yates, Shelly G.; Peoria, Ill., U.S. Dep. of Agric., A.R.S., Northern Regional Res. Lab. Toxicity of tall fescue forage: a review. **(Die Toxizität von Rohrschwingelfutter: eine Übersicht.)** Econ. Bot. **16** (1962) Nr. 4. S. 295–303. – 38 Lit.

Rohrschwingel (*Festuca arundinacea*) wird in vielen Teilen der USA als Futterpflanze und als Rasengras für Flugplätze, Sportplätze etc. verwendet. Die Pflanze entwickelt sich gut auf armen Böden, bildet einen dichten Rasen, der das Grasen gut übersteht, und bleibt im Winter grün. Seit einigen Jahren wird bei Rindern, die auf Rohrschwingelwiesen weiden, eine als „fescue foot" bezeichnete Krankheit beobachtet. Die Symptome dieser Krankheit äußern sich wie folgt: Lähmung der Hinterbeine nach 10–14 Tagen Weidezeit, Gewichtsverlust, Entstehung eines rauhen Haarkleides, Trocknen und Verhärten der Haut in der Nähe der Hufe, Bildung einer Demarkationslinie, die die kranken von den gesunden Geweben trennt. Von diesem allgemeinen Krankheitsbild gibt es zahlreiche Abweichungen. Über „fescue foot" wurde erstmals 1949 aus Australien, 1950 aus Neu-Seeland und 1952 aus den USA berichtet. Die Krankheit dürfte aber bereits seit mehr als 30 Jahren vorhanden sein. Sie wurde mit Fußfäule und Mutterkornvergiftung verwechselt. Meistens werden nur ein paar Tiere der Herde sichtbar betroffen, in einigen Fällen waren es jedoch 20–30% und 78%. Die Todesrate beträgt 1%. „Fescue foot" tritt gewöhnlich bei kaltem Wetter auf. Die Forschung nach einem toxischen Prinzip im Rohrschwingel brachte bisher keine entscheidenden Erfolge, so daß die Frage nach der Ursache der Erkrankung noch offen bleiben muß.
G. Zahn. 240.

Veselinov, M. (Wesselinow, M.) Proučvane chimičnija sŭstav na bŭlgarskite cigari. **(Untersuchung der chemischen Zusammensetzung der bulgarischen Zigaretten.)** Naučni trudove. Naučnoizsledovatelski institut po tjutjuna – Plovdiv, Sofija **2** (1962) S. 237–248. – 5 Tab., 4 Lit. Zus. in Russ., Engl.

In bezug auf ihren Gehalt an Reinasche, Eiweiße, Nikotin, löslichen Kohlenhydraten, pH, Schmuck'sche Zahl und Sand wurden 46 Sortimente, 6 Qualitäten bulgarischer Zigaretten, Herstellung 1957–1961, untersucht.
M. Stoilow. 240.

Matthews, J. The accuracy of measurement of known changes in moisture content of cereals by typical oven methods. **(Die Meßgenauigkeit bei der Feststellung von Veränderungen des Feuchtigkeitsgehaltes von Getreide durch typische Ofenmethoden.)** J. agric. Engng. Res. **7** (1962) Nr. 3. S. 185-191. – 2 Abb., 3 Tab., 5 Lit.

Zur Bestimmung des Feuchtigkeitsgehaltes von Getreide werden zwei Trocknungsmethoden getestet, die eine arbeitet mit ganzen, ungemahlenen Körnern, die andere mit gemahlenem Material. Beides sind sog. Ofenmethoden, Temperatur 130 °C, Dauer der Trocknungsprozesse im ersteren Fall 16, im zweiten 1 Std. Für die Versuche werden Weizen und Gerste verwendet. Bestimmte signifikante Fehler traten bei jeder Methode auf, jedoch scheint die erstere Vorteile bezüglich der Genauigkeit zu haben.

H. Herzmann. 240.

Keys, A. J., Smith, F. S. und Martin, R. V.; London, Imperial Coll. of Sci. and Technol., A.R.C. Unit of Plant Physiol. Preparation of freeze-dried powders of plant tissues. **(Herstellung von Pulvern aus pflanzlichem Gewebe durch Gefriertrocknung.)** J. exp. Bot. **14** (1963) Nr. 40. S. 10-13. – 1 Abb., 3 Lit.

Es wird ein Gerät zur Gefriertrocknung von pflanzlichem Material abgebildet und beschrieben. 10–100 g frisches Material können damit unter flüssigem N_2 innerhalb von 2–4 min in einem hochtourigen Homogenisator zerkleinert werden. Das gefrorene Pulver wird anschließend im Vakuum über wasserfreiem $CaCl_2$ bei –25 °C innerhalb von 3-5 Tagen auf 5% Restwassergehalt getrocknet.

W. Franzke. 240.

Baker, Doris; Beltsville, Md., U.S. Dep. of Agric., Market Quality Res. Div., Agric. Marketing Serv. Fatty acid composition of oil from damaged corn and wheat. **(Fettsäurezusammensetzung des Öls aus geschädigtem Mais und Weizen.)** Cereal Chem. **39** (1962) Nr. 5. S. 393–397. – 1 Tab., 5 Lit.

Handelsmuster von Mais und Weizen wurden hinsichtlich ihrer Schädigung beurteilt und die freien sowie veresterten Fettsäuren der Öle dieser geschädigten Proben gaschromatographisch als Methylester getrennt. Die Öle aus geschädigten Mustern enthielten mehr freie Fettsäuren, der Gehalt an längerkettigen Fettsäuren (Laurin- bis Linolensäure) war kaum geändert, während zwischen den Maxima von Capron- und Caprinsäure mehrere, nicht identifizierte Maxima auftraten. Diese niedermolekularen Fettsäuren finden sich vor allem in Ölen aus Mais, der durch künstliche Trocknung, Beulenbrand oder „blue-eye mold" geschädigt war, und in Öl aus hitzegeschädigtem Weizen.

W. Franzke. 243.

Tschiersch, B.; Halle/S., Martin-Luther-Univ. Halle-Wittenberg, Pharmakognost. Inst. **Neue Aminosäuren in höheren Pflanzen. Eine Übersicht.** Pharmazie **17** (1962) Nr. 12. S. 721–730. – 5 Abb., 170 Lit.

Das Vorkommen und die Biochemie von 15 Glutaminsäurederivaten, 14 Alaninderivaten, 12 Aminobuttersäuren, 10 Cysteinderivaten und 10 Iminosäuren, die mit Hilfe chromatographischer Methoden in den letzten Jahren in höheren Pflanzen entdeckt wurden, werden auf der Grundlage von Literaturangaben beschrieben.

K. Koepke. 244.

Simmonds, D. H.; Adelaide, South Australia, Univ., Waite Agric. Res. Inst., Dep. of Agric. Variations in the amino acid composition of Australian wheats and flours. **(Unterschiede in der Aminosäurezusammensetzung von australischen Weizen und Mehlen.)** Cereal Chem. **39** (1962) Nr. 6. S. 445–455. – 3 Abb., 3 Tab., 26 Lit.

Die Aminosäurezusammensetzung von 6 australischen Weizenproben und den entspr. Mehlen wurde bestimmt und der Aminosäure-N in % des Gesamt-N angegeben. Beim Weizen wurden Unterschiede im Alanin-, Arginin-, Asparaginsäure-, Glutaminsäure-, Glycin-, Lysin-, Phenylalanin- und Tyrosingehalt gefunden. Die Mehle unterschieden sich im Gehalt an Alanin, Arginin, Asparaginsäure, Glycin, Leucin, Lysin und Threonin. Durch Fraktionierung der Proteine aus 2 in ihren Eigenschaften sehr unterschiedlichen Mehlproben wurde festgestellt, daß für die Unterschiede im Lysin- und Arginingehalt bes. die Albumin-Globulin-Gruppe (lösl. in $Na_4P_2O_7$) und im Glutaminsäuregehalt die Glutengruppe (in einer Lösung von $CuSO_4 + Na_2S_2O_5$ vom pH 12,0 lösl.) verantwortlich sind. K. Koepke. 244.

Kelley, J. J. und Koenig, V. L.; Minneapolis, Minn., Gen. Mills Corporation. Electrophoretic analysis of flour proteins from various varieties of wheat. **(Elektrophoretische Analyse von Mehlproteinen verschiedener Weizenvarietäten.)** J. Sci. Food Agric. **14** (1963) Nr. 1. S. 29–38. – 4 Abb., 7 Tab., 12 Lit.

Von 15 zu 6 Klassen gehörenden Weizensorten wurden die Kleberproteine und die Mehlextrakte mit 0,01 mol. Essigsäure sowie mit 0,1 mol. NaCl unter Verwendung von Phosphatpuffer, pH 3,2, $\Gamma/20$,05, Veronalpuffer, pH 8,6, $\Gamma/20$,1 bzw. Boratpuffer, pH 9,1, $\Gamma/20$,1, mittels Elektrophorese mit wandernder Grenzfläche auf ihre Komponenten untersucht. In den Kleberproteinextrakten konnten 7–11 Komponenten festgestellt werden. Ihr Kurvenverlauf deckte sich i. allg. mit dem der Essigsäureextrakte aus den Mehlen. Nur 3 Weizenklassen, nämlich Roter So-Hartweizen, Roter Wi-Hartweizen und *durum*-Weizen, zeigten für ihre Klasse charakteristische Elektrophorese-Diagramme. Die Differenzen zwischen den Weizenklassen traten bei den „salzlöslichen" und Glutenproteinen hervor. Die NaCl-Extrakte der Mehle ergaben bei Elektrophorese in Veronalpuffer ähnliche Diagramme, dagegen waren in Boratpuffer 4 Gruppen von Diagrammen festzustellen. Zwischen gebleichtem und ungebleichtem Mehl wurde in keinem Falle eine signifikante Differenz gefunden. K. Koepke. 244.

Dickson, James G. und Lords, James L.; Univ. of Wisconsin, Dep. of Plant Pathol. Fractionation of nitrogenous compounds from corn leaves. **(Fraktionierung von Stickstoffverbindungen aus Maisblättern.)** Nature [London] **196** (1962) Nr. 4859. S. 1099–1100. – 4 Abb., 9 Lit.

Durch Chromatographie auf einer DEAE-Säule (Diäthylaminoäthylcellulose) wurde eine wesentlich bessere Auftrennung von Protein aus Maisblättern erzielt (8 Fraktionen) als bei der Elektrophorese auf Papier oder Agar-Gel (2–4 Fraktionen). Die beste Auftrennung der mit 0,05 mol. Phosphatpuffer von pH 6,8 hergestellten Blattextrakte gelang nach Zentrifugieren und Stabilisierung der Proteine mit Saccharose durch Gradientelution aus der DEAE-Säule mit 0,005 mol. Phosphatpuffer als Startlösung und 0,5 mol. NaCl als Endlösung. Unter diesen Bedingungen konnte der Einfluß verschiedener Wachstumstemperaturen (20 bzw. 28 °C) auf die biochem. Zusammensetzung der Blattproteine bei einer Maisinzuchtlinie festgestellt werden, der noch näher untersucht werden soll. K. Koepke. 244.

Röttger, Bernd und Fritz, Hans-Georg; Tübingen, Max-Planck-Inst. für Virusforsch. Determination of ribonucleic acid in plant material. **(Bestimmung von Ribonucleinsäure in pflanzlichem Material.)** Biochim. biophysica Acta [Amsterdam] **61** (1962) Nr. 4. S. 621–623. – 3 Abb., 5 Lit.

Die Bestimmung von Ribonucleinsäure ist in pflanzlichem Material schwieriger als in tierischem wegen des hohen Gehaltes an Kohlenhydraten und Inhaltsstoffen, die UV absorbieren. Nur die Methode von Schmidt und Thannhauser (vgl. J. biol. Chemistry **161** [1945] S. 83.) liefert befriedigende Werte. Der kritische Punkt dieses Verfahrens liegt in der alkalischen Hydrolyse. Vff. ermittelten die optimalen Bedingungen der Hydrolyse: bei Anwendung von 1 n KOH 22 Std. lang bei 37 °C. Es sind jedoch wegen Spaltungen und

Umlagerungen Korrekturfaktoren erforderlich: $AMP_{korr.} = AMP_{gem.} \times 1{,}12$; $CMP_{korr.} = CMP_{gem.} \times 1{,}25$; $UMP_{kor.} = (UMP_{gem.} - 0{,}12\ CMP_{korr.}) \times 1{,}03$.
W. Franzke. 244.

Ziechmann, W.; Göttingen, Univ., Bot. Inst. **Eigenschaften und Herkommen von Pflanzen-Wuchsstoffen.** Kali-Briefe, Fachgeb. 2. 7 (1963) Nr. 4. S. 1–7. – 1 Abb., 13 Lit.
Einleitend wird auf die Verwendbarkeit der Phytohormone in der Praxis hingewiesen. Diese Pflanzenwuchsstoffe werden eingeteilt in 1. pflanzeneigene Wuchsstoffe; 2. natürlich vorkommende Verbindungen aus der natürlichen Umwelt der Pflanze und 3. synthetisch darstellbare Stoffe, die durch direkte oder indirekte Maßnahmen des Menschen auf Pflanzen wirken. Im 1. Abschnitt werden u. a. Wuchsstoffmengen und -verteilung, Produktion und Transport von Auxinen behandelt. Abschnitt 2 weist auf fördernde und hemmende Anteile von Humuskomplexen hin. Der 3. Abschnitt gibt einen Überblick über die große Variationsbreite künstlich gewonnener Subst., die das Wachstum zu beeinflussen vermögen. H.-L. Pätzold. 245.

Britton, G. und Housley, S.; Manchester, Univ., Bot. Dep. Chromatography of water-soluble auxins in immature corn kernels. **(Chromatographie wasserlöslicher Auxine in unreifen Maiskörnern.)** Phyton [Vicente López, Argentina] **16** (1961) Nr. 1. S. 1–19. – 5 Abb., 17 Lit.
Indolylessigsäure konnte im wäßrigen, ätherunlöslichen Extraktrückstand nach Chromatographie in ammoniakalischem Lösungsmittel eindeutig nachgewiesen werden. Mit Wasser oder Essigsäure-Butanol konnte jedoch dieser Nachweis nicht erbracht werden. H_2O-Chromatogramme wiesen zwei aktive Zonen (Rf 0,3–0,4 und Rf 0,6–0,7) auf. Da diese beiden Zonen sich mit p-Dimethylaminobenzaldehyd und Eisenschlorid-Perchlorsäure rot färben, vermuten Vff. hier zwei Auxinvorstufen mit Indolcharakter, die bei ammoniakalischer Chromatographie in IES überführt werden.
H.-L. Pätzold. 245.

Paxton, R. G. und Mayr, H. H.; Linz/Donau, Österr. Stickstoffwerke AG, Biol. Forschungsabt. **Untersuchungen über das natürliche Vorkommen quaternärer Ammoniumbasen in Lycopersicon esculentum.** Planta **59** (1962) Nr. 2. S. 165–174. – 4 Abb., 1 Tab., 17Lit.
Mit Hilfe der Papierchromatographie wurden gereinigte Extrakte aus Tomatenpflanzen auf das Vorkommen quaternärer Ammoniumbasen geprüft. Es konnten 3 verschiedene Subst. nachgewiesen werden, die sich von 7 vergleichsweise angewandten quaternären Ammoniumverbindungen im Rf-Wert und Verhalten gegenüber Farbreagentien unterschiedlich verhielten. Die Subst. sind vermutlich nahe verwandt und keine phosphorylierten Derivate des Cholins oder Acetylcholins. Die Hauptsubst. spaltet während der Papierelektrophorese bei pH 6 Cholin ab. Die Identifizierung der 3 Subst. ist noch nicht gelungen. H. Opel. 245.

Kovoor, Ariès. Essai d'isolement d'un régulateur de croissance présent dans le lait de Coco. **(Versuche zur Isolierung einer wachstumsregulierenden Substanz aus der Kokosmilch.)** C.R. hebd. Séances Acad. Sci. **255** (1962) Nr. 16. S. 1991–1993. – 3 Abb., 5 Lit.
An einer Säule mit inaktiver Kohle wurden aus Kokosmilch 17 Fraktionen abgetrennt, von denen die mittleren (7, 8, 9) die größten wachstumssteigernden Eigenschaften besaßen. (Testobjekt: Gefäßparenchym von Topinamburknollen). Die 3 Fraktionen wurden vereinigt und papierchromatographisch mit Butanol:Pyridin:Wasser (1:1:1, V/V) in 4 Fraktionen aufgetrennt, von denen Fraktion **I** positiv mit Ninhydrin reagierte, **II** + **IV** positiv mit Ehrlichs' Reagens (p-dimethylaminobenzaldehyd) und Fraktion **III** positiv mit beiden Reagentien. Die wachstumsstimulierende Wirkung war auf Fraktion **IV**

beschränkt, deren Absorptionsspektrum bei 260 nm ein Maximum und bei 240 nm ein Minimum besaß. – Vf. diskutiert die Ergebnisse und nimmt an, daß der unbekannte Wachstumsfaktor **IV** aus einem Komplex zweier Komponenten (Indolkörper, z. B. Indolylessigsäure und Nucleinsäurebasen) besteht. R. Ritter. 245.

Muromcev, G. S. (Muromzew, G. S.); Moskau. Gibberelliny vysšich rastenij. **(Die Gibberelline der Blütenpflanzen.)** Uspechi sovremennoj biologii, Moskva **54** (1962) Nr. 1. S. 90–101. – 2 Tab., 40 Lit.

Vf. macht Angaben zur Verbreitung, Lokalisation, Methodik der Isolierung und Bestimmung der Gibberelline sowie zum Wirkungsmechanismus. Die Literatur ist bis zum Jahre 1960 berücksichtigt. E. Koch/Jena. 245.

Sembdner, G., Gross, R. und Schreiber, K.; Gatersleben, Inst. für Kulturpflanzenforsch. der Dtsch. Akad. der Wiss. zu Berlin. **Die Dünnschichtchromatographie von Gibberellinen.** Experientia [Basel] **18** (1962) Nr. 12. S. 584–585. – 1 Tab., 12 Lit.

In 7 verschiedenen Lösungsmittelgemischen wurden mit Hilfe der Dünnschichtchromatographie an Kieselsäuregel Versuche zur Trennung der Gibberelline A_1, A_3, A_4, A_5, A_7, A_8 und A_9 durchgeführt. Alle geprüften Gibberelline ließen sich auf 2 Chromatogrammen trennen. In Verbindung mit dem jeweils angewandten Nachweisreagens war die Identifizierung der genannten Gibberelline möglich. H. Opel. 245.

Muromcev, G. S. und Rusanova, N. V. (Muromzew, G. S. und Russanowa, N. W.); Moskau, Unions-Forsch.-Inst. für Düng. und Bodenkunde. Količestvennoe opredelenie gibberellinov po rostovoj reakcii gorocha sorta Pioner G-1. **(Quantitative Bestimmung der Gibberelline nach der Wachstumsreaktion der Erbsensorte 'Pioneer G-1'.)** Fiziologija rastenij, Moskva **9** (1962) Nr. 5. S. 626–629. – 2 Abb., 2 Tab., 14 Lit.

Eine rel. schnelle Methode zur biol. Gibberellinbestimmung an Keimpflanzen der Zwergerbsensorte 'Pioneer G-1' wird beschrieben. Die Erbsensamen werden 3 Tage bei 24–26 °C in Petrischalen zum Keimen gebracht. Samen mit gleichem Wuchs werden ausgelesen und einige Std. im Kühlschrank bei 0–1 °C gehalten. In 150-cm^3-Bechergläser (h 9,5 cm) werden 5 cm^3 Leitungswasser und 0,1 cm^3 der zu untersuchenden Lösung gebracht. Parallel werden Standardgläser mit 0,25 und 0,50 μg Gibberellinsäure und eine Kontrolle mit Wasser angesetzt ($n = 8$–10). Die dem Kühlschrank entnommenen Erbsen werden quer zu den Keimblättern halbiert, die Hälften mit den Wurzeln und dem Sproß werden mit dem Schnitt nach unten zu je 3 Stück in die Bechergläser eingesetzt. Letztere werden mit Glasplatten verschlossen und vier Tage bei 24–26 °C in einem dunklen Thermostaten gehalten. Anschließend wird die Sproßlänge festgestellt. Die Methode ist sehr empfindlich und zeigt bis zu 0,5 μg Gibberellinsäure je Becherglas eine lineare Abhängigkeit des Längenzuwachses von der Konzentration. J. Birke. 245.

Skene, K. G. M. und Carr, D. J.; Melbourne, Univ., Bot. Dep.; Belfast, Queen's Univ., Bot. Dep. Studies of a wheat leaf assay for the quantitative determination of gibberellin activity in plant extracts. **(Studien über einen Weizenblatt-Test zur quantitativen Bestimmung der Gibberellinaktivität in Pflanzenextrakten.)** Phyton [Vicente López, Argentina] **16** (1961) Nr. 2. S. 97–115. – 14 Abb., 2 Tab., 20 Lit.

Weizenkeimlinge der Sorte 'Olympic' wurden im Dunkeln gezogen und die Pflanzen abgeschnitten, wenn die Koleoptilen eine Länge von 5–6 cm erreicht hatten. Die ersten basalen 4 mm wurden entfernt, die nächsten Abschnitte von 4 mm Länge zu je 10 Stück in die Testlösungen eingelegt. Die Längenzunahme der innerhalb der Koleoptilabschnitte befindlichen Blattsegmente diente als Maß der Gibberellinsäureaktivität. Es wurden der Einfluß des pH-Wertes, der Schüttelfrequenz, des Alters der Segmente und verschiedener Konz. von Gibberellinsäure, β-Indolylessigsäure und Saccharose einzeln und in Kombination auf die Längenzunahme der Blattsegmente untersucht. Abschließend bestimmten Vff. die rel. Gibberellin-Aktivität von Bohnensamen in verschiedenen Stadien der Entwicklung. Hierzu wurde der Extrakt aus den Samen zuvor papierchromatographisch getrennt und die in 20 Streifen zerschnittenen Chromatogramme nach dem angegebenen Verfahren auf Gibberellin-Aktivität geprüft. H. Opel. 245.

Schaeverbeke, Jean; Paris, Lab. de Biol. Végétale S.P.C.N. Mise en évidence d'une substance de type gibbérelline dans les filets staminaux d'une Graminée (Zea mays L.). **(Identifizierung einer gibberellinartigen Substanz in den Filamenten einer Graminee [Zea mays L.].)** C.R. hebd. Séances Acad. Sci. **256** (1963) Nr. 6. S. 1351–1354. — 3 Abb., 8 Lit. 245.

Hoffman, I., Parups, E. V. und Carson, R. B.; Ottawa, Canada Dep. of Agric., Res. Branch. Analysis for maleic hydrazide. Part I. Detection and determination in dried green tobacco leaves and suckers. Part II. Determination and persistence in soils. **(Analytische Bestimmung von Maleinsäurehydrazid. 1. Mitt. Nachweis und Bestimmung in getrockneten grünen Tabakblättern und in Geiztrieben. 2. Mitt. Bestimmung und Beständigkeit in Böden.)** J. agric. Food Chem. **10** (1962) Nr. 6. S. 453–455. — 2 Abb., 2 Tab., 13 Lit.

I. Für die Bestimmung erwies sich die Methode von Hoffman (vgl. J. Assoc. off. agric. Chemists **44** [1961] Nr. 4. S. 723.) als sehr gut geeignet. Der Gehalt an Maleinsäurehydrazid (MH) lag in den Geiztrieben wesentlich höher als in den Blättern. Im Feldversuch, bei Anwendung von 2,25 lb./acre MH nach Entfernung der Blütenstände, enthielten die Blätter 3 Wochen nach der Behandlung 37 und die Geiztriebe 482 ppm MH. — II. 10 g lufttrockener Boden werden mit 10 ml Wasser 1 Std. unter Rückfluß gekocht, die Suspension wird zentrifugiert und dekantiert, der Boden nochmals mit 50 ml heißem Wasser suspendiert, wieder zentrifugiert und dekantiert, zur dekantierten Lösung 50 ml Salzsäure zugesetzt und wie bei Hoffman weiterverfahren. Die Nachweisgrenze liegt bei 1 ppm. Tabakpflanzen nahmen aus lehmigen Sand, 0,2–5 ppm MH enthaltend, innerhalb von 2 Mon. nur wenig MH auf. Außerdem ist MH im Boden nur wenig stabil, so daß eine Aufnahme von MH durch die Pflanzen aus dem Boden nach der Behandlung sehr unwahrscheinlich ist. W. Franzke. 245.

Valente, Miloslav, Kutáček, Milan und Šanda, Vlastimil; Praha, VŠZ, Katedra Chem.; Liběchov, Lab. pro Biol. Rozmnožování; Ruzyně, Ústřední Výzkumný Ústav Rostlinné Výroby; Praha, Ústav Organ. Chem. a Biochem. ČSAV. Stanovení derivátů indolu v rostlinném materiálu. IV. Kolorimetrické a fluorimetrické stanovení látky C. **(Bestimmung der Indolderivate im Pflanzenmaterial. 4. Mitt. Kolori- und fluorimetrische Bestimmung des Stoffes C.)** Rostlinná Výroba **8 (35)** (1962) Nr. 11/12. S. 1487–1498. — 6 Abb., 10 Tab., 13 Lit. Zus. in Russ., Dtsch.

Bei der kolorimetrischen Bestimmung hat sich 40%ige Perchlorsäure bewährt, die sowohl mit dem natürlichen als auch künstlichen C-Stoff reagiert. Bei der fluorimetrischen Bestimmung hat sich ein Reagens, das 5% Formaldehyd und 40% Ueberchlorsäure enthielt, am besten bewährt. Da mit den angeführten Reagentien noch eine Reihe weiterer Indolderivate reagiert, wurde der C-Stoff vorher mittels Papierchromatographie isoliert. Beim Chromatographieren in alkalischen Lösungsmittelsystemen zerfällt der C-Stoff in mehrere Produkte, von denen einige wachstumsaktiv sind. Daher müssen neutrale oder schwach saure Lösungsmittel verwendet werden, von denen sich Butylacetat am besten bewährt hat. M. Pštross. 245.

Godnev, T. N., Kaler, V. L. und Rotfarb, R. M. (Godnew, T. N., Kaler, W. L. und Rotfarb, R. M.) K voprosu o nachoždenii fitola v sostave protochlorofilla ėtiolirovannych list'ev. **(Zum Problem des Phytolvorkommens in der Protochlorophyllzusammensetzung etiolierter Blätter.)** Doklady Akademii nauk SSSR, Moskva **140(29)** (1961) Nr. 6. S. 1445–1447. – 1 Abb., 11 Lit.

Die Blätter 9 Tage alter etiolierter Gerstenkeimlinge wurden auf das Vorkommen von Phytol im Protochlorophyll untersucht. Den veresterten Azetonextrakt trennte man chromatographisch in Zellulose- oder Zuckersäulen auf und reinigte ihn anschließend nach der Methode von Fischer und Mitarbeitern. In der veresterten Form des Protochlorophylls konnte Phytol festgestellt, d. h. dessen Synthese in der Dunkelheit nachgewiesen werden. Ob im Protochlorophyllmolekül noch ein anderer Alkohol durch Veresterung gebunden ist, bedarf der Untersuchung. N. Meyer. 246.

Naef, Jacques; Genf, Univ., Inst. de Bot. Gén. Sur le dosage des chlorophylles élaborées par une souche de tissu cambial de carotte. **(Über die Bestimmung der von einem kambialen Gewebestück der Karotte erzeugten Chlorophylle.)** C.R. hebd. Séances Acad. Sci. **255** (1962) Nr. 16. S. 1986–1987. – 1 Tab., 3 Lit.

Teile eines einzigen Stückes aus dem Kambium der Karotte wurden auf einem Medium mit folgender Zusammensetzung kultiviert: halbkonz. Knop'sche Lösung mit 1% Gelatine, 2% Glucose, Indolylessigsäure (10^{-8}), Vitamin B 1 (10^{-6}) und Oligoelemente. Kulturbedingungen in einer Klimakammer: 14std. tägl. Beleuchtung mit 1000 lx von 6500 °K („Tageslicht"). Die Explantate wurden nach 47 bzw. 91 bzw. 97 Tagen Wachstum nach Comaru. Tscheile (vgl. Plant Physiol. **17** [1942] S. 198.) mit Aceton extrahiert und nach Reinigung mit Petroläther die Intensität bei 642,5 und 660,0 nm spektrophotometrisch bestimmt. – Es ergab sich, daß die Konz. an Chlorophyll a (**I**) und b (**II**) mit zunehmendem Alter der untersuchten Gewebe zurückgeht. **I** war in doppelter Menge von **II** vorhanden. Das Verhältnis **I/II** betrug nach 47 Tagen Wachstum 2,025, nach 91 Tagen 2,546 und nach 97 Tagen 2,046. Die lichtinduzierte Bildung von Chlorophyll wird im Hinblick auf das Wachstum diskutiert. R. Ritter. 246.

Roy, D. N., Ray, S. N. und Ganguli, N. C.; Karnal, Punjab, India, Nat. Dairy Res. Inst., Dairy Husbandry and Dairy Chem. Div. A method for the estimation of chlorophyll applicable to in vitro studies. **(Eine Methode für die Bestimmung von Chlorophyll, anwendbar für in-vitro-Untersuchungen.** Sci. and Cult. [Calcutta] **28** (1962) Nr. 12. S. 589–590. 246.

Carotingehalt in Futterpflanzen. Rostock, Inst. Landwirtsch. Versuchs- u. Untersuchungswes. Dtsch. Akad. Landwirtsch.-Wiss. Berlin Plan-Nr.: 170 125 2–08/0. Abschlußber. (6/3. 1963).

Die Veränderungen im Carotingehalt wirtschaftseigner Futterstoffe im Jahresverlauf (Gär- und Rauhfutterproben) werden auf Grund der Ergebnisse aus 15 Schnittzeitenversuchen und 226 Einsäuerungsversuchen, davon 46 in Kleinsilos und 180 in PVC-Beuteln, verfolgt und die Verdaulichkeit des Carotins in Abhängigkeit vom Vegetationsstadium, der Lagerungsdauer und der Pflanzenart bestimmt. 246.

Schenk, Wilfried; Halle/S., Univ., Inst. für Allg. Bot. **Colorimetrische Bestimmung der 4-Hydroxypipecolinsäure, 4-Aminopipecolinsäure und Pipecolinsäure mit Ninhydrin in Pflanzenextrakten.** Biochem. Z. **336** (1963) Nr. 6. S. 557–563. – 6 Abb., 1 Tab., 8 Lit. Zus. in Engl. 246.

Bisset, N. G. und Chatterjee, A.; Calcutta, Univ. Coll. of Sci., Dep. of Chem. New observations on kopsine, an indoline alkaloid of Kopsia pruniformis, Reichb. f. et. Zoll. ex. Bakh.f.-revised nomenclature of Kopsia species.

(Neue Beobachtungen über Kopsin, ein Indol-Alkaloid aus Kopsia pruniformis Reichb. f. et. Zoll. ex. Bakh. f. – Revidierte Nomenklatur der Kopsia-Arten.) Sci. and Cult. [Calcutta] 28 (1962) Nr. 12. S. 592. 246.

Tyihák, E. und Sárkány-Kiss, I. **Histochemische Untersuchung des Kamillen-Prochamazulens.** Z. Bot. **50** (1962) Nr. 3. S. 265–270. – 10 Lit.

Mit Br_2- und Cl_2-Gas, das mit dem Prochamazulen (**I**) eine Farbreaktion eingeht, wurden Röhrenblüten von Kamillen auf das Vorhandensein dieses Stoffes geprüft. Die Untersuchungen führten zu folgenden Ergebnissen: Drüsenzahl einzelner Röhrenblüten und Gesamtgehalt an **I** der Blütenkörbchen korrelierten nicht miteinander. Die Zahl der **I**-haltigen Drüsen je **I**-haltiger Röhrenblüte korrelierte nicht mit dem Gesamtgehalt der Blütenkörbchen. Das Verhältnis von **I**-freien zu **I**-haltigen Drüsenhaaren zeigte keine Beziehung zum Gesamtgehalt. Die **I**-haltigen Röhrenblüten enthielten etwa die 2,5-fache Drüsenhaarzahl der **I**-freien (90,03:36,06). Sorten und Wildkamillen aus verschiedenen europäischen Ländern wurden verglichen, wobei die wildwachsenden Röhrenblüten keine gesicherten Abweichungen aufwiesen. H. Schröder. 246.

Horstmann, Christian. **Die quantitative Bestimmung von Khellin und Visnagin aus Ammi visnaga L.** Kulturpflanze **10** (1962) S. 132–139. – nach Zus.

Für die kolorimetrische Bestimmung von Khellin und Visnagin aus *Ammi visnaga* L. wird eine empfindliche Farbreaktion beschrieben, die auf der Bildung eines blauvioletten Farbstoffs aus Furanochromonen und m-Dinitrobenzol in stark alkalischer Lösung beruht. Die Empfindlichkeit der Methode reicht aus, um beide Verbindungen nach papierchromatographischer Trennung quantitativ zu bestimmen. Die gleiche Reaktion eignet sich für die Sichtbarmachung von Khellin und Visnagin auf dem Papierchromatogramm. 246.

Jones, J. C. und Fricker, D. J.; Wye, Kent, Nat. Agric. Advisory Serv., Nutrit. Chem. Dep. Iso-butyric acid in silage. **(Isobuttersäure in Silage.)** Nature [London] **196** (1962) Nr. 4860. S. 1211. – 1 Tab., 3 Lit.

Im Winter 1961/62 wurden in Südostengland 400 Gras- und Kleegrassilagen gaschromatographisch auf ihren Gehalt an Isobuttersäure untersucht. 38 Proben davon enthielten durchschnittlich 0,13% Isobuttersäure (auf Trockensubstanz berechnet). Sie entsteht unter den gleichen Bedingungen wie Buttersäure. Silagen vom pH,4,0–4,5 enthielten zu 4,9%, vom pH 4,6–5,0 zu 13%, vom pH 5,1–5,5 zu 57,5% und vom pH 5,6–6,0 zu 42,6% Isobuttersäure. W. Franzke. 246.

Markakis, Pericles, Jarczyk, Andrzej und Krishna, S. P.; East Lansing, Michigan State Univ., Food Sci. Dep. Nonvolatile acids of blueberries. **(Nichtflüchtige Säuren von Heidelbeeren.)** J. agric. Food Chem. **11** (1963) Nr. 1. S. 8–11. 246.

Browne, D. A. Removing trapped air in density determinations on seeds. **(Entfernung eingeschlossener Luft bei Dichtebestimmungen von Samen.)** J. agric. Engng. Res. **7** (1962) Nr. 3. S. 269–270. – 1 Abb., 2 Lit.

Bei Dichtebestimmungen von Samen nach der Flüssigkeitsverdrängungsmethode ist das Ausmaß der Evakuierung etwa eingeschlossener Luft von Bedeutung. Lediglich bei Weizen konnte eine konstante Dichte nach Evakuierung auf 260 mm Hg oder niedriger für 5 Min. erreicht werden. Bei Hafer und Zuckerrüben konnten keine konstanten Dichten erreicht werden, obwohl die Evakuierung teilweise bis auf 50 mm Hg fortgesetzt und die Zeit bis 30 Min. ausgedehnt wurde. Hier muß nach Meinung des Vf. dann nach der Luftverdrängungsmethode gearbeitet werden. H. Herzmann. 247.

Chesnin, Leon und Beavers, A. H.; Lincoln, Nebr., Univ., Dep. of Agronomy; Urbana, Ill., Univ., Dep. of Agronomy. Preparation of plant samples for X-ray emission spectrography. **(Vorbereitung von Pflanzenproben für die Röntgenstrahlen-Emissionsspektrographie.)** Agronomy J. **54** (1962) Nr. 6. S. 487–489. – 2 Abb., 1 Tab., 5 Lit.

Vff. vergleichen zwei Methoden der Vorbereitung des Pflanzenmaterials für die Bestimmung von Zn durch Röntgenstrahlen-Emissionsspektrographie. Verwendet wurden gemahlene Maisblätter (1. und 6. Blatt) aus Feldversuchen. Nach Whittig et. al. (vgl. LZ. Abt. II **7** [1962] Nr. 3. S. 701.) wurde das getrocknete Material lose gepackt. Vff. stellten durch Zusatz des synthetischen Harzes „Permount" als Kittsubstanz Preßstücke her. Diese sind in ihrer Zusammensetzung einheitlich und können längere Zeit ohne physikal. oder chem. Veränderung gelagert werden. Gleichzeitig wurden Proben mit $ZnSO_4$-Zusatz gemessen und aus den erhaltenen Meßwerten die Gehalte der Proben an Zn errechnet. B. Effmert. 247.

F. Pflanzensoziologie

Bodrogközy, Gy. Cenologičeskaja ocenka travopol'nych associacij zasejannych posle lučšenija derniny na zasolennych počvach Hortobágy. **(Zönologische Bewertung der auf den Alkali-[Szik-]Böden der Steppe Hortobágy nach dem Rasenaufbruch angebauten Grünlandgesellschaften.)** Acta agronom. Acad. Sci. hung. **11** (1962) Nr. 3/4. S. 345–367. – Aus: Ung. Agrar-Rdsch. **1963** Nr. 1.

Die Versuche hatten 1. Rasenmelioration ohne Umbruch und 2. Studium der Ergebnisse auf den nach dem Umbruch errichteten Mähwiesen und Weiden zum Inhalt. Bei der Untersuchung der ursprünglichen Bestände in der Umgebung des Versuchsareals wurde festgestellt, daß diese ihrem Ursprung nach Alkali-Moorwiesen waren (*Agrosti-Alopecuretum pratensis*), die sich infolge der allmählichen Austrocknung in Artemisiensteppen (*Artemisio-Festucetum pseudovinae*) verwandelt hatten. Auf die physikal. Struktur des Bodens verweist die Bestimmung der Bindigkeitszahl (Krume 50, Untergrund 79). Im Akkumulationshorizont wurde nur wenig Soda (0,4%) gefunden. Der Sandflieder (*Statice gmelini*)-Typ tritt nur fleckenweise auf, wo der Boden bindiger ist und der Gesamtsalzgehalt im Akkumulationshorizont bis 0,7% ansteigen kann. Der Boden der Versuchsparzellen wurde teils mit der Scheibenegge, teils mit dem Schälpflug gelockert. Zur Melioration wurden kleine und größere Mengen von Kalk + Gips, teils auch Stalldung gegeben. Dann wurden folgende Pflanzengemeinschaften angebaut: 1. Aufrechte Trespe, Deutsches Weidelgras, Luzerne; 2. *Agropyron cristatum*, Wiesenschwingel, Deutsches Weidelgras, Weißklee; 3. Queller, Rotschwingel, Hornklee; 4. Wehrlose Trespe, Straußgras, Weißklee; 5. Wiesenfuchsschwanz, *Agropyron cristatum*, Rotschwingel, Weißklee, Hornklee, Steinklee. Diese Bestände wurden nach 7 Jahren soziol. und ökol. untersucht. Aus den festgestellten Arten und ihrem Deckungsgrad konnte auf den Erfolg der künstlichen Vergesellschaftung und der Bodenmelioration Schlüsse gezogen werden. Die Kombination Nr. 5 war die erfolgreichste. Mit dieser Methode können in den Mähwiesen auf Szikböden vorteilhaftere Bestände aus Ober- und Untergräsern gebildet werden, die unter den gegebenen Bedingungen die höchsten Erträge bei hohem Nährwert liefern. 253.

Doing, H. und Werf, S. van der; Wageningen, Landbouwhogeschool, Lab. voor Plantensystematiek en -geografie. Overzicht der Nederlandse vegetatiekaarten. **(Übersicht über die Niederländischen Vegetationskarten.)** Meded. Landbouwhogeschool Wageningen **62** (1962) Nr. 6. S. 1–30. – 1 Abb. 259.

K. Agrarmeteorologie

Woudenberg, J. P. M., Lempke, B. J. und Jansen, P. B. Het fenologisch onderzoek in 1961. **(Die phänologischen Untersuchungen im Jahre 1961.)** Landjouwkund. Tijdschr. **74** (1962) Nr. 19. S. 831–839. – 2 Abb., 5 Tab.
Es wird ein Bericht der einzelnen Studiengruppen des Phänol. Beobachtungsdienstes der Niederlande für das Jahr 1961 gegeben. Nach einer Analyse des Wetters werden die mittleren Blühdaten wilder Pflanzen und die phänol. Daten einiger Obstgewächse (hauptsächlich Apfelsorten) gegeben. Die Beobachtungsstellen für diese Angaben befanden sich in allen Provinzen der Niederlande. Die Daten wichen in den einzelnen Landesteilen nicht erheblich voneinander ab. Angaben über das Auftreten von Schmetterlingen und Zugvögeln vervollständigen die Übersicht. E. M. Ardelt. 293.

Čirkov, Ju. I. (Tschirkow, Ju. I.) Agrometeorologičeskie pokazateli prirosta kukuruzy, ustanovlennye s učetom ploščadi listovoj poverchnosti. **(Agrarmeteorologische Kennziffern für das Wachstum von Mais, aufgestellt unter Berechnung der Blattfläche.)** Tr. Centr. in-ta prognozov **1961** Nr. 107. S. 35–43. – Aus: Referativnyj žurnal. Biologija, Moskva **1962** Nr. 2. G 238. S. 28–29.
In den Jahren 1956–59 wurden die Beziehungen zwischen den agrarmeteorol. Bedingungen und der Gewichtszunahme beim Mais unter Berücksichtigung der Größe der Blattoberfläche untersucht. Ein einfaches Verfahren zur Messung der Blattoberfläche mit Hilfe einer Formel wird beschrieben. Sortenunterschiede haben keinen Einfluß auf die Zusammenhänge zwischen der Gewichtszunahme und der Größe der Blattoberfläche des Maises. Durch Beobachtungen an 12 Parzellen wurden die günstigsten Bedingungen für einen hohen Grünmais-Ertrag bei einer produktiven Bodenfeuchtigkeit von 40 mm in einer 40 cm mächtigen Bodenschicht und bei einer Temperatur von 23–24 °C festgestellt. Bei Verminderung der produktiven Bodenfeuchtigkeit auf 21–30 mm erfolgte der höchste Zuwachs bei einer Temperatur von 19–20 °C. übersetzt v. E. Fröhmcke. 296.

Denmead, O. T., Fritschen, L. J. und Shaw, R. H.; Iowa State Univ. Spatial distribution of net radiation in a corn field. **(Die Verteilung der Strahlungsbilanz in einem Maisfeld.)** Agronomy J. **54** (1962) Nr. 6. S. 505–510. – 8 Abb., 1 Tab., 8 Lit.
Mit einem Netz von 18 Miniaturstrahlungsbilanzmessern wurde die Strahlungsbilanz über, unter und innerhalb der Pflanzendecke eines Maisbestandes gemessen. Bei Beginn der Messungen am 11. Juli, einige Tage vor Blühbeginn, betrug die durchschnittliche Strahlungsbilanz am Boden des Bestandes 42% der Nettostrahlung über dem Bestand. Nachdem die max. Blattfläche erreicht war, wurden am Boden nur 25% der Nettostrahlung über dem Bestand verbraucht, während 75% innerhalb der Pflanzendecke verbraucht wurden. – In der Verteilung der Nettostrahlung gab es Differenzen zwischen klaren und wolkigen Tagen. An wolkigen Tagen wurde im Verhältnis weniger Energie innerhalb der oberen Hälfte der Pflanzendecke verbraucht und rel. mehr in der unteren Hälfte. – Über eine Periode von 19 Tagen nach dem Erreichen des Blattflächenmax. zeigten Bodenfeuchtebestimmungen, daß die Verdunstung 23% und die Transpiration 77% der Evapotranspiration betrug. Dies ist für die Verdunstung viel weniger als bei der gesamten Zeit, wo die Verdunstung bis zu 50% geschätzt wurde. In dieser Periode von 19 Tagen betrug die am Boden verbrauchte Energie 27% der Nettostrahlung über dem Bestand und die innerhalb des Bestandes umgesetzte Strahlung betrug 73%. Es wird vermutet, daß engerer Pflanzenabstand als 40 in. die Energie, die dem Bestand für die Photosynthese zur Verfügung steht, um 10–15% vermehrt. Einige von den Folgerungen für die Evapotranspiration und den Wasserverbrauch werden diskutiert. A. Raeuber. 296.

Kuiper, P. J. C.; Wageningen, Netherlands, Agric. Univ., Lab. of Plant Physiol. Res. Preliminary observations on the effect of light intensity, temperature, and water supply on growth and transpiration of young beet plants under controlled conditions. **(Vorläufige Beobachtungen über die Wirkung der Lichtintensität, Temperatur und Wasserversorgung auf Wachstum und Transpiration junger Runkelrüben unter regulierten Bedingungen.)** Meded. Landbouwhogeschool Wageningen **62** (1962) Nr. 7. S. 1–27. – 19 Abb., 8 Tab., 20 Lit.

Die Transpiration der Rübe hängt linear von dem Wasserdampfdefizit der Luft ab; die Steilheit der Regressionsgeraden ist durch die Lichtintensität bedingt. Das Frischgewicht des Sprosses hängt linear von der Blattfläche ab. Die Tr.-Subst.-Produktion hängt ab von der Temperatur, der Lichtintensität und im geringerem Maße von der Wasserversorgung. Das Trockengewicht der Schosse hängt von der Lichtintensität nach der von Mitscherlich aufgestellten Beziehung ab. Die Tr.-Subst.-Bildung der Wurzeln steigt exponentiell mit zunehmender Lichtintensität; eine Temperaturwirkung ist hier nicht wahrzunehmen. Für den Wasserverlust durch Transpiration über eine 6wöch. Periode erhält Vf. folgende Beziehung: $T = T_{max}\ (1 - 10^{aI})$. Hierbei bedeuten: T = Transpiration (g Wasser), a = Koeffizient, I = Lichtintensität (in 10^4 erg./s · cm^2). Für T_{max} gilt $T_{max} = [f(M)] \cdot (V.P.D.)$, wobei M die verfügbare Bodenfeuchtigkeit in % darstellt, V.D.P. = Wasserdefizit (mm Hg). W. Hiller. 296.

Kükedi, E. The influence of climatic factors on panicle development and flowering of sweet Sudan grass. **(Der Einfluß von klimatischen Faktoren auf Rispenentwicklung und Blühen bei süßem Sudangras.)** Acta agronom. Acad. Sci. hung. **11** (1962) Nr. 3/4. S. 265–280. – Aus: Ung. Agrar-Rdsch. **1963** Nr. 1.

Von den Umweltbedingungen haben bes. Temperatur und Luftfeuchte Einfluß auf den Tagesrhythmus des Blühens von Zuckerhirse (*Sorghum vulgare* var. *sudanense* conv. *saccharatum*). Für das Öffnen der Blüten, das Reifen der Staubbeutel und für das Stäuben ist eine bestimmte Luftfeuchte erforderlich. Reife der Staubbeutel und Stäuben werden durch Temperaturen von 20–30 °C gefördert. Die Blühperiode wird stark verkürzt, wenn die frühe Morgentemperatur nicht unter 20 °C sinkt. Kühle Witterung verlängert die Blühzeit, so daß die Blüten u. U. den ganzen Tag geöffnet bleiben. Für das Aufblühen ist 70–90% Luftfeuchte am günstigsten; unter 60% bleiben die Blüten geschlossen. Die Sonnenstrahlung hat nur indirekt Einfluß. Regen schädigt den Pollen nicht, hemmt aber das Blühen. Bei günstigen Bedingungen dauert die Hauptblüte 1–2 Tage, bei ungünstigen Bedingungen bis zu 3 Tage. Die Gesamtblühdauer beträgt in Ungarn 13–15 Tage bei wesentlicher Modifizierung durch die Umwelt. 296.

Cooper, William C., Peynada, Ascension und Furr, J. R.; Orlando, Fla., U.S. Dep. of Agric., A.R.S., Horticult. Stat., Crops Res. Div.; Wescalo, Tex., U.S. Fruit Vegetable, Soil and Water Lab.; Indio, Calif., U.S. Date Field Stat. Research planned on responses of Valencia oranges to microclimate particularly temperature. **(Planmäßige Untersuchungen über die Reaktion von 'Valencia'-Orangen auf das Mikroklima, besonders die Temperatur.)** Proc. Florida State horticult. Soc. **73** (1960) S. 52–60. – 4 Abb., 4 Tab., 6 Lit.

In 9 *Citrus*-Anbaugebieten der USA mit unterschiedlichen klimatischen Bedingungen wurden bisher 5jähr. Untersuchungen zur Erforschung der entspr. Mikroklimate durchgeführt. Die Stationen sind mit modernen Instrumenten ausgerüstet, die Messungen sowohl der Umgebung der Bäume als auch der Blätter, Früchte, Äste, des Stammes und der Wurzeln ermöglichen. So konnte z. B. ein Übereinstimmen der Tages- und Nachttemperaturen der

Früchte mit denen der Luft festgestellt werden (Orlando). Dagegen waren die Temperaturen der Blätter am Tage höher und in der Nacht niedriger als die der sie umgebenden Luft. Unterschiede im Baumwuchs traten zwischen den einzelnen Anbaugebieten auf. Ergebnisse über Baum- und Fruchtwachstum in Abhängigkeit vom Mikroklima liegen noch nicht vor. Entspr. Untersuchungen sind in den nächsten Jahren vorgesehen. E. Wittenberg. 296.

Knoch, Karl; Offenbach/M. **Die Landesklimaaufnahme. Wesen und Methodik.** Ber. dtsch. Wetterdienstes **12** (1963) Nr. 85. S. 1–64. – 41 Abb., 3 Tab., 155 Lit. Zus. in Engl.
Zu der geol. und bodenkundlichen Landesaufnahme tritt die Landesklimaaufnahme, die dem Landwirt, Gärtner, Forstmann, Städte- und Industrieplaner und Landschaftsgestalter dienen soll. Als Kartengrundlage werden vorgeschlagen das Meßtischblatt 1:25000 und die Flurkarte 1:2500. Eine Kartierung sollte zunächst nur dort vorgenommen werden, wo die Bereitschaft zur Herausbildung örtlicher Klimazüge besteht. Man erwartet letztere dort, wo die Windgeschwindigkeit im Jahresmittel unter 3 m/s liegt (bei nicht zu hoher Bewölkung). In der flachen norddeutschen Tiefebene ist also die Landesklimaaufnahme nicht so notwendig. Die Kartierung geht aus von der geländemäßigen Erfassung der Besonnung. Unter Besonnung ist die max. direkte Sonnenstrahlung in kcal/cm^2 pro Jahr bzw. pro Vegetationsperiode unter Berücksichtigung von Exposition, Hangneigung, Horizontüberhöhung zu verstehen. Wesentlich für die Kurortklimatologie erscheint die Größe der „Lufterneuerung" in den Tälern, die vom Talquerschnitt abhängig ist und ebenfalls kartiert werden kann. Für die Klimabewertung werden u. a. weiter herangezogen die Frostgefährdung, obere Grenze des Frostes in Tälern, Frostlöcher, Stellen starker Bodenaustrocknung, Erosionsschäden, windoffene Gebiete, Nebelgefahr, Überschwemmungsgebiete, Schneeverwehungen. Bei der Kartierung sollen Gelände- und Schreibtischarbeit sinnvoll verknüpft werden. Die Besonnung wird zweckmäßig mit dem Besonnungsmesser von Morgen bestimmt. Das Makroklima soll in Form eines Klimagramms charakterisiert und der Karte beigegeben werden. Die Klimabewertung ist abhängig vom Verwendungszweck des Geländes. Vf. führt Bewertungsskalen vor, die der landwirtschaftlichen Nutzung (und teilweise auch der Besiedlung) angemessen sind. A. Raeuber. 299.

Fischer, P. Leander. **Ein Impluviometer.** Wetter u. Leben [Wien] **14** (1962) Nr. 9/10. S. 191–197.
Es wird ein einfaches Gerät beschrieben, mit dem die Registrierung der Niederschlagsstruktur möglich ist. Das Gerät besteht aus einer Scheibe, die durch ein Uhrwerk mit Tagesumlauf unter einem kleinen Spalt hinweggedreht wird. Auf der Scheibe ist mit Kopierstift präpariertes Papier auswechselbar befestigt. Fällt Niederschlag durch den Spalt auf das Papier, so erzeugt er dort eine deutliche Violettfärbung, deren Aussehen die Natur der Teilchen erkennen läßt. So wird die Erfassung selbst kleinster Niederschlagsmengen möglich, die der Messung mit den normalen Geräten entgehen. Die Bilder, die die einzelnen Hydrometeore auf dem Papier ergeben, sind dargestellt. Zur Auswertung wird das Aussehen der Hygrogramme durch verschiedene Symbole in Tabellen eingetragen. Sie geben einen schnellen Überblick über den Tagesgang des Niederschlages und seine Gestalt, wie an einigen Beispielen gezeigt wird. In beigelegten Tabellen werden die Beobachtungsergebnisse von 2½ Jahren mitgeteilt, um die Möglichkeiten einer klimatolog. Auswertung der Resultate zu zeigen. U. Wendling. 299.

Miščenko, Zinaida Antonovna. Hrsg.: Glavnoe upravl. gidr. služby pri Sovete minist. SSSR. **Sutočnyj chod temperatury vozducha i ego agroklimatičeskoe značenie.** (Tagesverlauf der Lufttemperatur und seine agroklimatische Bedeutung.) Leningrad: Gimiz. 1962. (199 S.) 8°. (1963 A 292)

III. BODENKUNDE

A. Allgemeine Literatur, Berichte, Statistiken u. a.

Russell, E. John. The rebirth of soil science in Great Britain. **(Die Wiedergeburt der Bodenkunde in Großbritannien.)** Soil Sci. **94** (1962) Nr. 4. S. 204 bis 213. – 10 Lit.

Ein historischer Überblick über die Entwicklung der Bodenkunde in Großbritannien in den letzten 300 Jahren wird gegeben. Als Beginn der neueren Periode in der brit. Bodenkunde wird das Jahr 1894 angesehen. Von diesem Zeitpunkt ausgehend werden 5 Perioden besprochen und die Forschungsrichtungen und -arbeiten führender Bodenkundler, die bodenkundlichen Veröffentlichungen, Tagungen und Gesellschaften kritisch betrachtet.

O. Knabe. 301.

Stanberry, Chauncy O. und Anderson, Duwayne M.; Tucson, Ariz., Agric. Exp. Stat. A convenient punched-card filing system. **(Eine brauchbare Lochkartenkartei.)** Soil Sci. **94** (1962) Nr. 6. S. 397–403. – 3 Abb., 20 Lit.

Eine derartige Kartei wird von den Fachleuten nur dann als leistungsfähig genug beurteilt, wenn sie wenigstens bis zu 10000 Begriffe zu registrieren gestattet. Bei dem reichen Angebot an geeigneten Systemen sollte jede zu treffende Auswahl erst nach sorgfältiger Prüfung aller wesentlichen Gesichtspunkte getroffen werden. Vff. beschreiben ein bes. anpassungsfähiges System, das infolge seiner technischen Aufmachung ein leichtes Herausfinden der gesammelten Sachwörter ermöglicht. Es handelt sich dabei um eine Lochkartenkartei, die nach orthographischen Prinzipien organisiert ist. Da sie in ihrer Gliederung dem menschlichen Denkprozeß weitgehend angepaßt ist, brauchen für ihre Bedienung weder umfangreiche Register noch spezielle Kenntnisse oder bes. Sorgfalt vorausgesetzt zu werden. Die Gesamtkosten für die zu beschaffenden Karteikarten und sonstiges Zubehör bezeichnen Vff. als unbedeutend.

W. Prager. 301.

The soil and Crop Science Society of Florida. Proceedings 1961. Twenty -first Annual Meeting of the Society Floridan Hotel, Tallahassee, Florida, November 14, 15 and 16, 1961. (320 S.) 15×22,5 cm = Volumen 21. 1961. Der Band enthält 42 Beiträge aus den Fachgebieten Bodenkunde, Pflanzenernährung und Düngung, Pflanzenbau und Melioration. Von den bodenkundlichen Themen ist bes. die Beschreibung einer kurzen, quantitativen Methode zur Bestimmung der Populationsdichte von Bodenpilzen (N. C. Schenk und E. A. Curl) hervorzuheben, während hinsichtlich der Pflanzenernährung der Beitrag von H. W. Lundy und J. A. G. Fiskell über die Reaktion verschiedener Kleesorten auf Mikronährstoffgaben Beachtung verdient. Schließlich ist auf das im Rahmen dieser Tagung abgehaltene Stickstoff-Symposium hinzuweisen, auf dem Beiträge über die Umwandlung des N im Boden und seine Verwertung durch verschiedene Pflanzen vorgetragen wurden. In pflanzenbaulicher Hinsicht ist der Beitrag von B. A. Bourne zur Geschichte des Zuckerrohranbaus in Südflorida und über die Möglichkeiten seiner weiteren Ausdehnung bes. interessant. Die Beiträge aus dem Gebiet der Melioration haben Fragen der Wasserregulierung in Südwestflorida zum Inhalt und besitzen demzufolge vorwiegend regionale Bedeutung.

H. Kretschmer.

B. Grundlagen zur Bodenkunde

Sherman, G. Donald, Schultz, Florence und Alway, F. J.; Honolulu, Univ. of Hawaii. Dolomitization in soils of the Red River valley, Minnesota. **(Dolomitbildung in Böden des Red-River-Tales von Minnesota.)** Soil Sci. **94** (1962) Nr. 5. S. 304–313. – 5 Abb., 2 Tab., 6 Lit.

Kalkhaltige Bodenbildungen waren im Untersuchungsgebiet schon von Alway und Zetterberg (1935) beschrieben worden. Mit Hilfe von HCl-Reaktionen konnten diese Autoren nachweisen, daß 35–79% des Carbonatgehaltes jener Böden, die aus Geschiebelehm hervorgegangen waren, in dolomitischen Bindungen vorliegen. Es war nun zu klären, ob diese Dolomitvorkommen in den Böden des Red-River-Tales primären oder sekundären Ursprungs sind. Die Ergebnisse der Feld- und Laboruntersuchungen lassen u. a. darauf schließen, daß die Umwandlung der Carbonate in Dolomit in erster Linie unter dem Einfluß stark Mg-haltigen Wassers erfolgt. Die Dolomitbildung kommt am häufigsten in Böden vor, die sich auf den schluffigen und sehr feinsandigen Sedimenten glazialer Seengebiete entwickeln konnten; hier bleibt dieser Prozeß allerdings begrenzt auf den Grundwasserschwankungsbereich im Profil. Die Dolomitbildung im Boden stellt somit einen sekundären Prozeß dar.

W. Prager. 322.

Plas, L. van der; Wageningen, Lab. voor Regionale Bodemkunde, Geol. en Mineral., Afd. Geol. en Mineral. De stabiliteit van mineralen in de bodem. **(Die Stabilität von Mineralen im Boden.)** Landbouwkund. Tijdschr. **74** (1962) Nr. 22. S. 949-960. – 1 Tab., 9 Lit. Zus. in Engl.

Vf. geht vom Begriff „Boden" aus und berücksichtigt bei der Definition die Temperatur, die von –40 °C bis +80 °C variieren kann, sowie den Druck, der meistens ca. 1 kg/cm² beträgt. Der Boden ist ein aus vielen Phasen zusammengesetztes System. Die im Boden vorhandenen Ansammlungen von Mineralen unterstehen den gleichen Prinzipien wie dieselben Minerale in Gesteinen. Für den Bodenkundler sind die Minerale von Interesse, die für die Pflanzen unentbehrliche Ionen, bes. K-Ionen, enthalten. K kommt in Orthoklas und Glimmer vor. Feldspat ist somit der wichtigste K-Lieferant. Er wird im Boden in Kaolinit übergeführt. Bei diesem und allen analogen Prozessen spielt die Entropie eine bedeutende Rolle. Die Entropiewerte für verschiedene Bodenkomponenten werden mitgeteilt. E. M. Ardelt. 322.

Smith, Wilma W.; Cragiebuckler, Aberdeen, Macaulay Inst. for Soil Res. Weathering of some Scottish basic igneous rocks with reference to soil formation. **(Verwitterung einiger schottischer basischer Magmatite in Beziehung zur Bodenbildung.)** J. Soil Sci. **13** (1962) Nr. 2. S. 202–215. – 2 Abb., 4 Tab., 24 Lit.

Mittels Dünnschlifftechnik und Röntgenanalyse wurden die Verwitterungsvorgänge einiger basischer Magmatite unterkarbonen Alters untersucht. Trotz weitgehender mineralogischer Ähnlichkeit haben die Gesteine eine unterschiedliche Struktur. Die feinkörnigen unter ihnen sind der phys. Verwitterung gegenüber widerstandsfähiger. In jedem Gestein wird das Olivin durch hydrothermale Alteration beeinflußt. Es entstehen Schichtgittersilicate. Vf. beschreibt die Verwitterung dieser Produkte und der anderen Mineralbestandteile. An Hand der Feinsandfraktion (0,2–0,02 mm) wurde die Verwitterungsresistenz der Primärminerale untersucht. Die Beständigkeit nimmt vom Olivin über Labradorit, Augit, Magnetit, Ilmenit zum Hämatit zu. Schluff (0,02 bis 0,002 μm) und Ton ($<$ 1,4 μm) enthalten in Abhängigkeit vom Verwitterungszustand von Augit und Feldspat Saponit und/oder Vermiculit. Während Kaolin in beiden Fraktionen vertreten ist, ist Illit selten. Die Kationenaustauschkapazität der Schluff- und Tonfraktionen stimmt meistens mit den Gehalten an Schichtgittersilicaten überein. D. Werner. 325.

Watson, J. P.; Salisbury, South Rhodesia, Univ. Coll. of Rhodesia and Nyasaland. Formation of gibbsite as a primary weathering product of acid igneous rocks. **(Bildung von Gibbsit als ein primäres Verwitterungsprodukt der sauren Magmatite.)** Nature [London] **196** (1962) Nr. 4859. S. 1123–1124. – 1 Abb., 1 Tab., 3 Lit.

Vf. untersuchte das Verwitterungsprofil eines Granits unter subtropisch-wechselfeuchten Klimabedingungen in der Nähe von Salisbury. Durch Anwendung der Differentialthermo- und der Röntgenanalyse gelang der Nachweis von Gibbsit als flüchtige Bildung eines frühen Verwitterungsstadiums. Die endotherme Spitze des Gibbsits erscheint in der DTA-Kurve bei etwa 350 °C. Im Gegensatz zum Gibbsit tritt Kaolinit in den stark verwitterten oberen Profilteilen am deutlichsten in Erscheinung. D. Werner. 325.

Parfenova, Elena Ivanovna und *Jarilova, Ekaterina Arsenevna.* Hrsg.: Akad. nauk SSSR. **Mineralogičeskie issledovanija v počvovedenii.** (Mineralogische Untersuchungen in der Bodenkunde). Moskva: Izd. Akad. nauk SSSR. 1962. (205 S.) 8°. (1963 A 161)

C. Bodenchemie

Paauw, F. van der; Groningen, Inst. for Soil Fertility. Periodic fluctuations of soil fertility, crop yields and of responses to fertilization effected by alternating periods of low or high rainfall. **(Periodische Veränderungen von Bodenfruchtbarkeit, Ernteerträgen und Düngungswirkungen infolge wechselnder Perioden von niedrigem und hohem Niederschlag.)** Plant and Soil [The Hague] **17** (1962) Nr. 2. S. 155–182. – 15 Abb., 24 Lit. Zus. in Franz., Dtsch.
Soweit Material vorhanden, vergleicht Vf. die Schwankungen von Witterungsfaktoren aus vergangenen Jahrzehnten mit den Schwankungen verschiedener Bodenfaktoren. Aus diesen Vergleichen wird deutlich, daß z. B. P- und K-Gehalte des Bodens in trockenen Jahren ansteigen und in nassen fallen, während sich der pH-Wert entgegengesetzt verhält. Weiterhin deutet sich eine negative Beziehung zwischen dem Gehalt an wasserlösl. P im Boden und der Düngewirkung von zugesetztem P an. Auch die N- und K-Düngewirkungen variieren wahrscheinlich periodisch in Abhängigkeit von den Niederschlägen, doch ist hier die Zahl der Beobachtungen noch sehr gering.
H. Kretschmer. 330.

Bobrickaja, M. A. (Bobrizkaja, M. A.) Postuplenie azota v počvu s atmosfernymi osadkami v različnych zonach Evropejskoj časti SSSR. **(Stickstoffzufuhr in den Boden durch Niederschläge in verschiedenen Zonen des Europäischen Teils der UdSSR.)** Počvovedenie, Moskva **1962** Nr. 12. S. 53–60. – 2 Abb., 4 Tab., 27 Lit. Zus. in Engl. 330.

Simpson, J. R.; Canberra, C.S.I.R.O., Div. of Plant Ind. Mineral nitrogen fluctuations in soils under improved pasture in Southern New South Wales. **(Schwankungen des mineralischen Stickstoffs in Böden unter Kulturweide im südlichen Neu-Südwales.)** Austral. J. agric. Res. **13** (1962) Nr. 6. S. 1059 bis 1072. – 4 Abb., 3 Tab., 21 Lit.
Unter den klimatischen Bedingungen der Ebene im Süden von Neu-Südwales (im Sommer und Herbst warm und trocken, im Winter kalt und feucht, im Frühjahr wechselhaft) wird im Sommer und Herbst NO_3-N in der obersten Bodenschicht der Weiden angereichert. Vf. führt diese Tatsache auf die Förderung der N-Mineralisation durch die häufige Austrocknung des Bodens bei gleichzeitig gehemmtem N-Entzug einerseits und auf den Aufstieg von NO_3-N mit dem Bodenwasser aus tieferen Schichten andererseits zurück. Die Stimulation der NO_3-Bildung durch wechselndes Austrocknen und Wiederbefeuchten wurde auch im Bebrütungsversuch festgestellt. Die beschriebene NO_3-Anreicherung trat nur in solchen Böden auf, die einen Gesamt-N-Gehalt von mindestens 0,10% in der obersten 5-cm-Schicht aufwiesen.
V. Koepke. 330.

Jansson, Sven L.; Uppsala, Roy. Agric. Coll. of Sweden. Balance sheet and residual effects of fertilizer nitrogen in 6-year study with N 15. **(Bilanzbetrachtungen und Nachwirkungen des Düngerstickstoffs in einer 6-jährigen Untersuchung unter Verwendung von N-15.)** Soil Sci. **95** (1963) Nr. 1. S. 31–37. – 6 Tab., 9 Lit.
Mit Hafer als Testpflanze wurde an einem sauren, an C und N armen, sandigen Lehmboden in über 6 Jahre hinweg durchgeführten Gefäßansätzen unter Verwendung von ^{15}N sowohl eine N-Bilanzierung versucht als auch die Nachwirkung des erstverabreichten N (N in markierter Form als $(NH_4)_2SO_4$ und $NaNO_3$ gegeben; in den Folgejahren lediglich $NaNO_3$ in nichtmarkierter Form) untersucht. In der N-Bilanz zeigte sich ein zwischen 8 und 14% liegendes Defizit des ^{15}N, was in der Hauptsache auf die Denitrifikation zu-

rückgeführt werden muß, insbes. solange ^{15}N noch in anorg. Form im Boden vorlag. Gegenüber z. Z. des Ährenschiebens geerntetem Hafer stieg der N-Verlust bei reif geerntetem infolge des Absterbens größerer Gewebeteile an. Die jährliche Verlustrate lag zwischen 2,6 und 4% bei den Nitrat- und zwischen 1,4 und 3,7% bei den Ammonium-Behandlungen. Der N-Verlust durch Mineralisation des Rest-Dünger-N zeigte bei Auftragung der jährlichen Abgangsquoten einen exponentiellen Verlauf, aus dem sich „Halbwertszeiten" zwischen 15–22 Jahren ergaben. H. E. Freytag. 330.

Larsen, S. und Gunary, D.; Ipswich, Suffolk, Levington Res. Stat. Ammonia loss from ammoniacal fertilisers applied to calcareous soils. **(Ammoniakverluste ammoniakhaltiger Düngemittel, die kalkhaltigen Böden verabfolgt wurden.)** J. Sci. Food Agric. **13** (1962) Nr. 11. S. 566–572. — 2 Abb., 4 Tab., 8 Lit.

In Laborversuchen wurden NH_4-Salze auf die Bodenoberfläche gebracht oder mit dem Boden vermischt. Auf kalkhaltigem Boden waren die NH_3-Verluste bei Ammoniumsulfat (AS)-Gaben am höchsten, annähernd halb so groß bei Verwendung von Mono- und Diammoniumphosphaten (MAP und DAP) sowie Ammoniumnitrat (AN), während bei Düngung mit Magnesiumammoniumphosphat die Verluste unbedeutend blieben. Wurden saure Bodenproben (pH 4,5) mit a) Ca-, b) Ba- und c) Mg-Carbonat gemischt und auf die Oberfläche dieser Gemenge die einzelnen NH_4-Dünger gebracht, dann ließen sich nach 8 Tagen folgende NH_3-Verluste nachweisen: a) $AS \gg DAP = AN$; b) $AN \gg AS = DAP$; c) $AS > AN \gg DAP$. Aus den Versuchsergebnissen geht hervor, daß das Auftreten von NH_3-Verlusten bei Verwendung NH_3-haltiger Düngemittel auf kalkhaltigen Böden keine einfache Funktion des pH-Wertes sein kann. Bei der Deutung dieses Effektes muß die Bildung NH_4-haltiger Doppelsalze in der festen Phase und von Aminkomplexen in der flüssigen Phase berücksichtigt werden. G. Loßner. 330.

Kaila, Armi; Helsinki, Finland, Univ. of Helsinki, Dep. of Agric. Chem. Organic phosphorus in Finnish soils. **(Organischer Phosphor in finnischen Böden.)** Soil Sci. **95** (1963) Nr. 1. S. 38–44. — 5 Tab., 15 Lit.

Der Gehalt an org. P in den in Kultur befindlichen finnischen Mineralböden (bestimmt an 213 Proben) schwankt in der Krumenschicht zwischen 100 und 940 ppm. Tonreichere Böden tendieren zu höheren, grobtexturierte zu geringeren P-Mengen. Obwohl der Gesamt-P-Gehalt der unbebauten Böden merklich tiefer liegt, besitzen diese jedoch einen ähnlich hohen Gehalt an org. P wie die bebauten Böden. Zwischen C-Gehalt und org. P wurde über alle Gruppen hinweg ein Korrelationskoeffizient von $r \approx 0,8$ gefunden, wobei sich für die Tonböden 69%, die Sand- und Feinsandböden 49% und die Lehmböden 42% der Variation im org. P-Gehalt aus den Schwankungen im C- und Gesamt-P-Gehalt erklären ließen. H. E. Freytag. 330.

Basak, M. N. und Bhattacharya, Roma; Calcutta, India, Government of West Bengal, Dep. of Agric. and Food Product. Phosphate transformations in rice soil. **(Phosphatumwandlungen im Reisboden.)** Soil Sci. **94** (1962) Nr. 4. S. 258–262. — 1 Abb., 1 Tab., 11 Lit.

Der Gehalt der Böden an Fe-, Al- und org. Phosphaten nahm während der Wachstumsperiode von Reis ab, blieb im Verlauf der Brache im wesentlichen konstant, stieg bei der nachfolgenden Kultivierung wieder an und erreichte bei Beginn der Wachstumsperiode wieder den Ausgangswert. Der Gehalt an verfügbarem P stieg zunächst im Verlauf der Wachstumsperiode stark an und fiel dann langsam ab, um wieder den Ausgangspunkt bei der Ernte zu erreichen. Eine wesentliche Änderung während der Brache und der nachfolgenden Kultivierung trat nicht ein. Der Gesamt-P-Gehalt nahm in der 1. Hälfte der Wachstumsperiode leicht ab und stieg in der darauffolgenden Zeit fast bis auf den ursprünglichen Wert wieder an. — Die Phosphatumwandlungen hängen, wie die Ergebnisse zeigen, im wesentlichen vom Feuchtigkeitsgehalt des Bodens ab. Geringe Feuchtigkeit erhöht die P-Festlegung, während hoher Wassergehalt zur Überführung der Phosphate in lösliche Verbindungen und schnellen Bereitstellung der Ionen beiträgt. Die unterschiedliche Reaktion der Reiskulturen auf P-Düngung ist daher auf Unterschiede in der Bodenfeuchtigkeit zurückzuführen. P. Stoß. 330.

Finck, A.; Wad Medani, Sudan, Gezira Res. Stat. Kalium status of some Sudan clay soils. **(Kaliumzustand einiger sudanesischer Tonböden.)** Plant and Soil [The Hague] **16** (1962) Nr. 3. S. 293–311. – 9 Abb., 6 Tab., 20 Lit.
Die kalkreichen, montmorillonitischen Tonböden von Gezira und Hashaba verfügen über nur mittlere K-Reserven, haben aber einen Gehalt an austauschbarem (verfügbarem) K von meist über 400 ppm. Die Blätter der jungen Pflanzen enthalten etwa 3% K. Fixierung von Düngemittel-K erfolgt in nennenswertem Maße nur bei Verabreichung hoher Gaben. Vf. folgert auf der Grundlage dieser Feststellungen, daß das Ausbleiben von Ertragssteigerungen als Folge langjähriger K-Düngung durch den guten K-Versorgungszustand des Bodens bedingt ist und nicht durch K-Fixierung. V. Koepke. 330.

Laws, W. Derby; Renner, Tex., Karl Hoblitzelle Agric. Res. Potassium status of eight Texas soils as related to crop yield and plant composition. **(Der auf Ertrag an Erntegut und Pflanzenzusammensetzung bezogene Kaliumzustand von acht Texasböden.)** Soil Sci. **94** (1962) Nr. 4. S. 230–234. – 1 Abb., 4 Tab., 9 Lit.
Von 8 verschiedenen Texasböden (3 Prärieböden, 2 Übergangsböden, 3 Sandböden) wurden Gesamt-K, austauschbares K, festgelegtes K und die zur Ca-Freisetzung durch K notwendige Energie bestimmt. Die Böden wurden auch dem „Lattich-Test" zur Feststellung von K-Mangel unterworfen. Zur Ermittlung der Beziehung Boden-K – Ertrag an Erntegut wurden Gewächshausversuche mit 3 Kulturpflanzen durchgeführt. – Zwischen dem ursprünglich in den Böden vorhandenen austauschbarem K und dem Ertrag an Ladinoklee und Kuhbohnen konnte eine gesicherte Beziehung festgestellt werden. Eine Voraussage von Ertragssteigerungen auf Grund von K-Düngung durch K-Bestimmung im Boden war bei den untersuchten Böden mit den verwendeten Analysenmethoden nicht möglich. Die Bestimmung von Gesamt-K durch HNO_3–$HClO_4$-Aufschluß lieferte die besten Ergebnisse, jedoch sind weitere Untersuchungen darüber notwendig. Zwischen den Energien der Ca-Freisetzung durch K und Ertrag an Erntegut, K-Gehalt des Erntegutes und K/Ca-Verhältnis der Pflanzen ergaben sich keine Beziehungen. P. Stoß. 330.

Buchholz, F.; Eberswalde, Inst. für Bodenkunde und Standortslehre der Humboldt-Univ. zu Berlin. **Über Verteilung und Schwankung des Kalk- und Bikarbonatgehaltes im Grundwasser sandiger Waldböden Nordostdeutschlands.** Arch. Forstwes. **12** (1963) Nr. 3. S. 279–289. – nach Zus.
Chem. Grundwasseruntersuchungen wurden im westlichen Teil des Eberswalder Tales durchgeführt. Dabei kamen Förderanlagen zur Verwendung, die eine Entnahme von Grundwasserproben aus verschiedenen Bodentiefen ermöglichten. Die chem. Zusammensetzung des Grundwassers wechselt stark mit der Tiefe im Grundwasserbereich. Die Schwankungen des Stoffgehaltes können deshalb nur dann genau verfolgt werden, wenn bei der periodischen Probenahme bestimmte Entnahmegrenzen eingehalten werden. An einer Auswahl von Beispielen werden die zeitlichen Schwankungen des Kalk- und Bicarbonatgehaltes im Grundwasser carbonathaltiger und carbonatfreier Böden besprochen sowie deren Ursachen diskutiert. Der Bicarbonatgehalt muß unter Einhaltung bestimmter Probeentnahmebedingungen bestimmt werden. Er besitzt einen besseren ökol. Aussagewert als der Gesamtkalkgehalt des Grundwassers. 330.

Williams, C. H. und Steinbergs, A.; Canberra, C.S.I.R.O., A.C.T., Div. of Plant Ind. The evaluation of plant-available sulphur in soils. I. The chemical nature of sulphate in some Australian soils. **(Die Ermittlung von pflanzenverfügbarem Schwefel in Böden. 1. Mitt. Die chemische Natur der Sulfate einiger australischer Böden.)** Plant and Soil [The Hague] **17** (1962) Nr. 3. S. 279–294. — 1 Abb., 8 Tab., 16 Lit.

An verschiedenen austral. Böden und Kalksteinproben wurden Natur und Anteil am Gesamt-S-Gehalt der enthaltenen Sulfate untersucht. Bei Kalksteinproben entsprach i. allg. das durch HCl extrahierte Sulfat dem Gesamt-S-Gehalt. Bei Ausnahmen konnte für die Differenz $BaSO_4$ verantwortlich gemacht werden. Die Anwesenheit des Sulfats, das das $CaCO_3$ begleitet, wird durch Mitreißen bei der Fällung oder durch Einbau als Verunreinigung bei der Kristallisation erklärt. Auch bei Kalkböden stellte das das $CaCO_3$ begleitende unlösliche Sulfat einen wesentlichen Anteil des Gesamt-S dar. Die meisten sauren Oberflächenböden enthielten nur geringe Mengen an adsorbiertem Sulfat, während bei tiefer gelegenen Bodenschichten (bes. bei tonhaltigen) adsorbiertes Sulfat eine wesentliche Fraktion des Gesamt-S darstellte. — Adsorbiertes Sulfat kann durch Extraktion mit H_2O nach Zugabe von $CaCO_3$ bestimmt werden, da oberhalb pH 6,5 nur geringfügige Adsorption auftritt. Die im Verlaufe saurer Extraktion des Bodens auftretende Sulfatadsorption kann durch eine 2. Extraktion mit H_2O auf die gleiche Weise ermittelt werden.

P. Stoß. 330.

Smith, P. F., Rasmussen, G. K. und Hrnciar, G.; Orlando, Fla., U.S. Horticult. Stat. Leaching studies with metal sulfates in light sandy citrus soil in Florida. **(Auslaugungsversuche mit Metallsulfaten an leichten, sandigen Citrusböden in Florida.)** Soil Sci. **94** (1962) Nr. 4. S. 235–238. — 3 Tab., 7 Lit.

Die Wanderungsgeschwindigkeiten von Cu^{2+}, Zn^{2+} und Mn^{2+} (als Sulfate) in verschiedenen Bodenschichten (0–6 in., 8–20 in.) bei unterschiedlichen pH-Werten wurden in Glassäulen untersucht. Die Wanderungsgeschwindigkeit der Metallionen ($Mn > Zn > Cu$) wurde sowohl vom pH-Wert als auch vom Gehalt an org. Bodensubst. beeinflußt. Ein Versuch mit der oberen Bodenschicht bei pH 7 und pH 4 ergab, daß der hohe pH-Wert die Auslaugung stark verzögerte. Die org. Retention war bei Cu bes. stark. Das Rückhaltevermögen der oberen Bodenschicht betrug bei gleichem pH-Wert gegenüber der unteren etwa das 4fache. Die geringe Rückhaltung der Metallionen durch die untere Bodenschicht, wo org. Subst. fehlt, liefert eine Erklärung für die rel. großen Metallverluste beim Unterpflügen. Bei Anwesenheit von Cu in toxischen Konz. besteht die Möglichkeit, durch Tiefpflügen gewisse Verbesserungen zu erzielen, da in größeren Tiefen die Cu-Konz. verdünnt wird und Metallverluste auftreten. P. Stoß. 330.

Bastisse, E. M.; Versailles, Seine-et-Oise, Centre Nat. de Rech. Agronomiques, Lab. de Sols. Rôle vecteur de divers anions minéraux ou organiques dans les phénomènes géochimiques et physiologiques. 5e Mémoire. **(Vektorielle Rolle verschiedener mineralischer und organischer Anionen bei geochemischen und physiologischen Erscheinungen. 5. Mitt.)** Ann. agronom. **13** (1962) Nr. 5. S. 379–389. — 4 Tab., 6 Lit. Zus. in Russ., Engl., Dtsch. 4. Mitt. vgl. LZ. Abt. II **6** (1961) Nr. 12. S. 2841.

An 9 Fe-haltigen Verbindungen wurde die Menge des in Lösung gehenden Fe nach Schütteln mit dest. Wasser, Leitungswasser und Leitungswasser mit Bodenzusatz bestimmt. Es zeigte sich, daß vor allem durch org. Fe-Komplexe, die wirksamer sind als anorg. Fe-Verbindungen, rel. viel Fe in der Lösung verbleibt und so eine für die Pflanzen assimilierbare Reserve geschaffen werden kann. Auf diese Weise ist es möglich, der Fe-Chlorose zu begegnen.

W. Schulze. 330.

Rotini, O. T., Lotti, G. und Baldacci, P. V.; Pisa, Univ., Inst. of Agric. Chem. On the ratio of cation to anion exchange capacity as an index to characterise clays. **(Über das Verhältnis von Kationen- zu Anionenaustauschkapazität als ein Index zu Charakterisierung von Tonen.)** Agrochimica [Pisa] **7** (1963) Nr. 2. S. 123–130. – 2 Tab., 40 Lit. Zus. in Franz., Span., Ital., Dtsch.

Die Kationen- (**I**) und Anionenaustauschkapazität (**II**) von Kaolinit, Illit, Bentonit, Attapulgit und Vermiculit sowie der Tonfraktion (< 2 μm) von 51 verschiedenen Böden wurde bestimmt. Die Werte wurden durch org. Subst., Fe- und Al-Oxyde nur geringfügig beeinflußt. Das Verhältnis **I/II** war bei Vorhandensein großer Mengen kaolinitischer Minerale i. allg. $\leqq 1$; wenn Illite vorherrschten, wurden Werte bis 2,3 erreicht. Sofern die Proben außer Kaolinite und Illite auch chloritische und vermiculitische Minerale enthielten, variierten die **I/II**-Werte von 1,9–3,6 (vermiculitische Minerale) bzw. von 1,0–1,5 (chloritische Minerale). Überwogen montmorillonitische Minerale, wurden **I/II**-Werte von **3,2–4,7** erhalten. Bestimmungen des Gleichgewichts-pH-Wertes (pH$_e$) bestätigten nicht die Auffassung, daß der pH$_e$-Wert mit steigenden **I/II**-Werten abnimmt. Die Ergebnisse zeigen, daß der **I/II**-Wert als Index zur Charakterisierung der Natur der Tonfraktionen der Böden dienen kann. P. Stoß. 332.

Sedgley, R. H.; Deniliquin, New South Wales, Australia, Div. of Plant Ind., Regional Pastoral Lab. Effects of disruption and flocculation on pore-space changes in beds of clay aggregates. **(Wirkungen der Zerreißung und Flockung auf Änderungen im Porenvolumen in Schichten von Ton-Aggregaten.)** Soil Sci. **94** (1962) Nr. 6. S. 357–365. – 4 Abb., 4 Tab., 13 Lit.

Proben eines dicht gelagerten Tonbodens (55% Ton, 0,05% lösl. Salze, pH 6,8), dessen austauschbare Basen zu 12% aus Na und zu 55% aus Mg bestanden, wurden an der Luft getrocknet und dann bis auf 1, 1–2, 2–5 oder 20 mm Teilchengröße zerkleinert. Von diesem Material wurden je 15 g in einem Ring auf einer porösen Platte 1 Std. mit reinem Wasser bzw. einer Gipslösung (5 mval/l) von unten her überstaut. In Einzelfällen wurden auch Na- oder Cl-haltige Lösungen und Gipslösungen verschiedener Konz. verwendet. Nachdem das überschüssige Wasser abgesaugt worden war (24 Std. bei 2 cm Wassersäule), wurde der Wassergehalt ermittelt, nach langsamem Trocknen schließlich die Porosität. Die 20-mm-Teilchen wurden in einer weiteren Reihe vor der endgültigen Überstauung langsam kapillar durchfeuchtet. – Das langsame Quellen führte zu einer Porositätszunahme, die sich durch Trocknen völlig rückgängig machen ließ. Die schnelle Überstauung führte zu einer über dieses Maß hinausgehenden, von der Teilchengröße abhängigen Volumenzunahme, die nur teilweise reversibel war. Sie muß auf eine Zerreißung der ursprünglichen Teilchen durch die mit der schnellen Durchfeuchtung verbundenen Spannung zurückgeführt werden. Die teilweise Reversibilität dieser strukturellen Porositätszunahme beruht auf einem Zusammenrutschen der gesamten Schicht im feuchten Zustand und auf den bei der Entfernung des Wassers wirksam werdenden kapillaren Kräften. Der Elektrolytgehalt hat auf das Ausmaß des strukturellen Porositätsanstiges selbst keinen Einfluß, wohl aber auf das Ausmaß der nach dem Trocknen verbliebenen Porositätsänderung. Die Gegenwart der Salze vermag offenbar das durch Zerreißung neugebildete Gefüge zu stabilisieren. Zwischen Na und Ca bzw. Cl und SO_4 ergaben sich nur geringe Unterschiede. – Anlaß zu diesen Untersuchungen war die Beobachtung, daß eine Bewässerung dieser Tonböden mit Gipslösung sich sehr günstig auf folgende Grasansaaten auswirkt. J. Garz. 332.

Yoshinaga, Naganori und Aomine, Shigenori; Fukuoka, Kyushu Univ., Fac. of Agric. Allophane in some Ando soils. **(Allophan in einigen Ando-Böden.)** Soil Sci. Plant Nutrit. [Tokyo] 8 (1962) Nr. 2. S. 6–13. – 9 Abb., 3 Tab., 16 Lit. Orig.: engl.

Aus 3 Ando-Böden konnten Allophan und ein Mineral niedrigen Kristallisationsgrades, Imogolit, abgetrennt werden. Dieses ist nur in alkalischem Medium zu dispergieren, was bei Allophan auch für das saure Gebiet zutrifft. Allophan wird durch Elektronenmikroskopie, Diffraktion mit Röntgenstrahlen, thermische Analyse, Infrarotabsorption und chem. Analyse charakterisiert. 2 der untersuchten Allophane enthalten Fasern verschiedener Größe und besitzen SiO_2/Al_2O_3-Verhältnisse von etwa 1,3. Diese Allophane kommen zusammen mit Imogolit vor und zeigen keinerlei Kristallisation. Okamuto-Allophan dagegen besteht aus sehr kleinen Kugeln mit einem Verhältnis $SiO_2:Al_2O_3$ von 1,7 und läßt bei 4,5 Å eine deutliche Diffraktion erkennen, die auf eine bestimmte Ionenanordnung bzw. beginnende Kristallisation hinweist. Aus den Untersuchungen kann geschlossen werden, daß Allophane vermutlich in jeder Bodenprobe je nach Grad und Richtung der Verwitterung verschieden sind. Röntgenanalyse, thermische Daten und Infrarotabsorption zeigen übrigens bei allen Proben auffallende Ähnlichkeit. W. Schulze. 332.

Jordine, E. St. A., Bodman, G. B. und Gold, A. H.; Berkeley, Univ. of California. Effect of surface ions on the mutual interaction of montmorillonite particles. **(Wirkung der Oberflächenionen auf die wechselseitigen Beziehungen zwischen Montmorillonit-Teilchen.)** Soil Sci. **94** (1962) Nr. 6. S. 371–378. — 7 Abb., 19 Lit.

Auf Grund von Kelvin, Maxwell und Jeans entwickelter Methoden zur Behandlung der Kräfte im elektrischen Feld leiten Vff. eine Formel für die elektrostatische Energie zwischen den Montmorillonit-Schichtebenen und den austauschbaren Kationen ab. Wesentlich erscheint, daß diese Energie vom Quadrat der Ladung des Kations abhängt, daneben aber auch durch die Differenz der Dielektrizitätskonstanten (DK) des Wassers und des Montmorillonits bestimmt wird. Da die DK des Wassers in den Schichten nahe der Grenzfläche vom normalen Wert abweicht, ergeben sich Komplikationen. Für einwertige Ionen läßt sich nach dieser Gleichung berechnen, daß zwischen gegenseitiger Anziehung und Abstoßung (Quellung und Schrumpfung) Gleichgewicht besteht, wenn der Abstand zwischen gegenüberliegenden Schichtoberflächen etwa 13 Å beträgt (mittlere Ladungsdichte vorausgesetzt). — Elektronenmikroskopische Aufnahmen an Tonsuspensionen (0,01%, durch Gefriertrocknung präpariert) zeigen, daß in H-Montmorillonit die einzelnen Kristalle durch einfache Aneinanderlagerung Kante-an-Kante zu bandförmigen Strukturen vereinigt sind, während sich in gleich behandeltem Al-Montmorillonit wesentlich kompaktere Gebilde finden. Auch mit VAMA (Vinylacetat-Maleinsäureanhydrid) behandelte Proben wurden untersucht. J. Garz. 332.

Barratt, B. C.; New Zealand, Dep. of Sci. and Ind. Res., Soil Bureau. Soil organic régime of coastal sand dunes. **(Des Bodens organischer Haushalt in Sanddünen der Küste.)** Nature [London] **196** (1962) Nr. 4857. S. 835–837. — 3 Abb., 3 Lit.

Vf. unterscheidet und beschreibt 5 Stadien der Bodenentwicklung in Sanddünen der Küste. Im 1. Stadium finden sich nur ungleichmäßig verteilte Flecken org. Subst. im Wurzelhorizont. Im 2. Stadium sind im Bodenprofil mehrfach übersandete Wurzelteppiche von *Ammophilia arenaria* vorhanden. Im nächsten Stadium bildet sich unter dem Einfluß von *Carex arenaria* ein wurzelreicher oberer Horizont von etwa 30 cm Mächtigkeit. Darauf entsteht dann eine Auflageschicht von Moosen, Flechten und niederen Pflanzen. Im Profil der ältesten Dünen schließlich können unter einer Strauchvegetation mit Unterwuchs 5 deutlich begrenzte humose Horizonte unterschieden werden. Die Rolle der Pilzhyphen bei der Festlegung der Mineralteilchen wird betont. K. Koepke. 333.

Vil'k, K. K. (Wilk, K. K.) Priroda gumusa gorno-taežnych oželeznennych počv zapadnogo Zabajkal'ja. **(Die Natur der Humusstoffe eisenhaltiger Gebirgstaigaböden des westlichen Transbaikalgebietes.)** Počvovedenie, Moskva **1962** Nr. 12. S. 31–37. – 3 Abb., 5 Tab., 14 Lit. Zus. in Engl. 333.

Freytag, H. E.; Müncheberg, Inst. für Acker- und Pflanzenbau der Dtsch. Akad. der Landwirtsch.-Wiss. zu Berlin. **Ein stoffgruppenanalytischer Vergleich zwischen unzersetzter und zersetzter Pflanzensubstanz.** Albrecht-Thaer-Arch. **7** (1963) Nr. 1. S. 3–10. – 3 Abb., 3 Tab., 2 Lit. – nach Zus.
Nach 12tägiger Zersetzung wurde vorher in $^{14}CO_2$-Atmosphäre heterogen markierte Pflanzensubstanz (mit höheren spez. Radioaktivitäten bei den dem Photosynthese-Zyklus zeitlich näher stehenden Sekundärprodukten) durch Anwendung einer Stoffgruppenanalyse in die B- (Extraktion mit Benzindestillat), A- (Alkoholextraktion), H_2O- und R- (Rest) Fraktion zerlegt. Aus einem Vergleich der Fraktionsgewichte und der spez. Aktivitäten (bzw. C-Anteile) mit denen des noch unzersetzten Ausgangsmaterials ergab sich in erster Näherung ein Einblick in die Art der während der ersten Abbauphasen den Mikroben leichter zugänglichen Stoffe: Sowohl die B- als auch A-Fraktionen (Lipoide, Farbstoffe; Zucker, freie AS) zeigten bei starkem Konzentrationsrückgang einen noch intensiveren Abfall ihrer spez. Aktivitäten. Für die H_2O-Fraktion (org. Säuren, Dextrine) ließ sich eine Konzentrationsabnahme bei nahezu konstant bleibender spez. Aktivität erkennen. Die R-Fraktion (Stärke, Proteine, Zellulose, Lignin) hingegen unterlag, wie sowohl aus der gleichbleibenden spez. Aktivität als auch unveränderten abs. Konz. zu ersehen war, noch keiner stoffgruppenanalytisch nachweisbaren Veränderung. 333.

Viro, P. J.; Helsinki, Forest Res. Inst. Factorial experiments on forest humus decomposition. **(Faktorielle Versuche über die Waldhumuszersetzung.)** Soil Sci. **95** (1963) Nr. 1. S. 24–30. – 1 Abb., 6 Tab., 11 Lit.
Vff. verfolgen das Ziel, den Wärmehaushalt der finn. Böden durch Verringerung der Rohhumusschicht zu verbessern und versuchen, dies durch Zusatz von Nährstoffen zu erreichen. Im polyfaktoriellen Versuch wurde deshalb der Einfluß der Zusätze von P (als NaH_2PO_4), N ($(NH_4)_2SO_4$), K(KCl) und Ca ($CaCO_3$) bzw. z. T. deren Kombinationen auf Humusabbau (Substanzverlust), N-Mobilisation, CO_2-Entwicklung, Acidität und Mikrobenzusammensetzung im 8mon. Gefäßansatz für 3 verschiedene Rohhumusböden geprüft. – Die Kalkung verringerte in allen 3 Böden die org. Substanzmenge, wobei +N beschleunigend, +K jedoch hemmend wirkte. Der Gehalt an mobilisierbarem N (n KCl-Extrakte) ging bei den gekalkten Varianten zurück (insbes. infolge des quantitativ überwiegenden Rückganges im NH_3-Anteil, während der geringere NO_3-Anteil sich jedoch erhöhte); +P und +K verringerten die Nitrifikationszeit. Auf die Höhe der CO_2-Abgabe aus den Proben zeigte lediglich die P-Gabe eine stimulierende Wirkung. Je saurer der Rohhumus war, um so effektiver war die Kalkung (Titrationskurven). Durch die Kalkung erhöhte sich die Zahl der Bakterien und Aktinomyceten; die Zahl der Pilze hingegen ging zurück. H. E. Freytag. 333.

Untersuchung der Reaktion bereits im Boden vorhandener Humusstoffe auf neu anlaufende Humifizierungsprozesse bei Zufuhr von frischen Pflanzenrückständen. Müncheberg, Inst. Acker- u. Pflanzenbau Dtsch. Akad. Landwirtsch.-Wiss. Berlin Plan-Nr.: 170 102 h/2/30/8. Abschlußber. (6/3. 1963).
Der Zersetzungsverlauf von Bodenhumus und dem Boden verabreichter, radioaktiv markierter Pflanzensubstanz kann über die dabei freigesetzten inaktiven und aktiven CO_2-Anteile verfolgt werden. Hierzu wurden eine spezielle Respirationsapparatur und eine Gaszählkammer entwickelt. – Bei Zufuhr von pflanzlichem Material werden im zunächst erfolgenden mikrobiellen Angriff die lösl. Komponenten (Zucker, AS···), mit dessen Abklingen

später jedoch vorwiegend Anteile aus dem Bodenhumus zersetzt. Anschließende Stimulationen (Zwischentrockeneffekt!) haben vorwiegend einen Humusverzehr zur Folge. Der zeitliche Verlauf der Zersetzung wird durch einander folgende mikrobielle Assimilations-Dissimilationszyklen bestimmt. Bei Zusatz von Glukose-1-6-^{14}C verlaufen die mikrobiellen Angriffe auf Substrat und Humusvorrat weitgehend synchron. Als echter Humusgewinn kann nur der im Baustoffwechsel zur Anreicherung gekommene, sekundär durch Autolyse veränderte Anteil mikrobieller Substanzen angesehen werden, der sich neuen Assimilationsphasen gegenüber als resistent erweist. 333.

Ponomareva, V. V. (Ponomarjowa, W. W.); Zentr. Dokutschajew-Museum für Bodenkunde. O roli gumusovych veščestv v obrazovanii burych lesnych počv. **(Rolle der Humusstoffe bei der Bildung brauner Waldböden.)** Počvovedenie, Moskva **1962** Nr. 12. S. 15–30. – 3 Abb., 2 Tab., 25 Lit. Zus. in Engl.

Verglichen werden einige chem. Eigenschaften typischer und podsolierter brauner Waldböden West- und Osteuropas mit grauen Waldsteppen- und Tschernosemböden. Die allmähliche Abnahme des Humusgehaltes und die rasche Abnahme des S-Wertes im Bodenprofil der braunen Waldböden sind nach Meinung der Vf. darauf zurückzuführen, daß in diesen Böden Fulvo- und Braunhuminsäuren vorherrschen, die mit Sesquioxyden Komplexverbindungen bilden. Biogenes Ca wird nur in den oberen Horizonten von den Komplexverbindungen der Braunhuminsäuren schwach gebunden, migriert somit frei im Profil der braunen Waldböden. Auf mögliche Zusammenhänge zwischen Besonderheiten der Humusbildung und der Tonmineralverlagerung wird hingewiesen. Ch. Bachmann. 333.

Titova, N. A. (Titowa, N. A.); Moskau, Bodenkundl. Dokutschajew-Inst. der Akad. der Wiss. der UdSSR. Železo-gumusovye kompleksy nekotorych počv. **(Eisen-Humuskomplexe einiger Böden.)** Počvovedenie, Moskva **1962** Nr. 12. S. 38–43. – 3 Abb., 5 Tab., 18 Lit. Zus. in Engl.

Untersuchungen mit Hilfe der Papierelektrophorese zeigten, daß Fulvosäuren nur bewegliche (1 g C bindet ca. 670–760 mg Fe_2O_3), Huminsäuren der Schwarzerden nur unbewegliche (1 g C bindet ca. 350 g Fe_2O_3) und Huminsäuren der Roterden bewegliche und unbewegliche Fe-Humuskomplexe (1 g C bindet 318 g Fe_2O_3) bilden können. Aus Fe-haltigen Gebirgstaigaböden, dem oberen Horizont der Roterden und dem Humus-Illuvialhorizont eines stark podsolierten Bodens wurden bewegliche Fe-Humuskomplexe, in denen etwa 30% des Gesamt-C und etwa 25% des Fe-Gehaltes des Bodens gebunden waren, mit 0,1 n NaF- Lösung (pH 7,0) gewonnen.
Ch. Bachmann. 333.

Wiklander, Lambert und Koutler-Andersson, E.; Uppsala, Sweden, Roy. Coll. of Agric. Influence of exchangeable ions on release of mineral-bound ions. **(Einfluß austauschbarer Ionen auf die Freisetzung mineralgebundener Ionen.)** Soil Sci. **95** (1963) Nr. 1. S. 9–15. – 3 Abb., 7 Tab., 5 Lit.

Um den spez. Einfluß der austauschbaren Ionen auf die Freisetzung gittergebundener oder nichtaustauschbarer Ionen zu studieren, wurden 3 Böden verschiedener Mineralzusammensetzung mit H, Na, K, NH_4 oder Ca gesättigt, bei 2-4 °C oder 20 °C (steril und unter anaeroben Bedingungen) 1 bzw. 2 Jahre aufbewahrt und danach hinsichtlich der Mengen an austauschbarem Na, K, Mg, Ca, Fe, Al und Mn sowie an austauschbarem Si und P untersucht: In den H-Serien machte sich ein starker Verwitterungsprozeß bemerkbar, in den NH_4-Serien stieg die Na-, K-, Mg- und Ca-Mobilisation im Oberboden (Ionengehalt) von 5,3 auf 7,5%, im Unterboden von 8,5 auf 15,5% der Kationenaustauschkapazität. Überdies hemmte H stark die Freisetzung von Mg (ebenso NH_4 die von Ca). Andererseits wurde in den Mg-gesättigten Ansätzen kein Ca mobilisiert. Trotz rel. hoher Na- und K-Verluste reduzierten sowohl Mg als auch Ca die Freisetzung von Gitterionen. H. E. Freytag. 335.

Lamm, C. G., Hansen, E. H. und Jørgensen, J. A.; Copenhagen, Techn. Univ. of Denmark. Isotopic exchange in soil fertility studies. **(Isotopenaustausch in Bodenfruchtbarkeitsuntersuchungen.)** Soil Sci. **95** (1963) Nr. 1. S. 16–23. — 1 Abb., 25 Lit.

Der Isotopenaustausch eines Nährstoffes zwischen der festen und der flüssigen Phase eines Boden-Lösungs-Systems ist — unter gegebenen Bedingungen — abhängig von der Höhe der Desorption des Nährstoffes von der festen Phase. Ionenaustauschreaktionen werden beeinflußt von Kristallstruktur und Oberflächengröße der festen Komponente, von der Art der chem. Bindung und von den eingehenden chem. Umsetzungen, wie unter Verwendung von ^{32}P und ^{54}Mn nachgewiesen wird. Während ein reiner Isotopenaustausch (vorausgesetzt, daß kein Isotopie-Effekt zwischen markierten und nichtmarkierten Atomen besteht) in Lösungen erscheint, die sich im chem. Gleichgewicht befinden, können Desorptionsreaktionen, die ebenfalls von den oben zitierten Faktoren abhängig sind und zusätzlich von der Konz. in der flüssigen Phase beeinflußt werden, nur in Systemen laufen, deren chem. Gleichgewicht noch nicht erreicht wurde. H. E. Freytag. 335.

Anderson, G. und Arlidge, E. Z.; Aberdeen, Macaulay Inst. for Soil Res. The adsorption of inositol phosphates and glycerophosphate by soil clays, clay minerals, and hydrated sesquioxides in acid media. **(Die Adsorption von Inositphosphaten und Glycerinphosphat durch Tonfraktionen des Bodens, Tonminerale und hydratisierte Sesquioxyde in sauren Medien.)** J. Soil Sci. **13** (1962) Nr. 2. S. 216–224. — 4 Abb., 16 Lit.

Bei den Inositphosphaten nahm i. allg. die Adsorption mit steigender Phosphatzahl zu. Die Adsorption von Inosithexaphosphat wurde bes. im pH-Bereich 3–4 und bei Säure-Konz. $> 0,1$ n bevorzugt. Montmorillonit adsorbierte bes. bei pH > 4, wahrscheinlich infolge seines Gehalts an aktivem Al. Für die Bildung eines geordneten org. Tonkomplexes wurden keine Anzeichen gefunden. In stark saurem Milieu sorbierten Montmorillonit, Kaolinit und eine illitische Tonfraktion nur geringe Mengen Inositester, während Fe-(III)-oxyd-Gel aus stark saurer Lösung große Mengen Inosithexaphosphat aufnahm, was teils auf Adsorption und teils auf Fällung unlöslicher Salze oder Komplexe der Ester zurückgeführt wird. Dagegen war die Aufnahme durch das Gel bei pH 3–4 rel. gering. Böhmit erwies sich über einen weiten Bereich (pH 4 bis 4 n HCl) als sehr reaktionsfähig, mit einem Maximum um pH 1. Eine sesquioxydreiche Tonfraktion besaß ebenfalls über einen weiten pH-Bereich eine große Sorptionskapazität für Inosithexaphosphat, die jedoch nach Entfernung von aktivem Fe und Al bei pH 4 verloren ging. Inositmono-di- und -triphosphat sowie β-Glycerinphosphat wurden durch Böhmit stärker aus n HCl als aus 0,1 n HCl adsorbiert. Zwischen der Adsorption von Phosphorsäureestern aus aequivalenten Konz. von HCl und H_2SO_4 wurden oft große Unterschiede gefunden. Die Aktivität der geprüften Adsorbentien nahm in der Reihenfolge Böhmit $>$ sesquioxydreiche Tonfraktion $>$ Fe-III-oxyd-Gel $>$ Montmorillonit ab. P. Stoß. 335.

Chao, Tsun Tien, Harward, M. E. und Fang, S. C.; Oregon State Univ., Agric. Exp. Stat. Soil constituents and properties in the adsorption of sulfate ions. **(Bodenbestandteile und -eigenschaften bei der Adsorption von Sulfationen.** Soil Sci. **94** (1962) Nr. 5. S. 276–283. — 4 Abb., 2 Tab., 29 Lit.

Der Einfluß verschiedener Bodenbestandteile auf die Sulfatadsorption (**I**) wurde an 3 Böden, Bentonit, Illit und Kaolinit untersucht. Die Entfernung von org. Subst., „freiem“ Fe und Al-Oxyden bewirkte eine beträchtliche

Verringerung der I. Bei den Tonmineralen nahm I in der Reihenfolge Kaolinit > Illit > Bentonit ab. Aus Adsorptionsisothermen von H- und Al-Tonen geht hervor, daß Al-Tone mehr Sulfat zurückhalten als H-Tone. Versuche an Al-gesättigtem Bentonit und Kationaustauscherharz (Amberlite IR 120) zeigten, daß für den I-Mechanismus folgende Faktoren in Betracht kommen: a) durch positive Ladungen an Fe-oxydhydraten, Al-oxyd und Oberflächen von Tonen bei niedrigem pH-Wert hervorgerufener Anionenaustausch, b) durch Al-hydroxy-Komplexe infolge Koordination hervorgerufene Retention von SO_4, c) durch Anziehung zwischen Oberfläche von Bodenkolloiden und Salz hervorgerufene „Salzadsorption", d) amphotere Eigenschaften von org. Bodensubst., die unter spez. Bedingungen positive Ladungen ausbilden. P. Stoß. 335.

Hart, M. G. R.; Rokupr, Sierra Leone, West African Rice Res. Stat. Observations on the source of acid in empoldered mangrove soils. I. Formation of elemental sulphur. **(Beobachtungen über die Quelle der Säure in eingepolderten Mangrovenböden. 1. Mitt. Bildung von elementarem Schwefel.)** Plant and Soil [The Hague] **17** (1962) Nr. 1. S. 87–98. – 2 Abb., 1 Tab., 9 Lit.
Die starke Versauerung eingedeichter und entwässerter Mangrovensümpfe erfolgt durch Oxydation von elementarem S zu H_2SO_4 durch *Thiobacillus thiooxidans*. Der elementare S entsteht dabei durch Oxydation von Polysulfiden des Bodens. Dieser letztgenannte, vermutlich rein chem. Prozeß wird durch niedrige pH-Werte stark gefördert, jedoch konnte in Laboratoriumsversuchen und im Freiland nachgewiesen werden, daß eine Oxydation der Polysulfide auch in der Nähe des Neutralpunktes eintritt. Die frühere Ansicht des Vf., wonach eine gewisse Menge an elementarem S oder stärker reaktionsfähigen S-Verbindungen im Boden zum Einleiten der starken Säurebildung im Boden erforderlich sei, hat sich nicht bestätigt. Die bakterielle Oxydation von S durch *Thiobacillus thiooxidans* verläuft im Respirometer in 2 Phasen. In der 1. wird hauptsächlich neues Zellmaterial gebildet und erst in der 2. eine hohe Oxydationsaktivität erreicht. K. Koepke. 337.

Vojnar, Aleksej Iosifovič. **Mikroelementy v živoj prirode.** (Spurenelemente in der lebenden Natur.) Moskva: Gosud. izd. „Vysšaja škola". 1962. (91 S.) 8°. (1963 A 300)

D. Bodenphysik

Lindner, H.; Berlin, Humboldt-Univ., Inst. für Bodenkunde und Pflanzenernähr. **Über die Abhängigkeit der Scherfestigkeit von Böden verschiedener mechanischer Zusammensetzung von der Dichte, der Porengrößenverteilung sowie dem Wassergehalt.** Albrecht-Thaer-Arch. 7 (1963) Nr. 1. S. 11–20. – 8 Abb., 1 Tab., 18 Lit. – nach Zus.
Mit einem von Zschaage entwickelten Schergerät wurden die Beziehungen zwischen der Scherfestigkeit verschiedener Böden zur Dichte des Bodens, zur Porengrößenverteilung und zum Wassergehalt untersucht. – Die Scherfestigkeit des Bodens ist bei konstantem Wassergehalt der Dichte direkt proportional. Bei dem Sandboden besteht nur eine geringe, bei dem Lehmboden dagegen eine hohe Korrelation. Die Scherfestigkeit der verschiedenen Böden nimmt mit zunehmendem Ton- und Schluffgehalt zu. Außerdem steigt der Regressionskoeffizient für die Beziehung Scherfestigkeit - Dichte des Bodens mit zunehmendem Ton- und Schluffgehalt des Bodens an. Die Zunahme der Scherfestigkeit bei ansteigender Lagerungsdichte ist mit einer Verminderung des Anteils der schnell dränenden groben Poren sowie einer Zunahme an feinen und mittleren Poren verbunden. Die Beziehungen zwischen Scherfestigkeit und Wassergehalt ordnen sich einer quadratischen Gleichung unter. Dabei ist die Scherfestigkeit um so höher, je dichter und trockener der Boden ist. Mit steigendem Wassergehalt sinkt die Scherfestigkeit des Bodens ab, wobei die

Abnahme bei höheren Wassergehalten laufend geringer wird. Die Ergebnisse werden diskutiert und entspr. Schlußfolgerungen für die Bodenbearbeitung abgeleitet. 340.

Monnier, G.; Versailles, Lab. for the Study of Agric. Techn. Structure and structural stability of soils. **(Struktur und Strukturstabilität der Böden.)** Fertilité **1962** Nr. 17. S. 3–12. – 1 Abb., 5 Tab., 17 Lit. 344.

Wiersum, L. K.; Groningen, Inst. voor Bodemvruchtbaarheid. Bodemstructuur, beworteling en plantenvoeding. **(Bodenstruktur, Wurzelbildung und Pflanzenernährung.)** Landbouwkund. Tijdschr. **74** (1962) Nr. 22. S. 961 bis 972. – 6 Abb., 3 Tab., 47 Lit. Zus. in Engl.
Die Abhängigkeit der Wurzelbildung von der Bodenstruktur ist auf die unterschiedliche Bodendichte zurückzuführen. Eine zu große Dichte kann schädlich wirken wegen des starken mechanischen Widerstandes (auf Sandböden) oder der ungenügenden Durchlüftung (auf Tonböden). Starke Klumpenbildung des Bodens hat ein grobes, wenig verzweigtes Wurzelsystem zur Folge. Durch Feststellung der Gesamtlänge und -oberfläche von Wurzelsystemen war es möglich, ein „Kontaktvolumen" zu errechnen. Hierunter versteht man den Boden, der so dicht an den Wurzeln liegt, daß er imstande ist, die Ionen an die absorbierende Oberfläche der Wurzeln heranzubringen. Es wurde im Feldversuch festgestellt, daß durch das Wurzelsystem von Kulturpflanzen nur 1–5% des Gesamtvolumens des Bodens aufgeschlossen werden. Die Bodenstruktur kann die Nährstoffaufnahme beeinflussen, und zwar sowohl die Quantität der absorbierten Nährstoffe als auch die Verhältnisse der einzelnen Ionen zueinander. E. M. Ardelt. 344.

Cecconi, S., Salazar, A. und Martelli, M.; Firenze, Univ., Ist. di Chim. Agraria e Forestale. Struttura del terreno e fertilizzanti chimici. I. Influenza di van cationi ed anioni sulla stabilita' di struttura del terreno. **(Struktur der Böden und Düngemittelchemie. 1. Mitt. Einfluß verschiedener Kationen und Anionen auf die Stabilität der Bodenstruktur.)** Agrochimica [Pisa] **7** (1963) Nr. 2. S. 185–204. – 6 Tab., 45 Lit. Zus. in Engl., Franz., Span., Dtsch.
Der Einfluß verschiedener Kationen und Anionen (n Lösungen von Cl^-, NO_3^-, SO_4^{2-}, PO_4^{3-}, Na^+, K^+, NH_4^+, Mg^{2+} und Ca^{2+}) auf die Wasserstabilität der Bodenstruktur wurde mit Hilfe der Naßsiebung untersucht. – Die Wasserstabilität der Bodenstruktur wird. i. allg. durch neutrale Na-Salze negativ beeinflußt. Ca- und Mg-Salze wirken gleichartig, jedoch weniger stark, während K- und Mg-Salze die Wasserstabilität nur wenig oder überhaupt nicht beeinflussen. Gleiches gilt auch für Chlorid, Nitrat und Sulfat, dagegen wird mit Phosphat eine Verbesserung der Wasserstabilität der Bodenstruktur erreicht. P. Stoß. 344.

Strukturuntersuchungen (speziell Wasserstabilitätsmessungen von Aggregaten) auf verschiedenen Bodenarten unter Berücksichtigung des Fruchtfolgeeinflusses. Müncheberg, Inst. Acker- und Pflanzenbau Dtsch. Akad. Landwirtsch.-Wiss. Berlin Plan-Nr.: 170 102 h/2/09/9. Abschlußber. (6/3. 1963).
Die im natürlichen Feuchtigkeitszustand des Bodens ermittelten wasserbeständigen Krümelanteile verändern sich in signifikantem Ausmaß mit der Zeit, woraus bestimmte Forderungen für die Versuchsanstellung resultieren. Die Gesamtheit der wasserbeständigen Krümel einer Probe muß bez. ihres Stabilitätsgrades als heterogen zusammengesetzt angesprochen werden. Die stabilen Krümelanteile weisen eine signifikante Abhängigkeit von der Bodenfeuchtigkeit auf, wobei die Größe des Zusammenhanges in Abhängigkeit von mehreren Faktoren variiert. Eine Eliminierung dieses Feuchtigkeitseinflusses durch Trocknung des Bodens auf annähernd gleiche Wassergehalte ist nicht möglich, da die Stabilität der Krümel durch den Trocknungsprozeß in einem

nicht erwarteten Sinne verändert wird. Darum ist eine Untersuchung der Proben in naturfeuchtem Zustand zu empfehlen und der Feuchtigkeitseinfluß bei der Versuchsanstellung (mit statistischen Methoden) zu berücksichtigen. — Ein durch Gramineen und Leguminosen sowie org. Düngung bedingter Anstieg im stabilen Krümelanteil ist nachweisbar. A. Kullmann 344.

Miller, D. E. und Kemper, W. D. Water stability of aggregates of two soils as influenced by incorporation of alfalfa. **(Wasserstabilität von Aggregaten zweier Böden unter dem Einfluß untergepflügter Luzerne.)** Agronomy J. **54** (1962) Nr. 6. S. 494-496. — 4 Abb., 5 Lit.
Auf 2 unterschiedlich texturierten Böden, einem sehr feinsandigen Warden-Lehm und einem Billings-Tonlehm, untersuchten Vff. den Einfluß der Luzerne auf die Wasserstabilität von Aggregaten mit einem Dmr. von 1–2 mm. Die Technik des Unterpflügens wurde bei allen Versuchsparzellen gleichmäßig auf 15 cm Tiefe vorgenommen und gleichzeitig in 4facher Weise variiert. a) Das Unterpflügen der Luzernewurzeln und -stoppeln erfolgte unmittelbar nach Aberntung und Wegräumung der oberirdischen Pflanzenteile. b) Das Unterpflügen der Luzerne wurde 3 Wochen nach dem letzten Schnitt vorgenommen, so daß außer den Wurzeln und Stoppeln noch etwa 12 dt/ha Grünmasse miterfaßt wurden. c) Das Unterpflügen der Luzerne wurde im Stadium der Vollentwicklung durchgeführt, so daß neben den Wurzeln und Stoppeln noch etwa 42 dt/ha Grünmasse in den Boden einbezogen werden konnten. d) Das Unterpflügen der Luzernewurzeln und -stoppeln umfaßte auch eine Auflage von etwa 84 dt/ha Grünmasse, die vom Schlag a geerntet worden waren. Diese Maßnahmen bewirkten überall und bereits nach wenigen Wochen eine Verbesserung der Wasserstabilität der Aggregate. Dabei traten diese verbesserten Stabilitätsverhältnisse stets nur bei jenen Bodenproben am stärksten hervor, die sofort nach ihrer Entnahme im Labor untersucht worden waren. W. Prager. 344.

Ferda, Jaroslav; Praha, Výzkumný Ústav Meliorací. Hydropedologická charakteristika nejrozšířenějších půdních typů v hřebenové oblasti Krušných hor a Krkonoš. **(Hydropedologische Charakteristik der häufigsten Bodentypen des Kammgebietes von Erz- und Riesengebirge.)** Lesnictví 8 **(35)** (1962) Nr. 8. S. 639-662. — 8 Abb., 6 Tab., 19 Lit. Zus. in Russ., Franz., Dtsch.
Die wichtigsten Bodentypen der Grenzgebirge werden als Ergebnis der hydropedologischen Forschungen beschrieben: Im Erzgebirge kommen Humuspodsolböden des Gebirgstyps, rostbraune humushaltige Waldböden, Gleipodsol-, Moorglei- und Moorböden am häufigsten vor. Darunter nehmen die rostbraunen, humushaltigen Waldböden und die Humuspodsolböden des Gebirgstyps die größten Flächen ein. Im Kammgebiet des Riesengebirges überwiegen diese Humuspodsolböden. Das ganze Bodenprofil der Humuspodsolböden durchsickert verhältnismäßig leicht. Die rostbraunen, humushaltigen Waldböden zeichnen sich durch noch günstigere hydropedologische Eigenschaften aus. Die beiden Bodentypen, die in den erwähnten Grenzgebirgsgebieten am meisten verbreitet sind, beeinflussen wesentlich den Wasserhaushalt des Landes. Die Gleipodsolböden weisen weniger günstige, die Moorglei- und Moorböden die schlechtesten hydropedologischen Eigenschaften auf. F. Kopřiva. 346.

Wiegand, Craig L.; Weslaco, Tex., U.S. Dep. of Agric., Soil and Water Conserv. Res. Div. Drying patterns of a sandy clay loam in relation to optimal depths of seeding. **(Trocknungsformen eines sandigen Tonlehms unter besonderer Berücksichtigung optimaler Saattiefen.)** Agronomy J. **54** (1962) Nr. 6. S. 473-476. — 5 Abb., 14 Lit.
Die vom Saatgut zur Keimung benötigte Feuchtigkeit ist zunächst von der umgebenden Bodensubstanz sorbiert. Bis zur Verabreichung von Irrigationswasser an die bereits aufgegangenen Saaten müssen daher ausreichende Feuch-

tigkeitsmengen für die Keimung in jenen Bodenbereichen verfügbar sein, in denen das Saatgut plaziert wird. Die Nutzbarkeit des Bodenfeuchtegehaltes für die Keimung hängt in erster Linie ab von den Feuchtigkeitsansprüchen des Keimungsprozesses sowie von der Feuchteverteilung im Profil; sie steht außerdem unter dem Einfluß der Austrocknung, die eine Funktion der Zeit nach der letzten Bewässerung darstellt. Vf. untersuchte diese Zusammenhänge an einem sandigen Hidalgo-Tonlehm, in dem 2 Tage nach der Bewässerung eine parabelförmige Verteilung der Feuchtigkeit bis zur unteren Grenze der Wurzelzone zu beobachten war. Die Austrocknungsrate konnte stattdessen in Form eines einfachen analytischen Ausdruckes hinreichend genau erfaßt werden. W. Prager. 346.

Rose, C. W.; Kampala, Uganda, Makerere Univ. Coll. Some effects of rainfall, radiant drying, and soil factors on infiltration under rainfall into soils. **(Einige Auswirkungen von Niederschlagsmenge, Strahlungstrocknung und Bodenfaktoren auf die unter Regen entstehende Infiltration in Böden.)** J. Soil Sci. **13** (1962) Nr. 2. S. 285–298. – 5 Abb., 5 Tab., 18 Lit.
An zentralafrikan. und südaustral. Böden studierte Vf. unter Laborbedingungen den Einfluß der Struktureigenschaften auf die Infiltration des Niederschlagswassers. Den mitgeteilten Untersuchungsbefunden ist u. a. zu entnehmen, daß sich die Infiltration ganz allgemein sowohl in ungestörten als auch in gestörten Bodenproben um so größer gestaltete, je günstiger die Strukturverhältnisse beschaffen waren. Die Infiltrationsrate einer Bodenoberfläche, die durch starken Regen geschädigt worden war, verringerte sich stets mit der Fortdauer dieser Beeinflussung. Darüber hinaus unterstreicht Vf. die Bedeutung des Kationenbelages sowie des Sättigungsgrades für die Wasserdurchlässigkeit. Künstlich hergestellte Ca-gesättigte Kaolinitkrümel erwiesen sich in Wasseraufschlämmungen als stabil, fielen jedoch unter der mechanischen Belastung auffallender Regentropfen rasch auseinander und wurden dann dispergiert. Ca-gesättigte Illit- und Montmorillonit-Krümel waren stabil genug, um beiden Beanspruchungen zu widerstehen. W. Prager. 346.

Childs, E. C. und Poulovassilis, A.; A.R.C. Unit of Soil Physics; Cambridge, Univ., School of Agric. The moisture profile above a moving water table. **(Das Feuchtigkeitsprofil über einem beweglichen Wasserspiegel.)** J. Soil Sci. **13** (1962) Nr. 2. S. 271–285. – 11 Abb., 5 Lit.
Ein beweglicher Wasserspiegel hat eine veränderte Form des Feuchtigkeitsprofils in den darüberliegenden Bodenbereichen zur Folge, weil sich dieser Vorgang in Abhängigkeit von der Infiltrationsrate an der Bodenoberfläche und dem Ausmaß des Anstiegs oder des Abfalls des Wasserstandes vollzieht. Die Form des Feuchtigkeitsprofils kann berechnet werden unter der Voraussetzung, daß das Feuchtigkeitsmerkmal sowie der Einfluß der hydraulischen Leitfähigkeit der untersuchten Bodensubstanz bei einem gegebenen Feuchtigkeitsgehalt bekannt sind. Dafür ist weiterhin erforderlich, daß die durch einen sinkenden Wasserspiegel ausgelöste Strömungsgeschwindigkeit den Wert dK/dc bei einem Feuchtigkeitsgehalt c_u nicht übersteigt. Dieser Feuchtigkeitsgehalt beeinflußt vor allem die Verhältnisse an der Oberfläche des Infiltrationswassers, wo die hydraulische Leitfähigkeit der Bodensubstanz gleichzusetzen ist der Infiltrationsrate. Vff. demonstrieren die Brauchbarkeit dieser theoretischen Zusammenhänge mit Hilfe von Experimenten, für deren Durchführung eine spezielle Apparatur konstruiert worden war.
W. Prager. 346.

Wesseling, J.; Wageningen, Inst. voor Cultuurtechn. en Waterhuishouding. De stroming van het grondwater en de bepaling van de hydrologische constanten. **(Die Grundwasserströmung und die Bestimmung der hydrologischen Konstanten.)** Landbouwkund. Tijdschr. **74** (1962) Nr. 22. S. 934–948. – 8 Abb., 16 Lit. Zus. in Engl.

Unter Grundwasser versteht man das Wasser, das sich unter dem phreatischen Niveau befindet. Das darüber befindliche Wasser wird als Bodenwasser bezeichnet. Die Höhe des phreatischen Niveaus übt auf die Grundwasserströmung und den Gehalt an Bodenfeuchtigkeit einen großen Einfluß aus, und damit auch auf die Wasser- und Luftversorgung der Pflanzen. Die Formeln, nach denen die Grundwasserströmung vor sich geht, werden mitgeteilt und besprochen. Für die Bestimmung der hydrologischen Konstanten werden mehrere Methoden genannt. E. M. Ardelt. 346.

Graham, J.; Melbourne, C.S.I.R.O., Chem. Res. Lab. Density of clay-water systems. **(Dichte von Ton-Wasser-Systemen.)** Nature [London] **196** (1962) Nr. 4859. S. 1124. — 2 Abb., 3 Lit.
Der kurze Bericht ist eine kritische Betrachtung zu den von Anderson und Low (vgl. LZ. Abt. II **3** [1958] Nr. 12. S. 2476.) durchgeführten Dichtebestimmungen an Ton-Wasser-Suspensionen bzw. -pasten. Diese Untersuchungen hatten zu der Vorstellung geführt, daß das Wasser in diesem System auch noch in einem Abstand von der Tonoberfläche, der über einige molekulare Schichten hinausgeht, eine höhere als die normale Dichte aufweist. J. Garz. 346.

Bolt, G. H.; Wageningen, Landbouwhogeschool, Lab. voor Landbouwscheikunde. Transportverschijnselen in de bodem. **(Transportvorgänge im Boden.)** Landbouwkund. Tijdschr. **74** (1962) Nr. 22. S. 926–933. — 2 Abb., 8 Lit.
Die hauptsächlichsten Transporterscheinungen im Boden sind das Strömen des Wassers, die Diffusion von Gasen (vor allem O_2, CO_2 und H_2O-Dampf) und der Transport von Wärme. Für diese 3 Erscheinungen wurden Formeln erarbeitet. 2 Fälle, in denen die Transportvorgänge vereinfacht sind, werden bes. besprochen und die Formeln hierfür abgeleitet. Es sind die Ausbreitung der Wärme in einem thermisch homogenen Medium und der Wassertransport in einem mit H_2O gesättigten Boden. E. M. Ardelt. 346.

Letey, J., Stolzy, L. H., Valoras, N. und Szuszkiewicz, T. E.; Riverside, Univ. of California, Dep. of Soils and Plant Nutrition. Influence of soil oxygen on growth and mineral concentration of barley. **(Einfluß des Bodensauerstoffs auf Wachstum und Mineralstoffkonzentration der Gerste.)** Agronomy J. **54** (1962) Nr. 6. S. 538–540. — 5 Abb., 8 Lit.
An Proben eines Yolo-Schlufflehms, die mit verschiedenen Zusätzen versehen worden waren, experimentierten Vff. mit variierbaren O_2-Konz. im Bereich der Rhizosphäre von Gräsern. Die vegetative Entwicklung der in diese Untersuchungen einbezogenen Gerste erwies sich unter diesen Bedingungen als ziemlich unempfindlich gegenüber niedrigen O_2-Gehalten in der Bodenluft. Die O_2-Diffusionsrate von annähernd $15 \cdot 10^{-8}$ $gcm^{-2}min^{-1}$ stellte den Begrenzungsfaktor des Wurzelwachstums der Gerste dar. Gleichzeitig lag jedoch die optimale Diffusionsrate für das Keimlingswachstum niedriger als 40 $\times 10^{-8}$ $gcm^{-2}min^{-1}$. Geringe O_2-Gehalte in der Bodenluft waren stets mit verminderten K- und P-Konz. in den Keimlingen verbunden, während die Na- und Ca + Mg-Anteile dadurch kaum zu beeinflussen waren.
W. Prager. 346.

Diest, A. van; New Brunswick, State Univ. of New Yersey, Agric. Exp. Stat. Effects of soil aeration and compaction upon yield, nutrient takeup and variability in a greenhouse fertility experiment. **(Einfluß der Bodenbelüftung und Bodenverdichtung auf Ertrag, Nährstoffaufnahme und Variabilität in einem im Gewächshaus durchgeführten Fruchtbarkeitsversuch.)** Agronomy J. **54** (1962) Nr. 6. S. 515–518. — 3 Tab., 12 Lit.
An einem Nixon-Sandlehm, dessen Proben in Mitscherlichgefäßen abgefüllt, mit Mais bestellt und im Gewächshaus aufgestellt worden waren, untersuchte

Vf. u. a. den Einfluß zugesetzten O_2 und unterschiedlicher Verdichtungen auf die scheinbare Dichte und auf das O_2-Niveau eines mit einer Pflanzendecke versehenen Bodens sowie auf die Wurzelentwicklung und auf die Tr.-Subst.-Produktion der Versuchspflanzen. Die dabei erhaltenen Ergebnisse lassen u. a. erkennen, daß Tr.-Subst.-Ertrag und Nährstoffgehalt im Korn unter diesen Bedingungen nur wenig zu beeinflussen waren. Bei den in mehrfacher Wiederholung durchgeführten Bestimmungen der biol. Verhältnisszahlen war die Variabilität durch einen sprunghaften Anstieg gekennzeichnet, der auf allen gedüngten Böden unter dem Einfluß von Verdichtungen hervortrat. Diese Verdichtungen verringerten die O_2-Diffusionsrate und steigerten die scheinbare Dichte; sie blieben jedoch auf Wurzelproduktion und Wurzelausbreitung wirkungslos. W. Prager. 346.

Nakayama, F.S., Scott, A. D. und Hansen, R. S. Iowa, State Univ. Gas sorption by soils and clay minerals. 2. Capillary effects. **(Gassorption durch Böden und Tonminerale. 2. Mitt. Kapillareffekte.)** Soil Sci. **94** (1962) Nr. 5. S. 292–296. – 2 Abb., 12 Lit. 1. Mitt. vgl. LZ. Abt. II 8 (1963) Nr. 6. S. 1481.

Eine Beziehung zur Ermittlung der Löslichkeit von Gasen in Kapillarwasser wurde entwickelt und auf die O_2-Sorption durch feuchte Böden angewandt. Die theoretische Behandlung ergab, daß die Löslichkeit eines Gases im Bodenwasser ansteigt, sobald der Feuchtigkeitsgehalt eines Bodens soweit absinkt, daß eine Spannung im Wasser auftritt. Versuche ergaben, daß oberhalb eines gewissen Feuchtigkeitsgehalts der Böden (10-15% im Falle der untersuchten Böden) die O_2-Sorption der O_2-Löslichkeit in freiem H_2O folgte. Unterhalb dieser Werte übertrafen die O_2-Sorptionswerte die Löslichkeit von O_2 im freien H_2O und stiegen beim weiteren Trocknen der Proben stark an. Der Vergleich der berechneten und experimentell bestimmten O_2-Sorptionswerte ergab, daß der Anstieg der O_2-Sorption auf ein Ansteigen der O_2-Löslichkeit zurückzuführen ist. P. Stoß. 346.

E. Bodenbiologie

Quevedo-Ganoza, F., Tardieux, P. und Pochon, J.; Paris, Inst. Pasteur, Serv. de Microbiol. du Sol. Estudio pedobiologico de algunas tierras de Castilla La Nueva. **(Pedobiologische Untersuchungen bestimmter Böden Kastiliens.)** Agrochimica [Pisa] **7** (1963) Nr. 2. S. 142–150. – 3 Tab., 15 Lit. Zus. in Engl., Franz., Span., Ital., Dtsch.

Die phys., chem. und bakteriol. Untersuchungen verschiedener span. Böden ergaben, daß bei einem bestimmten Klima die Mikroflora eines gegebenen Bodentyps durch die geringen örtlichen Variationen nur wenig beeinflußt wird. Nach Vff. müssen die biol. Eigenschaften und die Faktoren, die diese bestimmen, stärker betont werden. Von einigen Waldböden und bes. charakteristischen Bodentypen abgesehen, sind die Kenntnisse über die Beziehungen zwischen den mikrobiol., phys., chem. und landwirtsch. Eigenschaften der Böden eines Klimagebietes gegenwärtig noch zu gering. P. Stoß. 350.

Lahav, N.; Rehovot, Israel, Hebrew Univ., Fac. of Agric. Adsorption of sodium bentonite particles on Bacillus subtilis. **(Adsorption von Natriumbentonit-Partikeln durch Bacillus subtilis.)** Plant and Soil [The Hague] **17** (1962) Nr. 2. S. 191–208. – 9 Abb., 1 Tab., 16 Lit.

In bisher unveröffentlichtem Material wurden die phys.-chem. Beziehungen zwischen Bakterien und Bodenteilchen untersucht. Vf. fand, daß Na-gesättigte Bentonitteilchen aktivierend, Ca-gesättigte dagegen hemmend auf die Bewegungsintensität von *Bac. subtilis* einwirken. Auf diesen Ergebnissen aufbauend, wurde in der vorliegenden Arbeit der Einfluß von Na-Bentonit auf die elektrophoretische Bewegung des *Bac. subtilis* geprüft und der mögliche Mechanismus der Tonadsorption durch Bakterien diskutiert. Als die Bewegungsaktivität der Bakterien entscheidend beeinflussende Faktoren ließen sich die Na-Bentonit-Konz., die Ionenstärke und H-Ionenkonz. ermitteln. Außerdem waren innerhalb der Bakterienart 2 durch Bentonit unterschiedlich beeinflußbare Gruppen zu erkennen. H. Unger. 350.

Mitchell, R. und Alexander, M.; Ithaca, N. Y., Cornell Univ., State Coll. of Agric., Dep. of Agronomy. Microbiological processes associated with the use of chitin for biological control. **(Mikrobiologische Prozesse im Zusammenhang mit der Verwendung von Chitin für biologische Bekämpfung.)** Proc. Soil Sci. Soc. America **26** (1962) Nr. **6**. S. 556–558. — 4 Tab., 13 Lit.

Durch Chitinzusatz zu einem seit 40 Jahren mit *Fusarium solani phaseoli* verseuchten schluffigen Lehmboden konnte der durch den Pilz verursachte Wurzelbrand bei *Phaseolus vulgaris* weitgehend behoben werden. Untersuchungen der Wirkungsweise des Aminopolysaccharids auf die Mikroflora führten zur Feststellung einer beträchtlichen Zunahme der Chitinaseaktivität im Boden, vermutlich als Folge der starken Vermehrung der Actinomyceten. Die Bakterien wurden durch den Chitinzusatz nicht stimuliert, die Anzahl der Pilze war bis zu 2 Wochen nach dem Zusatz stark reduziert. Vff. vermuten einen Zusammenhang zwischen dem Rückgang der Pilzzahlen und der Zunahme mycolytischer Organismen. Von den verschiedenen vermuteten Abbauprodukten des Chitins wirkte Acetat in ähnlicher Weise wie das Aminopolysaccharid, jedoch muß auf der Grundlage von Arbeiten anderer Autoren angenommen werden, daß die Wirkungsweise der beiden Stoffe unterschiedlich ist. V. Koepke. 350.

Williams, C. H.; Ibadan, Nigeria Univ. Coll. Effect of inoculum size and nutrition on the host parasite relations of Striga senegalensis on sorghum. **(Wirkung der Impfmenge und Ernährung auf die Wirt-Parasit-Verhältnisse von Striga senegalensis und Hirse.)** Plant and Soil [The Hague] **15** (1961) Nr. 1. S. 1–12. — 2 Abb., 2 Tab., 9 Lit.

In Sandkulturen im Gewächshaus wurden die Wirkung verschiedener Impfmengen, die Wirkung von N-, P- und K-Mangel, die Wirkung hoher und niedriger Konz. einer Nährlösung und hohe Gaben verschiedener einzelner Nährstoffe auf das Wirt-Parasit-Verhältnis untersucht. Bei geringen Impfmengen trat eine Verringerung des Wachstums der Wirtspflanzen erst nach dem Erscheinen der Parasiten auf der Sandoberfläche ein. Bei höheren Impfmengen begann die Wachstumshemmung schon vor dem Erscheinen der Parasiten auf der Sandoberfläche. Der größte Schaden trat aber erst danach auf. Bei N-, P- und K-Mangel war keine wesentliche Verringerung des Wirtspflanzen-Trockengewichtes gegenüber einer ausgeglichenen Ernährung festzustellen. Zwischen den Varianten ergaben sich keine Unterschiede. Die Zahl der auf der Oberfläche erschienenen Parasiten war bei N- und P-Mangel deutlich verringert. Das Verhältnis der Parasit-Wirt-Gewichte war in den Mangelvarianten stark vergrößert. Die Behandlung der Pflanzen mit einer vollständigen Nährlösung in 4facher Konz. erbrachte eine starke Verringerung der Schäden. Es wird nachgewiesen, daß diese nicht auf eine Verringerung der Zahl oder des Gewichtes von *Striga senegalensis* zurückzuführen sind, sondern vermutlich auf eine Erneuerung der Hirsewurzeln. Bei Anwendung hoher Gaben von $Ca(NO_3)_2$, KH_2PO_4, NaCl und $MgSO_4$ mit einer einfachen Konz. der Nährlösung erwies sich nur $Ca(NO_3)_2$ als bes. fördernd für die Pflanzen. Das beruhte auf einer Verringerung der Parasitenzahl. Die Bedeutung dieses Ergebnisses wird bes. diskutiert. KH_2PO_4 und in geringerem Maße auch $MgSO_4$ erhöhten die Parasitenzahlen und führten bei KH_2PO_4 auch zu einem früheren Auftreten des Parasiten. G. Otto. 350.

Abd-el-Malek, Y., Monib, M. und Zayed, M. N.; Giza, Cairo, Univ., Fac. of Agric., Agric. Bacteriol. Dep. Effect of organic matter on the development in soil of antibiotic-producing micro-organisms. **(Die Wirkung or-**

ganischer Substanz auf die Entwicklung antibiotcia-bildender Mikroorganismen im Boden.) Plant and Soil [The Hague] **15** (1961) Nr. 1. S. 25–36. – 5 Abb., 2 Tab., 23 Lit.

Untersucht wurde die Wirkung von Glucose (1%), Saccharose (0,5%) und Pepton (0,5%) und als komplexeres Material Weizenstroh (2% mit 0,5% $NaNO_3$), Klee (5%), Baumwollsamenkuchen (1%) und Schafmist (2%) auf die Entwicklung von antagonistischen und nichtantagonistischen Streptomyceten und Bakterien. Dazu wurde lufttrockener Boden durch ein 3-mm-Sieb gegeben und mit der gelösten org. Subst. bzw. direkt mit der org. Subst. versetzt. Die Bebrütung erfolgte in Erlenmeyerkolben bei 30 °C. Nach 0, 3, 10, 20, 30 bzw. 40 Tagen wurden die Keimzahlen nach dem Plattenverfahren bestimmt. Der Anteil von Antagonisten wurde an Hand der aufgetretenenHemmzonen nach 7tägiger Bebrütung bei 30 °C ermittelt. In 5 unbehandelten Böden war die Gesamtzahl der Streptomyceten gegenüber der der Bakterien niedriger, doch war die Zahl der Antagonisten unter den Streptomyceten höher als bei den Bakterien. Die Gesamtzahl der Streptomyceten wurde durch die Zuckerzugaben kaum, durch Pepton jedoch deutlich erhöht. Der Anteil an Antagonisten wurde durch die Zuckerzugabe und durch Pepton erhöht. Bei den Bakterien ergaben sich keine wesentlichen Unterschiede zwischen der Zucker- und Peptonzugabe. Die Zahl der Antagonisten war jedoch auch hier stark erhöht. Die Zugabe der komplexeren org. Verbindungen führte ebenfalls zu einer Erhöhung der Keimzahl bei den Bakterien und Streptomyceten, wobei die Zahl der Antagonisten wiederum stärker erhöht wurde als die der Nichtantagonisten. Dies traf in bes. Maße für die Streptomyceten zu. Die einzelnen org. Subst. verhielten sich bei Bakterien und Streptomyceten unterschiedlich. G. Otto. 350.

Panossian, A. K., Arutunian, R. S. und Marshavina, Z. V. The effect of metabolites of soil microorganisms on the growth and development of plants. **(Die Wirkung der Stoffwechselprodukte der Mikroorganismen auf das Wachstum und die Entwicklung der Pflanzen.)** Z. allg. Mikrobiol., Morphol., Physiol.. Ökol. Mikroorganismen **3** (1963) Nr. 1. S. 42–46. – 3 Tab., 11 Lit. 350.

Rao, A. S.; Tirupati, Andhra Pradesh, India, S. V. Univ., Dep. of Bot. Fungal populations in the rhizosphere of peanut (Arachis hypogaea L.) **(Pilzpopulationen in der Rhizosphäre der Erdnuß [Arachis hypogaea L.].)** Plant and Soil [The Hague] **17** (1962) Nr. 2. S. 260–266. – 1 Abb., 1 Tab., 16 Lit.

In Gefäßen mit stallmistgedüngten roten Lateritböden wurden unter Freilandbedingungen 8 Erdnußstämme angezogen und deren Rhizosphäre mit Hilfe der Verdünnungsmethode auf das Vorkommen von Pilzen geprüft. Die auf Czapek-Dox-Hefeextraktagar erhaltenen Ergebnisse weisen ein Ansteigen der Pilzzahlen in der Rhizosphäre der Stämme TMV 2, TMV 4, Pollachi Red und EC 1698 gegenüber Kontrollboden nach. Weniger stark beeinflußten die Stämme Spanish Improved und RS 1, ganz gering TMV 3 und Pondicherri 8 die Pilzpopulation. Zwischen den Wurzelknöllchenzahlen und dem Rhizosphäreneffekt der einzelnen Stämme bestanden keine, zwischen dem Alter der Pflanzen und den Pilzzahlen dagegen direkte Beziehungen.
H. Unger. 350.

Trappe, James M.; Portland, U. S. Dep. of Agric., Forest Serv., Pacific Northwest Forest and Range Exp. Stat. Fungus associates of ectotrophic mycorrhizae. **(Pilzvergesellschaftungen der ektotrophen Mykorrhiza.)** Bot. Rev. **28** (1962) Nr. 4. S. 538-606. – 407 Lit.

Die Arbeit enthält kurze Literaturzusammenstellungen zum Problem der unterschiedichen Wirkungen der Mycorrhizapilze auf die Wirtspflanzen und zu Fragen der Vergesellschaftung vom Standpunkt der Pilztaxonomie. Der Schwerpunkt der Arbeit liegt in der listenmäßigen Aufführung der Pilz-

Wirtspflanzenkreise. Auf 25 Seiten werden die Mycorrhizapilze mit den dazugehörigen Wirtspflanzen und auf 11 Seiten die Wirtspflanzenarten mit den dazugehörigen Mycorrhizapilzen aufgeführt. Einzelheiten müssen dem Original entnommen werden. G. Otto. 350.

Proctor, M. H. und Moustafa, Esam; Palmerston North, New Zealand, Dep. of Sci. and Ind. Res., Plant Chem. Div. Incorporation of amino-acid by root nodules of Galega officinalis. **(Einbau von Aminosäuren durch Wurzelknöllchen von Galega officinalis.)** Nature [London] **197** (1963) Nr. 4864. S. 262–263. 350.

Jones, D. Gareth; Plas Gogerddan, Welsh Plant Breeding Stat. Variation in nodulation characteristics in S. 100 nomark white clover (Trifolium repens L.). **(Variation der Charakteristiken bei der Knöllchenbildung des Weißklees [Trifolium repens L.] Nomark S. 100.)** J. Sci. Food Agric. **13** (1962) Nr. 11. S. 598–603. – 4 Abb., 1 Tab., 10 Lit.
Weißklee, 'Nomark S. 100', wurde mit einer wirksamen Knöllchenbakterienart geimpft. 1,9% der geprüften Pflanzen entwickelten die ersten Knöllchen 4 Tage nach dem Impfen, über 50% des Versuchsmaterials hatten am 7. Tage Knöllchen gebildet, während 0,5% ca. 16 Tage dazu brauchten. Die Zahl der Knöllchen pro Pflanze betrug nach 70 Tagen 2–26, der Durchschnitt lag bei 9; 84% besaßen 12 oder weniger, und nur 2% wiesen 20–26 Knöllchen auf. Zwischen Knöllchenzahl pro Pflanze und dem Erntetrockengewicht ließ sich keine Korrelation nachweisen, jedoch korrelierte die Frühzeitigkeit der Knöllchenbildung mit dem Erntetrockengewicht signifikant. Der Zusammenhang zwischen Frühzeitigkeit der Knöllchenbildung und hohen Pflanzenerträgen wird diskutiert. G. Loßner. 350.

Lowe, Richie H. und Evans, Harold J.; Oregon State Univ. Carbon dioxide requirement for growth of legume nodule bacteria. **(Kohlendioxydbedarf für das Wachstum von Leguminosen-Knöllchenbakterien.)** Soil Sci. **94** (1962) Nr. 6. S. 351–356. – 1 Abb., 3 Tab., 15 Lit.
Von den 5 getesteten Bakterienstämmen *Rhizobium trifolii*, *Rh. phaseoli*, *Rh. meliloti*, *Rh. leguminosarum* und *Rh. japonicum* entwickelte sich keiner in CO_2-freier Luft. Versuche, CO_2 durch org. C-Quellen zu ersetzen, führten zu keinem Erfolg. Im Gegensatz zu anderen Bakterien, z. B. *Escherichia coli* oder *Aerobacter aerogenes*, besteht demzufolge bei den *Rh.*-Stämmen ein echtes CO_2-Bedürfnis. Welche Rolle CO_2 im Stoffwechsel dieser Bakterien spielt, konnte noch nicht geklärt werden. H. Kretschmer. 352.

Proctor, Michael H.; Palmerston North., Dep. of Sci. and Ind. Res., Plant Chem. Div. A species of Rhizobium inhabiting the nodules of Galega officinalis (Linn.). **(Eine neue, die Knöllchen von Galega officinalis bewohnende Rhizobium-Art.)** New Zealand J. Sci. **5** (1962) Nr. 4. S. 507–509. 352.

Karagujšieva, D. (Karaguischijewa, D.) Vlijanie vlažnosti počv na razvitie azotobaktera. **(Einfluß der Bodenfeuchtigkeit auf die Entwicklung des Azotobacters.)** Trudy Instituta počvovedenija. Akademija nauk Kazachskoj SSR, Alma-Ata **12** (1961) S. 69–75. – Aus: Referativnyj žurnal. Biologija, Moskva **1962** Nr. 2. B 389. S. 44–45.
Vf. prüfte, welchen Feuchtigkeitsgrad schwachhumoser Schwarzerdeboden und hell-kastanienfarbige Böden haben müssen, wenn sich gewisse Bakterien entwickeln sollen. Es wurde festgestellt, daß der niedrigste Feuchtigkeitsgrad, der für die Entwicklung von *Azotobacter chroococcum* notwendig ist, in Größenordnungen liegt, die die max. Hygroskopizität des Bodens um das 3–4fache übersteigen. *Bac. megaterium* und *Pseudomonas fluorescens* beginnen bereits bei niedrigem Bodenfeuchtigkeitsgehalt, der nur das 1,3–1,5fache der max. Hygroskopizität beträgt, sich zu entwickeln.
übersetzt v. E. Fröhmcke. 352.

Parker, C. A. und Dilworth, M. J.; Nedlands, Univ. of Western Australia, Inst. of Agric. The inhibition by hydrogen of nitrogen fixation in Azotobacter – a reappraisal. **(Die Hemmung der Stickstoffbindung durch Wasserstoff bei Azotobacter – Eine Neueinschätzung.)** Biochim. biophysica Acta [Amsterdam] **69** (1963) Nr. 1. S. 152–158. – 4 Abb., 25 Lit.
H verzögerte die N-Bildungsrate der Kulturen bei niedrigem pN_2, nicht aber bei hohem pN_2. Nach Adaptation der Zellen an H_2 wurde die Verzögerung bei niedrigem pN_2 eliminiert. Kinetische Untersuchungen an H_2-adaptierten, bei verschiedenem pN_2, mit und ohne H_2 gewachsenen Zellen ergaben, daß die Inhibition anders verläuft als früher berichtet (ohne Konkurrenz zwischen H_2 und N_2 beim N-Bindungsprozeß). Die Ursachen dieses Unterschiedes sind wahrscheinlich auf die Anwendung verschiedener Methoden zurückzuführen.
K. E. Lindner. 352.

Garbosky, A. J. und Giambiagi, N. The survival of nitrifying bacteria in the soil. **(Das Überleben nitrifizierender Bakterien im Boden.)** Plant and Soil [The Hague] **17** (1962) Nr. 2. S. 271–278. – 3 Abb., 1 Tab., 17 Lit.
25 argentinische Böden verschiedener Klimate (arid, semihumid, humid) und Vegetation (Steppen-, Prärie-, Acker -und Waldböden) wurden über 5 Jahre auf ihre Nitrifikaticnsleistung untersucht. Als Maß diente die mit der Winogradski-Methode auf Silicagel-Platten ermittelte Überlebensrate der nitrifizierenden Bakterien. Die Bodentemperatur erwies sich als wichtigster, die Zahl und Überlebensrate der nitrifizierenden Bakterien beeinflussender Faktor (optimal 9 °C durchschnittliche Jahrestemperatur). Von den weiterhin geprüften Faktoren (org. Subst., org. N, pH, Cu, P, Mg, Ca, K) wirkten nur Ca und K erhöhend auf die Zahl der nitrifizierenden Mikroben.
H. Unger. 352.

Woolley, D., Jones, G. L. und Happold, F. C.; Leeds, Univ., Dep. of Biochem. Some metabolic differences between Thiobacillus thioparus, T. denitrificans and T. thiocyanoxidans. **(Einige Stoffwechselunterschiede zwischen Thiobacillus thioparus, T. denitrificans und T. thiocyanoxidans.)** J. gen. Microbiol. **29** (1962) Nr. 2. S. 311–316.
Bei Wachstumsversuchen mit *Thiobacillus thioparus* **(I)**, *T. denitrificans* **(II)** und *T. thiocyanoxidans* **(III)** wurden einige Differenzen im Verhalten der einzelnen Bakterienarten festgestellt. So wuchsen **I** und **II** in Thiosulfat + Nitrat- und in Thiocyanat- + Nitratmedien unter anaeroben Bedingungen, **III** dagegen nicht. Durch **I** kam es außerdem im Thiocyanat- + Nitratmedium zur Nitratanreicherung. **II** bildete den für **I** typischen Schleim nicht und reicherte im Thiosulfatmedium unter aeroben Bedingungen auch kein Tetrathionat an, wie es **I** tat. H. Unger. 352.

Chang, Joan P. und Morris, J. G.; Oxford, Univ., Dep. of Biochem., Microbiol. Unit. Studies on the utilization of nitrate by Micrococcus denitrificans. **(Untersuchungen über die Verwendung von Nitrat durch Micrococcus denitrificans.)** J. gen. Microbiol. **29** (1962) Nr. 2. S. 301–310. – 2 Abb., 5 Tab., 23 Lit.
Ein Stamm von *Micrococcus denitrificans* wurde in Wachstumsversuchen auf seine enzymatische Aktivität (Nitratase und Dehydrogenase) geprüft. Die Kulturen wuchsen in einem NO_3^+ und NH_4^- enthaltenden Medium unter aeroben Bedingungen schneller als unter anaeroben. *M. denitrificans* war in der Lage, die Nitratreduktion sowohl assimilatorisch als auch dissimilatorisch durchzuführen. Belüftung förderte die Reduktion der Nitrate zu N (dissimilatorische Aktivität). Durch NH_4-Ionen wurde die Umwandlung von Nitrat in Zell-N teilweise gehemmt. H. Unger. 352.

Katznelson, H., Sirois, J. C. und Cole, Shirley E.; Ottawa, Canada, Dep. of Agric., Microbiol. Res. Inst., Res. Branch; Plant Res. Inst. Production of

a gibberellin-like substance by Arthrobacter globiformis. **(Bildung einer gibberellinartigen Substanz durch Arthrobacter globiformis.)** Nature [London] **196** (1962) Nr. 4858. S. 1012–1013. – 1 Tab., 9 Lit.
In synthetischem Medium kultiviert, bildete *Arthrobacter globiforme* eine das Pflanzenwachstum fördernde Substanz. Durch chromatographische Untersuchungen und Prüfung des Eluats mit Hilfe des Hafer-Koleoptilentestes wurde eine gibberellinsäureähnliche Wirkung gefunden. Das Vorkommen großer Bakterienmengen der Gattung *Arthrobacter* im Boden rechtfertigt die Annahme, daß beträchtliche Mengen biol. aktiver Substanzen, die die Samenkeimung, die Wurzelentwicklung und auch die Aufnahme der Mineralstoffe durch die Pflanzen entscheidend beeinflussen, produziert werden.
H. Unger. 352.

Sørensen, Henning; Roskilde, Denmark, Atomic Energy Commiss. Studies on the decomposition of C14-labeled barley straw in soil. **(Untersuchungen über die Zersetzung von mit C-14 markiertem Gerstenstroh im Boden.)** Soil Sci. **95** (1963) Nr. 1. S. 45–51. – 2 Abb., 3 Tab., 15 Lit.
Nach photosynthetischer Markierung der Pflanzen in $^{14}CO_2$ wurden Gerstenstroh bzw. aus ihm präparierte Komponenten (wasserlösliches Material, Hemicellulose und Cellulose, Lignin) und zubereiteter Kompost dem Boden (pH 6,1; 1,4% C, mittlerer Lehm) zugesetzt. Die in einigen Fällen in der Anfangsphase gefundene höhere spez. Aktivität (als beim Ausgangsmaterial) des aus den Mischproben als CO_2 entweichenden C wird durch bevorzugte Festlegung von $^{12}CO_2$ durch die Bodenbakterien erklärt. Der Abbau der nativen org. Substanz des Bodens wurde in den meisten Fällen stimuliert, insbes. beim Zusatz von Kompost, wobei jedoch auch die durch das anwesende $CaCO_3$ bewirkte pH-Verschiebung als Ursache neben der Einflußnahme durch die verabreichte org. Subst. berücksichtigt werden muß. Die Analyse des Materials nach einer Inkubationsdauer von 118 Tagen bei 20 °C ergab, daß sich ^{14}C z. B. beim Lignin-Zusatz deutlich unterschiedlich auf die Huminstoffe verteilt hatte (höhere spez. Aktivitäten bei der Huminsäure- und Huminfraktion als bei der Fulvofraktion). Die höchsten spez. Radioaktivitäten zeigten die aus der Huminsäurefraktion nach Hydrolyse in 6 n HCl isolierten Aminosäuren, von denen 13 papierchromatographisch nachgewiesen werden konnten. H. E. Freytag. 354.

Parker, D. T. Decomposition in the field of buried and surfaceapplied cornstalk residue. **(Zersetzung von vergrabenen und oberflächlich angewandten Maisstengelrückständen auf dem Felde.)** Proc. Soil Sci. Soc. America **26** (1962) Nr. 6. S. 559–562. – 6 Tab., 11 Lit.
In Glasfaserbeuteln in den Boden eingegrabene, zerkleinerte Maisstengel waren nach 30 Tagen zu 27% zersetzt und nach 145 Tagen zu 65%. Wurden die Beutel auf der Bodenoberfläche belassen, dann waren zu den gleichen Zeitpunkten 13 bzw. 50% der org. Subst. abgebaut. Der N-Gehalt der Maisstengelrückstände stieg von anfänglich 0,79% auf 1,72% bei oberflächlicher Aufbringung bzw. auf 2,06% in den vergrabenen Proben. N-Düngung beeinflußte den Abbau der vergrabenen Stengel nicht, führte aber zu verstärkter N-Immobilisation; der Abbau der an der Oberfläche verbliebenen Maisstengel wurde durch N etwas gefördert. Das Wachstum von Mais war gehemmt, wenn die Oberfläche des Bodens mit Maisstengelrückständen bedeckt wurde, jedoch nicht als Folge von N-Mangel, denn der N-Gehalt im Pflanzengewebe lag relativ hoch. Wurden die Rückstände in den Boden eingebracht, wiesen die Pflanzen dagegen im Jugendstadium einen verminderten N-Gehalt auf. V. Koepke. 354.

Sowden, F. J. und Ivarson, K. C.; Ottawa, Canada Dep. of Agric., Res. Branch. Decomposition of forest litters. III. Changes in the carbohydrate constituents. **(Zersetzung von Waldstreu. 3. Mitt. Veränderungen der Kohlen-**

hydratbestandteile.) Plant and Soil [The Hague] **16** (1962) Nr. 3. S. 389–400. – 2 Tab., 43 Lit. 2. Mitt. vgl. LZ. Abt. **II 5** (1960) Nr. 5. S. 1969.

Die Veränderungen im Gehalt der wichtigsten Zucker und der Uronsäure in bebrüteten Nadel- und Blattstreuproben mit Boden wurden durch Hydrolyse von Stichproben in 4wöchigem Abstand bis zum 165. Tag und nach 1200 Tagen bestimmt. Die Nadelstreu zersetzte sich langsamer als die Blattstreu. Bezogen auf den C Gehalt war innerhalb der ersten 6 Mon. keine Abnahme der Gesamt-Zuckermenge der Nadelstreu feststellbar; in der 2. Periode (bis zum 1200. Tag) fiel der rel. Gehalt der meisten Zucker (Ribose, Xylose, Arabinose, Mannose, Glucose, 4 nicht identifizierte Zucker mit hohen R_f-Werten) und der Uronsäure bis auf die Hälfte der Ausgangswerte. Lediglich der Gehalt an Galaktose blieb konstant, und der an Rhamnose änderte sich wenig. Der Methoxylgehalt als Maß für den Ligningehalt blieb bis zum 165. Tage unverändert. Das C/N-Verhältnis hatte sich im Verlauf der gesamten Versuchsdauer von 51 auf 27 verengt. Bei der Blattstreu erfolgte der Rückgang des Zuckergehaltes mehr oder weniger kontinuierlich vom Versuchsbeginn an. Am stärksten war die Abnahme bei Xylose, Glucose und den Uronsäurepolymeren. Der Ligningehalt blieb in der 1. Periode ebenfalls unverändert. Das C/N-Verhältnis verengte sich von 39 auf 14. In der Blattstreu war die Bakterienzahl um ein Mehrfaches größer und die Pilzzahl wesentlich geringer als in der Nadelstreu. V. Koepke. 354.

Parr, J. F. und Reuszer, H. W.; Lafayette, Ind., Univ., Agric. Exp. Stat,. Dep. of Agronomy. Organic matter decomposition as influenced by oxygen level and flow rate of gases in the constant aeration method. **(Abbau organischer Substanz unter dem Einfluß des Sauerstoffgehaltes und der Strömungsgeschwindigkeit von Gasen bei der Methode der konstanten Belüftung.)** Proc. Soil Sci. Soc. America **26** (1962) Nr. 6. S. 552–556. – 3 Abb., 2 Tab., 18 Lit.

In Laboratoriumsversuchen nahm die beim Abbau von Weizenstroh in schluffigem Lehm sich bildende CO_2-Menge mit dem O_2-Gehalt (0; 0,5; 1,0; 2,5; 5,0 und 21%) des zur Durchlüftung verwendeten N_2-O_2-Gemisches und mit der Strömungsgeschwindigkeit des Gasgemisches ($^1/_8$, $^1/_4$, ½, 1 und 2/Std.) zu. Lediglich in O_2-freier Luft ging die CO_2-Bildung zurück, wenn die Strömungsgeschwindigkeit stieg. Ohne O_2-Zufuhr wurden innerhalb von 400 Std. nur die wasserlösl. Stoffe im Stroh abgebaut (11–14% des C), bei einem Gehalt von 0,5% O_2 wurden 24–31% und bei 21% O_2 44–62% des C veratmet. Die insgesamt veratmete Menge an Stroh-C erfuhr bei O_2-Gehalten von 0,5–5% durch die Beschleunigung der Durchlüftung von $^1/_8$ auf $^1/_4$ und ½ l/Std. eine merkliche Zunahme, während bei weiterer Steigerung der Strömungsgeschwindigkeit keine nennenswerte Änderung eintrat. Bei 21% O_2 stieg die gebildete CO_2-Menge dagegen fortlaufend mit der Durchlüftungsrate. Die gleichen Verhältnisse wurden auch bei Belüftung von Boden ohne Stroh festgestellt. V. Koepke. 354.

Aristovskaja, T. V. (Aristowskaja, T. W.); Zentr. Dokutschajew-Museum für Bodenkunde. O razloženii organo-minral'nych seodinenij v podzolistych počvach. **(Über die Zersetzung organisch-mineralischer Verbindungen in Podsolböden.)** Počvovedenie, Moskva **1963** Nr. 1. S. 30–43. – 1 Abb., 4 Tab., 28 Lit. Zus. in Engl.

An der Zersetzung der Humus-Sesquioxyd-Komplexverbindungen sind 2 Mikrobengruppen beteiligt: a) heterotrophe (kleine Bodenamöben, *Seliberia stellata* Arist. u. a. Bakterien), die nur in geringem Maße das freiwerdende Al und Fe in Hydroxydform anreichern, b) autotrophe oder mixotrophe, die verstärkt Fe und Mn akkumulieren und in Oxydform im Boden anreichern. Zu letzteren gehören die vom Vf. bereits beschriebenen Bakterien *Pedomicrobium ferrugineum* Arist. und *Pedomicrobium manganicum* Arist. sowie eine neu beschriebene Art, *Pedomicrobium podsolicum*. Ch. Bachmann. 356.

Dommergues, Y.; Hann-Dakar, Senegal, O.R.S.T.O.M., Centre de Pédol. Contribution à l'étude de la dynamique microbienne des sols en zone semi-aride et en zone tropicale sèche. Première partie. **(Beitrag zum Studium der mikrobiellen Dynamik der Böden in der semiariden und in der trockenen tropischen Zone. 1. Mitt.)** Ann. agronom. **13** (1962) Nr. 4. S. 265–324. – 16 Abb., 25 Tab.

Die angewandten Untersuchungsmethoden umfaßten folgende Punkte: Zustand des Wassers im Boden, pF-Kurven, Technik der Herstellung verschiedener Feuchtigkeitsstufen des Bodens, Zusatz z. B. von Mineralstoffen, Wirkungen der Vergrößerung des pF-Wertes auf biol. Prozesse, Begriff des Schwellenwertes, Bedingungen der Inkubation, Genauigkeit der Untersuchungsmethoden, genet., phys. und biol. Charakteristiken der Böden (Klima, Klassifizierung). – Die Grenze der Vermehrung (Schwellenwert) von *Azotobacter chroococcum* in schwarzen tropischen Tonböden von Westafrika liegt bei pF 3,6–4,4. Die Kinetik der Mineralisierung des N im Boden – Ammonifikation, Nitrifizierung – wurde nach Zusatz von Casein, Tyrosin und gemahlenen Erdnußblättern untersucht. Diese z. B. zeigen Schwellenwerte von pF 5,2–5,5 für Ammonifikation. Nitrifizierung ist über einen weiten Bereich der pF-Werte möglich (4,7–2,7). W. Schulze. 356.

Dommergues, Y.; Hann-Dakar, Senegal, O.R.S.T.O.M., Centre de Pédol. Contribution à l'étude de la dynamique microbienne des sols en zone semi-aride et en zone tropicale sèche. Deuxième partie. **(Beitrag zum Studium der mikrobiellen Dynamik der Böden in der semiariden und in der trockenen tropischen Zone. 2. Mitt.)** Ann. agronom. **13** (1962) Nr. 5. S. 391–468. – 9 Abb., 25 Tab., 127 Lit. Zus. in Russ., Engl., Dtsch. 1. Mitt. vgl. vorst. Ref.

Zur Untersuchung des Kreislaufs des C wurden den Böden Glucose, Stärke und Cellulose zugemischt, die bei einer min. Feuchtigkeit, entspr. pF-Werten von 5,3, 5,0 und 4,2–4,5, nach 1–2 Wochen Inkubationszeit zum Verschwinden gebracht wurden. – Für Carboxymethylcellulose und natürlichen org. C im Boden werden analog pF-Werte von 3,7–3,8 bzw. 4,3–5,2 festgestellt. Die für die Zersetzung der Glucose in Frage kommende Mikroflora ist also am wenigsten anspruchsvoll in bezug auf Wasser. Sulfhydrierung verläuft schneller als Sulfoxydation, für diese liegt der Schwellenwert bei pF 4,7, gleichgültig, ob es sich um elementaren S oder Cystin-S handelt, für jene beträgt er pF 4,8 (elementarer S) bzw. 5,6 (org. gebundener S). Die Mineralisation des Na-Salzes von Glycerinphosphat erfolgt zwischen pF 5,1 und 5,6. Cellulose, Stärke und Glucose legen N in Abhängigkeit vom Feuchtigkeitsgehalt des Bodens fest. Pilze beanspruchen gegenüber Bakterien weniger Feuchtigkeit (pF 4,9 bis 5,6). Die Schwellen der Festlegung mineral. N bzw. der Wiederherstellung der Strukturstabilität des Bodens werden mit denen der Mikroorganismen verglichen, die die org. Subst. zersetzen. Eine Klassifizierung nach hyperxerophilen, xerophilen und hygrophilen Mikroorganismen wird vorgenommen. Die biol. Aktivität eines Bodens hört oberhalb des permanenten Welkepunktes (pF 4,2) nicht auf, sondern reicht in ein pF-Gebiet bis 5, das sich in Westafrika noch Monate nach dem Ende von Regenfällen halten kann.
W. Schulze. 356.

Turner, George O., Warren, L. E. und Andriessen, F. G.; Seal Beach, Calif., Dow Chem. Co., Western Div., Agric. Res. Lab. Effect of 2-chloro-6-(trichloromethyl) pyridine on the nitrification of ammonium fertilizers in field soils. **(Einfluß von 2-Chlor-6-(trichlormethyl)pyridin auf die Nitrifikation von Ammoniumdüngemitteln in Feldböden.)** Soil Sci. **94** (1962) Nr. 4. S. 270 bis 273. – 2 Abb., 6 Tab., 6 Lit.

Die Unterdrückung der Nitrifikation von $(NH_4)_2SO_4$, NH_4NO_3, Ammoniumphosphatsulfat (16-20-0) und NH_3 durch 2-Chlor-6-(trichlormethyl)pyridin **(I)** wurde in Feldversuchen untersucht. In jedem Falle wurde die Nitrifikation gehemmt, wobei i. allg. die Nitrifikationsrate mit steigenden I-Konz. abnahm. Das in die Düngemittel eingearbeitete I wurde in Konz. von 0,5–2%, bezogen auf NH_4-N des Düngemittels, verwendet. Nach Unterdrückung der Nitrifikation in einer gewissen Bodenzone erfolgte die Wiederaufnahme dieses Prozesses nur sehr zögernd. So ergaben sich zwischen den NH_4-N-Werten, die 4 und 18 Wochen nach I-Behandlung festgestellt wurden, nur geringe Unterschiede. P. Stoß. 356.

Greenwood, D. J.; Wellesbourne, Warwick, Nat. Vegetable Res. Stat. Nitrification and nitrate dissimilation in soil. I. Method of studying nitrate dissimilation. **(Nitrifikation und Nitratdissimilation im Boden. 1. Mitt. Methode zum Studium der Nitratdissimilation.)** Plant and Soil [The Hague] 17 (1962) Nr. 3. S. 365–377. – 6 Abb., 4 Tab., 32 Lit.

In Perkolationsversuchen wurden bei unterschiedlichem O_2-Gehalt der Luft Glucose und NO_3- + NO_2-N den Bodenproben zugeführt und die Nitratdissimilation (Denitrifikation) durch laufende Analysen des Perkolats und des O_2-Verbrauches untersucht. Um Störungen durch parallel laufende NO_3-Assimilation zu verhindern, wurde als N-Quelle für die Mikroben gleichzeitig NH_3-N zugesetzt. Unter diesen Bedingungen war die Gasausbeute bei O_2-freier Atmosphäre dem Verlust an NO_3- und NO_2-O_2 proportional. Bei reduziertem O_2-Gehalt der Luft war die Summe an verbrauchtem NO_3- und Luft-O_2 unabhängig vom Anteil an NO_3-O_2 etwa konstant. Bei einem O_2-Partialdruck von 15,2 cm Hg traten kaum NO_3- oder NO_2-Verluste auf. Durch O_2-Zufuhr zu einem anaerob gehaltenen Boden wurden die NO_3-Verluste gestoppt. In einem vorher aerob gehaltenen Boden traten nach O_2-Entzug NO_3-Verluste erst nach einer gewissen Inkubationszeit auf. Der Perkolationsversuch mit Bestimmung des O_2-Verbrauches oder der NO_3- und NO_2-Abnahme wird als brauchbare Methode zum Nachweis der Denitrifikation angesehen, wenn nicht Störungen durch Bildung von Stickoxyden eintreten.

V. Koepke. 356.

Greenwood, D. J.; Wellesbourne, Warwick, Nat. Vegetable Res. Stat. Nitrification and nitrate dissimilation in soil. II. Effect of oxygen concentration. **(Nitrifikation und Nitratdissimilation im Boden. 2. Mitt. Einfluß der Sauerstoffkonzentration.)** Plant and Soil [The Hague] 17 (1962) Nr. 3. S. 378–391. – 1 Abb., 3 Tab., 36 Lit. 1. Mitt. vgl. vorst. Ref.

Bei der Perkolation von Boden mit Lösungen von Glucose, NH_3- und NO_3-N erwies sich, daß durch die Verminderung des O_2-Partialdruckes weder die Nitrifikation gehemmt noch NO_3-Dissimilation eingeleitet wird, solange nicht sehr niedrige O_2-Konz. erreicht sind. Bei einer O_2-Konz. von 2–5 μMol war die NO_3-Dissimilation halb so intensiv wie unter völlig anaeroben Bedingungen und die Nitrifikation halb so intensiv wie bei normalem O_2-Gehalt. – Vf. folgert daraus, daß die Intensität von Nitrifikation und NO_3-Dissimilation nicht vom O_2-Gehalt der Bodenluft in den groben Poren bestimmt wird, sondern von den Verhältnissen im Inneren der Bodenaggregate, die mit Hilfe der Diffusionsgesetze von Fick beschrieben werden können. Aus diesen ist abzuleiten, daß beim vorwiegenden O_2-Transport durch Diffusion solche Zonen, in denen Nitrifikations-, und solche, in denen Dissimilationsprozesse erfolgen können, scharf abgegrenzt sind. Bei einem gleichzeitigen Verlauf von Nitrifikations- und Dissimilationsprozessen müssen die Denitrifikationsverluste bes. hoch sein. Bei einer bestimmten Wassersättigung der feinen Bodenaggregate kann daher bei guter Durchlüftung des Bodens eine stärkere Denitrifikation erfolgen als bei völlig anaeroben Bedingungen.

V. Koepke. 356.

Woldendorp, J. W.; Wageningen, Netherlands, Agric. Univ., Lab. of Microbiol. The quantitative influence of the rhizosphere on denitrification.

(Der quantitative Einfluß der Rhizosphäre auf die Denitrifikation.) Plant and Soil [The Hague] **17** (1962) Nr. 2. S. 267–270. – 2 Abb., 2 Tab., 4 Lit.
Zur Prüfung der unter Grünland durch Denitrifikation auftretenden N-Verluste wurde ^{15}N-markiertes $(NH_4)_2SO_4$ lebenden und toten Wurzeln von Grassoden zugesetzt. Die NO_3-Verluste beliefen sich im lebenden System auf 20%. Weitere Versuche dienten der Bestimmung der Bildung flüchtiger N-Verbindungen durch die Mikroorganismen der Rhizosphäre verschiedener Gräser. Aus Grünlandböden isolierte, denitrifizierende Bakterien (*Pseudomonas aeruginosa, Ps. sp., Micrococcus denitrificans, Bac. cereus, Bac. licheniformis, ssp.* Itersonii) wurden sterilen Wurzeln der Erbse zugesetzt und die aus 10 mg NO_3 gebildeten N-Fraktionen (N_2, N_2O) quantitativ bestimmt. Die *Ps.*-Arten zeigten die höchste Aktivität vor *M. denitrificans.* H. Unger. 356.

Vine, H.; Trinidad, Imperial Coll. of Trop. Agric.; Univ. Coll. of the West Indies, Fac. of Agric. Some measurements of release and fixation of nitrogen in soil of natural structure. **(Einige Bestimmungen der Freisetzung und Fixierung von Stickstoff im Boden mit natürlicher Struktur.)** Plant and Soil [The Hague] **17** (1962) Nr. 1. S. 109–130. – 8 Tab., 29 Lit.
Bohrkerne eines feinsandigen Lehmbodens mit pH-Werten von 5,2–6,3 wurden in ungestörter Lagerung in Metallbehältern bei unterschiedlicher Wassersättigung in größeren abgeschlossenen Behältern aufgestellt. Durch Ermittlung der Veränderungen der Luftzusammensetzung, des Luftdruckes sowie des Boden-N-Gehaltes wurden die N-Verluste oder -Gewinne des Bodens bestimmt. Bei einem Anteil an luftführenden Poren (LPV) des Bodens von 10–14% traten innerhalb von 11–22 Tagen keine oder nur geringe N-Verluste auf (O_2-Gehalt im Behälter bei Versuchsabbruch 0–6,9%); bei nur 6% LPV entsprachen die N-Verluste 20–35 lb./acre N (O_2-Gehalt im Behälter bei Versuchsende 3,2–11,6%). Da der Boden bei Versuchsbeginn nur 1–4 lb./acre NO_3-N enthielt, können die Verluste kaum durch NO_3-Reduktion verursacht worden sein. Es entstanden auch keine Verluste bzw. wurden 25–50 lb./acre N fixiert, wenn dem Boden $NaNO_3$ entspr. 29 lb./acre N zugesetzt wurde. Dagegen erfolgten hohe N-Verluste nach Zusatz von $(NH_4)_2SO_4$. Vf. nimmt an, daß die N-Entbindung hauptsächlich in einer neben der Nitrifikation verlaufenden Oxydationsreaktion des NH_3 erfolgt. V. Koepke. 356.

F. Bodensystematik und Bodengenese

Jongerius, A.; Bennekom, Stichting voor Bodemkartering. Recente vorderingen in de micropedologie en haar mogelijkheden. **(Neue Fortschritte in der Mikropedologie und ihre Möglichkeiten.)** Landbouwkund. Tijdschr. **74** (1962) Nr. 22. S. 973–999. – 15 Abb., 99 Lit.
Der Begriff „Mikropedologie" oder „Mikromorphologie" wurde 1930 von Kubiena geprägt, der damals die mikroskopische und stereoskopische Untersuchung des Bodens einführte. Die hauptsächlichsten Objekte für die Mikropedologie sind die Bodenschliffe, die mit Hilfe von Fixierungs- und Härtungsmitteln bearbeitet werden können. Die mikromorphologische Strukturuntersuchung lieferte wesentliche Beiträge zu Versuchen über die Wirkung der Bodenbearbeitung, der Mechanisierung und der Bodenbedeckung sowie in der kulturtechnischen Bodenkunde und Hydrologie und bei der Klärung der Zusammenhänge zwischen Bodenstruktur und Wurzelbildung. Die Mikropedologie der org. Stoffe trug bisher vor allem dazu bei, die biol. Prozesse, die sich bei der Humusbildung abspielen, zu erfassen. E. M. Ardelt. 360.

Sawhney, B. L., Frink, C. R. und Hill, D. E.; New Haven, Conn., Agric. Exp. Stat. Profile disconformity and soil formation on glaciolacustrine deposits. **(Profilungleichförmigkeit und Bodenbildung auf glazial-lakustrischen Ablagerungen.)** Soil Sci. **94** (1962) Nr. 5. S. 297–303. – 2 Abb., 2 Tab., 14 Lit.

Die aus den sandigen und tonigen Fazies der glazial-lakustrischen Sedimente in Mittel-Connecticut entwickelten Böden zeichnen sich bez. ihrer Korngrößenverteilung durch unterschiedlich große Ungleichförmigkeiten in den Sola aus. Vff. hatten diese Zusammenhänge chem., phys. und mineralog. zu analysieren und im Rahmen der historischen Geologie sowie der Bodenentwicklung des Untersuchungsgebietes zu deuten. Die überprüften Berlin-Böden stellen oligotrophe Braunerden dar, während es sich bei den Buxton-Böden um Braunpodsole handelt. In beiden Bodenformen traten die texturalen Ungleichheiten vor allem in den B-Horizonten hervor. Vff. führen diesen Tatbestand auf Änderungen der Sedimentationsbedingungen zurück, die z. B. durch Wasserstandssenkungen in einem See unter der Einwirkung neuer Abflußkanäle verursacht werden können. In den ehemaligen Standorten mit tiefen Wasserständen wurden Schluffe und Tone abgesetzt, während in den Gebieten mit seichten Wasserständen gröbere Fraktionen zur Ablagerung gelangten, die später durch Erosion auf die Schluff- und Tonschichten der Tiefenlagen aufgetragen wurden. Für die Bodenentwicklung erwies sich allerdings die unterschiedliche lithogene Herkunft der Sedimente von so ausschlaggebender Bedeutung, daß 2 deutlich differierende Bodentypen daraus hervorgingen. W. Prager. 360.

Walker, P. H.; Canberra, Div. of Soils. Terrace chronology and soil formation on the South coast of N.S.W. **(Terrassenchronologie und Bodenbildung an der Südküste von Neusüdwales.)** J. Soil Sci. **13** (1962) Nr. 2. S. 178–186. — 6 Abb., 1 Tab., 17 Lit.
Das Untersuchungsgebiet stellt ein Entwässerungsbecken im permischen Schieferton auf dem Schuttstrom der Tapitallee-Schlucht unmittelbar unter einem triassischen Sandstein-Steilhang dar. Die Regionalterrassen, wie z. B. steilhängige Entwässerungsflächen und sanft geneigte Flußniederungen, und die darauf zur gleichen Zeit entwickelten Bodenbildungen weisen, wie das benachbarte Bergland auch, übereinstimmende zyklische K-Bodenzonen auf. Die untersuchten K_0-Sedimente entstanden in den vergangenen 120 Jahren; sie können auch unter den gegenwärtigen Bedingungen gebildet werden. Demgegenüber setzte die Ablagerung der K_3-Sedimente vor 29000 Jahren ein. Die Bodenbildungen des Untersuchungsgebietes verfügen daher nur selten über ein höheres Alter. Vf. ordnet sie dem ausgehenden Pleistozän zu.
W. Prager. 362.

Låg, J.; Vollebekk, Norway, Agric. Coll. Notes on geological features of importance for the productivity of the soils of Norway. **(Mitteilungen über die für die Produktivität der norwegischen Böden wichtigsten geologischen Merkmale.)** Soil Sci. **95** (1963) Nr. 1. S. 1–8. — 2 Abb., 33 Tab.
Unter den bodenbildenden Prozessen spielt in Norwegen die Gletschererosion die wichtigste Rolle. Seit 1959 wurden in Zusammenarbeit mit dem Nationalen Forst-Überwachungsdienst mehr als 7000 systematisch über das Land verteilte Versuchsparzellen hinsichtlich der Produktivkraft ihres Bestandes ausgewertet. — Entspr. der Tiefe werden die Böden in die 3 Klassen [<20; 20–70 und >70 cm] eingeteilt, und wird die starke Abhängigkeit der Jahresproduktion, der Forstböden von ihrer Tiefgründigkeit gezeigt. Eine weitere Tab. zeigt von 8 aus insgesamt 18 Landschaftskreisen Norwegens ausgewählten die %-Anteile von produktiven Forstgebieten (unterteilt in die obigen Bodentiefenklassen), Torf- und Moorgebieten, unfruchtbaren Gebieten und Ackerland, Weiden usw. Als wichtigste, für die Verteilung des Moränenmaterials (und der begleitenden Wassersedimente) in Frage kommende Bedingungen, werden der Erosionswiderstand des Felsenbettes, die Intensität der Gletschererosion, die die Größe des Materialtransportes bedingenden und die für die Ablagerung günstigen Faktoren diskutiert.
H. E. Freytag. 362.

Válek, B.; Praha, Geol. Ústav ČSAV. Vliv minerálně chudší horniny na vývoj a úrodnost půd u Libnova v Krušných horách. **(Einfluß des mineralärmeren Gesteins auf die Bodenentwicklung der Böden bei Libnov im Erzgebirge, westlich von Sokolov.)** Rostlinná Výroba 8(35) (1962) Nr. 7. S. 881 bis 892. – 2 Abb., 7 Tab., 5 Lit. Zus. in Russ., Dtsch.
Im Südteil des Erzgebirges sind die natürlichen und künstlichen Bestände entspr. der Herkunft der Böden verteilt. Das unterste Bodenprofil, das sich auf Glimmerschiefergneisgesteinen, einem mineralärmeren Gestein, entwickelte, enthält mehr Glimmer- und Quarzarten als Feldspatarten. In den oberen, aus Tonmineralen bestehenden Schichten überwiegt Kaolinit, in einer Tiefe von 30–75 cm ist Illit in größerer Menge vorhanden. Das aus der primären Gesteinsverwitterung hervorgegangene Profil ist gleichmäßig gefärbt. Durch Perkolation werden lösliche Verbindungen in die Unterschicht ausgewaschen. Im Zuge der Humuszersetzung reichern sich im Oberflächenhorizont größere Ca-, Fe-, K-, Mg-, Na- und P-Mengen an. Obwohl der Regenfaktor nach Lang (rund 120) und der Quotient nach Mayer (280) für eine starke Auswaschung sprechen, bilden sich trotzdem keine A_2- und B-Horizonte aus. Diese Horizonte sind auch durch chem. Analysen nicht nachzuweisen. Das ganze Bodenprofil ist arm an Ca und verhältnismäßig reich an K.
V. Skládal. 362.

Goršenin, K. P. (Gorschenin, K. P.) Osnovnye principy klassifikacii počv Sibiri. **(Grundprinzipien der Klassifikation der Böden Sibiriens.)** Počvovedenie, Moskva **1963** Nr. 1. S. 21–29. 362.

Moormann, F. R. und Panabokke, C. R.; Ceylon, Dep. of Agric. Soils of Ceylon – a new approach to the identification and classification of the most important soil groups of Ceylon. **(Böden von Ceylon. Eine neue Stellungnahme zur Erkennung und Klassifikation der wichtigsten Bodengruppen Ceylons.)** Trop. Agriculturist **117** (1961) Nr. 1. S. 3–69. 362.

Litchfield, W. H. und Mabbutt, J. A.; Adelaide, South Australia, Div. of Soils. Hardpan in soils of semi-arid Western Australia. **(Ortstein in Böden des semiariden westlichen Australien.)** J. Soil Sci. **13** (1962) Nr. 2. S. 148 bis 159. – 6 Abb., 1 Tab., 11 Lit.
Das Wiluna-Meekatharra-Gebiet des westlichen Australien stellt den zentralen Teil einer Bodenzone dar, in der die meisten Profile einen Ortsteinhorizont in sehr unterschiedlicher Tiefenlage aufweisen. Stark verhärtete Ortssteinschichten entwickeln sich hier vorwiegend auf schwach geneigtem Schwemmland, das aus den teilweise zerstörten Resten einer lateritisierten, tertiären Bodenoberfläche hervorging. Die Ortsteinbildung ist das Ergebnis der Kieselsäureverkittung und des Tonzerfalles; außerdem können dafür episodische Flächenüberflutungen mit anschließenden Auslaugungsprozessen in Betracht kommen. Der Gesamtvorgang hat mit den alluvialen Ablagerungen Schritt gehalten und wird in der Gegenwart fortgesetzt. Vff. deuten Unregelmäßigkeiten in der Ortsteinbildung u. a. als Ergebnis von Inklinationsänderungen sowie als Folge wechselnder Durchlässigkeit und zunehmender Gehalte an löslichen Salzen. W. Prager. 362.

Walker, P. H.; Canberra, Div. of Soils. Soil layers on hillslopes: a study at Nowra, N. S. W., Australia. **(Bodenzonen auf Berghängen. Eine Untersuchung im Nowra-Distrikt, Neusüdwales [Australien].)** J. Soil Sci. 13 (1962) Nr. 2. S. 167–177. – 9 Abb., 1 Tab., 16 Lit.
Sequenzen begrabener Bodenzonen repräsentieren im Landschaftsbild von Südostaustralien Perioden der Bodenentwicklung unter mehreren Oberflächen. So trägt auch die Bodendecke der Berghänge in der Nachbarschaft der Südküste von Neusüdwales Bodenbildungen, die 3 verschiedenen Typen zuzuordnen sind. Die Kennzeichnung dieser Bodenzonen als unabhängige

Ganzheiten erfolgt nach pedologischen, stratigraphischen und geomorphologischen Kriterien, wie sie von Buttler (1959) beschrieben worden waren. Danach sind die Sequenzen der verschiedenen Bodenzonen als Teile eines sich wiederholenden Zyklus (K-Zyklus) aufzufassen, der stabile und instabile Phasen der Landschaftsentwicklung und der Bodenevolution umfaßt. Instabile Phasen gehen dabei auf aride Klimaverhältnisse, stabile auf den Einfluß humider Bedingungen zurück. W. Prager. 362.

Beers, W. F. J. van; Wageningen, Netherlands, Int. Inst. for Land Reclamation and Improvement. Acid sulphate soils. **(Saure Sulfatböden.)** Int. Inst. Land Reclamation Improvement [Wageningen], Bull. **1962** Nr. 3. S. 1–31. – 2 Abb., 1 Tab., 62 Lit.

Im Bereich der jungen niederländ. Seemarschen gibt es Standorte, die im ersten Jahr der landwirtsch. Nutzung hohe Pflanzenerträge hervorbringen, um jedoch in der Folgezeit einen sehr rapiden Rückgang ihrer Produktivität erkennen zu lassen. Die zugehörigen Bodenbildungen zeichnen sich neben einem hohen Tongehalt vor allem durch extrem niedrige pH-Werte aus. Diese starke Versauerung vollzieht sich in erster Linie unter dem Einfluß saurer Fe- und Al-sulfate sowie freier Schwefelsäure, die bei der Oxydation sulfidischer Fe-Verbindungen entsteht. Die sauren Sulfatböden („Katzentone") entwickeln sich vorwiegend aus See- und Brackwassersedimenten, deren S-Gehalt auf reduktive Vorgänge zurückzuführen ist. Nach der Trockenlegung dieser Standorte beginnen die geschilderten oxydativen Umsetzungen. Bei genügend hohem Gehalt an $CaCO_3$ kann die dabei gebildete Schwefelsäure zu Gips neutralisiert werden. Verschiebt sich jedoch das S-Basen-Verhältnis zugunsten eines S-Übergewichtes, so tritt zunehmende Versauerung ein. Vf. beschreibt einige Labor- und Feldmethoden, mit deren Hilfe es möglich ist, extrem versauerte Sulfatböden sicher zu erkennen. Die verfügbaren Meliorationsmaßnahmen erweisen sich i. allg. als zu kostpielig und sollten daher von Fall zu Fall erst nach Prüfung der standörtlichen und wirtsch. Verhältnisse zur Anwendung gelangen. W. Prager. 364.

Edelman, C. H. und Brinkman, R.; Wageningen, Netherlands, Agric. Univ. Physiography of Gilgai soils. **(Das Aussehen von Gilgai-Böden.)** Soil Sci. **94** (1962) Nr. 6. S. 366–370. – 1 Abb., 21 Lit.

Da die ursprüngliche Beschaffenheit der gegenwärtigen Gilgai-Flächen durch extreme Vernässung gekennzeichnet war, vertreten Vff. die Ansicht, daß die physiographische Entwicklung der Gilgai-Landschaften gebunden ist an subhydrische Verhältnisse, wie sie z. B. für den Meeresgrund, die Sohle von Binnenseen und Sümpfen zutreffen. Die unter diesen Voraussetzungen entstehenden schlammigen Ablagerungen unterliegen später durch die Entwässerungsmaßnahmen des Menschen einem „Reifungsprozeß", der für alle alluvialen Bodenbildungen der Erde gleichermaßen charakteristisch ist. Erst nach der Trockenlegung derartiger Standorte führen zyklische Quellungs- und Schrumpfungsvorgänge in der tonreichen Grundsubstanz zur Ausbildung des Gilgai-Mikroreliefs, das Mikrotäler und Mikroerhebungen umfaßt. Dieser Prozeß mag ausnahmsweise auch als Folge kolluvialer Verlagerungen, wodurch die Tonsubstanz terrestrischer Bodenbildungen nachträglich schlammige Konsistenz annimmt, zu beobachten sein. W. Prager. 364.

Zajdel'man, F. R. und Ogleznev, A. K. (Saidelman, F. R. und Oglesnew, A. K.) Issledovanie processov gleeobrazovanija v pojmennych počvach nečernozemnoj zony. **(Erforschung der Gleibildungsprozesse in Aueböden der Nichtschwarzerdezone.)** Počvovedenie, Moskva **1963** Nr. 1. S. 44–52. – 3 Abb., 4 Tab., 8 Lit. Zus. in Engl.

Vff. untersuchten die chem. Zusammensetzung, die Dynamik des Fe^{2+}- und Fe^{3+}-Gehaltes und des pH-Wertes verschieden stark vergleiter Aueböden der

Moskwa-Niederung. – Mit zunehmender Vergleiung durch Staunässe erhöht sich der Gesamtgehalt des Bodens an Fe, Al und anderen Elementen, im A-Horizont vor allem der Gehalt an 3wertigem Fe (Gesamtgehalt und bewegliche Formen). Eine Fe-Auswaschung durch Vergleiung konnte nicht nachgewiesen werden. Im A-Horizont zeigte sich eine Abnahme des pH-Wertes und des Gehaltes an austauschbarem Ca. Ch. Bachmann. 364.

Havinga, Albert Jan; Wageningen, Landbouwhogeschool. Een palynologisch onderzoek van in dekzand ontwikkelde bodemprofielen. **(Eine palynologische Untersuchung von in Decksand entwickelten Bodenprofilen.)** Diss. Landbouwhogeschool Wageningen **1962** 165 S. – 37 Abb., 30 Tab., 100 Lit.

Nachdem Beyerinck (1931) u. a. die Eignung des Sandes für pollenanalytische Untersuchungen demonstriert hatte, kam es dem Vf. darauf an, einen Überblick über die zwischen Vegetationsentwicklung und Bodenbildung bestehenden Wechselbeziehungen auf Flächen, die mit pleistozänem Sand überzogen sind, zu erarbeiten. Die untersuchten Profile stellen Podsole und Gleie dar, die unter mehreren Treibsandschichten bzw. unter verschieden alten Torflagern in den Niederlanden gefunden wurden. Den Untersuchungsbefunden ist u.a. zu entnehmen, daß die Erle auf den überprüften Standorten schon im Boreal weit verbreitet war. Bei Delfzijl wurde der boreale Kiefernwald auf sehr nassen Sanden durch Erlenbestände abgelöst. Der Eichenwald ist postborealen Ursprungs. Während der Perioden des Boreals, Atlantikums und Fagus-Carpinus fand Vf. unter sehr differierenden Pflanzenbeständen gut ausgeprägte Waldböden und Podsole. In dieser Zeitspanne entwickelten sich durch Degradation der Waldböden neue Podsole. W. Prager. 364.

Storrier, R. R. und Muir, A.; Wagga Wagga, New South Wales, Australia, Dep. of Agric. The characteristics and genesis of a ferritic brown earth. **(Merkmale und Genese einer ferritischen Braunerde.)** J. Soil Sci. **13** (1962) Nr. 2. S. 259–270. – 2 Abb., 3 Tab., 23 Lit.

In die Braunerdeklasse des natürlichen Systems der Böden führten Kubiena (1953) und Avery (1956) den Subtyp der ferritischen Braunerde ein. Hierbei handelt es sich um Bodenbildungen, die sich vor allem durch geringe Plastizität, stabile Aggregate, hohe Durchlässigkeit und große Gehalte an geflockten Fe-hydroxyden auszeichnen. Im Banbury-Distrikt von Nord-Oxfordshire führte die Verwitterung eines Fe-reichen Kalksteins, der einen Eisenhut aus dem mittleren Lias darstellt, zur Bildung eines Solums mit den gleichen Eigenschaften, wie sie bei den ferritischen Braunerden zu finden sind. Nach den Vorschriften der brit. Bodenkartierung waren derartige Bodenbildungen allerdings einfach als Banbury-Tonlehme zu kennzeichnen. Bei ihrer Argumentation stützen sich Vff. auf die Ergebnisse von Dünnschliffuntersuchungen, die durch mineralog., chem. und phys. Analysen ergänzt worden waren.
W. Prager. 364.

Romans, J. C. C.; Aberdeen, Scotland, Macaulay Inst. for Soil Res. The origin of the indurated B_3 horizon of podzolic soils in North-East Scotland. **(Der Ursprung des verhärteten B_3-Horizontes in podsoligen Böden Nordostschottlands.)** J. Soil Sci. **13** (1962) Nr. 2. S. 141–147. – 2 Abb., 3 Tab., 8 Lit.

Nachdem Fitzpatrick (1956) die Verhärtungszonen im Profil schottischer Podsole als fossilierte Dauerfrostschichten mit den entspr. Strukturmerkmalen gekennzeichnet hatte, gelangte Vf. auf Grund morpholog., chem., phys. und pollenanalytischer Studien an Podsolprofilen aus den östlichen Grampians und der Strathmore-Niederung zu abweichenden Schlußfolgerungen. Zunächst ließen die morphologischen Zusammenhänge erkennen, daß der derzeitige Ausprägungsgrad des verhärteten B_3-Horizontes keineswegs schon unter den Bedingungen der hohen Basensättigung während des Braunerdestadiums, das im Entwicklungsverlauf der Strathmore-Böden wahrscheinlich vor dem jetzigen Podsolstadium einzuordnen ist, vorhanden war. Durch vergleichende Untersuchungen über den Entwicklungsstand eines Podsolprofiles mit verhärtetem B_3-Horizont, das unter dem Erdwall einer früheren Befestigungsanlage aus der Römerzeit bei Kirkbuddo/Angus gefunden worden war, und einer rezenten Podsolbildung konnte Vf. schließlich den Nachweis führen, daß der verhärtete B_3-Horizont schottischer Podsole in erster Linie das Produkt pedologischer Evolutionsprozesse darstellt. W. Prager. 364.

Herausgabe des schwedischen Matrikelwerkes für das Gebiet Neu-Vorpommerns in deutscher Sprache und Umzeichnung der dazugehörigen Karten auf den Maßstab 1:25000. Eberswalde, Abt. Forstwirtschaftsgeschichte, Inst. Forstwiss. Dtsch. Akad. Landwirtsch.-Wiss. Berlin Plan-Nr.:1701 21 h-2-25/8. Abschlußber. (21/3. 1963).

Ziel der Arbeit ist, durch Um- und Zusammenzeichnung der Gemarkunsgkarten aus den Jahren 1692–98 und den Blättern der Preußischen Landesaufnahme um 1880 für Neu-Vorpommern unmittelbar die Konstanz oder Veränderung der geographisch-topographischen Verhältnisse festzustellen und die schwed. Textbeschreibung zu den einzelnen Gemarkungen in die deutsche Sprache zu übertragen. Bisher liegen Matrikelkarten-Zusammenzeichnungen von den Meßtischblattbereichen Neuenkirchen, Greifswald, Wusterhusen, Hanshagen, Kröslin, Wolgast, Züssow, Karlshagen, Zinnowitz, Ückeritz und Rubkow z. T. gedruckt, z. T. veröffentlichungsreif vor. Die dazugehörigen Beschreibungen sind übersetzt. 368.

Muir, J. W. und Hardie, H. G. M.; Aberdeen, Macaulay Inst. for Soil Res. A punched-card system for soil profiles. **(Ein Lochkartensystem für Bodenprofile.)** J. Soil Sci. **13** (1962) Nr. 2. S. 249–253. — 2 Abb., 1 Lit.

Die von den Mitarbeitern des schott. Bodenkartierungsdienstes jährlich gesammelten Profilbeschreibungen und Analysendaten sind so umfangreich geworden, daß sich ihre Auswertung nur mit Hilfe eines geeigneten Lochkartensystems durchführen läßt. Vff. wählten zu diesem Zweck ein von Casey, Perry, Berry und Rent (1958) empfohlenes System, dessen Benutzung auf der Grundlage eines Zahlenschlüssels erfolgt. Die verwendeten Karteikarten weisen an ihren Rändern Reihen von Einzellöchern auf, die u.a. zur Feststellung einfacher Zahlencodes dienen. Die daneben eingestanzten Doppellöcher eignen sich dagegen für die Bestimmung von 2 oder 3 gleichartigen Stoffeigenschaften, während Lochkomplexe Möglichkeiten zum Auffinden mehrerer Merkmale bieten. Der verwendete Zahlenschlüssel gestattet darüber hinaus eine Gruppierung der gesammelten Profile in Lokalformen, Typen oder nach geographischen Gesichtspunkten. Ein bes. Vorzug dieses Systems liegt nach Ansicht der Vff. darin begründet, daß alle Auskünfte über ein Gesamtprofil auf einer Karteikarte zusammengefaßt sind, wobei das Profil stets die Grundeinheit darstellt. W. Prager. 368.

G. Bodenuntersuchung

Wagner, George H.; Univ. of Missouri. Use of porous ceramic cups to sample soil water within the profile. **(Verwendung poröser Keramikgefäße zur Entnahme von Bodenwasserproben innerhalb des Profils.)** Soil Sci. **94** (1962) Nr. 6. S. 379-386. — 6 Abb., 5 Lit.

Zur Ausschaltung der mit den herkömmlichen Lysimeteruntersuchungen gekoppelten Fehlurteile über die Bodenfeuchteverhältnisse entwickelte Vf. eine einfache Apparatur, die bei einer Gesamtlänge von 6,4 cm und einem Dmr. von 4,8 cm aus einem keramischen Gefäß mit Plastikrohr, Gummistopfen, Kupferrohr, Gummischlauch und Quetschhahn zusammengesetzt ist. Das mit einem Fassungsvermögen von 100 ml ausgestattete keramische Gefäß

kann einschl. des Zubehörs in jeder Profiltiefe installiert werden. Unter den vom Vf. gewählten Versuchsbedingungen betrug sein Einzugsbereich an der Bodenoberfläche 60 m^2. Durch Verminderung des Gefäßinnendruckes auf einige wenige Millimeter Quecksilbersäule, während gleichzeitig die Bodenfeuchte unter einer Spannung von < 1 at steht, bewegt sich das Wasser aus dem Boden in das poröse Gefäß hinein. Im Labor erfolgt dann mit Hilfe einer Vakuumpumpe das Absaugen der in den Keramikgefäßen gespeicherten Bodenfeuchte, deren Ionengehalt anschließend analysiert wird.
W. Prager. 370.

Rudeforth, C. C. An illuminated polishing table for preparing thin sections of soil. **(Ein beleuchtbarer Poliertisch für die Herstellung von Bodendünnschliffen.)** J. Soil Sci. **13** (1962) Nr. 2. S. 247–248. – 1 Abb., 7 Lit.

Die in den vergangenen Jahren zu beobachtende steigende Wertschätzung, die pedologisch und biologisch interessierte Fachkreise der Dünnschlifftechnik zur mikroskopischen Untersuchung von Bodenausschnitten in natürlicher Lagerung bekunden, ließ, trotz vieler Verbesserungsvorschläge für Probeentnahme und Tränkung, Hinweise für die sehr wichtigen Arbeitsgänge des abschließenden Schleifprozesses und des Polierens der dünngeschliffenen Präparate vermissen. Da die bisher übliche mehrmalige mikroskopische Überprüfung des Schleifprozesses eine Verschmutzung der optischen Geräte zur Folge hatte, konstruierte Vf. einen stabilen Poliertisch mit Beleuchtungsuntersatz und einer Glasplatte als Schleif- und Polierunterlage. Die Qualität der auf diese Weise mit der Hand hergestellten Bodendünnschliffe, die eine Stärke von 0,03–0,02 mm aufweisen, ist darüber hinaus abhängig von einigen technischen Voraussetzungen, die vom Vf. im einzelnen hervorgehoben werden. Die beschriebene Apparatur hat sich als gleichermaßen vorteilhaft bei der Herstellung von Gesteinsdünnschliffen bewährt. W. Prager. 370.

Mackenzie, A. F. und Dawson, J. E.; Guelph, Ontario Agric. Coll.; Ithaca, N.Y., Cornell Univ. A study of organic soil horizons using electrophoretic techniques. **(Eine Untersuchung von organischen Bodenhorizonten mit Hilfe elektrophoretischer Verfahren.)** J. Soil Sci. **13** (1962) Nr. 2. S. 160–166. – 2 Abb., 2 Tab., 14 Lit.

Die Kennzeichnung der Horizonte org. Böden stellt eine Voraussetzung für das Studium der genetischen Zusammenhänge dieser Lagen sowie für die Beurteilung und Behandlung von Böden mit verschiedenen Schichtenkombinationen dar. Zur Lösung dieser Aufgaben bedienten sich die Vff. der Elektrophorese. Dazu wurden Na-pyrophosphatgesättigte Extrakte aus Proben von 5 unterschiedlich beschaffenen Torfarten hergestellt und diese anschließend auf elektrophoretischem Wege mit Hilfe einer von Clapp (1957) beschriebenen Apparatur separiert. Die damit erhaltenen Ergebnisse über die Zusammensetzung der org. Subst., den Aufbau der Polysaccharide und die Farbtönung der vertorften Pflanzenreste ließen u. a. markante Unterschiede in der Genese der untersuchten Moorbodenhorizonte erkennen. W. Prager. 372.

Ivarson, K. C. und Sowden, F. J. Methods for the analysis of carbohydrate material in soil. I. Colorimetric determination of uronic acids, hexoses, and pentoses. **(Methoden zur Analyse von Kohlenhydraten im Boden. 1. Mitt. Colorimetrische Bestimmung von Uronsäuren, Hexosen und Pentosen.)** Soil Sci. 94 (1962) Nr. 4. S. 245–250. – 4 Tab., 21 Lit.

Die Hydrolysate von Boden- oder Blattkompostproben werden, wie in der 2. Mitt. beschrieben, neutralisiert, auf 2 ml eingeengt und nach Zugabe von etwas NaOH auf eine mit Dowex-I (50–100 mesh., Chlorid-Form) gefüllte Säule (12 × 180 mm) gegeben. Die Säule wird mit 70 ml aqua dest. gewaschen (Elution der Zucker), worauf dann mit 70–80 ml 0,25 n NH_4Cl (mit konz. NH_4OH auf pH 8 eingestellt) die Uronsäuren eluiert werden. Die Hexosen werden nach der Anthron- und Chromotropsäure-Methode, die Pentosen nach der Anilinacetat-Methode bestimmt. Die Bestimmung der Hexosen mit Chromotropsäure ergibt höhere Werte als die Anthron-Methode. Die Uronsäuren werden nach der Carbazol-Methode bestimmt. Als colorimetrische Standards dienen Glucuronsäure, Glucose und Xylose. Die verschiedenen Methoden liefern Ergebnisse, die mit den in der Literatur angegebenen übereinstimmen. Der Anteil der Kohlenhydrate an der org. Bodensubst. beträgt nach diesen Methoden 11–19%. P. Stoß. 372.

Sowden, F. J. und Ivarson, K. C. Methods for the analysis of carbohydrate material in soil. 2. Use of cellulose column and paper chromatography for determination of the constituent sugars. **(Methoden zur Analyse von Kohlenhydraten im Boden. 2. Mitt. Anwendung von Cellulosesäule und Papierchromatographie zur Bestimmung der Zuckerbestandteile.)** Soil Sci. **94** (1962) Nr. 5. S. 340–344. – 3 Tab., 19 Lit. 1. Mitt. vgl. vorst. Ref.
Die Proben (10 g Boden oder 1 g Blattkompost) werden 2 Std. mit 12,6 bzw. 4,2 ml 72%iger H_2SO_4 stehengelassen, dann auf n Lösung verdünnt und über Nacht am Rückfluß gekocht. Der gebildete Niederschlag wird abfiltriert und die Lösung mit $Ba(OH)_2$ auf pH 4 gebracht. $BaSO_4$ wird abfiltriert, das Filtrat auf 20–30 ml konzentriert und mit $Ba(OH)_2$-Lösung auf pH 6,0–6,5 gebracht. Nach Zentrifugieren wird die überstehende Flüssigkeit zur Trockne eingedunstet und in 2 ml H_2O aufgenommen. Die Zucker im Hydrolysat werden dann in einer Säule (1,5 × 40 cm) an Cellulose-Pulver mit Aceton-n-Butanol-H_2O-Lösung (7:2:1) getrennt. Die erhaltenen Fraktionen werden durch Papierchromatographie (vgl. Analyt. Chem. **28** [1956] Nr. 3. S. 350.) weiter gereinigt. Die Hauptbestandteile Xylose, Arabinose, Mannose, Glucose und Galactose können auch durch wiederholte Entwicklung von Chromatogrammen auf mit 0,1 mol. Phosphatpuffer (pH 5) behandeltem Papier mit Aceton-n-Butanol-H_2O-Lösung (5:4:1) getrennt werden. Die getrennten Zucker werden colorimetrisch (vgl. loc. cit.) bestimmt. – Die Untersuchung von 4 verschiedenen Böden nach diesen Methoden ergab, daß neben oben erwähnten Hauptbestandteilen Ribose, Fucose, Rhamnose und eine Anzahl nicht identifizierter Zucker mit hohem R_F-Wert enthalten waren. Bes. hoher Gehalt an Glucose wies auf Cellulose-Rückstände hin. 7–10% und bei Berücksichtigung der Hexosamine und Uronsäuren 12–14% des C-Gehalts der Böden lagen als Kohlenhydrate vor. P. Stoß. 372.

Allen, S. E. und Grimshaw, H. M.; Grange-over-Sands, Lancs., Nat. Conservancy Merlewood Res. Stat. Effect of low-temperature storage on the extractable nutrient ions in soils. **(Einfluß von Lagerung bei tiefen Temperaturen auf die extrahierbaren Nährstoffionen in Böden.)** J. Sci. Food Agric. **13** (1962) Nr. 10. S. 525–529. – 7 Tab., 11 Lit.
An 4 Bodentypen wurden die durch verschiedene Behandlungen (Gefrieren, Lufttrocknung, Gefrieren von lufttrockenem Boden) hervorgerufenen Veränderungen im Gehalt an extrahierbarem NH_4^+, NO_3^-, K^+, Ca^{2+} und PO_4^{3-} sowie der Einfluß von Temperatur und Lagerungsdauer untersucht. Tieftemperaturlagerung verursachte bei allen Bodenproben eine signifikante Zunahme des Gehalts an etxrahierbarem NH_4^+-N und P. Die Veränderungen von NO_3^--N und bes. von K und Ca waren weniger ausgeprägt und hingen vom Bodentyp ab. Im allg. nahm die Größe der Veränderungen nach Tieftemperaturbehandlung mit steigendem Gehalt des Bodens an org. Subst. zu. Tieftemperaturlagerung der lufttrockenen Bodenproben verursachte gleichartige Veränderungen. Es wird empfohlen, bes. bei Bestimmung von extrahierbarem N und P auf Tieftemperaturlagerung der Bodenproben zu verzichten. P. Stoß. 372.

Entwicklung einer geeigneten Methode zur Untersuchung gärtnerisch genutzter Böden auf Nährstoffgehalt. Leipzig, Inst. Chem. Landwirtsch. Dtsch. Akad.

Landwirtsch.-Wiss. Berlin Plan-Nr.: 17 01 30 h/2-06/1. 44 S. Abschlußber. (18/3. 1963).
In der Arbeit wurden die Löslichkeitsverhältnisse der Nährstoffe gärtnerischer Böden überprüft. Als Grundlage diente der Doppellactatauszug der landwirtsch. Bodenuntersuchung. Zum Vergleich wurden teilweise P_2O_5 im Na-bicarbonatauszug nach Olsen und K_2O in der Ausschüttelung mit 2 n HCl untersucht. Die beiden letzten Verfahren lassen eine günstigere Auswertung der Ergebnisse erwarten, jedoch sind die Versuche noch nicht abgeschlossen. 372.

Jungk, A.; Hannover, TH, Inst. für Pflanzenernähr. **Beziehungen zwischen den Meßergebnissen der Formiat- und der Lactat-Methode sowie Methoden zur Bestimmung von löslichem N bei gärtnerischen Erden.** Landwirtsch. Forsch. **15** (1962) Nr. 3/4. S. 231–237. – 4 Abb., 2 Tab., 7 Lit. Zus. in Engl., Franz.
Die an 100 gärtnerischen Erden durch Formiatextraktion gefundenen Nährstoffwerte wurden mit den durch Lactatextraktion erhaltenen P- und K-Werten sowie mit den durch direkte Destillation und KCl-Extraktion erhaltenen NH_4^+- und NO_3^--Werten in Beziehung gesetzt. Bei Anwendung der genannten Methoden bestand für NH_4-N, NO_3-N und K eine sehr gute Übereinstimmung der Werte ($r > 0{,}99$). Demgegenüber wiesen die P-Werte eine etwas geringere Korrelation ($r = 0{,}97$) auf. Die Ursachen dafür sind einmal in der unterschiedlichen Art der Lösungsmittel, zum anderen in der unterschiedlichen Lösungsgeschwindigkeit der Phosphate zu suchen. Die Ergebnisse zeigen, daß bei Verwendung der Formiatmethode N, P und K in leichtlöslicher bzw. austauschbarer Form in einem Extrakt bestimmt werden können. P. Stoß. 372.

Chang, Fu-chu; Moskau, Bodenkundl. Dokutschajew-Inst. der Akad. der Wiss. der UdSSR. Ispol'zovanie anionita dlja opredelenija podvižnych fosfatov v počvach. **(Verwendung von Ionenaustauschern zur Bestimmung aufnehmbarer Phosphate in Böden.)** Počvovedenie, Moskva **1962** Nr. 10. S. 101–104. – 4 Tab., 4 Lit. Zus. in Engl.
Durch das mit CO_3^{2-} angereicherte Anionit EDE-10 wird dem Boden eine geringere Phosphatmenge entzogen als in Gefäßversuchen unter Verwendung von ^{32}P. In gekalkten Rasenpodsolböden zeigen beide Methoden übereinstimmende Werte. Andererseits können die Böden einem mit Phosphaten angereicherten Anionit P entziehen. Diese Fähigkeit ist in Krasnosemböden am größten, geringer in typischen Serosem- und Tschernosemböden und am geringsten in Rasenpodsolböden. Kalkung erhöht die P-Sorption des Bodens aus dem Anionit. Ch. Bachmann. 372.

Tombesi, Luciano und Calé, Maira Teresa; Roma, Staz. Chim.-Agraria Sperimentale. Studies on the determination of available phosphorus in soils. **(Untersuchungen über die Bestimmung des verfügbaren Phosphors in Böden.)** Plant and Soil [The Hague] **17** (1962) Nr. 2. S. 137–154. – 7 Tab., 12 Lit.
Ein pliozäner, kalkhaltiger Ton aus 5 m Tiefe und leucitisches Vulkansediment aus 15 m Tiefe wurden nach Tommasi und Marimpetri **(I)**, Ferrari **(II)**, Miller und Axley **(III)**, Hiroux und Soignet **(IV)**, Joret und Hebert **(V)**, Dupuis **(VI)** und nach Smith **(VII)** auf verfügbaren P untersucht, mit gestaffelten P-Mengen versetzt und 1955–57 3mal hintereinander mit Weizen bebaut. Danach erfolgte eine erneute P-Gabe, wobei die Varianten wiederum die gleichen, gestaffelten Mengen erhielten. Es wurde Mais (1958) angebaut und nach der Ernte der Boden nach den o. g. Methoden auf P untersucht. Die Ergebnisse wurden mit den theoretisch möglichen Werten für verfügbaren P, die sich aus dem Anfangsgehalt, der zugesetzten Menge und dem Entzug durch die Pflanzen errechnen ließen, verglichen. Obgleich die einzelnen Methoden unterschiedlich hohe Werte lieferten (**V** lag z. B. am niedrigsten, **II** und **VII**

am höchsten), standen sie doch alle in guter Beziehung zu den theoretisch möglichen Werten. Daß die analytischen Werte unter den möglichen lagen, ganz bes. beim kalkhaltigen Ton, spricht dafür, daß während der 4 Jahre ein gewisser P-Anteil festgelegt worden ist. H. Kretschmer. 372.

Fritzsche, K. und Hensel, A.; Tharandt, Abt. Pappelforsch. des Inst. für Forstwiss. der Dtsch. Akad. der Landwirtsch.-Wiss. zu Berlin. **Kurzmitteilung zur Magnesiumbestimmung mit Titangelb.** Z. landwirtsch. Versuchs- u. Untersuchungswes. 8 (1962) Nr. 6. S. 527–528. 372.

Jouis, E. und Lecacheux, Marie-Thérèse; Rouen, Seine-Maritime, Stat. Agronomique. Une méthode néphélométrique rapide pour le dosage du soufre dans les sols. Quelques résultats de dosages de soufre dans des sols de la Seine-Maritime. **(Eine nephelometrische Schnellmethode für die Bestimmung des Schwefels in Böden. Einige Ergebnisse von Schwefelbestimmungen in den Böden des Departements Seine-Maritime.)** Ann. agronom. **13** (1962) Nr. 5. S. 483–489. – Zus. in Russ., Engl., Dtsch.
Das Prinzip der beschriebenen Halbmikromethode besteht in der Stabilisierung einer feinen $BaSO_4$-Suspension durch „Tween 20", ein Monolaurat des Polyhydroxyäthylsorbits. Die Opalescenz wird bei blauem Licht photometrisch gemessen, wobei Mengen bis zu 50 mg SO_4/l graphisch dargestellt als Gerade erscheinen. Folgende Fraktionen können bestimmt werden: a) wasserlösliche Sulfate, b) wasserlöslicher S, der an die org. Subst. gebunden ist, c) durch H_2O_2 zersetzbarer S (org. gebunden) und d) Rest-S, der in HCl löslich ist. Die wasserlöslichen Sulfate werden mit einer Genauigkeit von etwa 5%, der org. gebundene S mit einer von 10% bestimmt. – In den untersuchten Kulturböden werden an der Oberfläche etwa 2–12 ppm S als Sulfat gefunden, in größerer Tiefe manchmal bis etwa 100 ppm. Die Menge an org. gebundenen S schwankt in Abhängigkeit vom Humusgehalt des Bodens zwischen 10 und 100 ppm. Der Gehalt an Rest-S schwankt ebenfalls in weiten Grenzen. W. Schulze. 372.

Maywald, H.; Berlin, Humboldt-Univ., Inst. für Acker- und Pflanzenbau. **Vergleichende Bestimmungen der Kationen-Austauschkapazität an verschiedenen Bodenproben.** Z. landwirtsch. Versuchs- u. Untersuchungswes. 8 (1962) Nr. 6. S. 525–526. 372.

Ehrhardt, Joachim und Schorcht, Adelbrecht. **pH-Registrierregler. Gerät zum Messen, Registrieren und automatischen Regeln von pH-Werten.** Jenaer Rdsch. **1963** Sonderh. Leipziger Frühjahrsmesse S. 35–40. – 7 Abb., 19 Lit. 372.

Bowers, S. A. und Hanks, R. J.; Manhattan, Kans., Southern Plains Branch, Soil and Water Conserv. Res. Div. Specific heat capacity of soils and minerals as determined with a radiation calorimeter. **(Mit einem Strahlungskalorimeter bestimmte spezifische Wärmekapazität von Böden und Mineralen.)** Soil Sci. **94** (1962) Nr. 6. S. 392–396. – 3 Abb., 1 Tab., 8 Lit.
Die Strahlungsmethode zur Messung der spez. Wärme geht auf Newton zurück, dessen Theorie später von Stefan-Boltzmann und von Prevost auch für das Experimentieren mit „schwarzen und nichtschwarzen Körpern" zugrunde gelegt worden war. Da die Auswertung dieser theoretischen Grundlagen für bodenkundliche Belange bisher meist an der Kostspieligkeit der dafür empfohlenen Methoden und Geräte scheiterte, konstruierten Vff. eine neue, preiswerte und verhältnismäßig leicht zu bedienende Apparatur. Die damit erhaltenen Meßergebnisse stellen Näherungswerte dar, die aus der Mitteilung mehrerer Bestimmungsdaten hervorgehen. Den mitgeteilten Untersuchungsergebnissen ist u. a. zu entnehmen, daß die mit dem Strahlungskalorimeter der Vff. ermittelte spez. Wärmekapazität feintexturierter Boden-

arten, verglichen mit den von Patten (1909) veröffentlichten Ergebnissen von ähnlich zusammengesetzten Bodenproben, durch wesentlich größere Werte gekennzeichnet war. W. Prager. 374.

Gromakovskij, K. F. (Gromakowski, K. F.) Opredelenie polevoj vlagoemkosti laboratornym metodom. **(Die Bestimmung der Feldwasserkapazität nach einer Laboratoriumsmethode.)** S. ch. Sev. Kavkaza **1962** Nr. 1. S. 80 bis 81. – Aus: Referativnyj žurnal. Biologija, Moskva **1962** Nr. 7. D 77. S. 13.
Die Bodenprobe wird in einen Al-Zylinder mit einem Fassungsvermögen von 196 cm³ gefüllt, den man verschließt, wiegt und für 3 Tage ins Wasser legt. Der Boden wird danach 2 Tage lang an der Oberfläche eines lufttrockenen Bodens der gleichen Zusammensetzung getrocknet. Die Feldwasserkapazität errechnet sich aus dem Verhältnis des aufgenommenen Wassers zum Gewicht des abs. trockenen Bodens. Das Vol.-Gew. ergibt sich aus $\frac{G}{V}$ (G = Gew. des abs. trockenen Bodens im Zylinder, V = Vol. des Zylinders).
übersetzt v. G. Boetticher. 374.

Gurr, C. G.; Adelaide, South Australia, C. S. I. R. O. Use of gamma rays in measuring water content and permeability in unsaturated columns of soil. **(Verwendung von Gammastrahlen bei der Bestimmung des Wassergehalts und der Permeabilität von ungesättigten Bodensäulen.)** Soil Sci. **94** (1962) Nr. 4. S. 224–229. – 3 Abb., 3 Tab., 6 Lit.
Ausgehend von Beziehungen zwischen Zählraten von γ-Strahlen einerseits sowie Bodendichte und Wassergehalt andererseits wurde eine Methode zur Berechnung des Wassergehalts von Bodensäulen entwickelt. Nach einer vorhergehenden Messung bei bekanntem Wassergehalt und bekannter Dichte lassen sich ohne Probenahmen kontinuierlich Bestimmungen des Wassergehalts durchführen. Durch Bestimmung der zeitlichen Veränderungen des Wassergehalts in verschiedenen Tiefen konnte der in der Stärke wechselnde Wasserdurchfluß durch die Bodensäule bestimmt werden. Aus Saugmessungen konnten Aufschlüsse über die Permeabilität als Funktion des Wassergehalts erhalten werden. Weitere Untersuchungen mit Hilfe dieser Methode hatten die Darstellung der Beziehung zwischen Saugspannung und Wassergehalt in verschiedenen Bodentiefen zum Inhalt. Die dabei aufgetretenen Unterschiede lassen Rückschlüsse über die zurückliegende Behandlung (Trocknung, Anfeuchten) der Bodenproben zu. P. Stoß. 374.

Bavel, C. H. M. van; Tempe, Ariz., U.S. Dep. of Agric., Res. Stat., U.S. Water Conserv. Lab. Light-weight rate meter for neutron soil moisture measurement. **(Ein leichter Impulsdichtemesser zur Bodenfeuchtebestimmung mittels Neutronen.)** Soil Sci. **94** (1962) Nr. 6. S. 418–419. – 2 Abb., 5 Lit.
Die aus der Sonde ankommenden Impulse (Gerät gibt eine festgelegte Hochspannung für das BF_3-Rohr) werden vorverstärkt und passieren einen einstellbaren Diskriminator. Nach Impulsumformung (Uniformierung) und Integration über ein RC-Glied werden die den Impulsdichten [cps] proportionalen Spannungsänderungen auf das Anzeigeinstrument übertragen. Das Gerät arbeitet mit 2 Zeitkonstanten (3 und 30 sec) und wird gespeist durch 5,5-V-Zellen mit etwa 2–4 Mon. Betriebsdauer. Die Betriebsspannungen werden mit Hilfe von Zener-Dioden auf den Sollwerten gehalten.
H. E. Freytag. 374.

Bouyoucos, George John; Michigan State Univ. A continuous electric soil moisture recorder. **(Ein elektrischer Bodenfeuchte-Registrierschreiber für Dauerbetrieb.)** Agronomy J. **54** (1962) Nr. 6. S. 549. – 2 Abb., 1 Lit.
Der mit Gipsblöcken verbundene, batteriegespeiste Registrierschreiber ist in einem Transportkasten untergebracht und verfügt über ein Uhrwerk, das – bei

einer Laufzeit von 1 Monat — ein mit seiner Achse gekoppeltes Diagrammblatt rotieren läßt. Eine Wheatstonesche Brücke ermöglicht das Einhalten einer Frequenz von 40 U/s. Außerdem übernimmt ein Temperaturregler die automatische Korrektur der Meßwerte bei eintretenden Temperaturänderungen. Die Bestimmung der Bodenfeuchte kann durch Widerstandsmessungen im Bereich von 0–10000 Ω und 0–100000 Ω erfolgen, wobei der kleine Widerstandsbereich stets die genaueren Ablesungen liefert. Der in diesem Widerstandsbereich registrierte Feuchtegehalt des Bodens ist für das Pflanzenwachstum und darüber hinaus auch für die Bewässerungskontrolle beim Einsatz von Berieselungs- oder Beregnungsanlagen von größter Bedeutung.

W. Prager. 374.

Scott, E. J. und Hanks, R. J.; Univ. of Illinois. Solution of the one-dimensional diffusion equation for exponential and linear diffusivity functions by power series applied to moisture flow in soils. **(Auflösung der eindimensionalen Diffusionsgleichung für potentielle und lineare Diffusivitätsfunktionen durch Potenzreihen, übertragen auf die Feuchteströmung in Böden.)** Soil Sci. **94** (1962) Nr. 5. S. 314–322. — 6 Abb., 8 Lit.

Die Gleichung für die horizontale Feuchteströmung im Boden basiert auf der Annahme, daß die darin enthaltene Größe für die Diffusivität eine einwertige Funktion des Wassergehaltes darstellt und daß außerdem eine Beziehung zwischen dem Feuchtegehalt des Bodens und der Spannung der Bodenfeuchte besteht, bei der es sich ebenfalls um eine einwertige Funktion handelt. Die Auflösung dieser Gleichung bleibt stets mit Schwierigkeiten verbunden, weil sie nicht konstant ist. — Vff. beschreiten daher den Weg der Reihenlösungen beim Umgang mit Diffusionsgleichungen für potentielle und lineare Diffusivitätsfunktionen. Dadurch bietet sich zugleich die Möglichkeit, vergleichbare Maßstäbe für die Treffsicherheit vieler numerischer Methoden zur Vorausberechnung der Feuchteströmung im Boden zu schaffen. Die Ergebnisse beider Diffusivitätsfunktionen lassen u. a. erkennen, daß die mit Hilfe der linearen Diffusivitätsfunktionen berechneten Infiltrations- und Abflußraten auf einer stärkeren Strömung beruhen. W. Prager. 374.

Kullmann, A. und Klimes-Szmik, A. **Über einige bei Bodenporositätsbestimmungen mit dem Luftpyknometer zu berücksichtigende Gesichtspunkte.** Z. landwirtsch. Versuchs- u. Untersuchungswes. **9** (1963) Nr. 1. S. 3–14.

Von 5 Versuchsflächen wurden während der Vegetationsperiode zu zahlreichen Terminen die Gesamtporositäten teils mit dem Kunzeschen, teils mit dem Polikeitschen Luftpyknometer bestimmt. Außerdem wurde die Porosität aus dem Trockenraumgewicht und dem spez. Gew. berechnet. Die gemessene Porosität der bei 105 °C getrockneten Proben ist größer als die berechnete, und zwar als Folge der Adsorption von Luft, wie mit Hilfe der Adsorptionsisotherme von Kröcker nachgewiesen wird (bei dem Polikeitschen Pyknometer wirkt sich die Luftadsorption stärker aus). Die bei natürlichem Feuchtigkeitsgehalt und nach kapillarer Sättigung bestimmten Porositäten zeigen geringere Differenzen zu den berechneten, da hier die Luftadsorption nicht zur Geltung gelangt. Auf die Ursachen, welche die Differenzen zwischen den gemessenen und berechneten Werten bedingen, wird näher eingegangen, desgleichen auf die teilweise notwendig werdenden Korrekturen. Die spez. Gew. können aus den gemessenen Porositätswerten nicht direkt berechnet werden, wohl aber nach Kalibrierung des Pyknometers. A. Kullmann. 374.

Alpan, I.; Haifa, Israel, Inst. of Technol. An experimental method for determining the air permeability of partly saturated soils. **(Eine Versuchsmethode zur Bestimmung der Luftpermeabilität von teilweise gesättigten Böden.)** Soil Sci. **94** (1962) Nr. 4. S. 263–269. — 6 Abb., 2 Tab., 6 Lit.

Durch Ausübung eines konstanten Luftdruckes auf das obere Ende eines mit teilweise gesättigtem Boden gefüllten Zylinders und Messung der Veränderungen des Druckes des Porenwassers am unteren Ende ist es möglich, die Luftpermeabilität teilweise gesättigter Böden zu berechnen. Die Berechnung basiert auf den Annahmen, daß innerhalb der Probe vor und während der Untersuchung das Wasser gleichmäßig verteilt ist und daß während der Untersuchung innerhalb der Probe ein Druckgefälle der Luft besteht und auf das Porenwasser übertragen wird. Die Durchführung der Bestimmung sowie die dazu notwendigen Geräte werden beschrieben. Der Anwendungsbereich dieser Methode wird an Hand von 3 nach dieser Methode durchgeführten Versuchen diskutiert. P. Stoß. 374.

Galstjan, A. Š. (Galstjan, A. Sch.); Inst. für Bodenkunde und Agrochem. der Armen. SSR. K metodike opredelenija aktivnosti degidraz v počve. **(Zur Bestimmung der Dehydraseaktivität im Boden.)** Doklady Akademii nauk Armjanskoj SSR, Erevan **35** (1962) Nr. 4. S. 181–184. — 1 Abb., 2 Tab., 3 Lit. Orig.: russ., Ausz.: armen.
Die Methode zur Dehydrase-Bestimmung von Lenhard, modifiziert von Stevenson, wurde verändert und wird nunmehr wie folgt angegeben: 1 g lufttrockener Boden wird im 50-ml-Vakuum-Kolben mit 15 mg $CaCO_3$ vermischt, mit 1%iger Glucose-Lösung angefeuchtet und mit 1 ml 1%iger 2.3.5-Triphenyl-Tetrazolium-Lösung versetzt. Nach Vakuumherstellung wird der Kolben im Thermostaten bei 37–38 °C 24 Std. lang inkubiert. Danach werden 25 ml Äthylalkohol zugegeben. Das Filtrat wird bei 500–600 nm gemessen. Als Kontrolle dienen eine sterilisierte Bodenprobe (3 Std./180 °C) und eine Probe ohne Boden. — Von schlecht, mittel und gut kultiviertem Boden wurden gleichzeitig Dehydrase- und Invertaseaktivität und CO_2-Bildung bestimmt. Die Ergebnisse der 3 Methoden korrelierten mit dem Ertrag von Wi-Weizen. Dehydraseaktivität kann als Merkmal der biol. Aktivität und der Bodenfruchtbarkeit dienen. K. Böttcher. 376.

Grossbard, E. und Hall, D. M.; Hurley, Maidenhead, England, Grassland Res. Inst. Plant protein agar, a medium for the isolation and estimation of proteolytic organisms in grassland soils. **(Pflanzeneiweißagar, ein Medium zur Isolierung und Bestimmung proteolytischer Organismen in Grünlandböden.)** Nature [London] **196** (1962) Nr. 4859. S. 1119–1120. — 1 Abb., 5 Lit.
Aus Luzernepreßsaft gewonnenes Eiweißpulver diente zur Herstellung von Eiweißagar (Mineralsalzagar, 0,01% Hefeextrakt, 8% Eiweiß, pH 7), der in Verbindung mit der Plattengußmethode eine Aussage über die proteolytische Aktivität der Böden gestattet. Organismen werden als proteolytisch bezeichnet, wenn nach 5tägiger Bebrütung bei 25 °C durchsichtige Zonen die Kolonien umgeben. Damit ist eine quantitative Auswertung möglich. Darüber hinaus gestattet das Messen der Lysehöfe in mm die Bestimmung der proteolytischen Aktivität einzelner Mikrobenarten. H. Unger. 376.

Rawald, Wolfgang; Weimar, Abt. Mykol. des Inst. für Spez. Bot. der Univ. Jena. **Beiträge zur künstlichen Kultur höherer Pilze.** Z. allg. Mikrobiol., Morphol., Physiol., Ökol. Mikroorganismen **3** (1963) Nr. 1. S. 54–67. — 7 Abb., 34 Lit. 376.

Pfulb, K.; Augustenberg, Baden, Staatl. Landwirtsch. Versuchs- und Forsch.-Anst. **Feldversuche in Baden-Württemberg zur Überprüfung der Grenzzahlen der Bodenuntersuchung.** Landwirtsch. Forsch. **16** (1963) Nr. 1. S. 13–17. — 1 Lit. Zus. in Engl., Franz.
Über eine Serie von langjährigen Feldversuchen in Baden-Württemberg (Beginn 1961) wird berichtet, die der Überprüfung und evtl. Korrektur der Grenzwerte der chem. Bodenuntersuchung nach Egnér-Riehm und der Erarbeitung von versuchsmäßig fundierten Richtlinien für eine neuzeitliche Düngerberatung dienen sollen. Die Versuchsanordnung entspricht im wesentlichen den Richtlinien der Versuche „Düngung nach Bodenuntersuchung“

1951–55 (vgl. LZ. Abt. II 3 [1958] Nr. 12. S. 2522.). Die Durchführung der Versuche umfaßt alle Maßnahmen von Düngung, Saat, Ernte bis zur Entnahme der Boden- und Ernteproben nach einheitlichen Auswertungsrichtlinien. Die Auswertung der Versuchsserie, an der staatl. Stellen sowie verschiedene Landwirtschaftsschulen und Untersuchungsanstalten beteiligt sind, erfolgt in Augustenberg. 378.

Klemm, K. H.; Halle-Lauchstädt, Inst. für Landwirtsch. Versuchs- und Untersuchungswes. der Dtsch. Akad. der Landwirtsch.-Wiss. zu Berlin. **Untersuchungen der Böden der Bezirke Halle und Magdeburg auf ihren Magnesiumgehalt.** Z. landwirtsch. Versuchs- u. Untersuchungswes. **9** (1963) Nr. 1. S. 53–59. – 7 Tab., 3 Lit. – nach Zus.
Die Untersuchungsergebnisse von 31423 Bodenproben auf pflanzenverfügbares Mg lassen die derzeitige Mg-Versorgungslage der Böden in den Bezirken Halle und Magdeburg erkennen. Zwischen der Bodenart und dem Reaktionszustand der Böden einerseits und der Mg-Versorgung andererseits zeigen sich deutliche Zusammenhänge. In den Bezirken Halle und Magdeburg beschränkt sich eine unzureichende Mg-Versorgung weitgehend auf die leichten und mehr oder weniger versauerten Böden. 378.

Bruchholz, H.; Leipzig, Karl-Marx-Univ., Inst. für Trop. und Subtrop. Landwirtsch. **Der Magnesiumgehalt der Böden des Kreises Torgau.** Albrecht-Thaer-Arch. **7** (1963) Nr. 6. S. 461–475. – 10 Abb., 5 Tab., 23 Lit. – nach Zus.
Von 1178 Bodenproben aus dem Kreis Torgau (Bezirk Leipzig) wurden Nährstoffgehalt, Bodenart, geol. Entstehung sowie die Wertzahl der Bodenschätzung ermittelt. Die Bodennutzungsverhältnisse und der Anteil der Bodenarten an der LN des Kreises Torgau stimmen mit den durchschnittlichen Verhältnissen der DDR weitgehend überein, so daß allgemeine Schlußfolgerungen möglich sind. Der Mg-Versorgungsgrad der Böden im Kreis Torgau ist zu 34% schlecht, zu 35% mäßig und zu 31% gut. Es bestehen sehr hochsignifikante Korrelationen des Mg-Gehaltes mit Bodenart, pH-Zahl, Entstehungsart und Kaligehalt der Böden. Der Mg-Gehalt nimmt ab, je leichter der Boden, je niedriger der pH-Wert und je geringer der Kaligehalt ist. Diluviale Böden weisen eine schlechtere Mg-Versorgung auf als alluviale. Zwischen Mg-Gehalt und Bodenzahl der Bodenschätzung ist die engste Korrelation zu finden. Weitere Untersuchungen bez. des Mg-Gehaltes erscheinen bes. im Hinblick auf Verwitterungsböden bedeutsam. Solange die Bestimmung des Mg-Versorgungsgrades der Böden noch nicht in die systematische Bodenuntersuchung einbezogen ist, können an Hand der Bodenzahl Hinweise für eine Mg-Düngung gegeben werden. 378.

Behrens, W. U.; Hannover, Landwirtsch. Versuchsstat. **Dokumentation von Bodenuntersuchungsergebnissen.** Landwirtsch. Forsch. **15** (1962) Nr. 3/4. S. 238–239.
Zur Dokumentation von Bodenuntersuchungsbefunden wird ein Lochkartensystem vorgeschlagen. Es wird angeregt, die Karteikarten in den Untersuchungsämtern abzulochen und die Auswertung in einem Rechenzentrum durchzuführen. Als Anwendungsmöglichkeiten werden das Aufsuchen bestimmter Böden für Feld- und Gefäßversuche, die Berechnung von Mittelwerten der Bodenmerkmale für bestimmte Verwaltungseinheiten, Bodentypen oder Nutzungsmöglichkeiten sowie die Berechnung von einfachen oder mehrfachen Korrelationen genannt. Die durch den Aufbau einer Lochkartei entstehenden Kosten werden mitgeteilt. P. Stoß. 378.

H. Bodenfruchtbarkeit

Sokolov, A. V., Vlasjuk, P. A., Grinčenko, A. M., Gorbunov, N. I. Dmitrienko, P. A., Kononova, M. M. und Mišustin, E. N. (Sokolow, A. W., Wlasjuk, P. A., Grintschenko, A. M., Gorbunow, N. I., Dmitrijenko,

P. A., Kononowa, M. M. und Mischustin, Je. N.) Očerednye zadači izučenija plodorodija počv i putej ego povyšenija. **(Unmittelbare Aufgaben zur Untersuchung der Fruchtbarkeit des Bodens und der Maßnahmen ihrer Steigerung.)** Počvovedenie, Moskva **1963** Nr. 1. S. 8–20. – 13 Tab.

Ausgehend von den negativen Auswirkungen der dogmatischen Anwendung des Trawopolnaja-Systems werden die wichtigsten Aufgaben der agrotechnischen Wissenschaften für die nächsten Jahre erläutert. Im verstärktem Maße sind die Fragen der Nährstoffdynamik im Boden, des Nährstoffentzuges durch die Kulturpflanzen sowie der zweckmäßigen Anwendung von Düngemitteln (hinsichtlich ihres Einflusses auf die Bodenfruchtbarkeit und ihres ökonomischen Nutzeffektes) in Verbindung mit den Standortbedingungen zu untersuchen. Nach groben Berechnungen werden z.Z. nur 20% des N-, 40% des P_2O_5- und 35% des K_2O-Entzugs durch die zugeführten Mineraldüngermengen ergänzt. Um den C-Gehalt des Bodens auf gleicher Höhe zu halten, sind jährliche Stallmistgaben von 8–20 t/ha notwendig, während gegenwärtig nur 1,9 t/ha in der Schwarzerdezone und 2,6–4,7 t/ha in der Nichtschwarzerdezone verabfolgt werden. Weitere Forschungsschwerpunkte sind: N-Anreicherung durch Leguminosen, Einfluß von Herbiciden auf das Bodenleben, Steigerung der Bodenfruchtbarkeit durch rationelle Bodenbearbeitungsmethoden, bodenmineralogische Untersuchungen, Verbesserung der Feldversuchstechnik. Ch. Bachmann. 380.

IV. BODENBEARBEITUNG

C. Spezielle Fragen der Bodenbearbeitung

Kuipers, H. und Ouwerkerk, C. van; Wageningen, Landbouwhogeschool, Afd. Grondbewerking; Groningen, Inst. voor Bodemvruchtbaarh. Invloed op de grond van drie jaar vroeg of laat ploegen. **(Der Einfluß von dreijährigem frühem bzw. spätem Pflügen auf den Boden.)** Landbouwvoorlichting **20** (1963) Nr. 1. S. 43–49. – 3 Abb., 4 Tab., 4 Lit.

3 Jahre lang wurden 5 Prüffelder in bezug auf den Zeitpunkt des Pflügens und seinen Einfluß auf die Bodenstruktur untersucht. „Frühes" Pflügen bedeutete, daß man so bald als möglich im Frühjahr pflügte, während man beim „späten" Pflügen diesen Zeitpunkt bewußt vorübergehen ließ und so lange wie möglich mit der Bodenbearbeitung wartete. Als Charakteristikum für den bearbeiteten Boden wurde die Unebenheit der Oberfläche gemessen und hierfür ein Maßstab aufgestellt, nach dem diese Werte zwischen 0 und 100 Einheiten variierten. Die Unebenheit nahm in jedem Winter um ca. 20 Einheiten ab. Die Unterschiede beim frühen und späten Pflügen waren unbedeutend. Die Bodendichte wird durch das späte Pflügen anscheinend ungünstig beeinflußt, ohne daß hierfür bisher ein exakter Nachweis erbracht werden konnte. E. M. Ardelt. 475.

Erforschung von Möglichkeiten zur Schaffung von Sanddeck- und Sandmischkulturen durch Profilumgestaltung mit Tiefkulturpflügen. Paulinenaue, Inst. Grünland- u. Moorforsch. Dtsch. Akad. Landwirtsch.-Wiss. zu Berlin Plan-Nr.: 170135h-2-16/8. Abschlußber. (26/3. 1963).

Es werden die Ergebnisse aus mehrjährigen Feldversuchen auf 3 flachgründigen, sandunterlagerten Niedermoorstandorten mitgeteilt, auf denen durch Heraufpflügen von Untergrundsand sogenannte Pflugsanddeck- und Pflugsandmischkulturen hergestellt wurden. Im einzelnen wird über den Einfluß dieser Tiefkulturmaßnahmen auf die Erträge verschiedener Ackerfrüchte, auf die Erträge von Kleegras und Grünland, auf die Inhaltsstoffe des Grünland- und Kleegrasserntegutes sowie auf die Temperaturverhältnisse in der bodennahen Luftschicht, die Bodentemperaturen und den Frostauftrieb berichtet. Anhand von bodenmikrobiolog., bodenchem. und bodenphysikal.

Untersuchungen wird der Einfluß der Tiefpflugkultur auf die bodenbiol. Aktivität und die Mineralisationsvorgänge in der Torfsubstanz und damit auf den Moorschwund dargelegt. 475.

V. BODENMELIORATION UND BODENSCHUTZ

A. Allgemeine Literatur, Berichte, Statistiken u. a.

Gromeyer, Erwin; Berlin, KDT. **Das Musterstatut für Meliorationsgenossenschaften — wichtiger Bestandteil des sozialistischen Agrarrechtes.** Wasserwirtsch.-Wassertechn. **13** (1963) Nr. 1. S. 3–5. 501.

B. Bodenmelioration

Gael', A. G. und Lidov, V. P. (Gajel, A. G. und Lidow, W. P.) Zadači izučenija processov ėrozii počv i mery bořby s nimi. **(Die Untersuchung von Erosionsprozessen der Böden und Maßnahmen zu ihrer Bekämpfung.)** Naučn. dokl. vysš. školy. Biol. n. **1961** Nr. 4. S. 178–185. — Aus: Referativnyj žurnal, Biologija, Moskva **1962** Nr. 7. D 260. S. 40.

Zum Abwenden der Bodenerosion ist erforderlich, richtige Fruchtfolgen einzuhalten, eine Spezialbearbeitung des Bodens mit dem Ziel anzuwenden, den Schnee und das Schmelzwasser aufzuhalten, feldschützende Waldanpflanzungen anzulegen, Erosionsrinnen, Schluchten, Sande, Kanäle aufzuforsten, das Weiden des Viehs unter Berücksichtigung der Entwicklung der Pflanzen und des Zustandes des Bodens zu regeln. Zur erfolgreichen Erforschung und Bekämpfung der Bodenerosion muß man wissenschaftliche Koordinierungszentren schaffen und zu dieser Arbeit Bodenphysiker, Hydrologen, Agronomen, Forstmelioratoren, Landeinrichter, Bodenkundler, Kartographen, Wirtschaftler u. a. heranziehen. Die Forschungen der Universitäten und landwirtsch. Hochschulen auf dem Gebiet der Bodenerosion sind zu koordinieren, und die Ausbildung von Fachkräften ist zu verstärken.
übersetzt v. G. Boetticher. 520.

Rajkov, L. und Bechar, A. (Rajkow, L. und Bechar, A.) Solenite počvi v s. Belozem, Plovdivsko. **(Die Salzböden vom Dorf Belosem bei Plowdiw.)** Naučni trudove na Centralnija naučnoizsledovatelski institut po počvoznanie i agrotechnika „Nikola Puškarov“, Sofija **3** (1962) S. 25–58. — 9 Abb., 10 Tab., 14 Lit. Zus. in Russ., Engl.

Als wichtigste Meliorationsmaßnahme zur Verbesserung der Solonetzböden werden die Senkung des Grundwasserspiegels unter 2,5 m und die biol. Entsalzung mit Hilfe des Anbaues von Luzerne, Steinklee u.a. empfohlen. Der hohe Gehalt an aufnehmbarem Na erfordert als Gegenmaßnahme eine Gipsdüngung mit Aufwandmengen von 5–30 t/ha. M. Miltschew. 520.

Vidal, H.; München, Bayer. Landesanst. für Landkult. und Moorwirtsch. **Erfahrungen mit Hartschaumstoffen als Temperaturisolierung von hydrologischen und meteorologischen Meßinstrumenten.** Z. Kulturtechn. **4** (1963) Nr. 1. S. 42–44. — 1 Lit. 525.

Pannier, D.; Berlin, TU, Inst. für Kulturtechn. und Grünlandwirtsch. **Untersuchung des Grundschlammes Berliner Seen. 1. Bericht: Der Lietzensee.** Z. Kulturtechn. **3** (1962) Nr. 6. S. 368–377. — 3 Abb. 525.

Hüdig, H.-U.; Celle. **Die Verwendung von PE-hart für Schnellkupplungsrohre.** Z. Kulturtechn. **4** (1963) Nr. 1. S. 45–50. — 4 Abb., 5 Lit. 525.

Breitig, G.; Berlin. **Anwendung des Lochkartenverfahrens in der biologischen Gewässerbeurteilung.** Wasserwirtsch.-Wassertechn. **13** (1963) Nr. 1. S. 46. 525.

Anonym. **Empfehlung über die Zusammenstellung und den Einsatz von Maschinen und Geräten bei Pflanzmaßnahmen im landwirtschaftlichen Meliorationswesen.** Wasserwirtsch.-Wassertechn. **12** (1962) Nr. 11. S. 497–500. 1 Tab.

Mechanisierungsmöglichkeiten auf dem Gebiete des Bodenschutzes (erosionsgefährdete Fläche in der DDR: 500000 ha) werden erörtert und Maschinensysteme für folgende Arbeitsgänge angeführt: Bodenvorbereitung zur Pflanzung, Dünger-, Kalk- und Unkrautvernichtungsmittel streuen, Pflanzung, Transport und Verladen sowie Pflege. Die Angaben sind detailliert in: Arbeitsart, Antriebsart (Typ, Geräteart, Anzahl der Geräte, Arbeitsbreite und Leistung/(ha). Eine Steigerung der Arbeitsproduktivität auch bei den Pflanzmaßnahmen im Meliorationswesen wird somit ermöglicht. H. Pätzold. 525.

Weakly, Harry E.; Lincoln, Nebr., U. S. Dep. of Agric., A. R. S., Soil and Water Conserv. Res. Div. Aggregation of soil carried in runoff from simulated rainfall. **(Bodensubstanz-Anhäufung durch das Ablaufwasser aus künstlichem Regen.)** Proc. Soil Sci. Soc. America **26** (1962) Nr. 5. S. 511–512. – 2 Abb.

Das bisherige Studium der Erosionsprobleme unter dem Einfluß des Niederschlagswassers und der topographischen Verhältnisse beschränkte sich vorwiegend auf Messungen zur Beurteilung der Stabilitätsänderungen in der Bodenstruktur. Die vom Vf.gesammelten Erfahrungen lassen jedoch darauf schließen, daß die Erfassung des im Ablaufwasser mitgeschleppten Bodenmaterials bessere Voraussetzungen für die Aufstellung von Kennzahlen zur Charakterisierung der Bodenerodierbarkeit bietet. Zur Darlegung dieser Zusammenhänge dienten Freilandversuche mit regulierbaren Beregnungsanlagen und Meßkanälen, die das im ablaufenden Wasser enthaltene Bodenmaterial aufzufangen gestatteten. Dann erfolgte im Labor die Bestimmung der Korngrößenzusammensetzung der erodierten Bodensubstanz. Die graphische Auswertung der Versuchsergebnisse erbrachte signifikante Unterschiede in der Erosionsneigung der untersuchten Böden, so daß eine Erweiterung dieser Forschungsarbeiten geplant ist. W. Prager. 525.

Körste, Franz; Altreetz, KDT. **In welcher Ausführung ist der neue Schutensaugkopf am leistungsfähigsten?** Wasserwirtsch.-Wassertechn. **13** (1963) Nr. 1. S. 33–38. – 11 Abb., 5 Lit. 530.

Kunze, Philipp; Berlin, KDT. **Gummigleit-Verbindung für Asbestbeton-Druckrohre.** Wasserwirtsch.-Wassertechn. **13** (1963) Nr. 1. S. 31–33. – 4 Abb. 530.

Miljauskas, V. (Miliauskas, W.); Wilnjus, Zweigstelle des Litau. Forsch.-Inst. für Ackerbau. Vlijanie drenaža na fizičeskie i agrochimičeskie svojstva izbytočno uvlažnennych počv Litovskoj SSR. **(Einfluß der Dränage auf die physikalischen und agrochemischen Eigenschaften zu nasser Böden der Litauischen SSR.)** Počvovedenie, Moskva **1963** Nr. 1. S. 61–74. – 2 Abb., 8 Tab., 7 Lit. Zus. in Engl.

42,7% der Böden Litauens leiden an übermäßiger Feuchtigkeit. In den Jahren 1949–57 durchgeführte Untersuchungen auf nichtdränierten und auf vor 30–60 Jahren dränierten Böden zeigen eine positive Beeinflussung des Wasser-, Luft- und Nährstoffhaushaltes des Bodens durch Dränage: Zunahme des PV, des Anteils an kapillaren Poren und der Wasserdurchlässigkeit, bessere Aerationsbedingungen, höherer Gehalt an pflanzenverfügbaren Nährstoffen und geringerer an löslichem Fe. Der Humusgehalt ist im A_1-Horizont der dränierten Böden allgemein etwas niedriger, im Unterboden höher als auf den nicht dränierten. Durch Dränage wurden bei Getreide Ertragssteigerungen von 6,6 dt/ha erzielt. Ch. Bachmann. 530.

Wegner, Heinz. **Erfahrungen mit dem Einsatz des Grabenpfluges B 700 für Dränarbeiten.** Wasserwirtsch.-Wassertechn. **13** (1963) Nr. 1. S. 5–8. – 8 Abb., 2 Lit.
Durch den Einsatz des Grabenpfluges B 700 bei der Herstellung von Dränggräben für Sauger einschließlich Verlegen der Rohre in 0,90–1,0 m Tiefe ohne Verfüllen wurde gegenüber dem Arbeiten ohne Grabenpflug eine Steigerung der Arbeitsproduktivität auf 166% und eine gleichzeitige Kostensenkung von 0,22 DM/lfdm bei RA 4 erreicht. Zum Lösen des stark bindigen und steinigen Bodens wird der Grabenpflug B 700 in Kombination mit dem Kleinbagger UB eingesetzt. Der Einsatz des Baggers bringt neben einer Produktionssteigerung bedeutende Erleichterungen für die Arbeitskräfte mit sich. Ein Minimum an Handarbeit dürfte beim Einsatz eines Grabenpfluges erforderlich sein, der Gräben in der gewünschten Dräntiefe zieht.
D. Voigt. 530.

Fouss, J. L. und Donnan, W. W. Plastic-lined mole drains. **(Maulwurf-Plastrohrdränung.)** Agric. Engng. **43** (1962) Nr. 9. S. 512–515. – 4 Abb., 17 Lit.
1960 u. 61 wurden auf verschiedenen Böden Versuche mit verschieden geformten Plastrohren (halbrund gebogen unten offen oder mit einem gesonderten Plaststreifen verschlossen, einfach überlappt, Naht oben, überlappt u. Naht oben mit Plaststreifen zusätzlich abgedeckt, Reißverschlußnaht oben) angelegt. Auf einem Versuchsfeld der landwirtsch. Versuchsstation in Vickery, Ohio, wurden auf schluffigem Tonboden (Wiese) bei 28% Bodenfeuchte je 3122 m lange Dräne mit einfach überlappten, überlappten u. abgedeckten und Reißverschluß-Rohren (Naht jeweils oben) im Vergleich mit 2 Plast-Fangdränen u. 2 Erddränen mit 4,60 m Dränabstand, 0,64–0,68 m Dräntiefe u. 0,2% Gefälle angelegt. Das Reißverschlußrohr wurde aus 1,5 mm starker, 254 mm breiter PVC-Folie mit vorgestanzten Verschlußelementen kreisrund (76 mm Dmr.) geformt. Das Band wird auf einem frei schwingenden Anhänge-Maulwurfpflug (2 Stützräder dienen nur zum Ausheben u. Transport der Maschine) von einer 183 m fassenden Spule durch das 20 mm breite Schwert – zu einem schmalen U zusammengedrückt – nach unten geführt, um 45° umgelenkt und in einem Formmechanismus zum Rohr geschlossen. Bei kaltem Wetter wird die Bandrolle in einer Wärmkammer auf 40 °C vorgewärmt. Der Rohrpflug benötigt bei 1,8–2,3 km/h Arbeitsgeschwindigkeit einen Kettenschlepper mit 6,8–11 Mp Zugleistung. Als automatische Gefällesteuerung dient ein flüssigkeitsgedämpftes Pendel mit elektr. Abgriffen. Alle Plastdränrohre brachten etwa gleiche Abflüsse wie 100-mm-Tondränrohre. Kontrollen des Innendurchmessers der Plastdräne mit einer sogen. „Meßmaus" zeigten nach 9 Monaten bei den überlappten Rohren erhebliche Verformungen, während das Reißverschlußrohr stabiler geblieben war. Die Plastrohrdränung war auch bei der Salzauswaschung bei Salzböden erfolgreich. Sie wird vor allem für schwer durchlässige Tonböden vorgeschlagen. In Sandböden muß sie erst noch erprobt werden (Gefahr der Deformation bei Wassersättigung). Die Kosten der Plastrohrdränung, der eine große Zukunft vorausgesagt wird, belaufen sich z. Z. in schweren Böden bei 0,70 m Dräntiefe auf 33–40 cents/lfm, davon entfallen 26 cents auf den lfm Plastrohr.
R. Teipel. 530.

Kaptein, L. A. und Zwan, L. M. van der; Zwolle, Cultuurtechn. Dienst; Goes, Cultuurtechn. Dienst. Roestafzettingen bij in het veen gelegde drainbuizen. **(Das Absetzen von Rost bei in Moor verlegten Dränröhren.)** Landbouwvoorlichting **20** (1963) Nr. 1. S. 34–42. – 5 Abb., 4 Tab., 2 Lit.
Die Entwässerung von Moorböden durch Dränröhren wurde in der niederländischen Provinz Seeland untersucht. Nach einigen Monaten zeigten die Röhren sog. Rostbärte. Das abgeführte Wasser war von hellbrauner bis

brauner Färbung. Im Moorwasser ist Fe^{++} vorhanden. Durch Kontakt mit dem O_2 der Luft entsteht Fe $(OH)_3$. Durch mehrjährige Versuche konnte festgestellt werden, daß kein Absetzen von Rost stattfindet, wenn die Dränröhren tief genug (88–98 cm) verlegt sind, so daß sich über ihnen eine Schicht von oxydiertem Moorboden befindet und der Luftzutritt zu den Röhren nur minimal ist. E. M. Ardelt. 530.

Berka, A. und Hofmann, P. **Eine neue Methode der Sauerstoffbestimmung in Abwässern der pharmazeutischen Industrie.** Analyt. chim. Acta [Amsterdam] 28 (1963) Nr. 2. S. 196–199. – 3 Tab., 4 Lit.
Bei der Bestimmung des Sauerstoffgehaltes von Abwässern der chem.-pharmazeutischen Industrie ist die sonst allg. gebräuchliche Winkler-Methode oft nicht anwendbar, da die in den Abwässern enthaltenen org. Stoffe mit freiem Jod reagieren. Die neue Methode beruht auf der Bindung des Sauerstoffs in Form von Mangan-III-Hydroxyd und direkter Titration der höheren Oxydationsstufen des Mangans mit einer Hydrochinonlösung. Die Titration kann potentiometrisch oder visuell mit Ferroin als Indikator durchgeführt werden. Bei einem Genauigkeitsversuch stimmten die Ergebnisse der versch. Methoden praktisch überein. Die genauesten Ergebnisse wurden bei der potentiometrischen Titration erreicht. Die neue Methode sowie die benötigten Reagentien und Geräte werden beschrieben. E. v. Wangenheim. 530.

Surmač, G. P. (Surmatsch, G. P.); Unions-Forsch.-Inst. für Forst- und Bodenmeliorat. K metodike opredelenija vodopronicaemosti počvy i livnevogo stoka. **(Zur Methodik der Bestimmung der Wasserdurchlässigkeit des Bodens und des Wasserabflusses bei Platzregen.)** Počvovedenie, Moskva **1962** Nr. 11. S. 93–97. – 1 Abb., 2 Tab., 14 Lit. Zus. in Engl.
Vf. gibt die Beschreibung einer in der SU konstruierten Beregnungsanlage für Versuchszwecke: Beregnungsfläche – 0,6 m², die Tropfengröße kann zwischen 2,5 und 3,5 mm variiert werden, Fallhöhe der Tropfen – 1,5 m, Fallgeschwindigkeit – 540 cm/sec., ihre kinetische Energie – 1200–3300 erg. Versuchsergebnisse über Wasserdurchlässigkeit des Bodens und Erosionsgefahr in Hanglagen bei verschiedener Bearbeitung und Pflanzenbedeckung sind angeführt. Ch. Bachmann. 535.

Tchekov, S. L' irrigation de la canne à sucre dans la zone de l'Océan Indien. **(Die Bewässerung von Zuckerrohr im Gebiet des Indischen Ozeans.)** Agronom. trop. **17** (1962) Nr. 7/8. S. 679–680. – Zus. in Engl., Span.
Die beim Zuckerrohranbau in Madagaskar und auf den 3 Inseln Réunion, Mauritius und Nossi-Bé verwendeten Bewässerungssysteme werden besprochen. Es handelt sich um 1. Regenkanonen (in Réunion und Nossi-Bé), 2. Beregnungsanlagen (Niederdruck und mittlerer Druck), 3. Beregnung mit Boom-O-rain. Bei dieser Methode besteht der Regner aus 2 riesigen Armen und erreicht eine Fläche von 4000 m². Die herausgeschleuderte Wassermenge entspricht einer Niederschlagsmenge von 25 mm/h. E. M. Ardelt. 535.

Matev, C. und Vasilev, V. (Matew, Z. und Wassilew, W.) Ikonomičeski efekt ot napojavaneto črez dŭlgi brazdi pri černozem-smolnicite. **(Ökonomischer Nutzeffekt der Bewässerung bei der Berieselung mittels langer Furchen auf Tschernosem-Smolnitza-Böden.)** Selskostopanska nauka, Sofija **1(7)** (1962) Nr. 4/5. S. 412–438. – 3 Abb., 4 Tab., 10.Lit. Zus. in Russ., Engl.
Ermittelt wurde die Bodendurchfeuchtung bei Maisberieselung mittels langer Furchen (120 und 250 m) auf Tschernosem-Smolnitza-Böden. Bestimmt wurde der Koeffizient des wirtschaftlich ausgenutzten Wassers im Zusammenhang mit den Koeffizienten der gleichmäßigen Durchfeuchtung $\zeta = \frac{Zi + 1}{Zi}$.
Praktisch wurde nachgewiesen, daß für ϱ und ζ optimale, nicht aber

max. Werte für beide zugleich erzielt werden können. Im Vergleich zu den längeren Berieselungsfurchen (250 m) werden bei den kürzeren (120 m) eine gleichmäßigere Bodendurchfeuchtung und ein höherer Ertrag erzielt. Im Vergleich zur Bewässerung mittels der kürzeren Berieselungsfurchen sind bei den längeren Längsberieselungsfurchen die Arbeitsproduktivität der Beschäftigten größer (2–2,5 ha je Arbeitsschicht), die Produktionsselbstkosten niedriger und der Reinertrag je ha um 50% höher. Am vorteilhaftesten ist die Bewässerung mittels langer Furchen auf Tschernosem-Smolnitza-Böden mit einem mittleren Gefälle von 3–8‰ und bei der Vorratsberieselung.

K. Tschanew. 535.

Kruft, Franz; Nürtingen, Höhere Landbauschule,| Obstbaulehrbetr. **Gesteuerte Befeuchtung durch Beregnung im Obstbau.** Wasser u. Nahr. **7** (1962) Nr. 3. S. 133–138. – 4 Abb.

Die Bedeutung des Faktors Wasser für den Obstbau wird erläutert. Vf. mißt der Düngung über das Blatt Bedeutung zu. Bekannt ist die Harnstoffgabe in 0,3–0,6%iger Lösung, um das vegetative Wachstum während der Vegetation anzuregen. Günstig zu beurteilen ist das Düngen mit Volldüngerlösungen, wie Poly-Fertisal und Poly-Crescal. Die Blattdüngung sollte in Verbindung mit einer gesteuerten Befeuchtung des Bodens erfolgen. Die Vorteile einer gesteuerten Befeuchtung werden aufgeführt. R. Höhn. 535.

Reger, K.; Bonn, Abwassertechn. Verein. e. V. **Abwasserbehandlung in kleinen und mittleren Gemeinden.** Wasserwirtschaft **53** (1963) Nr. 1. S. 14–15.

535.

Darab, Katalin. Kationkicserélödés a talajban a különbözö minöségü öntözövizek hatására. **(Kationenumtausch im Boden unter dem Einfluß des Berieselungswassers von verschiedener Qualität.)** Agrokém. és Talajtan [Agrochem. u. Bodenkunde] **11** (1962) Nr. 1. S. 29-40. – 5 Abb., 3 Tab., 13 Lit. Zus. in Russ., Engl. Aus: Ung. Agrar-Rdsch. **1963** Nr. 1.

Berieselungswasser kann nicht ausschließl. auf Grund seiner Zusammensetzung beurteilt werden, auch Art und Ausmaß des Ionenaustausches zwischen Boden und Wasser sind zu berücksichtigen. Am besten kann dieser Vorgang mit Hilfe der Gleichung von Gapon gekennzeichnet werden. Dadurch läßt sich der Gesamtsalzgehalt und der Alkalisationsquotient des im Gleichgewicht mit dem gegebenen Boden stehenden Wassers ermitteln. Die Kurven in den diesen Zusammenhang wiedergebenden graph. Darst. weichen jedoch voneinander ab, je nach den Anionen der Salze (infolge der Unterschiede ihrer Äquivalentgewichte). Demgemäß sind bestimmte Wassertypen zu unterscheiden: hydrokarbonathaltige, hydrokarbonatsulfathaltige, sulfathydrokarbonathaltige und hydrokarbonat-chlorid-sulfathaltige Wasserarten. Daraus folgt, daß Wasser verschiedener Herkunft, ungeachtet des gleichen Salzgehaltes in mg/l, sich nur dann im Gleichgewicht mit einem Boden befinden, wenn der dem Anionentyp entspr. Alkalisationsquotient jeweils der gleiche ist; die Abweichung ist um so größer, je mehr Salze im Wasser enthalten sind. Auch ist in Erwägung zu ziehen, daß das Wasser (Salzlösung) im Boden konzentriert wird; Gesamtsalzgehalt und Alkalisationsquotient sind in der Bodenlösung meist höher als im Berieselungswasser. Dieser Unterschied ist auch abhängig von dem Wasserleitvermögen und der Wasserkapazität des Bodens und kann nach Multiplikation mit bestimmten Faktoren in Rechnung gestellt werden. – Aus den obigen Ergebnissen kann der praktische Schluß gezogen werden, daß der zulässige Alkalisationsquotient des Wassers – der noch keine Alkalisierung des Bodens bewirkt – um so höher ist, je weniger Gesamtsalz das Wasser enthält. Die Berechnungen ergaben nämlich, daß ein Wasser, das im nichtalkalisierten Boden bereits Alkalisierung hervorruft, die gegenteilige Wirkung in einem stärker alkalisierten Boden entfalten kann. 535.

Bringmann, G. und Kühn, Renate; Berlin-Dahlem. **Ein Schnell-Denitrifikationsverfahren mit automatischer Redox-Steuerung.** Gesundheits-Ing. **83** (1962) Nr. 11. S. 333–334. — 2 Abb.
Es wird eine automatisch Redox-gesteuerte Anlage zur biol. Schnell-Denitrifikation von Abwässern geschildert, die bei optimalem Redox-Potential im Dauerbetrieb eine Denitrifikationsleistung von über 80% des Ammoniumstickstoffs des Rohabwassers (45-50 mg/l NH_4-N) in 6 Min. ermöglicht. Das denitrifizierte Mischwasser ist in einem nachgeschalteten kurzzeitig durchströmten Oxydationsbecken völlig geruchlos und trübungsfrei.
E. v. Wangenheim. 535.

Vidal, H.; Bayer. Landesanst. für Landeskult. und Moorwirtsch. **Erfahrungen beim Bau und Betrieb von Kleinschöpfwerken zur Moorentwässerung in Bayern.** Bayer. landwirtsch. Jb. **39** (1962) Nr. 5. S. 577–594. — 2 Abb., 3 Tab.
Durch Moorsackung verzeichnen viele, ehemals gut mit natürlicher Vorflut entwässerte Moorflächen in Bayern allmählich so starken Grundwasseranstieg, daß die landwirtsch. Nutzung in Frage gestellt wird. An den tiefsten Stellen der Polder errichtete Kleinschöpfwerke (mit elektrisch betriebener Propellerpumpe, vollautomatischer Ein- und Ausschaltung und Rückstauklappen) können Abhilfe schaffen. Beschrieben werden Anlage und Kosten derartiger Schöpfwerke in Haspelmoor (Einzugsgebiet 145 ha, Anlagekosten: 47930 DM) und Mühleck (30 ha, 18878 DM), deren Wirtschaftlichkeit sich in 2½ Jahren erwies. H. Pätzold. 540.

Hilchey, J. D. Land reclamation through dyking and drainage. **(Landrückgewinnung durch Eindeichung und Entwässerung.)** Agric. Inst. Rev. **16** (1961) Nr. 3. S. 16–18. 30. — 3 Abb., 1 Tab., 4 Lit.
Das Problem der Landrückgewinnung durch Eindeichung und Entwässerung ist so eng mit dem Problem der Flutüberwachung und Wasserspeicherung verbunden, daß vorliegende Arbeit auch vorwiegend die Gebiete Kanadas bespricht, in denen o. g. Probleme für die landwirtsch. Nutzung bes. wichtig sind. Die Gebiete sind: Neuschottland, Neubrunswick, Prinz-Edward-Insel, Quebek, Ontario, Manitoba und Britisch-Kolumbien. Aus einer Tab. geht hervor, daß auf der Basis im Jahre 1956 angestellter Erhebungen die Gesamt-LN 27364000 acres umfaßt, wovon 548275 acres eingedeicht sind, was einem Prozentsatz von 2,0 entspricht. Eine weitgehende finanzielle Beteiligung der Provinzverwaltungen an den großen Projekten ist gesetzlich verankert. Auf Grund der bisher erzielten Erfolge mit verschiedenen Projekten bahnt sich immer mehr eine in die Zukunft gerichtete Zusammenarbeit aller interessierten Kreise (Staat, Provinzen, Städte und Privatleute) an, die die großen Investitionen bereits amortisiert sehen, indem daraus eine LN-Zunahme und eine größere Bodenfruchtbarkeit (Entsalzung) resultieren wird.
W. Fleischmann. 545.

Jacquemart, R. Technique de stabilisation des sols appelée „Solciment“ appliquée à la voirie rurale. **(Technik der Stabilisierung von Böden, „Bodenzementierung“ genannt, angewandt auf das ländliche Straßenwesen.)** Rev. Agric. [Bruxelles] **15** (1962) Nr. 6/7. S. 799–816. — 1 Abb., 4 Lit.
Das Prinzip der Herstellung verfestigter Böden für eine Straße besteht in der Verschweißung der Bodenteilchen zu einem Block. Die Poren werden dabei verstopft, der verfestigte Boden kann sich nicht deformieren, bleibt aber elastisch. Aus einer Mischung von Boden, Zement und Wasser wird die Zementierung des Bodens vorgenommen, die bei den meisten Böden möglich ist. Ein „idealer“ Boden — sandiger Kies aus Korngrößen von 5 cm bis zu 20 μm — besäße dann die Festigkeit eines massiven Felsens. Die Böden müssen vorher im Laboratorium auf ihre Eignung zur Verfestigung untersucht werden. Die Ausführung umfaßt mehrere Phasen, u. a. Ausschach-

ten, Pulverisieren des Bodens, Korrektion, Mischung mit Zement und Wasserzusatz, Regelung der Festigkeit und Herstellung einer Schutzverkleidung. Die Bodenzementierung hat in letzter Zeit eine bedeutende Ausdehnung erfahren. Die Kosten für eine 4 m breite Straße mit 10 cm mächtiger verfestigter Schicht und 2 Gräben sind mit 12–18 N. F. F. für den laufenden m sehr niedrig. In einem Anhang werden Klassifikationen des Materials für Straßengründungen gegeben. W. Schulze. 555.

Raschig, K.; Ludwigshafen/Rh. **Ausführung von Wirtschafts- und Forstwegen mit bituminösen Allwetterbindemitteln.** Wasser u. Boden **15** (1963) Nr. 2. S. 53–55. – 1 Abb. 555.

Langenmayr, H.; Hof, Bayern. **Die zementvermörtelte Schotterdecke im Wirtschaftswegebau.** Wasser u. Boden **15** (1963) Nr. 2. S. 41–43. – 2 Abb. 555.

Kaiser; Wiesbaden. **Die Verwendung von Pectacrete-Zement bei Bodenverfestigungen im landwirtschaftlichen Wegebau.** Wasser u. Boden **15** (1963) Nr. 2. S. 52–53. 555.

Anders, U.; Uelzen-Veerssen. **Gedanken und praktische Ratschläge zur Ausrüstung und Organisation einer Wegeunterhaltungskolonne für die Wirtschaftswege eines Kreises.** Wasser u. Boden **15** (1963) Nr. 2. S. 35–37. 555.

C. Bodenabtrag und Bodenschutz

Sha, Syed Riaz Hussain; Wageningen, Landbouwhogeschool. Studies on wind protection. **(Untersuchungen über Windschutz.)** Diss. Landbouwhogeschool Wageningen **1962** 113 S. – 76 Abb., 24 Tab.
In Feldversuchen wird der Einfluß von künstlichen Windhindernissen auf den Ertrag von Mais und Buschbohnen untersucht. In einem Windtunnel innerhalb eines Gewächshauses werden Parallelversuche über die Wirkung von künstlichen Windhindernissen (Gitter) verschiedener Struktur bei unterschiedlicher Windgeschwindigkeit auf den Ertrag von Bohnen und Mais angestellt. Die Hauptwirkungen von Schutzpflanzungen auf die Entwicklung und den Ertrag von Pflanzen werden an den Faktoren: Temperatur, Transpiration, Bodenfeuchtigkeit, mechanische Beanspruchung, Fotosynthese, Wurzel- und Stengelentwicklung analysiert. Die günstigste Gestaltung von Windschutzstreifen wird nach internationalen Erfahrungen und Ergebnissen dargestellt. Im Windkanal wurden Modellversuche an 6 verschiedenen Strukturtypen von künstlichen Windhindernissen (Gitter) durchgeführt und deren windmindernde Wirkung in verschiedenen Entfernungen hinter den Hindernissen gemessen. Für Planung, Neuanlage und Pflege von Windschutzstreifen werden unter Auswertung internationaler Erfahrungen Hinweise gegeben. K. Gandert. 575.

Johnson, W. E. Wind and water erosion – in Western Canada. **(Wind- und Wassererosion in Westkanada.)** Agric. Inst. Rev. **16** (1961) Nr. 3. S. 12 bis 15. – 3 Abb., 1 Tab.
Für das westkanadische Gebiet existieren keine genauen Übersichten über Umfang und Schwere von Erosionsschäden. Verfügbare Schätzungsergebnisse schwanken – je nach der Methode ihrer Interpretation und dem Fehlen geeigneter Kriterien für die Einstufung der verursachten Schäden – beträchtlich. Als mäßig gefährdet und geschädigt werden ca. 5–10% der gegenwärtigen LN angegeben, schwer gefährdet und geschädigt sind 1·2%. Die klimatischen Bedingungen in den Prärieprovinzen im Verein mit den großen Sommerbrachschlägen im Rahmen des gegenwärtigen Farmsystems stellen als Ursache der Winderosion eine ständige Bedrohung dar. Bes. gefährdet sind die sandigen Böden der schwarzen, dunkelgrauen und grauen

Bodenbereiche. Während die Winderosion z. T. eine große Rolle spielt, wird der Wassererosion allg. weniger Beachtung geschenkt, wenn überhaupt, dann in 1. Linie wegen ihres Einflusses auf den Wasserhaushalt des Bodens. Es sind zwar geeignete Bekämpfungsmaßnahmen bekannt und auch schon im Lande erprobt, doch kann wegen des Fehlens repräsentativer Übersichten kein systematischer Einsatz erfolgen. W. Fleischmann. 575.

Ripley, P. O. Wind and water erosion. Problem and prevention in Eastern Canada. **(Wind- und Wassererosion. Problem und Verhütung in Ostkanada.)** Agric. Inst. Rev. **16** (1961) Nr. 3. S. 9–11. 15. – 3 Abb.

Eine 1961 erfolgte Schätzung in den 6 ostkanadischen Provinzen besagt, daß von ca. 23500000 acres meliorierter LN 70% gar nicht oder nur wenig unter Erosion leiden, 26% unter mäßiger Erosion und 4% unter schwerer Erosion. In der 1. Gruppe machen die auf Erosion beruhenden Produktivitätsverluste nur ca. 10% aus, in der 2. Gruppe betragen sie ca. 10–35% und in der 3. Gruppe mit 1000000 acres mehr als 35%. Das eigentliche Problem der Wasser- und Winderosion liegt also hauptsächlich auf den schwer gefährdeten und geschädigten Flächen, wobei es ratsam ist, diese Flächen — zumindestens vorübergehend — der landwirtsch. Nutzung zu entziehen und sie anderweitig zu nutzen. Flächen der 1. und 2. Gruppe können u. U. weitgehend saniert werden, wenn best. Gegenmaßnahmen ergriffen werden, wie Konturstreifen, Streifenanbau, Fruchtfolgegestaltung, Grasansaat, Wiederaufforstung und Terrassierung. Wurde die Erosion erst einmal unter Kontrolle gebracht, können vorher erodierte Flächen durch bessere Bodenbearbeitungsverfahren durchaus wieder produktiv werden. W. Fleischmann. 575.

Martin, Dieter K. **Die Staustufe Geesthacht verändert eine Landschaft.** Natur u. Landschaft **38** (1963) Nr. 1. S. 8–14.

Vf. schildert den Bau des Elbe/Trave-Kanals und den Vorgang der natürlichen Eingrünung. Einsatz v. Großgeräten und die Beschleunigung der Bauvorgänge rufen den Einsatz menschlicher Hilfe bei der Wiederbegrünung der Geestlandschaft herbei. Die wiederholten Verlagerungen des Urstromes der Elbe werden durch die bei Baggerarbeiten geborgenen Mooreichenskelette und Scherben bewiesen. Als die Urströmung einen großen Teil des Ortes auslöschte und die Bevölkerung auf die Hänge der Geest u. südlich in die Marsch trieb, führte das zu einer fast vollkommenen Ausräumung der Landschaft. Es werden genaue Rezepte für die Schädlingsbekämpfung gewonnen. Es werden ferner genaue Vorschriften für Wiederbegrünung der fertiggestellten Teilabschnitte aufgestellt. Es ist erwiesen, daß Pflanzen ohne Mutterbodenabdeckung rascher anwachsen als solche mit Mutterbodenabdeckung. Anlandungen bringen Samen und Rhizome. K. Apel. 580.

Počvenno-geografičeskie i meliorativnye issledovanija v Kazachstane. (Bodengeographische und meliorative Untersuchungen in Kasachstan.) Hrsg.: Institut počvovedenija Akademii nauk Kazachskoj SSR. Alma-Ata: Izdatel'stvo Akademii nauk Kazachskoj SSR. 1962. (189 S. m. 13 Abb., 92 Tab. u. 96 Lit.) 4°. Rbl. 1,25 = Trudy Instituta počvovedenija. Akademija nauk Kazachskoj SSR, Alma-Ata Bd. 13. Der Sammelband, 8 Arbeiten verschiedener Vff., behandelt die Ergebnisse der bodengeographischen und meliorativen Untersuchungen verschiedener Gebiete Kasachstans, der Gebirgstäler des Kirgisischen Berglandes und des Alatau, der Niederungen am Syr-Darja, am Aralsee und im nördlichen Teil der Kaspiniederung. Eine der Arbeiten befaßt sich mit den landwirtsch. Möglichkeiten des Gebietes Dshambul. W. Peitz.

Oestrich, Arnold. **Der Wasserhaushalt eines rekultivierten Lößlehmbodens bei verschiedener Schütthöhe unter Weizen und Zuckerrüben (1957/58).** Diss. Univ. Bonn, Landwirtsch. Fak. 1961. (87 S. m. 9 Taf.)

Seifert und *Saxen.* **Untersuchung über die Bodenverbesserung leichter Sandböden im Rheinischen Braunkohlenrevier—Versuchsanstellung in Brüggen. – Zwischenbericht.** Forsch.-Auftr. Ministerium für Ernähr., Landwirtsch. und Forsten des Landes Nordrhein-Westfalen; Braunschweig, TH, Leichtweiß-Inst. für Wasserbau und Grundbau. 1961.

Seifert und *Saxen.* **Untersuchungen über die Steigerung der wasserhaltenden Kraft leichter Böden unter Verwendung kolloidchemischer Zusätze zu wirtschaftseigenen organischen Sub-**

stanzen in landwirtschaftlichen Beregnungsbetrieben. Forsch.-Auftr. Ministerium für Ernähr., Landwirtsch. und Forsten des Landes Nordrhein-Westfalen; Braunschweig, TH, Leichtweiß-Inst. für Wasserbau und Grundbau. 1961.

Wind, G. P. and *Hidding, A. P.* **The soil-physical basis of the improvement of clay cover-soils.** Wageningen: Inst. for land and water management research. 1961. (S. 281–292.) 8° = Bulletin technical, institute for land and water management research, No. 25. (SR 2828, 25)

Witte, K. **Vergleiche der Untersuchungen über die Leistungen der direkten Beregnung und der sogenannten Vorwegberegnung zur Frostschadenverhütung bei niedrigen Kulturen in der Landwirtschaft und im Gemüsebau.** Forsch.-Auftr. Ministerium für Ernähr., Landwirtsch. und Forsten des Landes Nordrhein-Westfalen; Bonn, Univ., Inst. für Obstbau, Versuchswirtsch. Marhof. 1961.

Untersuchungen über die Entstehung und Verbesserung von Verdichtungshorizonten — Sprengversuche. Jahresbericht 1960. Forsch.-Auftr. Ministerium für Ernähr., Landwirtsch. und Forsten des Landes Nordrhein-Westfalen; Gießen, Justus-Liebig-Univ., Inst. für Bodenkunde und Bodenerhalt. 1961 = Forsch. u. Berat., R. A H. 9. S. 120–122.

Veterinärmedizinische Untersuchung von Reinigungsverfahren für Abwasser. Forsch.-Auftr. Ministerium für Ernähr., Landwirtsch. und Forsten des Landes Nordrhein-Westfalen; Münster Staatl. Veterinäruntersuchungsamt. 1961.

VI. PFLANZENERNÄHRUNG UND DÜNGUNG

B. Pflanzenernährung

Scott, B. I. H. und Martin, D. W.; Hobart, Univ. of Tasmania, Dep. of Physics. Bioelectric fields of bean roots and their relation to salt accumulation. **(Bioelektrische Felder von Bohnenwurzeln und ihre Beziehung zur Salzakkumulation.)** Austral. J. biol. Sci. **15** (1962) Nr. 1. S. 83–100. – 7 Abb., 2 Tab., 18 Lit.

Um Auskunft über die Strom- und Energieproduktion von Wurzeln, die durch den Meßprozeß nicht beeinträchtigt werden, zu erhalten, wurde eine Methode entwickelt, die es erlaubt, die Messung der Stromdichte in unmittelbarer Nähe der Wurzeloberfläche vorzunehmen. Als Versuchsmaterial dienten Pflanzen von *Vicia faba* L. – Die in Form biochem. Stromes von der Pflanze abgegebene Energie beträgt ungefähr 10^{-9} W, d. h. ein paar Millionstel der Gesamtenergieproduktion der Wurzel. Die Feldlinien im äußeren Medium umgeben die Wurzel spiralförmig. Bei Versuchen mit verschiedenen Ionen im äußeren Medium ergab es sich, daß K und Na signifikant unterschiedliche äußere Stromwege verursachen. Die Ermittlung der Konz. dieser Ionen im Wurzelgewebe und die Kontrolle ihrer Absorption unter Zuhilfenahme von ^{22}Na und ^{42}K führten zu dem Ergebnis, daß die stärkste Na-Anreicherung in einem Bereich erfolgt, der ca. 8 mm vom Apex entfernt ist, während die größte K-Akkumulation in unmittelbarer Nähe des Apex stattfindet. G. Loßner. 625.

Stafijčuk, A. A., Markov, M. P., Suchenko, T. M. und Trojanova, T. D. (Stafitschuk, A. A., Markow, M. P., Suchenko, T. M. und Trojanowa, T. D.); Dnepropetrowsk, Unions-Inst. für Maisforsch. Nakoplenie organičeskich i mineral'nych veščestv v kukuruze. **(Die Anhäufung von organischen und mineralischen Stoffen im Mais.)** Kukuruza, Moskva **7** (1962) Nr. 12. S. 45–46. – 2 Tab.

Die Tr.-Subst.-Erträge des Maises steigen bis zur Vollreife der Maiskörner, die Grünmasseerträge bis zur Milchreife. Der Gehalt an anorg. Subst., außer K und Na, erhöht sich mit zunehmendem Alter der Pflanzen.
L. Rang. 625.

Gukova, M. M. (Gukowa, M. M.); Moskau, Landwirtsch. Timirjasew-Akad. Zavisimost' simbiotičeskogo usvoenija azota bobovymi rastenijami ot temperatury. **(Die Abhängigkeit der symbiotischen Stickstoffassimilation durch Leguminosen von der Temperatur.)** Izvestija Akademii nauk SSSR. Serija biologičeskaja, Moskva **1962** Nr. 6. S. 832–839. – 3 Abb., 6 Tab., 15 Lit. Zus. in Engl.

Pflanzen mit anorg. N-Ernährung reagieren positiv auf erhöhte Temperatur des Nährmediums; durch erniedrigte Temperaturen werden Wachstum und

N-Assimilation in geringem Maße gehemmt. Die symbiotische N-Assimilation und das Wachstum inokulierter Leguminosen werden bei Rhizosphärentemperaturen von 24–30 °C sowie durch zeitweise Überhitzung stark eingeschränkt. Die Grenzen der Temperaturoptima sind artverschieden.
E. Rieske. 625.

Strogonov, B. P. und Ševjakova, N. I. (Strogonow, B. P. und Schewjakowa, N. I.); Moskau. Diaminy v azotistom obmene rastenij. **(Die Bedeutung von Putrescin und Cadaverin im Stickstoffhaushalt der Pflanzen.)** Uspechi sovremennoj biologii, Moskva **54** (1962) Nr. 1. S. 44–56. — 4 Abb., 2 Tab., 75 Lit.
Eine Knoplösung, mit NaCl oder mit Putrescin angereichert, verursachte auf *Vicia-faba*-Stengeln Nekrosen. Die papierchromatographische Analyse stellte fest, daß Putrescin im Stengel infolge der Vergiftung mit Salzen angehäuft worden war. Es wird angenommen, daß Putrescin und Cadaverin bei Störungen des Stoffwechsels in zahlreichen Pflanzen auftreten können.
E. Koch/Jena. 625.

Semenenko, G. I. und Krassyl'nykova, L. A. (Semenenko, G. I. und Krassylnykowa, L. A.); Charkow, Univ. Vključennja P^{32} v nukleïnovi kysloty ta inši fosforni spoluky ozymoï pšenyci v osinňo-zymovyj period. **(Der Einbau von ^{32}P in Nukleinsäuren und andere phosphorhaltige Verbindungen des Winterweizens während der Herbst- und Winterperiode.)** Dopovidi Akademiï nauk Ukraïnśkoï RSR, Kyïv **1962** Nr. 10. S. 1371–1375. — 4 Tab., 12 Lit. Orig.: ukrain., Ausz. russ., engl. 625.

Grineva, G. M. (Grinewa, G. M.) Ob izmenenii soderžanija fosfornych soedenenij u rastenij v anaėrobnych uslovijach. **(Veränderungen im Gehalt an Phosphorverbindungen bei Pflanzen unter anaeroben Bedingungen.)** Doklady Akademii nauk SSSR, Moskva **146(30)** (1962) Nr. 2. S. 475–477. — 3 Tab., 16 Lit.
Mais- und Sonnenblumenpflanzen wurden auf Kies unter Verwendung von Knopscher Nährlösung angebaut und 6 Std. in einer Dunkelkammer anaeroben Bedingungen ausgesetzt (reine N-Atmosphäre). Die kurze Anaerobiose führte zu einem starken Verbrauch an Saccharose in den Pflanzen. Der Zukkergehalt nahm beim Mais in Blättern und Wurzeln, bei der Sonnenblume nur in den Wurzeln deutlich ab. Die Analyse der verschiedenen Phosphatfraktionen erbrachte unbedeutende Veränderungen des anorg. Phosphatanteils, aber der Phosphatgehalt der säurelöslichen Fraktion mit den Zuckerphosphaten und den wichtigsten Verbindungen des Energiestoffwechsels (ATP, ADP u. a.) hatte sich um 30–50% vermindert. Nur die Maisblätter zeigten höhere Werte. Die Anaerobiose hemmte die Zuckerphosphorylierung und blockierte damit den Krebszyklus. Bedeutende Veränderungen im Gehalt an Eiweiß-N konnten, obwohl sie zu erwarten waren, im Experiment nicht nachgewiesen werden. H. Leike. 625.

Andreenko, S. S. (Andrejenko, S. S.); Moskau, Univ. K voprosu o razvitii kukuruzy pri raznych pH pitatel'noj sredy. **(Die Entwicklung von Mais bei verschiedenen pH-Werten des Nährmediums.)** Doklady Akademii nauk SSSR, Moskva **147(30)** (1962) Nr. 5. S. 1223–1225. — 2 Abb., 3 Tab., 7 Lit.
Niedrige pH-Werte (pH 4 = **I**) hemmten stark im Vergleich zu pH 7 (**II**) die Wachstums- und Entwicklungsprozesse von Mais (Kolbenansatz). Insgesamt waren die Pflanzen von **II** denen von **I** in der Entwicklung um ca. 2 Wochen voraus. Zur Interpretation der Ergebnisse nutzt Vf. das C/N-Verhältnis nach Klebs. Bei **I** bleibt dieses Verhältnis fast konstant, während es sich bei **II** in zunehmendem Maße erweitert. Daher wird angenommen, daß im Sinne von Klebs eine positive Korrelation zwischen dem C/N-Verhältnis, dem Entwicklungstempo und der Bildung der generativen Organe bei Mais

besteht. Es fiel auf, daß der Gesamt-N-Gehalt bei **I** nach 48 Tagen wesentlich höher war als bei **II**. Der hohe N-Gehalt kann daher nach Vf. nicht der wachstumsbestimmende Faktor sein. G. Graul. 625.

Okuda, Azuma und Yamada, Yasuyuki; Kyoto, Univ., Fac. of Agric. Foliar absorption of nutrients. III. Comparison of foliar absorption with root absorption in potassium phosphate double-labeled with ^{42}K and ^{32}P. **(Aufnahme von Nährstoffen durch das Blatt. 3. Mitt. Vergleich der Blattabsorption mit der Wurzelabsorption an mit ^{42}K und ^{32}P doppelt markiertem Kaliumphosphat.)** Soil Sci. Plant Nutrit. [Tokyo] 8 (1962) Nr. 2. S. 14–18. – 3 Abb., 3 Tab., 11 Lit. Orig.: engl. 2. Mitt. vgl. LZ. Abt. **II 6** (1961) Nr. 12. S. 2879.
Eine Lösung von doppelt markiertem Kaliumphosphat wurde auf Primärblätter von Bohnen aufgetragen. Phosphat wurde – vor allen Dingen im Licht gegenüber Dunkelheit – etwas stärker sorbiert als das K. Bei Aufnahme der gleichen Lösung durch Bohnenwurzeln wurde dagegen bedeutend mehr K als P aufgenommen. Der Grund für diesen Umstand wird in verschiedener Kapazität der betr. Zellen gesehen, die unterschiedliche Funktionen erfüllen. Die Verteilung von K war von der des P verschieden: P wurde in wachsende Pflanzenteile transportiert und dort akkumuliert, während K vor allem im Stengel und in den Wurzeln angehäuft wurde. W. Schulze. 630.

Saric, M. und Curic, R.; Novi Sad, Yugoslavia, Inst. for Agric Res., Dep. of Plant Physiol. The uptake of P, Ca, S, and Fe by the plants in dependence of temperature. **(Die Aufnahme von P, Ca, S und Fe durch Pflanzen in Abhängigkeit von der Temperatur.)** Agrochimica [Pisa] 7 (1963) Nr. 2. S. 173–184. – 6 Abb., 4 Tab., 14 Lit. Zus. in Franz., Span., Ital., Dtsch.
Der Einfluß der Temperatur auf die Aufnahme von P, Ca, S und Fe durch Weizen-, Mais- und Sojabohnenpflanzen wurde mit Hilfe radioaktiver Isotope untersucht. Die Pflanzen wurden 10–15 Tage in Knopscher Nährlösung gezogen, danach mit den einzelnen Isotopen versetzt (5 μc/l Lösung) und bei 4–5 °C, 19–20 °C und 29–30 °C gehalten. Nach weiteren 3 Tagen wurde die Nährlösung entfernt und die einzelnen Pflanzenorgane auf ihre Radioaktivität untersucht. In den oberirdischen Teilen der Pflanzen hatte sich i. allg. mit steigender Temperatur mehr P angereichert; nur bei Sojabohnen war die Menge an aufgenommenem P bei Temperaturen von 19–20 °C am größten. Während von Weizen mit steigender Temperatur mehr Ca aufgenommen wurde, erreichte die Ca-Aufnahme im Temperaturbereich 19–20 °C bei Mais ein Minimum und bei Sojabohnen ein Maximum. Die S-Aufnahme stieg i. allg. mit der Temperatur, lediglich bei Sojabohnen wurde bei 19–20 °C ein Maximum erreicht. Im Gegensatz zu Sojabohnen, wo erhöhte Temperatur erhöhte Fe-Aufnahme zur Folge hatte, nahmen Weizen und Mais mit steigender Temperatur weniger Fe auf. Die Nährstoffakkumulation in der Wurzel der Versuchspflanzen wurde ebenfalls, wenn auch nicht immer in gleicher Richtung, durch Temperaturveränderungen stark beeinflußt. P. Stoß. 630.

Morrison, T. M.; Canterbury, New Zealand, Lincoln Coll. Uptake of sulphur by excised beech mycorrhizas. **(Aufnahme von Schwefel durch isolierte Buchenmykorrhizen.)** New Phytologist 62 (1963) Nr. 1. S. 44–49. 630.

Wright, D. E.; Christchurch, New Zealand, Lincoln Coll. Amino acid uptake by plant roots. **(Aminosäure-Aufnahme durch Pflanzenwurzeln.)** Arch. Biochem. Biophysics 97 (1962) Nr. 1. S. 174–180. – 5 Abb., 4 Tab., 8 Lit.
Um die bei der Aminosäure-Aufnahme durch die Pflanze wirkenden Faktoren zu studieren, wurden die abgeschnittenen Wurzeln der Testpflanzen (Senf, Weizen und Gerste) in sterilisierte Nährlösungen gebracht, zu denen Aminosäuren (AS) in radioaktiver Form hinzugesetzt worden waren. Senfwurzeln zeigten eine intensivere AS-Aufnahme als Gersten- oder Weizenwurzeln.

Glycin und Methionin wurden sehr viel schneller transportiert als L-Arginin, DL-Leucin oder L-Asparaginsäure. Die Glycin-Aufnahme stellte sich als energieabhängig heraus mit den Optimalbedingungen pH 5,2 und 30 °C. Da zwischen einigen AS sich Konkurrenzeffekte beim Eintritt in die Wurzelzellen zeigten (z. B. zwischen Glycin und L-Alanin [bei Erhöhung der L-Alanin-Konz. in der Nährlösung ging ihre Aufnahme zurück], nicht aber z. B. zwischen D-Methionin und L-Methionin), wird vermutet, daß für diese AS gemeinsame Träger fungieren. H. E. Freytag. 630.

Sulochana, C. B.; Madras, Univ., Bot. Lab. Amino acids in root exudates of cotton. **(Aminosäuren in Ausscheidungen von Baumwollwurzeln.)** Plant and Soil [The Hague] **16** (1962) Nr. 3. S. 312–326. – 1 Abb., 7 Tab., 21 Lit.
Vf. untersuchte das Vorkommen von 13 freien Aminosäuren in Baumwollböden, die a) frei von *Fusarium*-Welkeerregern bzw. b) befallen waren, und die Wurzelausscheidungen der in diesen Böden gewachsenen diploiden und amphidiploiden Stämme mit Hilfe von *Lactobacillus-arabinosus*- und *Leuconostoc-mesenteroides*-Stämmen, die unterschiedliche Aminosäurebedürfnisse haben. In a und b waren Arginin, Prolin, Lysin, Serin, Glycin, Cystin und Tyrosin vorhanden (b>a). In den Wurzelausscheidungen fanden sich Arginin, Prolin, Asparaginsäure, Lysin, Serin, Glycin, Cystin, Leucin, Tyrosin und Phenylalanin, nicht jedoch Valin, Isoleucin, Threonin. Diploide Stämme schieden größere Mengen aus als amphidiploide. Aminosäuren wurden von den Pflanzen in den allermeisten Fällen mehr nach außen abgegeben, wenn sie in b wuchsen. Wurden die Sämlinge vor Beginn des Versuches mit einer mehrmals durch Zentrifugieren gereinigten Sporensuspension inkubiert, so verringerte sich die Ausscheidung. W. Hiller. 630.

Sulochana, C. B.; Madras, Univ., Bot. Lab. B-vitamins in root exudates of cotton. **(B-Vitamine in Ausscheidungen von Baumwollwurzeln.)** Plant and Soil [The Hague] **16** (1962) Nr. 3. S. 327–334. – 4 Tab., 15 Lit. Vgl. vorst. Ref.
Vf. untersuchte das Vorkommen der Vitamine der B-Gruppe in Baumwollböden, die a) frei von *Fusarium*-Welkeerregern bzw. b) befallen waren, und die Wurzelausscheidungen der in diesen beiden Bodenarten gewachsenen diploiden und amphidiploiden Stämme. Der Vitamin-B-Gehalt wurde mit Röntgenmutanten von *Neurospora crassa* und *N. sitophila* bestimmt. In a konnte Vf. Cholin, Pyridoxin, p-Aminobenzoesäure und Spuren von Biotin und Inosit, in b Pyridoxin, Cholin, Thiamin, p-Aminobenzoesäure und Spuren von Biotin und Inosit nachweisen. Die Wurzelausscheidungen der diploiden und amphidiploiden Stämme enthielten bei a-Kultur Thiamin, Biotin, Pyridoxin, p-Aminobenzoesäure, bei b-Kultur außerdem noch Cholin. Amphidiploide Baumwollstämme schieden geringere Mengen dieser Verbindungen aus als diploide Stämme. Die inkubierten Parallelen waren frei von Inosin; Vitamine wurden weniger ausgeschieden. W. Hiller. 630.

Sulochana, C. B.; Madras, Univ., Bot. Lab. Cotton roots and vitamin-requiring and amino acid-requiring bacteria. **(Baumwollwurzeln und vitamin- sowie aminosäure-bedürftige Bakterien.)** Plant and Soil [The Hague] **16** (1962) Nr. 3. S. 335–346. – 1 Abb., 5 Tab., 18 Lit. Vgl. vorst. Ref.
Aminosäurebedürftige Bakterien waren in Baumwollböden in größerer Menge vorhanden als vitaminbedürftige, wobei Böden mit *Fusarium*-Welkeerregern mehr enthielten als Böden ohne Erreger. Diploide Stämme der Baumwolle beeinflußten die Rhizosphäre stärker als amphidiploide. Die Zusammensetzung der Rhizosphäre wurde durch die bodenbürtigen Bakterien modifiziert. W. Hiller. 630.

Boguslawski, E. von, Limberg, P. und Schneider, B.; Gießen, Univ., Inst. für Pflanzenbau und Pflanzenzücht. **Grundfragen und Gesetzmäßigkei-**

ten der Ertragsbildung. Z. Acker- u. Pflanzenbau **116** (1963) Nr. 3. S. 231–256. — 18 Abb., 5 Tab., 42 Lit. Zus. in Engl.

Zahlreiche Wachstumsfaktoren der Kräftegruppe Klima-Boden-Pflanze sind für die Höhe der Pflanzenerträge verantwortlich. Der Einfluß auf die Ertragsbildung ist kein einmaliger oder kurzfristiger Vorgang, sondern weist eine Zeitfunktion auf. — Den größten Einfluß auf die Entwicklung üben klimatische Wachstumsfaktoren, wie Temperatur, Photoperiode, Temperaturperiode, und N in Form von Direkt- oder Nachwirkungen aus. Es bestehen Wechsel- und Kompensationswirkungen. — Die Dauer der einzelnen Entwicklungsphasen (schnellste, optimale und langsamste Entwicklung) ist für die Ertragsbildung von Bedeutung. Die Entwicklung wird bes. zu Beginn der Vegetation beeinflußt, während mit fortschreitender Entwicklung Massen- und Höhenwachstum intensiviert werden. Es wurde ein Zeit-Ertragsgesetz aufgestellt und hierfür eine neue Formel angegeben. An Hand von Beispielen wird die Gültigkeit des Gesetzes im Vergleich zu Ergebnissen von Gefäß- und Feldversuchen bewiesen. H. Ansorge. 635.

Steenbjerg, F. und Jakobsen, S. T.; Copenhagen, Roy. Veterin. and Agric. Coll., Inst. of Soil Fertility and Plant Nutrit. Plant nutrition and yield curves. **(Pflanzenernährung und Ertragskurven.)** Soil Sci. **95** (1963) Nr. 1. S. 69–88. — 23 Abb., 1 Tab., 25 Lit.

Bisher wurde, um eine möglichst genaue Anpassung an die in Nährstoffsteigerungsreihen gefundenen Ertragsgänge zu erreichen, bereits eine große Zahl von Ertragsfunktionen vorgeschlagen. Trotz des darin berücksichtigten exponentiellen bzw. generell konvexen Anstieges oder z. B. auch des sigmoidal gehenden Anfangsverlaufes konnte jedoch der über eine lediglich mathematische Approximation hinausgehende „Gehalt" der Ertragskurven nicht aufgedeckt werden. Auch die in die Anpassungsgleichungen eingehenden, die Gestalt der Kurven und ihre Lage im Koordinatensystem bestimmenden Konstanten können nicht als solche aufgefaßt werden, da die Variablen nicht unabhängig, sondern von einer Reihe von Wechselbeziehungen zwischen den Pflanzennährstoffen, dem Boden und den Pflanzen selbst abhängig sind. Vff. versuchen deshalb, eine engere Verbindung zur Bodenchemie, Biochemie und Pflanzenphysiologie herzustellen und gehen davon aus, daß die Ertragsfunktion — ohne Konkurrenzwirkung der Bodensorptionskräfte — eine konvexe Gestalt besitzt und daß die Pflanzen entspr. der sich für den jeweiligen Nährstoff einstellenden Gleichgewichtskonz. reagieren. Werden z. B. steigende Mengen eines im Mangel befindlichen Nährstoffions (Kation oder Anion) dem Boden zugesetzt, so adsorbiert (bzw. fixiert) der Boden analog der Langmuirschen Adsorptionsgleichung den Betrag $v = \frac{q \cdot z}{d \cdot z}$ [1] (z = Gleichgewichtskonz. des Nährstoffions, q und d = das Absorptionsmaximum und den Anstieg der Kurve bestimmende Konstanten). Wird beispielsweise P in Form von Superphosphat in der Menge x (ausgedrückt in gleichen Einheiten wie v und z) verabreicht, so wird $x = v + z$ bzw. $z = x - v$; ist also bei geringen Zusätzen unter Berücksichtigung von Gleichung **1** die P-Adsorption sehr hoch, und zeigt sich ein sigmoidaler Verlauf bei steigenden P-Zusätzen. Der S-förmige Verlauf der Ertragskurve kann auf diese Weise erklärt werden, und die q- und d-Werte sind die eigentlichen, die Form und Lage bestimmenden Parameter. Treten hingegen keine Adsorptionskräfte auf (z. B. im Versuch mit reinem Quarzsand) bzw. verringert sich bei höheren Quoten die rel. Einflußnahme der Bodensorptionskräfte, so erscheint in direkter Abhängigkeit von der sich erhöhenden Variablen x der normale konvexe Verlauf der Ertragskurve. H. E. Freytag. 635.

Arkley, Rodney J. und Ulrich, Rudolph; Berkeley, Calif., Exp. Stat.; Soil Conserv. Serv. The use of calculated actual and potential evapotran-

spiration for estimating potential plant growth. **(Die Anwendung der berechneten aktuellen und potentiellen Evapotranspiration zur Schätzung des potentiellen Pflanzenwachstums.)** Hilgardia [Berkeley, Calif.] **32** (1962) Nr. 10. S. 443–462. – 9 Abb., 2 Tab., 20 Lit.
Für 211 Standorte in Kalifornien sowie 27 in Nevada und Oregon wurden folgende Werte berechnet: a) potentielle Evapotranspiration von Mitteltemperaturen der Mon. mit Hilfe von Tab., b) aktuelle Evapotranspiration unter Berücksichtigung der Niederschläge und der Wasserkapazität des Bodens. Diese beiden Werte können entweder c) für das ganze Jahr oder d) nur für die frostfreie Zeit des Jahres berechnet werden, je nachdem ob es sich um frostresistente oder frostempfindliche Kulturen handelt. – Die erhaltenen Werte stellen einen Index für den zu erwartenden Ertrag von Nutzpflanzen einschl. der Gehölze dar. Sie lassen nicht nur den Einfluß des Klimas auf die natürliche Vegetation erkennen, sondern sind auch nützlich bei der Züchtung von Kulturpflanzen und geben Hinweise für die Durchführung von Bodenbearbeitungsmaßnahmen. I. Frommhold. 640.

Eschena, T. und Stradaioli, G.; Perugia, Univ., Ist. di Chim. Agraria. Sull'assunzione dell'acqua in presenza di sali potassici. **(Die Wasseraufnahme in Gegenwart von Kaliumsalzen.)** Agrochimica [Pisa] **7** (1963) Nr. 2. S. 151 bis 160. – 4 Abb., 1 Tab., 12 Lit. Zus. in Engl., Franz., Span., Dtsch.
Die Wasseraufnahme von intakten Gerstenpflanzen (3-Blattstadium) aus verdünnten K-Salzlösungen wurde bestimmt. Die Lösungen, die K als Sulfat, Chlorid, Phosphat und Nitrat enthielten, wurden auf pH 5,3 eingestellt. Die Wasseraufnahme war bei einem osmotischen Druck von ca. 1 at am größten. Sie verringerte sich bei Anwesenheit von Sulfat bei ca. 4 at, von Chlorid und Phosphat bei ca. 6 at und von Nitrat bei ca. 10 at. Die aufgenommene Wassermenge wurde durch die einzelnen Salze in der Reihenfolge Sulfat $>$ Chlorid $>$ Phosphat $>$ Nitrat vermindert. P. Stoß. 640.

Thompson, J. W.; Federation of Rhodesia and Nyasaland, Min. of Agric. Effects of fertilizers and soil amendments on the mineral constituents of maize. **(Einflüsse von Düngemitteln und Bodenverbesserungsmitteln auf die Mineralbestandteile von Mais.)** Soil Sci. **94** (1962) Nr. 5. S. 323–330. – 5 Abb., 6 Tab., 12 Lit.
Der Einfluß von K- und N-Düngung auf den Mineralgehalt von Maisblättern sowie der Einfluß von P-, Kalk- und Gründüngung auf die Mineralbestandteile von Mais wurden in Feldversuchen untersucht. Mit steigenden K-Gaben erhöhte sich der K-Gehalt der Blätter, während sich Mg-, Mn- und Al-Konz. verringerten. Der P-, B- und Cu-Gehalt veränderte sich nur geringfügig. Der Ca- und Zn-Gehalt der Blätter erreichte bei Düngung mit 30 lb K_2O/acre ein Maximum, um sich bei größeren K-Gaben zu verringern. N-Düngung hatte i. allg. Zunahme des Mg-, Ca-, Zn-, Cu- und Mn-Gehaltes sowie Abnahme des K- und Al-Gehaltes zur Folge. P- und in geringerem Maße Gründüngung hatten gleichen Einfluß auf die mineral. Blattbestandteile. Der Cu-Gehalt erhöhte sich beträchtlich, der P- und B-Gehalt stieg weniger stark an, während die Ca-, Zn- und Mn-Konz. herabgesetzt wurden. K- und Mg-Gehalte wurden durch P-Düngung nicht verändert, stiegen aber nach Gründüngung an. Durch Zugabe von Kalk wurde der K- und P-Gehalt der Pflanzen erhöht und der Mn-Gehalt gesenkt, während die Cu- und Zn-Mengen wenig beeinflußt wurden. Von den Mineralbestandteilen des Maiskornes wurden durch P-Düngung K- und Al-, durch Gründüngung Ca-, Mg-, Mn- und Zn-Gehalt erhöht, während durch Kalkzugabe der Mineralgehalt des Maiskornes nicht beeinflußt wurde. P. Stoß. 645.

Bolle-Jones, E. W. und Ismunadji, M.; Bogor, Java, Indonesian Dep. of Agric.; Bot. Res. Inst. Mineral-deficiency symptoms of the sweet potato.

(Mineralstoff-Mangelsymptome der Süßkartoffel.) Empire J. exp. Agric. **31** (1963) Nr. 121. S. 60–64. – 7 Abb., 1 Tab., 5 Lit.
1958 wurden in Indonesien 429000 ha Süßkartoffeln (*Ipomoea batatas*) angebaut. Um die Erträge dieser Kultur steigern zu können, prüften Vff. in Gefäßversuchen die bei N-, S-, P-, Mg-, K-, Ca- und Mn-Mangel auftretenden Symptome. Neben bekannten Mangelerscheinungen, wie Ausbleichung und Verkümmerung der Blätter, zeigten die Blattspreiten von N-, S- und P-Mangelpflanzen Anhäufungen eines Purpurpigmentes. In allen Fällen, mit Ausnahme des Mn, führte das Auftreten der Mangelsymptome zu einem scharfen Absinken des Trockengewichts der Schößlinge. Unter den vorliegenden Versuchsbedingungen traten sichtbare Mangelerscheinungen auf, wenn in den künstlich getrockneten Blattspreiten die Konz. der Mangelelemente folgende Werte erreichten: N 1,5%, S 0,08%, P 0,1%, Mg 0,05%, K 0,5%, Ca 0,2% und Mn 2,0 ppm. Die Süßkartoffel reagierte auf Mg- und auf Mn-Mangel mit bes. ausgeprägten Symptomen, so daß diese Pflanze als empfindlicher Indikator für derartige Versuchsanstellungen empfohlen wird. G. Loßner. 645.

Greenway, H., Griffith, Irrigation Res. Stat. Plant response to saline substrates. I. Growth and ion uptake of several varieties of Hordeum during and after sodium chloride treatment. **(Reaktion der Pflanze auf salzhaltige Substrate. 1. Mitt. Wachstum und Ionenaufnahme verschiedener Sorten von Hordeum während und nach Behandlung mit Natriumchlorid.)** Austral. J. biol. Sci. **15** (1962) Nr. 1. S. 16–38. – 13 Abb., 5 Tab., 28 Lit.
In einem Nährlösungsversuch wurde die Wirkung hoher NaCl-Konz. auf verschiedene Gerstensorten untersucht. Steigende NaCl-Konz. (120, 180, 240 und 300 mval/l) führten im 4-Blatt Stadium bei Sorten von *H. distichum* zu schweren Schädigungen und einem hohen Cl- und Na-Gehalt, während bei Sorten von *H. vulgare* diese Erscheinungen kaum auftraten. Auf NaCl-Konz. von 125 bzw. 250 mval zeigten 3 Sorten von *H. vulgare* ein unterschiedliches Verhalten. Das vegetative Wachstum der Sorten wurde etwa gleichartig verringert, der Kornertrag jedoch nur bei einer Sorte erheblich vermindert. Der Na- und Cl-Gehalt nahm in den Blütenständen der salzempfindlichen Sorte erheblich zu, während sich bei den salztoleranten Sorten der Gehalt nicht veränderte. Die rel. Wachstumsrate der 3 Sorten (bis zum 3-Blatt-Stadium) nahm durch 150 mval/l NaCl ab und stieg nach Entfernung des NaCl aus der Lösung wieder an. Die Blätter der salzempfindlichen Sorte erholten sich jedoch langsamer, und ihr Cl- und Na-Gehalt war bedeutend höher als der der salztoleranten Sorten. Vf. folgert, daß die Salztoleranz der Sorten von *H. vulgare* auf der Fähigkeit der Pflanzen beruht, ihren Ionengehalt zu regulieren.
O. Knabe. 645.

Greenway, H.; Griffith, Irrigation Res. Stat. Plant response to saline substrates. II. Chloride, sodium, and potassium uptake and translocation in young plants of Hordeum vulgare during and after a short sodium chloride treatment. **(Reaktion der Pflanze auf salzhaltige Substrate. 2. Mitt. Chlorid-, Natrium- und Kaliaufnahme und -verteilung in jungen Pflanzen von Hordeum vulgare während und nach einer kurzen Natriumchloridbehandlung.)** Austral. J. biol. Sci. **15** (1962) Nr. 1. S. 39–57. – 6 Abb., 5 Tab., 29 Lit. 1. Mitt. vgl. vorst. Ref.
Die Untersuchungen wurden mit jungen Gerstenpflanzen (*H. vulgare* – bis zum 3-Blattstadium), herangezogen in Nährlösungen mit einer NaCl-Konz. von 100 mval/l, durchgeführt. Die Pflanzen wurden in einer Serie 15 Tage dieser NaCl-Konz. ausgesetzt (**I**), in einer anderen Serie wurde das NaCl nach 5 Tagen aus der Nährlösung entfernt und die Entwicklung der Pflanzen in weiteren 10 Tagen verfolgt (**II**). Das Wachstum wurde durch NaCl reduziert, die Wachstumsrate nahm bei **II** nach der NaCl-Entfernung wieder zu. Bei **I** nahm der Cl- und Na-Gehalt während der Behandlung zu, er war in älteren

Pflanzenteilen am höchsten; der K-Gehalt nahm ab, er war in jüngeren Pflanzenteilen am höchsten. Nach NaCl-Entfernung wurden das aufgenommene Cl und Na von den Pflanzen festgehalten, der K-Gehalt der bereits entwickelten Pflanzenteile nahm unbedeutend zu, und die K-Aufnahme der sich entwickelnden Teile wurde erhöht. Vf. folgert, daß der starke Ionenaustausch in älteren Pflanzenteilen für das Wachstum von *H. vulgare* auf salzigen Substraten von Bedeutung ist. O. Knabe. 645.

Tso, T. C., McMurtrey jun., J. E. und Jeffrey, R. N.; Beltsville, Md., U.S. Dep. of Agric., Crops Res. Div. Mineral deficiency & organic constituents in tobacco plants. III. Plant growth & alkaloid contents related to gradual development of calcium or boron deficiency symptoms. **(Mineralstoffmangel und organische Inhaltsstoffe der Tabakpflanzen. 3. Mitt. Pflanzenwachstum und Alkaloidgehalt in Beziehung zu unterschiedlich ausgeprägten Calcium- und Bormangelsymptomen.)** Plant Physiol. **37** (1962) Nr. 6. S. 804–808. – 5 Tab., 9 Lit. 2. Mitt. vgl. LZ. Abt. II **6** (1961) Nr. 8. S. 1873.
In Gewächshausversuchen mit der Tabaksorte 'Connecticut Broadleaf' wurde der Einfluß einer unterschiedlichen Ca- und B-Ernährung auf das Pflanzenwachstum und den Alkaloidgehalt untersucht. Es bestand keine jahreszeitliche Abhängigkeit hinsichtlich der Symptomausbildung, des rel. Pflanzenwuchses und der Alkaloidproduktion. Wurden nur 1% oder 10% der üblichen Ca- bzw. B-Menge verabreicht, war die Symptomausbildung zwar geringer, der Alkaloidgehalt war jedoch ähnlich dem der abs. Mangelpflanzen. Durch manuelles Köpfen wurde das Wurzelwachstum erhöht, nicht dagegen bei „physiol. geköpften" Ca- oder B-Mangelpflanzen. Die Wurzelmasse scheint in keinem direkten Verhältnis zur Alkaloidproduktion zu stehen.
J. Merker. 645.

Lehr, J. J., Wybenga, J. M. und Hoekendijk, J. A.; Wageningen, Holland, Plant Nutrit. Res. Lab. On the influence of nitrogen on the formation of chlorophyll with special regard to a difference in effect between sodium nitrate and calcium nitrate. **(Über den Einfluß des Stickstoffs auf die Bildung von Chlorophyll unter besonderer Berücksichtigung eines Unterschiedes in der Wirkung zwischen Natriumnitrat und Calciumnitrat.)** Plant and Soil [The Hague] **17** (1962) Nr. 1. S. 68–86. – 8 Abb., 3 Tab., 24 Lit.
In Gefäßversuchen mit 2 sandigen, 1 lehmigen und 1 kalkreichen lehmigen Boden war der Chlorophyllgehalt von Wi-Weizen bei $NaNO_3$-Düngung höher als bei $Ca(NO_3)_2$ -Düngung. Bei Spinat war das Gegenteil der Fall. Vff. führen diese Umkehrung auf die wirksamere Steigerung der Spinaterträge durch $NaNO_3$ zurück. Die Chlorophyll-Gesamtmenge je Gefäß war bei $NaNO_3$-Gaben fast immer höher als bei $Ca(NO_3)_2$-Ernährung. Zwischen dem Chlorophyllgehalt junger Blätter und deren N-Gehalt bestand eine enge Korrelation, dagegen waren die Beziehungen zwischen Mg- und Chlorophyllgehalt nicht eindeutig. Das Verhältnis von Chlorophyll a zu Chlorophyll b wurde durch die Höhe der N-Düngung, aber kaum durch die N-Form beeinflußt.
V. Koepke. 654.

Šil'nikova, V. K. (Schilnikowa, W. K.); Moskau, Landwirtsch. Timirjasew-Akad. Azotnyj sostav pasoki rastenij gorocha, bakterizovannych rasami klubeńkovych bakterij različnoj ėffektivnosti. **(Stickstoffgehalt des Saftes von Erbsenpflanzen, die mit Knöllchenbakterienrassen verschiedener Effektivität geimpft wurden.)** Izvestija Akademii nauk SSSR. Serija biologičeskaja, Moskva **1962** Nr. 6. S. 840–844. – 2 Abb., 1 Tab., 11 Lit. Zus. in Engl.
Werden Pflanzen mit einer wirksamen *Rhizobium*-Rasse geimpft, so steigt der Gehalt ihres Saftes an Gesamt-N um 60% und der N-Gehalt freier Aminosäuren um 70% im Vergleich zu den Kontrollpflanzen, wobei die Unter-

schiede im Frühstadium der Entwicklung am größten sind. Quantitative Unterschiede hinsichtlich der Aufnahme freier Aminosäuren durch geimpfte und nichtgeimpfte Pflanzen bestehen nicht. E. Rieske. 654.

Zsoldos, F.; Szeged, Ungarn, Univ., Dep. of Plant physiol. Nitrogen metabolism and water regime of rice plant affected by „brusone" disease. **(Stickstoffwechsel und Wasserhaushalt von mit der „Brusone"-Krankheit befallenen Reispflanzen.)** Plant and Soil [The Hague] **16** (1962) Nr. 3. S. 269–283. – 12 Abb., 1 Tab., 30 Lit.
Die durch *Piricularia oryzae* verursachte „Brusone"-Krankheit verändert den N-Stoffwechsel der Reispflanzen. Die kranke Pflanze enthält mehr Gesamt-N, Protein-N und freie Aminosäuren (auf Trockengewicht bezogen). Der Anteil des Protein-N am gesamten N ist vermindert. Resistente Sorten produzieren um 30–40% größere Mengen Blutungssaft, was auf das größere Wurzelsystem der resistenten Sorten zurückzuführen ist. In ungünstigen Jahren wird durch starke N-Düngung der Krankheitsbefall gefördert.
W. Hiller. 654.

Tamm, C. O. **Die Nährstoffaufnahme gedüngter Fichten- und Kiefernbestände.** Arch. Forstwes. **12** (1963) Nr. 2. S. 211–222. – Nach Zus.
Für 4 Versuchsserien mit N-gedüngten und ungedüngten Parzellen wurde der Nährstoffgehalt des Bestandes über der Erde berechnet. Versuchsbestände waren ein wüchsiger Bestand mit vorherrschend Fichte in Mittelschweden, ein sehr wüchsiger südschwed. Fichtenbestand sowie 2 südschwed. Kiefernbestände, einer mit mittelmäßigen Zuwachs und einer mit sehr geringem Zuwachs (ohne Düngung). Alle Bestände zeigten bei N-Düngung erhöhten Zuwachs, der jedoch bei dem am besten wachsenden Bestand unbedeutend ist. – Die Unterschiede in den Nährstoffmengen zwischen mit N gedüngten und ungedüngten Parzellen müssen als relativ unsicher bestimmt angesehen werden, da sie in kleinen Unterschieden zwischen großen Zahlen bestehen, die ihrerseits mit Versuchsfehlern behaftet sind. Aus ihnen geht jedoch übereinstimmend hervor, daß 2–10 Jahre nach der Düngung nur ein rel. geringer Teil der zugeführten N-Mengen im Bestand über der Erde wiederzufinden ist. Möglicherweise ist der Anteil des wiedergefundenen N in Fichtenbeständen etwas größer als in Kiefernbeständen. 654.

Beaton, J. D. und Read, D. W. L.; Swift Current, Saskatchewan, Canada Dep. of Agric., Exp. Farm, Res. Branch. Phosphorus uptake from a calcereous Saskatchewan soil treated with monoammonium phosphate and its reaction products. **(Phosphoraufnahme aus einem kalkhaltigen Boden in Saskatchewan, der mit Monoammoniumphosphat und dessen Reaktionsprodukten behandelt worden war.)** Soil Sci. **94** (1962) Nr. 6. S. 404–408. – 2 Abb., 17 Lit.
In einer Wuchskammer wurde die innerhalb einer 6täg. Kontaktperiode erfolgte P-Aufnahme von Hafer aus einem kalkhaltigen Boden (pH 7,4; 6,6% freies $CaCO_3$; 6 ppm $NaHCO_3$-extrahierbares P) gemessen, wobei dem Boden in je 2 Quoten (15 und 30 mg P/200 g Boden) Monoammoniumphosphat ($NH_4H_2PO_4$) und zwecks Vergleich mit seinen hauptsächlichsten im Boden auftretenden Reaktionsprodukten – $CaHPO_4 \cdot 2\,H_2O$ sowie $H_6(NH_4)_2 \cdot Al_5(PO_4)_8 \cdot 18\,H_2O$ (Ammonium-Taranakit) als Nachbarvarianten zugesetzt worden waren. Die 30-mg-P-Quote erbrachte in allen Varianten eine höhere P-Aufnahme als die 15 mg-Quote. Bei Unterbringung in Perlform zeigte sich bei $NH_4H_2PO_4$ die höchste P-Aufnahme. Die beiden anderen P-Formen waren nur schlechte P-Quellen, während allerdings bei Durchmischung mit dem Boden die Wirksamkeit des $CaHPO_4 \cdot 2\,H_2O$ sehr stark anstieg.
H. E. Freytag. 656.

Baker, Dale E. und Woodruff, O. M.; Missouri Agric. Exp. Stat. Influence of volume of soil per plant upon growth and uptake of phosphorus by corn

from soils treated with different amounts of phosphorus. **(Einfluß des der Pflanze zur Verfügung stehenden Bodenvolumens auf das Wachstum von Mais und seine Phosphoraufnahme aus mit unterschiedlichen Phosphormengen behandelten Böden.)** Soil Sci. **94** (1962) Nr. 6. S. 409–412. – 3 Tab., 13 Lit.
Vff. versuchten zu ermitteln, ob zwischen der zur optimalen Ernährung des Maises in der Bodenlösung zur Verfügung stehenden P-Menge und dem von den Wurzeln durchdrungenen Raum eine Abhängigkeit besteht, indem sie die gleiche Pflanzenzahl jeweils auf ½, 1, 2, 4, 8, 16 gal. Bodenvolumen (mit jeweils noch eingeführten Serien steigender Phosphatzusätze von 25, 50, 100, 200 und 400 lb. P_2O_5) wachsen ließen und sowohl Tr.-Subst.-Gew. als auch die aufgenommenen P-Mengen bestimmten. Es zeigte sich, daß in den kleineren Gefäßen höhere P-Konz. für die Pflanzen verfügbar wurden als in den größeren. Sollen einem Feldversuch vergleichbare Bedingungen angestrebt werden, so müssen deshalb im Gefäßversuch den Testpflanzen größere Bodenvolumina zur Verfügung gestellt werden. H. E. Freytag. 656.

Jensen, J.; Lyngby, Denmark, Government Lab. for Soil and Crop Res. Some investigations on plant uptake of sulfur. **(Einige Untersuchungen über die Schwefelaufnahme der Pflanzen.)** Soil Sci. **95** (1963) Nr. 1. S. 63–68. – 1 Abb., 5 Tab., 7 Lit.
Der Sulfatgehalt der dänischen Böden ist im Mittel relativ gering und wechselt, wie aus den Ergebnissen von 15 über das Land verteilten Versuchsstationen hervorgeht, mit der Jahreszeit. Lediglich mit org. Dünger ließ sich eine Erhöhung des S-Gehaltes erreichen, während Superphosphat (mit 12–13% S) keine Wirkung zeigte. Die größere Bedeutung für die S-Versorgung der Pflanzen kommt der Nachlieferung durch die Luft zu (ca. 13 kg S/Jahr/ha fallen, fast gleichmäßig über das Land verteilt, aus Verbrennungsprozessen als SO_2 an und zusätzlich aus dem Seewasser als H_2S, der später ebenfalls oxydiert wird). Dies konnte in Gefäßversuchen bestätigt werden, indem den Nährlösungen S als $Na^{32}SO_4$ zugesetzt und in den Pflanzen (die bei freiem Zugang der Außenluft und lediglich gegen Niederschlag abgedeckt wuchsen) infolge der zusätzlichen Aufnahme des in der Atmosphäre vorhandenen S nach der Abernte eine geringere spez. Radioaktivität (Verdünnungseffekt) gemessen wurde. H. E. Freytag. 658.

Marckwordt, U.; Hannover, Landwirtsch. Forsch.-Anst. Büntehof. **Untersuchungen über Kationenbeziehungen bei der Anreicherung durch Gerstenwurzeln.** Landwirtsch. Forsch. **16** (1963) Nr. 1. S. 6–12. – 3 Abb., 1 Tab., 20 Lit. Zus. in Engl., Franz.
Die Anreicherung von Ca und Rb aus Einsalz- oder Mischlösungen durch abgeschnittene Gerstenwurzeln wurde mit Hilfe von ^{45}Ca und ^{86}Rb bestimmt. Ca wurde von den Wurzeln bes. stark adsorbiert, Rb dagegen bevorzugt aufgenommen. Bei gleichzeitigem Angebot von Ca und Rb wurde ein hemmender Einfluß von Ca auf die Rb-Adsorption (bei gleichzeitiger Stimulierung der Rb-Aufnahme) und von Rb auf die Ca-Aufnahme festgestellt. Zeitliche Trennung des Rb- und Ca-Angebots führte zu grundsätzlich gleichen Ergebnissen. Die fördernde Wirkung von Ca auf die Rb-Aufnahme ist vermutlich auf Permeabilitätsänderungen der indiffusiblen Zellschichten zurückzuführen. Die Hauptmenge der adsorbierten Kationen erwies sich als austauschbar.
P. Stoß. 660.

Welte, E. und Marckwordt, U.; Hannover, Landwirtsch. Forsch.-Anst. Büntehof. **Die Wechselbeziehungen einiger Kationen bei der Anreicherung durch Gerstenkeimpflanzen.** Agrochimica [Pisa] **7** (1963) Nr. 2. S. 161–172. – 3 Tab., 24 Lit. Zus. in Engl., Franz., Span., Ital.
Die Rb- und Ca-Anreicherung in intakten Gerstenkeimpflanzen wurde mit Hilfe von ^{45}Ca und ^{86}Rb untersucht. Anwesenheit von Ca in den Lösungen begünstigte die Rb-Akkumulation, während bei Anwesenheit von Rb die

Ca-Akkumulation bes. im Sproß gehemmt wurde. Bei einem zeitlich getrennten Angebot der beiden Kationen wurde die gleiche Tendenz gefunden. Rb-Vorbehandlung verminderte die Ca-Akkumulation, während die Rb-Akkumulation durch Ca-Vorbehandlung gefördert wurde. Der austauschbare Anteil der in der Wurzel angereicherten Kationen lag im Gegensatz zu Rb bei Ca höher als der fixierte und transportable Anteil. — Die erhaltenen Ergebnisse unterstützen die Annahme, daß der Prozeß der Kationenanreicherung bei geringen Konz. in erster Linie ein vom Stoffwechsel abhängiger Vorgang ist. Nach Diffusion in die Wurzel und Adsorption an sauren Gruppen der Zellwandbestandteile erfolgt die eigentliche Aufnahme eines Kations ins Zytoplasma und in die Vakuole wahrscheinlich mit Hilfe im Stoffwechsel gebildeter org. Strukturen. P. Stoß. 660.

Parr, J. F. und Norman, A. G.; Ann Arbor, Univ. of Michigan, Dep. of Bot. Buffering effects of benzimidazole in absorption of potassium by excised barley roots. **(Pufferwirkungen des Benzimidazols bei der Kaliumabsorption durch abgeschnittene Gerstenwurzeln.)** Plant Physiol. **37** (1962) Nr. 6. S. 821-825. — 2 Abb., 3 Tab., 17 Lit.

Die früher beobachtete Erhöhung der K-Absorption durch Benzimidazol (**I**) wurde unter Verwendung von abgeschnittenen Wurzeln 7 Tage alter Sämlinge von *Hordeum vulgare* L., 'Atlas 54', überprüft. Die Konz. der K_2SO_4-Lösung war 10^{-3} mol. Bei gleichzeitiger Applikation von 10^{-3} mol. **I** änderte sich der pH-Wert der K_2SO_4-**I**-Lösung von 6,85 auf 5,45, in Lösungen ohne **I** von 5,90 auf 3,95. **I** übt also eine Pufferwirkung aus. In weiteren Versuchen wurde der pH-Wert durch Zugabe kleiner Mengen der OH-Form eines Anionenaustauschers weitgehend konstant gehalten. Dabei zeigte es sich, daß bei **I**-Konz. größer als 1×10^{-5} mol. statt einer Erhöhung eine Hemmung der K-Absorption eintrat. 3std. Vorbehandlungen der Wurzeln mit 1×10^{-3} mol. **I**-Lösung ließen bei der anschließenden K-Absorption eine geringe, jedoch signifikante Zunahme erkennen. Eine Ausdehnung der Absorptionsperiode von 3 auf 6 Std. führte hier zu einer gesteigerten Aufnahme, allerdings auch zu größeren Differenzen zwischen den einzelnen Wiederholungen. G. Loßner. 660.

Walker, John M. und Barber, Stanley A.; Lafayette, Ind., Purdue Univ., Agric. Exp. Stat. Absorption of potassium and rubidium from the soil by corn roots. **(Absorption von Kalium und Rubidium aus dem Boden durch Maiswurzeln.)** Plant and Soil [The Hague] **17** (1962) Nr. 2. S. 243–259. — 10 Abb., 4 Tab., 22 Lit.

In Gefäßversuchen mit 3 verschiedenen Böden bzw. Boden-Sandgemischen war die K-Aufnahme in den ersten Tagen des Wachstums der Wurzeln um so größer, je höher das K-Angebot im Boden war. Später hatte das Ausmaß der K-Sättigung des Bodens keinen bedeutenden Einfluß mehr auf die K-Aufnahme. Die Verteilung des K-gesättigten Bodens in Gefäßen mit Sand hatte ebenfalls nur in der ersten Zeit einen nennenswerten Einfluß auf die K-Verfügbarkeit. Die K- und ^{86}Rb-Aufnahme aus verschiedenen Teilen der Gefäße gestaltete sich teilweise recht unterschiedlich. Im allg. lag sie im oberen, zentralen Teil der Gefäße am höchsten und nahm nach unten und zu den Seiten hin ab. H. Kretschmer. 660.

Nishita, H., Dixon, D. und Larson, K. H.; Los Angeles, Univ. of California. Accumulation of Cs and K and growth of bean plants in nutrient solution and soils. **(Anreicherung von Cs und K und Wachstum von Bohnenpflanzen in Nährlösung und Böden.)** Plant and Soil [The Hague] **17** (1962) Nr. 2. S. 221–242. — 11 Abb., 4 Tab., 20 Lit.

Bohnenpflanzen (*Phaseolus vulgaris*, 'Landreth') wurden in Nährsalzlösung und auf 4 Bodensubstraten mit steigenden K- und Cs-Mengen versorgt. Auf den Böden erhöhten sich mit steigender K-Gabe (0–16% der Sorptionskapazität) Ertrag, K- und ^{137}Cs-Gehalt der Pflanzen; Gaben von stabilem Cs > 8% der Sorptionskapazität senkten den Ertrag, bes. den Fruchtertrag. Kleine Cs-Gaben steigerten die ^{137}Cs-Aufnahme, größere verringerten sie (Isotopenverdünnungseffekt). Wurde Cs durch K teilweise ersetzt, so erreichte die ^{137}Cs-Aufnahme ein niedrigeres Niveau. In Nährlösung erhöhten steigende K-Gaben ebenfalls den K-Gehalt der Pflanzen. Hier zeigte sich aber, daß bei konstantem K-Gehalt der Nährlösung (zwischen 20 und 100 ppm) steigende Cs-Gaben (ab 75 ppm) auch den K-Gehalt der Pflanzen zu steigern vermochten, so daß angenommen werden muß, daß in diesem Bereich K und Cs nicht miteinander konkurrieren. H. Kretschmer. 660.

Jackson, J. E. und Weatherley, P. E.; Cambridge, Univ., School of Agric.; Aberdeen, Univ., Bot. Dep. The effect of hydrostatic pressure gradients on the movement of sodium and calcium across the root cortex. **(Der Einfluß hydrostatischer Druckgradienten auf die Bewegung von Natrium und Calcium quer durch die Wurzelrinde.)** J. exp. Bot. **13** (1962) Nr. 39. S. 404–413. — 4 Abb., 2 Tab., 6 Lit.
Durch Erhöhung des Druckes auf das die Wurzeln der Versuchspflanzen (*Lycopersicum esculentum* und *Ricinus communis*, dekapitiert) umgebende Medium (Testlösungen mit NaCl, Mannit, $Ca[NO_3]_2$...) wurde der normalerweise durch die Transpiration verursachte hydrostatische Druckgradient im Experiment nachgeahmt. Bei 2 at erhöhte sich der stark auf eine Nachlieferung reagierende Na-Fluß vom Testmedium in das Xylem auf fast das Doppelte (0 at: 0,30; 2 at: 0,55 μg/h). In Gegenwart von Stoffwechselinhibitoren (DNP) wurde der Na-Fluß beträchtlich herabgesetzt und war jetzt dem des Mannits vergleichbar (passiver Massenstrom), woraus auf eine Mitwirkung von metabolischen Prozessen beim normalen Ionenfluß geschlossen wird (ähnliche Zusammenhänge scheinen auch für den Ca-Strom zum Xylem von *Ricinus* zu bestehen, nicht aber für den durch die Tomatenwurzel).
H. E. Freytag. 660.

Kološa, O. I. (Koloscha, O. I.); Ukrain. Akad. der Landwirtsch. Wiss. des Min. für Landwirtsch. der Ukrain. SSR. Vlijanie uglekislogo kal'cija na razvitie kukuruzy i aktivnost' ee fermentov. **(Einfluß von Calciumcarbonat auf die Entwicklung von Mais und die Aktivität seiner Fermente.)** Doklady Akademii nauk SSSR, Moskva **147(30)** (1962) Nr. 1. S. 237–239. — 4 Tab., 10 Lit.
In Feldversuchen auf Rasenpodsolboden wurde der Einfluß von $CaCO_3$ auf Wachstum und Entwicklung von Mais und damit zusammenhängende physiol. Prozesse untersucht. $CaCO_3$ beschleunigte Entwicklung und Reife des auf saurem Boden angebauten Maises. Der Gehalt an Chlorophyll, Carotin und Xanthophyll sowie die Katalase- und Peroxydase-Aktivität wurden während der Zeit der Ausbildung der Rispen erhöht. Dagegen war die Polyphenoloxydase-Aktivität in den mit Kalk gedüngten Pflanzen geringer als in den Pflanzen der Kontrollparzellen. Am Ende der Vegetationsperiode verringerte sich der Carotingehalt, während der Gehalt an Xanthophyll anstieg. Gleichzeitig damit war eine schnelle Abnahme der Katalase-Aktivität zu beobachten. Allgemein wird durch Kalk das Ausreifen des Maises beschleunigt und die Feuchtigkeit der Maiskolben herabgesetzt.
P. Stoß. 660.

Snaydon, R. W.; Bangor, Univ. Coll. of North Wales, Dep. of Agric. Bot. The response of certain Trifolium spp. to calcium in sand culture. **(Die Reaktion einiger Trifolium-Arten auf Calcium in Sandkultur.)** Plant and Soil [The Hague] **16** (1962) Nr. 3. S. 381–388. — 1 Abb., 1 Tab., 19 Lit.
In Sandkulturen stiegen die Erträge von *Trifolium incarnatum* mit zunehmendem Ca-Gehalt der Nährlösung (4–128 ppm) deutlich an. Bei den geringen Ca-Konz. wurden Ca-Mangelsymptome sichtbar. Die Erträge von *T. repens*

stiegen zunächst mit zunehmender Ca-Konz. an und blieben dann etwa gleich. Die Mangelsymptome waren schwächer ausgeprägt als bei *T. incarnatum*, *T. pratense* reagierte auf die Ca-Düngung mit kontinuierlich, aber nur wenig steigenden Erträgen. Die Mangelerscheinungen traten in weniger starkem Maße als bei *T. incarnatum*, aber stärker als bei *T. repens* auf. Bei *T. hybridum* war keine Beziehung zwischen Ca-Düngung und Ertrag feststellbar. Schwache Mangelsymptome waren nur bei der geringsten Ca-Gabe zu erkennen. Vf. weist darauf hin, daß zwischen der festgestellten Reaktion der 4 Kleearten auf Ca und deren ökologisch beobachteter edaphischer Toleranz eine eindeutige Beziehung besteht. V. Koepke. 660.

Tanada, T.; Beltsville, A.R.S., Mineral Nutrit. Lab. Localization and mechanism of calcium stimulation of rubidium absorption in the mung bean root. **(Ort und Mechanismus der durch Calcium stimulierten Rubidium-Absorption in Mungobohnenwurzeln.)** Amer. J. Bot. **49** (1962) Nr. 10. S. 1068-1072. – 2 Abb., 4 Tab., 21 Lit.
Der Einfluß von Ca auf die Rb-Absorption verschiedener Zonen junger Mungobohnenwurzeln (4 Tage alte Keimlinge) wurde unter Verwendung von ^{86}Rb untersucht. Die höchste Rb-Absorptionsrate und die größte Aktivierung der Rb-Aufnahme durch Ca wurden in einer 2,5–5,0 mm von der Wurzelspitze entfernten Zone festgestellt. Bei geringen Rb-Konz. war der Ca-Einfluß am größten. Kinetische Analysen und Zeitstudien zeigten, daß Ca die Rb-Aufnahme durch Erhöhung der Affinität der Bindungsstellen des Rb-Ions beeinflußt und bevor der Aktivierungsprozeß augenscheinlich wird, die Zellmembran durchdringt. Unter Ca-Mangel angezogene Wurzeln adsorbierten mehr Rb als normale Wurzeln. In Gegenwart von Ca wurde die Rb-Absorption der jungen Teile dieser Wurzeln nicht beeinflußt, in älteren Wurzelteilen herabgesetzt. O. Knabe. 660.

Poruckij, G. V., Golovčenko, V. P. und Čeredničenko, S. V. (Poruzki, G. W., Golowtschenko, W. P. und Tscherednitschenko, S. W.) O soderžanii mikroėlementov v različnych organach rastenij. **(Gehalt an Spurenelementen in verschiedenen Pflanzenorganen.)** Doklady Akademii nauk SSSR, Moskva **146(30)** (1962) Nr. 5. S. 1223–1226. – 2 Tab., 23 Lit.
Spektralanalytische Untersuchungen ergaben, daß in den Organen einiger Pflanzenarten gewisse Spurenelemente selektiv angereichert werden, was auch durch die Arbeiten anderer Autoren bestätigt wird. So reichern Rosengewächse bes. Co und V, Nachtschattengewächse bes. Cr und Ni, Getreidearten Fe und Ti sowie Malvaceen bes. Cr und V in einzelnen Zellorganen an, während der Gehalt der übrigen Spurenelemente i. allg. konstant bleibt. Mit der selektiven Anreicherung gewisser Spurenelemente ist die Bildung flüchtiger Kohlenwasserstoffe eng verbunden, die aus verschiedenen Eiweißprodukten unter dem Einfluß hochspez. Fermente, die die jeweiligen Metalle enthalten, erfolgt. Bei Rosengewächsen herrschen z. B. Äthylen, bei Nachtschattengewächsen Buten, bei Getreidearten Äthylen und Buten, bei Malvaceen Propen und Äthylen vor. Bei der Bestimmung des Gehalts an Spurenelementen verschiedener Zellfraktionen (aus Mesophyll der Samenlappen unreifer Erbsen) wurde gefunden, daß die meisten Spurenelemente in den Plastiden angereichert werden. Nach Entfernung der Plastide sind V, Cr, Ni und Mo nicht mehr im Zellsaft enthalten. Im Vergleich zu anderen Zellbausteinen geben die Plastiden auch die meisten Kohlenwasserstoffe ab. Die Ergebnisse zeigen, daß die Verteilung der Spurenelemente in den Zellbausteinen als eine der Ursachen für die Vielfältigkeit des Stoffwechsels anzusehen ist. P. Stoß. 665.

Karim, A. Q. M. B. und Vlamis, James; Davis, Univ. of California, Dep. of Soils and Plant Nutrit. Micronutrient deficiency symptoms of rice grown in nutrient culture solutions. **(Spurenelemente-Mangelsymptome des in Nähr-**

lösungskultur gewachsenen Reises.) Plant and Soil [The Hague] **16** (1962) Nr. 3. S. 347–360. – 4 Tab., 2 Ab., 11 Lit.
Die Mangelsymptome von Mn, Zn, B, Cl, Mo und Cu werden beschrieben. Bei Mn-Mangel treten zwischen den Gefäßen der jüngsten Blätter abwechselnd gelbe und grüne Streifen auf. Die später neu erscheinenden Blätter sind chlorotisch, und es folgt rasch eine Nekrose. Die ältesten Blätter werden zuletzt befallen. Bei Zn-Mangel werden die Mittelrippen der jüngsten Blätter gelblich-weiß. Das Spitzenwachstum vermindert sich, und es setzt Blattrollen ein. B-Mangel erzeugt dunkelgrüne und sukkulente Pflanzen mit stark verkleinerten Blättern und vermindertem Sproßwachstum. Bei Cl-Mangelpflanzen werden die Blätter erst dunkelgrün und bekommen dann weiße Flecken. Cu- und Mo-Mangel erscheint spät und ist weniger schwer. Cu-Mangel verzögert die Kornreife. Mn- und Zn-Mangel schränkt das Wurzelwachstum ein. Die Mangelsymptome bei Mn, Zn, B und Cl sind so schwer, daß keine Kornreife eintritt. W. Hiller. 665.

Curth, P. und Sommer, E.; Kleinwanzleben, Inst. für Pflanzenzücht. **Untersuchungen über Bormangelerscheinungen bei Wurzel- und Blattzufuhr verschieden konzentrierter Boraxlösungen zu Zuckerrüben-Hydrokulturen.** Phytopathol. Z. **46** (1962/63) Nr. 4. S. 351–370. – 16 Abb., 4 Tab., 14 Lit.
Methoden und Ergebnisse von Wurzel- sowie Blattzufuhrversuchen werden beschrieben, die mit dem Ziel durchgeführt wurden, das B-Optimum für Zuckerrüben-Hydrokulturen zu bestimmen. Die Ergebnisse lassen sich folgendermaßen zusammenfassen: 1. Unter Zugrundelegung eines Nährlösungsvolumens von 2000 cm^3 wurde das Ertragsoptimum bei der Boraxkonz. von $7{,}5 \cdot 10^{-6}$ erreicht. 2. Die B-Blattzufuhr führte nur in zu einem mäßigen Ertragserfolg. 3. Zwischen Ertrag, dem B-Gehalt der Pflanze, der Boraxkonz. und der blattapplizierten Menge bestanden eindeutige Beziehungen. 4. Die Pflanzenaufnahme aus der Optimalkonz. 10^{-5} schwankte zwischen 12 und 26%. 5. Die Grenze der Versuchsgenauigkeit lag bei der Boraxverdünnung 10^{-6}. 6. B-Verunreinigungen werden hauptsächlich durch den B-Gehalt der verwendeten Nährsalze und des Glases der Vegetationsröhren verursacht. 7. Die ausführlich beschriebenen Mangelsymptome zeigten zu den Erträgen und B-Gehalten der verschiedenen Varianten stets entspr. Häufigkeit und Stärke. In der Diskussion werden die erzielten Ergebnisse untereinander sowie zu Nährlösungsvolumen, tatsächlich applizierter Sprühlösung und Jahreszeit in Beziehung gebracht. Außerdem wird auf die für die Erfassung des Konzentrationsbereiches 10^{-7} bis 10^{-9} notwendige Umstellung der Methode auf PVC-Gefäße eingegangen. Vff. kommen zu dem Schluß, daß sich die angewandten Versuchsmethoden für die Ermittlung des B-Optimums von Zuckerrüben-Hydrokulturen eignen. P. Curth. 665.

Curth, Peter und Sommer, Eugen. **Untersuchungen über die Wirkung von Bor- und Sauerstoffzufuhr zu Nährlösungen von Zuckerrüben-Hydrokulturen.** Forsch. u. Fortsch. **37** (1963) Nr. 2. S. 40–44.
Quantitative O_2- und B-Analysen zur Klärung des Verhältnisses von B-Konz. der Nährlösung zu Ertrag von Zuckerrüben-Hydrokulturen gaben Anlaß zur Durchführung einer Versuchsreihe, die der Kennzeichnung des Erfolgs von B-Wirkung einerseits und O_2-Einfluß andererseits dienen sollte. Es wurde somit auf die Ansicht Schkolniks Bezug genommen, daß die hauptsächliche physiol. Bedeutung des B in seiner Fähigkeit zur besseren O_2-Versorgung des Wurzelsystems liege. Nach Beschreibung von Material und Methode der Versuchsdurchführung folgen Ergebnisse und Diskussion zweier B-Durchlüftungs- sowie eines H_2O_2-Versuches an Hand von Bonitierungstabellen, Ertragszahlen, B- und O_2-Analysenwerten sowie photographischen Aufnahmen. Sämtliche Ergebnisse stimmen darin überein, daß B- und O_2-Zufuhr zu Nährlösungen von Zuckerrüben-Hydrokulturen sehr unterschiedlichen

Einfluß auf Wachstum und Entwicklung der Versuchspflanzen ausübt (Symptomausbildung, Zeitfaktor, O_2-Gehalt der Nährlösung), und berechtigen damit zu der Annahme, daß B keine Fähigkeit zur besseren O_2-Versorgung des Wurzelsystems besitzt. Während der Versuchsdurchführung war stets am augenfälligsten das anfängliche Überwiegen des Durchlüftungseffekts, während sich die B-Wirkung erst später ausprägte. Optimales Wachstum und höchste Erträge erzielte nach genügend langer Versuchsdauer wiederholt die Kombination „B und Durchlüftung", die sich in entspr. günstigen O_2- und B-Analysenwerten von Nährlösung bzw. Pflanzen äußerte. P. Curth. 665.

Andrew, C. S. und Thorne, Peggy M.; St.Lucia, C.S.I.R.O., Div. of Trop. Pastures, Cunningham Lab.; Port Moresby, Papua and New Guinea Dep. of Agric. Comparative responses to copper of some tropical and temperate pasture legumes. **(Vergleichende Reaktionen einiger Grünlandleguminosen des tropischen und des gemäßigten Klimas auf Kupfer.)** Austral. J. agric. Res. **13** (1962) Nr. 5. S. 821-835. — 1 Abb., 4 Tab., 35 Lit.

Die Versuche wurden sowohl in Gefäßen unter Verwendung eines schwach humosen Gleibodens als auch in Wasserkultur durchgeführt. Als Vertreter tropischer Leguminosen dienten Arten der Gattungen *Desmodium*, *Phaseolus*, *Indigofera*, *Stylosanthes* und *Centrosema*, als Vertreter des gemäßigten Klimas Arten der Gattungen *Trifolium* und *Medicago*. Das Cu wurde nach der von Piper modifizierten Methode von Sylvester und Lampritt bestimmt. In Bodenkultur lieferten *D. uncinatum* (Jacq.) DC., *Ph. lathyroides* L., *C. pubescens* Benth., *I. spicata* Forsk. und *S. bojeri* Vog. in der Nullserie 60, 46, 45, 21 und 7% der Erträge, die bei optimaler Cu-Versorgung des Bodens erreicht wurden. *T. repens* L., *T. fragiferum* L., *T. alexandrinum* L., *M. sativa* L. und *M. tribuloides* Benth. brachten ohne Cu 38, 31, 3, 17 und 14% ihrer max. Erträge. *T. alexandrinum* und *St.* waren gegen Cu-Mangel am empfindlichsten, *D.* und *T. repens* am wenigsten empfindlich. Bei den Versuchen in Wasserkultur wurden ähnliche Ergebnisse erhalten. Bei den meisten Arten wurde Cu stärker in den Wurzeln als in den oberirdischen Teilen angereichert, was bes. bei höheren Cu-Gaben zum Ausdruck kam. *S.* und *T. alexandrinum* besaßen jedoch auch bei geringen Gaben in den Wurzeln rel. hohen Cu-Gehalt. Zusammenfassend wird festgestellt, daß für Leguminosen eine Cu-Konz. von 5 ppm im Pflanzenmaterial befriedigend ist, 4–5 ppm die untere Grenze darstellen und weniger als 4 ppm Cu-Mangelerscheinungen verursachen. G. Loßner. 665.

Pauwels, G. W. F. H. Borst; Wageningen, Chilean Nitrate Agric. Serv., Plant Nutrit. Res. Lab. An investigation into the effects of iodide and iodate on plant growth. **(Eine Untersuchung über die Wirkungen von Jodid und Jodat auf das Pflanzenwachstum.)** Plant and Soil [The Hague] **16** (1962) Nr. 3. S. 284-292. — 5 Abb., 3 Tab., 9 Lit.

Die Versuche wurden mit Hafer in Nährlösungskultur bei KJ- und KJO_3-Gehalten von 0,7–6,75 ppm durchgeführt. Der Tr.-Subst.-Ertrag veränderte sich bei Gehalten von 0–0,75 ppm KJ nicht. Bei höheren Gehalten erfolgte ein starker Abfall. Bei 6,75 ppm betrug der Ertrag an Wurzel- und Blattmasse ca. $^1/_6$ des bei 0,75 ppm erreichten. KJO_3-Gaben von 0–2,25 ppm veränderten den Ertrag nicht, bei weiterer Steigerung auf 6,75 ppm sank er auf ca. $^2/_3$. Die J-Gehalte waren in dem mit KJ versorgten Pflanzen $2\frac{1}{2}$- bis 10mal größer als in den mit KJO_3 behandelten. Die J-Aufnahme der Pflanzen übertraf die JO_3-Aufnahme. Cl^--Zusatz hatte keinen Einfluß auf die Wirkung von von J^- und JO_3^-. J^- und JO_3^- in den Pflanzen besitzen die gleiche Wirkung, nur ihre Aufnahmegeschwindigkeit ist unterschiedlich. W. Hiller. 665.

Page, E. R.; Auchincruive, Ayr, West of Scotland Agric. Coll., Chem. Dep., Plant Nutrit. Lab. Studies in soil and plant manganese. III. The availability

of higher oxides of manganese to oats. **(Studien über Boden- und Pflanzenmangan. 3. Mitt. Die Verfügbarkeit von höheren Oxyden des Mangans für Hafer.)** Plant and Soil [The Hague] **17** (1962) Nr. 1. S. 99–108. – 2 Abb., 3 Tab., 23 Lit. 2. Mitt. vgl. LZ. Abt. II **8** (1963) Nr. 4. S. 959.
In sterilen und nichtsterilen Agar-Nährlösungskulturen erwiesen sich 6 Mn-oxyde als mehr oder weniger gute Mn-Quelle für Haferpflanzen. Die Verfügbarkeit nahm in der folgenden Reihe zu: β-Mangandioxyd (Pyrolusit) < Manganomanganit < α-Mangandioxyd (Cryptomelan) < γ-Mangandioxyd < Manganit < Hausmannit. In der sterilen Reihe war das Wachstum der Haferpflanzen stark gehemmt, ihr Mn-Gehalt lag jedoch höher als in der nichtsterilen Reihe. V. Koepke. 665.

Possingham, J. V. und Spencer, D.; Canberra, C.S.I.R.O., Div. of Plant Ind. Manganese as a functional component of chloroplasts. **(Mangan als ein funktioneller Bestandteil der Chloroplasten.)** Austral. J. biol. Sci. **15** (1962) Nr. 1. S. 58–68. – 2 Abb., 2 Tab., 17 Lit.
In Untersuchungen mit isolierten Tomatenchloroplasten unter Verwendung von ^{54}Mn wurde festgestellt, daß Mn als Bestandteil der Chloroplasten direkt an photochem. Reaktionen (Hill-Reaktion) beteiligt ist. Die Aktivität der Hill-Reaktion war vom Mn-Gehalt der isolierten Chloroplasten abhängig und konnte durch Mn-Zufuhr erhöht werden. Extraktionsversuche mit H_2O und verschiedenen org. Lösungsmitteln zeigten, daß das ^{54}Mn fest an das Granum der Chloroplasten gebunden ist und nur durch Chelatbildner, verdünnte Säuren und KCN gelöst werden kann. Durch eine 5×10^{-2} mol. KCN-Konz. wurde die Hill-Reaktion der Chloroplasten stark gehemmt.
O. Knabe. 665.

Dekock, P. C. und Inkson, R. H. E.; Craigiebuckler, Aberdeen, Macaulay Inst. for Soil Res. Manganese content of mustard leaves in relation to iron and major nutrient supply. **(Mangangehalt von Senfblättern in Beziehung zur Eisen- und Makronährstoffgabe.)** Plant and Soil [The Hague] **17** (1962) Nr. 2. S. 183–190. – 5 Tab., 17 Lit.
Senfpflanzen wurden in Nährlösungskulturen nach DeKock, Hall und MacDonald mit 2 mval/l P, 4 verschiedenen K- und Ca-Mengen und folgenden Mikronährstoffmengen (mg/l) versetzt: 1 Mn, 0,1 Cu, 0,05 Zn, 0,02 B, 0,02 Mo und 0,001 V; hinzu kam eine Fe-Staffelung (0,2, 1,0 und 5,0 ppm Fe als Äthylendiaminchelat). – Mit steigendem Fe-Angebot verringerte sich das K/Ca-Verhältnis in den Senfblättern von 1,73 auf 1,25. Gleichzeitig wurde bei zunehmendem K/Ca-Verhältnis der Fe-Gehalt herabgesetzt. Das Mn/Fe-Verhältnis sank i. allg. sowohl bei steigendem K/Ca-Verhältnis als auch bei steigendem Fe-Gehalt der Nährlösung, d. h., daß bis zu einem gewissen Grade antagonistische Beziehungen zwischen Fe und Mn und auch zwischen K und Mn bestehen. Ähnlich, wenngleich auch nicht ganz so deutlich ausgeprägt, gestalteten sich die Verhältnisse zwischen Fe sowie K einerseits und Cu andererseits. H. Kretschmer. 665.

Ratner, E. I. und Akimočkina, T. A. (Ratner, Je. I. und Akimotschkina, T. A.); Moskau, Pflanzenphysiol. Timirjasew-Inst. der Akad. der Wiss. der UdSSR. Rol' molibdena i vitaminov v usvoenii rastenijami nitratnogo azota. **(Die Bedeutung des Molybdäns und der Vitamine für die Nutzung des Nitratstickstoffs durch die Pflanzen.)** Fiziologija rastenij, Moskva **9** (1962) Nr. 6. S. 663–673. – 1 Abb., 10 Tab., 40 Lit. Zus. in Engl.
Auf stark saurem, unter Mo-Mangel leidendem Rasenpodsolboden erhöhte die Infiltration von Na-Molybdat und Vitaminen der B-Gruppe ($B_1 + B_2 + B_6 +$ PP) die Nitratreduktaseaktivität der Blätter des angesäten Salats deutlich. Ascorbinsäure senkte die Aktivität. Die Rolle des Mo im N-Stoffwechsel blieb nicht auf die Nitratreduktion beschränkt. Vegetationsversuche zeigten die positive Mo-Wirkung auf die Eiweißsynthese der Salatblätter, wenn Amino-

säuren in Form von Leguminhydrolysat infiltriert wurden. Mo-Düngung fördert im Falle von Mo-Mangel sowohl bei NH_4^+- als auch bei NO_3^--Ernährung stark das Wachstum. Eine positive Wirkung der B-Vitamine konnte nur bei NO_3^--Ernährung beobachtet werden. Mo, viel weniger die Vitamine, senkten die Akkumulation der Nitrate im Blatt und ihre Einbeziehung in den Stoffwechsel. Unter den Bedingungen eines starken Mo-Mangels wirkte NH_4^- auch in Form von $(NH_4)_2SO_4$ auf sauren Böden besser als N in NO_3^--Form. J. Birke. 665.

Peterson, P. J. und Butler, G. W.; Palmerston North, D.S.I.R. Plant Chem. Div. The uptake and assimilation of selenite by higher plants. **(Die Aufnahme und Assimilation von Selenit durch höhere Pflanzen.)** Austral. J. biol. Sci. **15** (1962) Nr. 1. S. 126–146. — 2 Abb., 7 Tab., 38 Lit.

In Nährlösungen mit ^{75}Se-Selenitionen wurden Weizen, Weidelgras, Rotklee, Weißklee und *Neptunia amplexicaulis* angezogen. — ^{75}Se wurde während einer Periode von 10 Tagen (bezogen je g Frischgewicht) von allen Pflanzen etwa in gleichen Mengen aufgenommen. Die Ermittlung der Se-Verteilung in der Pflanze erfolgte — mit Hilfe von Extrakten mehrerer Extraktionsmittel — papierchromatographisch, elektrophoretisch und durch Ionenaustauscher. Im Äthanolextrakt von *N.* wurde ein hoher ^{75}Se-Anteil ermittelt, der aber nicht identifiziert werden konnte. Die Äthanolextrakte von Weizen enthielten Selenit, die von Weidelgras, Rot- und Weißklee Se in verschiedenen, den S-haltigen Stoffwechselprodukten entspr. Verbindungen. In Weidelgrasextrakten wurden außerdem nicht identifizierbare Fraktionen festgestellt. In Weidelgras, Weizen, Rot- und Weißklee waren Proteinverbindungen mit ^{75}Se-haltigen Aminosäuren vorhanden. O. Knabe. 665.

Andersen, A. J.; Risø, Roskilde, Denmark, Dan. Atomic Energy Commiss., Agric. Res. Dep., Res. Establishment. Influence of liming and mineral fertilization on plant uptake of radiostrontium from Danish soils. **(Einfluß von Kalkung und Mineraldüngung auf die Aufnahme des Radio-Strontiums durch die Pflanzen aus dänischen Böden.)** Soil Sci. **95** (1963) Nr. 1. S. 52–59. — 2 Abb., 6 Tab., 15 Lit.

Im Gefäßversuch wurden die ^{89}Sr-Aufnahme durch Deutsches Weidelgras (*Lolium perenne* L.) und Rotklee (*Trifolium pratense* L.) unter Einbeziehung von 20 typisch dänischen Böden (Ca- bzw. Mg-Gaben in Form von Carbonat, Sulfat und Chlorid) und der Einfluß von N- und K-Zusätzen auf die ^{90}Sr-Aufnahme durch Hafer auf 2 verschiedenen Böden studiert. Es zeigte sich, daß vom Rotklee eine viel größere Sr-Menge als vom Deutschen Weidelgras aufgenommen wurde. Die Sr-Aufnahme ging mit steigendem Gehalt der Böden an austauschbarem Ca zurück; ein $CaCO_3$-Zusatz von 2,5 t/ha ergab hingegen nur einen geringen Effekt, während jedoch erhöhte Gaben von 5 und 10 t/ha die ^{89}Sr-Aufnahme durch die Pflanzen um 15–30% reduzierten. $+CaSO_4$ zeigte wenig Einfluß, $+CaCl_2$ ließ die Sr-Aufnahme ansteigen. Bei der Reduzierung der ^{89}Sr-Konz. in der Pflanze war Mg als Carbonat oder Sulfat effektiver als Ca in diesen Verbindungen ($+MgCl_2$ erhöhte hingegen ebenfalls die Aufnahme.). — Durch N-Düngung erhöhten sich der Ertrag und auch die ^{90}Sr-Konz. im Stroh; im Korn hingegen verringerte sich der ^{90}Sr-Gehalt. Mit steigenden K-Gaben gingen Ca und ^{90}Sr bei gleichbleibendem ^{90}Sr/Ca-Verhältnis in der Pflanzensubstanz zurück. H. E. Freytag. 665.

Hempler, K.; Göttingen, Univ., Agrikulturchem. und Bodenkundl. Inst. **Untersuchungen zur Ermittlung des pflanzenaufnehmbaren ^{90}Sr in Böden.** Landwirtsch. Forsch. **16** (1963) Nr. 1. S. 1–5. — 3 Tab., 2 Lit. Zus. in Engl., Franz.

In mehrjährigen Gefäßversuchen mit Hafer und Weidelgras wurden mit Hilfe von ^{90}Sr an 12 Böden die ^{90}Sr/Ca-Verhältnisse und Diskriminierungsfaktoren im System Bodenlösung – Pflanze untersucht. Dabei zeigte sich, daß von Weidelgras weder Ca noch Sr bevorzugt aufgenommen wurden. Bei Hafer schien eine geringe Diskriminierung von Sr vorzuliegen, die nicht signifikant für die Pflanze als Ganzes war, jedoch war das Sr/Ca-Verhältnis in Korn eindeutig kleiner als im Stroh. Auf die Bedeutung der Erarbeitung von Diskriminierungsfaktoren zur Bestimmung von ^{90}Sr in Pflanzen bei radioaktiver Verseuchung des Bodens wird hingewiesen. P. Stoß. 665.

Yaron, B. und Mokady, R.; Rehovot, Israel, Nat. and Univ. Inst. of Agric. A technique for conducting pot experiments with saline water. **(Ein Verfahren zur Durchführung von Gefäßversuchen mit Salzwasser.)** Plant and Soil [The Hague] **17** (1962) Nr. 3. S. 392–398. – 5 Abb., 1 Tab., 8 Lit.

Eine Anlage für die Durchführung von Gefäßversuchen zum Studium der Durchsickerung von Salzböden mit salzhaltigem Wasser wird beschrieben. Die 16 cm weiten und 50 cm hohen Metallgefäße mit Kunstharzanstrich haben einen luftdicht eingebetteten Porzellanfilterboden. An den Stutzen der trichterförmigen Verkleidung dieses Bodens wird Vakuum angelegt, so daß das überschüssige Wasser nicht staut. Die Wasserzuführung erfolgt durch 3 seitlich übereinander angebrachte Stutzen, wodurch eine gleichmäßige Durchfeuchtung gewährleistet wird. Ein Streifen der Gefäßwand ist abnehmbar montiert, damit während der Versuchsdauer Bodenproben genommen und Durchwurzelungsuntersuchungen durchgeführt werden können, ohne das Wachstum der Pflanzen zu stören. 16 solcher Gefäße werden jeweils zu einer Einheit zusammengefaßt. Ergebnisse von 2 Versuchen mit Maispflanzen in dieser Anlage werden beschrieben. V. Koepke. 667.

Sokolov, A. V. und Turčin, F. V. (Sokolow, A. W. und Turtschin, F. W.) Primenenie izotopov P^{32} i N^{15} v agronomičeskoj chimii. **(Verwendung der Isotope ^{32}P und ^{15}N in der Agrochemie.)** Žurnal Vsesojuznogo chimičeskogo obščestva im. D. I. Mendeleeva, Moskva 7 (1962) Nr. 5. S. 489–494. – 4 Tab., 10 Lit.

In der UdSSR wenden bes. das Forsch.-Inst. für Düngemittel und Insektofungicide, das Dokutschajew-Inst. für Bodenkunde und in der Landwirtsch. Timirjasew-Akad. der Lehrstuhl für Agrochemie radioaktive Isotope bei agrochem. Versuchen an. Mit ^{32}P wurden Probleme, wie Anteil an verfügbarem P im Boden, Nutzungskoeffizient und Nachwirkung der Düngemittel, P-Festlegung im Boden (neue Düngungsmethoden und bessere Ausnutzung der Düngemittel) aufgeklärt. Daneben wurden auch theoretische Fragen der Pflanzenernährung untersucht. Während vor Anwendung von ^{32}P spezielle Vorversuche, die die Halbwertszeit und Toxizität des Isotops berücksichtigen, notwendig sind, hat die Anwendung des stabilen Isotops ^{15}N keine nachteiligen Folgen auf lebende Organismen. ^{15}N wurde bes. bei Untersuchungen über N-Ernährung der Pflanze, Geschwindigkeit des Eintritts in die Pflanze und der Überführung in andere Pflanzenteile, Beteiligung der N-Verbindungen an der Synthese von Aminosäuren und Eiweiß eingesetzt. Vff. behandeln eingehend Ergebnisse aus Untersuchungen über den Verbleib der dem Boden zugegebenen N-Düngemittel. P. Stoß. 667.

Bouma, D. und Dowling, E. J.; Canberra, C.S.I.R.O., Div. of Plant Ind. The physiological assessment of the nutrient status of plants. I. Preliminary experiments with phosphorus. **(Die physiologische Beurteilung des Ernährungszustandes von Pflanzen. 1. Mitt. Vorversuche mit Phosphor.)** Austral. J. agric. Res. **13** (1962) Nr. 5. S. 791–800. – 4 Abb., 2 Tab., 2 Lit.

Pflanzen von *Trifolium subterraneum* L., 'Mt. Barker', die auf Flußsand gezogen oder an natürlichen Standorten ausgegraben wurden und bei unterschiedlicher P-Versorgung gewachsen waren, wurden in Nährlösungen gebracht, die neben den Hauptnährstoffen B, Mn, Zn, Cu, Mo und Fe als Mikro-

elemente enthielten (pH-Werte zwischen 5,1 und 5,5). Die in 300-ml-Gefäßen befindlichen Lösungen waren teils Vollösungen, teils wurde den Pflanzen ein bestimmter Nährstoff vorenthalten. Die Reaktion der Pflanzen auf die unterschiedliche Nährstoffzufuhr wurde durch Messung der Blattflächen mit Hilfe photographischer Standards vorgenommen. Die bei geringerer P-Versorgung gezogenen Pflanzen zeigten in P-freier Nährlösung beträchtlich geringere Zunahmen der Blattflächen als in anderen Lösungen. Diese Veränderungen waren schon 2 Tage nach der Umsetzung festzustellen. Vff. empfehlen das beschriebene Verfahren als Basis für eine diagnostische Bestimmungsmethode.
G. Loßner. 667.

Garrido, Lachica M.; Granada, Estac. Exp. di Zaidín. About the determination of magnesium in plant materials with complexone III. **(Über die Bestimmung von Magnesium in Pflanzenmaterial mit Komplexon III.)** Agrochimica [Pisa] **7** (1963) Nr. 2. S. 131–141. – 5 Tab., **13** Lit. Zus. in Franz., Span., Ital., Dtsch.
Die von Mason (vgl. Analyst **77** [1952] S. 529.) beschriebene Ca-Bestimmungsmethode wurde modifiziert zur Bestimmung von Mg in Olivenblättern herangezogen. – Nach Abtrennung von Phosphat mit Hilfe eines Kationenaustauscherharzes (Zerolit 215) werden die adsorbierten Kationen mit 5 n HCl eluiert. Mg wird im entspr. behandelten Eluat mit EDTA in Gegenwart eines Mischindikators (15 mg Methylrot und 50 mg Eriochromschwarz T in 100 ml abs. Äthylalkohol auflösen) titriert. Ca kann an einem anderen Aliquot der Lösung in Gegenwart von Murexid-Indikator, Phosphat im Durchlauf der Säule colorimetrisch bestimmt werden. Störende Fe-, Mn- und Zn-Ionen können nach Reduktion von Mn und Fe mit Cyanid maskiert werden.
P. Stoß. 667.

C. Düngemittel, ihre Gewinnung und Anwendung

Strübing, H. G.; Bernburg, Hochschule für Landwirtsch., Inst. für Acker- und Pflanzenbau. **Die periodische Fruchtfolgedüngung auf besseren Böden.** Dtsch. Landwirtsch. **14** (1963) Nr. 3. S. 124–125. 671.

Chaminade, Raymond. Contribution aux recherches sur les relations entre matière organique et fertilité des sols. **(Beitrag zu den Forschungen über Zusammenhänge zwischen organischer Substanz und Fruchtbarkeit der Böden.)** Bull. Assoc. franc. Étude Sol **1962** Nr. 6/7. S. 343–350. – 3 Tab.
In diesem Vortrag werden Ergebnisse von 2 Gefäßversuchen mitgeteilt: 10 kg nicht näher definierter Lehmboden/Gefäß + 200 g org. Subst. (Glucose, Stroh, Stalldung, Heu und Sägespäne) wurden mit ausreichenden P- und K-Mengen sowie mit Mikronährstoffen und 0, 1,2 und 2,4 g N/Gefäß versorgt. Als Versuchspflanze diente Hafer. – Nach 6jähriger Versuchszeit konnte an Hand der Relativzahlen (ohne N und ohne org. Substanz = 100) festgestellt werden, daß N zusammen mit Heu- und Stalldunggaben am stärksten wirkte (100, 267, 293 bzw. 100, 273, 285). Die anderen org. Subst. erhöhten die Erträge weniger, wobei meist schon mit 1,2 g N der Höchstertrag erzielt wurde. Im 2. Gefäßversuch (135 Gefäße mit je 1 kg Bodenfüllung) war Weidelgras Versuchspflanze. Der Einfluß der org. Subst. – in Verbindung mit NPK-Düngung – auf die Erträge wurde untersucht. P. Schäfer. 671a.

Demortier, G. und Droeven, G.; Gemblouse, Stat. de Chim. et de Physique Agric. de l'Etat. Modifications des propriétés physiques et chimiques du sol sous l'influence de divers systèmes de culture et leur incidence sur les rendements. **(Veränderungen der physikalischen und chemischen Eigenschaften des Bodens unter dem Einfluß verschiedener Kultursysteme und ihre Wirkung auf die Erträge.)** Rev. Agric. [Bruxelles] **15** (1962) Nr. 8/9. S. 973–990. – 8 Abb., 7 Tab.

Dem Boden wurden folgende Substanzen verabfolgt: Krilium (**I**), Schlacke (**II**), Stalldung (**III**), Stroh (**IV**) und Stroh + Rübenblatt (**V**). Von 1959–61 wurden Zuckerrüben, Hafer und Bohnen angebaut. In Relativzahlen ausgedrückt, konnten die nachfolgenden, als vorläufig bezeichneten Ergebnisse der untersuchten Bodenmerkmale ermittelt werden (Kontrolle = 100):**I**: Humus 109, Bodenstruktur 186, P_2O_5 -Gehalt 92, K_2O-Gehalt 96, Ca-Gehalt 94; **II**: 107/110/146/97/176; **III**: 114/105/121/110/100; **IV**: 116/121/100/107/103; **V**: 112/118/103/116/104. Die Wirkungen der 6 Behandlungen auf Ertrag und Qualität werden nur für die Zuckerrübe (1959) kurz besprochen.

P. Schäfer. 671a.

Gasser, J. K. R. Effects of long-continued treatment on the mineral nitrogen content and mineralisable nitrogen of soil from selected plots on the Broadbalk experiment on continuous wheat, Rothamsted. **(Wirkungen der Dauerdüngung auf den Gehalt an mineralischem Stickstoff und mineralisierbarem Stickstoff im Boden von ausgewählten Parzellen des Broadbalk-Versuches mit ewigem Weizenbau, Rothamsted.)** Plant and Soil [The Hague] **17** (1962) Nr. 2. S. 209–220. – 2 Tab., 12 Lit.

Im Sept., Okt. und Nov. 1957 sowie von März bis Sept. 1958 wurden Krumenproben von den Sektionen II (1. Jahr nach Brache), III (3. Jahr nach Brache) und V (Brache) der Broadbalk-Parzellen 2B (Stalldung), 3 (ungedüngt), 6 (PK, Na, Mg), 7 (NPK, Na, Mg; N als Ammonsulfat), 15 (wie 7, jedoch Ammonsulfat im Herbst) und 16 (NPK, Na, Mg; N als Natronsalpeter) entnommen und teils sofort, teils nach 28täg. Inkubation bei 25 °C und 50% der WK nach Bremner und Shaw auf NH_4- und NO_3-N untersucht. Die höchsten Werte wurden erwartungsgemäß bei 2B gefunden. V überragte die übrigen Sektionen. Zwischen den übrigen Parzellen ergaben sich praktisch keine Unterschiede, wenn man von nur einmal feststellbaren sehr hohen Werten bei den Parzellen 7 und 16, Sektionen II und III (Frühjahr 1958) absieht. Durch die Inkubation wurden die Werte aller Parzellen – bes. bei 2B – erhöht. Die NH_4- und NO_3-N-Gehalte schwankten bei sofortiger Untersuchung i. allg. zwischen 0 und 10 und nach der Inkubation um 10 ppm (2B um 20 ppm).

H. Kretschmer. 671a.

Ansorge, H.; Halle-Lauchstädt, Inst. für Ackerbau und Saatgut der Dtsch. Akad. der Landwirtsch.-Wiss. zu Berlin. **Untersuchungen über die zeitliche Nährstoffaufnahme von Winterweizen und Sommergerste bei langjährig unterschiedlicher Düngung.** Albrecht-Thaer-Arch. **7** (1963) Nr. 1. S. 21–42. – 12 Abb., 2 Tab., 29 Lit. nach Zus.

Der Einfluß von langjährigen Voll- und Mangeldüngungen auf die zeitliche Tr.-Subst.-Bildung, die Aufnahme und die Gehalte an N, P und K wurde in den Jahren 1957–59 durch laufende Probeschnitte in 6 bzw. 7 Entwicklungsstadien von So-Gerste und Wi-Weizen im „Statischen Versuch" Lauchstädt untersucht. Gleichzeitig sollte der Verlauf der Nährstoffaufnahme bei rein mineral. Düngung und bei ständigen Stallmistgaben überprüft werden. Im Vergleich zur Volldüngung hatte starker N-Mangel neben niedrigeren Tr.-Subst.-Erträgen, geringeren N-Aufnahmen und N-Gehalten auch nur sehr niedrige P- und K-Aufnahmen zur Folge, so daß auch die P- und K-Gehalte in den Ernteprodukten trotz der sehr guten PK-Versorgung teilweise weit unter denen der NPK-Parzelle lagen. Die niedrigen P- Aufnahmen hatten auf den P-Mangelparzellen während der Jugendentwicklung nur eine sehr geringe Tr.-Subst.-Bildung zur Folge. Deshalb waren in diesem Zeitraum hier auch die N- und K-Aufnahmen sehr niedrig. Vom Zeitpunkt des Ährenschiebens an erhöhte sich jedoch sehr stark die N- und K-Aufnahme, so daß die Gehalte an diesen Nährstoffen z. T. weit über die der Volldüngungsparzelle anstiegen. Da sich bisher der K-Mangel im „Statistischen Versuch" Lauchstädt auf die Getreideerträge im Gegensatz zu den Hackfruchterträgen nur wenig auswirkte, wurde auf den NP-Parzellen etwa die gleiche zeitliche N- und P-Aufnahme wie auf den Volldüngungsparzellen festgestellt. Lediglich bei den K-Entzügen und -gehalten waren wesentlich geringere Werte vorhanden. Die laufende Stallmistversorgung hatte im Vergleich zu rein mineral. Düngung beim N keine Veränderung in der zeitlichen Nährstoffaufnahme bewirkt, während sie beim P eine etwas langsamere und beim K eine etwas schnellere Aufnahme zur Folge hatte. 671a.

Singh, Gajadhar; Jobner, Government Coll. of Agric. Relationship between growth in dry weight and uptake of nitrogen and phosphorus in wheat plant. **(Beziehung zwischen Wachstum, ausgedrückt als Trockengewichtszunahme, und Aufnahme von Stickstoff und Phosphor durch die Weizenpflanze.)** Soil Sci. **94** (1962) Nr. 5. S. 331–333. — 1 Abb., 1 Tab., 6 Lit.
Der Einfluß von Superphosphatdüngung mit und ohne $(NH_4)_2SO_4$-Zugabe auf Wachstum, Entwicklung, N- und P-Aufnahme sowie Ertrag von Weizen wurde in 2jährigen Feldversuchen untersucht. Nur in den ersten 120 Tagen wurden eine starke N- und P-Aufnahme sowie Zunahme an Tr.-Subst. gefunden, wobei das Maximum der N-Aufnahme in den einzelnen Versuchsjahren unterschiedlich lag. Mit fortschreitendem Alter der Pflanze entsprach die Zunahme des Trockengewichtes nicht der der Adsorption. Es wird daher empfohlen, die Düngung von kurzlebigen Kulturen, wie Weizen, in frühen Entwicklungsssstadien durchzuführen. P. Stoß. 671b.

Sandhoff, H.; München. **Ergebnisse von Strohdüngungs-Versuchen auf verschiedenen Böden.** Landwirtsch. Forsch. **15** (1962) Nr. 3/4. S. 218–224. — 2 Tab., 8 Lit.
In 1954–61 durchgeführten Strohdüngungsversuchen verursachten die im Herbst tief eingepflügten Strohmengen bei der nachgebauten Frucht einen Minderertrag von 4–6% im Vergleich zur Variante ohne Stroh, im Nachwirkungsjahr wurden dagegen Mehrerträge erzielt. Im Herbst mit dem Stroh zugleich eingebrachter Kalkstickstoff (KSt) brachte schon in den ersten Versuchsjahren im Durchschnitt ähnliche Ertragssteigerungen bei der zuerst nachgebauten Frucht wie eine gleichhohe KSt-Gabe ohne Stroh, in der Nachwirkung war wiederum eine Überlegenheit der Kombination von Stroh + KSt gegeben. Die Ertragsdepression durch das Stroh ohne KSt war auf schweren Böden in trockneren Jahren geringer als im nassen Jahr 1960. Bei KSt-Zugabe war kein Witterungseinfluß erkennbar. Auf leichten Böden waren dagegen sowohl bei alleiniger Strohdüngung wie auch bei Strohgaben + KSt im trockenen Jahr 1959 die rel. Erträge deutlich geringer als in normalen und nassen Jahren. V. Koepke. 672.

Heckl, Rudolf; Gmunden. **Güllewirtschaft und Schwemmentmistung in Österreich.** Förderungsdienst [Wien] **11** (1963) Nr. 2. S. 52—57. 673.

Škonde, Ė. (Schkonde, E.); Moskau, Bodenkundl. Dokutschajew-Inst. der Akad. der Wiss. der UdSSR. Formy fosfora v navoze. **(Formen des Phosphors im Dung.)** Vestnik sel'skochozjajstvennoj nauki, Moskva 7 (1962) Nr. 11. S. 54–59. — 2 Abb., 3 Tab., 23 Lit. Zus. in Engl., Franz., Dtsch.
Die P-Formen in Pferdemist (**I**) und Geflügeldung (**II**) wurden untersucht. Der wäßrige Auszug enthielt je nach dem angewandten Lösungsmittelverhältnis (1:5; 1:200) 23,45% (**I**) und 16,09% (**II**) bzw. 53,30% und 34,29% vom Gesamt-P. Das Verhältnis mineral. P:org. P betrug bei **I** 55:45, bei **II** 53:47 (Gruppenanalyse nach Tschirikow). Durch 10std. Extraktion mit Äther und abs. Alkohol im Soxhlet-Apparat wurde die Phosphatidfraktion isoliert. Weiterhin wurden Gesamt-P (nach Veraschung), mineral. P, Inosithexaphosphat, Mononucleotid-P, Polynucleotid-P, Kohlenhydrat-P und Phosphorproteide bestimmt. Die Werte der einzelnen Fraktionen für **I** und **II** unterschieden sich i. allg. nur wenig. Die größten Unterschiede waren im

Gehalt an Inosithexaphosphat (I < II) und Phosphorproteiden (I > II) festzustellen. – Der mineral. P ist an Alkalien und Erdalkalien gebunden und bedingt infolge seiner Löslichkeit in hohem Maße die Wirksamkeit der Dünger. Die Entstehung der verschied. P-Formen im Dünger wird diskutiert und ein Schema des P-Kreislaufes in der Landwirtschaft angegeben.
P. Stoß. 673.

Gorškov, L. A. und Kočer, S. G. (Gorschkow, L. A. und Kotscher, S. G.); Zentr. Torfmoor-Versuchsstat. Soderžanie ammiačnogo azota v torfjanom navoze. **(Gehalt von Ammoniakstickstoff im Torfmist.)** Vestnik sel'skochozjajstvennoj nauki, Moskva 7 (1962) Nr. 10. S. 18–20. – 2 Tab. Zus. in Engl., Franz., Dtsch.
Die Aufsaugung von Harn in Rinderställen durch Torfmull wurde untersucht. Als Versuchsmaterial dienten Proben mit Zersetzungsgraden von 20–25% und 40–64% Feuchtigkeit. Der Gehalt an NH_4-N im Torfmist hängt von der bot. Zusammensetzung des Torfes, dem Grad der Zersetzung, der Feuchtigkeit der Torfunterlage und der Feuchtigkeit des Torfmistes ab. Je höher die Anfangsfeuchtigkeit der Torfunterlage ist, desto weniger Torfmist wird gewonnen. So ergibt 1 t Torfunterlage mit 40% Feuchtigkeit bis zu 6,5 t, mit 56% Feuchtigkeit dagegen nur 4,5 t Mist. Die zulässigen Feuchtigkeitswerte von Torfmist aus einem Torf mit 10% Zersetzung betragen ca. 84%, aus einem Torf mit 25% Zersetzung 75–80%. Die Torfunterlage im Stall soll den Tagesdurchschnitt des ausgeschiedenen Harns der Tiere aufnehmen können. Die Verwendung von Torf erhöht die zur Verfügung stehenden org. Düngermengen und verbessert die zoohygienischen Bedingungen der Viehhaltung. Abschließend wird eine ökon. Einschätzung der Verwendung von Torfmist gegeben, wobei bes. der Transport des Torfes berücksichtigt wurde.
P. Stoß. 676.

Lašnev, V. I. und Maevskaja, L. M. (Laschnew, W. I. und Majewskaja, L. M.); Zweigstelle des Unions-Forsch.-Inst. für Torf-Ind. Chranenie torfomineral'no-ammiačnych udobrenij. **(Lagerung mineralisch-ammoniakalischer Torfdünger.)** Vestnik sel'skoshozjajstvennoj nauki, Moskva 7 (1962) Nr. 11. S. 27–30. – 4 Abb., 2 Tab. Zus. in Engl. Franz., Dtsch.
Über die bei der Lagerung von mineralisch-ammoniakalischen Torfdüngern, industriell bereitet durch Zugabe von 6–10 kg KCl, 10–15 kg Superphosphat und 10–15 l NH_3-Wasser je t Torf (Zersetzungsgrad 30–45%, Feuchtigkeit 55–60%), auftretenden Veränderungen der N-Zusammensetzung und des N-Gehalts wird berichtet. Aus verschieden großen Stapeln wurden nach 2 und 8 bzw. 9 Mon. über den Querschnitt verteilte Proben entnommen und der Gehalt an NO_3^--N und NH_4^+-N bestimmt. – Die im Torfdünger enthaltenen Nährstoffe und die herrschenden Bedingungen beschleunigten in den oberen Schichten die NH_4^+-Oxydation zu N_2, als deren Ergebnis sich bes. der NH_4^+-Gehalt verringerte. In großen Stapeln mit rel. geringer Oberfläche und hinreichender Verdichtung kam die Oxydation des NH_4^+-N fast völlig zum Stillstand. Es wird daher empfohlen, den Torfdünger über einen längeren Zeitraum in großen Stapeln von 7 m Höhe, 60 m Länge und 14 m Breite zu lagern.
P. Stoß. 676.

Nõmmik, Hans; Uppsala, Landwirtsch. Hochschule, Inst. für Agrikulturchem. **Die Düngewirkung des Kalkstickstoffs in Abhängigkeit von seiner Korngröße und von dem Wassergehalt des Bodens.** Acta Agric. scand. **12** (1962) Nr. 3. S. 259–265. – 3 Tab., 5 Lit.
In Gefäßversuchen mit lehmigem Ton brachte pulverförmiger Kalkstickstoff in Gaben von 0,5 und 1,0 g N/Gefäß höhere Mehrerträge an Haferkorn und -stroh als in grobkörniger Form. Die Fraktion 0,5–1,0 mm hatte praktisch den gleichen Effekt wie der pulverisierte Kalkstickstoff, aber bei Verwendung einer Korngröße von 2-3 mm waren die Mehrerträge um 10% geringer und bei

Granula > 3 mm um 20%. Die Differenzen waren statistisch gesichert. Ein eindeutiger Einfluß unterschiedlicher Wassersättigung (9–74% der max. WK) während einer 6täg. Vorbehandlung des gedüngten Bodens vor der Haferaussaat bei 16–23 °C war nicht erkennbar. K. Koepke. 680.

Paauw, F. van der; Groningen, Netherlands, Inst. for Soil Fertility. Effect of winter rainfall on the amount of nitrogen available to crops. **(Einfluß der Winterniederschläge auf die für die Pflanzen verfügbare Stickstoffmenge.)** Plant and Soil [The Hague] **16** (1962) Nr. 3. S. 361–380. — 13 Abb., 11 Lit.

Zwischen der Niederschlagssumme der Mon. Nov. bis Febr. und den Roggenerträgen ohne N-Düngung bestand im Ergebnis der Auswertung zweier 1947 begonnener Feldversuche mit Kartoffel-Roggen-Hafer-Anbau auf Moorboden eine negative Korrelation. Bei Hafer wurden die gleichen Beziehungen gefunden, während die Kartoffeln nicht so ausgeprägt reagierten. Nach niederschlagsreichen Wintern erwies sich daher eine höhere N-Düngung zu Getreide als zweckmäßig, dagegen verminderte nach trocken Wintern eine Herabsetzung der N-Düngermenge die Lagergefahr. Durch zeitweises Abdecken von Parzellen bzw. zusätzliche Beregnung konnten die obigen Feststellungen erhärtet werden. Nach rel. trocken Wintern waren 0,25–1,25 kg N/ha zum Ausgleich von 1 mm Niederschlag notwendig. In niederschlagsreichen Wintern wurde der gesamte verfügbare N tief in den Unterboden gewaschen. Es konnte nachgewiesen werden, daß die positive Wirkung der Bodenabdeckung auf einer Verminderung der N-Einwaschungstiefe beruhte.
V. Koepke. 680.

Doll, E. C.; Lexington, Ky., Univ., Argonomy Dep. Effects of fall-applied nitrogen fertilizer and winter rainfall on yield of wheat. **(Wirkungen des im Herbst angewandten Düngemittelstickstoffs und der Winterniederschläge auf den Ertrag von Weizen.)** Agronomy J. **54** (1962) Nr. 6. S. 471–473. — 1 Abb., 3 Tab., 13 Lit.

Die Verabreichung der N-Dünger zu Wi-Weizen erwies sich hinsichtlich der Wirkung auf die Erträge in zwei 3- bzw. 4jährigen Feldversuchen auf schluffigem Lehm in 4 Fällen der Anwendung im Frühjahr unterlegen. In 3 langjährigen Fruchtfolgeversuchen konnte bei Herbstdüngung mit N zwischen der Abweichung der Weizenerträge von der Regressionsgeraden und der Höhe der Winterniederschläge eine signifikante Korrelation festgestellt werden. V. Koepke. 680.

Rivera Brenes, L.; Río Piedras, Puerto Rico, Univ., Agric. Exp. Stat., Animal Husbandry Dep. Results of splitting the application of nitrogenous fertilizers to Pangola grass (Digitaria decumbens). **(Ergebnisse der Aufteilung der Gabe von Stickstoffdüngemitteln zu Pangolagras [Digitaria decumbens].)** J. Agric. Univ. Puerto Rico **46** (1962) Nr. 3. S. 171–174. — 1 Tab., 6 Lit.

Die Aufteilung der jährlichen N-Gabe von 360 lb./acre als $(NH_4)_2SO_4$ zu ganzjährig beweidetem Pangolagras auf Tonboden bei 1750–2500 mm Jahresniederschlag in mehr als 3 Teilgaben führte nicht zu signifikanten Steigerungen der Weideleistung. Eine Mischung von Paragras (*Panicum purpurascens*) mit der mehrjährigen Leguminose Kudzu (*Pueraria thunbergiana* Reuth.) brachte ohne N-Düngung die gleiche Weideleistung wie das gedüngte Pangolagras, vorausgesetzt daß die Besatzdichte von 3 Färsen/acre auf 2 vermindert wurde, weil sonst der Bestandesanteil des Kudzu zurückging.
V. Koepke. 680.

Vageler, P.; São Paulo, Soc. Rural Brasileira. **Zur Frage der Phosphatdüngung in Tropen und Subtropen.** Phosphorsäure **22** (1962) Nr. 5/6. S. 279–281. 682.

Ponomareva, A. T. (Ponomarjowa, A. T.); Kasach. Inst. für Ackerbau. Racional'no primenjat' fosfornye udobrenija. **(Rationelle Anwendung von Phosphorsäuredünger.)** Sacharnaja svekla, Moskva 8 (1963) Nr. 2. S. 15–17. – 3 Tab.

Mehrjährige Düngungsversuche (Parzellen- und Feldversuche) zeigen, daß unter den Bedingungen von Kasachstan hohe P-Gaben (120–150 kg/ha P_2O_5) zu Zuckerrüben wirtschaftlich nicht gerechtfertigt sind, daß die Ertragszunahmen nicht entsprechend steigen. Hohe P-Gaben sind nur bei einem Gehalt des Bodens von < 5 mg P_2O_5/100 g Boden erforderlich. Bei einem P_2O_5-Gehalt des Bodens von 6–8 mg/100 g genügen Düngergaben von 60–70 kg/ha P_2O_5. Es sollten jedoch 140 kg/ha N verabfolgt werden.
G. Jury. 682.

Larsen, S., Parton, D. J. und Svensson, Inga-Lisa; Ipswich, Levington Res. Stat., Dep. of Soil Sci. Reaction between monocalcium phosphate and calcium carbonate. **(Reaktion zwischen Monocalciumphosphat und Calciumcarbonat.)** Nature [London] **197** (1963) Nr. 4864. S. 317. – 1 Tab.

Trockenes $CaCO_3$ und pulverförmiges bzw. granuliertes $Ca(H_2PO_4)_2$ reagieren bereits in dampfgesättigter Luft unter Bildung von $CaHPO_4 \cdot 2\,H_2O$ und einer entspr. Menge CO_2. J. Garz. 682.

Neller, J. R.; Gainesville, Fla., Agric. Exp. Stat. Effect on plant growth of particle size and degree of solubility of phosphorus labeled in 12-12-12 fertilizer. **(Einfluß der Korngröße und des Löslichkeitsgrades von aus 12-12-12-Dünger verabreichtem, markierten Phosphor auf das Pflanzenwachstum.)** Soil Sci. **94** (1962) Nr. 6. S. 413–417. – 5 Tab., 8 Lit.

Im Gefäßversuch wurden ^{32}P-markierte 12-12-12-Dünger zweier Siebfraktionen und 3 unterschiedlich hoher Gehalte an wasserlöslichem P zu „Leon fine sand" [L] als Boden mit geringem und zu „Red Bay fine sandy loam" [R] als Boden mit hohem P-Fixationsvermögen verabreicht, das Wachstum (Tr.-Subst.-Gew.) der Pflanzen (Hafer), der Gesamt-P-Gehalt und die aufgenommenen Dünger-P-Mengen bestimmt. Die statistische Verrechnung zeigte, daß Korngrößenfraktion und Wasserlöslichkeit auf die Dünger-P-Aufnahme nur geringen Einfluß ausübten, daß sich jedoch für die beiden Böden sehr große Unterschiede in der Dünger-P-Aufnahme einstellten (Dünger-P-Verfügbarkeit in L $>$ R). H. E. Freytag. 682.

Brown, B. A.; Storrs, Conn., Agric. Exp. Stat. Responses of four crops to very high rates of superphosphate. **(Reaktion von vier Kulturpflanzen auf sehr hohe Gaben von Superphosphat.)** Agronomy J. **54** (1962) Nr. 6. S. 547.

In Gefäßversuchen mit P-armem feinsandigem Lehm (pH 5,5) wurden bei einer Grunddüngung entspr. 110 kg/ha N (als Harnstoff), 120 kg K (als K_2SO_4), 4,5 kg B (als Borax) und 4,5 bzw. 9 t/ha dolomitischem Löschkalk zu Luzerne, Kohl, Weidelgras und Tomaten 0, 207, 830, 3300, 13200 und 52500 kg/ha P_2O_5 (als Superphosphat mit 46% P_2O_5) als Banddüngung oder mit dem Boden vermischt gegeben. Die beiden höchsten P_2O_5-Gaben wirkten bei Banddüngung toxisch. Die beste Förderung des Jugendwachstums und die höchsten Erträge wurden bei der Gabe von 3300 kg P_2O_5 festgestellt. 830 kg P_2O_5 waren in einigen Fällen fast ebenso wirksam, während die geringste Gabe deutlich abfiel. Der Ertrag des 2. Grasschnittes war nach Einmischung von 52500 kg P_2O_5 und bei Banddüngung mit 13200 kg/ha P_2O_5 am höchsten.
V. Koepke. 682.

Piskunova, A. S. und Morgackij, E. E. (Piskunowa, A. S. und Morgazki, Je. Je.) Krasnodarskie serpentinity. **(Krasnodarsker Serpentinit.)** Sacharnaja svekla, Moskva 7 (1962) Nr. 12. S. 17–18. – 1 Tab.

Serpentinit enthält 35–38% MgO und geringe Mengen an Mn, Zn, Cr, Fe, Ni u. a. Serpentinit wurde zusammen mit dem Grunddünger in Gaben von 300 kg/ha verabfolgt; Mehrerträge von 7–37 dt/ha Zuckerrüben sowie ein höherer Zuckergehalt (0,5–1,2%) konnten erzielt werden. Bei Kopfdüngung (50 kg/ha) stieg der Ertrag um 15–32 dt/ha, der Zuckergehalt um 0,3–1,3%.
G. Jury. 689.

Middelburg, H. A. und Baren, H. van; Wageningen, Landbouwhogeschool, Lab. voor Landbouwscheikunde; Rotterdam, Ferro Enamels N.V. Bemesting met borium in fritvorm. **(Düngung mit Bor in Form von Fritte.)** Landbouwkund. Tijdschr. **74** (1962) Nr. 20. S. 865–871. – 3 Abb., 3 Tab., 13 Lit. Zus. in Engl.
Die Ergebnisse der 1960/61 durchgeführten Gefäßversuche werden besprochen. Versuchspflanze war die auf B-Mangel sofort reagierende Zuckerrübe. Das B wurde in Form von Borsilicat-Glas, sog. B-Fritte (F.T.E. B2 und F.T.E. B6), zugeführt, außerdem äquivalente B-Mengen in Form von Borax (50–300 mg B je Zuckerrübe = 5–30 kg/ha [60000 Zuckerrüben]). Der verwendete braune Waldboden hatte einen B-Gehalt von 0,1 ppm. Im Ertrag an Trokkenmasse und Zucker waren die mit B-Fritte gedüngten den mit Borax gedüngten Zuckerrüben überlegen. B-Fritte stellt damit als langsam löslicher B-Dünger eine vorzügliche Nährstoffquelle für die Zuckerrübe dar.
E. M. Ardelt. 689.

Ødelien, M.; Vollebekk, Norway, Agric. Coll., Inst. of Fertilization and Soil Management. Long-term field experiments with small applications of boron. **(Langzeit-Feldversuche unter Verabreichung kleiner Bor-Mengen.)** Soil Sci. **95** (1963) Nr. 1. S. 60–62. – 3 Tab., 1 Lit.
In einem Dauerversuch wurden seit 1937 in der Serie I 2,5 t/acre Kalk (Gabe in gleicher Höhe 1949 wiederholt) verabreicht, während die Parzellen der Serie II ohne Kalkung blieben. Die B-Behandlung erfolgte pro Jahr in den Gaben 0, 50, 100 und 200 g B/acre (1945 wurden die Parzellen halbiert und z. T. die B-Gaben bis auf 400 g erhöht). – Es zeigte sich, daß jährliche Gaben von 50 g B/acre genügten, um Mangelschäden mit Sicherheit auszuschalten. Hingegen traten bei 400-g-Gaben, insbes. auf den nicht gekalkten Parzellen, schon schwache Überdüngungsschäden auf. H. E. Freytag. 689.

Samuels, George und Gonzálas-Vélez, F.; Río Piedras, Puerto Rico, Univ., Agric. Exp. Stat., Horticult. Dep. Influence of beta-amulose triiodide (Fertidyne) on soil fertility. **(Einfluß von Beta-Amulosetrijodid [Fertidyne] auf die Bodenfruchtbarkeit.)** J. Agric. Univ. Puerto Rico **46** (1962) Nr. 3. S. 175–182. – 5 Tab., 4 Lit.
β-Amulosetrijodid wird unter dem Handelsnamen Fertidyne vom Herstellerwerk als langsam fließende J-Quelle mit einem konstanten Verhältnis von gebundenem zu freiem J angepriesen. Es soll zur Behebung von J-Mangel im Boden und zur Stimulation der Aktivität der Bodenmikroorganismen angewandt werden. In einer Reihe von Versuchen mit Zuckerrohr, Tabak und Ananas auf Böden mit nicht bekanntem J-Gehalt wurden durch Fertidyne-Gaben von 1–3 lb./acre – allein oder neben der NPK-Grunddüngung – nur wenig und nicht signifikant die Erträge erhöht. V. Koepke. 689.

Brandenburg, E., Eibner, R. und Schneider, A.; Gießen, Univ., Inst. für Phytopathol. **Molybdänmangel an Beta-Rüben auf Raseneisenstein- und Hochmoorböden.** Zucker **16** (1963) Nr. 4. S. 93–99. – 10 Tab., 28 Lit.
Einleitend wird auf die pflanzenphysiol. Bedeutung des Mo eingegangen. Die Symptome des Mo-Mangels bei *Beta*-Rüben sind in einem sehr frühen Entwicklungsstadium sichtbar und zeigen sich in einer grünlichgelben bis weißlichgelben gleichmäßigen Blattverfärbung, in weißlichen Randnekrosen und in starken Wachstumshemmungen. Typische Mo-Mangelböden sind

Raseneisensteinböden unterhalb pH 5,5, kultivierte Hochmoore im pH-Bereich von 3,0–4,2, Muschelkalkverwitterungsböden, degradierte Lößböden und anmoorige Böden. In einem Gefäßversuch und 8 Feldversuchen auf Raseneisenstein- und Hochmoorböden konnten Vff. durch Gaben von 4 kg Na-Molybdat Futterrüben-Mehrerträge von 10,1–71,7% erzielen. In den Blättern kranker Pflanzen waren Gesamt-N, Nitrat-N und Rohasche erhöht. Zur Behebung des Mo-Mangels sind auf Hochmoor 6 kg/ha, auf Raseneisensteinböden 4 kg/ha und auf den übrigen Böden 1 kg/ha Na-Molybdat ausreichend. Die Nachwirkung dauert 3–4 Jahre. K. Wiesner. 689.

Aleksandrov, V. G. und Ternovśka, M. I. (Alexandrow, W. G. und Ternowska, M. I.); Odessa, Landwirtsch. Inst. Vnesennja ridkogo preparatu sylikatnych bakterij pid ozymyj jačmiń. **(Einbringung eines flüssigen Präparats von Silicatbakterien in Wintergerste.)** Mykrobiologičnyj žurnal, Kyïv **25** (1963) Nr. 1. S. 8–9. – 1 Tab., 5 Lit. Zus. in Russ., Engl. 689.

D. Düngemitteluntersuchung

Schafer, H. N. S.; Chatswood, New South Wales, Australia, C.S.I.R.O., Div. of Coal Res. Application of ion exchange to analysis of phosphate rocks. **(Anwendung des Ionenaustausches auf die Analyse von Rohphosphaten.)** Analyt. Chem. **35** (1963) Nr. 1. S. 53–56. – 3 Tab., 14 Lit.

0,05 g fein gemahlenes Rohphosphat werden nach 1 Std. Trocknen bei 105 bis 110 °C in einer Plastikflasche (HF!) mit 5–10 g Zeo Karb 225, H-Form, (0,2 bis 0,4 mm) und 35 ml H_2O von 80 °C versetzt und über Nacht geschüttelt. Bei Anwesenheit von Al ist es zweckmäßig, diese Temperatur während des Schüttelns beizubehalten. Nach Filtrieren wird das Harz mit 100 ml H_2O gewaschen. Die vereinigten Lösungen werden mit 0,1 n NaOH neutralisiert, filtriert und auf 200 ml aufgefüllt. Die P-Bestimmung erfolgt spektrophotometrisch nach Gee und Deitz (vgl. Analyt. Chem. **25** [1953] S. 1320.). Zur Verhinderung von Fluosilicat-Bildung in der Lösung sind vorheriges Eindampfen der Lösung zur Trockene, Behandlung des Rückstandes mit HCl und Abfiltrieren des SiO_2 notwendig. F kann im Filtrat nach Abtrennung des Austauscherharzes spektrophotometrisch nach Johnson und Leonard (vgl. Analyst **86** [1961] S. 101) bestimmt werden. Durch Elution des Austauscherharzes mit 100 ml 3 n HCl, Eindampfen des Eluates zur Trockne, Aufnehmen des Rückstandes in 4 ml konz. HCl und 20 ml H_2O sowie Auffüllen der Lösung auf 100 ml kann Ca an einem geeigneten Aliquot (25–30 ml) mit EDTA in Gegenwart von Calcein titrimetrisch bestimmt werden.

P. Stoß. 690.

Duval, L.; Quimper, Finistère, Stat. d'Agronomie. Dosage céruléomolybdique de l'acide phosphorique dans les sols, les végétaux et les engrais. **(Bestimmung der Phosphorsäure nach der Molybdänblau-Methode in Böden, Pflanzen und Düngern.)** Ann. agronom. **13** (1962) Nr. 5. S. 469–482. – 19 Lit. Zus. in Russ., Engl., Dtsch.

Eine Phosphorsäurebestimmung mit Molybdänblau wird beschrieben, die als wesentliches Merkmal die Verwendung von Ascorbinsäure als Reduktionsmittel und Erhitzen der Lösung im Wasserbad aufweist. Genaue Arbeitsvorschriften bez. der Phosphorsäure im Boden werden für die verschiedensten Extraktionsmittel gegeben: Citronensäure (Demolon), Essigsäure (Demolon und Barbier), Ammoniumcitrat (Aubert), Morgans Reagens, Schwefelsäure (Truog), Milchsäure (Egnèr), Wasser (Demolon u. a.), Na-Bicarbonat (Tendille) und Oxalsäure (Joret und Hebert). – Für die Bestimmung der Phosphorsäure in pflanzlichem Material geht der Colorimetrie eine Zerstörung der organ. Subst. durch ein $HClO_4$-HNO_3-Gemisch voraus. Die colorimetrische Bestimmung der Phosphorsäure in Düngern ist ebenfalls empfehlenswert. Hier werden Arbeitsvorschriften für ammoniumcitratlösliche, wasserlösliche und citronensäurelösliche Phosphorsäure sowie Gesamt-phosphorsäure mitgeteilt. W. Schulze. 690.

Vielhauer, S.; Hannover, Kaliforsch.-Inst. **Anwendung statistischer Methoden zur Ermittlung der Analysengenauigkeit.** Landwirtsch. Forsch. **16** (1963) Nr. 1. S. 29–41. – 5 Abb., 3 Tab., 7 Lit. Zus. in Engl., Franz.

Die bei der Probenahme und Durchführung der Analyse auftretenden Fehler werden diskutiert. Die Standardabweichung bestimmt die Größe des zufälligen Fehlers und muß experimentell ermittelt werden. Die Gleichung für die Unsicherheit u wird in einem Diagramm dargestellt, das sämtliche Werte von s und einen großen Bereich von N (Anzahl der Einzelwerte) erfaßt. Zur Testung einer Analysenmethode und der beteiligten Labors auf systematische und zufällige Fehler ist die Methode von Youden (vgl. Analyt. Chem. **32** [1960] Nr. 1. S. 23A.) geeignet. Mit Hilfe des t-Tests läßt sich prüfen, ob gefundene systematische Fehler signifikant sind. Zur Beurteilung der Genauigkeit einer Analyse ist es notwendig, die systematischen und zufälligen Fehler aller Verfahrensschritte nach dem Fehlerfortpflanzungsgesetz zusammenzusetzen. P. Stoß. 690.

VII. PFLANZENBAU AUF DEM ACKER

A. Allgemeine Literatur, Berichte, Statistiken u. a.

Zapletal, Robert. Nové výzkumné poznatky v rostlinné výrobě. **(Neue Forschungsergebnisse in der Pflanzenproduktion.)** Věstnik Výzkumných Ústavů zemědělských **9** (1962) Nr. 4. S. 179–185.

Die Fusariose des Wi-Roggens kann durch die Aussaat von gesundem, in wärmeren und trockeneren Gebieten erzeugtem Saatgut gehemmt werden. Der Ertrag des Wi-Roggens kann dadurch in den fusariumverseuchten Gebieten um 4–5 dt/ha steigen. – Für Braugerste hat sich der granulierte Dünger „Albatros" am besten bewährt. Bei Versuchen mit zusätzlicher Düngung zeigte sich die Zusatzdüngung des Wi-Weizens zur Blütezeit mit einer Superphosphatlösung am wirksamsten. Günstig war auch die Wirkung von N und P z. Z. des Schossens. Bei So-Gerste z. Z. des Schossens und der Blüte bewährt sich N gut, und K zeigte sich z. Z. des Ährenschiebens und der Blüte als hoch wirksam. Ferner werden folgende Fragen behandelt: Wahl des Ausgangsmaterials für die Züchtung von Futtergerste, Braugerstensorten mit hoher Diastaseaktivität, Kälteresistenz von Mais, Bestimmung des optimalen Zeitpunktes für den Luzernegrasumbruch, das Wirtschaftssystem in Hopfenbaugebieten, das Problem neuer Hopfenschutzformen, die Biologie der Hopfen-*Peronospora*, Mechanisierung des Hopfenbaus, über den Weinbau und die Anbautechnik von Paprika sowie die Gelbfleckigkeit grüner Erbsenpflanzen angeführt. V. Skládal. 701.

Breskov, T., Grozev, D., Čaner, K. und *Radkov, Ch.* (Breschkow, T., Grosew, D., Tschanew, K. und Radkow, Ch.) **Semeproizvodstvo na polskite kulturi.** (Samenbau bei den Feldkulturen.) Sofia: Zemizdat. 1962. (416 S. m. 49 Tab. u. 55 Lit.) Vff. beschreiben das System und die Organisation des Samenbaues in Bulgarien mit seinen Abteilungen Züchtung, Prüfung, Standortverteilung, Sortenvermehrung, Saatgutversorgung sowie Sorten -und Saatgutkontrolle. Der Samenbau bei Feldkulturen sowie biol. Besonderheiten, Standortansprüche einzelner Kulturen, der Art- und Sortenzusammensetzung, der Erhaltung und der Vermehrung der Sorten, der Anerkennung der Bestände sowie der Agrotechnik der einzelnen Kulturen sind beschrieben. Das Buch ist vor allem für Spezialisten des Samenbaues bestimmt. M. Stoilow.

B. Fruchtwechsel und Fruchtfolgen

Egorov, V. E. (Jegorow, W. Je.); Moskau, Landwirtsch. Timirjasew-Akad. Iz rezul'tatov poluvekovogo opyta po primeneniju udobrenij v sevooborote i pod bessmennye posevy. **(Aus Ergebnissen eines 50jährigen Düngungs-**

versuches in der Fruchtfolge und bei Monokultur.) Zemledelie, Moskva 24 (1962) Nr. 11. S. 51–55. – 2 Tab.
Bei dem 1912 angelegten Versuch wird der Einfluß org. und mineral. Düngers auf Fruchtbarkeit und Kulturzustand eines Podsols untersucht. Durch lange Düngeranwendung erhöhten sich der N-, P-, K- und Humusgehalt. Einseitige N-Düngung wirkte im Gegensatz zu P-Düngung nicht günstig. Die Düngerausnutzung in Abhängigkeit vom Stand der Agrotechnik konnte in verschiedenen Versuchsperioden festgestellt werden. Regelmäßige Stalldunggaben erhöhten den Humusgehalt des Bodens, mineral. Volldüngung dagegen nicht. Bei NPK- + org. Düngung und jährl. Brache trat kein Humusverlust ein. Bei mineral. Volldüngung + Stalldung nahm der Gehalt an Huminsäuren zu. Physiol. saure Dünger erhöhten die Austauschazidität u. den Anteil an beweglichem Al. Die Veränderung der Bodenfruchtbarkeit bei Fruchtfolge und Monokultur vollzieht sich nach gleichen Gesetzen. Die Ausnutzungskoeffizienten bei N, P und K aus dem Stalldung liegen im Versuch höher, als in der Literatur allg. angegeben. R. Schlenker. 718.

Dubslaff, H. **Hinweise zur Erarbeitung standortgerechter Anbauverhältnisse und Fruchtfolgen unter besonderer Berücksichtigung eines verstärkten Leguminosenanbaues zur Steigerung der Bodenfruchtbarkeit.** Wiss.-techn. Fortschr. Landwirtsch. **3** (1962) Nr. 12. S. 555–557.
Wegen der humus- und N-vermehrenden Eigenschaften der Leguminosen führt ihr verstärkter Anbau zu einer Steigerung der Bodenfruchtbarkeit. Sie bilden ein gutes Gegengewicht zu den humuszehrenden Hackfrüchten, und zwar besonders dann, wenn letztere nicht mit Stalldung versorgt wurden. Die Aufstellung einer festen Fruchtfolge ist jedoch unbedingt erforderlich, da die günstigen Nachfruchtwirkungen der Leguminosen von den überall anders gearteten Standortbedingungen abhängig sind. So bilden in feuchten Lagen z. B. Klee und Kleegras gute Vorfrüchte für Hafer und Weizen, während diese Folge in trockenen Lagen zu Mißerfolgen führt. Auch können Leguminosengemische mit hohem Grasanteil wegen des weiten C:N-Verhältnisses bei der ersten Nachfrucht zu Ertragsdepressionen führen, wenn kein N-Ausgleich erfolgt. Die mit Stapelmist gedüngten Hackfrüchte sind gleichmäßig auf die Fruchtfolge zu verteilen, während sie ihrerseits für die Vorfruchtleguminosen mit ihren Wurzelrückständen besonders dankbar sind. Humuszehrende und humusmehrende Kulturen sind daher aufeinander abzustimmen. Luzerne- und Kleeanbau sollen je nach Grünlandanteil auf 10–15% ausgedehnt werden. Auf leichten Böden trifft dies für Lupinen, Serradella und Wi-Wicken zu. Die Humuszufuhr durch Zwischenfrüchte entspricht ungefähr einer Düngung mit 100 dt/ha Stallmist, während eine N-Anreicherung durch Zwischenfruchtleguminosen die Höhe von 14–40 kg/ha Rein-N erreicht. Auch sollte der Wert einer beweidbaren Gründüngung mit N-versorgten Raps/Rübsengemischen für nachfolgende Kartoffeln nicht unterschätzt werden. C. Freyer. 718.

Roder, W.; Meißen/Elbe, Hochschule für LPG, Inst. für Acker- und Pflanzenbau. **Zur Wurzelmassenentwicklung der Bastardluzerne, Medicago media Pers., in der oberen Bodenschicht im Ansaat- und in den Nutzungsjahren bei Aussaat nach verschiedenen Anbaumethoden.** Z. landwirtsch. Versuchs- u. Untersuchungswes. **9** (1963) Nr. 1. S. 61–67. – 1 Abb., 2 Tab., 15 Lit. nach Zus.
Bei Luzernebeständen, die nach 3 verschiedenen Anbaumethoden unter Feldbedingungen ausgesät wurden (Frühjahrsblanksaat, Untersaaten in für die Körnerreife bestimmte So-Gerste und in Grünfutterhafer), wurde die Wurzelmenge in den Bodenschichttiefen von 0–30 cm und 31–50 cm jeweils am Ende des Ansaat- und des 1. sowie 2. Nutzungsjahres beurteilt. Am Ende des Ansaatjahres bestanden bezüglich der abs. Wurzeltrockenmasse zwischen

den Anbaumethoden erhebliche Differenzen. Die Wurzelentwicklung der Untersaaten war beachtlich niedriger und erreichte nur etwa ein Drittel der der Blanksaat. Erst gegen Ende des 1. Nutzungsjahres hatten die Untersaaten die Frühjahrsblanksaat bezüglich der abs. Wurzelmenge in der Bodenschicht von 0–50 cm Tiefe eingeholt. Der größte Wurzelmengenzuwachs erfolgte bei allen Anbaumethoden während des 1. Nutzungsjahres (2. Lebensjahr). Gegenüber der Wurzelmasse des Ansaatjahres erhöhte er sich um das 3- bis 8fache. Im 2. Nutzungsjahr erfolgte ein Wurzelmassenzuwachs nur noch in der Bodenschicht von 31–50 cm, wogegen in der oberen Schicht von 0–30 cm ein gewisser Rückgang vorlag. Den übergroßen Anteil am Gesamtwurzelgewicht nahm in allen Wachstumsjahren mit 84,3–92,1% die Wurzelmenge in der oberen Bodenschicht von 0–30 cm ein, wobei mit zunehmendem Wachstumsalter dieser Anteil zugunsten einer intensiveren Wurzelentwicklung in tieferen Bodenschichten abnahm. 718.

C. Saat- und Pflanzgut

Mitidieri, J. und Ferraz, E. C.; Peracicaba, Univ. de S. Paulo, Escola Superior de Agric. „Luez de Queiroz". Viabilidade da semente de Hibiscus esculentus L. antes da maturação do fruto. **(Lebensfähigkeit der Samen von Hibiscus esculentus vor der Fruchtreife.)** Rev. Agric. [São Paulo] **37** (1962) Nr. 1. S. 17–19. — 4 Lit. 720.

Schmidt, B.; Augustenberg, Staatl. Landwirtsch. Versuchs- und Forsch.-Anst. **Erfahrungen und Ergebnisse bei der Untersuchung des Saatgutes von Mais, Weidelgräsern und Wiesenrispe zwecks Anerkennung.** Landwirtsch. Forsch. **15** (1962) Nr. 3/4. S. 269–277. — 3 Tab., 9 Lit. Zus. in Engl., Franz.
Züchtung und Vermehrung von Mais und Gräsern sind in Baden durch die bes. klimatischen und geograph. Verhältnisse begünstigt. Der Mais hat in der Oberrheinischen Tiefebene seit langem eine große Bedeutung; Gräser werden in bestimmten Lagen des Odenwaldes, des Schwarzwaldes und der Baar vermehrt. Bei Mais betrug die Zahl der untersuchten Saatgutproben zum Zwecke der Anerkennung im Durchschnitt der letzten 10 Jahre jährlich etwa 300. Die Reinheit des Saatgutes war i. allg. sehr gut, die Keimfähigkeit dagegen sehr unterschiedlich infolge feuchter Erntewitterung, ungenügender Nachtrocknung oder unsachgemäßer Lagerung. Von Deutschem Weidelgras wurden jährlich etwa 500, von Welschem Weidelgras etwa 100 und von Wiesenrispe etwa 40 Proben untersucht. Die Qualität des Weidelgrassaatgutes war in den einzelnen Jahren unterschiedlich. Ein häufiger Aberkennungsgrund bei Deutschem Weidelgras war der zu hohe Besatz mit Ackerfuchsschwanz, beim Welschen Weidelgras die zu niedrige Keimfähigkeit; der Unkrautbesatz stand an 2. Stelle. Wiesenrispe war häufig mit Gemeiner Rispe stark verunreinigt. C. Tittel. 725.

Martini, Ch.; Kiel, Pflanzenschutzamt des Landes Schleswig-Holstein. **Die Beschaffenheitsprüfung bei Pflanzkartoffeln.** Kartoffelbau **14** (1963) Nr. 3. S. 58–59. — 3 Abb. 725.

Fiedler, Jiljí. Používání semene cukrovky s menším počtem klíčků v klubíčku. **(Verwendung von Monogerm- und Bigermsaatgut der Zuckerrübe.)** Studijní Inform. rostlinná Výroba **1962** Nr. 2. S. 1–17. — 4 Tab., 113 Lit.
Das Polieren der Rübenknäuel wurde bereits vor 60 Jahren in Erwägung gezogen und sollte keimungshemmende Stoffe und den Einfluß bestimmter Mikroorganismen beseitigen. Die ersten Versuche der mechan. Samenaufbereitung wurden laut Karpenko bereits 1930 in der UdSSR unternommen. In Deutschland wurde mit Versuchen 1940 begonnen. Heute verwendet man im westl. Ausland vor allem mechan. aufbereitetes und polyploides Saatgut,

in der Sowjetunion genetisch gewonnenen Monogermsamen. Die Arbeit enthält eine Übersicht über Keim- und Auflauffähigkeit polierter Rübenknäuel und diploiden Saatgutes aus den wichtigsten Produktionsländern. Die ausländischen Ergebnisse stimmen im wesentlichen mit den in der ČSSR erzielten überein. Hinsichtlich des Pillierens der Rübenknäuel gelang es bisher nicht, bestimmte Schwierigkeiten zu überwinden (schlechte Lösbarkeit der Hüllen). Vf. bringt abschließend eine Übersicht über Arbeiten, die sich mit genetisch gewonnenem Monogermsaatgut befassen und erwähnt bestimmte ökonom. Schlußfolgerungen (Arbeitsersparnis beim Vereinzeln des polierten und Monogermsamens). Auch im Ausland wird der Knäuelaufbereitung und der Gewinnung des Monogermsaatgutes viel Aufmerksamkeit gewidmet.
V. Skládal. 726.

Filimonov, M. A. (Filimonow, M. A.); Lugowaja, Gebiet Moskau, Williams-Unions-Inst. für Futtermittelforsch. Novyj sposob suški semjan. **(Neues Verfahren der Saatguttrocknung.)** Vestnik sel'skochozjajstvennoj nauki, Moskva 7 (1962) Nr. 10. S. 6–9. – 6 Tab. Zus. in Engl., Franz., Dtsch.
Einige anorg. Salze, die Hydratkristalle bilden, können zum Trocknen des Saatgutes verwendet werden. Der Wasserentzug durch die Salze läßt sich durch entspr. Dosierung regulieren, so daß nicht nur Trocknung erreicht, sondern auch die Qualität durch Verlängerung der physiol. Reifezeit erhöht wird. Dieses chem. Trocknungsverfahren erfordert keine zusätzlichen Anlagen, da die Hydratkristalle unmittelbar den geschütteten Getreidehaufen oder den Säcken zugesetzt werden können. Auch die Keimfähigkeit eines derart behandelten Saatgutes war befriedigend. E. Kahn. 726.

Drozdov, N. A. und Motorin, R. M. (Drosdow, N. A. und Motorin, R. M.); Leningrad, Landwirtsch. Inst.; Geflügelzuchtanst. Obrabotka semjan rastvorom jantarnoj kisloty. **(Die Saatgutbehandlung mit Bernsteinsäure.)** Sacharnaja svekla, Moskva 7 (1962) Nr. 9. S. 32–33. – 1 Abb., 1 Tab.
Die Behandlung von Zuckerrübensaatgut der Sorte 'Ramonskaja 06' mit Bernsteinsäurelösung (je dt Saatgut – 1 g Bernsteinsäure gelöst in 80 l Wasser) steigerte bedeutend die Erträge: Kontrolle 401 dt/ha Rüben, nach Behandlung 490 dt/ha. Im gleichen Verhältnis stiegen die Blatterträge. In Wasser eingeweichtes Saatgut erbrachte 428 dt/ha Ertrag. G. Jury. 726.

Pavlov, P. (Pawlow, P.) Stimulirane, jarovizirane i torene na pšenicata. **(Stimulation, Jarowisierung und Düngung des Weizens.)** Selskostopanska nauka, Sofija 1(7) (1962) Nr. 4/5. S. 439–448. – 4 Abb., 6 Tab., 18 Lit. Zus. in Russ., Engl.
Vf. untersuchte 1956–59 die Wirkung von Chinhydron- und Phosphorsäurelösung (Verhältnis 1:1) bei unterschiedlicher N-, P-, K-Düngung auf Wachstum, Entwicklung und Ertrag der Weizensorten 'Nr. 14' und 'Sadowka'. Der stimulierte und jarowisierte So-Weizen ('Sadowka') lief schneller auf, schob früher Ähren und reifte früher als die Kontrolle (ohne Behandlung). Die chemische Stimulation hat das Wachstum und die Entwicklung der untersuchten Sorten nicht beschleunigt und keinen positiven Einfluß auf ihr Wurzelsystem, ihre Transpiration, ihr Wasserhaltevermögen und die Ertragssteigerung ausgeübt. S. Tschanew. 726.

Repin, A. N. und Galaj, E. G. (Repin, A. N. und Galai, Je. G.) Termičeskaja suška semjan s produvaniem cholodnym vozduchom. **(Thermische Trocknung von Maissaatgut mit Durchblasen von Kaltluft.)** Kukuruza, Moskva 7 (1962) Nr. 11. S. 34. – 1 Tab.
Das Unions-Inst. für Maisforsch. untersuchte 1960/61 verschiedene Trocknungsverfahren für Maiskolben sowohl mit Warmluft-Gasgemisch als auch mit atmosphärischer Luft. In der 1. Periode der Trocknung (mit Warmluft-

Gasgemisch) ist die Geschwindigkeit der Verdunstung verhältnismäßig gleichförmig. In der 2. Periode, wenn die Samen an der Oberfläche trocken sind, wird die Feuchtigkeitsabgabe durch innere Diffusion bestimmt. Dabei tritt eine Verlagerung der Feuchtigkeit im Samen von Stellen mit höherer Temperatur an Stellen mit niedrigerer Temperatur ein. Jetzt kann die Trocknung mittels Durchblasen atmosphärischer Kaltluft beschleunigt werden. Durch den Wechsel von Warmluft- und Kaltlufttrocknung konnte die Trocknungszeit um 4–12 Std. verkürzt und Brennstoff eingespart werden, ohne daß die Saatgutqualität darunter litt. L. Rang. 726.

Kalfov, S. (Kalfow, S.) Preodoljavaneto na pokoja pri kartofite osigurjava dvukratnoto im zasaždane. **(Die Aufhebung der Keimruhe bei Kartoffeln gewährleistet zweimalige Pflanzung.)** Gradinarstvo, Sofija 4 (1962) Nr. 7. S. 21–25. – 2 Abb., 1 Tab.

In den Jahren 1958–61 wurden Versuche zur Ermittlung von frühen und mittelfrühen Kartoffelsorten, die ohne chem. Behandlung eine kurze Keimruhe, gleichmäßige Keimstimmung und einheitlichen Knollenaufgang aufweisen und für zweimaliges Pflanzen geeignet sind, angelegt. Als sehr aussichtsreich erwies sich die Sorte 'Wera'. Sie ist früh, wuchsfreudig, ertragreich und übertrifft ertragsmäßig die Sorte 'Erstling' um 19,68%. Ausgepflanzt wird Anfang März und geerntet Anfang Juni. Die Knollen werden bis Ende Juli aufbewahrt und sodann als Julipflanzung ausgepflanzt. Um andere Sorten pflanztauglich zu machen, wird empfohlen, die Knollen, 2 Std. lang mit wasserverdünnter Jauche (Verhältnis Wasser:Jauche 3:1) zu behandeln.
K. Tschanew. 726.

Herold, M.; Böhlendorf, VEG Saatzucht. **Ergebnisse dreijähriger Versuche zur Vorkeimung von Pflanzkartoffeln unter Folien.** Albrecht-Thaer-Arch. 7 (1963) Nr. 6. S. 487–497. – 4 Abb., 7 Tab., 13 Lit. nach Zus.

Das Verfahren zur Vorkeimung von Pflanzkartoffeln unter Folien hat sich in 3 aufeinanderfolgenden Untersuchungsjahren im Großversuch bewährt. Die Sicherheit und Qualität der Vorkeimung berechtigt zur Einstufung als reguläres Vorkeimverfahren, das geeignet ist zum Einsatz in landwirtsch. Großbetrieben. Die Sicherheit des Verfahrens wurde erneut durch entspr. Versuchsbeobachtungen bestätigt, und die bisher vorliegenden Befunde wurden ergänzt. Die bei 5 Sorten erzielten Vorkeimeffekte wurden belegt. Im Feldversuch wurden gegenüber der Vorkeimung in Vorkeimgebäuden keine Nachteile festgestellt. Die unter Folien notwendigen kurzen Vorkeimperioden haben einen für den Vermehrungsanbau günstigen Einfluß auf die pro Staude gebildete Knollenzahl. Es wird nachgewiesen, daß es möglich ist, die Folienzelte in einem Jahr in zwei Durchgängen zur Vorkeimung zu beschicken. 726.

Timm, Herman, Rappaport, Lawrence, Bishop, J. C. und Heyle, B. J.; Davis, Univ. of California. Sprouting, plant growth, and tuber production as affected by chemical treatment of white potato seed piece. IV. Responses of dormant and sprouted seed potatoes to gibberellic acid. **(Die Einwirkung einer chemischen Behandlung von Kartoffelpflanzgut auf Keimung, Pflanzenwachstum und Knollenbildung. 4. Mitt. Die Reaktion von ruhenden und keimenden Pflanzknollen auf Gibberellinsäure.)** Amer. Potato J. **39** (1962) Nr. 3. S. 107–115. – 2 Abb., 4 Tab., 21 Lit. 3. Mitt. vgl. LZ. Abt. II **7** (1962) Nr. 5. S. 1306.

Die Reaktion von in Keimruhe befindlichen oder keimenden Pflanzknollen der Sorten 'White Rose', 'Kennebec' und 'Pontiac' auf Behandlung mit Gibberellinsäure (GS) wurde in Feldversuchen untersucht. Anerkanntes Pflanzgut dieser Sorten wurde 5 min in Lösungen von GS (0, 0,1, 0,5, 1, 5, 10, 25, 100 ppm) getaucht, an der Luft getrocknet, anschließend das Kronenende abgeschnitten und an 3 Orten ausgepflanzt. Behandeltes Pflanzgut ging schneller auf als unbehandeltes. Keimendes Pflanzgut wurde weniger beeinflußt als ruhende Knollen. Konz. bis zu 5 ppm hatten keinen Einfluß auf den Knollenertrag; Konz. über 5 ppm verursachten deutlichen Ertragsrückgang. In einigen Fällen wurde bei GS-Behandlung eine einheitlichere Knollengröße von Knollen des Standards 'U.S.No. 1' erhalten. Das spez. Gew. wurde nicht beeinflußt. GS-Behandlung von ruhenden und keimenden Pflanzenknollen zur allg. Anwendung wird abgelehnt. Ch. Pfeffer. 726.

Babenko, A. A. Oblučenie semjan. **(Die Bestrahlung von Saatgut.)** Sacharnaja svekla, Moskva **7** (1962) Nr. 10. S. 24. — 1 Tab.
Zuckerrübensaatgut der Sorte 'Ramonskaja 06' wurde mit γ-Strahlen von ^{60}Co behandelt (a Kontrolle unbehandelt; b 500 r; c 1000 r; d 5000 r). Mit wachsender Bestrahlungsdosis stiegen Ertrag und Zuckergehalt. Je ha wurden in den einzelnen Varianten (dt Zucker) erzielt: a 78,8, b 75,8, c 79,0, d 79,8. G. Jury. 726.

Golev, I. F. (Golew, I. F.); Rayon Woronesh, Forsch.-Inst. der RSFSR für Zuckerrüben und Zucker. Ulučšenie odnosemjannoj svekly. **(Die Verbesserung monokarper Zuckerrüben.)** Sacharnaja svekla, Moskva **7** (1962) Nr. 10. S. 27–28. — 2 Tab.
Untersuchungen der Abhängigkeit der Triebkraft und des Ertrages von der Samengröße (TKM) zeigen, daß mit großen Samen bedeutend höhere Erträge erreicht werden. Bei einer TKM von 4,4 g (Samen) wurden 120,3 dt/ha Zucker, bei 3,6 g (Samen) 113,5 dt/ha und bei 2,5 g (Samen im Knäuel als Kontrolle, TKM auf Samen berechnet) nur 84,6 dt/ha Zucker erzielt. Die Samenauslese (mechan. Zertrümmerung der Knäuel durch die Laboratoriumsmühle DU-1) ist eine wichtige Maßnahme. G. Jury. 726.

Mohanty, P. K. und Mishra, D.; Sambalpur, India, Utkal Univ., Dep. of Bot. Postvernalization seed treatment with vitamins in Vigna catjang. **(Die Saatgutbehandlung mit Vitaminen nach der Vernalisation bei Vigna catjang.)** Science [Washington] **138** (1962) Nr. 3543. S. 902–903. — 1 Tab., 5 Lit.
Samen von *Vigna catjang* wurden nach 24 std. Vorquellung einer 1 wöchigen Kältebehandlung bei 3 bis 5 °C unterworfen. Die vernalisierten sowie unvernalisierte Samen wurden 48 Std. mit Riboflavin und/oder Ascorbinsäure (10^{-3}–10^{-5} mol.) behandelt. Danach wurden sie in Gefäße mit Gartenerde ausgesät. 2 Wochen später erfolgte die Ernte der Pflanzen. Die Vitaminbehandlung hatte bei der vernalisierten und nicht vernalisierten Serie eine Erhöhung der Wurzel- und Sproßlänge und der Frisch- und Trockenmasse zur Folge; nur die höheren Konz. von 10^{-3} Mol/l Riboflavin und 10^{-3} Mol/l Riboflavin + Ascorbinsäure wirkten hemmend. Die Vitaminbehandlung wirkte bes. stark fördernd bei vernalisiertem Saatgut. Kältebehandlung ohne Vitaminzufuhr hatte dagegen eine Verringerung des vegetativen Wachstums zur Folge. C. Tittel. 726.

Rees, A. R.; Near Benin City, Nigeria, West African Inst. for Oil Palm Res. High-temperature pre-treatment and the germination of seed of the oil palm, Elaeis guineensis (Jacq.). **(Vorbehandlung mit hoher Temperatur und Keimung der Samen der Ölpalme, Elaeis guineensis [Jacq.].)** Ann. Bot. [London] [N.S.] **26** (1962) Nr. 104. S. 569–581. — 3 Abb., 7 Tab., 15 Lit.
Durch Keimversuche wurde nachgewiesen, daß die Samen der Ölpalme vor der Keimung eine Hitzeeinwirkung benötigen. Die Hitzewirkung kann mit der Stratifikation mit niedriger Temperatur bei anderem Pflanzenart verglichen werden. Die Hitzebehandlung ist auch bei niedrigem Wassergehalt wirksam, bei dem die Keimung noch nicht eintritt. Liegt die Feuchtigkeit allerdings unter einem bestimmten kritischen Wert, dann ist keine Wirkung vorhanden. Die Behandlung ist sowohl bei frisch geerntetem als auch älterem Saatgut möglich. Das Temperaturoptimum liegt bei 42 °C; die Behandlungsdauer beträgt hierbei 60 Tage. Temperaturen über 44,5 °C erwiesen sich als

zu hoch. Die Temperaturwirkung ist wahrscheinlich irreversibel; nach 6 Wochen waren keine Änderungen in der Keimbereitschaft feststellbar. Die Ergebnisse werden in Beziehung zum Wechsel von Regen- und Trockenzeiten in Westafrika und zum praktischen Anbau besprochen. C. Tittel. 726.

Kuliba, N. I.; Dnepropetrowsk, Unions-Inst. für Maisforsch., Lab. für Maistrockn. und -lager. Sposoby chranenija semjan. **(Verfahren der Saatgutlagerung.)** Kukuruza, Moskva **7** (1962) Nr. 10. S. 21–22. — 2 Tab.
Langjährige Versuche zur Ermittlung optimaler Bedingungen für die Lagerung von Maiskolben bei minimalem Aufwand an Arbeit und Mitteln ergaben, daß für Körner Mikroorganismen (vor allem Pilze) bes. gefährlich sind. Durch genügende natürliche Ventilation (d. h. durch entspr. Konstruktion des Lagerraumes) wird der Entwicklung von Pilzkrankheiten vorgebeugt. In der Periode der Nachreife sind kurzdauernde Fröste nicht gefährlich. Bei etwa 20% Feuchtegehalt des Kornes sank die Temperatur im Versuch kurze Zeit bis auf −22,9°; die Keimfähigkeit wurde dadurch nicht merklich geringer. Die Versuche wurden 1960–62 unter Produktionsbedingungen durchgeführt; dabei wurden sowohl die in sehr vielen Betrieben vorhandenen Lagerräume als auch neue, noch nicht erprobte Lager ausgenutzt. L. Rang. 727.

Madsen, S. B.; Copenhagen, Dan. State Seed Testing Stat. Germination of buried and dry stored seeds. III, 1934–1960. **(Die Keimung eingegrabener und trocken aufbewahrter Samen. 3. Mitt. 1934–60.)** C.R. Assoc. int. Essais Semences [Copenhague] **27** (1962) Nr. 4. S. 920–928. — 2 Tab. Zus. in Franz., Dtsch.
Im Jahre 1934 wurde ein Versuch begonnen, der klären soll, wie lange Samen bei Aufbewahrung im Boden ihrer Lebensfähigkeit behalten. Die Samen von 19 Unkraut- und 10 Kulturpflanzenarten wurden in Blumentöpfe ausgesät, die dann 20 cm tief eingegraben wurden. In Abständen von 1–5 Jahren wurden Keimversuche durchgeführt. Im Jahre 1960 hatten folgende Arten noch eine ziemlich hohe Keimfähigkeit: *Chenopodium album* (65 bzw. 77%), *Papaver rhoeas* (13%), *Sinapis arvensis* (12%), *Vicia hirsuta* (11%). Bei der zum Vergleich trocken aufbewahrten Kontrollserie war die Keimfähigkeit z. T. geringer. Im Laufe der Periode von 1934–45 hatten alle geprüften Kulturpflanzen (Getreide, Klee, Gräser, *Brassica*-Arten) sowie *Scleranthus annuus, Agrostemma githago, Geranium dissectum, G. pusillum, Plantago lanceolata, Centaurea cyanus* und *Chrysanthemum segetum* ihre Keimfähigkeit völlig verloren. Die Samen von *Rumex crispus, R. acetosella, Polygonum tomentosum, Thlaspi arvense, Daucus carota, Plantago major, Matricaria inodora* und *Cirsium arvense* büßten ihre Keimfähigkeit während der Lagerung zwischen 1945 und 1960 völlig oder fast völlig ein. C. Tittel. 727.

Herkunftsbestimmung von Kleesaaten, insbesondere von Rotklee und Luzerne. Halle-Lauchstädt, Inst. Saatgut u. Ackerbau Dtsch. Akad. Landwirtsch.-Wiss. Berlin Plan-Nr.: 170124h-2-31/1. 38 S. Abschlußber. (18/3. 1963). — 12 Anlagen.
Die Untersuchung des Unkrautbesatzes aus 5131 Samenproben verschiedener Kleearten aus 4 Erntejahren sollte zeigen, ob als Leitunkräuter anzusprechende Arten aus Kleesaaten-Herkünften aus Gebieten der DDR enthalten sind. Während ausgesprochene Leitunkräuter nicht gefunden wurden, zeigten sich deutliche Unterschiede in der mengenmäßigen Verteilung zueinander bei einzelnen Unkrautarten aus verschiedenen Erzeugungsgebieten. Mit den Ergebnissen wird ein Beitrag zu internationaler Zusammenarbeit gegeben, die Kleesamenerzeugungsgebiete Europas entspr. zu analysieren. 728.

Wauer, E. und Ludwig, H.; Leipzig, Inst. für Chem. in der Landwirtsch.; Dresden-Pillnitz, Abt. B Saat- und Pflanzgutuntersuch. **Zur Untersuchung von Vicia villosa Roth. und Vicia pannonica Cr.** Z. landwirtsch. Versuchs- u. Untersuchungswes. **9** (1963) Nr. 1. S. 69–70. — nach Zus.

Es wird eine Methode zur Unterscheidung der Samen von *Vicia villosa* Roth. und *V. pannonica* Cr. beschrieben. Die fraglichen Samen werden in Fließpapier-Taschen im Licht eingekeimt. Nach 6–7 Tagen fluoresziert unter der Analysen-Quarzlampe das Hypokotyl von *V. villosa* Roth korallenorange, während das Hypokotyl von *V. pannonica* Cr. schmutzig grau aussieht. 728.

E. Ernte und Ernteverfahren

Duchanin, A. A. Dessikacija semennych posevov ljupina. **(Desikkation von Lupinensamenträgern.)** Trudy Vsesojuznogo naučno-issledovatel'skogo instituta udobrenij i agropočvovedenija, Moskva **1962** Nr. 39. S. 182–190. – 3 Abb. 5 Tab.
Die Beschleunigung des Ausreifens und Verringerung des Wassergehaltes von Lupinensamen auf der Pflanze durch Chemikalien wurden 1956–59 untersucht. Als bestes Präparat erwies sich NH_4-Dinitro-o-cresolat (0,5%ige Lösung, 1000 l/ha), das bei Behandlung der Pflanzen im Stadium der Ausbildung der Hülsen in Abhängigkeit vom Wetter die Reifedauer der Samen auf 13 bis 22 Tage verkürzte und den H_2O-Gehalt von 21% auf 13–18% senkte. Dadurch konnte der Samen mit einer Kombine geerntet werden und erforderte keine zusätzliche Trocknung. Die Qualität des Samens wurde nicht neg. beeinflußt. Ähnliche, wenn auch geringere Wirksamkeit hatten Kresonit E, ein ungarisches Präparat mit 50% NH_4-Dinitro-o-cresolat (als 0,5- und 0,3%ige Lösung), Na-Pentachlorphenolat (1,5%), NH_4-Sulfamat (10%), $Mg(ClO_3)_2$ (3%) und NaSCN (1,5%). Die Behandlung mit Chemikalien eignet sich bes. für große Flächen. So wurden schon 1958 Samenlupinen im Gebiet Gomel und Brjansk vom Flugzeug aus mit Kresonit und NH_4-Dinitro-o-cresolat behandelt.
P. Stoß. 744.

Kutuzov, G. P. und Žurkin, V. K. (Kutusow, G. P. und Shurkin, W. K.) Dessikacija semennikov klevera. **(Desikkation von Kleesamenträgern.)** Trudy Vsesojuznogo naučno-issledovatel'skogo instituta udobrenij i agropočvovedenija, Moskva **1962** Nr. 39. S. 178–182. – 2 Tab.
Zur Senkung des Feuchtigkeitsgehalts von Rotkleesamen wurden Versuche mit dem technischen Produkt Na-Pentachlorphenolat, ca. 57%ig, (I) und Dinitro-o-cresol (II) durchgeführt. 6 Tage nach Versprühen der in H_2O gelösten Präparate (500 l/ha; I-Konz.: 3 und 6 kg/ha; II-Konz.: 2,5 und 5,0 kg/ha) erfolgte die Ernte der Kleesamen mit einer Kombine, wobei auf Grund der geringeren Feuchtigkeit der behandelten Pflanzen im Vergleich zu den Kontrollparzellen höhere Erntegeschwindigkeiten und Erträge (ca. 10%) erhalten wurden. I. allg. verringerte sich der Feuchtigkeitsgehalt aller Pflanzenteile mit steigenden Wirkstoff-Konz. Bei den verwendeten höheren Konz. wurde der H_2O-Gehalt der Pflanzenspitzen von 18,6% auf 9,9 (II) bzw. 8,6% (I), der Blätter von 48,4% auf 11,0 (II) bzw. 10,6% (I), der Stengel von 49,8% auf 43,2 (II) bzw. 43,3% (I) und der Samen von 12,8% auf 10,2 (II) bzw. 10,5% (I) herabgesetzt. Die Qualität der Samen wurde dabei nicht beeinträchtigt. Die geringeren Konz. ergaben ebenfalls noch zufriedenstellende Resultate. Die Senkung des Feuchtigkeitsgehalts der Kleesamen, die stark wetterabhängig ist, hat für die Mechanisierung und verlustlose Einbringung der Ernte große Bedeutung und läßt sich durch I ökonomisch durchführen.
P. Stoß. 752.

F. Konservierung und Lagerung des Erntegutes

Taranov, M. T., Fadeev, B. I. und Prochorov, M. K. (Taranow, M. T., Fadejew, B. I. und Prochorow, M. K.); Timaschenskaja, Region Krasnodar, Maisverarb. und Getreideabnahme-Kombinat. Chimičeskoe konservirovanie syrogo zerna. **(Chemische Konservierung von feuchtem Maiskorn.)** Kukuruza, Moskva 7 (1962) Nr. 9. S. 8–9. – 1 Abb., 2 Tab.

Die Ergebnisse der Produktionsversuche über Anwendung von Natriumpyrosulfit zur Konservierung von feuchtem Maiskorn (35–40% Feuchtigkeitsgehalt) werden dargelegt. Die bactericiden und fungiciden Eigenschaften von $Na_2O_2S_2$ erklären sich durch die bei seiner Oxydation und durch seine Zerfallsprodukte im feuchten Getreide entstehende ultraviolette Strahlung. Das mit $Na_2S_2O_2$ (12–18 kg/t) bearbeitete Getreide konnte ohne Schaden (Schimmel, Mikroben) mehr als 70 Tage (bis zu 90 Tage) und sogar bei Regen draußen liegenbleiben, ohne seinen Nährwert zu verlieren. Während dieser Zeit konnte das feuchte Korn entweder verfüttert (das sich bildende Glaubersalz fördert die Verdauung) oder ohne Mühe getrocknet werden. L. Rang. 755.

Naumenko, A. I.; Dnepropetrowsk, Unions-Inst. für Maisforsch. Kak sušit' kremnistuju kukuruzu. **(Wie trocknet man Hartmais.)** Kukuruza, Moskva 7 (1962) Nr. 10. S. 24–25. – 2 Abb. 756.

Alachverdov, A. S. (Alachwerdow, A. S.); Mitschurinsk, Mitschurin-Inst. für Obst- und Gemüsebau, Lehrstuhl für Tierzucht. Kačestvo silosa dlitel'nogo chranenija. **(Qualität des Gärfutters bei langer Lagerung.)** Kukuruza, Moskva 7 (1962) Nr. 9. S. 48–49. – 1 Tab.
Um die Technologie der Silierung zu verbessern, wurde im Laufe von 3 Jahren die Qualität des Gärfutters bei ebenerdiger Silierung und bei Silierung in Gräben unter Berücksichtigung der Dauer der Lagerung studiert und bewertet. Bei schnellem Verbrauch des Gärfutters in der Herbst- und Winterperiode ist ebenerdige Silierung billiger, dadurch werden auch die tierischen Produkte billiger. Bei längerer Lagerung sind jedoch verkleidete und abgedeckte Gräben erforderlich. In einer auszementierten, abgedeckten Grube hielt sich das Gärfutter 3 Jahre. L. Rang. 758.

Oliveira, Carlos M. M. de. Questões de ensilagem. I. Contribuição para o estudo do efeito da cobertura da massa ensilada. **(Probleme der Silierung. 1. Mitt. Beitrag zum Studium der Wirkung von Bedeckung der Silage.)** Agronom. lusitana 22 (1960) Nr. 4. S. 311–320. – 6 Tab., 6 Lit. Zus.in Engl.
Der Versuch wurde mit 4 Silos in Südportugal (Posto Agrária de Tavira) ausgeführt. Zweck der Untersuchung war, die Wirkung verschiedener Bedeckungen der gefüllten Silos festzustellen. 1. Bedeckung der Oberfläche mit einer angefeuchteten und einer 30 cm dicken Erdschicht; 2. Bedeckung mit einer angefeuchteten Schicht; 3. Bedeckung der Oberfläche mit einer nicht angefeuchteten Schicht und 30 cm Erde; 4. Bedeckung mit einer nicht angefeuchteten Schicht. Die Verluste durch Fermentation wurden ausführlich untersucht und festgestellt, daß unter den vorhandenen Bedingungen Silo 3 die besten Ergebnisse aufwies. E. M. Ardelt. 758.

Karkan, Alois; Pohořelice u Brna, Výzkumný Ústav Krmivářský. Jak účelně využít krmnou cukrovku pro silážovaní. **(Zweckmäßige Ausnützung der Futterzuckerrübe zum Silieren.)** Za vysokou Úrodu 10 (1962) Nr. 16. S. 486. – 2 Abb.
Vf. empfiehlt geeignete Verfahren für die Silierung von Futterzuckerrüben. Je dt Wiesen- und Weidehäckselgut, Kleegrasgemisch, Rot- oder Schwedenklee werden 7 kg zerkleinerte Futterzuckerrüben zugesetzt, je dt gehäckselte Luzerne und ihrer Gemische 10 kg Futterzuckerrüben + Blatt. In ähnlicher Weise werden Verfahren und Rezepturen für Spezialsilagen für Mastschweine, für Zuchtschweine, für Kälber, für Jungrinder im Alter von 3–9 Mon. und für Geflügel angeführt. M. Pštross. 758.

Bremer, Kurt; Hamburg. **Förderung der Kartoffellagerung unter Dach.** Kartoffelbau 13 (1962) Nr. 12. S. 266–267. – 4 Abb. 759.

Sawyer, R. L. und Thorne, W. H.; Ithaca, N.Y., Cornell Univ., Dep. of Vegetable Crops. Alcohols for sprout inhibition of potatoes. **(Alkohole zur**

Keimhemmung bei Kartoffeln.) Amer. Potato J. **39** (1962) Nr. 5. S. 167–175. – 7 Tab., 6 Lit.
Zunächst wurde ein Tastversuch mit Alkoholen der Reihe C_8, C_9, C_{10}, C_{13}, C_{16}, C_{17} und C_{21} (verzweigte primäre Alkohole) durchgeführt, wobei 4,5 und 9 ml/bu. angewendet wurden. Alle Alkohole waren keimhemmend wirksam, und zwar bei der höheren Menge meist stärker als bei der schwachen. Als geeignet wurden dann die Alkohole C_{10}, C_{12} und C_{16} in weiteren Versuchen unter Berücksichtigung von Anwendungsmenge, Lagerungstemperatur, Termin der Anwendung, Behandlungstemperatur in Beziehung zur Flüchtigkeit des betr. Alkohols, Behandlungsdauer, Einfluß auf die Verfärbung der Knollen und Methoden der Behandlung größerer Stapel geprüft. Schließlich gab Decylalkohol, 1,9 ml/bu., wirksame Keimhemmung. Die Anwendung erfolgt durch Auftropfen des Alkohols auf eine heiße Platte und Einleitung der Dämpfe in den Stapel. Schrumpfen und Schwarzfleckigkeit traten schwächer auf als bei Behandlung mit CIPC (3-Chlorisopropyl-n-phenylcarbamat). Die Farbe der Chips blieb unbeeinflußt, und auch das Schwarzwerden nach dem Kochen war schwächer. Die Verwendung behandelter Knollen als Pflanzgut ergab teils normale, teils stark verminderte Erträge (jahrweise verschieden). 5täg. Lüften nach Entnahme aus dem Lager ließ den Alkoholgeruch völlig verschwinden.
W. Stenz. 759.

Lityński, M.; Wrocław, Inst. für Pflanzenzucht und Akklimatisation. **Wissenschaftliche Arbeiten zur Problematik der Samenbiologie und Samenaufbewahrung in der Volksrepublik Polen.** S.-B. dtsch. Akad. Landwirtsch.-Wiss. Berlin **12** (1963) Nr. 1. 34 S. – 5 Abb., 5 Tab., Zus. in Russ., Engl. nach Zus.
Es wird über Arbeiten zur Problematik der Samenbiologie und Samenaufbewahrung in Polen berichtet, die seit 1950 durchgeführt wurden. Die Untersuchungen galten bes. dem Einfluß der Umwelt auf die gelagerten Samen und der Bewertung von Trocknungsmethoden. Als der für die Erhaltung der Lebensfähigkeit von Samen entscheidende Umweltfaktor erwies sich die Feuchtigkeit der gelagerten Samen und der sie umgebenden Luft. Grundsätzlich sollte die Anfangsfeuchtigkeit des für längere Zeit eingelagerten Saatgutes 10% und die rel. Luftfeuchtigkeit des Raumes 65% nicht überschreiten. Bei vielen Sämereien liegen diese Werte noch niedriger. Feuchtigkeitsschwankungen sind zu vermeiden, da sie die physiol. und biochem. Vorgänge im Samenkorn aktivieren. Der hermetische Abschluß ist bes. bei wertvollen und sehr empfindlichen Sämereien angebracht. Eine Verringerung der Lagerungstemperatur erwies sich auf Grund ihres nur geringen Einflusses auf die Erhaltung des Saatgutwertes als nicht erforderlich. Als gänzlich bedeutungslos für den Lagerungserfolg stellte sich das Licht heraus. Bei der Besprechung der Trocknungsverfahren wird bes. auf die eigenen Erfahrungen des Wasserentzuges durch Silikagel und IR-Strahlen in Verbindung mit der Ventilation eingegangen. Wichtig ist bei jeder Trocknung, daß die Temperatur der Samen erst gegen Ende des Trocknens auf höchstens 40 °C ansteigen darf. Die Untersuchungen wurden an Samen der 4 Hauptgetreidearten und mehrerer Gemüsearten vorgenommen. In der Arbeit werden auch die Forschungsergebnisse und Erfahrungen des Auslandes berücksichtigt. 759.

Bakermans, Wilhelmus Antonius Petrus; Wageningen, Landbouwhogeschool. Bewaring van voederbieten. Onderzoekingen over de betekenis van de grond, de bemesting en enkele andere cultuur-methoden voor de bewaarbaarheid van voederbieten. **(Lagerung von Futterrüben. Untersuchungen über die Bedeutung des Bodens, der Düngung und einiger anderer Kulturmethoden auf die Lagerfähigkeit von Futterrüben.)** Diss. Landbouwhogeschool Wageningen **1962** 137 S. – 40 Abb., 47 Tab., 257 Lit.
Die Temperatur ist der bedeutendste Faktor während der Futterrübenlagerung. Unter –3 °C erfrieren die Rüben, bei hoher Temperatur beginnen sie

zu faulen. Von Bedeutung für die Lagerung ist auch die Luftfeuchtigkeit. Veränderungen der Rübenqualität während der Lagerung wurden in praxisähnlichen und in Laborversuchen untersucht. Ermittelt wurden durch Fäulnis und durch Atmung verursachte Verluste. Feststellungen von Masse und Tr.-Subst.-Gehalt erfolgten vor und nach der Lagerung. Späte Ernte begünstigte die Lagerqualität. Bei tief geköpften Rüben nahmen i. allg. die Verluste durch Fäulnis zu. Die beste Methode zur Blattentfernung war die durch Abdrehen kurz oberhalb des Rübenkopfes. Derartig behandelte Rüben zeigten die geringsten Atmungsverluste. Schädlichen Einfluß auf die Lagerungseigenschaften der Rüben hatte das Austrocknen nach der Ernte. Eine gewisse Abhilfe bedeutet das Zusammenwerfen auf kleine Haufen mit Blattbedeckung. Steigende N-Gaben steigerten die Atmungsintensität während der Lagerung. Applikation von K und/oder Mg führte zur Abnahme der Respirationsrate, während Na-Düngung atmungssteigernd wirkte. Mit zunehmendem pH-Wert des Bodens im Bereich 3,85 bis 5,65 verbesserte sich die Lagerqualität der Rüben. Phosphat-Ernährung steigerte i. allg. die Erträge, beeinträchtigte jedoch die Qualitätserhaltung. Rüben vertragen viel Chlor, ohne die Qualität während der Lagerung merklich zu verändern. Wirtschaftsdünger beeinflußte die Massenproduktion und die Qualitätserhaltung von Futterrüben günstig.
W. Wöhlert. 759.

Huelin, F. E.; North Ryde, New South Wales, C.S.I.R.O., Div. of Food Preservat. Chilling injury in stored fruits and vegetables. **(Frostschäden bei lagerndem Obst und Gemüse.)** Food Preservat. Quart. **22** (1962) Nr. 3. S. 63–64. – 2 Abb., 16 Lit.

Die Kühllagerung von Obst und Gemüse beruht auf der Tatsache, daß tiefe Temperaturen das Reifen und die Ausbreitung pilzlicher Fäulniserreger hemmen. Bei Temperaturen, die tiefer als 28–32 °F liegen, besteht die Gefahr von Frostschäden. Citrusfrüchte, Pflaumen, Pfirsiche, einige Apfelsorten, Tomaten, Gurken und Süßkartoffeln sind bes. empfindlich. Die sichtbaren Zeichen des Frostschadens, der auf einer Zerstörung der Zellen beruht, erscheinen erst im letzten Stadium. Mikroskopisch erkennbare und chem. Veränderungen treten schon früher auf. Systematische Untersuchungen der Frostschäden an frisch eingelagertem Obst und Gemüse sind bisher noch nicht durchgeführt worden. E. M. Ardelt. 759.

Hall, E. G.; North Ryde, New South Wales, C.S.I.R.O., Div. of Food Preservat. Ripening of bananas. **(Das künstliche Reifen von Bananen.)** Food Preservat. Quart. **22** (1962) Nr. 3. S. 65–67. – 1 Abb., 2 Lit.

Die Ernte der für den Export bestimmten Bananen wird vorgenommen, wenn die Früchte hart, grün und fest sind, damit sie den Transport gut überstehen. Zu dieser Zeit enthält die Banane noch ca. 70% H_2O, während sie in reifem Zustand fast völlig aus Kohlenhydraten besteht. Die Bananen werden nach dem Transport in Lagerhäuser gebracht, in denen die Reifung künstlich beschleunigt wird. Die optimale Temperatur hierfür ist 66 °F. Die Luftfeuchtigkeit soll zu Beginn der Reifeperiode 80–85% betragen und langsam auf 70% reduziert werden. Um den Reifeprozeß in Gang zu setzen, wird zu Beginn Äthylen im Lagerraum verteilt. Die mit Bananen gemachten Erfahrungen versucht man auch beim künstlichen Reifen anderer Früchte (Papayas, Mangos, Tomaten, Melonen, Birnen) anzuwenden. E. M. Ardelt. 759.

Oberbacher, M. F. und Grierson, W.; Lake Alfred, Fla., Citrus Exp. Stat. Handling methods for fresh Florida lemons: Low temperature curing studies with the Sicilian variety. **(Behandlungsmethoden bei frischen Florida-Zitronen. Studien bei der Einlagerung der sizilianischen Sorte bei niedrigen Temperaturen.)** Proc. Florida State horticult. Soc. **73** (1960) S. 236–240. – 2 Abb., 3 Tab., 16 Lit.

Die Früchte wurden im grünen, nicht marktfähigen Zustand geerntet und mehreren Behandlungsmethoden unterworfen: Einlagern gewaschener und ungewaschener Früchte in Kartons mit und ohne Polyäthylenauslage sowie Diphenylzugabe bei 60 °F und 70% rel. Luftfeuchtigkeit; entgrünen mit Äthylen bei unterschiedlicher Einwirkungszeit sowie beide Methoden kombiniert. Alle Methoden der Einlagerung in Kartons ergaben eine gute gelbe Ausfärbung der ungewaschenen Früchte innerhalb von 12–21 Tagen im Gegensatz zu einer ungleichmäßigen Ausfärbung der gewaschenen. Entgrünen brachte ebenfalls eine gute Ausfärbung innerhalb von 12 Tagen bei 60 °F. Der Verlust war unterschiedlich. Am geringsten war er (2%) bei ungewaschenen Früchten und einer Einlagerung in Kartons mit Diphenylzugabe.

E. Wittenberg. 759.

Campbell, J. S., Chukwueke, V. O., Teriba, F. A. und Ho-A-Shu, H. V. S.; Trinidad, Imperial Coll. of Trop. Agric.; Univ. Coll. of the West Indies, Fac. of Agric. Some physiological experiments with the White Lisbon yam (Dioscorea alata L.) in Trinidad. III. The effect of chemicals on storage. **(Einige physiologische Forschungen an der 'White Lisbon'-Yamswurzel [Dioscorea alata L.] in Trinidad. 3. Mitt. Der Einfluß von Chemikalien auf die Lagerung.)** Empire J. exp. Agric. **30** (1962) Nr. 120. S. 335–344. — 1 Abb., 2 Tab., 25 Lit. 2. Mitt. vgl. LZ. Abt. II **8** (1963) Nr. 2. S. 435.

In den Versuchen, in denen Na-2.4-D, α-NES-Methylester und M.H. 30 als Lösungen auf die Blätter gesprüht wurden, begann bei allen Knollenproben 14 Wochen nach der Ernte der Austrieb. Lediglich durch die höchste Konz. an MH (100,0 ml/gal. Wasser auf 80 sq.-ft.) wurde die Keimruhe auf 18 Wochen verlängert. Bessere Erfolge brachte das Einbringen von α-NES-Ester auf einem Papierträger in die Knollenstapel. Solche Knollen blieben 1½–2 Mon. länger schmackhaft als bei normaler Lagerung. Die Gewichtsverluste wurden durch das Präparat kaum beeinflußt. Sie lagen nach 4 Mon. bei 10–14%, nach 6 Mon. bei 20–24%. Nach 6 Mon. wurde die Schale der behandelten Knollen warzig, was die Verkaufsfähigkeit, nicht aber die Schmackhaftigkeit beeinträchtigte. Dennoch hat offenbar die chem. Behandlung unter den Versuchsumständen nur wenig ökonomische Vorteile. W. Stenz. 759.

G. Versuchswesen

Fehlstellenausgleich. Halle-Lauchstädt, Inst. Saatgut u. Ackerbau Dtsch. Akad. Landwirtsch.-Wiss. Berlin. Plan-Nr. 17 01 24h-2-07. Abschlußber. (22/4. 1963).

Ein erhöhter Fehlstellenanteil wird durch gesteigerte N-Düngung weitgehend kompensiert. Die Kompensationsrate ist bei den Wurzelerträgen deutlich höher als bei den Blatterträgen. Der Gesamtertrag der Parzelle wurde durch Variierung des Fehlstellenanteils bei unterschiedlicher N-Düngung nicht gesichert beeinflußt. — Der Fehlstellenversuch auf einer Wiese zeigte beim 1. Schnitt eine geradlinige Ertragsabnahme mit zunehmendem Fehlstellenanteil. Von Einfluß ist außerdem das Ausmaß der einzelnen Fehlstelle, wobei zahlreiche kleine Fehlstellen den Ertrag weniger negativ beeinflussen als wenige große Fehlstellen. Im trockenen Jahr 1962 kam die ertragsfördernde Wirkung fester Exkremente auf der Weide nicht zur Wirkung. 761.

Johnson, R. I.; Mudgee. Pasture sampling machine. **(Maschine zur Probenahme von Futterpflanzen.)** Agric. Gaz. New South Wales **73** (1962) Nr. 11. S. 607–608. — 5 Abb. 761.

Lafrance, J. und Tremblay, R.; St. Jean, Quebec, Canada Dep. of Agric., Res. Stat., Res. Branch. Note on a potato digger for small experimental plots. **(Bemerkung über einen Kartoffelroder für kleine Versuchsflächen.)** Canad. J. Plant. Sci. **43** (1963) Nr. 1. S. 107–109. — 1 Abb. 765.

Likeš, J.; Prag, Hochschule für Ökonom. **Wirksamkeit einiger Schätzungen der Varianz einer Grundgesamtheit mit einem alternativen Merkmale.** Metrika [Würzburg] **5** (1962) Nr. 3. S. 184–193. — 1 Lit.

Vf. geht von einer unendlichen Grundgesamtheit mit dem Mittelwert p ($0 < p \leqq {}^1/_2$) und der Varianz $\sigma^2 = p(1 - p)$ aus und beschäftigt sich mit 3 verschiedenen Schätzwerten für σ^2, die er mit s_1^2, s_2^2 und s_3^2 bezeichnet. Beim Schätzwert s_1^2 muß die Zahl k der zufällig entnommenen Stichproben ≥ 2 sein, bei s_2^2 muß die Zahl n_i der Elemente einer Stichprobe $\geqq 2$ sein, und bei s_3^2 muß die Gesamtzahl der N Elemente aller Stichproben $\geqq 2$ sein. Vf. zeigt, daß alle 3 Werte erwartungstreue Schätzwerte für σ^2 darstellen. Er vergleicht die 3 Größen s_1^2, s_2^2 und s_3^2 miteinander und diskutiert die Vorteile von s_3^2.

G. Reißig. 769.

H. Pflanzen der gemäßigten Zone

Fiskell, John G. A.; Gainesville, Agric. Exp. Stat., Soils Dep. Studies of the effect of dolomite filler on sebago potato, sweet corn and watermelon yields. **(Untersuchungen über den Einfluß dolomitischer Füllstoffe auf die Erträge von 'Sebago'-Kartoffeln, Zuckermais und Wassermelonen.)** Proc. Florida State horticult. Soc. **73** (1960) S. 131–135. — 4 Tab., 7 Lit.

Düngungsversuche mit konstanten Düngerraten und gestaffelten Dolomitzugaben (0, 193, 385 lb./t. Düngermenge) sowie Zusätzen von Kalk und Gips bewiesen die gute Wirkung des Dolomits auf den Ertrag. Sowohl bei Kartoffeln als auch bei Zuckermais und Wassermelonen lagen die Erträge bei den Varianten mit Dolomit signifikant höher als bei denen ohne. Kartoffeln zeigten die höchsten Erträge bei Zusätzen von Dolomit (385 lb.) + Kalk. Die Blätter dieser Pflanzen wiesen auf den Parzellen ohne Dolomit eine weniger grüne Farbe auf im Gegensatz zu den mit Dolomit gedüngten. Gesicherte Unterschiede im N- und Mg-Gehalt der Blätter wurden nicht gefunden.

E. Wittenberg. 770.

Solotarev, E. **Ergebnisse der Getreideversuche des Jahres 1960/61.** Bundesversuchsanst. alpenländ. Landwirtsch. Gumpenstein [Österreich], Versuchsergebn. **1962** Nr. 62. S. 1–73. — 2 Abb., 117 Tab.

Die Ergebnisse der Sortenversuche der Bundesversuchsanstalt für alpenländische Landwirtschaft Gumpenstein im Jahre 1960/61 mit Wi-Roggen, Wi- und So-Weizen, Wi- und So-Gerste und Hafer werden bekanntgegeben. Die Versuche wurden nach der Blockanlage mit 6facher Wiederholung an 2–6 Versuchsstellen angelegt. Die Versuchsfelder befanden sich in Höhenlagen von 500–800 m. Bei Wi-Gerste nimmt eine Spitzenstellung die erstmals geprüfte Sorte 'Hauters' ein. Gute Leistungen brachten noch 'Engelens Dea' und 'Kärntner'. Wi-Roggen wurde an 3 Orten geprüft. Es wurden große Ertragsunterschiede zwischen den Sorten festgestellt. Die Sorten 'Edelhofer' und 'Tschermaks Veredelter Marchfelder' überragten die anderen Sorten. Gute Leistungen brachten noch 'Petkuser', 'Otterbacher' und 'Brucker Harrach Universal'. Ungenügende Leistungen ergaben die verbesserten Landsorten, vor allem infolge geringer Standfestigkeit. Die Ergebnisse der Wi-Weizenprüfung sind sehr unterschiedlich. Ursachen ungenügender Erträge sind ungünstige Witterung und Befall mit Zwergsteinbrand. In der Spitzengruppe des 17 Sorten umfassenden Sortiments sind zu finden 'Schweigers Taca' 'Garant', 'Verbesserter St. Johanner', 'Hubertus', 'Erla Kolben' und 'Rival'. So-Gerste brachte gute Erträge. Die Sorten und Neuzüchtungen zeigten große Schwankungen von Ort zu Ort. Einige Sorten brachten an allen Orten gute oder mittlere Erträge ('Union', 'Weibulls Herta' ,'Breuns Wisa'.) Die besten Ergebnisse bei So-Weizen brachten die Sorten 'Kärntner Früher', 'Lichtis Weihenstephaner' und 'Kärntner Grannen'. In den 2 Haferversuchen,

die sehr unterschiedliche Erträge ergaben, brachten die Sorten 'Petkuser Weiß' und 'Firlbecks Regent' überdurchschnittliche Leistungen.
P. Hahn. 772.

Stickler, F. C.; Manhattan, Kansas Agric. Exp. Stat., Dep. of Agronomy. Seeding depth and use of press wheels as factors affecting winter barley and winter wheat yields in Kansas. **(Saattiefe und Verwendung von Druckrollen als die Erträge von Wintergerste und Winterweizen in Kansas beeinflussende Faktoren.)** Agronomy J. **54** (1962) Nr. 6. S. 492–494. – 4 Tab., 1 Lit.
Angeregt durch die Beobachtung, daß in manchen Jahren in Kansas das Wi-Getreide auf den vom Traktor hinterlassenen Radspuren besser überwintert, wurden exakte Versuche mit mehreren Saattiefen (1 bis 2,5 in.) und verschieden starker Belastung mittels Druckrollen durchgeführt. Eine signifikante Erhöhung der Erträge wurde bei dem in Manhattan 1959–61 angebauten Wi-Weizen nur 1960 erzielt, während bei Wi-Gerste in 3 von 5 Versuchen signifikante Mehrerträge durch die Anwendung der Druckrollen auftraten. Die Gersten-Mehrerträge wurden in Belleville (Nord-Kansas) und in Newton (Zentral-Kansas) festgestellt, nicht jedoch in Manhattan. Die Druckrollen bewährten sich besonders an Orten und in Jahren, an und in denen ohne ihren Gebrauch mangelnde Winterhärte die Erträge begrenzt hätte. Die Ursache für die spez. Wirkung der Druckrollen ist nach Meinung des Vf. in einer besseren Wärmeleitfähigkeit vom unteren Boden in Richtung Oberfläche und in einer günstigeren Wasserzufuhr, was insgesamt zu erhöhter Winterhärte führt, zu suchen. Ch. Janke. 772.

Kude, R. M.; Stende, Lett. SSR, Versuchsstat. für Pflanzenzücht. Ozimaja pšenica Kurzeme. **(Die Winterweizensorte 'Kurseme'.)** Selekcija i semenovodstvo, Moskva **27** (1962) Nr. 6. S. 41–42. – 2 Abb., 1 Tab. 773.

Rodger, J. B. A.; Edinburgh, School of Agric. Spring sowing of winter wheat. **(Frühjahrsaussaat von Winterweizen.)** Scott. Agric. **42** (1962/63) Nr. 3. S. 126–127.
In Schottland kann in besonders nassen Herbstmonaten der Wi-Weizen oft nicht ausgesät werden. Vf. prüfte deshalb 1961/62 an mehreren Sorten, inwieweit eine Frühjahrsaussaat möglich ist. Es zeigte sich, daß das Verhalten im Frühjahr ausgesäten Wi-Weizens sehr von der Sorte, der Bodenart und der herrschenden Jahreswitterung abhängt und es schwierig ist, allgemeine Empfehlungen zu geben. Die Nachteile einer Frühjahrsaussaat sind späte Reife und geringere Erträge. Die Wi-Weizensorte 'Champlain' wies bei Frühjahrsaussaat die höchsten Erträge von den geprüften Wi-Sorten auf und erreichte damit die Erträge der besten So-Sorten. Ch. Janke. 773.

Vachrameeva, Z. M. (Wachramejewa, S. M.) Nekotorye dannye po sortoispytaniju novych form pšenicy za 1957 g. **(Einige Daten über die Sortenprüfung neuer Weizenformen [1957].)** Tr. Karel'sk. fil. AN SSSR **1961** Nr. 29. S. 3–7. – Aus: Referativnyj žurnal. Biologija, Moskva **1962** Nr. 2. G 212. S. 26.
10 neue Weizenformen, die mit Hilfe der Injektionsmethode gezüchtet worden waren, wurden geprüft. Die neuen Formen besaßen einen höheren produktiven Bestockungsgrad als die Ausgangssorten, wobei die höchste Bestockung bei Zwischen-Gattungs-Formen erzielt wurde. Folgende sehr erfolgversprechende So-Weizen-Formen wurden gezüchtet: 'Nr. 231' (grannenloser, rotähriger So-Weizen, erhalten durch Einführung des Endosperms von Wi-Roggen in das Endosperm der Weizensorte 'Sewernaja'), 'Nr. 213' (grannenloser, rotähriger So-Weizen, erhalten durch Einführung des Endosperms von Hafer der Sorte 'Solotoi doshd' in das Endosperm der Weizensorte 'Ferrugineum') und 'Nr. 38' (grannenloser, weißähriger So-Weizen, erhalten durch Einführung des Endosperms von *Triticum turgidum* in das Endosperm der Weizensorte 'Sewernaja').

Alle diese Formen überragen bedeutend den Standard (Sorte 'Diamant') im Ertrag, in der TKM, in der Anzahl der Körner je Ähre sowie in der Frühreife.
übersetzt v. E. Fröhmcke. 773.

Muchin, N. D.; Beloruss. Forsch.-Inst. für Ackerbau. Izučenie smešannych posevov mjagkoj i tverdoj pšenicy. **(Untersuchung der Mischsaaten von Weich- und Hartweizen.)** Sb. naučn. tr. Belorussk. n.-i. in-t zemledelija **1961** Nr. 8. S. 181–190. – Aus: Referativnyj zurnal. Biologija, Moskva **1962** Nr. 2. G 215. S. 26.
In Versuchen (1957–59) wurden die Wechselbeziehungen von Weichweizen ('Belorusskaja 15' und 'Minskaja') und Hartweizen ('Narodnaja' und 'Hordeiforme 5866') in Mischsaaten geprüft. Im Verlauf von 3 Generationen verdrängten die weichen Weizensorten den Hartweizen aus dem Gemisch; bei letzterem verringerte sich die Bestockung, der Anteil der oberirdischen Masse, die Blattoberfläche, die Zahl der Ähren und der Körner in der Ähre. Alle Mischsaaten von Weichweizen- und Hartweizensorten übertrafen an Ertragsfähigkeit den Weichweizen nicht. Die Anwendung dieser Gemische ist nicht zweckmäßig. übersetzt v. E. Fröhmcke. 773.

Savel'ev, S. I. (Saweljew, S. I.) Novye priemy povyšenija zimostojkosti ozimoj pšenicy na Jugo-Vostoke. **(Neue Verfahren der Erhöhung der Winterfestigkeit bei Winterweizen im Südosten der UdSSR.)** V. sb.: Zimostojkost' s.-ch. kul'tur, Moskva **1960** S. 132–140. – Aus Referativnyj žurnal. Biologija, Moskva **1961** Nr. 15. G **453**. S. **49**.
Die Ergebnisse von Versuchen des Landwirtsch.-Forsch.-Inst. der südöstlichen Gebiete in Saratow werden beschrieben. Es werden Angaben gemacht über die Tiefenlage des Bestockungsknotens, Überwinterung, Ertragsfähigkeit, Ertragsstruktur des Weizens bei verschiedenen Saatzeiten. Frühe Aussaaten führten zu erniedrigter Frosthärte, aber als Ergebnis guter herbstlicher Bestockung und Einwurzelung war die Winterfestigkeit höher als bei später Saat. Die Aussaatzeit der Winterkulturen, bei der die höchsten Erträge erzielt wurden, änderte sich jährlich in Abhängigkeit von den Witterungsbedingungen im Herbst, Winter und Frühjahr. In 14jährigen Anbauversuchen im Gebiet Saratow war bei Aussaaten am 5. Aug., 25. Aug. und 10. Sept. nur in 2 Jahren der Ertrag in allen Varianten gleich hoch, in 7 Jahren wurden hohe Erträge erzielt bei später und in 5 Jahren bei früher Aussaat. Es wird vorgeschlagen, gemischte Saatzeiten anzuwenden, und zwar so, daß in einem Bestand sich Pflanzen früher und später Saattermine befinden. Bei solcher Aussaat kann ein Teil des Saatgutes früh, der andere Teil später, beim Aufgang des ersten Teils, quer zu den Reihen gesät werden. Zeitliche Mischung der Aussaat bewirkt Erhöhung der Widerstandsfähigkeit der Pflanzen gegen Auswinterung und Erhöhung des Ertrages. Absetzenlassen des Bodens in der Brache bewahrte die überwinternden Pflanzen vor dem Abreißen der Wurzeln und Auffrieren des Bestockungsknotens, wobei Winter- und zeitige Frühjahrsschäden ausgeglichen und vermindert werden. übersetzt v. W. Stenz. 773.

Popov, P., Petrov, G. und Gocov, K. (Popow, P., Petrow, G. und Gozow, K.) Proučvane na izkustveno súzdadeni sorto smesi pri pšenicata v Dobrudža. **(Untersuchung von Sortengemischen beim Weizen in der Dobrudsha.)** Izvestija na Dobrudžanskija selskostopanski naučnoizsledovatelski institut – Tolbuchin, Sofija **2** (1962) S. 31–48. – 9 Tab., 17 Lit. Zus. in Russ., Engl.
Geprüft wurden 9 Gemische aus rayonierten und aussichtsreichen Weichweizensorten. Die Gemische bestehen aus sich gegenseitig in bezug auf Lagerfestigkeit und technol. Eigenschaften ergänzenden Sorten und werden vor der Aussaat im Verhältnis 1:3, 1:1 und 3:1 zusammengestellt. Sie brachten bessere und sicherere Erträge. Bei solchen Gemischen werden die Nachteile einzelner Sorten durch die Vorzüge der besseren Ausgangssorten aufgehoben, und die Erträge gleichen sich aus. Unterscheiden sich die Sorten nach Ertrags-

leistung u. a. wirtsch. Eigenschaften nicht, sind die Gemische von keinerlei Bedeutung. Für Anbauversuche werden Gemische aus den Sorten 'Jubilejna II' und 'T-10' sowie aus 'Jubilejna III' und 'Nr. 301' empfohlen.
M. Stoilow. 773.

Zavališin, V. A. und Orlov, V. M. (Sawalischin, W. A. und Orlow, W. M.) Iz opyta nabljudenij nad skorost'ju razvitija ozimoj rži raznych srokov seva. **(Versuche über die Schnelligkeit der Entwicklung von Winterroggen bei verschiedenen Saatterminen.)** Sb. rabot Mosk. gidrometeorol. observ. **1960** Nr. 1. S. 29–33. — Aus: Referativnyj žurnal. Biologija, Moskva **1961** Nr. 15. G 463. S. 50.
Die Versuche wurden in der Agrometeorol. Station Alexin (Gebiet Tula) durchgeführt. Saatgut der Roggensorte 'Wjatka' wurde auf normale Weise ausgesät zwischen 16. Aug. und 25. Sept. zu 9 Terminen mit Intervallen zu 5 Tagen. Die Dauer der Perioden zwischen den Entwicklungsphasen stand in direkter Beziehung zu den Temperaturen. Der Einfluß der Schnelligkeit der Entwicklung von Wi-Kulturen glich sich nach und nach aus. Bei Aussaat 45 Tage nach dem ersten Termin ergaben sich nur 5 Tage Verspätung bei der Reifung. Für den Bezirk Alexin, Gebiet Tula, ist die Aussaat des Wi-Roggens nach dem 10. Sept. nicht zu empfehlen. Die Wärmemenge nach dem 10. Sept. kann die Entwicklung der Pflanzen bis zur Bestockungsphase nicht mehr gewährleisten. Die Pflanzen gehen unvorbereitet in den Winter. Als Ergebnis davon gehen im Frühjahr 30% und mehr davon zugrunde, die Bestände werden von Brand befallen und geben keinen Ertrag. Der optimale Termin für die Aussaat des Wi-Roggens in diesem Bezirk liegt in der 2. Aug.-Hälfte.
übersetzt v. W. Stenz. 775.

Sowinski, J.; Poznan, Landwirtsch. Hochschule, Inst. für Pflanzenbau. **Der Eiweißgehalt im Braugerstenkorn und seine Beeinflussung durch Witterung, Düngungsmaßnahmen und Sorte.** Albrecht-Thaer-Arch. 7 (1963) Nr. 6. S. 477–485. — 5 Tab., 14 Lit. nach Zus.
In den in Złotniki, Kreis Poznan, auf leichteren Böden durchgeführten mehrjährigen Feldversuchen zur Beeinflussung des Eiweißgehaltes von Braugerste durch Witterung, Düngungsmaßnahmen und Sorte wurden folgende Ergebnisse gewonnen: Die Beeinflussung des Eiweißgehaltes durch die Witterung ist weit stärker als durch steigende N-Düngung. Auf dem untersuchten Standort wurde der Eiweißgehalt bes. durch Trockenheit und geringe rel. Luftfeuchtigkeit in den Monaten Mai und Juni erhöht. Trotz eines genetisch bedingten unterschiedlichen Eiweißgehaltes reagieren die einzelnen Sorten auf den Witterungsverlauf und steigende N-Düngung gleichartig. Steigende N-Gaben machen sich in günstigen Jahren wenig, in ungünstigen Jahren weit stärker in der Erhöhung des Eiweißgehaltes bemerkbar. Fraktionierte Untersuchungen ließen erkennen, daß sich eine durch Witterung wie durch N-Düngung ausgelöste Erhöhung des Eiweißgehaltes bei den mittleren und bes. bei kleinen Körnern stärker ausgeprägt hat als bei den großen. Daraus erklärt sich, daß in günstigen Braugerstenjahren die großen Körner häufig höheren, in ungünstigen Jahren dagegen niedrigeren Eiweißgehalt besitzen. 777.

Foral, Antonín und Voňka, Zdeněk; Kroměříž, Výzkumný Ústav Obilnářský, ČSAZV. Současný stav a pěstováni sladovnických ječmenů v ČSSR. **(Der gegenwärtige Stand und das Niveau des Braugerstenbaues in der ČSSR.)** Kvasný Průmysl 8 (1962) Nr. 5. S. 102–108. — 1 Tab. Zus. in Russ., Engl., Dtsch. 1. Mitt. vgl. LZ. Abt. II 8 (1963) Nr. 6. S. 1558.
Nach Weizen nimmt die Gerste in der ČSSR die 2. Stelle ein. So-Gerstenfläche und Hektarerträge sind höher als vor dem Kriege. In den letzten Jahren wurde die Zahl der So-Gerstensorten stark herabgesetzt. Nur die ertragreichsten Sorten, die auch hohe Anforderungen auf Kornqualität befriedigen, sind noch im Sortiment enthalten. 1961 bewegten sich die Spitzenerträge

zwischen 45–57 dt/ha. Folgende So-Gerstensorten werden angebaut: 'Valtický', 'Slovenský Dunajský trh', 'Bránišovický C', 'Čelechovický hanácký', 'Ekonom', 'Výnosný', 'Slovenský 802' und 'Semčický hospodařský' (Futtergerste). Zur Verbreitung der besten Anbaumethode für Braugerste hat ein Wettbewerb um hohe Erträge und Qualität der Braugerste in bedeutendem Maße beigetragen. Tabellen über den Braugerstenbau in anderen Staaten enthalten Angaben über Braugerstenanbauflächen, über die wichtigsten Sorten und Kornqualitäten. Die Qualitätswerte werden mit den hervorragenden tschechoslowakischen Sorten verglichen. Es wird über Gerstensorten folgender Staaten berichtet: Schweden, Norwegen, Dänemark, Holland, UzSSR, DDR, DBR, Großbritannien, Belgien, Frankreich, Polen, Österreich und Ungarn. Abschließend werden Sorten angeführt, die für Züchtungszwecke zu empfehlen sind. V. Skládal. 777.

Tursunchodžaev, T. L. (Tursunchodshajew, T. L.) Vlijanie srokov vnesenija mineral'nych udobrenij na urožaj kukuruzy. **(Einfluß der Einbringungstermine für Mineraldünger auf den Ertrag von Mais.)** Tr. Otd. risa i drugich orošaem. zernovych kul'tur. N.-i. in-t chlopkovodstva. UzSSR **1961** Nr. 1. S. 84–87. – Aus: Referativnyj žurnal. Biologija, Moskva **1962** Nr. 4. G 251. S. 33.

Die Versuche wurden im Jahre 1959 auf den Wiesenböden des Gebietes Taschkent durchgeführt. Den größten Nutzeffekt brachte die NP-Düngung bei Einbringung der Düngemittel zu 2 Terminen: vor der Aussaat (ganze Gabe P und halbe Gabe N) und in der Periode des Erscheinens des 8.–10. Blattes beim Mais (Restteil des N). Der Kolbenertrag betrug dabei 85 dt/ha und war um 7–20 dt/ha höher als bei den übrigen Düngungsvarianten. Der höchste N-Bedarf besteht im 8–10-Blattstadium. übersetzt v. G. Boetticher. 782.

Singh, Badan, Gupta, N. K., Mistra, Rameshwar und Tandon, R. K. The effect of direction of rows, spacing and fertility on the yield of maize. **(Der Effekt von Reihenrichtung, Standraum und Düngung auf den Maisertrag.)** Allahabad Farmer **35** (1961) Nr. 5. S. 225–233. – 3 Tab., 10 Lit.

In Indien wird Mais auf etwa 4,5 Mill. ha angebaut. Vordringlich ist die Steigerung der Erträge. 1958–61 wurden Reihenrichtung, Standraumverteilung und Düngungsansprüche eingehend untersucht. Durch Aussaat in NS-Richtung kann gegenüber der OW-Richtung der Reihen ein Mehrertrag bis zu 10% erzielt werden. Dies Ergebnis wird mit der besseren Sonneneinstrahlung erklärt. Stärkere N-Düngung bringt eine beachtliche Ertragssteigerung. Dabei darf man aber die P-Bedürftigkeit der indischen Böden nicht außer acht lassen. Unter diesen Voraussetzungen erweist sich eine Standraumbemessung von 60×30 cm als vorteilhaft. H. Müller/Bernburg. 782.

Mills, P. F. L. Irrigated maize experiment on a seven-year-old lucerne stand. Unfertilized crop gives high yield. **(Versuch mit bewässertem Mais auf einem 7 Jahre alten Luzernebestand. Der ungedüngte Bestand bringt hohen Ertrag.)** Rhodesia agric. J. **59** (1962) Nr. 6. S. 307–308. – 1 Abb., 2 Tab., 2 Lit. 782.

Pyl'neva, P. N. (Pylnewa, P. N.); Moskau, Unions-Forsch.-Inst. für Düng. und Bodenkunde. Močevina obogaščaet kukuruzu belkom. **(Harnstoff macht den Mais eiweißreicher.)** Kukuruza, Moskva **7** (1962) Nr. 12. S. 14. – 1 Tab. 782.

Medvedev, P. F. (Medwedew, P. F.); Nordwestl. Landwirtsch. Forsch.-Inst. Posev kukuruzy nedozrelymi semenami. **(Aussaat von nicht ausgereiftem Maissaatgut.)** Kukuruza, Moskva **7** (1962) Nr. 12. S. 40–41. – 2 Tab. 782.

Drake, Mack, Ishizuka, Y. und Gotoh, K,; Amherst, Mass. Univ. of Massachusetts. Corn grain and silage yields in Hokkaido, Japan. **(Korn- und Silageerträge des Maises in Hokkaido, Japan.)** Agronomy J. **54** (1962) Nr. 1. S. 43–46. – 5 Tab.

Hokkaido, eine japanische Insel, hat eine LN von 2324000 acres. Davon werden 40000 mit Mais bebaut. Versuche mit frühreifenden Maishybriden wurden an 3 verschiedenen Orten der Insel durchgeführt. Die Kornerträge lagen etwas niedriger als im nördlichen Maisgürtel der USA. Sie schwankten in einem Versuch zwischen 20–99 bu./acre. Im gleichen Versuch wurden 300 bis 420 dt/ha Silomais geerntet. N-Düngung steigerte die Erträge, ebenso die Erhöhung des Pflanzenbestandes von 45000 auf 55000 je ha. Vf. fordert die Züchtung von frühreifenden, ertragreichen Hybriden. W. Schmidt. 782.

Stanev, P. (Stanew, P.) Carevicata sort Ruse 51—17. **(Die Mais-Sorte 'Russe 51—17'.)** Izvestija na Dobrudžanskija selskostopanski naučnoizsledovatelski institut, Tolbuchin-Sofija 2 (1962) S. 49—55. — 5 Tab. Zus. in Russ., Engl.
Die neue Sorte wurde aus lokalem Ausgangsmaterial (durch Mutterstammbaumzüchtung) gezüchtet. Eine kurze bot. Beschreibung der Sorte ist gegeben. Im 5jähr. Mittel brachte sie 48,8 dt/ha Korn, wobei sie die Standardsorte 'A-26' um 22% überbot. Auch zur Silierung ist sie geeignet. Der Grünmasseertrag lag im 4jähr. Mittel bei 393 dt/ha (11,6% über Standard). Die aus dieser Sorte gewonnenen Inzuchtlinien weisen eine hohe Kombinationseignung auf. Die Sorte ist als Originalsorte anerkannt worden. M. Stoilow. 782.

Tret'jakov, N. N. und Sinicyna, A. P. (Tretjakow, N. N. und Sinizyna, A. P.); Lugowaja, Gebiet Moskau, Williams-Unions-Inst. für Futtermittelforsch. Potreblenie vody kukuruzoj na dernovo-podzolistych počvach. **(Der Wasserverbrauch des Maises auf Rasen-Podsol-Böden.)** Vestnik sel'skochozjajstvennoj nauki, Moskva 7 (1962) Nr. 12. S. 25–30. — 2 Abb., 5 Tab. Zus. in Engl., Franz., Dtsch.
Die Wasserführung des Bodens bestimmt in beträchtlichem Maße Entwicklung und Tiefe des Wurzelsystems. Bei günstigen Wasserverhältnissen nehmen die Maiswurzeln die Feuchtigkeit vornehmlich aus dem Pflughorizont auf. In Trockenzeiten dringen die Wurzeln dagegen bis zu 50–60 cm tief ein. Es ist daher wichtig, daß die Podsol- und Illuvialschichten des Untergrundes durch entspr. Bodenbearbeitung aufgelockert werden, um den Wurzeln das Eindringen in größere Tiefen zu ermöglichen. Es ist noch zu berücksichtigen, daß frühreife Sorten und Hybriden einen größeren Wasserbedarf für die Bildung der Tr.-Subst. haben als spätreife. E. Kahn. 782.

Jarošenko, K. I. (Jaroschenko, K. I.) Kukuruza pri požnivnom poseve. **(Mais als Stoppelsaat.)** V sb.: Morfogenez rastenij, Moskva 1 (1961) S. 453–457. — Aus: Referativnyj žurnal. Biologija, Moskva **1962** Nr. 2. G 255. S. 30.
Im Tschuisker Tal wurde Mais im Quadratnestverfahren zu 3 verschiedenen Terminen gelegt: am 3.–5. Mai (Frühjahrsaussaat), am 10.–12. Juli (1. Termin der Stoppelsaat) und am 20.–23. Juli (2. Termin der Stoppelsaat). Die einzelnen Maissorten verhielten sich bei Frühjahrs- und bei Stoppelsaat unterschiedlich. Bei der Stoppelsaat verkürzte sich bei fast allen Sorten die Periode vom Aufgehen bis zum Rispenschieben um 3—13 Tage. Daten über die Dynamik des Wachstums des Haupttriebes und seiner Internodien in Abhängigkeit von den Etappen der Organogenese werden angeführt. Bei frühreifen Sorten erfolgte der Zuwachs des Haupttriebes gleichzeitig mit der Differenzierung ♂ und ♀ Blüten. Der stärkste Zuwachs des Haupttriebes erfolgte bei späten und mittelspäten Sorten in 2 Perioden: die erste fiel mit der Differenzierung generativer Organe in den Staubgefäßen ♂ Blüten zusammen, die zweite mit der Bildung generativer Organe in den ♀ Blüten. Die größte Länge der Internodien war bei jeder Entwicklungsetappe charakteristisch für jede Sortengruppe und ist abhängig von dem Internodium, bei dem keine Größenunterschiede zwischen Frühjahrs- und Stoppelsaat-Termin bestanden. Die Länge der Internodien in jeder Etappe der Organogenese ist ein Kennzeichen der Entwicklung der Pflanze. übersetzt von E. Fröhmcke. 782.

Červený, Andrej; Nitra, Vysoká Škola Pol'nohospodárska, Prevádzkovo-Ekonom. Fak. K otázke ekonomickej efektívnosti pestovania kukurice na zrno (tradičným riadkovým spôsobom). **(Zur Frage der ökonomischen Effektivität des Körnermaisanbaus bei Reihenaussaat.)** Pol'nohospodárstvo **9** (1962) Nr. 5/6. S. 409–414. — 5 Tab., 3 Lit. Zus. in Russ., Engl.

Die Studie beruht auf 3jährigen Untersuchungen des Maisanbaus im slowakischen Maisanbaugebiet. Die Maiserträge wurden mit denen von So-Getreide und Futterkartoffeln verglichen. Mais brachte jährlich 267—296 kg verd. Eiweiß, So-Getreide dagegen 157–200 und Futterkartoffeln 88–126 kg/ha. Der Ertrag an StE betrug bei Körnermais 3446–3824 kg/ha, bei So-Getreide 1736–2233 und bei Futterkartoffeln 1584–2268 kg/ha. Mit 100 Kčs wurden bei Mais 7,080–8,508 kg verd. Eiweiß und 91,50–109,89 kg StE, bei Getreide 9,909 bzw. 109,86–117,46 kg und bei Kartoffeln 1,412–2,265 bzw. 25,41–40,77 StE produziert. Der Umstand, daß der Mais bei höherer Nährstoffproduktion je ha eine niedrigere Produktion je 100 Kčs bringt als das Sommergetreide, weist auf die Notwendigkeit einer besseren und billigeren Maisanbautechnologie hin. V. Skládal. 782.

Mureșan, T. und Cosmin, O. Culturi comparative cu soiuri de soia la baza experimentală Fundulea (1960–1961). **(Vergleichskulturen mit Sojabohnensorten an der Versuchsstation Fundulea [1960/1961].)** Probleme agric. [București] **14** (1962) Nr 2 S. 34–40. — 4 Tab., 8 Lit. Zus. in Russ., Franz.

Verglichen wurden 19 chinesische, 14 Sorten aus den USA und die wertvollsten rumän. Sorten. Die Mehrzahl der aus China stammenden Sorten sind sehr spätreif (nach dem 15. Okt.), ebenso die amer. Sorten 'Wabash', 'Adams' und 'Clark'. Die Sorten 'Chippewa', 'Ung. Mica Comet', 'Capital', 'Reiner' und 'Norchief' lieferten die höchsten Kornerträge (35—48% über Kontrolle). Die eiweißreichsten waren 'Harosoy', 'Reiner', 'Capital' und 'Lincoln', die mit dem höchsten Fettgehalt 'Blackhawk', 'Comet', 'Chippewa' und 'Norchief'. Spätsorten, die sich gut für die Silierung eignen, sind 'Lincoln', 'Harosoy' und 'Shalby'. C. I. Milică. 805.

Șarpe, N. Contribuții la studiul influenței densității și metodei de semănat asupra producției la soia cultivată pentru boabe în sudul țării. **(Der Einfluß des Standraums und der Aussaatmethode auf den Ertrag von Körnersoja im Süden des Landes.)** Probleme agric. [Burcurești] **14** (1962) Nr. 2. S. 41–49.— 5 Tab. Zus. in Russ., Franz.

Die Versuche wurden in der Versuchsstation Fundulea mit den Sorten 'Chippewa' (zur Körnergewinnung) und 'Lincoln' (Grünfutter) durchgeführt. Der Standraum der Pflanzen hat großen Einfluß auf das Wachstum, auf die Anzahl der Blätter und Seitentriebe, auf den Knospen- und Hülsenansatz, auf die Anzahl der gebildeten Hülsen, auf den Anteil nichtausgebildeter Hülsen und den Körnerertrag. Für die mechan. und verlustlose Ernte sollten Reihenabstände von 80–100 cm eingehalten werden. Der Körnerertrag wird nur von der Pflanzendichte beeinflußt und ist unabhängig von der Form des Standraumes und von der Aussaatmethode. Vf. empfiehlt die Aussaat von 50 Körnern/m² in großen Reihenabständen (80–100 cm), dadurch ist die Mechanisierung der Pflegearbeiten mit dem gleichen Maschinensatz wie für Maiskultur möglich. C. I. Milică. 805.

Veselý, Vladimír. Podíl včel na výnosech hořčice bílé. **(Anteil der Bienen am Ertrag von Weißem Senf [Sinapis alba].)** Včelařství **15 (96)** (1962) Nr. 10. S. 146–147. — 2 Tab.

Im Jahre 1961 wurden in der LPG Dolní Dunajovice und im Genetischen Labor. in Lednice Versuche mit der Senfsorte 'Přerovská' durchgeführt. Zur Feststellung der Selbstbestäubung wurde der Bestand mit Organdinnetzen isoliert. In Dunajovice wurde bei freier Selbstbestäubung ein Durchschnittsertrag von 12,50 dt/ha und bei Isolierung von 4,75 dt/ha ermittelt. In Lednice betrug der Durchschnittsertrag bei freier Bestäubung 41,50 dt/ha, bei Isolierung 5,37 dt/ha. Auf beiden Standorten verfolgte man während der Blütezeit den Insektenanflug auf die Senfblüten: Man stellte den Anteil wildlebender Bestäuber fest und errechnete dann den Anteil der Honigbiene. So wurde der Koeffizient K ermittelt, der zur Berechnung der durch die Honigbiene herbeigeführten Ertragssteigerung (erzielter Ertrag × K) dient. Zwischen den durch Selbstbestäubung und freie Bestäubung erzielten Erträgen gibt es keine direkte Abhängigkeit. Der Umfang der Selbstbestäubung ist bei Senf rel. gering und kann nach Erreichen einer bestimmten Grenze (bei vorliegenden Versuchen durchschnittl. 5 dt/ha) durch agrotechnische Maßnahmen nicht mehr gesteigert werden. V. Skládal. 822.

Halder, Chr. **Ergebnisse der Sortenversuche mit Kartoffeln und Futterrüben 1961.** Bundesversuchsanst. alpenländ. Landwirtsch. Gumpenstein [Österreich], Versuchsergebn. **1962** Nr. 59. S. 1–27.

An 5 Orten wurden Versuche mit 5 mittelfrühen und 10 mittelspät bis späten Kartoffelsorten angelegt und ausgewertet. 6 frühe Sorten wurden in Gumpenstein geprüft. Die Ergebnisse sind in Tabellen aufgeführt. Zwischen den frühen Sorten waren die Ertragsunterschiede gering. Den besten Ertrag brachte 'Sirtema' (392,5 dt/ha). Die Knollen waren kleiner als die von 'Sieglinde', die ebenfalls guten Ertrag bei 9 Tage längerer Vegetationszeit brachte. In der mittelfrühen Gruppe, in der Sorten, wie 'Bintje' und 'Oberarnbacher Frühe', geprüft wurden, fielen im Ertrag mit rel. 90,7 'Erika' und 94,1 'Grata' etwas ab, die anderen Prüfsorten übertrafen etwas 'Bintje'. In der Sortierung war 'Delos' zu kleinfallend, die aber im Stärkeertrag an der Spitze lag und dabei 'Bintje' etwas übertraf, alle anderen Sorten lagen unter dieser. In der Resistenz gegenüber Knollenkrankheiten befriedigte 'Bintje' nicht. Bei den späten Sorten überragte 'Patrones' mit rel. 111,1 und 447,1 dt/ha. Der Neuzuchtstamm '173/55', der nur an einem Ort geprüft wurde, brachte gute Ergebnisse (rel. 107,8), alle anderen lagen unter oder knapp bei 100. Bes. hohen Stärkeertrag brachte 'Flora'. Im Kartoffelsortiment in Gumpenstein fällt durch gute Leistungen 'Risa', 'Suevia' und 'Condea' auf. — Im 2. Teil des Berichtes werden die Ergebnisse der Futterrübensortenversuche bekannt gegeben. 14 Sorten wurden im Versuch und 29 im Sortiment geprüft. Im Tr.-Subst.-Ertrag mit 142,3 dt/ha und rel. 111,1 stand 'Saccharosa' an der Spitze. Es folgen 'Olympia' mit 110,6 und 'Zentaur' mit 109. 'Eckendorfer Gelb' lag an anderen Versuchsorten mit in der Spitzengruppe. Zahlreiche Sorten brachten hohe Blatterträge, die mit rel. 120–151,8 über dem Mittel liegen. Die Sorte 'Rosa Beta' nimmt hier eine Spitzenstellung ein bei guten Tr.-Subst.-Erträgen. Im Sortiment zeichnen sich 'Rekord', 'Oskarpoly', 'Capax' und 'Zentaur' aus. P. Hahn. 830.

Poljakov, P. V. (Poljakow, P. W.) Orošenie i udobrenie kartofelja v pojme Dona. **(Bewässerung und Düngung der Kartoffel in der Donniederung.)** S. ch. Sev. Kavkaza **1962** Nr. 2. S. 83–84. — Aus: Referativnyj žurnal. Biologija, Moskva **1962** Nr. 13. G 273. S. 38.

In Versuchen wurde festgestellt, daß zum Erhalten hoher Kartoffelerträge auf den Aueböden des Don (Gebiet Rostow) Bewässerung erforderlich ist, wenn die Bodenfeuchtigkeit auf 60% der FK absinkt. Man muß die Feuchtigkeit durch Bewässerung auf 80% der FK erhöhen. Es ist zu empfehlen, während der Vegetationsperiode 4mal mit je 350 m^3 zu bewässern. Düngemittel werden in folgender Menge gegeben: Stallmist 20 t/ha N, 60 P, 60 K, 60 kg/ha. übersetzt v. G. Boetticher. 832.

Becker, G. und Schulze, F. W.; Bonn, Rhein. Friedrich-Wilhelms-Univ., Inst. für Pflanzenbau. **Ergebnisse der Dikopshofer Nachbauprüfung 1962.** Kartoffelbau **14** (1963) Nr. 2. S. 36–37. – 3 Tab., 5 Lit.

In der Dikopshofer Nachbauprüfung standen 1962 15 Kartoffelsorten 11 Jahre, 28 Sorten 3–9 Jahre und weitere 29 Sorten 3 und weniger Jahre in der Prüfung. In Abweichung von der bisherigen Rechteckform (10 Reihen × 10 Stauden) wurden erstmals Langparzellen (2 Reihen × 50 Stauden) angelegt, wobei durch Verwendung von Lochmaschine und Vorratsroder erhebliche Arbeitseinsparungen möglich waren. – Der für die stark abbaugefährdete Lage der Kölner Bucht außerordentlich geringe und späte Blattlausbefall 1961 ließ nur eine schwache Virusinfektion zu, so daß im Nachbau nur ein geringer Ertragsrückgang zu erwarten war. Im Gegensatz zu anderen Jahren und Durchschnittswerten langjährig geprüfter Sorten, wo der Ertragsabfall im Vergleich zum jeweils neu bezogenen Hochzuchtpflanzgut 20–30% betrug, lag er 1962 nur um 4%. In diesem Sonderfall können die Nachbauerträge keinen zuverlässigen Aufschluß über die Abbaufestigkeit der Sorten geben. Dagegen beweisen die mehrjähr. Prüfungsergebnisse die Wichtigkeit des jährlichen Pflanzgutwechsels in abbaugefährdeten Lagen.

R. Kämmerer. 832.

Burghausen, R.; Jena, Friedrich-Schiller-Univ., Inst. für Acker- und Pflanzenbau. **Die Stickstoffdüngung zu Kartoffeln.** Dtsch. Landwirtsch. **14** (1963) Nr. 4. S. 173–175. – 4 Tab., 22 Lit. nach Zus.

An Hand von Gefäß- und Feldversuchsergebnissen werden der Praxis Hinweise zur rationellen N-Düngung gegeben. So konnten auch bei den einzelnen Kartoffelsorten unterschiedliche N-Ansprüche festgestellt werden. Bes. für vorgekeimte Kartoffeln erwies sich eine unterteilte N-Gabe als sehr nützlich, indem $^2/_3$ zur Bestellung und $^1/_3$ der Gabe zum Knollenansatz verabreicht wurden. 832.

Proeseler, G.; Aschersleben, Inst. für Phytopathol. der Biol. Zentralanst. der Dtsch. Akad. der Landwirtsch.-Wiss. zu Berlin. **Beziehungen zwischen Kartoffelabbau und Düngung.** Dtsch. Landwirtsch. **14** (1963) Nr. 4. S. 170 bis 172. – 1 Abb., 22 Lit. nach Zus.

Durch harmonische Düngung kann die Widerstandsfähigkeit der Kartoffel gegenüber dem Abbau erhöht werden. Der Nährstoffbedarf muß vorrangig durch org. Dünger befriedigt werden. Daneben sollen Pflanzkartoffelbestände nur mäßige N-Gaben erhalten, denn die maskierende Wirkung eines N-Überschusses würde keine ausreichende Selektion gestatten. Dagegen kann man beim Anbau von Speise- und Wirtschaftskartoffeln aus ökonom. Gründen auf optimale N-Gaben nicht verzichten. Ständig hohe Erträge werden in diesem Fall nur durch reichliche und ausgeglichene N-, P- und K-Gaben und regelmäßigen Pflanzgutwechsel erzielt. Der Phosphatbedarf der Kartoffel muß stets gedeckt werden, da Phosphor reifebeschleunigend und abbauhemmend wirkt. Als K-Düngemittel darf man beim Anbau von Pflanzkartoffeln und nach Möglichkeit auch beim Anbau von Speise- und Wirtschaftskartoffeln nur schwefelsaure und keinesfalls chlorreiche Salze anwenden. Eine regelmäßige Kalkung ist für die Gesunderhaltung der Kartoffel notwendig. Die Beziehungen zwischen Düngung und Blattlausbesatz sind umstritten. Wahrscheinlich finden die Aphiden bei N-Überschuß, K-Mangel und Cl-Düngung günstige Entwicklungsbedingungen, während ihnen gut mit K versorgte Pflanzen nicht zusagen. 832.

Hansen, John C.; Fargo, North Dakota State Univ., Dep. of Horticult. Planting and harvest studies with the Norland potato in North Dakota. **(Pflanz- und Erntestudien an der Kartoffelsorte 'Norland' in Nord Dakota.)** Amer. Potato J. **39** (1962) Nr. 8. S. 291–297. – 5 Abb., 17 Lit.

Die Entwicklung der frühreifen Sorte 'Norland' für nördliche Bedingungen war Anlaß zur Durchführung von 3jährigen Versuchen über die günstigste Pflanz- und Erntezeit dieser Sorte in Nord-Dakota. Der höchste Gesamtertrag und Ertrag an Marktware wurden bei den frühesten Pflanzterminen (1.–15. Mai) und der Ernte nach dem 15. Sept. erzielt. Es wurden aber von der frühesten Pflanzung (1. Mai) bereits am 25. Aug. 75% des Endertrages an Marktware geerntet. Der Ertrag an Untergrößen war ab Mitte Aug. für alle Pflanztermine — außer der Pflanzung vom 15. Juli — gleich. In der Gesamtzahl der angesetzten Knollen traten ab 1. Sept. keine großen Differenzen auf. Es erfolgte aber bis zum Vegetationsende noch eine gewisse Zunahme der Knollenzahl. Das höchste spez. Gew. wurde von den frühesten Pflanzterminen Mitte Aug. erreicht und war bei allen Varianten im Okt. ähnlich. Die früh gepflanzten Kartoffeln waren im Sept. reif; die spät gepflanzten reiften Mitte Sept. bis Okt. Ch. Pfeffer. 832.

Raidt, W.; Neumünster, SEG-Außenstelle. **Gesunde Pflanzkartoffeln durch Vorkeimen, Krautabtöten und Frühroden.** Kartoffelbau **14** (1963) Nr. 3. S. 54–55. — 2 Abb. 832.

Hunnius, W.; Weihenstephan, Bayer. Landessaatzuchtanst. **Rationalisierungsmöglichkeiten im Pflanzkartoffelbau.** Kartoffelbau **13** (1962) Nr. 12. S. 262–265.

Die Konzentration des Pflanzkartoffelbaues in geschlossenen Gebieten bedeutet erhebliche Risikominderung und Erzeugungsverbilligung. Bei der aufwendigen Bereinigung ist eine Arbeitsverbesserung anzustreben durch Senkung des Ausgangsbesatzes (Anzucht des Pflanzgutes unter Vorkeimung und Frührodung, Prüfung des Gesundheitswertes), zeitliche Verlagerung der Bereinigung (Vorkeimen, Einsatz systemischer Insekticide bei nur blattrollanfälligen Sorten) und Erleichterung des Vorganges selbst (Totspritzen der Stauden im Bestand nach Schramm und Behringer). Zu einem gleichmäßigen, frühreifen Bestand, der für Gesundheitswert und verlustarme Ernte gleich wichtig ist, führen Vorkeimung, flaches und gerades Legen in gebrochener Sortierung, enger Stand in den Reihen (Legemaschinen). — Unter gewissen Umständen ist eine Erhöhung der N-Gabe von 60 auf 80–90 kg/ha vorteilhaft; dabei ist auf das Nährstoffverhältnis zu achten; bei 60 kg N stellen 100 kg P und 120 kg K die untere Grenze dar. — Die Unkrautbekämpfung erleichtern Striegel bzw. Striegelhäufler; chem. Mittel werden auch für den Pflanzkartoffelbau verfügbar sein. Dem Auftreten von Fehlstellen und Auflaufschäden wirken Beizung gegen Rhizoctonia und sorgfältige Behandlung im Winterlager entgegen. R. Kämmerer. 832.

Zijdewind, C.; Schagen, Rijkslandbouwconsulentschap voor Noordelijk Noord-Holland. De teelt van bietenzaad. **(Der Rübensamenbau.)** Landbouwvoorlichting **20** (1963) Nr. 1. S. 23–27. — 8 Abb.

In Nordholland wird auf einer großen Anbaufläche Rübensamenbau betrieben. Die Erfahrungen einiger Betriebe in den Jahren 1959 und 1960 wurden ausgewertet. Das Ziehen der Stecklinge geschieht meistens mit der Hand. Sie werden mit Erde und Stroh abgedeckt und überwintern in Mieten bei Temperaturen, die nicht über 5 °C steigen sollen. Auch das Pflanzen geschieht mit der Hand, nachdem schwächliche Pflanzen ausgeschieden wurden. Falscher Mehltau tritt ab und zu auf, *Verticillium*-Infektionen führen oft zu frühzeitigem Absterben der Pflanzen, Bekämpfung durch Besprühen wird gelegentlich durchgeführt. Geerntet wird z. T. noch mit der Sichel, in einigen Betrieben setzt man den Grasmäher ein. Das Trocknen wird auf Reutern vorgenommen, anschließend wird auf dem Felde gedroschen. Die Erträge betragen ca. 2500 kg/ha. E. M. Ardelt. 834.

Karaerov, P. G. (Karajerow, P. G.); Region Krasnodar, Zuckerrübensowchos „Chutorok". Podpokrovnoe vyraščivanie matočnoj svekly. **(Die Anzucht von Stecklingen unter Deckfrüchten.)** Sacharnaja svekla, Moskva 7 (1962) Nr. 10. S. 30–32. – 1 Abb., 1 Tab.

Das Verhältnis zwischen Stecklingsfläche (Mutterrüben) und Samenträgerfläche wird immer enger. Deshalb hat die Untersaat von Rüben unter So-Gerste, Kichererbsen und Lein eine große Zukunft. Die agrotechnischen Maßnahmen (Aussaatverfahren, Saatstärke, Ernte) werden ausführlich beschrieben. Bei 1960 durchgeführten Versuchen wurden gegenüber normaler Auspflanzung im Frühjahr (10,9 dt/ha Samen), bei Untersaat unter dicht stehender So-Gerste und Feldüberwinterung 11,4 dt/ha sowie bei Untersaat unter weitreihig stehender Gerste und Feldüberwinterung 14,7 dt/ha Samen geerntet. G. Jury. 834.

Loosalu, Ja. Ju. (Loossalu, Ja. Ju.) O ploščadjach pitanija semennikov svekly. **(Über die Ernährungsfläche [Standweite] der Zuckerrübensamenträger.)** Sacharnaja svekla, Moskva 7 (1962) Nr. 10. S. 28–30. – 4 Tab.

Mehrjährige Standweitenversuche (50×50, 60×60, 70×50, 70×70, 90×50 und 90×90 cm) über Auswirkungen auf Samenertrag, TKM sowie Fabrikrübenertrag und Zuckergehalt werden beschrieben. Bei genügend Feuchtigkeit sind Standweiten von 60×60, 70×50, 60×40 und 60×50 cm zu empfehlen. I. allg. erhöhen sich Erträge und Qualität bei geringeren Standweiten. Die Quadratnestpflanzung führte zu Mindererträgen. G. Jury. 834.

Koreńkov, V. A. und Bessarabov, V. I. (Korenkow, W. A. und Bessarabow, W. I.) O chranenii i pererabotke svekly, ubrannoj potočnym sposobom. **(Über die Lagerung und Verarbeitung der im Fließverfahren geernteten Rüben.)** Sacharnaja svekla, Moskva 7 (1962) Nr. 11. S. 10–12. – 2 Abb., 3 Tab.

Die Ernte mit den Rübenkombines KS-3, SPT-3 und SKN-2 mit spez. Reinigungseinrichtungen senkt gegenüber der Ernte mit der SKEM-3 den Grad der Verschmutzung und Beimischung von 25–30% auf 7-12%. Einzelne Betriebe erreichen ohne Handarbeit sogar nur 4%. Dadurch vermindert sich der Handarbeitsaufwand von 120–150 Akh/ha auf 25–35 Akh. Einmietungsversuche ergaben gegenüber der Kontrolle keine wesentlichen Unterschiede. Bei 133 Tagen Lagerung betrug der tägliche Zuckerverlust 0,013% und der gesamte Gewichtsverlust 0,53% gegenüber der Kontrolle (145 Tage, 0,009% und 0,07%). Die Zuckerausbeute bei Rüben, die nach dem Fließverfahren geerntet wurden, lag max. um 0,5% niedriger als bei von Hand nachgereinigten Rüben. G. Jury. 834.

Mel'ničuk, A. N. (Melnitschuk, A. N.) Obrabotka počvy pod sacharnuju sveklu v raznych zonach sveklosejanija i chimičeskie sredstva boŕby s sornoj rastitel'nost'ju. **(Die Bodenbearbeitung zu Zuckerrüben in verschiedenen Zonen des Rübenbaus und chemische Mittel zur Unkrautbekämpfung.)** V sb.: Dostiž. nauki i peredov. opyt po sveklovodstvu, Moskva **1961** S. 64–72. – Aus: Referativnyj žurnal. Biologija, Moskva **1962** Nr. 7. D 227. S. 35.

Es werden verschiedene Angaben über Zuckerrübenerträge in den Jahren 1955–58 gemacht, die in 8 Versuchs- und Zuchtstationen sowie 14 Versuchsanstalten der Rübenbauzone (von den Westgebieten der Ukraine bis zur Altairegion) bei verschiedenen Methoden der Bodenbearbeitung gesammelt wurden. Es werden Beispiele des Einflusses der Pflugtiefe auf den Ertrag verschiedener Kulturen des Brache- und Trawopolnaja-Teils der Fruchtfolge, auf die Verteilung der Wurzelreste der mehrjährigen Futterpflanzen und auf die Zersetzung der org. Masse bei verschiedenen Terminen des Umbruches der Futterpflanzenstoppel angeführt. Ferner wird über die Anwendung von Herbiciden beim Anbau von Rüben auf Schwarzerdeböden und grauen podsolierten Böden berichtet. Vf. empfiehlt, in der Rübenfruchtfolge auf Böden

mit tiefem Humushorizont 28–32 cm tief zu pflügen, eine weitere Vertiefung der Pflugfurche ist nicht zweckmäßig.
übersetzt v. G. Boetticher. 834.

Podtykan, Ja. P. und Sergienko, I. T. (Podtykan, Ja. P. und Sergijenko, I. T); Kiew, Unions-Inst. für Zuckerrübenforsch. Vozdelyvanie svekly s minimal'nymi zatratami ručnogo truda. **(Der Zuckerrübenanbau mit minimalem Handarbeitsaufwand.)** Sacharnaja svekla, Moskva 7 (1962) Nr. 11. S. 20–22. – 3 Tab.

Vff. beschreiben Produktionsversuche aus 58 Betrieben der Ukraine über die Wirksamkeit der neuen arbeitssparenden Zuckerrübenbautechnologie unter Verwendung von monokarpem Saatgut. Die Versuchsfläche betrug 2560 ha (neue Technik) und 2136 (alte Technik, Kontrolle). Erfaßt sind alle Ertragsdaten sowie Angaben über Arbeitsaufwand und Kosten. Der Zuckerertrag lag nach der neuen Technologie bei 45,8 dt/ha gegenüber 43 dt/ha in der Kontrolle. Der Arbeitsaufwand je dt Rüben betrug analog 74,7 AKmin gegenüber 13,07 AKmin und die direkten Kosten je dt betrugen 0,51 gegenüber 0,69 Rbl. Vf. führt auch Versuche mit polygermem Saatgut (Versuchsflächen 543 ha) an, die ebenso überzeugend die Richtigkeit des neuen Anbauverfahrens beweisen. In einer 3. Versuchsreihe werden Ergebnisse von Versuchen mit radikaler Einschränkung des Handarbeitsaufwands (17,2 AK-Tage je ha) veröffentlicht, G. Jury. 834.

Tichvinskij, S. F. (Tichwinski, S. F.); Kirow, Landwirtsch. Inst., Lehrstuhl für Pflanzenzücht. Vlijanie agrotechniki na anatomičeskoe stroenie steblja l'na-dolgunca. **(Der Einfluß der Agrotechnik auf die anatomische Struktur des Faserleinstengels.)** Len i konoplja, Moskva **7(24)** (1962) Nr. 12. S. 32–34. – 4 Abb., 3 Tab.

Als Objekte der anatomischen Untersuchungen dienten die Sorten 'Stachanowwez' und '806/3'. Im 6jährigen Durchschnitt war der anatom. Aufbau der Stengel nach Maisaat im Vergleich zu dem der Stengel nach Junisaat besser (Flächenanteil der Rinde 27,1% gegenüber 25,8%, der Faserbündel 18,7% gegenüber 16,9%, des Holzteils 39% gegenüber 41,1%; Anzahl der Einzelfasern im Schnitt 286,7 gegenüber 265,8; Dmr. der Einzelfasern 8,4 μm gegenüber 7,5 μm; verholzte Fasern 31,6% gegenüber 34%). Als Ursachen dieser Erscheinung werden die günstigen Witterungsverhältnisse während des Lichtstadiums und der Periode des schnellen Wachstums bei Maisaaten genannt. Das Besprühen mit Herbiciden zur Unkrautbekämpfung führte bei einer Pflanzenhöhe unter 8 cm und über 15 cm zu Verkrümmungen der Stengel, die mit einer Verringerung der Anzahl der Einzelfasern und starker Verholzung der Stengel verbunden waren. In bezug auf den anatom. Aufbau der Faserstengel erwiesen sich in Abhängigkeit von den Witterungsbedingungen bei dem Präparat „2 M-4 X“ 0,6–0,96 kg/ha Wirkstoff als optimal. Im Hinblick auf den anatom. Aufbau der Stengel der Sorte 'L-1120' zeigte die Düngungsvariante NPK + Asche das beste Ergebnis. W. Merfert. 846.

Schröder, H.; Bernburg/S., Hochschule für Landwirtsch., Inst. für Gartenbau. **Untersuchungen über den Einfluß unterschiedlicher Wasserversorgung auf Erträge, Gehalte an ätherischem Öl, Transpirationsquotienten, Blattgrößen und relative Öldrüsendichten bei einigen Arten aus der Familie der Labiaten. 1. Teil. Literaturübersicht und Problemstellung, Versuchsmethodik, Drogenerträge und Gehalte an ätherischem Öl.** Pharmazie 18 (1963) Nr. 1. S. 47–58. – 2 Abb., 21 Tab., 35 Lit.

Vf. prüfte in mehrjährigen Versuchen zu Majoran (*Majorana hortensis* Moench), Pfefferminze (*Mentha piperita* L.), Salbei (*Salvia officinalis* L.) und Bohnenkraut (*Satureja hortensis* L.) die Wirkung unterschiedlicher Wasserversorgung auf den Krautertrag, Gehalt an ätherischem Öl, Transpirationsquotienten,

Blattgröße und auf die rel. Öldrüsendichte. Bei den Gefäßversuchen konnte die unproduktive Wasserverdunstung über die Oberfläche des Versuchssubstrates durch Paraffinabdichtung ausgeschaltet werden. Der Vorteil dieser Abdichtung gegenüber einer Bedeckung mit Glasperlen wird versuchsmäßig belegt. Weiterhin wird eine neuartige Anordnung zur Wasserzuführung beschrieben. Die Wasserkapazität des Bodens war bei den einzelnen Versuchsgliedern mit 30, 40, 60, 80 und 90% gesättigt. Majoran, Salbei und Bohnenkraut reagierten auf differenzierte Wasserversorgung ähnlich, die Erträge waren bei 60%iger Sättigung der WK des Bodens am höchsten. Ausschließlich Pfefferminze lieferte bis zur höchsten Sättigungsstufe Ertragssteigerungen. Pfefferminze, Majoran und Salbei reagierten sowohl auf Wassermangel als auch auf Wasserüberschuß mit herabgesetzten Gehalten an ätherischem Öl.
G. Loßner. 852.

Kostjanev, S. (Kostjanew, S.) Rezultati ot opiti s gŭstota na razsaždane na tjutjuna pri nepolivni uslovija. **(Versuche mit unterschiedlichen Pflanzweiten beim Tabakanbau ohne Bewässerung.)** Naučni trudove. Naučnoizsledovatelski institut po tjutjuna – Plovdiv, Sofija 2 (1962) S. 129–140. – 5 Tab., 9 Lit. Zus. in Russ., Engl.
Zu 2 Pflanzterminen wurden mit der Sorte 'Newrokop 5' Pflanzweiten von 50×10, 50×8, 40×10 und 60×8 cm geprüft. Jede Tabakpflanze erhielt 0,5 g Ammonsalpeter. Beim optimalen Pflanztermin (2. Maihälfte) brachten die Varianten mit gleicher Pflanzenzahl je Flächeneinheit, unabhängig von den Abständen zwischen und in den Reihen, fast die gleichen Erträge. Bei Erhöhung der Pflanzenzahl je Flächeneinheit um 25% nahm der Ertrag um 8–10% zu. Bei engeren Pflanzweiten in den Reihen sinkt die Tabakqualität. Der Ertrag bei der Spätpflanzung (Mitte Juni) hängt von den Pflanzweiten in den Reihen ab. Die günstigste Pflanzdichte im Anbaugebiet von Newrokop liegt bei 200000 Pflanzen je ha (Reihenabstand 50, Pflanzenabstand 10 cm).
M. Stoilow. 855.

Petrov, R. (Petrow, R.) Agrotechničeski i ikonomičeski efekt ot izpolzuvaneto na polietilena v tjutjunevoto razsadoproizvodstvo. **(Agrotechnischer und ökonomischer Nutzeffekt der Verwendung von Polyäthylenfolien bei der Tabakanzucht.)** Naučni trudove. Naučnoizsledovatelski institut po tjutjuna – Plovdiv, Sofija 2 (1962) S. 219–235. – 8 Abb., 4 Tab., 14 Lit. Zus. in Russ., Engl.
Untersucht wurde der Einfluß der Temperaturverhältnisse, der Luftfeuchtigkeit und der Durchlüftung der mit Polyäthylenfolien überspannten Anzuchtbeete. Die Temperaturen in diesen Anzuchtbeeten unterscheiden sich nicht von den in mit Glas überdeckten und sind um 5–6 °C höher als in den Freilandbeeten. Die Verwendung von Polyäthylenfolien verkürzte die Jungpflanzenanzucht um 17–20 Tage, da sich die Jungpflanzen rascher und regelmäßiger entwickeln. Durch die gute Durchlüftung werden die ungünstigen Entwicklungsbedingungen für die Anzucht (hohe rel. Luftfeuchtigkeit) vermieden. Wirtschaftliche Analysen zeigten, daß die Verwendung von Polyäthylenfolien den Arbeits- und Materialaufwand um 90 Lewa/ha steigerte, der jedoch durch den höheren Ertrag und die bessere Tabakqualität wettgemacht wurde.
M. Stoilow. 855.

Vent, Lubomír; Žatec, Výzkumný Ústav Chmelařský. Nová soustava hospodaření ve chmelařských oblastech. **(Neues Wirtschaftssystem in den Hopfenbaugebieten.)** Rostlinná Výroba 8(35) (1962) Nr. 8. S. 989–996. – 3 Abb. Zus. in Russ., Dtsch.
Vf. beschreibt die Grundsätze des neuen Wirtschaftssystems in den Hopfenbaugebieten, das gegenwärtig in den führenden Hopfenbaubetrieben eingeführt wird. Die bisher gewonnenen Ergebnisse in bezug auf die Großproduktion bestätigen die Richtigkeit und den ökonom. Nutzen ihrer Einführung.

Als spezialisiert gilt ein Betrieb mit mindestens 8% Hopfenanbaufläche. Im Hopfenbaugebiet der ČSSR gibt es Betriebe mit 20 und mehr % Hopfenanbaufläche. Gleichzeitig wurden auch die wichtigsten Fragen der Hopfensortenrayonierung gelöst. Gegenwärtig stehen für die Anlage neuer Hopfengärten Fechser einzelner Bezirkssorten von halbfrühem Rothopfen und drei Osvaldklone zur Verfügung. M. Pštross. 855.

Kurup, C. K. Ramakrishna, Sastry, A. S. und Rao, D. Subba; Rajahmundry, Centr. Tobacco Res. Inst. Further studies on the influence of soil and irrigation water on the chemical composition and quality of cigar tobacco. **(Weitere Untersuchungen über den Einfluß des Bodens und des zur Bewässerung benutzten Wassers auf die chemische Zusammensetzung und die Qualität des Zigarrentabaks.)** J. Indian Soc. Soil Sci. **10** (1962) Nr. 4. S. 237–242. – 6 Tab., 4 Lit.
Um die Wirkung verschiedener Bodenqualitäten und des zur Bewässerung benutzten Wassers auf den Ertrag, die chem. Zusammensetzung und die Qualität von Tabakblättern zu ermitteln, wurde das Versuchsfeld in 3 Blöcke unterteilt, Block A, B und C. Block A lieferte bisher guten Tabak, Block B Tabak mittlerer Qualität, während im Block C gezogener Tabak sehr geringe Qualität besaß. Sowohl im Block A wie im Block B befanden sich 2 Brunnen, deren Wasser chem. sehr unterschiedlich war. In die Nähe eines jeden Brunnens (A_1, A_2, B_3, B_4) wurden Gruben von $8 \times 8 \times 2{,}5$ ft. gegraben und mit Bodenproben der genannten 3 Blöcke, unter Berücksichtigung ihrer natürlichen Struktur, gefüllt. Die Versuche wurden mit Zigarrentabakpflanzen (*Nicotiana tabacum*) der Lokalsorte 'Vellai Vazhai' vorgenommen. Ertrag, Zusammensetzung und Qualität der Blätter wurden stärker durch das eingesetzte Wasser als durch die Bodenqualität beeinflußt. Alle Böden brachten höchste Erträge, wenn sie mit A_2-Brunnenwasser bewässert wurden, während bei Anwendung des A_1-Brunnenwassers die beste Brennbarkeit der Blätter erzielt wurde. Die Brunnen des B-Blocks eigneten sich nicht zur Bewässerung, da sie Erträge und Qualität der Blätter, bes. auf Böden des B-Blocks, herabsetzten. Der Chlorgehalt der Blätter korrelierte mit der durch das Wasser zugeführten Chlormenge, während ein Zusammenhang mit dem Chlorgehalt des Bodens nicht ermittelt werden konnte. G. Loßner. 855.

Ortmann, Chr.; Bernburg, Außenstelle für Weidenforsch. der Abt. Pappelforsch. des Inst. für Forstwiss. Tharandt der Dtsch. Akad. der Landwirtsch.-Wiss. zu Berlin. **Zur Reorganisation der Pflanzguterzeugung bei Flechtweiden.** Sozialist. Forstwirtsch. **13** (1963) Nr. 1. S. 26–27. 855.

Christov, D. (Christow, D.) Načini na vnasjane na mineralnite torove pri toreneto na tjutjuna. **(Einbringungsmethode der Mineraldünger bei der Tabakdüngung.)** Naučni trudove. Naučnoizsledovatelski institut po tjutjuna – Plovdiv, Sofija **2** (1962) S. 165–178. – 2 Abb., 6 Tab., 15 Lit. Zus. in Russ., Engl.
Untersucht wurde die Wirksamkeit des vor der Auspflanzung in die Reihen eingearbeiteten Düngers sowie das Ausbringen dieser Dünger in Teilgaben zu den unterschiedlichen Entwicklungsphasen der Pflanzen. Den höchsten Ertrag bei guter Qualität brachte die Variante 50% des Düngers, reihenweise vor der Auspflanzung in die Reihen eingebracht (im Vergleich zu ungedüngt um 15% und im Vergleich zu breitwürfig ausgestreut um 4% mehr Ertrag). Die höchste Ertragssteigerung in Trockenjahren wird erzielt, wenn der Dünger bei der Frühjahrspflege auf einmal eingebracht wird. Der Dünger kann auch in Teilgaben verabreicht werden, doch nicht später als bis zur Auspflanzung des Tabaks. In diesem Falle wird empfohlen, 70% der Gesamtdüngermenge bei der Bodenbearbeitung im Frühjahr und 30% zur Zeit des Pflanzens zu

geben. Bessere Erträge werden erzielt, wenn Superphosphat und Kaliumsulfat in granuliertem Zustand zusammen mit gut verrottetem Stalldung eingebracht werden. M. Stoilow. 855.

Šabanov, D. (Schabanow, D.) Torene na tjutjuna pri različni seitboobrŭštenija v rajona na Goce Delčev. **(Düngung des Tabaks bei unterschiedlichen Fruchtfolgen im Gebiet von Goze Deltschew.)** Naučni trudove. Naučnoizsledovatelski institut po tjutjuna – Plovdiv, Sofija **2** (1962) S. 141–163. – 13 Tab., 7 Lit. Zus. in Russ., Engl.

Die Düngungsversuche wurden 1949–60 mit den Sorten 'Mestna newrokopska basma' und 'Newrokop 5', mit Mineral- und Stallmistdüngung bei Tabakmonokultur und Tabakfruchtfolge durchgeführt. Hohe und qualitativ gute Erträge wurden bei Monokultur durch org.-mineral. Düngung sowie mit Kalkammonsalpeter- und Superphosphatgaben erzielt. Erhöhte P- und N-Gaben führten unter Zusatz von K zu keiner Verbesserung der Tabakqualität. Wirtschaftlich am vorteilhaftesten bei Monokultur ist die Düngung mit 120–160 kg/ha Kalkammonsalpeter oder mit 80 kg/ha Ammonsalpeter + 240–300 kg/ha Superphosphat. Höchste Tabakerträge wurden bei Düngung mit 20 t Stalldung, 40 kg P_2O_5 und 10 kg N je ha erzielt. Bei Wi-Wicken und Wi-Erbsen als Vorfrucht wird empfohlen, diesen Kulturen150–200 kg/ha Superphosphat und Ammonsalpeter in Mengen von 100 kg/ha beim Pflanzen des Tabaks und zur 1. Hacke zu geben. M. Stoilow. 855.

Azimov, Ch. U. (Asimow, Ch. U.) Uplotnennye posevy kukuruzy i jačmenja s ljucernoj. **(Engsaaten von Mais und Gerste mit Luzerne.)** Tr. Otd. risa i drugich orošaem. zernovych kul'tur. N.-i. in-t chlopkovodstva. UzSSR **1961** Nr. 1. S. 75–79. – Aus: Referativnyj žurnal. Biologija, Moskva **1962** Nr. 4. G 237. S. 31.

Die Produktivität des 1. Schlages der Fruchtfolge kann durch den Anbau von Mais-Luzernegemenge erhöht werden. Die besten Varianten sind die Sommer-Zweitsaat von Mais mit Luzerne nach im Frühjahr gesätem Silomais, der in der Milch-Wachsreife geerntet wurde; der Anbau von Wi-Gerste zur Körnergewinnung und die Stoppelsaat von Körnermais ('WIR 42' oder 'Krasnodarskaja 1/49') oder von Silomais (lokaler gelber Hartmais 'UsROS'); die Frühjahrsaussaat eines Mais-Luzernegemenges.
übersetzt v. G. Boetticher. 860.

Görlitz, H.; Potsdam, Inst. für Landwirtsch. Untersuchungswes. **Zum Anbau von Grünfuttermais-Ackerbohnen-Gemengen.** Dtsch. Landwirtsch. **14** (1963) Nr. 4. S. 183–185. – 6 Tab. nach Zus.

Auf Standorten und unter Witterungsbedingungen, die den Feuchtigkeitsansprüchen der Ackerbohnen gerecht werden, können Gemenge von Grünfuttermais und Ackerbohnen mit Erfolg angebaut werden. Voraussetzung ist, daß der Standort sicher Ackerbohnen trägt. So kommen vor allem Vorgebirgslagen und die Küstenstriche sowie die besseren feuchten Böden des Flachlandes für diesen Gemengeanbau in Frage. Die Grünmasseleistung geht gegenüber dem reinen Grünfuttermais mit steigendem Ackerbohnenanteil zurück. Die Trockenmasseerträge der Gemenge liegen im Durchschnitt etwa gleich hoch wie bei reinem Grünfuttermais. Sie sind ertraglich überlegen, wenn einerseits die Feuchtigkeitsverhältnisse günstige Voraussetzungen für das Wachstum der Ackerbohnen gewährleisten und andererseits infolge niederer Temperaturen der Grünfuttermais weniger günstige Entwicklungsbedingungen findet. Daher kann der Gemengeanbau vor allem im Vorgebirge zu einer Sicherung des Grünfuttermaisanbaues beitragen. Der Rohproteingehalt steigt mit dem Ackerbohnenanteil im Gemenge an (engeres Eiweiß: Stärkewert-Verhältnis). Die Rohproteinleistung je Hektar übertrifft die des reinen Grünfuttermaises beträchtlich. Von den beiden geprüften Gemengen 60 kg/ha Grünfuttermais und 80 kg/ha Ackerbohnen sowie 30 kg/ha Grünfuttermais und 120 kg/ha

Ackerbohnen ist das erstere für unsere Anbaubedingungen wegen seiner etwas besseren Ertragsleistung vorzuziehen. Hinzu kommt noch eine höhere Ertragssicherheit. Entwickeln sich die Ackerbohnen bei Trockenheit nur schwach, wie es witterungsbedingt immer eintreten kann, gewährleisten die in dem Gemenge vorhandenen 60 kg/ha Grünfuttermais noch einen guten Grünfuttermaisertrag. 860.

Tomka, Ondrej; Poprad, Výskumný Ústav Lúk a Pasienkov. Príspevok k otázke spásania lucerny siatej a jej miešaniek hlavne s reznačkou laločnatou — Dactylis glomerata a l'adencom rožkatým — Lotus corniculatus. **(Beitrag zur Frage des Beweidens der Luzerne und ihrer Gemische mit Knaulgras — Dactylis glomerata — und Hornklee — Lotus corniculatus.)** Rostlinná Výroba **8(35)** (1962) Nr. 7. S. 943–958. — 2 Abb., 4 Tab., 16 Lit. Zus. in Russ., Dtsch.
Mehrjährige Versuche zeigten, daß *Dactylis glomerata* auch bei stärkerer Aussaat die Luzerne im Bestand nicht unterdrückt. Als besser geeignete Komponente erschien *Poa palustris*, die sich bes. im 3. und 4. Jahr verbreitete und den Ertrag günstig beeinflußte. Der Ertrag der Gemische war in den einzelnen Jahren am stärksten durch die Niederschlagsmenge beeinflußt worden. Bei Feuchtigkeitsmangel sank auch der Ertrag je Flächeneinheit entspr. der sinkenden Zahl der Luzernepflanzen. Gräser nehmen die Fläche ein, wo sonst die Luzerne wachsen könnte, und da die Gräser weniger produktiv sind, beeinflussen sie unter ungünstigen Feuchtigkeitsbedingungen den Ertrag negativ. Bei Beweidung sinkt der Anteil der Luzerne in den Beständen und zwar proportional zur Intensität des Beweidens. M. Pštross. 860.

Versuche im Gefäß und am natürlichen Standort über den Zuwachsverlauf einzelner Gras- und Kleearten sowie ihre Reaktion auf Düngerformen. Paulinenaue, Inst. Grünland- u. Moorforsch. Dtsch. Akad. Landwirtsch.-Wiss. Berlin Plan-Nr.: 17 01 35 h-2-04/8. Zwischenber. (18/3. 1963).
Der Zwischenbericht enthält Teilergebnisse bisher durchgeführter Versuche: Gefäßversuche über den Zuwachsverlauf einzelner Arten nach der Nutzung; Gefäßversuche über den Einfluß von Schnittabstand und Schnitthöhe auf den Ertrag einzelner Arten; Wiesendüngungsversuche mit verschiedenen bekannten Düngemittelformen; Versuche über die vorwinterliche Grünlandabdeckung; Gefäßversuche über das Verhalten einzelner Gräser gegenüber hohen, in verschiedenen Düngemittelformen gegebenen N-Mengen; Gefäßversuche mit neuartigen Düngemittelformen. 860.

Intensivierung des Futterbaues auf den leichten Böden Brandenburgs. Potsdam, Inst. Landwirtsch. Untersuchungswes. Dtsch. Akad. Landwirtsch.-Wiss. Berlin Plan-Nr.: 170 134 h-2-12/0. Abschlußber. (6/3. 1963).
In 9 LPG des Bezirkes Potsdam wurden Untersuchungen über die Organisation und die Intensivierung des Futterbaues durchgeführt. Der dabei beschrittene Weg, die eingeleiteten Maßnahmen und das dabei erreichte Ziel werden an dem Beispiel einer LPG dargestellt. Es kann nachgewiesen werden, daß die Intensivierung des Futterbaues zu einer Steigerung der tierischen Produktion beigetragen hat. Anhand von 2 weiteren LPG werden die Besonderheiten der Organisation des Futterbaues eines Betriebes mit leichten Bodenverhältnissen und einem Grünlandanteil von 35% der LN und eines mit besseren Bodenverhältnissen dargelegt. 860.

Feldfutterbau mit Haupt- und Zwischenfrüchten im mitteldeutschen Trockengebiet. Halle-Lauchstädt, Inst. Saatgut u. Ackerbau Dtsch. Akad. Landwirtsch.-Wiss. Berlin Plan-Nr.: 17 0124 h 2–02/9. Abschlußber. (18/3. 1963).
Im mitteldeutschen Raum wurden die Tr.-Subst.- und Rohproteinleistung verschiedener Futterpflanzen in Artenvergleichen geprüft. Von den ein- und mehrjährigen Leguminosen brachte der Rotklee in den Ansaatjahren die höchsten Erträge, der unter montanen Bedingungen des Harzes generell

am leistungsstärksten ist. Im 2. Nutzungsjahr war auf den Versuchsstandorten in der Ebene die Luzerne am ertragreichsten. Sie erreichte hier in ihrer Gesamtleistung (2. Nutzungsjahr) die des Rotklees und übertraf diesen im Grenzgebiet des Thüringer Raumes um 10%. Der Alexandrinerklee brachte auf allen Standorten im Durchschnitt höhere Tr.-Subst.- und Rohproteinerträge als die Serradella. Im Dürrejahr 1959 zeigte sich allerdings sein rel. hoher Wasseranspruch. Der Steinklee hatte nur zum 1. Schnitt befriedigende Erträge. Die Notwendigkeit des Anbaus von Luzernegras bzw. Kleegemischen gegenüber Reinsaaten ergibt sich aus den Ergebnissen nicht. Unter den einsömmrigen Futterpflanzen sind Rüben und Silomais die leistungsstärksten. Das aufwendige Futterbausystem Hauptfrucht—Zweitfrucht brachte auf 3 von 4 Standorten z. T. signifikante Mindererträge gegenüber der Bezugsvariante Silomais. 860.

Einführung und Förderung der Saatgutgewinnung für den Futterbau auf den leichten Böden Brandenburgs. Potsdam, Inst. Landwirtsch. Untersuchungswes. Dtsch. Akad. Landwirtsch.-Wiss. Berlin Plan-Nr.: 170 134 h 2–13/0. Abschlußber. (21/3. 1963).
Untersuchungen über die Ermittlung der zweckmäßigsten Saatguterzeugungsmethoden ergaben, daß bei Wi-Wicken der Anbau mit Wi-Rübsen-Stützfrucht als eine rel. sichere Methode anzusehen ist, bei Serradella die Einsaat in dünn gedrillten Wi-Futterroggen. Untersuchungen über den Umfang der wirtschaftseigenen Saatguterzeugung und die Eingliederung in die Fruchtfolgen bei 3 LPG zeigten, daß es ohne weiteres möglich ist, das Saatgut der großkörnigen Leguminosen in den Betrieben selbst zu gewinnen und darüber hinaus noch Futterpflanzensaatgut über Vermehrungsverträge zu erzeugen. Die wirtschaftseigene Saatguterzeugung, für die 2,8–4,3% des Ackerlandes benötigt werden, bringt den Betrieben sowohl futterwirtschaftliche als auch finanzielle Vorteile. 860.

Lehmann, G.; Syrau, Vogtland, VEG-Tierzucht. **Futtererbsen-Anbau im VEG Tierzucht Syrau.** Dtsch. Landwirtsch. **14** (1963) Nr. 4. S. 185–186. — 1 Tab. nach Zus.
Futtererbsen zur Körnergewinnung sollten im Interesse der besseren Versorgung unserer Viehbestände mit wirtschaftseigenem Eiweiß und zur Steigerung der Bodenfruchtbarkeit in den Fruchtfolgen aller Betriebe Platz finden, die die entspr. Voraussetzungen besitzen. Unsere Landmaschinenindustrie sollte die bestehende Lücke in der Mechanisierung der Körnererbsenernte durch Einführung eines funktionssicheren Erbsenmähverfahrens mit gleichzeitiger Schwadlegung und großer Flächenleistung recht schnell schließen. 863.

Klapp, E. und Kmoch, H. G.; Bonn, Univ., Inst. für Pflanzenbau. **Zum Anbauwert verschiedener ausländischer Luzerneherkünfte.** Z. Acker- u. Pflanzenbau **116** (1962) Nr. 2. S. 167–182. — 8 Tab., 2 Lit.
In einer Luzerne-Wertprüfung wurden 7 Sorten der Bastardluzerne ('Altfränkische', 'Ranger', 'Vernal', 'Atlantic', Du Puits', 'Flamande' und 'Ungarische') und 3 Saatluzernen ('Buffalo', 'Kayseri' und 'Provence') an 6 Orten der DBR 3jähr. geprüft. Die beiden nordfranzösischen Zuchtsorten waren an allen Prüforten der deutschen Kontrolle im Ertrag leicht überlegen, die 'Atlantic' etwa gleich, 'Ranger' und 'Vernal' geringfügig unterlegen, während alle Saatluzernen und ebenso die Ungarische im Durchschnitt etwa 10% niedrigere Erträge brachten. Die Sorte 'Buffalo' fiel an den höher gelegenen Versuchsorten bes. im Ertrag ab, gefolgt von den anderen Saatluzernen. Dafür dürfte die ungenügende Winterfestigkeit verantwortlich sein. Die franz. Spitzensorten zeichnen sich durch dicke Stengel, raschen Nachwuchs und geringe Vergrasung aus. Das Blatt: Stengelverhältnis wurde nicht bestimmt. Alle geprüften Sorten brachten in den Hauptnutzungsjahren befriedigende Erträge von 80–215 dt/ha Trockenmasse. W. Lampeter. 863.

Untersuchungen über die Möglichkeiten des Luzerneanbaues auf leichten Böden Brandenburgs. Potsdam, Inst. Landwirtsch. Untersuchungswes. Dtsch. Akad. Landwirtsch.-Wiss. Berlin Plan-Nr.: 170 134 h-2-10. Abschlußber. (6/3. 1963).
Die Ausdehnung des Luzerneanbaues auf leichtere Böden ist von großer Bedeutung für die Intensivierung des Futterbaues unter diesen Bedingungen. Dazu ist es jedoch erforderlich, daß in mehr oder weniger großem Umfang nur bedingt für den Luzerneanbau geeignete Böden, sogenannte Luzernegrenzböden, herangezogen werden. Durch eine Ordnung der Ergebnisse der Bodenschätzung werden diese Luzernegrenzböden sowie die luzernesicheren Böden abgegrenzt und gemeindeweise am Beispiel eines Kreises kartenmäßig dargestellt. Mit Hilfe von Feldversuchen und anhand von Beispielen aus der Praxis wird nachgewiesen, daß auf den Luzernegrenzböden erfolgreicher Luzerneanbau möglich ist. Voraussetzung dafür ist jedoch, daß diese Böden systematisch für den Anbau dieser Futterpflanze vorbereitet werden. Auch Fragen der Anbautechnik spielen hierbei eine Rolle. Blanksaat und Luzerne-Gras-Gemische können das Anbaurisiko auf den Grenzböden verringern. 863.

Sen, S., Bains, S. S. und Mathur, B. P.; New Delhi, Indian Agric. Res. Inst., Div. of Agronomy. Phosphate manuring of legumes. IX. Direct and indirect manuring of cereals in rotation with Rabi legumes. **(Phosphatdüngung von Leguminosen. 9. Mitt. Direkte und indirekte Düngung von Getreide in Rotation mit Rabi-Leguminosen.)** J. Indian Soc. Soil Sci. **10** (1962) Nr. 4. S. 283–288. — 3 Tab., 5 Lit.
Für die beschriebenen Versuche wurden folgende Futterleguminosen verwendet: Bockshornklee (*Trigonella foenum-graecum*), Alexandrinerklee (*Trifolium alexandrinum*) sowie *Melilotus parviflora*; als Vertreter der Körnerleguminosen dienten die Erbse (*Pisum sativum*) und die Kichererbse (*Cicer arietinum*). Der Fruchtwechsel bestand aus Leguminose-Mais-Weizen-Brache; gedüngt wurde mit Ammoniumsulfat, Tripelsuperphosphat und Kaliumsulfat. Phosphatdüngung führte bei allen Futterleguminosen und bei Erbsen zu Ertragssteigerungen, Kichererbsen zeigten jedoch keine Reaktion. Weiterhin erhöhte die Phosphatdüngung die Samenerträge bei *Trigonella foenum-graecum* und *Melilotus parviflora.* Bei Getreide war die mineral. Düngung der indirekten durch Leguminosen überlegen, mit Ausnahme der Düngung durch *Trifolium alexandrinum*, deren Resultate mit denen der mineral. Düngung vergleichbar waren. G. Loßner. 863.

Luppi, Gaetano; Torino C. N. M. A., Sez. Agronomica. Rilievi sperimentali sull'irrigazione dell'erba medica (Medicago sativa L.) **(Ergebnisse von Versuchen über die Bewässerung von Luzerne [Medicago sativa L.].)** Irrigazione [Bologna] **9** (1962) Nr. 1/3. S. 127–138. — 2 Abb., 3 Tab. 863.

Kress, H. und Szigat, G.: Gülzow, Inst. für Pflanzenzücht. der Dtsch. Akad. der Landwirtsch.-Wiss. zu Berlin. **Leistungsvergleich unserer großkörnigen Futterleguminosen.** Dtsch. Landwirtsch. **14** (1963) Nr. 4. S. 170 bis 183. — 7 Abb., 5 Tab. nach Zus.
Mehrjährige Prüfungen mit großkörnigen Leguminosen unter den Versuchsbedingungen in Gülzow brachten folgende Ergebnisse. 1 a) Die Prüfung der So-Wicken, So-Futtererbsen und süßen Gelblupinen hinsichtlich ihres Grünmasse-, Tr.-Subst.- und Rohproteinertrages ergab eine Überlegenheit der süßen Gelblupinen in allen drei Werteigenschaften. Beim Vergleich der Sorten untereinander waren die So-Futtererbsensorte 'Baltersbacher' und die süße Gelblupinensorte 'Gülzower Süße Gelbe' bes. geeignet für den Grünfutterbau unter den geprüften Bedingungen. Der Kornertragsvergleich der Arten schließt auch die süßen Weißlupinen (*L. albus*) und die Ackerbohnen mit ein. Die beiden genannten Arten brachten die höchsten Kornerträge, so daß sie zum

Anbau als Körnerleguminosen und damit zur Verbesserung der Eiweißbilanz in Kraftfuttermitteln empfohlen werden können. Im Kornertrag liegt die süße Gelblupine höher als Futtererbsen und So-Wicken. Beim Kornertragsvergleich der Sorten waren bei den So-Futtererbsen die Sorte 'Hödinger' und bei den süßen Gelblupinen die Sorte 'Gülzower Süße Gelbe' am ertragreichsten. Bei den So-Wicken wurden nur geringe und bei den Ackerbohnen keine nennenswerten Ertragsunterschiede festgestellt. 863.

Schieblich, J. und Spanier, J.; Bernburg, Inst. für Pflanzenzücht. der Dtsch. Akad. der Landwirtsch.-Wiss. zu Berlin. **Der Anbauwert ausländischer Luzernesorten, untersucht an importiertem Saatgut.** Z. landwirtsch. Versuchs- u. Untersuchungswes. **9** (1963) Nr. 1. S. 39–52. – 2 Abb., 3 Tab., 26 Lit. nach Zus.

In einem 3jährigen Versuch wurde importiertes Luzernesaatgut der Sorten 'Ranger', 'Provence', 'Buffalo', 'Kansas' und 'Grimm' im Vergleich mit Originalsaatgut dieser Sorten (außer 'Kansas') sowie mit der deutschen Zuchtsorte 'Neuga' auf Futterertrag geprüft. Alle Importsorten brachten im Durchschnitt gegenüber den entsprechenden Originalsorten geringere Erträge, die Ertragsdifferenz betrug bei 'Provence' 4%, bei 'Ranger' 10,7%, bei 'Buffalo' 9,9% und bei 'Grimm' 18,8%. Im Vergleich mit der heimischen bodenständigen Sorte 'Neuga' belief sich der durchschnittliche Minderertrag aller Importe auf 24,5% und der der Originalproben auf 18,2%. Die Versuchsergebnisse unterstreichen nachdrücklich den Wert der einheimischen Sorten und die große Bedeutung ihrer Vermehrung. Es wird empfohlen, bei Prüfungen ausländischer Sorten nicht nur Original-, sondern auch das tatsächlich gelieferte Handelssaatgut zu verwenden, um außer über die Ertragsfähigkeit auch über die Sortenechtheit jeder importierten Sendung Aufschluß zu erhalten. Die Differenz zwischen den Erträgen der Importware und denen des Originalsaatgutes bei der Sorte 'Grimm' ist unvertretbar hoch. Es wird die Vermutung ausgesprochen, daß es sich bei den Importsendungen dieser Sorte nicht um sortenechtes Saatgut gehandelt hat. Zu begrüßen wäre es, wenn importiertes Futterpflanzensaatgut gefärbt werden würde. 863.

Brown, B. A.; Storrs, Univ. of Connecticut. Fertilisation of alfalfa. **(Die Düngung der Luzerne.** Wld. Crops **15** (1963) Nr. 1. S. 28–32. – 9 Abb.

Allg. Richtlinien zur Mineraldüngung werden erteilt. N-Zufuhr kann in jungem Alter der Luzerne zu rascherem Wachstum führen, ist sonst jedoch unnötig. P sollte stets reichlich vor der Aussaat verabfolgt werden, möglichst in Bandsaat, dagegen wird empfohlen, K erst später auf die Bestände zu geben. Eine Kalkung empfiehlt sich bereits ½ Jahr vor dem Luzerneanbau, um pH-Werte von 6,5–7,0 zu erreichen. Die nötige S-Zufuhr wird in den meisten Fällen bei Verabreichung von Superphosphat geregelt, von den Spurenelementen werden gelegentlich Gaben von B in Form von Borax (48 lb./acre, 10%ig) empfohlen. H. Pätzold. 863.

Jetne, Magnus. Forsøk med grasarter, gjødselmengder og slåttetider. Førebels melding. **(Versuche mit Grasarten, Mineraldüngung und verschiedenen Schnittzeiten. Vorl. Mitt.)** Førskn. Forsøk Landbruket **13** (1962) Nr. 6. S. 447–464. – 5 Tab. Zus. in Engl.

In 2–4jähr. Versuchen an 14 verschiedenen Standorten Norwegens wurden Ansaaten von *Phleum pratense*, *Dactylis glomerata*, *Festuca pratensis* und *Bromus inermis* mit je 5 kg *Trifolium pratense* jährlich 2 × geschnitten (a zu Schoßbeginn, b nach dem Schossen), mit je 300, 600 bzw. 900 kg eines NPK-Volldüngemittels (13,5:6:16%) versehen und zusätzlich nach dem 1. Schnitt mit 125, 250 bzw. 375 kg Kalksalpeter (15,5%) in den jeweiligen Düngungsstufen gedüngt. Im Durchschnitt aller Arten brachte Serie a mit 3 dt Volldünger und 1,25 dt Kalksalpeter 55,6, mit 6 dt und 2,5 dt Kalksalpeter 68,2 und mit 9 dt und 3,75 dt Kalksalpeter 77,4 dt/ha Heu, Serie b erzielte entspr. 69,8; 86,6 und 95,3 dt/ha Heu. Die Ertragsunterschiede der Arten waren gering, *Bromus inermis* zeigte jedoch im 1. Jahr geringere, im 3. Jahr höhere Erträge als die anderen Varianten. H. Pätzold. 864.

Petkov, K. (Petkow, K.) Izsledvane na vŭzmožnostite za vŭveždane na sudankata v polskite seitboobrŭštenija. **(Einsatzmöglichkeiten des Sudangrases innerhalb der Feldfruchtfolge.)** Izvestija na Selskostopanskija naučno-izsledovatelski institut — Kneža, Sofija 4 (1962) S. 79–94. — 5 Abb., 8 Tab., 9 Lit. Zus. in Russ., Engl.
Durch die 1956–61 in Knesha durchgeführten Versuche wurde festgestellt, daß Sudangras als Vorfrucht für Weizen und Mais eingesetzt werden kann. Als Weizenvorfrucht sollte vom Sudangras nur 1 Schnitt genutzt werden. Die Weizenerträge sind dabei nur unwesentlich, bei 2maliger Nutzung erheblich geringer als nach Wickgemenge. Mais bringt nach Sudangras (bei Futter- und Weidenutzung bis zum Herbst) einen nur um etwas geringeren Ertrag als nach Weizen. K. Tschanew. 864.

Schöberlein, W. **Bericht über die Hauptprüfung mit Rohrglanzgras (Ansaatjahr 1959 — Nutzungsjahre 1960 und 1961).** Hrsg.: Regierung der Deutschen Demokratischen Republik, Ministerium für Landwirtschaft, Erfassung und Forstwirtschaft, Zentralstelle für Sortenwesen. 1962. (17 S.) [Maschinenschr. vervielfältigt].
In einer Sortenwertprüfung mit Rohrglanzgras (1959–61) wurden 2 Neuzüchtungen mit der Sorte 'Motterwitzer' verglichen. Die Aussaat erfolgte im Apr. An 4 Versuchsorten wurde je eine Prüfung zur Ermittlung des Grünmasse- und des Samenertrages angelegt. Bonitiert wurden Wachstum, Qualität und Ertrag. Im Tr.-Subst.- und Rohproteingehalt streute die Rangordnung in den Schnittzeiten und an den Versuchsorten stark. Am häufigsten nahm die Sorte 'Motterwitzer' die Spitze ein. Die Neuzüchtungen konnten in diesem Merkmal nicht überzeugen. Im Grünmasse- und Tr.-Subst.-Ertrag waren die Neuzüchtungen stärkeren Schwankungen unterworfen, so daß sie auch hier nicht überzeugen konnten. Im Rohproteinertrag zeigte die Plaußiger Züchtung beim 2. Schnitt Überlegenheit. Im Samenertrag waren die Neuzüchtungen in einigen Versuchen überlegen und in anderen unterlegen. Im Ertrag an Samenstroh überragten beide Neuzüchtungen die Vergleichssorte. In der Mehrzahl der wichtigen Wertmerkmale konnten die Neuzüchtungen die Vergleichssorte 'Motterwitzer' nicht übertreffen.
P. Hahn. 864.

Knüpfer, H. **Bericht über die Hauptprüfung Winterzwischenfrüchte 1962.** Hrsg.: Regierung der Deutschen Demokratischen Republik, Ministerium für Landwirtschaft, Erfassung und Forstwirtschaft, Zentralstelle für Sortenwesen. 1962. (13 S.) [Maschinenschr. vervielfältigt].
2 Wi-Rübsenzüchtungen und 2 Wi-Rapszüchtungen wurden auf ihre Eignung als Wi-Zwischenfrüchte geprüft. Von 12 an nach Boden und Klima unterschiedlichen Orten angelegten Versuchen konnten 5 ausgewertet werden. Bonitiert wurden Wachstum, Qualität und Ertrag. Die Aussaat war im Mittel am 5. Sept. erfolgt, und die Ernte wurde in 2 Stufen durchgeführt. Im Tr.-Subst.-Gehalt lagen die beiden Rapszüchtungen 'Groß-Lüsewitzer Spätsaatverträglicher' und 'Müncheberger St.N 1/61' in beiden Erntestufen an der Spitze und waren leistungsgleich. Die polyploide Rübsenneuzüchtung hatte den geringsten Tr.-Subst.-Gehalt und wurde von der Sorte 'Marino' etwas übertroffen. Im Rohproteingehalt (1. Erntestufe) war die gleiche Sortenrelation festzustellen. Bei der späteren Ernte (2. Stufe) waren die Rapssorten dem Rübsen nicht mehr überlegen. Im Grünmasseertrag übertreffen die Rübsensorten den Raps erheblich. Der Raps brachte zur 1. Ernte nur rel. 68 bzw. 66 und zur 2. 81 bzw. 82 %. Der höhere Tr.-Subst.-Gehalt des Rapses

kann den geringeren Grünmasseertrag nicht ausgleichen. Im Tr.-Masseertrag lagen die Rapssorten zur 1. Ernte bei rel. 72 und. 70 und zur 2. bei 92 und 91, die Rübsensorten lagen zur 1. Ernte bei 100, in der 2. fällt der polyploide Rübsen auf rel. 97 ab. Die gleichen Rangfolgen ergaben sich beim Rohproteingehalt. Für den Anbau als Wi-Zwischenfrucht zeigte die Wi-Rübsensorte 'Marino' die beste Eignung. P. Hahn. 864.

Testung zuckerhaltiger Sorghum-Hirsen auf Anbaueignung, Futterwert und Gehalt an kristallisierbaren und nicht kristallisierenden Zuckern. Kloster Hadmersleben, Zweigstelle Inst. Pflanzenzücht. Gülzow-Güstrow, Dtsch. Akad. Landwirtsch.-Wiss. Berlin. Plan-Nr.: 1701 07h/2-12/0. 76 S. Abschlußber. (11/3. 1963).
Bei Prüfung eines Sortimentes von 159 *Sorghum*-Varietäten in Hadmersleben wurden Sorten gefunden, die auch in extrem kühlen Jahren wie 1962 eine Pflanzenlänge von 2 m und hohe Grünmassenerträge erreichten. Infolge höherer Wärmeansprüche sind Züchtung und Vermehrung sowie auch Anbau zur Zuckergewinnung im hiesigen Klima nicht möglich. Auf Grund ihrer Spätsaatverträglichkeit und Trockenheitsresistenz eignet sich *Sorghum*-Hirse gut für den Zweitfruchtfutterbau. Tr.-Subst.- und Rohproteingehalt liegen dabei günstig. In mehrjährigen Ertragsprüfungen wies die ungarische Hybride 'Hybar Mv 301' die beste Anbaueignung und größte Ertragssicherheit von allen geprüften Sorten auf. Um den Anbau in der Praxis zu ermöglichen, sind weitere Versuche zu Fragen der chem. Unkrautbekämpfung, der Ertragsrelationen zwischen Mais und *Sorghum* bei Zweitfruchtanbau sowie der Silierung von *Sorghum* als Zweitfrucht erforderlich. 864.

Laškevič, Grigorij Iosifovič. **Plodorodie torfjanych počv i vozdelyvanie konopli.** (Die Fruchtbarkeit der Moorböden und der Anbau von Hanf.) Minsk: Gos. izd. sel'skochoz. lit. BSSR. 1962. (343 S.) 8°. (1962 A 866)

Pruckova, Marija Georgievna und *Bljacherova, Raisa Moiseevna.* **Semenovodstvo zernovych kul'tur.** (Getreidesamenbau.) Moskva: Sel'chozizdat. 1961. (310 S.) 8°. (1962 A 697)

Schmidt, Jan. **Výkonné odrůdy hlavních zemědělských plodin.** (Ertragreiche Sorten der wichtigsten landwirtschaftlichen Nutzpflanzen.) Praha: Státní zeměd. naklad. 1962. (184 S.) 8°. Knihovnička 3. pětiletky Bd. 22. (SR 2758, 22)

Swiecicki, Wiktor. **Produkcja nasion roślin metylkowych.** (Die Produktion von Leguminosensamen,) 2. Aufl. Warszawa: Panstw. wyd. rolnicze i leśne. 1962. (146 S.) 8°. (DA 1441)

Tarčokov, Kambulat Kicuevič. **Vysokie urožai kukuruzy na bol'šich ploščadjach.** (Hohe Maiserträge auf großen Flächen.) Moskva: Sel'chozgiz. 1961. (57 S.) 8°. (DA 1376)

Vlasjuk, Petr Antipovič, Gurileva, M. A. und *Čenokal, V. G.* Hrsg.: Minist. sel'skogo choz. USSR. **Metodika opredelenija sostojanija ozimych v osennij, zimnij i vesennij periody.** (Methodik zur Bestimmung des Zustandes der Winterfrüchte im Herbst, Winter und Frühjahr.) Kiev: Izd. Ukr. akad. sel'skoch. nauk. 1961. (64 S.) 8°. (1962 A 97)

I. Pflanzen der Subtropen und Tropen

Basak, M. N., Sen, S. K. und Bhattacharjee, P. K.; Calcutta, Gov. of West Bengal, Dep. of Agric. and Food Product. Effects of high nitrogen fertilization and lodging on rice yield. **(Wirkungen von hoher Stickstoffdüngung und Lagern auf den Reisertrag.)** Agronomy J. **54** (1962) Nr. 6. S. 477–480. — 4 Abb., 2 Tab., 19 Lit.
Düngung mit 100 lb./acre N ($^2/_3$ als Kompost, $^1/_3$ als $[NH_4]_2SO_4$) brachte in Feldversuchen max. Reiserträge, wenn die Pflanzen nicht vor dem Ährenschieben schon lagerten. Das Lagern führte zu starken Depressionen im Kornertrag bei erweitertem Korn/Stroh-Verhältnis. Die Lagerneigung ist offenbar keine Sorteneigenschaft, sondern sie wird durch tiefes Eintauchen der Pflanzen in das Wasser gefördert. Dadurch wird das Längenwachstum angeregt und ein schwammiges Halmgewebe ausgebildet. Durch hohe N-Düngung wird diese Entwicklung gefördert. V. Koepke. 872.

Williams, W. A. und Finfrock, D. C.; Davis, Univ. of California. Effect of placement and time of incorporation of vetch on rice yields. **(Wirkung**

von Ort und Zeit der Einbringung von Wicken auf den Ertrag von Reis.) Agronomy J. **54** (1962) Nr. 6. S. 547–549. – 2 Tab., 3 Lit.
Die Verwendung von Wicken (*Vicia benghalensis* L.) als Gründüngung stellt im kalifornischen Reisanbau eine gebräuchliche Maßnahme dar. Die von 1956–59 von der Reis-Versuchsstation im Sacramentotal durchgeführten Versuche dienten der Ermittlung der günstigsten Tiefe (1, 2, 4, 6 in.) und Zeit der Einbringung (1957 und 1959 30, 20 und 10 Tg., 1958 21, 14 und 7 Tg. vor Überflutung der Flächen). Der N-Gehalt der Wicken, bezogen auf Tr.-Subst., betrug 1956 3,2 $\pm$ 1%; 1957 4,0 $\pm$ 3%; 1958 4,4 $\pm$ 2% und 1959 4,6 $\pm$ 2%. Neben unbehandelter Kontrollfläche erhielt eine 2. die in den Wickengaben enthaltene N-Menge (40 lb./acre) in Form von Ammoniumsulfat. Die höchsten Reiserträge wurden bei Einbringung der Wicken in 4 und 6 in. Tiefe erzielt. Bezügl. des Einbringungszeitpunktes ließ sich bei trockenen Verhältnissen kein Einfluß auf den Ertrag feststellen. Herrschten jedoch in der Periode vor der Überflutung für die Nitrifikation günstige Bedingungen, so war die Einbringung kurz vor der Überflutung am produktivsten. Die Wickengaben hatten die gleiche ertragssteigernde Wirkung wie das Ammoniumsulfat.
Ch. Janke. 872.

Nikolov, N. (Nikolow, N.) Prerajonirana na orizovata kultura i nastanjavaneto i v priližaštite nad jazovira plošti. **(Umrayonierung der Reiskultur und ihre Unterbringung in oberhalb der Talsperren anliegenden Anbauflächen.)** Selskostopanska nauka, Sofija **1(7)** (1962) Nr. 6. S. 603–614. – 5 Abb., 5 Tab., 4 Lit. Zus. in Russ., Engl.
Die Reisanbauflächen liegen z. Z. auf Gelände mit hohem Grundwasserspiegel, was zur Versumpfung der benachbarten Nutzflächen führt und die Meliorationen und Bearbeitung dieser Flächen erschwert. Es wird empfohlen, einen bedeutenden Teil des Reisanbaues auf die in inmittelbarer Nähe der Talsperrenkrone liegenden Nutzflächen zu verlegen. Bei der Umrayonierung wird ein bedeutender Teil der Anbauflächen oberhalb berieselt und der Rest bei einer Wasserförderhöhe von höchstens 50 m. Auf diese Weise wird Wasser gespart und einer Versumpfung der dem Reisanbau benachbarten Nutzflächen vorgebeugt. K. Tschanew. 872.

Nettles, V. F.; Gainesville, Florida, Agric. Exp. Stat. Results of fertilizer trials with sweet potatoes. **(Ergebnisse von Düngungsversuchen mit Süßkartoffeln.)** Proc. Florida State horticult. Soc. **73** (1960) S. 179–183. – 5 Tab., 7 Lit.
Ein signifikanter linearer Anstieg im Ertrag und an marktfähiger Qualität konnte mit steigenden Gaben von N (20–60 lb./acre, 1956; 40–100 lb./acre, 1958 und 1959) nachgewiesen werden. Höhere Ernten und Anteile an marktfähiger Ware wurden auch durch steigende Gaben von K_2O (80–200 lb./acre) erzielt. Die Düngung erfolgte in 2 Gaben. Die eine beim oder direkt vor und die andere 30 Tage nach dem Pflanzen. Die Ergebnisse bestätigen, daß hohe Gaben an N und K im frühen Wachstumsstadium wirkungsvoll sind.
E. Wittenberg. 876.

Lombard, P und Boulet, L. Bilan de cinq années d'essais d'irrigation sur le cottonier au Maroc. **(5jährige Ergebnisse von Bewässerungsversuchen mit Baumwolle in Marokko.)** Fruits Primeurs Afrique du Nord **30** (1960) Nr. 310. S. 91–98. – 8 Tab.
Ein ökon. Einsatz der Bewässerung muß den Witterungsbedingungen (Trokkenperiode) und dem Entwicklungsrhythmus der Pflanze (Blütenbildung) angepaßt sein. Unter diesen Gesichtspunkten werden genaue Angaben über Menge und Häufigkeit der Bewässerung in den versch. Monaten und Entwicklungsabschnitten der Baumwolle gemacht. Für die marokkanischen Klimabedingungen genügt eine zusätzliche Wassermenge von 6000–8000 m^3/ha.
U. Neumann. 878.

Imamaliev, A. I., Muchitdinov, U. und Abdullaeva, L. (Imamalijew, A. I., Muchitdinow, U. und Abdullajewa, L.); Inst. für Genetik und Pflanzenphysiol. der Akad. der Wiss. der Usbek.SSR. Novye chimičeskie preparaty dlja udalenija list'ev chlopčatnika. **(Neue chemische Präparate für die Defoliation der Baumwolle.)** Uzbekskij biologičeskij žurnal, Taškent **6** (1962) Nr. 5. S. 48–52. – 1 Tab., 9 Lit. Orig.: russ., Ausz.: usbek. 878.

Morton, Julia F.; Coral Gables, Fla., Univ. of Miami. The drug aspects of the white sapotes. **(Die Drogenaspekte der Weißen Sapote.)** Econ. Bot. **16** (1962) Nr. 4. S. 288–294. – 1 Abb., 64 Lit.
Von den 6 Arten der Gattung *Casimiroa* ist am bekanntesten die Weiße Sapote, *C. edulis* Llave & Lex. (Familie *Rutaceae*), die sowohl wild als auch angebaut in Zentralmexiko vorkommt. Die Frucht von *C. edulis* ist äußerlich apfelähnlich und i. allg. glatt. Die Schale ist gelblichgrün bis goldgelb. Die reife Frucht enthält weiches, elfenbeinweißes bis gelbes Fleisch. Als Obstlieferant hat die Weiße Sapote keine Bedeutung. Dagegen wird sie neuerdings als drogenliefernde Pflanze wieder in Betracht gezogen. Extrakte aus den Blättern, der Rinde und bes. der Samen werden in Mexiko in der Volksheilkunde als Beruhigungs-, Schlaf- und schmerzstillende Mittel verwendet. Die chem. Untersuchung der Pflanze lieferte zahlreiche Subst. (Casimirin, Casimiroin, Casimiroedin, Casimirol, Casimirolid, Palmitamid, N-Benzoyltyramin, Zapotin, Edulin, N^a, N^a-dimethylhistamin), die mit der sedativen Wirkung in Zusammenhang gebracht wurden. Neuerdings ist man der Auffasssung, daß das N^a, N^a-dimethylhistamin die wesentliche Rolle bei der beruhigenden, narkotisierenden Wirkung der Weißen Sapote spielt. In der medizinischen Praxis kommen Sapote-Drogen noch nicht zur Anwendung. – Bestimmte Samenextrakte haben starke Köderwirkung auf amerikanische Küchenschaben, die nach Aufnahme des Giftes getötet werden. G. Zahn. 887.

Srivastava, R. P.; Banaras Hindu Univ., Coll. of Agric., Horticult. Sect. Further studies in budding of Guava. **(Weitere Untersuchungen über das Ausschlagen des Guajavebaums.** Sci. and Cult. [Calcutta] **28** (1962) Nr. 9. S. 433–434. – 2 Abb., 1 Tab., 1 Lit.
Zu 2 verschiedenen Zeitpunkten (3. Juli 61 und 3. Aug. 61) wurden von Guajavebäumen der Sorte 'Safeda Allahabad' und von samenlosen Guajavebäumen 2 cm lange Sprosse mit Blattknospen geschnitten und zum Ausschlagen in Gefäße gepflanzt. Dabei wurden 3 verschiedene Methoden angewandt, die miteinander verglichen wurden. Während die Methoden von Patch und Forkert in allen Fällen Erfolg hatten, erwies sich die Methode von Shield als unbrauchbar. E. M. Ardelt. 893.

Young, T. W. und Miner, James T.; Homestead, Sub-Trop. Exp. Stat.; Boynton Beach. Response of Kent mangos to nitrogen fertilization. **(Verhalten von 'Kent'-Mangos zur Stickstoffdüngung.)** Proc. Florida State horticult. Soc. **73** (1960) S. 334–336. – 1 Tab., 7 Lit.
10–11jährige Bäume wurden mit unterschiedlichen Mengen N gedüngt und die Wirkung auf den Ertrag ermittelt. Während der Dauer von 3 Jahren erhielten die Bäume N, P_2O_5, K_2O und MgO im Verhältnis 2–6–8–3, 4–6–8–3 und 8–6–8–3. Zusätzlich erhielt ein Baum jeder Variante NH_4NO_3 in 9 regelmäßigen Abständen vom Juli 1957–Mai 1959. Von Nov. 1958–Mai 1959 wurde ein weiterer Baum jeder Variante mit einer zusätzlichen Düngergabe von NPKMg versehen. Bei allen Bäumen mit zusätzlichen N-Gaben wurde ein Ertragsanstieg gegenüber den Kontrollen ermittelt. Die Bäume mit zusätzlichen NH_4NO_3-Gaben brachten in allen 3 Varianten höhere Erträge als die mit zusätzlichen NPKMg-Gaben. E. Wittenberg. 893.

Everett, P. H.; Immokalee, South Florida Field Lab. The influence of nitrogen source and fertilizer rate on watermelon yields. **(Der Einfluß der**

Stickstoffquelle und Düngermenge auf den Ertrag von Wassermelonen.) Proc. Florida State horticult, Soc. **73** (1960) S. 107–111. — 9 Tab., 2 Lit.
Wassermelonen der Sorte 'Charleston Gray' wurden 1958–60 mit unterschiedlichen Mengen $(NH_4)_2SO_4$, NH_4NO_3 und $NaNO_3$ sowie org. gedüngt und der Einfluß auf den Ertrag ermittelt. Der höchste Ertrag wurde erzielt, wenn 30% des N aus org. Düngung zur Verfügung stand. Der Ertrag lag 1960 bei 39,4 t./acre. Im Vergleich dazu betrugen die Erträge bei $(NH_4)_2SO_4$-Düngung = 19,3, bei NH_4NO_3-Düngung = 8,9 und bei $NaNO_3$-Düngung = 2,8 t./acre. Die Wirkung der unterschiedlichen Düngermengen auf den Ertrag war weniger ausgeprägt. Gaben von 4000–6000 lb./acre brachten im Jahr 1960 einen gesicherten Ertragsanstieg im Vergleich zu Gaben von 2000 lb./acre. Bei der Verabfolgung hoher Düngermengen traten in der Bodenlösung Werte der total löslichen Salze bis zu 10000 ppm auf. Daraus resultiert, daß Wassermelonen höhere Salzkonz. ertragen, als bisher angenommen wurde.
E. Wittenberg. 893.

Surkova, L. I. (Surkowa, L. I.); Sotschi, Versuchsstat. für Subtrop. Kult. und Südfrüchte. Osobennosti zimnego pokoja citrusovych rastenij. **(Besonderheiten in der Winterruhe von Citruskulturen.)** Fiziologija rastenij, Moskva **9** (1962) Nr. 5. S. 607–613. — 4 Abb., 14 Lit. Zus. in Engl.
Im Verlauf von 3 Jahren wurden der Reservestoffwechsel, die Besonderheiten des Wasserhaushaltes und das Verhalten des Protoplasmas verschiedener *Citrus*-Kulturen und ihrer Ausgangsformen, die sich in ihrer Kältefestigkeit und der Ausgeprägtheit ihrer Winterruhe unterscheiden, untersucht. Der Reservestoffwechsel ist gegenüber den Obstbäumen der gemäßigten Zone weniger stark ausgeprägt. Es werden nur Zucker abgelagert, die Anreicherung von Fetten und Lipoiden ist unbedeutend, die Entwässerung der Gewebe ist ebenfalls weniger tief. Die *Citrus*-Kulturen sind durch hohe Zellsaftkonz. und hohen Gehalt an osmotisch aktiven Stoffen in den Blättern während der Winterperiode charakterisiert. Daraus ergibt sich ein hoher Gehalt an hauptsächlich osmotisch gebundenem Wasser. Die Abtrennung des Protoplasmas von den Zellwänden in Blättern und Knospen erfolgt zu einem späteren Zeitpunkt als bei den Obstbäumen, da das Wachstum bedeutend länger fortgesetzt wird. Die größten Unterschiede in dieser Hinsicht wurden innerhalb der untersuchten Kulturen zwischen *Poncirus trifoliata* Raf., der winterhärtesten Form, und *Citrus limon* Burm. als der am wenigsten widerstandsfähigsten Form gefunden. In der Winterruheperiode wird in den Zellen der Citrusgewächse ein präembrionales Wachstum (Neubildung von Kernen und Nucleoli) beobachtet. Dies ist gebunden an die Beendigung und den Beginn des Pflanzenwachstums. J. Birke. 894.

Ford, Harry W. und Feder, William A.; Florida, Citrus Commiss. Stat.; Orlando, U.S. Horticult. Field Stat. Citropsis gilletiana, a citrus relative resistant to the burrowing nematode in laboratory tests. **(Citropsis gilletiana, ein Citrus, bedingt resistent gegen Wurzelnematoden im Laboratoriumsversuch.)** Proc. Florida State horticult. Soc. **73** (1960) S. 60–64. — 1 Abb., 10 Lit.
Seit 1957 laufen Versuche, alle *Citrus*-Arten und -sorten auf ihre Resistenz gegenüber Wurzelnematoden zu überprüfen. Vf. berichten über die Ergebnisse mit bewurzelten Stecklingen von *C. gilletiana*. Das Untersuchungsmaterial stammt aus Miami, Florida. In einem Versuch mit 10 Varianten wurde Resistenz gegenüber Wurzelnematoden festgestellt. Bevor jedoch endgültiges über die Resistenz ausgesagt werden kann, ist eine Überprüfung generativ vermehrter Pflanzen notwendig. E. Wittenberg. 894.

Krezdorn, A. H.; Gainesville, Univ. of Florida. The influence of girdling on the fruiting of Orlando tangelos and Navel oranges. **(Der Einfluß des Ringelns auf das Fruchten von 'Orlando'-Tangelos und 'Navel'-Orangen.)** Proc. Florida State horticult. Soc. **73** (1960) S. 49–52. — 3 Tab., 9 Lit.

Mit der Methode des Ringelns wurde ein hoher Ertragsanstieg bei 'Orlando'-Tangelos (*Citrus reticulata* × *C. paradisi*) und ebenfalls ein Ertragsanstieg bei sehr schlecht fruchtenden Nabelorangen erzielt. Die Ringelung erfolgte entweder z. Z. der Vollblüte, im letzten Drittel des Abblühens oder 2–3 Wochen nach dem Abblühen. Die kurze Versuchsdauer gibt jedoch keine Hinweise auf das Verhalten der Bäume über längere Zeiträume. Die Versuche werden deshalb fortgesetzt. E. Wittenberg. 894.

Smith, P. F. und Rasmussen, G. K.; Orlando, U.S. Dep. of Agric., A.R.S., Crops Res. Div. Relationship of fruit size, yield and quality of Marsh grapefruit to potash fertilization. **(Beziehungen zwischen Fruchtgröße, Ertrag und Qualität von 'Marsh'-Grapefruit und Kalidüngung.)** Proc. Florida State horticult. Soc. **73** (1960) S. 42–49. – 1 Abb., 4 Tab., 11 Lit.

12jähr. Bäume erhielten jährlich 90, 120 oder 300 lb./acre K_2O in ½jährlichen Gaben während einer Dauer von 7 Jahren (1953–59). Der Ertrag nahm bei der 1. Variante ständig ab, zeigte aber einen sichtbaren Anstieg, wenn zusätzliche Gaben verabreicht wurden. Die Früchte wurden nach dem 2. Jahr der geringen Gaben kleiner. Zwischen der 2. und 3. Variante gab es keine Unterschiede im Hinblick auf Ertrag und Fruchtgröße. Auf Grund von Blattanalysen wurde festgestellt, daß Ertragsdepressionen auftraten, wenn die K-Konz. in 4–5 Mon. alten Blättern 0,7% oder weniger betrug. Dagegen konnten keine Ertragsunterschiede festgestellt werden bei 0,9% K oder mehr. Die Früchte waren kleiner bei Werten nahe 0,9% als bei höheren. Zwischen Werten von 1,5–2% gab es keine Unterschiede mehr. Der Vitamin-C-Gehalt stieg bei höheren Gaben an. E. Wittenberg. 894.

Gardner, F. E. und Reece, P. C.; Orlando, U.S. Dep. of Agric., A.R.S., Crops Res. Div. Evaluation of 28 Navel orange varieties in Florida. **(Bewertung von 28 'Navel'-Orangensorten in Florida.)** Proc. Florida State horticult. Soc. **73** (1960) S. 23–28. – 2 Tab., 1 Lit.

Vf. verglichen Leistungen von 28 Sorten bei Bäumen des gleichen Alters, die unter einheitlichen Boden- und Kulturbedingungen aufwuchsen, im Hinblick auf Baumwuchs, Ertrag und Fruchtqualität. Unterschiede im Wachstum sowohl in der Höhe als auch im Umfang konnten 14 Jahre nach der Pflanzung festgestellt werden. Der Ertrag wurde in Abhängigkeit vom Baumumfang ermittelt und zeigte ebenfalls beträchtliche Unterschiede. Das Fruchtgewicht variierte von 176–324 g und war unabhängig von der Anzahl der Früchte an einem Baum. Es kann daher als sortentypisch angesehen werden. Zwischen Fruchtgewicht einer Sorte und dem prozentualen Saftanteil bestehen offenbar geringe Beziehungen. Das Verhältnis zwischen Frucht- und Nabelgröße stellt einen weiteren Faktor bei der Beurteilung der verschiedenen Sorten dar. E. Wittenberg. 894.

Monselise, S. P.; Rehovot, Israel, Hebrew Univ., Fac. of Agric. On the presumed salt-tolerance of Siamese pummelos. **(Über die zumutbare Salztoleranz bei siamesischen Pummelos.)** Proc. Florida State horticult. Soc. **73** (1960) S. 19–23. – 1 Abb. ,2 Tab., 14 Lit.

Sämlinge der Sorte 'Some Oh' aus Samen thailändischer Herkunft wurden in undurchlässige Plastikgefäße mit schwerer Erde (44,1% Ton, pH 7,5) ausgepflanzt und unter Zugabe von NaCl kultiviert. Bei Werten von ECe (elektrische Leitfähigkeit eines gesättigten Bodenauszuges in mmhos/cm bei 25 °C) = 13,5 zeigten die Sämlinge sehr starke Wachstumsdepressionen und gingen innerhalb von 5 Mon. ein. ECe = 6 verursachte ebenfalls noch starke Wachstumsdepressionen. ECe = 3 ergab keinen Unterschied in Wachstum zu den Kontrollen (ECe = 2,5). Tr.-Gewicht der Zweige, Blätter und Wurzeln, Stammdurchmesser, Totalchlorophyll- und Ascorbinsäuregehalt der Blätter sowie die Chlorophyll-b-Rate zeigten eine negative, während der Na-Gehalt der Blätter und bes. der der Wurzeln eine positive Korrelation mit dem ECe = 2,5–6,0 aufwies. Die siamesischen Pummelos (*Citrus maxima*) wiesen damit unter den Bedingungen dieses Versuches eine geringere Salztoleranz auf als die in Thailand kultivierten. E. Wittenberg. 894.

Spencer, W. F. und Wander, I. W.; Lake Alfred, Florida Citrus Exp. Stat. A comparison of magnesium sources for young orange trees. **(Ein Vergleich von Magnesiumquellen bei jungen Orangenbäumen.)** Proc. Florida State horticult. Soc. **73** (1960) S. 28–35. – 2 Abb., 4 Tab., 14 Lit.
Vff. berichten über Ergebnisse von Düngungsversuchen mit Dolomit, Olivin, Seewasser und Emjeo (Kieserit) als Mg-Quellen. Das Baumwachstum (Messung des Stammumfanges) wurde weder durch unterschiedliche Mg-Quellen noch -Gaben beeinflußt, während der Mg-Gehalt im Blatt von beiden Faktoren stark abhängig war. Mit steigenden Mg-Gaben erhöhte sich der Mg-Gehalt der Blätter. Den höchsten Gehalt wiesen die mit Seewasser-Mg und den geringsten die mit Olivin gedüngten Parzellen auf. Der K-Gehalt der Blätter wurde durch die höchste Mg-Rate geringfügig reduziert. N, P und Ca-Gehalt zeigte keine Beeinflussung. Dolomitgaben von 2340 lb./acre reichten zur Mg-Versorgung der Bäume für die ersten 7 Jahre des Wachstums aus. Bei 0,33% Mg-Blattgehalt im Juli war die Versorgung der Bäume während des Vegetationsjahres gewährleistet. E. Wittenberg. 894.

Pospíšil, F. und Hlava, B. Zkušenosti s pěstováním užitkových rostlin subtropického a tropického pásma na jižní Moravě. **(Erfahrungen mit dem Anbau von subtropischen und tropischen Pflanzen in Südmähren.)** Živa **10(48)** (1962) Nr. 5. S. 163–167. – 5 Abb., 2 Tab.
Die in der Abhandlung angeführten *Citrus*-Arten können durch Pfropfung auf anderen *Citrus*-Sämlingsunterlagen vermehrt werden. Die Affinität ist in den meisten Fällen gut. Die Zitronen- und Grapefruitsämlinge wachsen als Unterlagen schneller, langsamer wächst der Orangenbaum und am langsamsten die Mandarine. Durch Stecklinge vermehrt sich bisher nur der Zitronenbaum zufriedenstellend, durch Samen können sämtliche *Citrus*-Arten vermehrt werden, aber durch Austrocknen verlieren die Samen schnell ihre Keimfähigkeit. Die Sämlinge fangen nach 8–12 Jahren (eher später) zu fruchten an. Die für das Wachstum günstigste Temperatur ist 16–18 °C, dieselbe Temperatur gilt auch ungefähr für das Blühen, und die reifenden Früchte erfordern 20–24 °C. Wenn die Temperatur auf längere Zeit unter 8 °C fällt, gehen die *Citrus*-Arten in Vegetationsruhe über, wo sie sich mit herabgesetzter Lichtintensität zufriedengeben. Zum Vergleich wird eine kurze klimatische Charakteristik derjenigen Standorte angeführt, wo einzelne *Citrus*-Arten und einige andere Holzarten angebaut werden. M. Pštross. 894.

Py, C. Comparaison de différentes sélections d'ananas Cayenne lisse et de plusieurs autres variétés. **(Vergleich verschiedener Selektionen aus der 'Cayenne lisse'-Ananas und einigen anderen Sorten.)** Fruits d'outre Mer **17** (1962) Nr. 11. S. 559–572. – 16 Abb., 11 Tab. 896.

VIII. GRÜNLAND

A. Allgemeine Literatur, Berichte, Statistiken u. a.

Olschewski, H. **Zur Problematik der Bodenfruchtbarkeit auf dem Dauergrünland.** Tierzucht **16** (1962) Nr. 12. Grünland/Feldfutter **3** S. 53–54. – 5 Tab., 3 Lit.
In der Arbeit werden 5jähr. Weideleistungsermittlungen im oberen Vogtland im Hinblick auf die Nährstoffversorgung der Dauerweiden ausgewertet. Bes. alarmierend sind die zunehmende Versauerung des Bodens seit dem Jahre 1951 und die anhaltend unzureichende P-Versorgung. Die N-Düngung

schwankt in weiten Grenzen, 56% aller Weiden erhielten mehr als 50 kg/ha N. Für hohe Weideleistungen von mehr als 3000 kg STE/ha sind jedoch mehr als 80 kg/ha N erforderlich. Vf. verlangt, in den LPG Pflege-, Düngungs- und Nutzungspläne aufzustellen, damit die Hebung der Bodenfruchtbarkeit des Grünlandes systematisch betrieben werden kann. W. Kreil. 901.

Sommerkamp, G.; Infeld, Grünlandlehranst. und Marschversuchsstat. für Niedersachsen. **Richtzahlen für Grünlandbetriebe der Marsch.** Kali-Briefe, Fachgeb. 4 7 (1963) Nr. 5. S. 1–4. 901.

Burg, Pieter Frederik Jan van; Wageningen, Landbouwhogeschool. Interne stikstofbalans, produktie van droge stof en veroudering bij gras. **(Inneres Stickstoffgleichgewicht, Produktion von Trockenmasse und das Altern von Futterpflanzen und Gras.)** Diss. Landbouwhogeschool Wageningen **1962** 131 S. — 68 Abb., 19 Tab., 234 Lit. Zus. in Engl.
An 22 Grünlandstandorten mit einem Humusgehalt von 8–44,6% wurden 1957–61 N-Düngungsversuche mit unterschiedlicher Schnittzeit und -häufigkeit durchgeführt, wobei pro Jahr bis zu 320 kg/ha N verabfolgt wurden. Untersucht wurde der Einfluß der N-Zufuhr und des Wachstumsstadiums der Pflanzen auf den Gehalt an Gesamt-N, NO_3-N und Rohfaser. Das Verhältnis NO_3-N zu Gesamt-N wurde in einer logarithmierten Gleichung fixiert und als „nitrochore" bezeichnet. Alle Vorgänge werden auf das „nitrochore" bezogen und daraus einige Gesetzmäßigkeiten zwischen N-Zufuhr, Alter der Pflanzen und Rohfasergehalt ermittelt, wobei als Wachstumsfaktoren Wasserzufuhr, P- und K-Düngung, botan. Zusammensetzung und Morphologie der Pflanzen berücksichtigt werden. H. Pätzold. 901.

B. Wiesen

Stählin, A. **Über die Leistungssteigerung von Dauerwiesen durch düngende Beregnung und Mehrschnitt.** Wirtschaftseigene Futter 8 (1962) Nr. 3. S. 173 bis 180. — 56 Lit. Zus. in Engl., Franz.
Vf. erörtert zunächst den Wasserbedarf des Grünlandes sowie den Einfluß der Düngung auf den Wasserverbrauch und wirft danach des Problem der Wiesenberegnung unter dem Blickwinkel der düngenden Beregnung auf. In 4jähr. Versuchen zeigte sich jedoch, daß die Wasserwirkung ausblieb und nur eine Düngerwirkung zu verzeichnen war, obwohl zu den Zeiten des höchsten Wasserbedarfes vor den Schnitten beregnet wurde. Die bekannten nachteiligen Einflüsse des N wurden auch bei dieser Spätdüngung beobachtet. In den Versuchen wurden auch hohe N-Mengen gegeben, darunter schwerlösliche Dünger (Floranid der BASF). Die Mehrerträge reichten jedoch nicht an die Leistungen ähnlich gedüngter Mähweiden heran. Offenbar gelingt es nicht, das Leistungspotential bei reiner Mähnutzung voll auszuschöpfen. Daher wird die Zukunft der reinen Wiese skeptisch beurteilt, mit Ausnahme der grundwasser- und niederschlagsreichen Lagen. W. Kreil. 940.

Kabis, E.; Bernburg, Hochschule für Landwirtsch., Inst. für Futterbau. **Zur mineralischen Stickstoff- und Phosphorsäuredüngung des Grünlandes in der DDR.** Dtsch. Landwirtsch. **14** (1963) Nr. 4. S. 175–178. — 1 Tab., 12 Lit. nach Zus.
Es wird über die mineral. N- und P-Düngung von rund 2600 ha Weiden und Wiesen in allen Bezirken der DDR im Jahre 1961 berichtet. Die Untersuchungen ergaben, daß die staatlich zugeteilten Nährstoffmengen dem Grünland insgesamt zugeführt werden. Bei erheblichen Unterschieden zwischen den einzelnen Standorten bestehen grundsätzliche Mängel in der Düngeranwendung jedoch darin, daß bei N die Weiden noch rel. schlecht versorgt werden, die Teilgaben zu gering sind und die 1. Gabe im Frühjahr zu spät erfolgt; P wird überwiegend in zu niedrigen Jahresgaben verabreicht, und der Einsatz im Herbst ist bisher nur wenig üblich. 940.

Dončev, I., Gjurov, M. und Uzunov, M. (Dontschew, I., Gjurow, M. und Usunow, M.) Fosforno-molibdenovo torene na livadite i pasištata. **(Phosphorsäure-Molybdändüngung zu Wiesen und Weiden.)** Kooperativno zemedelie, Sofija **1962** Nr. 7. S. 26–27.
Auf Bleicherden sowie zimtfarbenen und braunen Waldböden wurden Düngungsversuche mit kombinierter P-Mo-Düngung angestellt, bei welchen 250–350 kg/ha Mo-haltiges Superphosphat und einige g Mo-Dünger verabreicht wurden. Im Vergleich zur Kontrolle (ohne Düngung) war diese Kombination viel wirksamer. Sie führte zu einem Ertrag von über 40 dt/ha Heu, und der Rohproteingehalt des Heus stieg im Vergleich zur reinen P-Düngung stark an, und zwar vor allem durch die Erhöhung des Leguminosenanteils in der Narbe auf das 3- bis 13fache. Durch die Düngung mit Mo-haltigem Superphosphat wurden außer der Bodenfruchtbarkeit auch die Erosionswiderstandsfähigkeit sowie der Gehalt an Wurzelrückständen und N gesteigert. Diese Düngung wird für die vorwiegend aus *Nardus stricta* bestehenden Weiden der Höhenlagen nicht empfohlen, weil diese eine stark saure Bodenreaktion aufweisen und Eigenschaften besitzen, die die Wirkung des P und Mo stark einschränken. M. Miltschew. 940.

Vásomi, J. **Heutrocknung in Mieten durch Kaltbelüftung.** Int. Z. Landwirtsch. [Sofija/Berlin] **1962** Nr. 4. S. 103–106. — 6 Abb.
In Ungarn wird die Heutrocknung durch Belüftung als sicherste Heuwerbungsmethode angesehen, zumal dadurch die Voraussetzungen für die Komplexmechanisierung geschaffen werden. Um das angewelkte Heu in Mieten zu Ende trocknen zu können, wurde eine Trocknungsanlage mit Luftschächten gebaut, mit der Mieten bis zu 12 m Höhe gut getrocknet werden können. Das Gebläse wird beliebig an einer Seite angeordnet. An das Gebläse schließt sich der Hauptkanal mit Verteilerkanälen an, oberhalb dieser Kanäle werden nach allen Seiten verschlossene Schächte angeordnet. Die Grundfläche der Mieten beträgt 220 m^2, die Luftmenge je m^2 Grundfläche 0,12 m^3/s. Die Luftschächte befinden sich in einer Entfernung von 1,5 m vom Mietenrand. Auf ca 7–9 m^2 Grundfläche entfällt ein Luftschacht von 2,2 m Länge, der im Unterteil einen Querschnitt von 30×30 cm und im Oberteil einen Querschnitt von 40×40 cm aufweist. Die Höhe einer Heuschicht beträgt 4,0–5,5 m, auf einen m^3 entfallen also 0,025 bis 0,030 m^3/s Trocknungsluft. Eine Hauptvoraussetzung zur erfolgreichen Trocknung ist die Gleichmäßigkeit der aufgebrachten Schicht. W. Fleischmann. 945.

Ulvesli, Ola (unter Mitarb. von Andersen, Ivar, Delbekk, Arve, Frank, Henning und Langebrekke, Arne). Kvaliteten av høyavlinga 1962. **(Die Qualität des norwegischen Heus 1962.)** Tidsskr. norske Landbruk **69** (1962) Nr. 10/11. S. 260–268. — 7 Tab. 945.

C. Weiden

Hawkins, H. S. und Donald, C. M.; Adelaide, Univ., Waite Agric. Res. Inst., Pasture development in the beef cattle regions of Argentina. Part. I. **(Die Weideentwicklung in den Fleischvieh-Gebieten Argentiniens. 1. Mitt.)** J. Brit. Grassland Soc. **17** (1962) Nr. 4. S. 245–259. — 18 Abb., 5 Tab.
80% allen Rindviehs Argentiniens (41 Mill. Stck.) wird in den östlichen und nördlichen Provinzen des Landes (zwischen dem 24. und 40.° S) aufgezogen und vornehmlich als Fleischvieh abgesetzt. Die Vegetation ist gekennzeichnet durch Steppe (Pampa) mit rel. gut verteilten Niederschlägen (20—30 in./Jahr), die allein 400 000 km^2 umfaßt, daneben werden Savannen- und Buschvegetation beweidet. In den fruchtbaren Pampas dient Ackerfutter (Luzerne, Mais, Hirse, Sonnenblume) zum Ausgleich für futterärmere Zeiten. — Importierte Gräser und Kleearten (u. a. *Lolium multiflorum, Trifolium*

repens, Medicago denticulata) haben sich bewährt und liefern vor allem Futter im Winterhalbjahr. Die besten Ackerfutterflächen (Luzernegras) liefern mehrfach höhere Erträge (bis zu 3,5 t./acre Tr.-Subst.) als Naturweiden. Auf den Pampas wechselt die Besatzstärke von 0,25–1,0 RGV/ha. Ertragsreserven liegen in geregelter Weideführung, stärkerer Schaffung von Reservefutter und der Ausdehnung des Feldfutterbaues.

H. Pätzold. 950.

Kuntze, H. **Untersuchung zur Trittfestigkeit von Weideböden.** Kali-Briefe, Fachgeb. 4 7 (1963) Nr. 4. S. 1–8. – 3 Abb., 3 Tab., 6 Lit.

Als Maßstab von Veränderungen der Trittfestigkeit wird die Wasserdurchlässigkeit des Bodens benutzt. Das Wetter hat außerordentlich starken Einfluß. Hohen Werten im Trockenjahr 1959 stehen sehr niedrige in den sehr regenreichen Monaten des Jahres 1961 gegenüber. Starke N-Düngung (140 kg/ha N) hatte im Trockenjahr eine deutlich verbesserte Durchlässigkeit zur Folge. Durch N vorverlegter Weideaustrieb im Jahre 1960 führte hingegen zu schlechteren Werten als auf den ungedüngten Flächen. Mit den Jahren geht jedoch die Empfindlichkeit stark mit N gedüngter Weiden gegenüber dem Dichttreten allmählich zurück. – Auf trittempfindlichen Flächen müssen Düngung und Nutzung bes. beweglich gehandhabt werden, um Trittschäden zu vermeiden. W. Kreil. 950.

Davis, W. E. P.; Agassiz, Brit. Columbia, Canada. Effects of using oats as a companion crop with orchardgrass, Dactylis glomerata L., and white clover, Trifolium repens L., sown for pasture. **(Auswirkungen der Deckfrucht Hafer auf Weideansaaten von Knaulgras, Dactylis glomerata L. und Weißklee, Trifolium repens L.)** Canad. J. Plant Sci. **42** (1962) Nr. 4. S. 582–588. – 2 Tab., 15 Lit.

Unter humiden Umweltbedingungen wurden Ansaaten von Weißkleegras (a) ohne Deckfrucht, (b) unter Deckfrucht Hafer mit häufigem frühen Schnitt des Hafers, (c) mit einmaligem Schnitt nach dem Schossen und (d) unter reifendem Hafer in 2 Jahren durchgeführt und ertragsmäßig im Ansaat- und 1. Hauptnutzungsjahr miteinander verglichen. Als 5. Variante (e) diente Ansaat ohne Deckfrucht mit MCPA-Gabe im Ansaatjahr (im 3-Blattstadium). Im Ansaatjahr bewirkte Deckfrucht Hafer stets höheren Gesamtertrag als a, Unterdrückung der Unkräuter, aber auch Schwächung der Untersaat. Der höchste Haferertrag (in Tr.-Subst.) wurde in einem Jahr von c, im anderen von d erzielt. Im Hauptnutzungsjahr brachten die Varianten a und b gleich hohe Erträge. Bei e erfolgte ein Ertragsrückgang, für den keine Erklärung gefunden wurde, der auch im Ansaatjahr nicht zu verzeichnen war. H. Pätzold. 962.

Dörter, K. und Gall, M. **Einige Hinweise für die Grünlandbewirtschaftung während der Herbst- und Wintermonate.** Tierzucht **16** (1962) Nr. 11. Grünland/Feldfutter **3** S. 41–45. – 4 Abb., 6 Lit.

Auch im Herbst und Winter ergeben sich bei intensiver Grünlandbewirtschaftung zahlreiche Maßnahmen, die für die erfolgreiche Ausnutzung der nächsten Vegetationsperiode sehr wichtig sind. Die jahreszeitlich bedingte Nutzungspause darf also nicht mit einer Ruhepause der Pflegearbeiten im weitesten Sinne gleichgesetzt werden. Wichtig ist der Abtriebstermin, der je nach Standort unterschiedlich, aber so zu wählen ist, daß sich die Narbe noch vor Winter erholen kann. Zu den wichtigsten Pflegearbeiten zählen Fladenverteilung, Verteilung von Unebenheiten (Maulwurfs- und Ameisenhaufen) und Verteilen und „Einbürsten" von organ. Dünger und Kompost. Vergessen darf auch nicht das Winterfestmachen und Instandsetzen von Weideeinrichtungen werden. Bei der organ. Düngung ist die Bodenbedeckung wichtiger als die Nährstoffbereitstellung, da sie Temperaturextreme ausgleicht, die Feuchtigkeitsverhältnisse verbessert und ein 8–14 Tage früheres

Austreiben im Frühjahr ermöglicht. Als weitere Hinweise werden die Unterhaltung der Ent- und Bewässerungsanlagen sowie die Ausbildung von Grünlandspezialisten genannt. W. Fleischmann. 968.

Die Verbesserung des Weideertrages und der Weideleistung in Quantität und Qualität in Abhängigkeit von den speziellen Standortverhältnissen der Altmärkischen Wische. Halle/Saale, Institut für Grünland und Meliorationswesen der Martin-Luther-Universität Halle-Wittenberg Plan-Nr. 2155 23/1-08/9. Wiss. Ber.
Unter bes. Berücksichtigung der Standortverhältnisse der Altmärkischen Wische wurden an Hand von 3–5jähr. Versuchen Hinweise für die org. und mineral. Düngung sowie für die Neuansaat von Dauergrünlandflächen gegeben. Neben ausreichender Kali-Phosphatdüngung hat die mineral. N-Düngung vorrangige Bedeutung. 968.

Dhein, A.; Bonn, Univ., Inst. für Pflanzenbau. **Einfluß der Phosphat- und Kalidüngung auf Ertrag, Bestandszusammensetzung und Manganschädigung des Grünlandes auf staunassem Boden (Pseudogley).** Z. Acker- u. Pflanzenbau **116** (1962) Nr. 1. S. 75–87. – 3 Abb., 2 Tab., 7 Lit. Zus. in Engl.
Chlorophylldefekte bei Weißklee als Folge von Mn-Schädigungen und Ertragsminderungen traten auf Rengener Grünland nach langjähriger, einseitiger Düngung mit Thomasphosphat auf. Im Versuchsboden wurde ein Mn-Gehalt von 2061 ppm. festgestellt, der zu 27,5% (567 ppm) als zweiwertiges Ion, also in pflanzenschädlicher Form, vorlag. Gefäßversuche mit üblicher Bodenmischung und mit unverändertem Grünlandboden des Rengener Versuches zeigten, daß die ertragsmindernde Wirkung der P-Düngung nicht als direkte Folge starker Thomasphosphatgaben (mit einem Mn-Gehalt von 5–6%) anzusehen sind, sondern bedingt sind durch die K-Armut dieses Grünlandbodens. Hinzu kam der Anstieg der 2wertigen Form des Mn durch stauende Nässe, der zu direkten Schädigungen des Weißklees führte.
H. Pätzold. 968.

Havre, G. N. und Dishington, I. W.; Oslo, Veterin., Coll., Dep. of Biochem. The mineral composition of pasture as influenced by various types of heavy nitrogen dressings. **(Der Mineralstoffgehalt von Weiden unter dem Einfluß verschiedener Arten von hoher Stickstoffdüngung.)** Acta Agric. scand. **12** (1962) Nr. 4. S. 298–308.
In dreijährigen Versuchen wurden zu Dauerweiden jährlich 160–210 kg/dekar (1 dekar = $^1/_{10}$ ha) eines 20%igen N-Düngemittels a) als $NH_4NO_3 + CaCO_3$ mit KCl und $CaHPO_4$, b) als $(NH_4)_2SO_4$ mit $CaHPO_4$ und K_2SO_4 verabfolgt (pro ha 320–400 kg N). Hauptbestandsbildner waren *Festuca pratensis*, *Phleum pratense*, *Poa pratensis*, *Trifolium repens* und etwas *T. pratense*. In den mit Kalkammonsalpeter gedüngten Parzellen lagen die Werte für Ca und Mo, in den mit Ammonsulfat gedüngten Varianten die mit S, Co und Mn am höchsten. Verglichen mit schwacher N-Düngung zeigten die stark gedüngten Parzellen eine höhere Aufnahmefähigkeit für Cu, eine geringere jedoch für Mo. Im allg. wird die Aufnahme von Spurenelementen durch hohe N-Düngung nicht negativ beeinflußt. H. Pätzold. 968.

Untersuchung der Verwendbarkeit lebender Zäune auf Weiden sowie Bepflanzung von Weidezentralen. Paulinenaue, Inst. Grünland- u. Moorforsch. Dtsch. Akad. Landwirtsch.-Wiss. Berlin Plan-Nr.: 1701 35h-2-02/8. Abschlußber. (11/3. 1963).
In Versuchen über die Verwendbarkeit von Hecken als Weidezaun auf Niedermoor und Anmoor erwiesen sich *Rosa rubiginosa* und *Crataegus crus-galli* als geeignet. Die Kosten der Anlage von Heckenzäunen und der Pflege in den ersten beiden Jahren sind jedoch weit höher als für die herkömmlichen Zäune, so daß Heckenzäune nur geringe Bedeutung erlangen werden. – Weit

wichtiger als die Anlage von Heckenzäunen ist z. Z. die Bepflanzung von Weidezentralen. An Hand von Beispielen werden Vorschläge unterbreitet, wie die Bepflanzung unter Rücksichtnahme auf die Bewirtschaftung der Ruheplätze und die Einwirkung der Sonne auf das Abtrocknen des Bodens durchzuführen ist. – Schließlich werden Durchführung und Erfolge der Imprägnierung von Elektrozaunpfählen aus Kiefernholz dargestellt. 970.

Southcott, W. H., Roe, R. und Turner, Helen Newton; Armidale, C. S. I.R.O. Grazing management of native pastures in the New England Region of New South Wales. II. The effect of size of flock on pasture and sheep production with special reference to internal parasites and grazing behaviour. **(Weideverfahren auf Naturweiden des Neu-England-Gebietes von Neu-Südwales. 2. Mitt. Die Wirkung der Herdengröße auf die Weide und die tierische Leistung bei Schafen unter besonderer Berücksichtigung innerlicher Parasiten und des Weideverhaltens.)** Austral. J. agric. Res. **13** (1962) Nr. 5. S. 880 bis 893, – 4 Abb., 7 Tab., 8 Lit. 1. Mitt. vgl. Austral. J. agric. Res. **10** (1959) Nr. 4. S. 530–554.
Bei gleichmäßiger Besatzstärke (1 Schaf/acre) wurden Herdengrößen von 2, 4, 8, 16 und 30 Tieren in ihrem Verhalten und der tierischen Leistung im Zeitraum von 3 Jahren miteinander verglichen. Hauptbestandsbildner war *Bothriochloa ambigua* S. T. Blake. – Die botan. Zusammensetzung und Menge des Futters blieben unbeeinflußt durch die Herdengröße. Die höchste Lebendgewichtszunahme wurde bei 16 Tieren mit 18,0 lb./Schaf erzielt, die Zunahmen der Herden von 4, 8, und 30 Tieren lagen dicht darunter, stark ab fielen die Werte der 2 Tiere mit nur 9,3 lb. Zuwachs/Jahr. Dies wird auf das anomale Weideverhalten in Zweiergruppen zurückgeführt, da 2 Schafe eine kürzere Freßzeit aufweisen und „sinnlose" Marschwege auf der Weide zurücklegen. H. Pätzold. 970.

IX. GARTENBAU

A. Allgemeine Literatur, Berichte, Statistiken u. a.

Anonym. **Ein Jahr Institut für Gartenbau in Bernburg.** Dtsch. Gartenbau **10** (1963) Nr. 2. S. 52–53. – nach Zus.
Auf Beschluß des Ministerrates der DDR wurde 1961 das Inst. für Agrarökonomie in Bernburg zur Hochschule für Landwirtschaft umgebildet. Gleichzeitig wurde in die Ausbildung die Fachrichtung Gartenbau aufgenommen. Am 28. 10. 1961 wurde in Zusammenhang mit der Hochschulbildung das Inst. für Gartenbau gegründet. Unter der Leitung des Institutsdirektors Dr. E. Seidel entstand in einem Jahr in dem traditionellen Gartenbaugebiet der Börde eine neue Lehr- und Forschungsstätte. Die Hauptaufgabe des Inst. ist die Qualifizierung von bewährten Praktikern und Gartenbauingenieuren, die bereits mehrere Jahre in der sozialist. Praxis tätig waren, zu Diplomgärtnern. Gegenwärtig sind 104 Studenten der Fachrichtung Gartenbau an der Hochschule immatrikuliert, darunter eine ganze Reihe erfahrener Praktiker und Fachschuldozenten. Auf dem Gebiet des Gartenbaus wurden bisher 20 Diplomarbeiten angefertigt. Die Forschungsarbeit des Institutskollektivs ist ökon.-technisch orientiert und umfaßt 2 Schwerpunkte: 1. Standortverteilung, Planung und Leitung der gärtnerischen Produktion, 2. Produktionsverfahren im Gartenbau. 1001.

B. Allgemeiner Gartenbau

Bünemann, Otto. **Der Beratungsdienst in den Vereinigten Staaten von Amerika.** Erwerbsobstbau **2** (1960) Nr. 9. S. 177–180. – 2 Abb., 1 Tab., 8 Lit.
An Hand von Strukturbildern wird der Aufbau des staatlichen Beratungsdienstes und die Weitergabe der Informationen von den Fakultäten zur Öffentlichkeit am Beispiel des Staates Michigan dargestellt. Die Universi-

täten betrachten die Beratung neben der Lehre und Forschung als einen Teil ihrer Aufgabe; ein „assistierender Dekan" ist Direktor des Beratungsdienstes; ihm unterstehen die Bezirks- und Kreisberatungsdirektoren mit zahlreichen Beratern. Daneben bilden die zur Universität gehörenden „Spezialisten" ein wichtiges Bindeglied zwischen der Forschung und der Öffentlichkeit. D. Neumann. 1011.

Vogel, G., Lanckow, J. und Heissner, A.; Großbeeren, Inst. für Gemüsebau der Dtsch. Akad. der Landwirtsch.-Wiss. zu Berlin. **Ergebnisse zur Innenverkleidung von Gewächshäusern mit Plastfolie.** Arch. Gartenbau **11** (1963) Nr. 1. S. 9–26. – 8 Abb., 9 Tab. – nach Zus.
Der Einfluß teilweiser und vollständiger Innenverkleidung von Gewächshäusern mit Polyäthylenfolie wurde auf die Temperaturgestaltung, Wärmehaltung, Lichtfülle und Ertragsleistung im Gewächshaus untersucht Im Mittel zahlreicher Messungen zeigte sich, daß bei vollständiger Folieninnenverkleidung (Stehwände und Dachfläche) im Einzelhaus (**I**) die Lufttemperaturen etwa um 2–4 °C, bei Verkleidung der beiden Seitenwände und der äußeren Giebelwand (**II**) etwa um 0,5–2,5 °C höher liegen. Im Einzelhaus wurde bei Innenverkleidung der Stehwände (**III**) eine Brennstoffeinsparung von 10%, bei **I** von 15–20% ermittelt. Bei **II** wurde im Vgl. zum Gewächshaus ohne Innenverkleidung die Ertragsleistung von Rettich und Radies im Spätherbstanbau nicht gemindert. Bei **I** wurde sowohl zu Blumenkohl als auch zu Kohlrabi im Vgl. zum Gewächshaus ohne Innenverkleidung eine etwas geringere Ertragsleistung bei Januarpflanzung erzielt. Eine Wirtschaftlichkeit der Innenverkleidung von Gewächshäusern mit Polyäthylenfolie ist im Gemüsebau bei **III** gegeben. Infolge der größeren Lichtfülle gegenüber **I** und der günstigeren Ertragsleistung kann für die praktischen Betriebe die Innenverkleidung der Stehwände vorgeschlagen werden. Bei **I** ist eine Wirtschaftlichkeit infolge Ertragsminderung sehr in Frage gestellt. 1024.

Wolf, Benjamin; Hollywood, Dr. Wolf's Agric. Lab. Evaluation of Tek-Manka as a source of manganese for plants. **(Die Eignung von „Tek-Manka" als Manganquelle für Pflanzen.)** Proc. Florida State horticult. Soc. **74** (1961, hrsg. 1962) S. 144–148. – 3 Tab., 9 Lit.
Vf. untersuchte die Eignung eines neuen Mittels zur Behebung von Manganmangel, das in Florida unter dem Namen „Tek-Manka" angeboten wird. Das Präparat enthält etwa 30% Mangansulfat und 70% Manganoxyd, insgesamt 53% Mn oder 68% MnO. In 2 Gefäßversuchen mit Raygras und Bohnen wurde die Wirkung von „Tek-Manka" (**I**) mit der von reinem Mangansulfat (**II**) verglichen. Bei Anwendung von **II** ergab sich anfänglich ein höherer Gehalt des Bodens an verfügbarem Mangan (Extraktion mit Morgan-Lösung). 2 Wochen später hatten sich die Unterschiede jedoch ausgeglichen. **I** erwies sich im wesentlichen zur Behebung von Manganmangel ebenso geeignet wie **II**. Durch Gaben von **II**, die einer Aufwandmenge von 10 lbs. Mangansulfat/acre entsprachen, oder durch äquivalente Mengen von **I**, konnte manganmangel behoben werden. Raygras zeigte gegenüber Bohnen bereits bei höheren Mangangehalten des Bodens Mangelerscheinungen.
H.-G. Kaufmann. 1040.

Raether, W. **Kann die Bodenentseuchung mit Trapex im Tomatenanbau empfohlen werden?** Rhein. Mschr. Gemüse-, Obst- u. Gartenbau **50** (1962) Nr. 12. S. 343–344. – 2 Abb., 2 Tab.
Ertragsrückgänge im Tomantenanbau unter Glas, die auf Bodenpilze und auf Nematoden zurückzuführen sind, werden zunehmend statt mit Dämpfung mit chemischen Entseuchungsmitteln bekämpft. Vf. stellte in den letzten Jahren Versuche mit „Trapex" an. Dabei wurde das Mittel beim Umgraben in die 20–25 cm tiefen Furchen geträufelt. Die Anwendung kann

im Herbst wie im Winter erfolgen. Die Einwirkungszeit richtet sich nach der Bodentemperatur. Sie beträgt bei 5° Bodentemperatur ca. 8, bei 10–12° 4 und bei 18° 2 Wochen. Es kann also im intensiven Unterglasbau auch im Frühjahr entseucht werden. Bei Kalthäusern soll die Behandlung am 15. Okt. abgeschlossen sein, wenn Anfang Jan. gepflanzt oder gesät werden soll. 4 Wochen vor und 2 Wochen nach der Behandlung dürfen Kalkstickstoff, Branntkalk und ammoniakhaltiger unvergorener Dünger nicht eingearbeitet werden. Bei Versuchen mit der Tomatensorte 'Moneymaker' ergab sich (bei einem Index von 100 für gedämpfte Flächen) ein Erlös von DM/m² 130 im 1. und 141 im 2. Jahr nach der Behandlung. Vf. stellt abschließend fest, daß die Behandlung mit Trapex für 2 Jahre ausreicht, wenn Neuinfektionen durch Einschleppen mit Schuhwerk und Arbeitsgeräten vermieden wird. Bei 2jähriger Behandlung betragen die Kosten z. Z. in Westdeutschland ca. 0,36 DM/m². E. Kiehne. 1040.

Fröhlich, H. und Henkel, A.; Großbeeren, Inst. für Gemüsebau der Dtsch. Akad. der Landwirtsch.-Wiss. zu Berlin. **Die Verteilung des Wasserbedarfs bei der Zusatzberegnung in Gemüsebauspezialbetrieben.** Dtsch. Gartenbau **10** (1963) Nr. 3. S. 69–72. – nach Zus.

An Hand einer Reihe praktischer Beispiele von Bewässerungsrotationen von Gemüsekulturen werden gezeigt, daß bei intensiven Gemüserotationen 2 Bedarfsspitzen (Mai/Juni und Aug./Sept.) auftreten, die jeweils durch den Umfang des Frühgemüseanteils in ihrer Struktur beeinflußt werden. Es werden Wege gezeigt, wie eine weitgehend gleichmäßige Beanspruchung der Bewässerungsanlage in der Zeit von Mai bis Sept. gewährleistet werden kann. 1052.

Erhöhung der Ertragssicherheit und Rentabilität bei der erdelosen Kultur von Gemüse unter Glas im sozialistischen Großbetrieb unter besonderer Beachtung langjähriger Verwendung mineralischer Substrate. Großbeeren, Inst. Gemüsebau Dtsch. Akad. Landwirtsch.-Wiss. Berlin Plan-Nr.: 17 01 13h-2-01/oZ. 40 S. Abschlußber. (18/3. 1963).

Bei der erdelosen Kultur nach dem Kieskulturverfahren treten bei mehrjähriger Verwendung desselben Kieses zum Anbau der Hauptgemüsearten Gurke und Tomate Wachstumsstörungen auf. Diese werden durch Wurzelschäden eingeleitet und können zu hohen Ertragsausfällen führen. In pflanzenbaulichen Versuchen wird nachgewiesen, daß die Schäden durch die im Kies verbleibenden Wurzelrückstände bzw. deren Abbauprodukte verursacht werden. Andere Schadursachen wie Kiesversalzung, Mangel oder Überschuß an Mikronährstoffen konnten ausgeschlossen werden. Zur wirksamen Regeneration des Kieses wurden verschiedene Methoden überprüft, von denen für praktische Zwecke bes. Chlorkalk und Wasserstoffperoxyd in Frage kommen. Um eine sichere Empfehlung für die Praxis geben zu können, werden z. Z. noch eine Gurkenfrühkultur mit Chlorkalkregeneration sowie die Regeneration mit Wasserstoffperoxyd geprüft. 1060.

Homes, M. V. L.; Bruxelles, Univ., Bot. Inst. La solution de culture „hydroponique". **(Die „hydroponische" Kulturlösung.)** Agrochimica [Pisa] **7** (1963) Nr. 2. S. 101–122. — 3 Abb., 13 Lit. Zus. in Engl., Dtsch.

Es wird ein Überblick über die Entwicklung der Hydroponik gegeben. Im Zusammenhang damit werden die Fehlermöglichkeiten bei der Durchführung dieser Kulturtechnik diskutiert. So können Fehler durch ungenaue Angaben und Übertragungsfehler entstehen. Die Zusammensetzung der Lösungen entspricht oft nicht den wiss. Erfordernissen. Hier ist eine Angleichung der vorhergeschlagenen Formeln notwendig. So kann bei Verwendung techn. Produkte die Zahl der zuzugebenden Mikronährstoffe vermindert werden. Es ist notwendig, bei der Zusammenstellung der Nährlösung die vom Stütz-

medium (z. B. Kies) abgegebenen Nährstoffe sowie die Zusammensetzung des Wassers zu berücksichtigen. Von diesen Erkenntnissen ausgehend, wird ein Versuchsprogramm zur Lösung dieser Probleme vorgeschlagen.
P. Stoß. 1060.

Witte, K. **Frostschadenverhütung in nicht heizbaren Frühbeeten durch Beregnung der äußeren Glasflächen.** Wasser u. Nahr. 7 (1962) Nr. 3. S. 155 bis 162. -- 8 Abb., 2 Tab.
Wenig bekannt ist das Beregnen der äußeren Glasflächen zur Verhütung von Frostschäden. Geeignet sind Regner mit geringer Regendichte, schneller Strahlrohrumdrehung und abs. Anlauf- und Betriebssicherheit auch bei sehr tiefen Temperaturen. Schwachregnertypen mit Schwinghebelantrieb werden diesen Anforderungen gerecht. Die Schutzwirkung ist nachhaltiger, da alle Ritzen auf den Glasflächen geschlossen werden und im Innenraum eine schnellere und anhaltendere Temperatursteigerung erfolgt. Deshalb ist eine längere Unterbrechung der Beregnung selbst bei sehr tiefen Außentemperaturen möglich, dadurch sinkt der Wasserverbrauch. Günstig ist eine vollautomatische Anlage. Für den Einsatz von 1–5 Regnern werden ein Quecksilber-Kontaktthermometer, ein Schaltrelais, ein Membran-Magnetventil (1 Zoll) und ein Unterdruckventil benötigt. Erläutert werden die Kosten. Empfohlen wird diese Methode beim Überwintern und Abhärten von Jung- und Mutterpflanzen. R. Höhn. 1080.

C. Gemüsebau

Fröhlich, H.; Großbeeren, Inst. für Gemüsebau der Dtsch. Akad. der Landwirtsch.-Wiss. zu Berlin. **Ertragsbildung und Ackerrückstandsmenge einiger Gemüsearten.** Arch. Gartenbau **11** (1963) Nr. 2. S. 125–133. – 5 Abb., 3 Tab., 6 Lit. nach Zus. –
Es wurde an Beispielen einer Reihe von Gemüsearten, deren Ackerrückstände als Futter verwendet werden können, gezeigt, daß der marktfähige Anteil einen erheblich schnelleren Zuwachs aufweist als der Ackerrückstand. Eine Errechnung von Futtermengen aus Ackerrückständen von Gemüsekulturen ist daher jeweils an bestimmte Markterträge des Ernteproduktes gebunden. Ein einziger für eine Gemüseart nicht an einen bestimmten Ertrag marktfähiger Produkte gebundener Prozentsatz der Ackerrückstände ergibt für niedrigere Hektarerträge zu geringe und für hohe Hektarerträge zu hohe Rückstandsmengen. 1101.

Forschungen zur Verbesserung der Ertrags- und Qualitätsverhältnisse im Gemüsebau durch Düngungsmaßnahmen unter besonderer Berücksichtigung der modernen Großproduktion. Großbeeren, Inst. Gemüsebau Dtsch. Akad. Landwirtsch.-Wiss. Berlin. Plan-Nr.: 17 01 13h-2-03/0. 136 S. Abschlußber. (18/3. **1963**). — 9 Anlagen.
Zur org. Düngung im Gemüsebau wurden Grundlagen für die optimale Anwendungsweise von Kompost und Stalldung auf leichten Böden gewonnen sowie Möglichkeiten der Direktunterbringung von Gemüseabfällen untersucht. Die Ausarbeitung von exakten Untersuchungsverfahren und Schnellmethoden zur Nährstoffbestimmung in Böden, Kulturerden und Torfsubstraten führte in Verbindung mit Untersuchungen über den Nährstoffentzug und die Düngungsbedürftigkeit der wichtigsten Gemüsepflanzen unter Glas zur Ermittlung von Grenzwerten für die K- und P-Düngung im Gemüsebau unter Glas und zur Erarbeitung von Düngungsempfehlungen. In langjährigen Dauerversuchen wurde die Mg-Bedürftigkeit der Gemüsepflanzen im Freiland erfaßt.
1101.

Nutzungsfolgen im Gemüsebau unter Glas. Großbeeren, Inst. für Gemüsebau Dtsch. Akad. Landwirtsch.-Wiss. Berlin. Plan-Nr.: 17 0113 h-2-07. 75 S. Abschlußber. (21/3. **1963**).

Untersucht wurden Möglichkeiten der Ertragssteigerung und Anbaugestaltung einiger Gemüsearten im Gemüsebau unter Glas. So konnte bei Hausgurke durch eine Zwischenpflanzung einer dritten Reihe eine Ertragssteigerung um 21% erreicht werden. Im Sommeranbau erwies sich die Spalierstellung von 90° in Gewächshäusern mit größeren Spannbreiten am günstigsten. Ertragssteigernd wirkte sich die Einhaltung einer Feldkapazität von 85% bzw. 75% und zusätzliche Wassergaben in den Untergrund aus. Im Herbstanbau wurden einige Probleme des Champignonanbaues in Gewächshäusern untersucht. So konnte ermittelt werden, daß die Sorte 'Schneeköpfchen' auf Strohsubstrat die günstigsten Erträge erbrachte. Die Luftheizung kann mit als ertragsmindernd betrachtet werden. Auf Grund der Anbauversuche wurden erste Vorschläge für zu empfehlende Nutzungsfolgen zusammengestellt. 1101.

Heydecker, W.; Nottingham, Univ., Dep. of Horticult. From seed to seedling: factors affecting the establishment of vegetable crops. **(Vom Saatgut zum Sämling: auf den Gemüsebestand einwirkende Faktoren.)** Ann. appl. Biol. **50** (1962) Nr. 3. S. 622–627. – 6 Abb., 33 Lit.

In Freiland- und Laborversuchen wurde der Einfluß von Temperatur, Wasser, Luft, mech. Hindernissen, Mikroorganismen u. a. Faktoren auf das Auflaufergebnis von Gemüsesamen untersucht. Einleitend berichtet Vf. über Keimschäden von Erbsen bei zeitweilig verminderter Luftfeuchtigkeit. In unterschiedlich bewässerten Substraten, die teilweise durch künstlichen Wind angetrocknet wurden, erfolgten Aussaaten von 5 Gemüsearten. Bewässerung und Bewindung beeinflußten den Auflauf stark; zwischen Gemüseart, Wasserversorgung und Bewindung bestanden Beziehungen. Die Auflaufergebnisse schwankten in Abhängigkeit von der Art des Bodens. Es wurde versucht, das „Auflaufpotential" eines Bodens zu bestimmen. Unter verschiedenen Keimbedingungen erfolgte eine Prüfung einzelner Stämme bestimmter Gemüsearten. Auf Grund der ermittelten Differenzen fordert Vf. eine Anzahl standardisierter Untersuchungsmethoden. Der Anteil kranker Pflanzen war je nach Bodenfeuchtigkeit und Bodenart unterschiedlich. Abschließend wurden Ursachen von Keimschäden diskutiert; bes. Bedeutung kommt der Zusammensetzung der Bodenluft zu. H. Erfurth. 1101.

Untersuchungen über anbaumethodische Fragen zur Gestaltung von Fruchtfolgen und zum großflächigen Anbau einiger bisher wenig verbreiteter Freilandgemüsearten. Großbeeren, Inst. Gemüsebau Dtsch. Akad. Landwirtsch.-Wiss. Berlin Plan-Nr.: 1701 13h-2-04. **33** S. Abschlußber. (21/3. 1963).

Die Gestaltung großflächiger, mechanisierungsfähiger spez. Gemüsefruchtfolgesysteme mit der Möglichkeit zusätzlicher Beregnung stellt hohe Anforderungen an die Bodenfruchtbarkeit. Da die Gemüsearten durchschnittl. nur wenig Rückstände dem Boden hinterlassen, ist die zusätzliche Zufuhr org. Substanz eine der wichtigsten Fragen. Es werden in den beschriebenen Versuchen miteinander verglichen: Gründüngung, Futternutzung, Futternutzung mit entspr. Stalldungrückführung, Stallmist- sowie Kompostvarianten. Ferner wird die Vorfruchtwirkung von Silomais, Zuckerrübe und Spätkartoffel gegenüber Gemüsearten mit unterschiedlichen Ansprüchen geprüft. Da bei der Lösung dieser Fragen größtenteils mehrjährige Versuche notwendig sind, über die z. T. bereits 1962 zusammenfassend berichtet wurde (Abschlußbericht: „Anbau von strukturverbessernden Zwischenfrüchten in Gemüsefruchtfolgen"), handelt es sich in diesem Bericht vorwiegend um inzwischen gewonnene Erweiterungen der Erkenntnisse und Ergänzungen bzw. um die Bekanntgabe neu eingeleiteter Maßnahmen. 1118.

Karner, L. **Ergebnisse der Sonderkulturen-Versuche des Jahres 1962.** Bundesversuchsanst. alpenländ. Landwirtsch. Gumpenstein [Österreich], Versuchsergebn. **1962** Nr. 63. S. 1–89. – 13 Abb., 108 Tab.

Die Ergebnisse von 21 Sortiments-, 8 Plastik-, 5 Vergleichsversuchen und 1 Saatzeitversuch mit Gemüse, Beerenobst und Drogenpflanzen werden in Tabellenform bekannt gegeben. Geprüft wurden 106 ins Zuchtbuch eingetragene- und 88 Handelssorten von Gemüse. Die Versuche wurden in Gumpenstein, an der Glocknerstraße und in Ferleiten angelegt. Bei den Kohlgemüsesorten für die Lagerung dürfen geeignete Sorten keine zu lange Entwicklungszeit besitzen. Bei Kopfsalat brachten gute Leistungen 'Gr. Krauthäuptel' und 'Riesenkristall', bei Kochsalat 'Vatters Cordon bleu'. Von den Spinatsorten bewährte sich 'Beste von Allen', 'Nordland' und 'Matador'. Die Rote Rübensorte 'Forma Nova' übertraf die Sorten 'Rote Kugel' und 'Ägyptische Plattrunde' hoch im Ertrag und in der Qualität. In dem Sellerieversuch wurden 22–84% Schosser ermittelt. Die Schoßfestigkeit besitzt für das Anbaugebiet hohe Bedeutung. Bester Ertrag und niedrigste Schosserzahl wurde bei der Sorte 'Alabaster' festgestellt. Bei Winterrettich überragten 'Wiener runder kohlschwarzer Winter' und 'Lindegger'. In den Erbsenversuchen waren in der Spitzengruppe 'Nz. 3305', 'Schreibers Rapida', 'Schreibers Primata' und 'Van Wawerens Stern'. Von den 17 geprüften Buschbohnensorten überzeugten 'Saxa o. F.', Herkunft 424, 'Type B', 'Meteor', 'Schr. Grandimuna' und 'Schr. Grandresista'. Bei Stangenbohnen fällt durch hohen Ertrag und gute Qualität 'Verb. blue Lake' auf und bei Zwiebelgemüse die Schalotte in einer Landsorte. Von den Paprikasorten bewährten sich die Neusiedler Züchtungen und die Sorte 'Aroma'. Bei den Tomatenversuchen zeigten bes. gute Leistungen 'Westlandia' und 'Bonner Beste'. In den Plastikschutzversuchen wurden gegenüber Freilandanbau bei Frühsalat, Buschbohnen und Gurken gute Ergebnisse erzielt. Für diese Gemüsearten war der Folienschutz lohnend. Ein bei Erdbeeren durchgeführter Bodenabdeckungsversuch mit Schwarzplastikfolie brachte eine Ertragserhöhung bei den meisten Sorten und Unkrautunterdrückung. Bes. hohe Erträge waren bei 'Wädenswil', 'Regina' und 'Freya' zu verzeichnen. Bei Himbeeren überzeugten 'Malling Promise', bei Brombeere 'Theodor Reimers', bei Johannisbeere 'Jonkheer v. Tets' und 'Silvergieters', bei Stachelbeere 'Weiße Volltragende'. Von den geprüften Arzneipflanzenarten wird eine Beschreibung der Anbaueignung gegeben.
P. Hahn. 1120.

Haase, A.; Wollup, Stützpunkt des Inst. für Gemüsebau Großbeeren der Dtsch. Akad. der Landwirtsch.-Wiss. zu Berlin. **Die Gemüselagerung in Erdmieten in den Produktionsgenossenschaften der Kreise Nauen und Seelow.** Dtsch. Gartenbau **9** (1962) Nr. 11. S. 292–293. 296. — 1 Abb., 1 Tab., 7 Lit. In diesen Gebieten ist die erhöhte Gemüselagerung notwendig, um die kontinuierliche Versorgung Berlins zu gewährleisten. Der betrieblichen Lagerung in Erdmieten, Kohlscheunen und Kellern wird auch in Zukunft die größte Bedeutung zukommen. Durch eine neue Preisbildung werden die Kosten der Lagerung voll gedeckt. Arbeitsorganisatorisch fügt sich der Anbau von Lagergemüse gut in den Betriebsablauf, bes. der LPG, ein. Als Sorten eignen sich bei Weißkohl 'Türkis' und 'Dauerweiß' am besten, bei Rotkohl 'Dauerrot' und auch 'Granat', bei Sellerie 'Dresdener Markt', 'Frigga' und 'Wiener Markt' sowie bei Möhren 'Lange Rote Stumpfe (o. H.)' und 'Rote Riesen'. Großen Einfluß auf die Lagerung haben die Kulturmaßnahmen. Spätkohlsorten sollten nicht nach dem 10. Juni ausgepflanzt werden, also ist ein Anbau nach frühem Kohlrabi und frühem Blumenkohl nicht möglich. Von der Lagerung in nicht frostfreien Scheunen ist abzusehen. Beim Bedecken der Erdmieten leistet der Erdwolf gute Dienste. Stroh darf nicht direkt mit dem Kohl in Berührung kommen, es fördert die Fäulnis. Bes. bei Möhren ist Sand als Zwischenlage zu empfehlen. U. Walter. 1123.

Bäz, H.; Nossen, Zentralstelle für Sortenwes. **Sorten, die sich für die Gemüselagerung eignen.** Dtsch. Gartenbau **9** (1962) Nr. 11. S. 296–297. — 1 Abb., 4 Tab.

Es werden Kopfkohllagerversuche in Erdmieten sowie in Kellern und Kohlscheunen beschrieben. Bei Weißkohl besitzt die Sorte 'Türkis' die beste Lagereignung. Auch die Gruppensorte 'Dauerweiß' eignet sich gut, bes. Herkunft Chrestensen, die aber etwas niedrigere Erträge bringt. Die beiden ertragreicheren Herbstsorten 'Amager Kurzstrunkiger' und 'Holsteiner Platter' eignen sich nicht für Erdmieten. Die Spätrotkohlsorten 'Granat' und 'Dauerrot' sind beide zur Lagerung gut geeignet; die ausgesprochene Lagersorte 'Dauerrot' noch mehr als die ertragreiche Herbstsorte 'Granat'. Bei beiden Kohlarten sind die Verluste in der Erdmiete geringer als im Lagerraum. Bei Wirsingkohl eignet sich nur die Sorte 'Grüner Dauer'. Sie ist nur begrenzt lagerfähig und daher nur für Lagerräume geeignet.
U. Walter. 1123.

Vogel, G.; Großbeeren, Inst. für Gemüsebau der Dtsch. Akad. der Landwirtsch.-Wiss. zu Berlin. **Der Einfluß der Bodenheizung im Freiland durch Wasser mit niedriger Temperatur (25 °C bis 45 °C) auf die Ertragsleistung und Wirtschaftlichkeit einiger Gemüsearten.** Arch. Gartenbau **11** (1963) Nr. 2. S. 101–123. – 6 Abb., 16 Tab., 19 Lit. – nach Zus.
In mehrjährigen Vegetationsversuchen konnten durch Bodenheizung im Freiland mit niedriger Temperatur (25–45 °C) die Ernten der Gemüsekulturen im Frühanbau um durchschnittl. 8–14 Tage vorverlegt werden. In der Regel erfolgte eine Ertragssteigerung. Mit Wassertemperaturen von 30–40 °C werden für Frühjahrs- und wärmeanspruchsvolle Sommergemüsekulturen optimale Bodentemperaturen erzeugt. Bei Verwendung von 25 °C warmem Wasser wird die optimale Bodentemp. bis auf Kopfsalat durchschnittl. um 4 °C unterschritten. Gegenüber unbeheiztem Boden wird mit Wasser von 25 °C ein Geldmehrerlös bis zu 10 TDM/ha erzielt. Eine Wirtschaftlichkeit der Bodenheizung durch Wasser mit niedriger Temperatur ist bei Verwendung von Industrieabwärme in hohem Maße gegeben. PVC-Rohre sind Stahlrohren wirtschaftlich überlegen. Der Nachweis der Wirtschaftlichkeit wurde auch bei unterschiedlicher Entfernung von der Wasserentnahmestelle bis zum Bodenheizgelände erbracht. Die Einführung dieses Verfahrens bei Verwertung von Industrieabwärme in die Produktion ist möglich. 1130.

Vogel, G.; Großbeeren, Inst. für Gemüsebau der Dtsch. Akad. der Landwirtsch.-Wiss. zu Berlin. **Der Einfluß kurzzeitiger Überdeckung mit Folienzelten auf die Ertragsleistung einiger Gemüsesorten im Frühjahrs- und Sommeranbau.** Arch. Gartenbau **11** (1963) Nr. 1. S. 27–46. – 11 Abb., 15 Tab. – nach Zus.
In mehrjährigen Versuchen wurde der Einfluß der kurzzeitigen Überdeckung mit Folienzelten auf die Ertragsleistung der wichtigsten Gemüsearten im Frühjahrs- und Sommeranbau untersucht. Bei den Frühjahrsgemüsekulturen konnte die Ernte durch die kurzzeitige Folienzeltüberdeckung um durchschnittl. 2–3 Wochen vorverlegt werden. Dabei wurde bei fast allen geprüften Gemüsekulturen gleichzeitig die Sortierung verbessert, während eine Ertragssteigerung nicht immer gegeben war. Durch Verbesserung der Frühzeitigkeit und Sortierung wurde ein beachtlicher Geldmehrerlös erzielt, der die wirtschaftl. Anwendung dieses Verfahrens ermöglicht. Für die Folienzeltnutzung im Frühjahr können den praktischen Betrieben Möhre, Kopfsalat, Blumenkohl, Kohlrabi und Rhabarber vorgeschlagen werden. Bei den wärmeanspruchsvollen Sommergemüsekulturen ist neben einer durchschnittl. Ertragsverfrühung von 8–14 Tagen eine wesentliche Ertragssteigerung zu erzielen. Gurke und Tomate können für die praktische Folienzeltnutzung empfohlen werden, während Gemüsepaprika infolge des zu geringen Geldmehrerlöses nicht geeignet ist. Es konnte gezeigt werden, daß eine 2malige Nutzung der Folienzelte nacheinander in einem Jahr möglich und wirtschaftlich ist.
1130.

Vogel, G. und Heissner, A.; Großbeeren, Inst. für Gemüsebau der Dtsch. Akad. der Landwirtsch.-Wiss. zu Berlin. **Zur Frage der Eignung unterschiedlich gealterter Polyäthylenfolie für den Anbau von Frühgemüse unter Folienzelten.** Arch. Gartenbau **11** (1963) Nr. 1. S. 47–54. – 3 Abb., 6 Tab. – nach Zus.
Vgl. Lichtmessungen und Ertragsversuche bei kurzzeitiger Überdeckung mit Folienzelten wurden mit unterschiedl. gealterter Polyäthylenfolie durchgeführt. Unter den Folienzelten ist eine so hohe Lichtfülle vorhanden, daß durch Alterung bedingte Verluste von etwa 10% zu dieser Jahreszeit pflanzenbaulich nicht wirksam werden können. Bei Kopfsalat und Gurke zeigte sich, daß durch die Alterung der Polyäthylenfolie bis zu 12 Wochen die Ertragsleistung nicht nachteilig beeinflußt wird. Die Differenzen, die in der Ertragshöhe, Zeitigkeit, Sortierung des Ertrages und im Gelderlös zwischen neuer und unterschiedl. gealterter Polyäthylenfolie gefunden wurden, sind geringfügig und ohne Belang. Eine 2jährige Benutzung der Polyäthylenfolie zu insgesamt 4 Gemüsekulturen kann also unbedenklich erfolgen. 1130.

Untersuchungen über den Einfluß der Bewässerung und Nährstoffversorgung auf den Ertrag und Qualität bei Feingemüsearten sowie Feststellung des optimalen Bodenfeuchtigkeitsbereiches bei verschiedenen Bodenarten. Großbeeren, Inst. Gemüsebau Dtsch. Akad. Landwirtsch.-Wiss. Berlin. Plan-Nr.: 1701 13h-2-02/1. 123 S. Abschlußber. (21/3. 1963). – 51 S. Anlage.
In Fortführung der syst. Untersuchungen der Ansprüche der Gemüsearten an die Zusatzbewässerung wurde über erste Ergebnisse zu Schwarzwurzel, Chicoreewurzel, Brokkoli, Knollensellerie und Bleichsellerie berichtet. Die Arbeiten über den optimalen Verlauf der Bodenfeuchtigkeit bei Buschtomate wurden fortgesetzt. Als Ergebnis zeigt sich, daß die einzelnen Gemüsearten klar definierbare, in der Höhe differenzierte Ansprüche an die Bodenfeuchtigkeit stellen. Die Verregnung von N-Dünger während der Hauptwachstumszeit wirkte sich im Vgl. zum Ausstreuen mit anschließender Bewässerung bes. bei Bleichsellerie günstig aus. Vergleichende Untersuchungen zur Feuchtigkeitsmessung in 5 verschiedenen Bodenarten wurden für die Tensiometer-, die Reflexions- sowie Wasserzangenmethode ausführlich beschrieben. Es erfolgte eine Einordnung der Meßmethoden hinsichtlich ihrer Meßgenauigkeit und Einsatzmöglichkeiten. 1130.

Avdonin, N. S. und Vendilo, G. G. (Awdonin, N. S. und Wendilo, G. G.) Vlijanie svojstv počv i udobrenij na urožaj i kačestvo kapusty, tomatov i redisa. **(Einfluß der Bodeneigenschaften und der Düngemittel auf den Ertrag und die Qualität von Kohl, Tomaten und Radies.)** V sb.: Povyšenie plodorodija počv nečernozemn. polosy, Moskva **1961** Nr. 1. S. 122–142. – Aus: Referativnyj žurnal. Biologija, Moskva **1962** Nr. 13. G 277. S. 38.
Auf Rasen-Podsolböden mit unterschiedlichem Kulturzustand wurden mit Kohl, Tomaten und Radies Versuche durchgeführt. Gegenüber gutem Kulturzustand **(I)** sank bei schlechter Kultur des Bodens **(II)** der Ertrag von Tomaten auf 25,5%, von Radies auf 15,8%. Bei **I** verringerten N-Gaben die Ascorbinsäuregehalte der 3 Gemüsearten, bei **II** fand dagegen durch die N-Düngung eine Steigerung statt. Auf beiden Böden wurde durch K- und P-Gaben bei N-Düngung und durch Kalken der sauren Böden der Ascorbinsäuregehalt des Gemüses erhöht. Bei **I** und NPK wurden höchste Mengen an Ascorbinsäure/ha erreicht. Je nach Reife der Tomaten war ihr Geh. an Ascorbinsäure unterschiedlich. Provitamin-A- und Säure-Geh. veränderten sich in Abhängigkeit von den Eigenschaften des Bodens und der Düngemittel nur wenig. Durch N-Gaben wurde der Kohlenhydrat-Geh. bei Kohl gesteigert, bei Radies und Tomate gesenkt. P und K erhöhten den Zuckergehalt bei Radies und Tomate, verminderten ihn bei Kohl. Hinsichtlich Zucker- und Eiweißerzeugung waren Tomate und Radies dem Kohl unterlegen.
übersetzt v. G. Boetticher. 1130.

Duggen, H. **Der biologische Wert des Gemüses.** Dtsch. Gartenbauwirtsch. 10 (1962) Nr. 6. S. 129. – 1 Tab.
In dänischen Sortenversuchen wird zur Beurteilung der einzelnen Sorten neben der Ertragszahl, der Anbauwertzahl und dem Gebrauchswert auch die Ernährungswertzahl herangezogen. Für die Errechnung der Ernährungswertzahl wird folgende Formel verwendet: $\frac{E}{2}$ (Ernährungswertzahl) $= \frac{1}{10} \cdot$ (Vitamin C in mg/100 g) + (mg Carotin/100 g Tr.-Subst.) + 5 · (% Rohprotein) + 5 × (mg Fe/100 g) + $\frac{1}{5}$(mg Ca/100 g). Die Faktoren für die einzelnen Glieder der Formel sollen jeder Einzelwertzahl gleiches Gew. verleihen.
K. Krüger. 1130.

Bäz, H. **Bericht über die Sortenprüfung mit Weißkohl 1962 (Frühfreilandanbau).** Hrsg.: Regierung der Deutschen Demokratischen Republik, Ministerium für Landwirtschaft, Erfassung und Forstwirtschaft, Zentralstelle für Sortenwesen. 1962. (12 S.) [Maschinenschr. vervielfältigt].
In einer Sortenwertprüfung mit Frühweißkohl wurden 5 Herkünfte der Sorte 'Dithmarscher Früher' mit den Sorten 'Toftegard' (Dänemark) und 'Dithmarscher Allerfrühester' (Westdeutschland) verglichen. Von 5 angelegten Versuchen konnten 3 ausgewertet werden. Versuchsvoraussetzungen und -ergebnisse werden tabellarisch dargestellt und eine Beurteilung aller Prüfsorten vorgenommen. Der beste Ertrag und gute Sortierung bei guter Ausgeglichenheit und etwas späterer Reife wurde für die Herkunft Heinemann ermittelt. Die Herkunft Groß-Brütz zeigte ebenfalls gute Leistung im Ertrag und Sortierung bei etwas früherer Reife. Zwischen der STE und E ist ein Abfall in der Ausgeglichenheit festgestellt worden (leichter Rückgang der Frühreife und Anstieg des Ertrages). Eine Herkunft befriedigte nicht. Die dänische Sorte 'Toftegard' entsprach in Ertrag, Sortierung und Frühreife der Sorte 'Dithmarscher Früher', konnte aber in der Ausgeglichenheit nicht überzeugen. 'Dithmarscher Allerfrühester' befriedigte in Ausgeglichenheit, Ertrag und Sortierung nicht. In der Reife war sie zu spät. P. Hahn. 1142.

Rösler, L.; Leipzig, Karl-Marx-Univ., Inst. für Pflanzenzücht. **Jarowisationsversuche an Schwarzwurzel (Scorzonera hispanica L.) im Hinblick auf eine Erhöhung der Schoßresistenz.** Arch. Gartenbau **11** (1963) Nr. 2. S. 151 bis 161. – 8 Tab., 24 Lit. – nach Zus.
Im Hinblick auf eine Erhöhung der Schoßresistenz wurde Schwarzwurzel (*Scorzonera hispanica* L.) im Stadium des keimenden Saatgutes einer Behandlung mit niedrigen Temperaturen (+1° bzw. +2 °C) unterworfen. Im Vgl. zu unbehandeltem Saatgut ergab sich ein hochsignifikanter Anstieg im Prozentsatz an Schossern. Bei 80tägiger Behandlung schoßten ca. 50% der Pflanzen. Während der Behandlung nicht gekeimte und in gequollenem Zustand beharrende Früchte brachten Pflanzen mit einem geringeren Prozentsatz an Schossern als vor oder im Verlaufe der Behandlung gekeimte Früchte. Die Dauer der Ankeimung vor der Behandlung bzw. der Prozentsatz gekeimter Früchte zu Behandlungsbeginn beeinflußte den Behandlungserfolg. Ebenfalls von Einfluß war der Wassergehalt des Saatgutes während der Behandlung. Die Möglichkeit einer Auslese auf Schoßresistenz mit Hilfe der Saatgutjarowisation konnte auch für Schwarzwurzel nachgewiesen werden.
1145.

Džebrailov, M. G. (Dshebrailow, M. G.); Inst. für Bodenkunde und Agrochem. der Akad. der Wiss. der Aserbaidshan.SSR. Ėffektivnost' udobrenij, vnosimych pod morkov'. **(Effektivität der Bodendüngung beim Möhrenanbau.)** Vestnik sel'skochozjajstvennoj nauki, Moskva **7** (1962) Nr. 11. S. 37–38. – 1 Tab. Zus. in Engl., Franz., Dtsch.

In den Jahren 1956–58 wurden auf der Apscheron-Halbinsel (subtrop. Klima, mittl. Jahrestemp. 15 °C, jährl. Niederschlagsmenge ca. 200 mm) in Feldversuchen der Einfluß der Düngung auf den Ertrag von Möhren untersucht. Die Aussaat erfolgte Mitte Aug. in den mit Düngemitteln vorbereiteten Boden. Während der Vegetationsperiode wurden 2 Kopfdüngungen durchgeführt und die Parzellen 8–10mal bewässert. Durch Düngung mit 60 kg N und 80 kg P/ha wurden Ertragssteigerungen von 100 dt/ha auf 275 dt/ha erzielt. Weitere Zugaben von 15, 30 und 45 kg K/ha hatten Ertragssteigerungen von weiteren 25, 100 und 135 dt/ha zur Folge. Voraussetzung zur Erzielung hoher Erträge ist die Einhaltung eines optimalen N/K-Verhältnisses der eingebrachten Düngemittel. Es wird auf die ökon. Vorteile einer richtigen Düngung hingewiesen. P. Stoß. 1146.

Einführung einer speziellen Gurkenerde für sozialistische Großbetriebe unter Verwendung von Torf. Praktische Anwendung von Schnellmethoden zur Nährstoffkontrolle. Wirtschaftlichkeit der Substrate im Vergleich zur erdelosen Kultur. Großbeeren, Inst. Gemüsebau Dtsch. Akad. Landwirtsch.-Wiss. Berlin. Plan-Nr.: 170113h-2-09/0. 20 S. Abschlußber. (21/3. 1963).
Im VEG Gemüsekombinat Wollup wurden unter Produktionsbedingungen Vegetationsversuche mit Gurkenerden verschiedener Zusammensetzung und mineral. Düngung durchgeführt. Danach sind für die Praxis Gurkenerden mit geringem Stallmistanteil (bis 20%) und Torfzusatz (bis 40%) geeignet. An Stelle des nur beschränkt zur Verfügung stehenden Weißtorfes kann auch Schwarztorf bzw. Niedermoortorf verwendet werden. Bei stark torfhaltigen Erden ist der laufenden chem. Kontrolle des Nährstoffgehaltes in Betriebslaboratorien bes. Bedeutung beizumessen. Untersuchungen über die Arbeitsweise von chem. Betriebslaboratorien sowie über die Wirtschaftlichkeit der Kieskultur im Vergleich zur Erdkultur bei Gurke wurden veröffentlicht. Pflanzenbauliche und ökon. Untersuchungen zur Düsenkultur nach Tesmer ergaben, daß bei diesem nur für die Gurke geeigneten Verfahren eine befriedigende Wirtschaftlichkeit erzielt werden kann. Eine Voraussetzung hierfür ist eine gute Ertragssicherheit, die jedoch z. Z. noch nicht befriedigt. 1162.

Everett, Paul H.; Immokalee, South Florida Field Lab. The effect of superphosphates on watermelon yields. **(Die Wirkung von Superphosphaten auf den Ertrag von Wassermelonen.)** Proc. Florida State horticult. Soc. **74** (1961, hrsg. 1962) S. 158–161. — 1 Abb., 4 Tab., 16 Lit.
Die Untersuchungen verfolgten das Ziel, die Wirkung steigender Gaben von 2 verschiedenen Superphosphaten auf den Ertrag von Wassermelonen und den P- und Ca-Gehalt von Boden und Pflanze zu untersuchen. Ein entspr. Feldversuch wurde auf einem Sandboden mit einem anfänglichen pH-Wert von 4,2 durchgeführt. Dabei kamen 0, 100 und 200 lbs. P_2O_5/acre in Form von gewöhnlichem (20% P_2O_5) und konzentriertem Superphosphat (46% P_2O_5) zur Anwendung. Die NPK-Gaben waren auf Streifen unter und zwischen den Reihen eingebracht worden. Durch Gaben gewöhnlichen Superphosphates von 200 lbs. P_2O_5/acre konnten statistisch zu sichernde Mehrerträge erzielt werden. Gleichzeitig trat eine deutliche Erhöhung im P- und Ca-Gehalt des Bodens ein. Durch Anwendung von konzentriertem Superphosphat kam es der Tendenz nach zu einer Ertragsabsenkung gegenüber „unbehandelt". Gesicherte Unterschiede bestanden jedoch nicht. Der Ca-Gehalt des Bodens wurde weniger deutlich erhöht. Die abweichende Wirkung der beiden Superphosphate wird hauptsächlich auf ihre unterschiedlichen Eigenschaften zurückgeführt, bes. auf ihre verschiedenen Gehalte an freier Säure und Kalk. H.-G. Kaufmann. 1166.

Stolz, Werner; Wolbeck, Gartenbauschule. **Welche grünen Buschbohnensorten entsprechen den Forderungen der gärtnerischen Praxis?** Rhein. Mschr.

Gemüse-, Obst- u. Gartenbau **50** (1962) Nr. 12. S. 341–343. – 3 Abb., 3 Tab.
An Buschbohnensorten werden folgende Anforderungen gestellt: 1. einwandfreie Hülsenqualität, 2. überdurchschnittlicher, beständiger Ertrag, 3. gutes Auflaufvermögen auch bei ungünstiger Witterung, 4. leichte Pflückarbeit, im Extrem maschinelles Pflücken, 5. für Treiberei frühreifende, auf Glasschutz ansprechende Sorten. Vf. prüfte in den letzten 7 Jahren etwa 80 Bohnensorten. Die Anlage des Versuches entspricht den üblichen Verfahren und wird geschildert. In den Jahren 1957–62 wurden dabei folgende Ergebnisse erzielt (100 = Durchschnittsertrag des ganzen Sortiments): 'Schreibers Longimuna' 113,3 (49) [in Klammern das jeweilige Auflaufergebnis in %], 'Sotexa' ('Processor'), 121,7 (65), 'Saxa' 100,7 (73), 'van Waverens Favorit' 111,4 (74), 'Sperlings Nova' 91,4 (61), 'Topmost' 97,3 (69), 'Wade' 104,4 (67), 'Schreibers Imuna' 103,6 (61). Für den Frühanbau im Freien ab 20. Apr. werden für günstige Lagen die Sorten 'Hilds Marona', 'Prelude', evtl. auch 'Sotexa' und 'Sperlings Stella' empfohlen. Beizen mit Spezial-Leguminosenbeizmittel und Anhäufeln nach dem Auflaufen werden für unbedingt erforderlich gehalten. Für den Treibanbau sollen sich die Sorten 'Prelude', 'Schreibers Longimuna' und 'Hilds Marona' eignen. E. Kiehne. 1170.

Rentsch, J. **Bericht über die Sortenprüfung mit Markerbsen 1961. Kontrollprüfung.** Hrsg.: Regierung der Deutschen Demokratischen Republik, Ministerium für Landwirtschaft, Erfassung und Forstwirtschaft, Zentralstelle für Sortenwesen. 1962. (14 S.) [Maschinenschr. vervielfältigt].
An 4 nach Boden und Klima unterschiedlichen Versuchsorten wurden 17 Markerbsensorten geprüft. Versuchsvoraussetzungen und -ergebnisse sind in Tab. dargestellt. Abschließend wird die Sortenechheit und Sortenreinheit mit der Gesamtleistung jeder Prüfsorte eingeschätzt. Der Versuch wird in 3 Reifegruppen untergliedert. In der frühen Reifegruppe bringt 'Bördi' mit 136 dt/ha einen außerordentlich hohen Grünhülsenertrag bei frühestem Pflücktermin. Es folgen 'DD' und 'Insignis', die etwas später als 'Wunder von Kelvedon' geerntet wurden. Etwas abgefallen ist 'Maienmark' mit 110 dt/ha. Im Grünkornertrag nehmen die Spitze 'Insignis' (57,3 dt/ha) und 'Bördi' (56,5 dt/ha) ein. In der mittelfrühen Gruppe liegen die Grünhülsenerträge nicht soweit auseinander. Durch hohen Grünkornanteil überragt 'Eta' im Grünkornertrag. Es folgt 'Chrestensens Cornel'. 'Fackel' fällt etwas ab. In der Gruppe der späteren Sorten zeichneten sich aus: 'SE' mit 138,6 und 'Herma' mit 134,6 dt/ha Grünhülsen. Den höchsten Grünkornertrag bringt 'Moni' infolge eines hohen (50,4%) Grünkornanteiles. Es folgen 'Herma' und 'SE'. Diese 3 Sorten waren in der Gruppe am leistungsstärksten. Die frühesten Sorten hatten den geringsten, die spätesten den stärksten Befall mit Erbsenwickler. P. Hahn. 1172.

Rentsch, J. **Bericht über die Sortenprüfung mit Schalerbsen. 1961. Kontrollprüfung.** Hrsg.: Regierung der Deutschen Demokratischen Republik, Ministerium für Landwirtschaft, Erfassung und Forstwirtschaft, Zentralstelle für Sortenwesen. 1962. (10 S.) [Maschinenschr. vervielfältigt].
Die Schalerbsensorten 'Maipal', 'Frühe Harzerin', 'OA', 'Swanhild', 'Trumpf', 'Altex' und 'SE' wurden an 4 nach Boden und Klima unterschiedlichen Orten in einer Sortenwertprüfung verglichen. Nach Darstellung der Versuchsvoraussetzungen werden die Versuchsergebnisse tabellarisch angegeben und abschließend jede Prüfsorte beurteilt. Die Pflückreife trat bei 'Maipal' und 'Frühe Harzerin' zuerst, bei 'Altex' und 'SE' zuletzt ein. Im Grünhülsenertrag liegt 'OA' mit 140 dt/ha an der Spitze, es folgen 'SE', 'Altex', 'Swanhild' und 'Frühe Harzerin'. Der höchste Grünkornanteil wurde mit 41,7% für 'Altex', 'Swanhild' 41,5% und 'SE' 41,3% ermittelt. Der niedrigste wurde für 'OA' mit 34,8% festgestellt. Im Grünkornertrag ergibt sich folgende Rang-

folge: 'SE' 54,7 dt/ha, 'Altex' 52,1, 'Swanhild' 51,7, 'OA' 49,9, 'Frühe Harzerin' 46,6, 'Trumpf' 46,5 und 'Maipal' 42,2 dt/ha. Die höchsten Grünstroherträge mit 238,1 dt/ha brachten 'SE' und 'Altex', die niedrigsten 'Maipal' und 'Fühe Harzerin' mit 106,8 bzw. 134,6 dt/ha. Samenertragsprüfung wurde nur an einen Versuchsort durchgeführt. Im Erbsenwicklerbefall konnten keine sicheren Sortenunterschiede ermittelt werden. Der stärkste Befall wurde am häufigsten bei 'SE' festgestellt. Auffällig ist die gute Leistung der Sorte 'Frühe Harzerin' bei sehr früher Reife. P. Hahn. 1172.

Anonym. Schokkers, 1963. **(Zuckererbsen, 1963.)** Landbouwvoorlichting **20** (1963) Nr. 1. Ber. Rassenkeuze Nr. 333. 1 S. 1172.

Lindemann, A. **Dreijährige Untersuchungen über die Tomatenfrühkultur in der Hamburgischen Gartenbauversuchsanstalt Fünfhausen (1960-1962).** Rhein. Mschr. Gemüse-, Obst- u. Gartenbau **51** (1963) Nr. 1. S. 16–18. – 3 Abb., 1 Tab.
Techn., kulturtechn., arbeits-, betriebs- und marktwirtsch. Untersuchungen wurden mit dem Ziel durchgeführt, die frühe Tomatenkultur mit Jan./Febr.-Pflanzung im Hamburger Anbaugebiet einzuführen. Bei der Anzucht verwendete man zur Bodenheizung Römerheizmatten oder Maschendrahtheizung, zur Zusatzbelichtung Lampen der Typen HPL R 250 W und HO 450 W. Die Anzuchtzeit wurde durch Zusatzlicht um 5–6 Wochen verkürzt, Frühzeitigkeit und Ertrag kaum beeinflußt. Eine überbetriebliche Arbeitsteilung von Anzucht und Kultur wurde propagiert. In den Untersuch. haben sich Deckenlufterhitzer bewährt; sie förderten den Fruchtansatz und verminderten das Auftreten von Krankheiten. Billige Venlo-Blockbauweise, Sprühschläuche aus Kunststoff und Tomatentriller wurden empfohlen. Kulturtechn. und arbeitswirtsch. Angaben sowie Beispiele für Kulturfolgen wurden gegeben. Je Pflanze betrug der Arbeitsaufwand 0,2 Std., der Ertrag 3,5–3,9 kg. Bei DM 3,14 Kosten wurden Erlöse von DM 4,54–7,08 je Pflanze erzielt.
H. Erfurth. 1176.

Süßbrich, H.; Weil. **Zur Frage des Anbaues von Tomaten im kalten Block.** Rhein. Mschr. Gemüse-, Obst- u. Gartenbau **51** (1963) Nr. 1. S. 15–16.
Ungünstige Witterungsverhältnisse verursachten in Westdeutschland einen verstärkten Tomatenanbau im kalten Block . Über Anbauerfahrungen wird berichtet. Als Sorten werden bes. holländische Hellfrucht-Typen empfohlen. Bei Aussaat im Febr./März soll nach 3 Wochen sofort in 8 cm Jiffy-Pots getopft werden, die später im Zangenkasten aufgestellt werden können. Gepflanzt wird Ende Apr./Anfang Mai mit 3 Pflanzen je m^2. Düngeempfehlungen werden gegeben. Gegen Braunfleckenkrankheit werden 10–14 tägig Maneb-Spritzungen, gegen Korkwurzelkrankheit vorbeugende Bodenbehandlungen mit Mylone empfohlen. Trotz Rieselschläuchen und Tropfenbewässerung wird die „Beregnung von oben" herausgestellt, weil die *Cladosporium*-Bekämpfung unproblematisch geworden ist. Während auf die Wuchsstoffanwendung vielfach wieder verzichtet wird, soll der Fruchtansatz durch Anschlagen der Haltefäden oder elektr. „Triller" verbessert werden.
H. Erfurth. 1176.

Somos, A., Ferencz, V. u. a. A talajon és a levélen keresztül adagolt foszfor hatása a paradicsom érésére és összetételére. **(Die Wirkung des über den Boden bzw. über das Blatt verabreichten Phosphors auf Reife und Zusammensetzung der Tomaten.)** Növénytermelés [Pflanzenbau] **11** (1962) Nr. 2. S. 147–154. – Aus: Ung. Agrar-Rdsch. **1963** Nr. 1.
Durch P-Gaben über Wurzel oder Blatt wurde in Gefäßversuchen die Zahl der Tomatenfrüchte und auch leicht ihr mittleres Gewicht erhöht. Bes. bei Blattdüngung waren die Früchte der frühen Ernte schwerer als von ungedüngten Pflanzen. Der Reifeverlauf war bei den einzelnen Varianten

unterschiedlich. Im Tr.-Subst.-Geh. der Früchte bestanden keine gesicherten Unterschiede. Der Gehalt an Vitamin-C wurde durch die P-Düngung, bes. P-Spritzung, etwas herabgesetzt. Durch beide Arten der P-Zufuhr stieg der P-Gehalt im Fruchtfleisch, vor allem aber in den Kernen. Die Anteile der einzelnen P-Fraktionen veränderten sich in den Kernen stärker als im Fruchtfleisch. Durch P-Gaben erhöhten sich Blattfläche und Intensität der Photosynthese. Der CO_2-Verbrauch wurde zu einem früheren Zeitpunkt durch die P-Blattspritzung, später durch die Düngung des Substrates stärker erhöht. 1176.

Bradley, Donald B.; Riverton, N. J., Campbell Soup Co., Agric. Res. Dep. Influence of K, Ca, and Mg application on acid content, composition, and yield of tomato fruit. **(Einfluß der Zugabe von K, Ca und Mg auf Säuregehalt und Zusammensetzuug sowie Ertrag von Tomaten.)** J. agric. Food Chem. **10** (1962) Nr. 6. S. 450–452. — 5 Tab., 12 Lit.
In Feldversuchen wurde der Einfluß von KCl-, $CaCO_3$- und $MgSO_4$-Düngung auf die titrierbare und gesamte Acidität, Säurezusammensetzung und Ertrag von Tomaten untersucht. Die titrierbare Acidität wurde an Aliquoten von filtriertem Tomatenpüree vor Durchlaufen einer Säule mit Dowex 50 (H-Form), die gesamte Acidität nach Durchlaufen der Säule bestimmt. Die Zusammensetzung der Säuren wurde nach Entfernung der Kationen durch Verteilungschromatographie ermittelt. Im Gegensatz zu Ca oder Mg wurde durch K-Düngung eine signifikante Steigerung des Säuregehaltes und Ertrages erhalten. Die Zunahme der titrierbaren Acidität war vor allem auf die Steigerung des Gehaltes an Zitronensäure zurückzuführen, der in einem Falle bis auf 53% des Gesamtsäuregehaltes stieg. Die Veränderungen der Konz. anderer Säuren (außer HCl) waren weniger ausgeprägt. Der K-Anteil an den Kationen der Säuren betrug 86%. Die Ergebnisse zeigen, daß K einen großen Einfluß auf den Säurestoffwechsel der Tomatenfrüchte ausübt.
P. Stoß. 1176.

Bernier, C. C. und Ferguson, A. C.; Winnipeg, Univ. of Manitoba, Dep. of Plant Sci. A study of the association between earliness, fruit size and early yield in determinate tomatoes. **(Eine Untersuchung über die Abhängigkeit zwischen Frühzeitigkeit, Fruchtgröße und Frühertrag bei bestimmten Tomaten.)** Canad. J. Plant Sci. **42** (1962) Nr. 4. S. 635–641. — 5 Tab., 7 Lit.
Um Frühselektionen bei Tomaten vornehmen zu können, verglich man 15 verschiedene Entwicklungsmerkmale der Tomatenpflanzen mit der Anzahl reifer Früchte bis zum 1. Sept. (Frühzeitigkeit), ihrem Gewicht (Frühertrag) und ihrem Durchschnittsgew. (Fruchtgröße). Die Untersuchungen erfolgten 1958 mit 6 Tomatensorten, die am 2. Juni ausgepflanzt wurden. Bei allen Sorten korrelierte die Anzahl der bis zum 1. oder 15. Juli angesetzten Früchte mit der Frühzeitigkeit und dem Frühertrag. Zwischen der Zahl der Tage bis zur Reife der ersten 3 Früchte und der Frühzeitigkeit wurden bei 4 Sorten negative Korrelationskoeff. ermittelt; bei den spätreifenden Sorten war die Korrelation am stärksten. Die Beziehungen zwischen Frühzeitigkeit und der Anzahl der Tage bis zur 1. Blüte oder 1. reifen Frucht waren gering. Der Frühertrag korrelierte bei 5 Sorten stark mit dem Gew. der ersten 4 reifen Früchte und bei 3 Sorten mit dem Gew. reifer Früchte am 1. Blütenstand. Zwischen den Gewichten der ersten Früchte und dem Frühertrag bestanden kaum Beziehungen. Zur schnellen Ermittlung frühtragender, großfrüchtiger Stämme soll das Produkt aus durchschnittl. Gew. der ersten 4 reifen Früchte und der Anzahl reifer Früchte 30–45 Tage nach der Pflanzung berücksichtigt werden. H. Erfurth. 1176.

Postma, C. De tomaat van zaad tot vrucht. **(Die Tomate von der Saat bis zur Frucht.)** Meded. Directeur Tuinbouw ['s-Gravenhage] **25** (1962) Nr. 12. S. 754–762. 1176.

Anonym. Forsøg med sorter af tomater i vaeksthus 1959–61. **(Versuch mit Tomatensorten im Gewächshaus 1959–61.)** Tidskr. Planteavl **66** (1962) Nr. 4. S. 725–728. – 2 Tab. 1176.

Untersuchungen über die Eignung des Grünspargels zur Erhöhung der Spargelproduktion. Großbeeren, Inst. Gemüsebau Dtsch. Akad. Landwirtsch.-Wiss. Berlin Plan-Nr.: 17 01 13h-2-06/7. 56 S. Abschlußber. (18/3. 1963). Die im 5jährigen Berichtszeitraum gewonnenen Versuchsergebnisse und Erfahrungen sowie die vorliegenden Resultate aus praktischen grünspargelbauenden Betrieben zeigen die Möglichkeit einer rentablen Grünspargelerzeugung unter den Klima- und Sortenverhältnissen der DDR. Im Vgl. zum Bleichspargel erfordern Ernte und Sortierung des Grünspargels etwa 50% weniger Arbeitskräfte. In der Frühzeitigkeit des Ertrages sowie in Stangenanzahl je Pflanze übertrifft der Grünspargel den Bleichspargel. Das Einzelgewicht ist jedoch bei den gebleichten Trieben wesentlich höher. Besonders wegen des geringeren Handarbeitsaufwandes sowie wegen der etwa gleichen Ertragsverhältnisse bei beiden Spargelanbauformen sollte die geplante Anbauflächenerweiterung bei dieser Gemüseart vor allem auf der Grundlage des Grünspargelanbaus erfolgen. 1190.

Jasmin, J. J. und Laliberte, J.; Quebec, Canada Dep. of Agric., Res. Branch. Note on fall cutting of asparagus on organic soils in Southwestern Quebec. **(Zur Spargelkrautbeseitigung im frühen Herbst auf den organischen Böden im südwestlichen Quebec.)** Canad. J. Plant Sci. **42** (1962) Nr. 4. S. 737–738. — 1 Tab., 1 Lit.
Vff. untersuchten den Einfluß einer in der letzten Augustwoche erfolgenden Spargelkrautbeseitigung auf den Stangenertrag in Quebec. In einer diesbezüglichen Versuchsanlage mit der Sorte 'Viking', einer Selektion aus 'Mary Washington', verringerte sich der Marktertrag durch obige Behandlung im 2jährigen Mittel um etwa 65% im Vgl. zu den Kontrollflächen. Diese Ertragsminderung durch die frühzeitige Krautbeseitigung war weniger durch eine geringere Ertragsleistung je Pflanze, sondern vielmehr durch die hohe auftretende Fehlstellenanzahl bedingt. In den Sommertrieben wurden keine Unterschiede im N- und P_2O_5-Gahalt festgestellt. Auf den „Muck"-böden in Quebec erwies sich ein Spargelkrautschnitt Ende Aug. im Gegensatz zu den Untersuchungen von Brasher in Delaware (USA) als ungeeignet.
F. Göber. 1190.

Becker, Manfred; Großbeeren, Inst. für Gemüsebau der Dtsch. Akad. der Landwirtsch.-Wiss. zu Berlin. **Über den Einfluß einiger exogener Faktoren auf den Oxalsäuregehalt bei Spinat (Spinacia oleracea L.).** Diss. Berlin **1962** 126 S. – 29 Abb., 86 Tab., 125 Lit.
Einleitend werden ausführlich der Oxalsäuremetabolismus, speziell die Theorien der Bildung der Oxalsäure in der Pflanze erörtert. Nach Baker werden Gesamtoxalsäure, lösliche Oxalsäure (Alkalioxalate) sowie als Differenz Ca-äquivalente Oxalsäure (Ca-oxalat + lösliche Oxalsäure, die dem in der Pflanze vorhandenen löslichen Ca äquivalent ist) bestimmt. Die verschiedenen Teile der Spinatpflanze wiesen unterschiedliche Gehalte an den einzelnen Oxalsäurefraktionen auf. Mit zunehmendem Alter der Pflanzen nehmen die Gehalte ab. In gelagerten Spinatblättern konnte ein Abbau der Oxalsäure festgestellt werden. Bei Gefäßversuchen zeigte sich, daß der Anteil der lösl. Oxalsäure dem Verhältnis K:P in der Pflanze direkt proportional ist, der Ca-äquivalente Anteil der Ca-Aufnahme. NO_3-N erbrachte stets höhere Oxalsäuregehalte als N in reduzierter Form, auch des Ca-äquivalenten Anteils. Die Ergebnixsse werden im Zusammenhang mit dem Oxalsäuremetabolismus eingehend diskutiert. In Feldversuchen konnten keine nennenswerten Veränderungen der Oxalsäuregehalte durch K-, P- und Ca-Düngung erreicht werden. Unterschiedliche N-Formen (NO_3, NH_4) erbrachten

bei Frühjahrs- und Winterspinat bemerkenswerte Unterschiede in der Höhe der Oxalsäuregehalte, nicht aber bei Herbstspinat. Es folgen ernährungsphysiol. Betrachtungen über die Höhe der Oxalsäurezufuhr beim Spinatverzehr. 1192.

Bleasdale, J. K. A.; Wellesbourne, Nat. Vegetable Res. Stat. Studies on bulb onions. **(Untersuchungen an Speisezwiebeln.)** J. Roy. horticult. Soc. **87** (1962) Nr. 11. S. 513-517. — 1 Lit.

Vf. erläuterte Schwierigkeiten und Wege der Zwiebelzüchtung. Testkreuzungen zwischen Inzuchtlinien wurden durchgeführt. Durch die Schaffung ♂-steriler Ausgangslinien ist eine wirtsch. Erzeugung von Heterosissaatgut möglich geworden. Gegenüber Handelssorten konnte der Marktertrag an Lagerzwiebeln um 37% erhöht werden. — Für den Anbau von kleinen Zwiebeln zum Einsäuern erwiesen sich in 4jährigen Untersuch. die Sorten 'New Brown Pickling' und 'Giant of Zittau' als bes. geeignet. Dabei war die Aussaat Anfang März mit 1 oz./sq.yd. am günstigsten. Bei Steck- und Drillzwiebeln wurde der Einfluß der Aussaatmenge und der Reihenanordnung auf Ertrag und Qualität bestimmt. Bei konst. Pflanzendichte wurde in beiden Fällen der Ertrag durch den Reihenabstand kaum beeinträchtigt. Bei warm gelagerten Steckzwiebeln stieg der Gesamtertrag von 18 auf 32 t/acre, wenn die Pflanzenzahl/sq.ft. von 2 auf 12 erhöht wurde, während das Gew. der Einzelzwiebel von $7^1/_4$ auf $2\frac{1}{2}$ oz. abfiel. Durch Warmlagerung (70 °F) wurden größere Zwiebeln geerntet, die später reiften und gegen Halsfäule empfindlich waren. Zur Erzeugung frühreifender und haltbarer Zwiebeln sollen kleine, unbehandelte Steckzwiebeln der Sorten 'Stuttgarter Riesen' und 'Big Ben' benutzt werden. Die Unkrautempfindlichkeit junger Zwiebelsämlinge wurde zahlenmäßig belegt. H. Erfurth. 1197.

Jaša, B.; Brno, Ústav Zahradnictví, Katedra Rostlinné Výroby. Vzcházení československého sortimentu kuchyňské cibule (Allium cepa L.) při podzimním setí v letech 1957-58 a 1958-59. I. sdělení. **(Auflaufen des tschechoslowakischen Sortimentes der Küchenzwiebel [Allium cepa L.] bei der Herbstaussaat in den Jahren 1957-58 und 1958-59. 1. Mitt.)** Sborník Vysoké Školy zemědělské Brně, Řada A **1961** Nr. 3/4. S. 371-388. — 3 Abb., 16 Tab., 31 Lit. Zus. in Russ., Dtsch.

In 2jährigen Versuchen erfolgte in Südmähren die Herbstaussaat des tschechoslowakischen Küchenzwiebelsortimentes. Der Auflauf bei Aug./Sept.-Aussaat war verhältnismäßig gut (im trockenem Jahr 20%, bei Niederschlägen 50%). Im Mittel der beiden Jahre erwies sich der 19. Aug. als günstigster Saattermin; Aussaaten Anfang Aug. und im Sept. brachten schlechtere Ergebnisse. Die Auflaufzeit war bei Herbst- und Frühjahrsaussaat fast gleich. Unter Berücksichtigung der Auflaufergebnisse und der Winterschäden soll die Aussaatmenge festgesetzt werden. Folgende Sorten liefen verhältnismäßig gut auf: 'Obrovská žlutá', 'Karkulka', 'Žitavská', 'Kvetoslavovká'. Die übrigen Sorten des Sortimentes zeigten Unterschiede im Auflaufen. M. Pštross. 1197.

Kal'tja, A. Ja. (Kaltja, A. Ja.); Ukrain. Forsch.-Inst. für Gemüse- und Kartoffelbau. O fosfornom pitanii rastenij luka. **(Über die Phosphorernährung der Zwiebelpflanzen.)** Vestnik sel'skochozjajstvennoj nauki, Moskva 7 (1962) Nr. 11. S. 45-46. — 1 Tab. Zus. in Engl., Dtsch.

Der Einfluß der P-Düngung auf den Zwiebelertrag sowie den Ablauf physiol. und biochem. Prozesse wurde in Feld- und Gefäßversuchen untersucht. Die P-Düngung erfolgte mit Superphosphat nach der N- und K-Grunddüngung vor der Aussaat, z. Z. der Bildung des 1., 2., 3. und 4. Blattes sowie zu Beginn der Zwiebelbildung. Die Feldversuche ergaben, daß P-Düngung vor der Aussaat die höchsten Erträge lieferte, während zu späteren Zeitpunkten

Ertragsminderungen auftraten. Zwischen dem Gehalt der Zwiebeln an Ascorbinsäure und dem Zeitpunkt der P-Düngung wurde die gleiche Beziehung gefunden. Gefäßversuche bestätigten diese Feststellungen und ergaben, daß Katalse-Aktivität, Photosynthese und Wasserhaltungsvermögen der Blätter ebenfalls bei P-Düngung vor der Ernte optimal sind. In Versuchen mit radioaktivem P wurde gefunden, daß die P-Aufnahme aus dem Boden mit fortschreitendem Alter der Pflanzen und abnehmender Bodenfeuchtigkeit sinkt. P. Stoß. 1197.

Celestino, Andres F.; Philippines, Coll. of Agric., Dep. of Agronomy, Vegetable Crops Div. The effects of irrigation, nitrogen fertilization and maleic hydrazide spray on the yield, composition and storage behavior of bulbs of two onion varieties. **(Die Wirkungen von Bewässerung, Stickstoffdüngung und Spritzung von Maleinsäurehydrazid auf Ertrag, Beschaffenheit und Lagerverhalten von zwei Speisezwiebelsorten.)** Philippine Agriculturist 44 (1961) Nr. 10. S. 479–501. – 1 Abb., 20 Tab., 15 Lit.
Bei Zwiebeln der Sorte 'Granex' und 'Excel', die vor der Pflanzung 0, 60 oder 120 kg/ha N erhielten, wurde 1. die Zusatzbewässerung von 2 in. je Woche bis zur Ernte durchgeführt oder 6 Wochen zuvor abgebrochen und 2. eine Vorerntespritzung mit 0 oder 2500 ppm Maleinsäurehydrazid (**MH**) vorgenommen. 'Granex' war ertragreicher und brachte größere, aber stärker faulende Zwiebeln als 'Excel'. N-Gaben erhöhten Flächenertrag, Zwiebel-Dmr. und den Prozentsatz fauler Zwiebeln. Anhaltende Bewässerung vergrößerte den Dmr., den Fäulnisanteil aber nur in Wechselwirkung mit der Sorte. Während der 2wöchentlichen Trocknung waren die Fäulnis- und Gewichtsverluste bei gedüngten Zwiebeln geringer als bei ungedüngten. 'Granex' faulte stärker als 'Excel'. Länger bewässerte Zwiebeln verloren beim Trocknen weniger an Gewicht, wenn sie mit **MH** bespritzt wurden. Nach 3 Monaten Normallager (81–87 °F) war lediglich der Austrieb der Zwiebeln geringer, wenn sie mit **MH** behandelt oder ungedüngt waren. 'Granex' trieb stärker aus, faulte aber weniger als 'Excel'. Durch die **MH**-Behandlung war nach 4 Monaten Kühllager (33–36 °F) der Austrieb um die Hälfte vermindert. Bei beiden Sorten bestanden zwischen N- und Tr.-Subst.-Geh. und dem Lagererfolg eindeutige Beziehungen. Die Lagerung an verschiedenen Stellen im Normal- oder Kaltlager zeigte bedeutsame Unterschiede zwischen gesunden, ausgetriebenen und gefaulten Zwiebeln.
H. Erfurth. 1197.

Kraus, W. **Bericht über die Sortenprüfung mit Saatzwiebeln 1961.** Hrsg.: Regierung der Deutschen Demokratischen Republik, Ministerium für Landwirtschaft, Erfassung und Forstwirtschaft, Zentralstelle für Sortenwesen. 1962. (17 S.) [Maschinenschr. vervielfältigt].
An 5 Versuchsorten wurde eine Sortenwertprüfung mit den Sorten 'Frühe Blaßrote', 'Bronzekugel', 'Stuttgarter Riesen', 'Bördeperle', 'Zittauer Gelbe' und 6 Neuzuchten durchgeführt. Versuchsvoraussetzungen und -ergebnisse werden in Tabellenform dargestellt. Bei den Wachstumsbeobachtungen ist festzustellen, daß Zittauer Gelbe' und die ihr ähnlichen Neuzuchten im Laub spät absterben und z. T. ungleichmäßig reifen. Die höchsten Ernteerträge wurden bei 'Zittauer Gelbe' und den ähnlichen Neuzuchten ermittelt. An der Spitze steht 'Zittauer Gelbe' Herkunft Saatzuchtgut Neuendorf mit 465,4 dt/ha. Die niedrigsten Erträge brachten 'Stuttgarter Riesen' mit 315,5 dt/ha und 'Bronzekugel' mit 322,4 dt/ha. Am größten sortierten die Neuzuchten 'Bo 7', 'Ga 10' und 'Stuttgarger Riesen'. Den höchsten Anteil an kleinen Zwiebeln brachten 'St. 2/61' und 'Frühe Blaßrote', die auch in der Zwiebelfarbe nicht einheitlich war. Gut sortentypisch waren 'Zittauer Gelbe', 'Stuttgarter Riesen' und 'Bördeperle'. Die 2 letztgenannten reiften gleichmäßig und früh. P. Hahn. 1197.

Kindt, V.; Dieskau, VEG Champignonzucht. **Ein Beitrag zur Problematik exakter Anbauversuche bei der Champignonkultur.** Arch. Gartenbau **11** (1963) Nr. 2. S. 135–150. – 9 Abb., 3 Tab., 9 Lit. – nach Zus.
Anhand der Unterlagen zahlreicher Anbauversuche wurden verschiedene versuchsmeth. Probleme der Champignonkultur untersucht. Bei extensiven Anbaumethoden liegt eine verhältnismäßig große Ertragsvariabilität vor. Sie ist um so geringer, je höher der Ertrag ist. Durch die Pasteurisierung des Nährsubstrats wird die Variabilität des Ertrages an sich nicht verringert, jedoch werden hierdurch höhere Erträge erzielt, in deren Bereich die zufällige Streuung der Einzelwerte rel. gering ist. Mit s% = 10 ist ein Minimum der Ertragsvariabilität bei der Champignonkultur erreicht. Bei dem im VEG Dieskau entwickelten Ersatzsubstrat ist die Streuung der Einzelwerte etwas geringer als bei Pferdedung. Innerhalb des Einzelversuches mit variierten Substratmengen je Flächeneinheit besteht eine negative Korrelation zwischen der Flächenproduktivität und der Variabilität der Ertragswerte. Die Anzahl der Wiederholungen wurden für eine Teilstückgröße von 0,8–2 m² und für unterschiedl. Durchschnittserträge ermittelt. Durch die Varianzanalyse wurden system. Einflüsse auf die Ertragsvariabilität festgestellt, welche durch das Anbausystem, das Raumklima, die Brut oder durch verschiedenartigen Ablauf der Vergärungsprozesse bedingt sind. Durch möglichst kleine Teilstücke und eine größere Anzahl von Wiederholungen wird die fehlerstatistische Auswertung der Anbauversuche erleichtert und die Signifikanz der Ertragsdifferenzen zwischen den Versuchsgliedern verbessert.
1198.

Eger, Gerlind; Hamburg-Volksdorf, Max-Planck-Inst. für Kulturpflanzenzücht. **Über das Verhalten von Champignonstämmen in Mischkultur.** Arch. Mikrobiol. **44** (1963) Nr. 4. S. 421–432. – 4 Abb., 5 Tab., 5 Lit.
In umfangreichen Versuchen sollte überprüft werden, ob durch die Herstellung von Mischkulturen verschiedener Champignonstämme eine Ertragssteigerung erreicht werden kann. In den Versuchen wurden die Champignonstämme '71', 'H' (weiß), 'Hu', '310' und 'FI' (braun) verwendet. Die Ergebnisse lassen erkennen, daß die Mischung brauner bzw. weißer Stämme untereinander keine Ertragsbeeinflussung zeigt, während bei Mischung von einem weißen mit einem braunen Stamm die Erträge dieser Mischkultur unter der Erwartung liegen. Bei dieser Mischkultur wird der braune Stamm bes. beeinträchtigt. K. Krüger. 1198.

Brückner, K. **Sortenwertprüfung mit Champignon 1959 bis 1961.** Arb. Zentralstelle Sortenwes. **1962** Nr. 17. S. 3–9. – 5 Abb., 3 Tab.
Die 3 in der Sortenliste der DDR zugelassenen Champignonsorten 'Schneeköpfchen', 'Cremeling' und 'Braunschopf' wurden in mehrjährigen Ertragsversuchen überprüft. Im Durchschnitt wurden von der Sorte, 'Cremeling' 5,2 kg/m², von der Sorte 'Schneeköpfchen' 3,9 kg/m² und von der Sorte 'Braunschopf' 2,2 kg/m² geerntet. Von den verschiedenen ausländischen Sorten und Herkünften, die allerdings nur in einem Jahr herangezogen wurden, brachten die polnische Sorte 'Brunatma' und die ungarische Sorte 'Pc 6' gute Erträge. Abschließend wird eine genaue Beschreibung der Sorten 'Schneeköpfchen', 'Cremeling' und 'Braunschopf' gegeben.
K. Krüger. 1198.

D. Obstbau

Modlibowska, Irena; Kent, East Malling Res. Stat. Some factors affecting supercooling of fruit blossoms. **(Einige Faktoren, die die Unterkühlung von Obstblüten beeinflussen.)** J. horticult. Sci. **37** (1962) Nr. 4. S. 249–261. – 3 Abb., 9 Tab., 13 Lit.

Die Versuche wurden mit verschiedenen Apfel-, Birnen- und Kirschensorten in einer Gefrierkammer durchgeführt, wobei die Temperatur jeweils im Verlauf von 1 ½ Stunden auf −2,9 °C sank. In Abhängigkeit vom Entwicklungsstadium der Blüte (Knospe → Abfall der Blütenblätter) nahm die Unterkühlungsfähigkeit ab. Einzeln abgetrennte Blüten unterkühlten stärker als solche an abgeschnittenem Fruchtholz, und diese wiederum stärker als Blüten, die sich noch am Baum befanden. Unter Wasser abgeschnittene Blüten erfroren eher als trocken abgeschnittene. Ebenso verhielten sich angefeuchtete Blüten im Vgl. zu trockenen. Die Griffel wurden bei hoher rel. Luftfeuchte (90%) weniger geschädigt als bei geringer Luftfeuchte (75%). Die Unterschiede im Verhalten der verschiedenen Varianten werden in erster Linie als Folge der Beeinflussung des Wasserhaushaltes der Pflanzenteile erklärt. R. Schuricht. 1201.

Márton, B. A Nyirség gyümölcstermesztése. **(Obstbau im Nyirség.)** Földrajzi Értesitö [Geogr. Anz.] **1962** Nr. 2. S. 243–261. — Aus: Ung. Agrar-Rdsch. **1963** Nr. 1.

1959 war der Nyirség das drittgrößte Obstbaugebiet Ungarns. 1895 wurden 839.878, 1959 5.386.816 Obstbäume gezählt (davon ca 60% tragend). 34% der Bäume befanden sich in Hausgärten, 27% in Weingärten, 31% in Marktobstanlagen und 8% in Streupflanzungen. In der Ertragsmenge stand früher die Pflaume an 1. Stelle, es folgten Apfel und Weichsel. Seit 1935 wurden bes. nördlich der Linie Nyiregyháza-Mátészalka Äpfel angebaut. Der Pflaumenanbau erfolgt vor allem in den Dörfern an der Theiss, aber auch hier wurde zum Apfelanbau übergegangen. Pflaumen werden bes. in der Umgebung von Nyirbátor, Weichseln nahe den Städten Debrecen und Nyiregyháza erzeugt. Der Pfirsich- und Aprikosenanbau konzentriert sich in der Mitte des Anbaugebietes. Birnen werden bes. auf den Lehmböden des Bezirkes Hajdu-Bihar angebaut. Der Kirschen- und Quittenanbau ist bedeutungslos. In den letzten Jahren nimmt der Anbau von Erdbeeren und Himbeeren gewaltig zu. 1213.

Schuricht, R. **Der Stand des Obstbaues in der DDR und die Aufgaben bei der Entwicklung der Obstproduktion.** Dtsch. Landwirtsch. **11** (1960) Nr. 11. S. 545–547. — 5 Tab., 5 Lit.

Die Obsternten der DDR decken noch nicht den Bedarf und schwanken erheblich, da der Baumbestand die Zahl von 1938 noch nicht wieder erreicht hat und z. T. überaltert ist, auch bez. der Anbauform. Die charakteristischen Merkmale moderner Obstanlagen werden beschrieben und deren Erträge durch Beispiele belegt. Ein von den Beschlüssen des V. Parteitages und 8. Plenums der SED ausgehender Vorschlag zur Entwicklung des Obstbaues in den soz. Landwirtschaftsbetrieben der DDR wird in agrar- und betriebsökonomischer Hinsicht erläutert. D. Neumann. 1215.

Bargon, E. **Obstbauliche Folgerungen aus einem Vergleich zwischen Bodenkartierung und Bodenschätzung.** Erwerbsobstbau **4** (1962) Nr. 12. S. 228 bis 230. — 2 Abb.

Für die geol. Ämter der Bundesrepublik, die sich auch mit bodenkundlichen Untersuchungen und Kartierungen für den Obstbau befaßt haben, ist die Anwendung der neuen Bodensystematik verbindlich. Ein Vgl. derartiger Bodenkartierungen mit der Bodenschätzung spricht zugunsten der ersteren. Aus den Farberklärungen großmaßstäblicher Bodenkarten sind Art des Gefüges, pH-Werte, Humus-, Nährstoff- und Spurenelementgehalte der einzelnen Horizonte ebenso zu entnehmen, wie Hinweise auf den Wasserhaushalt, Bemerkung zur Frage der zweckmäßigen Bodenvorbereitung und Angaben über das bodenangepaßte Pflanzsystem. In Verbindung mit geländeklimatol. Untersuchungsergebnissen sind diese Aussagen den Bodenformeln

der Bodenschätzung für obstbauliche Zwecke überlegen. An einem Beispiel wird die bessere ökol. Differenzierung einer Fläche durch die Bodenkartierung nachgewiesen, die bei der Bodenschätzung eine einheitliche Kennzeichnung erhielt. Dabei werden auch Hinweise für die obstbauliche Eignung bzw. Nichteignung bestimmter Bodenformen gegeben. Zur steuerlichen Bewertung der Obstbaubetriebe sind zusätzliche Kartierarbeiten unerläßlich.
W. Groh. 1215.

Groh, W.; Marquardt, Veruchsstat. der Zentralstelle für Sortenwes. Nossen. **Sorten für den Straßenobstbau.** Intensivobstbau **3** (1963) Nr. 1. S. 13–17. – 6 Abb., 4 Tab.
Nach kurzem Überblick über die für die Wahl der Straßenobstsorten maßgebenden Faktoren, geht Vf. auf die geeigneten Obstarten im einzelnen ein. Unter dem Gesichtspunkt der Haltbarkeit und der Schüttelernte (Ernte mit Obstbaumrüttler) sind 14 Apfelsorten ausgewählt. Sie sind nach ihrer Verteilung in den einzelnen Bezirken der DDR tabellarisch zusammengestellt. In gleicher Weise werden 12 Birnen-, 16 Süßkirschen-, 1 Sauerkirsch- und 9 Pflaumensorten zur Diskussion gestellt. Alle Vorschläge gehen in erster Linie von Anbaufragen und nicht von Fragen der Verwertung aus.
A. Mügge. 1218.

Lijsten, R. Wat geplant werd in 1959–1960. **(Was 1959–60 gepflanzt wird.)** Fruitteelt **51** (1961) Nr. 2. S. 41–42.; Nr. 3. S. 65–67.; Nr. 4. S. 96–98. – 6 Abb., 11 Tab.
Die Baumschulproduktion hat bei Kernobst seit 1954/55 eine steigende Tendenz und erreichte 1959/60 1,58 Mill. Stck. Das Verhältnis der Baumobstarten beträgt: 67% Apfel, 20% Birne, 6% Pflaume, 7% Kirsche. Bei allen Obstarten nimmt die Sortenbeschränkung zu. 12 von 99 Apfelsorten bilden 95% der Vermehrung, 9 von 49 Birnensorten 93%. Die Sortenbewegung war beim Kernobst, bes. beim Apfel, wesentlich stärker als beim Stein- und Beerenobst.
D. Neumann. 1218.

Guerriero, R.; Pisa, Univ., Ist. di Coltivazione Arboree. Indagini sul valore tassonomico di alcuni caratteri dei noccioli di pesco. **(Forschungen über den taxonomischen Wert verschiedener Merkmale der Pfirsichsteine.)** Riv. Ortoflorofrutticolt. ital. **46(87)** (1962) Nr. 4. S. 343–363. – 18 Abb., 14 Lit. Zus. in Engl.
Für die Untersuchungen standen je 20 Steine von 230 Pfirsichsorten zur Verfügung. Die Häufigkeitsverteilungen der einzelnen Dimensionen (Länge, Breite, Dicke, Volumen) des Steines weisen eine geringe linksseitige Asymmetrie auf. Insgesamt wurden 10 Merkmale untersucht und die Ausprägung in 3–6 Klassen untergliedert. Neben der Steingröße werden die Form, die Symmetrieverhältnisse und die Farbe beurteilt. Das Aussehen der Steinbasis und der Winkel der Steinspitze sind weitere Unterscheidungsmerkmale. Die Ausprägung der Verwachsungsnaht des Endokarps sowie die Beschaffenheit der Steinoberfläche und seines Reliefs gehören ebenfalls zu dem Schema, nach dem die Pfirsichsteine für sortenkundliche Untersuchungen und für Züchtungszwecke zu beschreiben sind.
S. Kramer. 1218.

Perraudin, G., Evéquoz, M. und Favre, Ch. La réforme de notre verger: Le buisson à trois axes obliques sans flèche. **(Die Umgestaltung unseres Obstgartens: Der Busch mit drei schrägen Leitästen ohne Mitteltrieb.)** Agric. romande [Lausanne] **1** (1962) Nr. 9/10. S. 68–72. – 10 Abb.
Vff. zeigen die Fehler bei der Erziehung eines Busches auf. Bes. nachteilig ist das bevorzugte Wachstum des Mitteltriebes. Zum Aufbau der Krone dienen 3 Leitäste und je 2 Äste 2. Ordnung (9 Kronenelemente), die sich frei im Raum entwickeln. Die Krone soll erst bei einer Stammhöhe von 70 cm angeschnitten werden, um die Entwicklung der Seitenäste und die

maschinelle Bearbeitung günstig zu gestalten. Die Krone wird in Organe 1.–4. Grades unterteilt und dementsprechend geschnitten. Nach Meinung der Vff. sind entsprechende Erfahrungen notwendig, diese Schnittregeln sinngemäß anzuwenden. L. Dreibrodt. 1222.

Marcellin, P. und Bouhier de l'Élcuse, R. Les matières plastiques en arboriculture: la conservation de pommes et de poires à des températures de l'ordre de 7° à 15 °C. **(Die Anwendung von Plasten im Obstbau: Die Lagerung von Äpfeln und Birnen bei Temperaturen zwischen 7° und 15 °C.)** Arboricult. fruitière [N. S.] **10** (1963) Nr. 107. S. 12–13. 15. – 1 Tab.
Das Reifwerden von Äpfeln und Birnen im Normallager kann man durch eine Verpackung in Polyäthylenfolie verzögern. Dieses Einbeuteln wird als „physiol. Verpackung" bezeichnet. Zur Einlagerung müssen beachtet werden: Stärke der Folie, Größe der Beutel und Perforierung. In den mit Früchten gefüllten Beuteln sollen 2% O_2 und 5–8% CO_2 vorhanden sein. Geeignet sind u. a. folgende Obstsorten: 'Golden Delicious', 'Jonathan' und 'Williams'. Die Lager brauchen nicht zusätzlich gekühlt zu werden, sie dürfen nicht feucht und müssen gut lüftbar sein. Das Einbeuteln und Lagern soll in getrennten Räumen geschehen, wobei die jeweiligen Temperaturen zu beachten sind, um ein Beschlagen in den Beuteln zu vermeiden. Zum Lagern werden die Folienbeutel am besten zugeschweißt. Versuche mit 'Golden Delicious' (5 Früchte je Beutel) ergaben, daß eine Lagerungsdauer von 6 Monaten und länger möglich war, bei 'Williams' von 1–2 Monaten. 'Golden Delicious' wurde mit 1200 NF/t gekauft und ½ Jahr später mit 1900 NF/t verkauft. Nach Abzug von Unkosten und Verlusten brachte jede Tonne durch die Verpackung in Polyäthylenbeuteln 500 NF Gewinn. Durch Beutellagerung im Normallager scheint es bei manchen Obstsorten möglich zu sein, mit dem Kühllager bei 0–3 °C annähernd vergleichbare Lagerbedingungen zu schaffen. L. Dreibrodt. 1223.

Ignat'ev, B. D. (Ignatjew, B. D.); Ukrain. Forsch.-Inst. für Gartenbau. Plodochranilišče s rezervuarom cholodnogo vozducha. **(Obstlagerhalle mit Kaltluftreservoir.)** Sadovodstvo, Moskva **100** (1962) Nr. 10. S. 28–29. – 1 Abb.
Temperaturen von 0–2 °C bei 85–90% Leuftfeuchtigkeit sind für die Lagerung von Äpfeln und Birnen am günstigsten. Diese Temperaturverhältnisse sind in südlichen Gebieten in den Monaten Okt., Nov. Apr. und Mai ohne künstliche Luftabkühlung nicht einzuhalten. Aus diesem Grunde werden vom Vf. entspr. Einrichtungen besprochen, die bei der Konstruktion eines Obstlagerhauses zu berücksichtigen sind. Zur Schaffung eines Kaltluftreservoirs soll im Kellergeschoß ein Raum von 1,5–2 m Tiefe dienen, der nach oben hin gitterartig abgedeckt ist. Dort soll sich die Kaltluft und die von den Früchten ausgeschiedene Kohlensäure ansammeln. In den wärmeren Monaten sollen Ventilatoren benutzt werden, die in der Stunde eine 10–20-fachen Luftaustausch im Lagerraum gewährleisten. Steht keine Elektroenergie zur Verfügung, so kann durch 2 Röhren von 10–12 m Höhe die gleiche Wirkung erzielt werden. Zur Einhaltung der erforderlichen Optimaltemperaturen wird empfohlen, die Ventilatoren in den Nächten der Monate Okt., Nov., April und Mai 4–7 Std. einzuschalten. Durch entspr. Kaltluftzufuhr ist es möglich, den Verlust von Früchten zu vermeiden und die Lagerzeit zu verlängern. L. Tunger. 1223.

Carlson, R. F. Growth responses of young fruit trees grown in inverted position. **(Wachstumsreaktionen junger Obstbäume, gewachsen in umgekehrter Stellung.)** Michigan State Univ., agric. Exp. Stat., quart Bull. **45** (1962) Nr. 2. S. 356–362. – 4 Abb., 3 Tab., 1 Lit.
Da aufrecht gewachsene junge Obstbäume oft spitze Zweig-Stammwinkel bilden, die mit verzögertem Tragen verbunden und schwieriger zu schneiden

sind, ließ Vf. solche jungen Bäume in umgekehrter Stellung (''upside-down position'') 50 und 100 Tage wachsen. Hierbei ergaben sich senkrecht zum Stamm wachsende Zweige. Wurzel- und Zweigspitzen wuchsen streng geotropisch, also umgekehrt. Die Blätter orientierten sich nach dem Licht. Bei weiterem Wachstum in Aufrechtstellung normalisierten sich die Verhältnisse. Eine Verzögerung des Wachstums trat nicht ein, jedoch eine Abnahme der Zahl der „Verzweigungsknospen". Der Nährstoffeinfluß war artenabhängig. Bei Äpfeln ('Red Delicious') und Birnen ('Barlett') war kein Einfluß festzustellen. Bei Kirschen ('Schmidt') führten zunehmende Konzentrationen eines NPK-Düngers zu weniger „Verzweigungsknospen". Der K-Gehalt war in Apfel-, Birnen- und Kirschenblättern der umgekehrt gewachsenen Bäume höher, nicht aber die Gehalte an anderen Elementen.

M. Becker. 1230.

Pisani, P. L. und Sansavini, S.; Bologna, Univ., Ist. di Coltivazione Arboree. Alcuni effetti dell'insolazione estiva sugli alberi da frutto in rapporto alla potatura. **(Verschiedene Wirkungen der sommerlichen Insolation auf die Obstgehölze in Beziehung zum Schnitt.)** Riv. Ortoflorofrutticolt. ital. **46(87)** (1962) Nr. 4. S. 313–327. — 12 Abb., 3 Tab., 22 Lit.

In den Jahren 1960 und 61 wurden an 30jährigen Bäumen der Apfelsorte 'Delicious' und an 15jährigen 'Abbondanza'-Äpfeln mit Hohlkrone in der Zeit vom 1. Juli bis 15. Sept. Temperaturmessungen der Rinde von Stämmen und Leitästen vorgenommen. Als zusätzliche Variante werden die genannten Teile der Gehölze in einzelnen Parzellen mit einer 10%igen Kalkbrühe geweißt. In Abhängigkeit von der Himmelsrichtung ergaben sich erhebliche Differenzen in der Rindentemperatur der Leitäste. Die Südseite wies bei Extremtemperaturen bis 20 °C höhere Werte auf als die Nordseite der Leitäste. Bes. groß waren die Temperaturgegensätze bei naturentfernten Hohlkronen. Die Rindentemperatur übersteigt oftmals die Lufttemperatur. Durch den Kalkanstrich werden die Temperaturschwankungen etwas ausgeglichen und im Mittel um 3–5 °C gegenüber unbehandelt gesenkt. Je höher die Rindentemperaturen, um so geringer war die Rindendicke. Die Südseite der Leitäste wies stets einen geringeren Rindenanteil auf als die Nordseite. Das Kalken wirkte sich auf das Dickenwachstum der Rinde günstig aus. Zur Vermeidung von Rindenbrand-Schäden werden Schnittmaßnahmen vorgeschlagen, bei denen die Leitäste mit gut beblätterten Trieben bekleidet sind. Aufgeputzte Leitäste der Hohlkronen sind nicht günstig zu beurteilen. Das Kalken der Bäume erweist sich bei allen Schnittmethoden als vorteilhaft. S. Kramer. 1230.

Blasse, W.; Marquardt, Inst. für Obstbau der Humboldt-Univ. zu Berlin. **Beziehungen zwischen Durchfrostungstiefe und Bodenpflege im Obstbau.** Arch. Gartenbau **11** (1963) Nr. 1. S. 3–8. — 3 Abb. — nach Zus.

Die Durchfrostungstiefe wurde bei Barfrosteinwirkung in den Wintern 1959/60 und 1960/61 bei differenzierten Bodenpflegeverfahren und Reinaussaaten von Gründüngungspflanzen ermittelt. Die Durchfrostungstiefe nahm von „Bodenbedeckung" über „Kleegrasdauerkultur", „Gründüngung", „offener Boden" unbearbeitet und „offener Boden" bearbeitet zu. Ein guter Gründüngungsbestand übte im Vorwinter einen beachtlichen Barfrostschutz aus. Im Mitt- und Nachwinter war die Schutzwirkung durch die fortschreitende Verrottung geringer. Die Deckfruchtarten Winterwicke, Phazelia und Serradella minderten in beiden Jahren stärker das Eindringen des Frostes als Sonnenblume, Rübsen, Senf, Lupine und Klee. Das Mähen oder Stehenlassen der Deckfruchtbestände hatte keinen nennenswerten Einfluß auf die Frosteindringungstiefe. Nur grobstengelige Gründüngungspflanzen sind im Herbst umzuwalzen. 1230.

Uptmoor, J.-H. **Über die Verwendung von Palette und Großkiste im Erwerbsobstbau.** Erwerbsobstbau **4** (1962) Nr. 12. S. 233–236. — 4 Tab., 5 Lit.

Bei der Transportarbeitskette während der Apfelernte, angefangen vom Antransport des Leergutes in die Anlage bis zum Abtransport des sortierten Obstes zum Markt, erforderte das Palettenverfahren gegenüber dem Großkistenverfahren im arrondierten Betrieb etwa 5%, im nicht arrondierten Betrieb etwa 20% weniger Arbeitszeit. Die Kostenunterschiede sind geringfügig. Paletten und Steigen haben gegenüber der Großkiste den Vorteil, daß sie auch nach dem Sortiervorgang bis zur Marktbelieferung im Transportfluß bleiben können. Die Höhe der Druckschäden war von der standort- und sortenbedingten Fruchtfleischfestigkeit abhängig. Druckempfindliche Sorten hatten in Steigen weniger Druckschäden als in der Großkiste. Je tiefer die Früchte in der Großkiste liegen, um so stärker ist der Anteil beschädigter Früchte, und zwar bes. in den Kisten, die zwecks Durchlüftung einen mit Spalten versehenen Boden haben. Der Einsatz der Palette wird um so schwieriger, je enger die Pflanzungen stehen, da bes. beim Leerguttransport die Steigen durch die Zweige vom Stapel gezogen werden. Die Großkiste hat bes. in hängigem Gelände Bedeutung. R. Schuricht. 1230.

Free, J. B.; Harpenden, Herts., Rothamsted Exp. Stat. The effect of distance from pollinizer varieties on the fruit set on trees in plum and apple orchards. **(Der Einfluß der Entfernung von pollenspendenden Sorten auf den Fruchtansatz der Bäume in Pflaumen- und Apfelanlagen.)** J. horticult. Sci. **37** (1962) Nr. 4. S. 262–271. – 5 Abb., 6 Tab., 9 Lit.
Versuche mit Pflaumen- und Apfelbäumen ergaben, daß der Fruchtansatz der Hauptsorten mit wachsender Entfernung von den pollenspendenden Sorten stark abnimmt. An der den Pollenspendern zugewandten Seite zeigten direkt angrenzende Bäume höheren Ansatz als an der abgewandten Seite. Baumteile, die „bouquets" berührten (blühende Zweige eines Pollenspenders in Wasserbehältern) hatten einen höheren Ansatz zu verzeichnen als solche ohne „bouquets". Bei Äpfeln war neben dem Fruchtansatz auch die Zahl der Samen je Frucht um so größer, je näher die Bäume an den Pollenspendern standen. Die Versuchsergebnisse werden im einzelnen tabellarisch angeführt. A. Mügge. 1230.

Kušnirenko, M. D. (Kuschnirenko, M. D.) Izučenie fiziologičeskich processov u privivok jabloni i gruši v zavisimosti ot mestopoloženija ich v krone mentora. **(Untersuchung physiologischer Prozesse an Pfropfungen bei Apfel und Birne in Abhängigkeit von der Pfropfstelle in der Krone des Mentors.)** Trudy Central'noj genetičeskoj laboratorii imeni I. V. Mičurina, Mičurinsk **7** (1961) S. 197–208. – 7 Tab.
Die oberen Teile der Krone bei Apfel- und Birnbäumen jungen und mittleren Alters haben gegenüber den unteren Kronenteilen einen höheren Ascorbinsäuregehalt in Blättern und Trieben und entwickeln eine intensivere Stoffwechseltätigkeit, was offenbar mit höherer Adaptionsfähigkeit verbunden ist. Sie enthalten auch mehr gebundenes und weniger freies Wasser und werden deshalb weniger durch Hitze und Austrocknung geschädigt. Da das physiol. Verhalten der Blätter von Pfropfreisern stark von dem Verhalten der Blätter und Zweige des Baumteiles abhängt in den sie gepfropft werden, erscheinen hierfür die oberen Kronenteile bes. geeignet.
R. Schuricht. 1231.

Kuzin, I. S. (Kusin, I. S.) Rost i zimostojkost' sažencev jabloni, vyraščennych iz poček različnych častej krony dereva. **(Wachstum und Winterfestigkeit von Apfelsetzlingen, die aus verschiedenen Teilen der Krone stammen.)** Trudy Central'noj genetičeskoj laboratorii imeni I. V. Mičurina, Mičurinsk **7** (1961) S. 209–217. – 2 Abb., 3 Tab., 20 Lit.
Einjährige Apfelveredlungen entsprechen in ihrer Wachstumsintensität und -dauer dem Wuchsverhalten der Kronenteile des Mutterbaumes, aus dem die Edelreiser entnommen wurden. Knospen von niedrigen Zweigen wachsen

stärker und länger, zeigen jedoch größere Frostschäden. Die Intensität des Stammdickenwachstums nimmt mit nachlassendem Längenwachstum zu. Das verzögert die Holzreife und führt zu Erfrierungen bei Frühherbstfrösten. Negativ auf die Holzreife wirkt sich ein früher Blattfall an den unteren Kronenteilen aus. Weniger winterhart sind einjährige Gehölze, die von Mutterbäumen in Dichtpflanzungen stammen. R. Schuricht. 1232.

Abbott, D. L.; Bristol, Univ., Long Ashton Res. Stat. The effect of four controlled winter temperatures on the flowering and fruiting of the apple. **(Die Wirkung von vier kontrollierten Wintertemperaturen auf das Blühen und Fruchten des Apfels.)** J. horticult. Sci. **37** (1962) Nr. 4. S. 272–284. – 4 Abb., 2 Tab., 8 Lit.
2jährige getopfte Apfelbäume von 3 Sorten auf EM VII wurden in Klimakammern (225 × 150 cm Grundfläche; 6 Bäume je Kammer) in der Zeit von Aug. 1961–Mai 1962 folgenden Behandlungen unterworfen: 1. strenger Winter, 2. früher Winter, 3. später Winter, 4. milder Winter, 5. Kontrolle im Freien. Die Bäume begannen im Frühjahr in der Reihenfolge 2, 4, 1, 3 zu treiben. Warmer Herbst begünstigste die Blütenbildung. Ein Einfluß der Behandlungen auf den Fruchtertrag ließ sich nicht nachweisen. R. Schuricht. 1232.

Il'ina, I. V. (Iljina, I. W.) Nekotorye osobennosti rosta i razvitija nadzemnoj časti i kornevoj sistemy jabloni v uslovijach Južnoj i Jugo-Zapadnoj Karelii. **(Einige Besonderheiten des Wachstums und der Entwicklung der oberirdischen Teile und des Wurzelsystems beim Apfel unter den Bedingungen Süd- und Südwest-Kareliens.)** Tr. Karel'sk fil. AN SSSR **1961** S. 88–95. – Aus: Referativnyj žurnal. Biologija, Moskva **1962** Nr. 13. G 390. S. 52.
Für die Apfelsorten 'Gruschowka moskowskaja', 'Koritschnoje polossatoje', 'Mirontschik' und andere ist die flachrunde Kronenform charakteristisch, wobei die Höhe geringer als die Breite ist. Auf Podsolböden beansprucht das Wurzelsystem der 13–15jährigen Bäume ein geringes Bodenvolumen. Bei maximaler Entwicklung überschreiten die Wurzeln in horizontaler Richtung die Grenzen der Kronenprojektion um 60–90 cm. Auf schweren Böden befindet sich die Hauptmasse der Wurzlen in einer Tiefe von 20–60 cm, auf leichten Böden zwischen 60 und 120 cm.
übersetzt v. G. Boetticher. 1232.

Pogorelov, P. (Pogorelow, P.); Sibir. Forsch.-Inst. für Landwirtsch. Osobennosti plodonošenija krupnoplodnych stlancevych jabloń. **(Besonderheiten des Fruchtens großfrüchtiger Zwergapfelbäume.)** S. ch. Sibiri **1961** Nr. 8. S. 59–64. – Aus: Referativnyj žurnal. Biologija, Moskva **1962** Nr. 4. G 377. S. 44–45.
1957–60 wurden im Gebiet von Omsk Untersuchungen über die Ertragsleistung verschiedener Fruchtholzarten durchgeführt. $^1/_3$–$\frac{1}{2}$ des Ertrages wurde bei den wichtigsten Sorten dieses Gebietes vom 1jährigen Holz erzielt (bei 'Slawjanka' bis 82%, bei 'Gruschowka moskowskaja' 20–40%). Am 2jährigen Holz befanden sich 15% ('Anis aly') bis 52% ('Gruschowka moskowskaja') der Früchte. Der Anteil von 3jährigen und älteren Trieben schwankte je nach Sorte und Jahr beträchtlich. Stärkere Ertragsperiodizität wurde bei verschiedenen Sorten festgestellt. Die Knospendifferenzierung begann zuerst am Fruchtholz, an den 1jährigen Trieben später. Die Differenzierung dauerte bis zum Frühjahr. Der Blühverlauf war dadurch verzögert und betrug 18–20 Tage. Je nach Sorte bildeten 5–22% der Blüten Früchte aus.
übersetzt v. G. Boetticher. 1232.

Kanivec, I. I. und Semina, V. I. (Kaniwez, I. I. und Semina, W. I.) Ob opredelenii potrebnosti jabloni v udobrenijach po dannym chimičeskogo sostava rastenija i počvy. **(Die Bestimmung des Düngemittel-Bedarfes eines Apfelbaumes nach Angaben über die chemische Zusammensetzung der Pflanze**

und des Bodens.) V sb.: Ėffektivnost' udobrenij v uslovijach Moldavii, Kišinev **1961** S. 16–43. – Aus.: Referativnyj žurnal, Biologija, Moskva **1962** Nr. 13. G 397. S. 53.

Auf Schwarzerde- und Rasen-Alluvialböden im Gebiet Kischinjow wurden Untersuchungen an 19 Apfelsorten durchgeführt. Die chem. Zusammensetzung der Blätter, Blattstiele, einjährigen Triebe und Fruchtknospen veränderte sich in Abhängigkeit vom Alter, von der Vegetationsperiode und den Boden- und Witterungsverhältnissen. In den Fruchtknospen war der N-, P- und K-Gehalt im Laufe der Vegetationsperiode auf fruchtbareren Böden mit harmonischem Nährstoffgehalt höher. Während der Vegetation blieben in beiden Böden pH-Zahl und die Gehalte an Humus und Karbonaten konstant, während sich die Werte für N, P und K veränderten. In Schwarzerde waren Nitrate, in Rasen-Alluvialböden P und K reichlicher enthalten. Bäume im Ertragsjahr verbrauchten rel. mehr P und K, Bäume ohne Ertrag mehr Nitrate. übersetzt v. G. Boetticher. 1232.

Kemmer, E. und Schulz, F.; Berlin, TU, Inst. für Obstbau. **Zur Frage der Ertragsbeurteilung beim Apfel.** Erwerbsobstbau **2** (1960) Nr. 7. S. 133–136. – 4 Abb., 1 Tab.

An Hand 10- und 11jähr. Ernteergebnisse von verschiedenen Apfelsorten, Baumformen und Unterlagen während der ansteigenden und der Hauptertragsperiode werden den zur Ertragsbeurteilung erforderlichen Begriffen Fehlertrag, Alternanz und Ertragsausgleich wirtschaftlich orientierte Definitionen gegeben. 4 Ertragsstufen (Fehl-, Minder-, Normal- und Vollertrag) und 2 Alternanzstufen (unbedenkliche und bedenkliche Alternanz) werden bes. herausgestellt. Auf den indirekten Ertragsausgleich durch „Gegenläufer" wird durch Beispiele hingewiesen. D. Neumann. 1232.

Oleško, V. M. (Oleschko, W. M.); Mitschurinsk, Zentr. Genet. Mitschurin-Lab. Nekotorye nabljudenija nad grušej sorta Bere zimnjaja. **(Einige Beobachtungen an der Birnensorte 'Bere simnjaja'.)** Agrobiologija, Moskva **1962** Nr. 3. S. 355–360. – 4 Tab., 2 Lit.

'Bere simnjaja' zählt zu den wertvollen Birnensorten der Zentralen Zone der UdSSR. Die Lebensdauer der Bäume beträgt nicht mehr als 30–40 Jahre, da durch Kälte- und Hitzeschäden verursachte Wunden die Bäume vernichten. Deshalb wird empfohlen, diese Sorte in die Krone 3–4jähriger Wildbirnenunterlagen zu veredeln. Noch günstiger ist es, wenn die Unterlagen bei der Pfropfung schon erwachsen sind, da die Wildbirne ihre Resistenz erst mit zunehmendem Alter ausbildet. Auch die agrotechn. Maßnahmen beeinflussen das Verhalten. Ausreichende Düngung und Offenhalten des Bodens sind Voraussetzungen für gutes Wachstum und gute Erträge. Bes. wichtig für Qualität und Quantität der Ernte ist die Auswahl geeigneter Unterlagen. R. Schuricht. 1235.

Sandvad, K. Gødningsforsøg med kirsebaer og blommer. **(Düngungsversuche mit Kirschen und Pflaumen.)** Tidsskr. Planteavl **66** (1962) Nr. 4. S. 609–642. – 31 Tab. Zus. in Engl.

1948–60 wurden an der Dänischen Versuchsstation Blangstedgaard Düngungsversuche sowie Versuche mit unterschiedlichem pH-Wert des Bodens mit Kirschen und Pflaumen durchgeführt. Versuchssorten, Versuchsanlage, Bodentyp, Pflege und Witterungsbedingungen wurden angegeben. Die verschiedenen Nährstoffgaben betrugen jährlich: 0, 100, 200 kg/ha K_2O; 0, 25, 50 kg/ha P_2O_5 und N. K-Gaben von 100 kg/ha erhöhten Wuchs, Ertrag und Fruchtgröße bei Kirschen und Pflaumen, 200 kg/ha K_2O brachte keine weitere Steigerung. Durch P_2O_5-Düngung konnte keine Beeinflussung von Wuchs, Ertrag und Fruchtgröße festgestellt werden. Durch N-Gaben wurde eine geringe Ertragssteigerung sowie dunklere Blattfärbung bei Pflaumen erreicht. Feld- und Gefäßversuche ergaben bei Kirschen den besten Wuchs und höchsten Ertrag bei einem pH-Wert < 7. Pflaumen auf sandigem Boden wuchsen am besten bei höherem pH-Wert, ihr Ertrag lag bei pH = 7,0 am höchsten.

A. Mügge. 1241.

Fetisov, G. G. und Filimonova, G. A. (Fetissow, G. G. und Filimonowa, G. A.); Moskau, Lomonossow-Univ., Lehrstuhl für Genetik und Zücht. Charakter i stepeń povreždenija cvetočnych poček nizkimi temperaturami u kostočkovych. **(Charakter und Grad der Schädigung der Blütenknospen durch niedrige Temperaturen bei Steinobst.)** Agrobiologija, Moskva **1962** Nr. 3. S. 377–382. – 1 Tab.

Der Grad der Frostschäden hängt von den Vegetationsbedingungen ab, die vor dem Frost herrschten, vom Zeitpunkt der Frosteinwirkung und den agrotechn. Maßnahmen (Nährstoff- und Wasserversorgung, Bodenbearbeitung, Schnittmethode, Pflanzenschutz). Beobachtungen 1955–61 in Moskau zeigten, daß Steinobst Fröste bis –30 °C ertragen kann. Sehr schädlich sind plötzliche starke Temperaturstürze gegen Ende oder nach Beendigung der Winterruhe. Zwischen den Steinobstarten und Sorten gibt es große Unterschiede. Bes. stark litten Sorten aus südlichen Gebieten.

R. Schuricht. 1241.

Hugard, J. und Saunier, R.; Pont-de-la-Maye, Gironde, Stat. de Rech. d'Arboricult. Fruitière; Centre de Rech. Agronomiques du Sud-Ouest. Action de l'acide 2, 4, 5-trichlorophenoxypropionique sur la précocité de maturité, l'intensité de coloration, la grosseur des pêches et la germination de leur semence. **(Wirkung der 2,4,5-Trichlorphenoxypropionsäure auf die Frühreife, die Färbungsintensität, die Größe der Pfirsiche und die Keimung der Samen.)** Ann. Amélioration Plantes **11** (1961) Nr. 1. S. 5–24. – 7 Abb., 4 Tab., 11 Lit. Zus. in Russ., Engl., Dtsch.

Das Besprühen der Bäume verschiedener Pfirsichsorten mit 2.4.5-Trichlorphenoxypropionsäure (TP) hatte folgende Wirkung: Verhinderung vorzeitigen Abfalls der Früchte, 4–5 Tage fühere Reife, intensivere Färbung, beschleunigtes und stärkeres Wachstum, Erhöhung ihres Zuckergehaltes und der Tr.-Subst., jedoch etwas geringere Haltbarkeit und verminderte Farbausbildung bei Lagerung im Kühlraum. **TP** hatte auch schlechteres Keimen der Kerne, Hemmung der Wurzelentwicklung und verzögertes Wachstum der Sämlinge zur Folge. Optimale Wirkung wird erzielt, wenn einmaliges Besprühen 4 Wochen vor der natürlichen Reife mit Konz. von 50–65 mg/l **TP** bis zur völligen Benetzung der Blätter und jungen Früchte (5 l Lösung/5jährigen Baum) erfolgt. Mischen von **TP** mit dem Netzmittel 'Rhodia' erhöhte die Wirksamkeit nicht. Stärkere Konz. und Anwendung pneumatischer Feinstzerstäuber rufen Verbrennungen, Laubfall und Fruchtschädigungen hervor.

B. Reck. 1248.

Kaśjanenko, A. I. (Kasjanenko, A. I.) O podvojach dlja slivy. **(Unterlagen für Pflaumen.)** Naučn. tr. Poltavsk. s.-ch. in-t **9** (1961) S. 228–243. – Aus: Referativnyj žurnal. Biologija, Moskva **1962** Nr. 2. G 418. S. 46.

Die Ergebnisse stammen aus 17jährigen Studien über die Unterlagen für Pflaumen der Melitopoler Versuchsstat. für Gartenbau, von 1953 an aus dem Landwirtsch. Inst. in Poltawa. Als beste Unterlagen für Pflaumen unter den Bedingungen der Steppen- und Waldsteppenbezirke der Ukraine erwiesen sich: einheimische Schlehensorten mit gelben Früchten, Sämlinge der Pflaume 'Jean Erik' sowie 'Gelbe Mirabelle' und Aprikosensämlinge. Angeführt werden die Erträge der Sorten 'Persikowaja', 'Kirk', 'Renklod Altana', 'Renklod seljony', 'Viktoria', 'Wengerka italjanskaja', 'Anna Späth', die auf verschiedene Unterlagen veredelt waren. übersetzt v. E. Fröhmcke. 1250.

Powell, H. R. The pruning of fruit trees. Deciduous fruit trees (Japanese plums). **(Schnitt von Obstbäumen [Japanische Pflaumen].)** J. Agric. Western Australia [4] **3** (1962) Nr. 10. S. 825–835. – 18 Abb.

In Westaustralien werden zahlreiche Sorten der Japanischen Pflaumengruppe wie 'Santa Rosa', 'Ruby Blood', 'Satsuma', 'Delaware', 'Wickson', 'Narrabeen', 'Elizabeth', 'Beauty' und 'Wilson' angebaut. Die Sorten weisen einen sehr unterschiedlichen Habitus auf. Durch Schnitt auf nach innen sich entwickelnde Triebe können übermäßig breitwachsende Sorten im Kronenaufbau korrigiert werden. Pyramidal wachsende Sorten werden auf Auslage geschnitten, damit die Kronen breiter werden. Die Kronenerziehung erfolgt bei Japanischen Pflaumen als Hohlkrone; vorrangig findet der Niederstamm Verwendung. Es werden Schnittempfehlungen für den Erziehungs-, Fruchtholz- und Überwachungsschnitt gegeben, wobei bes. Wert auf die schnittmäßige Behandlung des 1jährigen Holzes gelegt wird. Der Ertrag wird entscheidend durch die fruchttragenden Kurztriebe bestimmt, während die anderen Triebe wie Holztriebe, lange Fruchttriebe und Wasserschosser am Ertrag unwesentlich beteiligt sind.

W. Blasse. 1250.

Proebsting jun., E. L. und Milis, Harlan H.; Prosser, Wash., Irrigation Exp. Stat. Response of Richards Early Italian prunes to 2,4,5-TP with varied time of application. **(Reaktion von Richards Early Italien-Pflaumen auf 2,4,5-TP bei verschiedenen Zeiten der Applikation.)** Proc. annu. Meeting Washington State horticult. Assoc. **57** (1961) S. 164–165. — 1 Tab., 2 Lit.

Pflaumenbäume der Sorte 'Richards Early Italian' wurden zu verschiedenen Zeiten mit Konz. von 20 ppm 2,4,5-TP besprüht. Es wurden 5 Gruppen zu je 16 Bäumen 3 Tage vor und 4, 11, 18 und 25 Tage nach der einsetzenden Endokarpverhärtung behandelt. Die Ernte der Früchte erfolgte frühestens 60 Tage nach der letzten Behandlung. Die ersten beiden Behandlungstermine lieferten die höchsten Erträge. Sie lagen 86% bzw. 99% höher als die der Kontrolle. Die Werte nahmen ab, je später die Behandlung erfolgte. Der niedrigste Wert lag 34% höher als die Kontrolle. Der Gehalt an löslichen Bestandteilen nahm dagegen vom frühesten bis zum spätesten Behandlungstermin zu. Außerdem wurden der Verbräunungsindex und das durchschnittl. Gewicht der Früchte bestimmt.

H. Opel. 1250.

Laffèrs, A. **Frühes Fruchten und zweite Triebe der Walnuß (Juglans regia L.).** Arch. Gartenbau **11** (1963) Nr. 2. S. 163–171. — 9 Abb., 4 Lit. - nach Zus.

Bei der Beobachtung 3jähriger Walnußveredlungen in der Baumschule konnte festgestellt werden: Walnußveredlungen können schon in den ersten Jahren blühen und fruchten. Die Früchte der Veredlungen waren mit denen der Mutterbäume vollkommen gleich. Unter anderen Bedingungen zeigten sich Eigenschaften, die an den Früchten der Mutterbäume für ökotypisch gehalten wurden. An den Veredlungen wurden typische Johannistriebe beobachtet. Diese waren in allen Fällen länger als die ersten Triebe. Johannistriebe entwickelten sich nur auf Fruchtsprossen. Auf anderen, bisher nicht fruchtenden Bäumen, zeigten sich keine. An den Johannistrieben waren unregelmäßig verteilt abnormale Blätter. Die Abnormalitäten erschienen nur an den Endblättchen.

1255.

Porter, L. A.; Levin, Dep. of Agric. Horticult., Res. Stat. Polythene sheet as mulch for strawberries. **(Polyäthylenfolie als Mulch für Erdbeeren.)** New Zealand J. Agric. **105** (1962) Nr. 3. S. 247–255. — 5 Abb., 3 Tab., 9 Lit.

Auf Grund jahrelanger Versuche hatte sich eine 0,001 in. (1 Vegetationsperiode verwendbar) oder 0,002 in. (2 Jahre haltbar) dicke, schwarze Folie ohne Perforation von 91 cm Breite bewährt. Verschiedene Methoden der Befestigung der Folie werden beschrieben. Um das Abfließen des Wassers von der Folie zu ermöglichen, empfiehlt es sich, flache Kämme zu ziehen, auf deren höchsten Punkt die Pflanzen gesetzt werden. Einige Folienlegemaschinen ziehen die Kämme und legen die Folie in einem Arbeitsgang. Die Pflanzen werden meist vor dem Legen der Folie gepflanzt und durch Kreuzschnitte mit der Hand durch die Folie gezogen. Das zwischen den Folienbahnen wachsende Unkraut ist am besten durch chem. Mittel zu bekämpfen. Ertragsversuche brachten mit Folienbedeckung immer frühere und häufig auch höhere Ernten als Bodenbedeckung mit org. Material. Der Grund für frühere Blüte und Erträge wird in der höheren Bodenwärme unter der Folie gesehen. Bei ganzflächiger Bodenbedeckung hielt sich die Bodenfeuchtigkeit über 2 Vegetationsperioden. Wurzeln wuchsen auf der Bodenoberfläche entlang. Ausdauernde Unkräuter, vor allem Quecke, werden durch die Folienabdeckung nicht ausreichend bekämpft. M. Brauns. 1260.

Bell, H. K. und Downes, J. D. The relation of blossom removal to runner plant development, berry size, and yield in the Robinson strawberry. **(Die Beziehung der Blütenentfernung zu der Entwicklung von Ausläuferpflanzen, Beerengröße und Ertragshöhe bei der Erdbeersorte 'Robinson'.)** Michigan State Univ., agric. Exp. Stat., quart. Bull. **44** (1962) Nr. 4. S. 619–624. – 2 Abb., 1 Tab., 9 Lit.

In einer Aprilpflanzung der Erdbeersorte 'Robinson' im Abstand von 2 × 3½ ft. wurden die Blütenstände zur besseren vegetativen Entwicklung im 1. Jahre entfernt, die Kontrolle blieb unbehandelt. Die Anzahl gebildeter Ausläuferpflanzen war bei beiden Varianten gleich. Im darauffolgenden Jahr brachten die Kontrollpflanzen (ohne Entfernung der Blütenstände) zu Anfang der Ernteperiode etwas höhere Erträge mit kleineren Früchten, gegen Ende der Ernteperiode glich sich dieser Unterschied aus. Ein Einfluß auf die Wurzelstöcke und die Blütenanlage ist demnach vorhanden. Eine negative Korrelation bestand bei beiden Varianten zwischen Dichte des Pflanzenbestandes und dem Ertrag. Die höchsten Erträge wurden bei 4–8 Pflanzen je sq. ft. erhalten. M. Brauns. 1260.

Eaves, C. A. und Leefe, J. S.; Kentville, Nova Scotia, Canada Dep. of Agric. Note on the influence of foliar sprays of calcium on the firmness of strawberries. **(Mitteilung zum Einfluß der Calcium-Blattdüngung auf die Fruchtfestigkeit von Erdbeeren.)** Canad. J. Plant Sci. **42** (1962) Nr. 4. S. 746–747. – 1 Abb., 1 Tab., 6 Lit.

Um den Einfluß der Ca-Blattdüngung auf die Festigkeit der Erdbeerfrüchte zu bestimmen, wurde von der Blütezeit an 4mal in 2tägigem Abstand mit einer 4%igen $CaCl_2$-Lösung gesprüht. Zu 4 Ernteterminen wurden von jedem Teilstück Stichproben von 20 Früchten entnommen und die Druckfestigkeit der Früchte ermittelt. Die Messungen erfolgten mit einem Penetrometer. Gegenüber den Früchten aus den unbehandelten Parzellen ergab sich eine hoch signifikante Zunahme der Fruchtfestigkeit durch die Ca-Blattdüngung zu allen Ernteterminen. Trotzdem zeigten die Beeren aus den behandelten Parzellen nach 2tägiger Lagerung kleine, braune, nekrotische Flecken und die Früchte schmeckten weniger süß als die aus den Vergleichsteilstücken. B. Borck. 1260.

Mišurenko, A. G. (Mischurenko, A. G.) Temperaturnyj režim stratifikacii i zakalki privivok vinograda pri vyraščivanii sažencev. **(Der Temperaturhaushalt bei der Stratifizierung, Abhärtung und Aufzucht von Reben.)** Naučn. tr. Ukr. n.-i. in-t vinogradarstva i vinodelija **2** (1961) S. 65–106. – 38 Lit. Aus: Referativnyj žurnal. Biologija, Moskva **1962** Nr. 13. G 424. S. 56.

Durch Stratifizieren von Pfropfreben bei 15–18 °C an der Basis der Unterlage und 24–26° an der Veredlungsstelle wurden stabiler Kallus und bessere Bewurzelung erreicht; die Ausbeute war erhöht, die Qualität verbessert. Bei 15,7° entwickelten sich an der Basis der Unterlage durchschnittlich 15 kleine Wurzeln, bei 26,8° nur 5. Zur Erwärmung der oberen Teile der Unterlagen (19–24° für 5–8 Tage) im Frühbeet hat sich eine oberflächliche Dungeinbringung als wirksam erwiesen. Dabei war die Temperatur an der Basis der Unterlage $<$13–14°. übersetzt v. G. Boetticher. 1270.

Ouyang, Shou-ju; Jalta, Unions-Forsch.-Inst. für Weinbau und Weinbereit. „Magaratsch". Fiziologičeskaja charakteristika zasuchoustojčivosti nekotorych sortov vinograda. **(Physiologische Charakteristik über die Trockenresistenz einiger Rebensorten.)** Fiziologija rastenij, Moskva **9** (1962) Nr. 6. S. 708–711. – 4 Tab., 9 Lit. Zus. in Engl.

Die Trockenresistenz 9 verschiedener Rebsorten wurde 1960 und 1961 anhand der Polyphenoloxydaseaktivität, des Gehaltes an verschieden stark gebundenem Wasser, der Atmungsintensität und der Hitzewiderstandsfähigkeit charakterisiert. Die Blattentwässerung senkt die Polyphenoloxydaseaktivität, wobei trockenresistente Sorten einen geringeren Abfall aufweisen. Ihre Blätter besitzen einen höheren Gehalt an gebundenem Wasser (I) als nichtresistente. Der Gehalt an I ist ein wichtiger Indikator auf Trockenresistenz. Resistente Sorten zeigen eine niedrigere Atmungsintensität als nichtresistente. Welken führt bei allen Sorten zu einer Intensitätssteigerung. Die Ergebnisse der Trocken- und Hitzeresistenzuntersuchungen sind analog; die Rebe dürfte deshalb diese Eigenschaften gekoppelt besitzen. J. Birke. 1270.

Tjutjunik, A. F.; Kischinjow, Moldau. Forsch.-Inst. für Gartenbau, Weinbau und Weinbereit. Osobennosti differenciacii plodovych poček u vinograda. **(Besonderheiten bei der Differenzierung der Blütenknospen des Weins.)** Izvestija Akademii nauk SSSR. Serija biologičeskaja, Moskva **1962** Nr. 6. S. 921–924. – 1 Abb., 2 Tab., 2 Lit. Zus. in Engl.

Die Anlage der generativen Organe der Reben ist nur während der Anfangsperiode der Knospenbildung möglich und findet in den Knoten der tieferen Zonen des embryonalen Sprosses statt, der während dieser Zeit ein intensives Wachstum zeigt. Die embryonale Fertilität der Knospen im Herbst bestimmt die Fertilität der Weinreben in der nächsten Vegetationsperiode.
E. Rieske. 1270.

Pogosjan, K. S. Povedenie vinogradnoj lozy pri zimovke v različnych uslovijach. **(Verhalten der Weinrebe bei Überwinterung unter verschiedenen Bedingungen.)** Vinodelie i vinogradarstvo SSSR, Moskva **22** (1962) Nr. 8. S. 26–30. – 3 Tab., 3 Lit.

Unter den Bedingungen schneearmer Winter in Armenien werden die Reben zum Schutz gegen Erfrieren mit Erde bedeckt. Die Bedeckung soll möglichst spät erfolgen, damit die Knospen und Triebe vorher noch in gewissem Umfang den natürlichen Abhärtungsprozeß durchlaufen. Die Bedeckungsarbeiten sind so auszuführen, daß die Pflanzenteile nicht verletzt werden, sonst kommt es zu Fäulnisschäden. R. Schuricht. 1270.

Larsen, R. P. und Bukovac, M. J. The effects of several foliar applied nutrient and plant growth substances on a „shelling" disorder of Concord grapes. **(Die Wirkung verschiedener auf Blätter aufgebrachter Nährstoffe und Pflanzenwuchsstoffe auf die „shelling"-Krankheit der Concord-Rebe.)** Michigan State Univ., agric. Exp. Stat., quart. Bull. **44** (1962) Nr. 4. S. 608 bis 618.

Die „shelling"-Krankheit der Condord-Rebe – eine im Gegensatz zu unserer Kulturrebe zu *Vitis labrusca* gehörende Rebsorte – hat sich im Südwesten des Staates Michigan in erschreckendem Maße ausgebreitet. Die Ursachen dieser Krankheit, erkenntlich an dem Durchrieseln der Beeren kurz nach der Blüte, sind noch nicht bekannt. Die Ertragsausfälle können sehr groß sein. Vergleichende Analysen von kranken und gesunden Stöcken, wobei die Hauptnährstoffe und einige Spurenelemente untersucht wurden, erbrachten keine charakteristischen Unterschiede. Durch Versprühen von B, Zn, Mg, N und Mo auf die Blätter wurde keine Wirkung erzielt. Auch die Applikation von verschiedenen Wuchsstoffen, z. B. p-chlorphenoxyessigsäure (10 ppm), β-naphtholoxyessigsäure (10 ppm), u. a. konnte das Wachstum der

Beeren nicht anregen. Nur durch das Aufbringen von Gibberellin (20–250 ppm) während der Vollblüte oder wenige Tage danach, war eine teilweise parthenokarpe Entwicklung der Beeren zu erreichen. F. Gollmick. 1270.

Nečaev, L. N. (Netschajew, L. N.) O veduščich faktorach, vlijajuščich na urožajnost' i kačestvo vinograda. **(Über Faktoren, die den Ertrag und die Qualität des Weins beeinflussen.)** V sb: Vopr. biochimii vinodelija, Moskva **1961** S. 29–36. – Zus. in Franz. Aus: Referativnyj žurnal. Biologija, Moskva **1962** Nr. 4 G 417. S. 49.
Nach langjährigen Untersuchungen bei zahlreichen Rebsorten im Forschungs-Inst. für Weinbau und Weinbereitung des Ministeriums für Landwirtsch. der RSFSR wurde die Intensität der Sonnenstrahlung als wichtigster Ertrags- und Qualitätsfaktor anerkannt. Die Rolle der Bodenverhältnisse, des Wasserhaushaltes und der Agrotechnik wurden in neuartiger Weise bewertet. Ebenso wurden praktische Fragen des Weinbaues (Rohstoffbasis, vertikale „Zonalität", Richtungswahl der Kultur) neuartig angesehen.
übersetzt v. G. Boetticher. 1270.

Dalmasso, Giovanni. Viticoltura ed enologia Transcaucasica. 1. La Georgia. **(Weinbau und Weinbereitungslehre in Transkaukasien. 1. Mitt. Georgien.)** Italia agric. **99** (1962) Nr. 11. S. 1031–1059. – 24 Abb. 1270.

E. Zierpflanzenbau

Harrison, R. M. Rhododendron species. **(Rhododendron-Arten.)** J. Roy. horticult. Soc. **87** (1962) Nr. 12. S. 528–540. – 4 Abb.
Kultur- und Pflegemaßnahmen, Bodenansprüche und Verbreitungsgebiete der Rhododendron werden behandelt. Aus der großen Fülle der Rhododendron werden die näher dargestellt, die Vf. für bes. anbauwürdig und schön hält. Angaben über die Benachbarung einzelner Arten in der Gartengestaltung, Frosthärte sowie über die Verbesserung verschiedener Arten durch Rückkreuzung werden gemacht. Aus der Diskussion sind Angaben über die Behandlung der Sämlinge in den ersten Wochen nach dem Auflaufen bemerkenswert. F.-H. Pfützner. 1335.

Anonym. The Rhododendron and Camellia Year Book 1963. **(Das Rhododendron und Kamellien-Jahrbuch 1963.)** Rhododendron and Camellia Year Book **17** (1963, hrsg. 1962) S. 1–256. – 35 Abb., 1 Tab.
Über die jeweilig bedeutendsten *Rhododendron*- und *Camellia*-Arten wird aus den verschiedensten Ländern berichtet. Breiten Raum nehmen die Sortenbeschreibungen ein. Die weiteren Beiträge behandeln Fragen der Frostresistenz, empfehlenswerte Sorten und Literatur auf diesem Fachgebiet.
I.-G. Gründler. 1335.

Junges, W.; Dresden-Pillnitz, Inst. für Obst- und Zierpflanzenbau der Dtsch. Akad. der Landwirtsch.-Wiss. zu Berlin. **Einfluß klimatischer Faktoren und verschiedener Kulturmaßnahmen auf Blütezeit und Blühleistung von Gerbera jamesonii. II. Einfluß des Lichtes und verschiedener Aussaatzeit.** Arch. Gartenbau **11** (1963) Nr. 1. S. 67–88. – 6 Abb., 2 Tab. - nach Zus. 1. Mitt. vgl. LZ. Abt. II 8 (1963) Nr. 4. S. 1050.
Vier Aussaaten von *Gerbera jamesonii* in Töpfen zw. Anfang Mai 1957 und Anfang Febr. 1958 wurden während eines Sommers unter Glas ganztägig schattiert bzw. während zweier aufeinanderfolgender Halbjahre versch. Tageslängen, Beleuchtungsstärken und Lichtmengen ausgesetzt. Die Verlängerung des natürlichen Wintertages auf 16 Std. erfolgte durch extensive Zusatzbelichtung mittels Tageslicht-Leuchtröhren (HNT) mit etwa 150 lx in Höhe der Pflanzen. Während des Sommers standen die Pflanzen zur Behandlung 8 Std. im Freiland und für den Rest des Tages unter Beleuchtungsstärken, die 50–0% des natürlichen Tageslichtes betrugen. Vor und nach

den halbjährigen Behandlungen waren die Pflanzen im Gewächshaus untergebracht. Daneben wurden Versuche zur Feststellung der Lebensdauer des Saatgutes und zur Schattierung von Klonpflanzen durchgeführt. Die varianzanalytische Untersuchung der Infloreszenzzahlen bis Ende Sept. 1959 ergab folgendes: Der Schwerpunkt des Blühens liegt im Sommerhalbjahr. Die Blütezeit wird durch die Tageslängen bestimmt; insbes. verzögert Langtag im Winter das Blühen beträchtlich. Die abs. Höhe der Infloreszenzzahlen wird durch die Beleuchtungsstärke bzw. Lichtmenge in positivem Sinne beeinflußt. Da künstlicher Kurztag während des Sommers gleichzeitig Herabsetzung der Lichtmenge bedeutet, setzt er die Infloreszenzzahlen herab, ohne die Blütezeit zu beeinflussen. Werden im gleichen Versuch in aufeinanderfolgenden halbjährigen Phasen Tageslänge und Lichtmenge variiert, so können komplizierte Wechselwirkungen beider Faktoren auftreten. Unterschiedliche sommerliche Lichtmenge wirkt sich bes. bei Klonpflanzen während der Behandlung, bei Sämlingen aber vor allem im Sommer des nächsten Jahres aus. Die Blühverzögerung durch Langtag im Winter erstreckt sich auf den darauffolgenden und einen weiteren Sommer. Bei jungen Pflanzen wirken die Behandlungen bes. lange nach. In diesen und ähnlichen anhaltenden Nachwirkungen der Behandlungen wird die Hauptursache für die bisherige Unklarheit über die Optimalbedingungen der Gerberakultur gesehen. Mit zunehmendem Alter der Pflanzen nimmt die Infloreszenzzahl vergleichbarer Zeiträume zu. Bei Aussaat Anfang Febr. blühten die Pflanzen noch im gleichen Jahr, bei Aussaat Anfang Mai und später erst im folgenden Jahr. Versch. Befunde sprechen dafür, daß die Keimung der *Gerbera* am Heimatstandort gegen Ende des Sommers erfolgt. Die volle sommerliche Strahlung ist allerdings für junge Pflanzen ungünstig. Aussaat in der 1. August-Hälfte führte bei hohen Infloreszenzzahlen am frühesten zur Blüte. Die Triebkraft des Saatgutes blieb nach der Ernte 9 Monate lang unvermindert erhalten. 1340.

Kaukovirta, Erkki; Helsinki, Univ., Dep. of Horticult. Lyhytpäiväkrysanteemin pistokasmonistus- ja taimikasvatuskokeista. **(Versuche über die Bewurzelung und die Behandlung während des Wachstums bei Chrysanthemen.)** Maataloustietteellinen Aikakauskirja [J. sci. agric. Soc. Finland] **34** (1962) Nr. 4. S. 197–209. – 2 Abb., 4 Tab., 21 Lit. Zus. in Engl.
Die Wirkung des Bewurzelungssubstrates und einer Hormonbehandlung auf die Wurzelbildung der Stecklinge sowie der Einfluß der weiteren Behandlung der Stecklinge auf die Qualität der Blüten wurden untersucht. Im Bewurzelungsversuch wurden Sand, Erde, Vermiculit und ein Torf-Sand-Gemisch verwendet. Das beste Wurzelsystem bildete sich in Sand und Vermiculit aus. Hormonbehandlung förderte die Anzahl der Wurzeln, hatte aber kaum einen Einfluß auf die Länge der Wurzeln oder Triebe. Im benutzten Torf-Sand-Gemisch bewurzelten sich die Stecklinge entweder gar nicht, oder die Wurzeln wurden braun. – Im Wachstumsversuch wurden getopfte Stecklinge und mit Gefäß gepflanzte Stecklinge mit solchen verglichen, die sofort ausgepflanzt wurden. Es zeigte sich, daß die beiden ersteren Varianten deutlich die Qualität der Pflanzen minderten. Sie trieben nach dem Stutzen nicht so willig durch, bildeten weniger erstklassige Blütenstiele mit weniger Blüten am Stiel und begannen später zu blühen als solche, die gleich an Ort und Stelle gepflanzt wurden. U. Walter. 1340.

Raalte, D. van; Frederiksoord/Holland. **Moderne Kulturmethoden bei Freesien.** Rhein. Mschr. Gemüse-, Obst- u. Gartenbau **50** (1962) Nr. 12. S. 352–354.; **51** (1963) Nr. 1. S. 10–12. – 9 Abb.
Der Freesienanbau ist in den letzten Jahren stark angestiegen. Von 1870 bis 1897 wurden die Arten *F. refracta*, *F. refracta var. alba* und *leichtlinii* und *F. armstrongii* nach Europa eingeführt. Die bedeutendsten Züchter

sind angegeben. – Bei der Anzucht aus Samen muß das Vorkeimen beachtet werden. Die optimale Temperatur für das Vorkeimen beträgt +18 °C für 12–15 Tage. Die Durchführung der Aussaat wird beschrieben. Je nach Bodenart erhalten die Sämlinge Kopfdünger mit niedrigem N-Gehalt. Die günstigste Wachstumstemperatur beträgt +15 °C. Die Wasserversorgung muß gleichmäßig den Umweltverhältnissen angepaßt sein. Bei normaler Lagerung, nicht länger als 3–4 Monate, werden die Knollen bei 27–31 °C aufbewahrt. Bei längerer Lagerung werden die Knollen verpuppt (6–9 Monate bei 13 °C) oder gehemmt (2–5 °C). Letztere Methode führt zu größeren Ausfällen. Die Pflanzzeit für normale Kultur ist Mitte Aug.–Mitte Okt., für die verzögerte Kultur Nov.–Febr. und für die verfrühte Kultur Ende Mai–Mitte Aug. Die ersten beiden Pflanzungen erfolgten im Haus, die letztere im Freiland. Der Anbau in Pflanzschalen bringt Vorteile für den Transport. Trockenhalten der Knolle bei 13 °C für 4 Wochen mit nachfolgender Naßkühlung für 2–3 Wochen bei 13° oder 19 °C führt zur kürzesten Kulturzeit, zum höchsten Ertrag und zur frühesten Blüte. Je m^2 werden je nach Sorte 85–130 Knollen in 3–4 cm Tiefe gepflanzt. I.-G. Gründler. 1340.

Anwendung erdeloser Kulturverfahren bei wichtigen Zierpflanzen unter Berücksichtigung verschiedener Nährlösungen und wirtschaftlicher Gesichtspunkte. Dresden-Pillnitz, Inst. Obstbau u. Zierpflanzenbau Dtsch. Akad. Landwirtsch.-Wiss. Berlin Plan-Nr.: 1701 14h/2-06/9. 15 S. Abschlußber. (11/3. 1963).
Bei 4 wichtigen Schnittblumen (Levkojen Freesien, Chrysanthemen, Gerbera) erfolgten Vergleiche in Mineralstaukultur, Torfkultur und Kies-Torf-Kultur. Die Leistungen in den Varianten waren denen in reiner Erdkultur gesichert überlegen. In Gefäßversuchen wurde eine Wechselwirkung zwischen Ca und Cu bei der Gerberakultur in Weißtorf nachgewiesen. Höhere Cu-Gaben – auch bei unterschiedlichen Ca-Gaben – brachten Leistungssteigerungen. 1340.

Poddubnaja-Arnol'di, V. A. und Selezneva, V. A. (Poddubnaja-Arnoldi, W. A. und Selesnewa, W. A.) Orchidei iz semjan. **(Orchideen aus Samen.)** Cvetovodstvo **1961** Nr. 7. S. 6–7. – Aus: Referativnyj žurnal. Biologija, Moskva **1962** Nr. 4. G 459. S. 53.
1951 wurde in der Sowjetunion mit der Orchideenanzucht begonnen. Gegenwärtig gibt es im Botanischen Hauptgarten der Akad. der Wiss. der UdSSR zahlreiche Sämlinge, die teilweise schon blühen. Den Anbauern wird die asymbiotische Vorkeimmethode auf künstlichen Nährböden empfohlen. Bereitung des Nährbodens, Aussaat, Pflege und Umsetzen auf natürliche Substrate werden erläutert. übersetzt v. G. Boetticher. 1340.

Anonym. Standaardisatie van de kwaliteitssortering van snijbloemen. **(Standardisierung der Qualitätssortierung von Schnittblumen.)** Vakbl. Bloemisterij **17** (1962) Nr. 44. S. 817–818. 1340.

Grant, William F.; Quebec, Canada, McGill Univ., Dep. of Genetics. Malayan fantasy – a new garden cockscomb. **(Malaiische Phantasie – eine neue Garten-Celosie.)** Amer. horticult. Mag. **41** (1962) Nr. 4. S. 201–203. – 1 Abb., 3 Lit.
Eine neue Celosie wird beschrieben. Vf. sammelte die Samen von einer Celosie in einem Garten in Malacca (Malaya). Die Pflanze hat sowohl Eigenschaften der *C. argentea*, als auch der *C. argentea f. cristata* (*C. cristata* im Original) und ist als erste polyploide Celosie anzusehen. Sie erhielt den Namen *Celosia whiteii* Grant. Seit 1955 ist die Celosie in Kultur. Die Kultur wird beschrieben. Als Mutation entstand die *C. whiteii* Grant 'Malayan Fantasy'. Der Blütenstand zeigt zunächst die von *C. argentea* bekannte Ähre, die zur Spitze zu verbändert, ähnlich der *C. argentea f. cristata*. Vf.

betont, daß diese Blütenform bisher immer treu ausgefallen ist. Stiele und Blätter sind von tiefroter Farbe, die Pflanze wird über 90 cm hoch. Die zylindrischen Ähren sind an der Basis weiß, die an der Spitze verbänderten Teile tiefrot. Die Pflanzen wachsen langsamer als die bekannten Garten-Celosien, eignen sich deshalb bes. für Gebiete, die lange frostfrei sind. Anwendungsmöglichkeiten in der Gartengestaltung werden genannt. In etwa 2 Jahren rechnet Vf. dem Handel (W. Atlee Burpee Seed Comp.) Samen liefern zu können. F.-H. Pfützner. 1342.

Rosenthal, Chr.; Leipzig, Karl-Marx-Univ., Inst. für Pflanzenzücht. **Vermehrungsmöglichkeiten bei Colchicum im Hinblick auf die züchterische Bearbeitung.** Arch. Gartenbau **11** (1963) Nr. 1. S. 55–65. – 8 Abb., 4 Tab. – nach Zus.
Für *Colchicum autumnale* L. wird die Ontogenese vom keimenden Samen bis zur blühenden Pflanze beschrieben, die eine Zeitspanne von 6 Jahren umfaßt. Vegetative Vermehrung ist bei der Gattung *Colchicum* nur durch natürliche Bildung von Erneuerungsknospen in Blattachseln der Sproßknolle möglich. Bei Wildherkünften von *C. autumnale* wurden nicht mehr als 2 solcher Erneuerungssprosse beobachtet, bei Kultursorten, vor allem bei solchen, die durch Hybridisation entstanden sind, bis zu vier. 1360.

Anonym. The Iris Year Book 1962. **(Das Iris-Jahrbuch 1962.)** Iris Year Book **1962** S. 1–180.
Die Britische Irisgesellschaft will durch die Herausgabe des Jahrbuches ihre Mitglieder in Kultur, Kenntnis der Iris-Arten und in der Züchtung unterstützen und zugleich eine Möglichkeit zur Verbreitung neuer Erkenntnisse der Praxis und Forschung geben. Daneben enthält das Jahrbuch eine Übersicht neuer geprüfter und anerkannter Züchtungen des Inlandes und empfehlenswerter ausländischer Neuheiten. Des weiteren wird über von der Gesellschaft veranstaltete Exkursionen, Veranstaltungen, Vergleichsschauen, Preisverteilungen, sowie das Vereinsleben betreffende Begebenheiten berichtet. – Das Jahrbuch ist reich bebildert. R. Peschel. 1360.

Anonym. The Daffodil and Tulip Year Book 1963. **(Das Narzissen- und Tulpen-Jahrbuch 1963.)** Daffodil Tulip Year Book **28** (1963) S. 1–187. – 44 Abb., 4 Tab., 10 Lit.
In 40 Beiträgen über Narzissen und Tulpen werden aus verschiedenen Ländern neue und ältere Sorten in ihren Eigenschaften beschrieben, Kulturhinweise und Vorschläge für die Verwendung zur Dekoration gegeben. Krankheiten und Schädlinge, sowie deren Bekämpfung werden angeführt u. a. wurden Abstammungen und Herkünfte verschiedener Sorten aufgezeigt und züchterische Leistungen gewürdigt. I.-G. Gründler. 1360.

Egolf, Donald R.; Washington, U. S. Nat. Arboretum. Ornamental fruiting and autumnal foliage viburnums. **(Viburnum mit zierenden Früchten und schöner Herbstfärbung.)** Amer. horticult Mag. **41** (1962) Nr. 4. S. 209–224. – 9 Abb.
Kulturmaßnahmen, Bodenansprüche, Schädlinge und Krankheiten und ihre Bekämpfungsmaßnahmen sowie Vermehrungsmöglichkeiten bei *Viburnum* werden geschildert. Die für die jeweilige Art vorteilhafteste Vermehrungsmethode wird genannt. Bei der Darst. der einzelnen Arten wird zwischen blau- und schwarzfrüchtigen, gelbfrüchtigen, rotfrüchtigen und rot-, später schwarzfrüchtigen Arten unterschieden. Hierbei werden Verwendungsmöglichkeiten in Garten und Landschaft beschrieben und die Arten genannt, deren Früchte als Nahrung für Wild und Vögel dienen, wie auch die verschiedenen Kulturformen erwähnt werden. Die in ihren Ausmaßen rel. kleinen Arten, die sich für den Hausgarten eignen, werden genannt, wiederum nach der Fruchtfarbe geordnet. F.-H. Pfützner. 1380.

Kotovič, G. M. und Sacharov, I. M. (Kotowitsch, G. M. und Sacharow, I. M.) O morozostojkosti spirej. **(Die Frostresistenz der Spiräen.)** Cvetovodstvo **1961** Nr. 6. S. 8. – Aus: Referativnyj žurnal. Biologija, Moskva **1962** Nr. 4. G 447. S. 52.

Im Winter 1958/59 wurden im Inst. für Pflanzenphysiol. Zweige von *Spiraea*-Arten unter Laborbedingungen gefrostet. Die Untersuchungsmethodik wurde beschrieben. Die Einteilung der Spiräen hinsichtlich Frostresistenz nach Freilandbeobachtungen in 4 Gruppen konnte durch die Untersuchungen bestätigt werden. Maßnahmen zur verlustlosen Überwinterung aller 4 Spiräen-Gruppen wurden vorgeschlagen. übersetzt v. G. Boetticher. 1380.

Higazy, M. K. M. T. **Shortening the juvenile phase for flowering.** Wageningen: H. Veenman & Zonen. N.V. 1962. (53 S. m. 2 Abb., 25 Tab. u. Literaturverz.) 8°. hfl. 5,25 = Mededelingen van de Landbouwhogeschool te Wageningen, Nederland 62 (8), 1962. Nach einer Einführung (Definition, Dauer und Charakteristik der Jugendphase) gibt Vf. eine Literaturübersicht (Vernalisation, Photoperiodismus, Lichtintensität, Bodenfeuchtigkeit, mineral. Ernährung, Gibberelline). Im Anschluß folgen Versuchsergebnisse mit *Lunaria biennis, Silene armeria* und *Salvia occidentalis*. Die mit allen 3 Arten erhaltenen Ergebnisse zeigen, daß keine feste Jugendphase existiert und diese verändert werden kann. Die Jugendphase ist unter höheren Lichtintensitäten kürzer als unter niederen, d. h. daß die Photosynthese in starkem Maße in der Lage ist, die Jugendphase zu modifizieren. Bodenfeuchtigkeit, Mineralernährung und Gibberellinbehandlung können die Jugendphase nur in geringem Maße beeinflussen. Die Faktoren, die das vegetative Wachstum stark beeinflussen, sind auch in der Lage, die Dauer der Jugendphase stark zu verändern. W. Hiller.

X. PFLANZENZÜCHTUNG

A. Allgemeine Literatur, Berichte, Statistiken u. a.

Anonym. **Bericht über die Arbeitstagung 1961 der „Arbeitsgemeinschaft der Saatzuchtleiter“ im Rahmen der „Vereinigung österreichischer Saatgutzüchter“ gehalten vom 22. bis 24. November 1961 in Gumpenstein.** Bundesversuchsanst. alpenländ. Landwirtsch. Gumpenstein [Österreich], Ber. Arbeitstag. **1961** Nr. 37. S. 1–275.

Themen und Referenten der 12. Arbeitstagung waren: E. v. Tschermak-Seysenegg 90 Jahre alt (A. Buchinger); Einige Erfahrungen bei Qualitätszüchtungen mit So-Weizen (F. Fajersson); Zuchtziel Weizenqualität im EWG-Raum (K. Hoeser); Probleme der Weizenqualität in biochem. Sicht (H. Mayr); Beobachtungen im Rahmen der Züchtung auf Ertrag (C. Schrimpf); Die Physiol. der N-Düngung (G. Frimmel); Die Bedeutung E. v. Tschermak-Seyseneggs für die gärtnerische Pflanzenzücht. (F. Schreiber); Stand der Monogerm-Zücht. bei Zuckerrüben (A. Schlösser); Neues auf dem Gebiet der Getreidekrankheiten und der Unkrautbekämpfung (H. Neururer); Probleme der Maiszücht. und des -anbaus in den Mittelmeerländern (L. Fenaroli); Die Verwendung der Lochkarte in der Hybridmaiszücht. (H. Pittoni); Versuchsbericht über die Prüfung einiger Protektantmittel bei Mais (E. Pieber); Klima und Pflanzenzücht. (A. Zwoboda); Organisation und Arbeitsweise der Saatzuchtanst. Weibullsholm (F. Fajersson); Untersuchungen über Endosperm-Entleerung, Wachstumszustand und Kälteresistenz bei Wi-Weizen (H. Hänsel). Die Tagung stand unter dem Zeichen der Feier des 90. Geburtstages E. v. Tschermak-Seyseneggs – aus diesem Anlaß wurde eine Fichte gepflanzt und ein Gedenkstein enthüllt – sowie des „Weltsaatgutjahrs 1961“. K. Schulz. 1501.

B. Allgemeine Pflanzenzüchtung

Ruebenbauer, Tadeusz. **Die Heterosiserscheinung als Folge der Wechselwirkung zwischen Genom und Plasmon.** Züchter **32** (1962) Nr. 6. S. 290 bis 295.

Um die Ursachen des Heterosiseffektes vollständig erfassen zu können, müssen die bisherigen Vorstellungen über mögliche Kerngenwirkungen erweitert werden. Auch das Plasmon kann einen bedeutenden Einfluß auf den Grad des Heterosiseffektes ausüben. Vf. diskutiert dieses Problem an Hand der Ergebnisse von Internodienlängenmessungen bei F_1 und F_2-Pflanzen von *Petunia*, bei denen es reziproke Unterschiede gab. Nach theoretischen Überlegungen zeigt Vf. dann, wie der durch das Genom verursachte Heterosiseffekt von dem durch das Plasmon bedingten Effekt getrennt werden kann. Es ist dazu nötig, die reziproken Kreuzungen bis F_4 zu verfolgen. Vf. betont, daß in Zukunft nur dann von der Annahme einer cytoplasmatischen Stimulation abgesehen werden kann, wenn bei beiden Kreuzungspartnern das Zytoplasma in gleicher Weise auf die Kerngene einwirkt. K. Bellmann. 1515.

Yarnell, S. H.; Charleston, S.C., U.S. Dep. of Agric., U.S. Vegetable Breeding Lab. Cytogenetics of the vegetable crops. III. Legumes. A. Garden peas, Pisum sativum L. **(Cytogenetik der Gemüsearten. 3. Mitt. Leguminosen A. Gartenerbsen, Pisum sativum L.)** Bot. Rev. 28 (1962) Nr. 4. S. 465–537. – 3 Tab., 353 Lit. 2. Mitt. vgl. LZ. Abt. II 2 (1957) Nr. 1. S. 146.

Gartenerbsen (*Pisum sativum*) gehören mit zu den ältesten Kulturpflanzen und können bis in die Steinzeit zurückverfolgt werden. Eine Wildform, von der *P. sativum* sich ableiten läßt, ist nicht bekannt. Die Untersuchungen behandeln die Abkunft von *P. sativum*, die Cytologie, die Fortpflanzung, die Samen (Habitus und Inhalt), die Hülsen, Eigenschaften der Pflanze (Morphol. und Physiol.), Anthocyan-Pigmente, Chlorophylldefekte, die Resistenz gegenüber Krankheiten, Insekten sowie Temperatureinflüssen (Kälte) und Eigenschaften, die durch polymere Gene gesteuert werden. Eine alphabetische Liste der Gene sowie Ausführungen über Koppelungen und Genaustausch schließen die Lit.-Auswertungen ab. K. Schulz. 1530.

Kamra, Om P.; Winnipeg, Univ. of Manitoba, Dep. of Plant Sci.; Trombay, Bombay, Ind., Atomic Energy Establishment, Biol. Div. A structural anomaly of the satellite in Haplopappus gracilis. **(Eine strukturelle Anomalie des Satelliten bei Haplopappus gracilis.)** Chromosoma [Berlin] **13** (1963) Nr. 5. S. 540–544. – 8 Abb., 2 Lit.

Im Rahmen von Untersuchungen über die Morphol. und Cytogenetik einer heterogenen Population von *Haplopappus gracilis* wurde eine Pflanze gefunden, die langsamer wuchs und geschwächte Vitalität aufwies. Diese Pflanze hatte 1 Chromosomenpaar, das heteromorph war und Satelliten besaß. Der Pollen war nur zu 50% fertil. Nur 10% der Eizellen bildeten Samen. Das Verhalten dieses Chromosomenpaares in der Mitose und Meiose wird beschrieben. K. Schulz. 1530.

Lewis, Harlan; Los Angeles, Univ. of California, Dep. of Bot. Catastrophic selection as a factor in speciation. **(Auslese nach Katastrophen als Faktor der Artbildung.)** Evolution [Lancaster] **16** (1962) Nr. 3. S. 257–271. – 2 Tab., 25 Lit.

Die Artbildung wird allg. als ein langsamer Prozeß angesehen, wobei graduelle Unterschiede der Genhäufigkeiten eine Rolle spielen. Wenig Aufmerksamkeit wurde der Auslese nach Kastastrophen bei der Artbildung gewidmet, wie Vf. ausführt. Bei der Gattung *Clarkia* soll dieser Faktor von großer Bedeutung sein. An 13 Stellen wurden 18 Arten, darunter 13 diploide, der Gattung *Clarkia* in Südkalifornien im Herbst 1952 ausgesät. Es handelte sich um mehr oder weniger trockene Standorte, so daß nur wenige Arten bzw. Pflanzen überlebten. Diese Vorgänge, das Aussterben und die Neubesiedlung, die von einigen wenigen Pflanzen bzw. Samen ausgingen, werden von Vf. als Auslese nach Katastrophen gewertet. Beweise für die Auslese nach Katastrophen werden erbracht. Es wurde gezeigt, daß ein seltener Genotyp, der durch die Blütenfarbe markiert war, überlebte, während Genotypen mit normaler Blütenfarbe ausgestorben waren. K. Schulz. 1540.

Schwanitz, F.; Jülich, Kernforschungsanlage Jülich des Landes Nordrhein-Westfalen, Inst. für Biol. **Allometrisches Wachstum als Faktor bei der Evolution der Kulturpflanzen.** Genetica agraria [Pavia] **15** (1962) Nr. 3/4. S. 329 bis 350. — 15 Abb., 1 Tab., 29 Lit. Zus. in Ital.

Die Inkulturnahme von Wildpflanzen veränderte zahlreiche Eigenschaften. Von bes. Bedeutung war die Erhöhung der Erträge. Vf. zeigt an der Spindelgröße einer primitiven und einer hochentwickelten Kulturform von Mais, welcher Fortschritt erzielt wurde. Die Klärung der Ursachen von hoher oder geringer Stoffproduktion war weder durch das Studium der Teilkomponenten des komplexen Faktors Ertrag noch mit Hilfe physiol. Methoden möglich. Nach der von v. Sengbusch und Vf. entwickelten Arbeitshypothese beruht gesteigerte Stoffproduktion auf erhöhtem Wachstum oder gesteigerter Speicherung von Reservestoffen oder auf beidem. Erhöhtes Wachstum verstärkt die Photosynthese. Der Vergrößerung der Blattfläche kommt nur bei wenigen bes. leistungsfähigen Kulturpflanzen Bedeutung zu. Beispiele für allometrisches Wachstum werden angeführt. Allometrisches Wachstum ist bei vielen Kulturformen mit Gigaswuchs verbunden. Als Folge des Zusammenwirkens von allometrischem Wachstum und Gigaswuchs werden außer Ertrag und Qualität auch ökologische und ernährungsphysiol. Ansprüche der Pflanzen stark verändert. Bei einigen Kulturformen wurde die Ertragssteigerung durch Vermehrung der Zahl der genutzten Organe erreicht. E. Forbriger. 1540.

Sficas, A. G.; Raleigh, North Carolina State Coll. Statistical analysis of chromosome pairing in interspecific hybrids. I. The probability distributions. **(Statistische Analyse der Chromosomenpaarung bei Artbastarden. 1. Mitt. Die Wahrscheinlichkeitsverteilungen.)** Genetics **47** (1962) Nr. 9. S. 1163 bis 1170. — 10 Lit.

Gaul (1954) entwickelte eine Formel, nach der die Zahl der Chromosomen bestimmt werden kann, die sich in der M I der Meiose bei Artbastarden paaren können. Dazu ist erforderlich, die rel. Zahl der Chiasmata zu kennen. Ziel der Arbeit war, statistische Verteilungen zu entwickeln, die von der Zahl der Chiasmata/Bivalent unabhängig sind. Wenn sich bestimmte Chromosomen des einen Genoms nur mit bestimmten und immer denselben Chromosomen des anderen Genoms paaren, erfolgt die Verteilung nach der Binomialkonzeption. Dies gilt für den Fall, daß die Paarungswahrscheinlichkeiten nicht gleich sind. Die Wahrscheinlichkeitsverteilung mit ungleichen Wahrscheinlichkeiten ist die Expansion des Produktes $(p_1 + q_1)(p_2 + q_2) \cdots (p_n + q_n) = B_0 B_2 + \cdots + B_n$, wobei p_i die Wahrscheinlichkeit für das Vorkommen eines spez. Paares in einer Zelle, $q_i = 1 - p_i$ und B_i die Wahrscheinlichkeit für die Beobachtung von i Bivalenten in einer Zelle ist. Vf. diskutiert ein Schätzverfahren zusammen mit dem Test verschiedener Hypothesen und die Möglichkeiten der Approximation durch eine Poisson- und negative Binomialverteilung. K. Bellmann. 1550.

Sficas, A. G. und Gerstel, D. U.; Raleigh, North State Coll. Statistical analysis of chromosome pairing in interspecific hybrids. II. Applications to some Nicotiana hybrids. **(Statistische Analyse der Chromosomenpaarung bei Artbastarden. 2. Mitt. Anwendungen auf einige Nicotiana-Hybriden.)** Genetics **47** (1962) Nr. 9. S. 1171–1185. — 2 Abb., 8 Tab., 16 Lit. 1. Mitt. vgl. vorst. Ref.

Vf. hat die Chromosomenpaarung in M I der Meiose von PMZ von 3 Artbastarden zwischen *Nicotiana glutinosa*, *N. otophora* und einer haploiden Form von *N. tabacum* statistisch analysiert. Bei der Kreuzung *N. glutinosa* × *N. otophora* können sich 12 Bivalente bilden; aber offenbar gibt es unterschiedliche Wahrscheinlichkeiten für bestimmte Paarungen. Unterschiede scheinen auch zwischen den einzelnen Pflanzen zu bestehen. Die Paarungsfrequenz bei haploidem *N. tabacum* scheint nicht immer einer Poisson- oder Binomialverteilung zu folgen. Einige Ergebnisse sprechen für eine negative Binomialverteilung. Alle Chromosomen von *N. glutinosa* können sich zufällig mit denen von *N. tabacum* paaren. Vf. diskutiert die Brauchbarkeit der Methode für die Erforschung phylogenetischer Beziehungen und folgert aus den Ergebnissen, daß das beschriebene Verfahren für die Untersuchung der Evolution von *Nicotiana* sehr gut geeignet ist. K. Bellmann. 1550.

Reiher, W. und Röstel, H.-J.; Kleinwanzleben, Inst. für Pflanzenzücht. der Dtsch. Akad. der Landwirtsch.-Wiss. zu Berlin. **Die Anwendung der Faktoranalyse in der Pflanzenzüchtung.** Z. Pflanzenzücht. 48 (1962) Nr. 1. S. 14–28.
An 53 Zuckerrübenfamilien wurde die Blattqualität durch den Gehalt an Tr.-Subst., Roheiweiß, Oxalsäure, Monosacchariden, Rohfaser; Gesamtasche, K_2O, und Na_2O sowie durch die Leitfähigkeit charakterisiert. Mit diesen neuen Variablen (x_1–x_9) haben Vff. eine Faktorenanalyse (FA) vorgenommen und den Algorithmus dargestellt. Es zeigte sich, daß 5 Faktoren (M_1–M_5) ermittelt werden konnten, die auf Grund biol. Überlegungen und ihrer Ladungen interpretiert werden. Sie werden Monosaccharidfaktor, Verschmutzungsfaktor, Eiweißfaktor, Oxalatfaktor und Aschefaktor genannt. Damit brauchen in Zukunft nur noch Monosaccharide, Rohasche, Roheiweiß und Oxalsäure bestimmt zu werden. Die FA sollte in der Pflanzenzücht. überall dort angewendet werden, wo viele Merkmale zur Charakterisierung eines Zuchtziels herangezogen werden müssen. K. Bellmann. 1550.

Kidwell, J. F. und Nash, D. J. A special case in detection and estimation of linkage. **(Ein spezieller Fall bei der Ermittlung und Schätzung von Koppelung.)** Canad. J. Genetics Cytol. 4 (1962) Nr. 2. S. 234–239.
Der spez. Fall besteht darin, daß eine Koppelung bei der Kreuzung $\frac{A\,+}{A\,b} \times \frac{+\,b}{+\,+}$ nachgewiesen und geschätzt werden soll (A = dominantes mutiertes Allel, b = rezessives mutiertes Allel, $+$ = Wildtypallel an dem betreffenden Locus; homozygot rezessive Form könnte z. B. letal oder steril sein). Um die Koppelung nachzuweisen, wird die Hypothese $p = 0{,}5$ (p = %-Rekombination) mit Hilfe des χ^2-Testes geprüft. Möglich sind 3 Verfahren: 1. Testen der Abweichung der $A\,+$-Spaltung vom Verhältnis 1:1; 2. Testen der Abweichung der $+b$-Spaltung vom Verhältnis 3:1; 3. Testen der Abweichung von unabhängiger Paarung zwischen A und b (d. h. der Koppelung). Das Ausmaß der Koppelung kann 1. mit Hilfe der Maximum-Likelihood-Methode (für %-Rekombination), 2. der Methode der minimalen Diskrepanz (oft leichter als nach 1 zu rechnen) sowie 3. mit Hilfe verschiedener anderer Schätzverfahren, die im einzelnen aufgeführt werden, vorgenommen werden. Am wirksamsten ist die Maximum-Likelihood-Methode. K. Bellmann. 1550.

Schulte, H.-K. ; Hannover, TU, Inst. für Angew. Genetik. **Die Anwendung von Handlochkarten in der Pflanzenzüchtung.** Z. Pflanzenzücht. 48 (1962) Nr. 3. S. 277–285. — 3 Abb., 5 Lit.
Da die bisherigen Zuchtbuchlisten nur die Funktion von Datensammlungen haben und damit keine Zusammenstellungen nach bes. Gesichtspunkten ermöglichen, ist ein bewegliches Ordnungssystem wünschenswert. Vf. beschreibt Sichtlochkarten, die eine visuelle Zusammenfassung der Bonitierungen zulassen (nur für Prüfglieder ohne Wiederholung). Die Lochung wird mit einem Speziallocher auf dem Felde vorgenommen. Das Lochquadrat beträgt 2,5×2,5 mm. Auf einer Karte befinden sich 7000 Quadrate. Damit können ebensoviel Stämme beurteilt werden. Die Prüfglieder sind entspr. dem Lageplan auf der Lochkarte anzuordnen. Für jedes zu bonitierende Merkmal wird eine neue Karte angelegt. Durch übereinanderlegen der Karten können leicht die gewünschten Varianten gefunden werden. — Mit Hilfe von Nadel-

lochkarten (Kerblochkarten mit indirektem Schlüssel 1–2–4–7) ist der gleiche Zweck zu erreichen. Gegenüber der Sichtlochkarte bedeutet die Kerblochkarte nur eine Verbesserung der Ordnungsfunktion in der Zuchtbuchführung. Deshalb ist die Schlitzlochkarte nicht weiter berücksichtigt worden. Nach Vf. wird mit zunehmender rechnerischer Verarbeitung der Versuche die Bedeutung der Maschinenlochkarte steigen und Vorrang vor der Handlochkarte haben. K. Bellmann. 1550.

Popescu, Constantin T.; Bucarest, Univ., Lab. de Physiol. Végétale et Génétique. La loi de la parenté botanique et son influence sur la réussite des greffes chez les plantes. **(Das Gesetz der botanischen Paranthese und sein Einfluß auf das Gelingen von Pfropfungen bei Pflanzen.)** C.R hebd. Séances Acad. Sci. **255** (1962) Nr. 21. S. 2811–2813.
Nach Meinung von M. Adamson ist das Gelingen von Pfropfungen davon abhängig, ob die beiden Partner derselben Familie, Gattung oder Art angehören. Die zahlreichen, von Vff. u. a. ausgeführten Pfropfungen lassen den Schluß zu, daß es durchaus möglich ist, sehr entfernte Familien, was den Grad der Verwandtschaft betrifft, erfolgreich zu pfropfen. Mit Erfolg wurde beispielsweise *Sedum roseum* auf *Morus nigra*, *Ficus carica*, *Helianthus tuberosus*, *Lycium vulgare*, *Rosa canina*, *Mirabilis jalapa*, *Amaranthus sanguineus* und *Vitis vinifera* gepfropft. Weitere erfolgreiche Kombinationen werden angeführt. Vf. legt dar, daß alle lebenden Zellen in der Lage sind, sich zu teilen und neue, völlig differente Gewebe bilden können, die den verschiedensten physiol. Funktionen angepaßt sind. K. Schulz. 1563.

Schumann, G.; Dornburg, Inst. für Pflanzenzücht. der Friedrich-Schiller-Univ. Jena. **Colchicineffekte an wachsenden Pflanzen.** Naturwissenschaften **49** (1962) Nr. 20. S. 474–475.
Älteren *Vicia faba*-Pflanzen wurde ein Wollfaden durch den Sproß gezogen (quer zur Sproßachse). Der untere Teil befand sich in einer Colchicin-Lösung. 1 ml Lösung wurde durchschnittl. in 15,6 Std. aufgenommen (abhängig von der Wasserversorgung, der Evapotranspiration und dem Entwicklungsstadium der Pflanze). Wurden die Pflanzen 20–25 Tage vor der Meiose colchiciniert, blieben die Keimlinge der Samen der Hauptachse und der Nebentriebe diploid. An der Mutterpflanze zeigten sich am Vegetationspunkt Verdickungen. Erfolgte die passive Injektion zur Prämeiose oder Meiose, entstanden mixoploide Embryonen in den Samen. Vf. fand keine Individuen mit homogen tetraploidem Gewebe. Wurde zur Anthesis/Postanthesis (Samen der unteren Hülsen schon ausgebildet, bei oberen Infloreszenzen 1. Teilungen der Zygote bereits erfolgt) behandelt, gab es an der Mutterpflanze keine sichtbaren Schädigungen; es wurden neben vorwiegend diploiden und mixoploiden Embryonen auch tetraploide gefunden. Um den Behandlungserfolg zu verbessern, sollte in Zukunft die Colchicinierung während der 1. Teilungen der Zygote erfolgen. K. Bellmann. 1566.

C. Spezielle Pflanzenzüchtung

Lekeš, J. und Zeniščeva, L. **Eine neue Methode zur Züchtung von Getreide auf Lagerresistenz und zur Feststellung von Standfestigkeitsunterschieden einzelner Sorten unter feldmäßigen Bedingungen.** Z. Pflanzenzücht. **48** (1962) Nr. 1. S. 36–54.
Eingangs werden sehr ausführlich die Ursachen der Lagerneigung und die Möglichkeiten zu ihrer Bestimmung mit Hilfe indirekter Methoden besprochen. Bisher gibt es keine Methode, bei der die Standfestigkeit unter Wind- und Regenbelastung direkt geprüft wird. Vff. haben deshalb eine fahrbare Kammer (3 m lang, 1,6 m breit, 2,2 m hoch) gebaut, die im Freiland über die auf Standfestigkeit zu prüfenden Getreideparzellen gefahren werden kann. Im Testtunnel können künstlich bis 80 mm/Std. Niederschläge und bis 16,7 m/sec.

Wind erzeugt werden. Das Aggregat ist mit einem 6 Zyl. Skoda-Serienmotor und einem fünfstufigen Getriebe ausgerüstet. Der Regen wird mit einer Morestaret-Pumpe (24 l/min, 3,5 at)., die elektrisch betrieben wird, erzeugt. Erfolgreiche praktische Ergebnisse liegen vor. Die Kammer läßt sich auch bei der Untersuchung der Bestäubung und Platzfestigkeit bei Raps verwenden.
K. Bellmann. 1710.

Venediktov, M. M. (Wenediktow, M. M.); Leningrad, Unions-Forsch.-Inst. für Pflanzenbau. K voprosu o nasledovanii količestvennych i kačestvennych priznakov u gibridov pšenicy. **(Über die Vererbung quantitativer und qualitativer Merkmale bei Weizenhybriden.)** Sbornik trudov aspirantov i molodych naučnych sotrudnikov. Vsesojuznyj institut rastenievodstva, Leningrad **1961** Nr. 2. S. 34–39. – 11 Lit.
Kreuzungen innerhalb und zwischen den Weizenarten wurden mit dem Ziel durchgeführt, Auslesematerial für die Züchtung zu erhalten und quantitative und qualitative Merkmale genetisch zu analysieren. Es wurden gekreuzt: *Triticum carthlicum* mit 28-chromosomigen (*T. dicoccum*, *T. turanicum* und *T. polonicum*), 42-chromosomigen Weizen (*T. aestivum*) *T. durum* mit 28- und 42-chromosomigen Arten. Dabei wurden die Begrannung, Korn- und Ährenfarbe, Ährenform u. a. Merkmale anhand von F_2- und F_3-Spaltungen untersucht. Eine bes. große genetische Variabilität wurde nach Kreuzung von *T. carthlicum* × *T. aestivum* und Hartweizen × *T. aethiopicum* var. *gondaricum* erhalten. Die rel. schlechte Entwicklung der Hybridkörner wies bei einigen Kreuzungen auf die phylogenetisch weite Entfernung der gekreuzten Formen hin. G. Krauße. 1712.

Jain, K. B. L., Joshi, A. B. und Rao, M. V. Inheritance studies in wheat. XIII. Inheritance of field resistance of Rio Negro and Yaqui 53 to brown rust of wheat. **(Vererbungsuntersuchungen bei Weizen. 13. Mitt. Vererbung der Feldresistenz bei 'Rio Negro' und 'Yaq ui 53' gegen Weizenbraunrost.)** Current Sci. [Bangalore] **31** (1962) Nr. 4. S. 160–161. – 1 Tab., 5 Lit. 12. Mitt. vgl. LZ. Abt. II **7** (1962) Nr. 12. S. 3373.
Die gegen Braunrost resistenten Weizensorten 'Rio Negro' und 'Yaqui 53', die zur Einkreuzung der Braunrostresistenz in indischen Handelssorten vorgesehen sind, wurden mit dem anfälligen Stamm 'N.P. 718' gekreuzt und die F_1-, F_2- sowie R_1 künstlich infiziert. Danach wird die Feldresistenz bei beiden Sorten von 2 dominanten komplementären Genen gesteuert. Die F_1 beider Kreuzungen zeigte Dominanz der Braunrostresistenz. In der F_2 betrug das Spaltungsverhältnis 9 resistent: 7 anfällig. Bei der Kreuzung 'N.P. 718' × 'Yaqui 53' wurde noch die Vererbung der Kornfarbe und Begrannung untersucht. Beide Merkmale werden unabhängig von den Resistenzfaktoren gegen Braunrost durch einzelne dominante Gene vererbt.
W. Gottschling. 1712.

Rao, M. V. und Agrawal, R. K. Inheritance studies in wheat. VII. Inheritance of seedling reaction to physiologic races 24 and 117 of Puccinia graminis tritici in some intervarietal crosses of common bread wheat. **(Vererbungsuntersuchungen an Weizen. 7. Mitt. Vererbung der Sämlingsreaktion auf die physiologischen Rassen 24 und 117 von Puccinia graminis tritici bei einigen Sortenkreuzungen des gewöhnlichen Brotweizens.)** Indian J. Genetics Plant Breeding **20** (1960) Nr. 3. S. 184–187. – 2 Tab., 10 Lit. 6. Mitt. vgl. LZ. Abt. II **7** (1962) Nr. 9. S. 2496.
Bei der genetischen Untersuchung der Vererbung der Resistenz des Weizens gegen die Schwarzrostrassen 24 und 117 ergab sich, daß bei den Weizensorten 'N.P. 790' und 'E. 572' die Resistenz von 2 dominanten Duplikat-Genen gesteuert wird; bei 'E. 1913' sind 3 entspr. Gene dafür verantwortlich; die Linie 'E. 871' ('Timstein' × '2086 Sel. 1495 A-1-7-3-1') besitzt demgegenüber nur ein dominantes Faktorenpaar. K. Naumann. 1712.

Zschege, Christa und Haarring, Rainer; Göttingen, Univ., Inst. für Pflanzenbau und Pflanzenzücht. **Mutationsauslösung durch Chemikalien bei Weizen. II. Die induzierten Mutanten des „Koga II".)** Z. Pflanzenzücht. **48** (1962) Nr. 1. S. 55–72. – 10 Abb., 5 Tab., 93 Lit. – Zus. in Engl. 1. Mitt. vgl. LZ. Abt. II **8** (1963) Nr. 5. S. 1349.

Bei der So-Weizensorte 'Heines Koga II' wurden mit der Anschnittmethode nach Oehlkers (Biol. Zbl. 1946. **65** S. 176–186) verschiedene mutagene Chemikalien in die wachsende Pflanze eingeführt (vgl. 1. Mitt.). Die erhaltenen Mutanten werden in folgende Gruppen eingeteilt: 1. Dickkopf-Formen, 2. compactoide Formen, 3. sonstige dichtährige Formen, 4. speltoide Formen, 5. sonstige lockerährige Formen, 6. sphaerococcoide Formen, 7. Formen mit verändertem Wachsüberzug, 8. begrannte Formen, 9. Formen mit verändertem Entwicklungsrhythmus, 10. Formen mit veränderter Halmlänge. In den einzelnen Gruppen fanden Vff. sowohl reinerbige wie auch spaltende Mutanten. Nur morphol. Abänderungen werden beschrieben. Mutanten mit quantitativen Merkmalsänderungen wie Ertrag, Qualität oder Resistenzverhalten konnten nicht erfaßt werden. Diese müssen mit spez. Auslesemethoden gefunden werden. Formen wie Kurzstrohtypen mit normalen Ähren können Bedeutung erlangen, da ihre Standfestigkeit besser ist. F. Beleites. 1712.

Haarring, R.; Göttingen, Univ., Inst. für Pflanzenbau und Pflanzenzücht. **Mutationsauslösung durch Chemikalien bei Weizen. III. Unterschiedliche Folgen einer mutagenen Behandlung von verschiedenartigen Zellen.** Z. Pflanzenzücht. **48** (1962) Nr. 2. S. 117–142. – 7 Abb., 12 Tab., 59 Lit. Zus. in Engl. 2. Mitt. vgl. vorst. Ref.

In 3 verschiedenen Stadien während der Ontogenese [Jugendstadium (**I**), prämeiotisches Stadium (**II**), postmeiotisches Stadium (**III**)] wurden mutagene Chemikalien nach der Anschnittmethode von Oehlkers bei einer reinen Linie von So-Weizen, 'Heines Koga II', appliziert. In den folgenden Generationen wurden Mutanten festgestellt und genetisch durch folgende Kreuzungen analysiert: ♂ behandelte Pflanze × ♀ unbehandelte Pflanze (P), ♀ behandelte Pflanze, × ♂ unbehandelte Pflanze (E), geselbstet (Z). Verwendet wurden $AlCl_3$, Morphin, Äthylurethan + KCl und Glykol + KCl. Als Kontrolle dienten Leitungswasser, aqua dest. oder Anschnitt ohne Subst. (Wundreiz). Der Samenansatz war, wie Z zeigte, nur wenig durch die Chemikalien beeinflußt. In den Serien E und P waren evtl. Unterschiede durch die Kreuzungen bei **I** und **III** überdeckt. Die C_1-Samen wurden nur bei Z auf Aufgang und Überlebensrate geprüft. Bei **III** waren 38,6% gekeimte Körner gegenüber **I** und **II** mit 55,2% bzw. 58,5% ermittelt worden. Chlorophylldefekte traten bei 7 C_1-Pflanzen auf (0,13%). C_1-Abweicher (nicht vererbbare Abänderungen) traten bis 5% auf. Von den Veränderungen in der C_2 wurden in der C_3 nur 65,9% bestätigt. Bei **III** traten signifikant höhere Mutationsraten als bei **I** und **II** auf. Die Mutationsrate war bei E, P und Z gleich. Das Spektrum ist vom Zeitpunkt der Chemikalienbehandlung abhängig. Röntgenstrahlen hatten bei **I**, **II** und **III** ähnliche Mutationsraten. Das Spektrum war nicht von der Art der Chemikalien abhängig. F. Beleites. 1712.

Züchtung gelb- und braunrostresistenter Weizensorten. Hohenthurm, Institut für Pflanzenzüchtung der Universität Halle Plan-Nr.: 21 55 24/1–14/6. 23 S. Abschlußber. – 4 Abb., 5 Tab.

Aufbauend auf teilresistenten Zuchtstämmen von Wi- und So-Weizen gelang bei vielen Zuchtstämmen die Kombination von Gelbrost- und Braunrostresistenz. Bei einem Teil dieser Stämme ist zusätzlich Mehltauresistenz erreicht worden. Diese kombinierte Resistenz ist bei den pilzlichen Blattkrankheiten bes. wichtig, da häufig, wenn nur Widerstandsfähigkeit gegen einen Teil der Erreger vorliegt, andere, für die noch Anfälligkeit besteht, bes. stark auftreten. Viele der Stämme mit kombinierter Resistenz besitzen darüber hinaus auch alle sonstigen unabdingbaren Wertmerkmale, wie Ertrag, Qualität, Standfestigkeit, Mähdruscheignung und dgl. Von 1956–1961 sind über 80000 Stämme auf Resistenz geprüft worden. Die angewandten Methoden werden eingehend beschrieben. Eine größere Anzahl Stämme werden bereits in amtlichen Prüfungen getestet. Auf die Ergebnisse von Artkreuzungs-Arbeiten (mit *Triticum timopheevi*) wird in einem bes. Abschnitt eingegangen. Die züchterischen Arbeiten werden fortgesetzt. 1712.

Bogomjagkov, S. T. (Bogomjagkow, S. T.) Novye sorta jarovoj pšenicy, polučennye iz ozimych. **(Neue, aus Winter-Weizen gezüchtete Sommer-Weizensorten.)** Sb. naučn. rabot. Sibirsk. n.-i. in-t. s. ch. **1961** Nr. 6. S. 55–59. – Aus: Referativnyj žurnal. Biologija, Moskva **1961** Nr. 24. G **443**. S. 51.
Als Ergebnis 10-jähriger Arbeit bei der Umbildung von Winterformen in Sommerformen wurden 2 neue So-Weizensorten erzielt: 'Erythrospermum 6' und 'Lutescenz 907'. 'Erythrospermum 6' zeichnet sich durch hohe Ertragsleistung und Frühreife, Widerstandsfähigkeit gegen Lagern, Kornausfall und Brand aus. Die Sorte besitzt große Körner, ein hohes Volumengew. und verfügt über gute Backeigenschaften. Die Sorte 'Lutescenz 907' ist mittelfrüh, lagert nicht, fällt nicht aus, ist gegen Brand resistent, besitzt große Körner, ein hohes Volumengew. und gute Backeigenschaften.
übersetzt v. W. Peitz. 1712.

Kučumov, P. V. (Kutschumow, P. W.) Ispol'zovanie meždvidovoj gibridizacii pri sozdanii sorta jarovoj pšenicy. **(Anwendung der zwischenartlichen Hybridisation für die Schaffung von Sommer-Weizensorten.)** V sb.: Otdalennaja gibridizacija rastenij, Moskva **1960** S. 248–255. – Aus: Referativnyj žurnal. Biologija, Moskva **1961** Nr. 24. G 253. S. 31.
Im Ukrain. Forsch.-Inst. für Pflanzenbau, Zücht. und Genetik wurden direkte und Rückkreuzungen zwischen den Arten *Triticum turgidum* L. und *T. dicoccum* Schübl. durchgeführt. Als Mutter diente *T. dicoccum*, die Hybriden vererbten den Typ des Dinkelweizens stärker. Wertvolle Hybriden konnten bei der Kreuzung *T. turgidum* × *T. dicoccum* erzielt werden. Ergebnis der Hybridisation war eine 3. Art *T. durum* Desf., woraus die Sorte 'Hordeiforme 5129' gezüchtet wurde. Sie ist frühreif, dürreresistent und widerstandsfähig gegen Schädlinge. Durch stufenweise Hybridisation wurde die Sorte 'Hordeiforme 5129' mit den besten Sorten und Hybriden des Unions-Forsch.-Inst. für Pflanzenbau gekreuzt. Das Ergebnis war die Sorte 'Charkowskaja 46', die eine hohe Plastizität und gute Eigenschaften für den Anbau unter verschiedenen Klima- und Bodenbedingungen besitzt. übersetzt v. W. Peitz. 1712.

Kováčik, Anton und Holienka, Ján; Ruzyně, Výzkumný Ústav Rostlinné Výroby, Odd. Genetiky a Šlechtění. Vliv různého stáří pylu na oplodnění pšenice. **(Einfluß der Altersunterschiede bei Pollen auf die Weizenbefruchtung.)** Rostlinná Výroba **8(35)** (1962) Nr. 9. S. 1187–1198. – 3 Abb., 8 Tab., 12 Lit. Zus. in Russ., Dtsch.
Pollen, der auf Agar-Nährboden geringe Keimfähigkeit (5–10%) aufweist, ist für die Bestäubung unter natürlichen Bedingungen nicht geeignet. Die Bestäubung mit Staubbeuteln garantiert nicht immer ausreichende Befruchtung. Die besten Resultate ergibt direkt den Staubbeuteln entnommener und aufgetragener Pollen. Unter natürlichen Bedingungen verringert sich die Keimfähigkeit des Pollens rasch, so daß nach 60 Min. die Befruchtungsrate auf etwa 5% zurückgeht. An warmen Tagen ist die Zeit von 8–10 und 17–20 Uhr für die Bestäubung am günstigsten. V. Skládal. 1712.

Waltl, Kurt; Wien, Bundesanst. für Pflanzenbau und Samenprüf. **Möglichkeiten zur schnellen Vorauslese auf Qualität bei Weizen.)** Förderungsdienst [Wien] **10** (1962) Nr. 11. S. 377-380. – 3 Tab. 1712.

Roseweir, J. und Rees, H. Fertility and chromosome pairing in autotetraploid rye. **(Fertilität und Chromosomenpaarung bei autotetraploidem Roggen.)** Nature [London] **195** (1962) Nr. 4837. S. 203–204.

Vff. weisen nach, daß es bei dem von ihnen verwendeten Material (Polyploidisierung von Paarkreuzungen zwischen 3 diploiden Roggeninzuchtlinien) einen genotypisch kontrollierten Paarungstyp der Chromosomen gibt (Univalente, Quadrivalente). Diese Paarungstypen sind signifikant mit der Chiasmahäufigkeit korreliert (Quadrivalente/Zelle mit Chiasmata/Zelle positiv; Univalente/Zelle mit Chiasmata/Zellen negativ). Es wird weiterhin gezeigt, daß eine positive Korrelation zwischen rel. Samenansatz und Quadrivalenthäufigkeit, dagegen eine negative Beziehung zwischen rel. Samenansatz und Trivalentbildung besteht. Damit ist es möglich, durch Selektion auf viele Chiasmata/Zelle gleichzeitige Auslese auf quadrivalente Chromosomenverbindungen und damit wiederum auf hohen Samenansatz zu betreiben. Dies dürfte technisch rel. einfach sein, da beim Roggen die Chiasmata distal und allg. zahlenmäßig gering sind. K. Bellmann. 1714.

Rajhathy, Tibor und Morrison, J. W.; Ottawa, Ontario, Canada Dep. of Agric., Res. Branch. Cytogenetic studies in the genus Hordeum. VI. The murinum-complex. **(Cytogenetische Untersuchungen in der Gattung Hordeum. 6. Mitt. Der murinum-Komplex.)** Canad. J. Genetics Cytol. **4** (1962) Nr. 2. S. 240–247. — 3 Abb., 1 Tab., 9 Lit.

Die Beziehungen der Arten *Hordeum murinum*, *H. leporinum* und *H. glaucum* sollten durch gegenseitige Kreuzungen geklärt und die Fortpflanzung sowie Cytologie untersucht werden. Die morphol. Artunterschiede sind mehr quantitativ als qu alitativ. Die Kreuzung *H. murinum* (4x)×*H. leporinum* (4x) und die Meiose der F_1 sind normal. Die F_1-Bastarde sind voll fertil, die F_2 variiert kontinuierlich zwischen den beiden Eltern. Die Genome sind homolog und artgleich. Die Kreuzung *H. glaucum* (2x)× (*H. murinum*×*H. leporinum*) verlief glatt, doch sind die Bastarde steril. Der Chromosomenpaarung nach ist ein Genom der 4x-Gruppe dem von *H. glaucum* homolog. Die Kreuzung *H. murinum* (4x)×*H. murinum* (6x) ist normal. Die Bastarde sind z. T. fertil. Beide Arten haben 2 Genome gemeinsam. Aus der Kreuzung *H. marinum* (2x)×*H. murinum* (4x) geht hervor, daß das *marinum*-Genom dem des Partners nicht homolog ist. Die 4x- und 6x-Arten sind alloploid und weizenähnlich. Einer ihrer 2x-Ahnen ist *H. glaucum*.
G. Bandlow. 1716.

Trofimovskaja, A. Ja. (Trofimowskaja, A. Ja.) Problemy selekcii ozimogo jačmenja v SSSR i ischodnyj material. **(Probleme der Winter-Gerstenzüchtung in der UdSSR und das Ausgangsmaterial.)** Tr. po prikl. botan., genet. i selekcii **32** (1960) Nr. 2. S. 101–144. — 25 Lit. Zus. in Engl. Aus: Referativnyj žurnal. Biologija, Moskva **1961** Nr. 24. G 317. S. 38.

Folgende Probleme wurden untersucht: Verteilung der Wi-Gerste in der UdSSR, agroökologische Klassifikation, Ergebnisse und Aufgaben der Züchtung. Eine Beschreibung der agroökologischen Gerstengruppen ist angeführt; es wird eine Charakteristik des Ausgangsmaterials für die Züchtung nach folgenden Merkmalen gegeben: bot. Charakteristik, Stadien, Winterfestigkeit, Dürreresistenz, Verhalten bei Bewässerung, Ertrag, Lagerresistenz, biochem. Eigenschaften, Widerstandsfähigkeit gegen Krankheiten.
übersetzt v. W. Peitz. 1716.

Züchtung mehltauresistenter Gersten- und Weizensorten. Hohenthurm, Institut für Pflanzenzüchtung der Universität Halle Plan-Nr.: 215524/1–05/6. 11 S. Abschlußber.

Der Getreidemehltau verursacht regelmäßig bei Gerste und Weizen erhebliche Schädigungen. Neben der Ertragsminderung sind nach Mehltaubefall auch die Qualität und die Standfestigkeit ungünstig beeinflußt. Das züchterisch bearbeitete resistente Zuchtmaterial geht auf die Einkreuzung von Wild- und Extensivformen zurück (*Hordeum spontaneum*, Lyallpur-Gersten, *Triticum carthlicum*, Weizen-Roggen-Bastard). Diese Formen übertrugen neben der Resistenz auch ungünstige Merkmale. Im Verlaufe der Zuchtarbeiten gelang es, diese wieder zu eliminieren, z. T. durch laufende Rückkreuzungen, die auch in der Folgezeit noch fortgeführt werden. Die erarbeiteten Weizen- und Gerstenstämme stehen zu einem Teil bereits in amtlichen Prüfungen des Ministeriums für Landwirtsch., Erfassung und Forstwirtsch. Es wird ein Überblick über das vorhandene resistente Gesamtmaterial gegeben. Durch einen im Versuchsjahr 1961 plötzlich aufgetretenen starken Gelbrostbefall auf Gerste besteht jetzt die Notwendigkeit, Mehltauresistenz mit Gelbrostresistenz zu kombinieren. Alle hierfür erforderlichen Maßnahmen wurden bereits eingeleitet. 1716.

Lau, D.; Kloster Hadmersleben, Zweigstelle des Inst. für Pflanzenzücht. Gülzow-Güstrow. **Ein Beitrag zur Züchtung mehltauresistenter Gersten.** Z. Pflanzenzücht. 48 (1962) Nr. 1. S. 80-90. — 7 Tab., 26 Lit. Zus. in Engl.
In der letzten Zeit wurde in verstärktem Maße das Auftreten neuer Mehltaurassen, bes. der Rassengruppe C, bei Gerste beobachtet. Bisher resistente So-Gerstesorten ('Weihenstephaner Mehltauresistente I' und 'II'), die in Mitteleuropa weitgehend als Kreuzungseltern verwendet worden sind, wurden, da sie lediglich Resistenz gegen A, B und D aufwiesen, verstärkt von den neu aufgetretenen C-Rassen befallen. Damit verbunden war eine beträchtliche Ertragsminderung aller auf dieses Material zurückgehenden Sorten. Deshalb sind neue, möglichst mehrere Resistenzfaktoren in die vorhandenen Sorten einzulagern. Auf die Schaffung isogener Linien und synthetischer Sorten wird hingewiesen. Vf. analysierte die Faktoren, wobei 6 mehltauresistente Gersten ('Algerian C.J. 1179', 'Hohenthurmer St. 4592_{51}', 'Bernburger St. 39 678', 'Unbegrannte Nackte' sowie die Mutanten 'M 66' und 'MS 5455') mit anfälligen Sorten und diallel gekreuzt wurden. Die F_1 wurde im Freiland, die F_2 im Gewächshaus geprüft. Bei 'M 66' und 'Unbegrannte Nackte' war die Resistenz monomer rezessiv, bei den übrigen Formen dominant bedingt. Die Resistenzgene von 'M 66' und 'Unbegrannte Nackte' ergänzten sich heterozygot. Die Dominanz scheint bei Hohenthurm St. 4592_{51}', 'Bernburg St. 39 678' und 'MS 5455' auf das gleiche Gen zurückzuführen zu sein (Lyallpurfaktor), wodurch die Echtheit der Mutante 'MS 5455' (aus 'Saale') zweifelhaft wird. Die Resistenz der 'Algerian'-Gerste war durch den Faktor *Er* ^{a}1 bedingt, der wie der Lyallpurfaktor in der Kopplungsgruppe 2 liegt. G. Krauße. 1716.

Fadrhons, Jan; Semčice, Výzkumný Ústav Řepařský. Šlechtění ječmene na odolnost proti padlí Erysiphe graminis D.C.f.sp. hordei Marchal. **(Gerstenzüchtung auf Resistenz gegen Mehltau.)** Rostlinnà Výroba **8(35)** (1962) Nr. 9. S. 1137–1150. — 3 Abb., 5 Tab., 27 Lit. Zus. in Russ., Dtsch.
Die i. J. 1949 begonnene Züchtungsarbeit ergab aus der Kombination 'Weihenstephaner II' × 'Kenia' die Sorte 'Dobrovický 4' und aus der Kombination 'Valtický' × 'Weihenstephaner II' die Sorte 'Dobrovický 8'. Die beiden neuen Sorten sind gegen die Mehltaurassen A und D resistent und übertreffen im Kornertrag die rayonierte Standardsorte 'Valtický' um 6 bis 10%. Diese wird auch in ihrer Resistenz gegen das Lagern, gegen Zwergrost (*Puccinia simplex*), Flugbrand der Gerste (*Ustilago nuda*) und Auswachsen des Korns sowie andere Eigenschaften übertroffen. V. Skládal. 1716.

Lau, D.; Kloster Hadmersleben, Zweigstelle des Inst. für Pflanzenzücht. Gülzow-Güstrow. **Über Beziehungen zwischen Qualität und Keimreifung der Braugerste.** Z. Pflanzenzücht. 48 (1962) Nr. 3. S. 215–229. — 6 Abb., 10 Tab., 28 Lit. Zus. in Engl.
An einem rund 30 Sorten und Stämme umfassenden Material wurden mehrjährige Untersuchungen über Keimreifungsverlauf und Auswuchsfestigkeit

bei So-Gerste unter bes. Berücksichtigung von Qualitätseigenschaften der Braugerste durchgeführt. Der Keimreifungsverlauf wurde in Keimtellern ermittelt. Die Auswuchsfestigkeit wurde an Ährenbündeln bestimmt, die in einem Gewächshaus häufig mit Wasser besprüht und bonitiert wurden. Beide Merkmale lassen sich nicht gleichsetzen. Innerhalb jedes Merkmals ergaben sich hochsignifikante Jahreskorrelationskoeffizienten. Gewisse korrelative Beziehungen zwischen der Keimreife und einigen Qualitätsmerkmalen konnten beobachtet werden, während die Auswuchsfestigkeit nur mit der Extraktdifferenz korrelierte. Bei Untersuchungen an jüngerem Zuchtmaterial schienen ähnliche Verhältnisse vorzuliegen. Die Züchtung von Sorten, die Auswuchsfestigkeit und hohe Enzymaktivität vereinen, scheint möglich zu sein. Dabei sollte neben der Auswuchsfestigkeit etwa **6** Wochen nach der Ernte die Keimenergie ermittelt werden, um Zuchtmaterial mit zu langsamer Keimreifung ausscheiden zu können. G. Krauße. 1716.

Roane, C. W.; Blacksburg, Virginia Agric. Exp. Stat., Dep. of Plant Pathol. and Physiol. Inhertiance of reaction to Puccinia hordei in barley. I. Genes for resistance among North American race differentiating varieties. **(Vererbung der Reaktion gegenüber Puccinia hordei bei Gerste. 1. Mitt. Resistenzgene, die Sortendifferenzierung innerhalb der nordamerikanischen Rasse ermöglichen.)** Phytopathology **52** (1962) Nr. 12. S. 1288–1295. – 2 Tab., 10 Lit. 1716.

Coffman, Franklin A.; Beltsville, Md., U.S.Dep. of Agric., A.R.S., Crops Res. Div. Increased winter hardiness in oats now available. **(Gesteigerte Winterfestigkeit jetzt bei Gerste vorhanden.)** Agronomy J. **54** (1962) Nr. 6. S. 489–491. – 2 Tab., 5 Lit.

Wi-Gerste gehört neuerdings zu den 10 Feldfrüchten, welche die größten Anbauflächen in USA besitzen. Auf Grund der verbesserten Winterfestigkeit hat sich ihre Anbaufläche in den letzten Jahren bes. nach Norden ausgedehnt. Vf. berichtet über Arbeiten zur Erhöhung der Winterfestigkeit in den Jahren 1957–1961. Samenproben von Standardsorten und Neuzüchtungen wurden an 35 Stat. geprüft, darunter an 5 kanadischen. Standard waren 'Winter Turf', 'Hairy Culberson', 'Fulwin', 'Wintok' und 'Ballard', die zu den winterfestesten Sorten gehören. Die Prüfungen ergaben, daß die geprüften Neuzüchtungen bessere Winterfestigkeit als die o. g. Sorten besaßen und in bezug auf Winterfestigkeit ein entscheidender Durchbruch gelungen ist. Damit ist nicht gesagt, betont Vf., daß die Grenze der Winterfestigkeit erreicht ist. Als Stämme mit bester Winterfestigkeit erwiesen sich Kombinationen von 'Nysel' und 'Hairy Culberson', obwohl andere Kombinationen mit 'Wintok' ebenfalls gute Nachkommen ergaben. K. Schulz. 1716.

Narula, P. N. und Upadhyaya, Y. M. Nodal and branched ears in barley. **(Nodale und verzweigte Ähren bei Gerste.)** Sci. and Cult. [Calcutta] **28** (1962) Nr. 8. S. 380–381.

In einer Kreuzung zwischen 2- und 6-zeiliger Gerste ('NP' × 'EB 241') wurden in F_1 verzweigte Ähren gefunden. Bei einer Pflanze gab es neben der verzweigten Ähre noch eine akzessorische Ähre, wahrscheinlich nodalen Ursprungs. Sie war sehr klein, hatte aber normale Körner. **Vf.** diskutiert die möglichen Ursachen, über die i. allg. recht wenig bekannt **ist** (entweder genetische Faktoren oder Umwelteinfluß). K. Bellmann. 1716.

Bálint, Andor und Kovács, Antal. A röntgenbesugárzás felhasználása biokémiai mutánsok elöállítására kukoricában. **(Die Anwendung der Röntgenbestrahlung zur Erzeugung von biochemischen Mutanten bei Mais.)** Biol. Közlemények [Biol. Mitt.] **10** (1962) Nr. 1. S. 13–16. – 1 Abb., 4 Tab., 7 Lit. Aus: Ung. Agrar-Rdsch. **1963** Nr. 1.

Von induzierten Mutanten bei Mais kann die Entwicklung neuer und nützlicher Formen erwartet werden. Vff. benutzten die Methode zur Erzeugung von Linien mit höherem Proteingehalt. 1958 wurden die Sorte 'F' sowie mehrere Inzuchtlinien ('S160', 'S 165', 'S 168', 'S 174', 'S 200' und 'S 210') mit Dosen von 10 und 15 kr Röntgenstrahlen behandelt. Von den erhaltenen Pflanzen wurden etwa 500 geselbstet. Der Proteingehalt wurde bei 'F' und der X_2-Population ermittelt. Die Variationsbreite des Proteingehaltes der X_2 übertraf die des Ausgangsmaterials und konnte bei 70% der X_3-Linien bestätigt werden. Der Wert des Verfahrens für die Züchtung wird in erster Linie darin gesehen, daß bestimmte Eigenschaften, die in normalen Beständen nur nach Prüfung großer Individuenzahlen festzustellen sind, durch Bestrahlung in einem viel kleineren Material in kürzerer Zeit gefunden werden können. 1720.

Murty, G. S., Dayani, T. R. und Vaidya, S. M.; Rajahmundri, Centr. Tobacco Res. Inst. Homozygosity requirements of inbred lines of maize. **(Homozygotieerfordernisse bei Mais-Inzuchtlinien.)** Current Sci. [Bangalore] **31** (1962) Nr. 10. S. 423–424. — 1 Tab., 1 Lit.
Inzuchtlinien sowie Produkte von Sippenkreuzungen (sibbing) wurden hinsichtlich Variabilität miteinander verglichen, da die Meinungen über den Inzuchterfolg beider Methoden auseinandergehen. Die Sb_1 waren wesentlich weniger uniform als die S_1. In der Sb_2 war dieser Mangel stark vermindert. Die Sb-Pflanzen schnitten in allen Wuchsmerkmalen besser ab. Nach Selbstung und anschließendem sibb-cross bleibt die in der S_1 noch vorhandene Rest-Heterozygotie erhalten und damit auch die Lebenskraft der Linien. Die Frage der Variabilität wurde an Hand von Vergleichen zwischen S- und S×Sb-Populationen untersucht. Dabei wurde festgestellt, daß einmalige Selbstung völlig ausreicht, um ausreichende Uniformität der I-Linien zu erreichen. Weitere Selbstung verbessert die Uniformität nicht, senkt dagegen die Vitalität der Linien. Die weitere Erhaltung der Linien sollte daher nach der 1. Generation durch Sippenkreuzung erfolgen. W. Stenz. 1720.

Polerecký, Ondrej; Piešt'any, Pobočka Českoslov. Akad. Pôdohospodarských Vied, Výskumný Ústav Rastlinnej Výroby. Otázky raného skúšania línií kukurice na všeobecnú kombinačnú schopnosť. **(Fragen der frühen Prüfung von Maislinien auf allgemeine Kombinationsfähigkeit.)** Pol'nohospodárstvo **9** (1962) Nr. 5/6. S. 363–368. — 1 Tab., 13 Lit. Zus. in Russ., Engl.
In den Jahren 1959 und 1960 wurde die Kombinationseignung bei Bastarden geprüft, die aus Kreuzungen von Testern mit S_0- bis S_3-Linien gewonnen worden waren. Getestet wurden geselbstete Linien einer Population von 'Bankutský koňský zub' und der Doppelhybriden 'KE_290' und 'Worther King'. Tester waren 6 verschiedene Sorten. Die Kombinationseignung konnte in der Mehrzahl der Fälle bereits mit der S_1 erkannt und mit der S_2 bestätigt werden. Mit der S_3 wurden in einigen Fällen im Vergleich zur S_1 und S_2 entgegengesetzte Ergebnisse gezeitigt und entsprachen Werten der S_0. Im allg. ergaben Tester mit engerer genetischer Grundlage höhere Kornerträge als Tester mit breiterer. V. Skládal. 1720.

Saulescu, N. **Die Ertragsfähigkeit der Maisdoppelhybriden und der Sortenhybriden in der Volksrepublik Rumänien.** Züchter **32** (1962) Nr. 2. S. 71–73.
Vf. berichtet über Kornertragsprüfungen von rumänischen, freiabblühenden Sorten, Sortenhybriden und amer. Doppelhybriden. Obgleich die importierten Doppelhybriden aus Gebieten mit anderem Klima als Rumänien stammten, übertrafen sie die geeignetsten rumänischen Sortenhybriden beträchtlich. Die frei abblühenden Sorten waren durchweg schlechter als die Sortenhybriden. Die Sortenhybriden zeigten geringere Standfestigkeit und geringere Krankheitsresistenz gegenüber dem Importmaterial. In den folgenden Jahren soll deshalb die gesamte Maisanbaufläche mit Doppelhybriden bestellt werden. K. Bellmann. 1720.

Sazanov, V. I., und Medvedev, V. K. (Sasanow, W. I. und Medwedew, W. K.); Kuibyschew, Landwirtsch. Inst. Sozdanie gibridov kukuruzy dlja novych rajonov. **(Schaffung von Maishybriden für die neuen Gebiete.)** Vestnik sel'skochozjajstvennoj nauki, Moskva 7 (1962) Nr. 10. S. 10–13. – 3 Tab. Zus. in Engl., Franz., Dtsch. 1720.

Lazányi, Andrei. Încercări de obținere prin selecție din populații hibride a formelor pitice și productive de porumb. **(Versuche zwecks Erzielung von Zwerg- und produktiven Maisformen durch Selektion aus Hybridpopulationen.)** Comun. Acad. Republ. Populare romîne **12** (1962) Nr. 8. S. 943–948. – 4 Abb., 1 Tab., 5 Lit. Zus. in Russ., Franz.
In den Jahren 1950–1954 wurden durch Kreuzung einiger rumänischer Maissorten (var. *indentata* und *indurata*) Einfach- bis Dreifach-Hybriden erzielt. Um die Erträge der Hybriden zu steigern, wurde versucht, Komplexhybriden zu erzeugen. Deshalb wurde die Sorte 'Lednicky' (var. *indentata*) mit einem Hybridpollen-Gemisch bestäubt. Bei der Selektion wurde die Verringerung der Pflanzenhöhe zwecks Erzielung einer größeren Pflanzendichte pro Hektar angestrebt, um dadurch den Körnerertrag zu steigern. In der F_6 wurden Halbzwergfamilien selektiert, die in doppelter Dichte gesät werden können und dadurch höhere Kornerträge als das Ausgangsmaterial (F_1) ergeben.
C. Ilchievici. 1720.

Verschiebung der Geschlechtsausbildungen im männlichen Blütenstand der hiesigen Maissorten. Alt-Ruppin, Außenstelle des Inst. für Allgemeine Botanik der Humboldt-Universität zu Berlin Plan-Nr.: 215175-1-II-02/9. 12 S. Abschlußber. – 7 Tab.
In den Jahren 1959–1961 wurde ein Sortiment von in der DDR angebauten oder in der DDR gezüchteten, noch nicht im Handel befindlichen Maissorten aus dem Inst. für Pflanzenzücht. Bernburg und dem Inst. für Kulturpflanzenforsch. in Gatersleben sowie Einzelpflanzennachkommenschaften aus einem Feldbestand der Insel Usedom auf Verschiebungen der Geschlechtsausbildung im männlichen Blütenstand untersucht. Die dabei aufgetretenen Verschiebungen zur weiblichen Ausbildung der Fahne zeigten einen schwächeren Grad als die als „tassel-seed 1-5" bekannten monogen vererbten Typen. – Anbauversuche unter verschiedenen Kulturbedingungen zeigten, daß einzelne Herkünfte mit vermehrter Ausbildung verweiblichter Typen (ts) auf bestimmte Außenbedingungen reagieren, diese jedoch nicht allein das Merkmalsbild beeinflussen. Die Beobachtungen von Selbstungsnachkommenschaften und Elitelinien sowohl normaler als auch von 'tassel-seed '-Pflanzen ergab genetische Differenzen, allerdings nicht einfach monogener Natur. – Es wurde ein Zusammenhang zwischen dem morphol. Bau der Fahne und dem Geschlechtstyp der Fahne gefunden. Für die Maiszüchtung ist die Tatsache wichtig, daß die Ausbildung des Kolbens durch die abweichende Natur der Fahne nicht beeinträchtigt wird, wie das bei der stark weiblicher Bildung der terminalen Blütenstände bei „tassel-seed 1-5" der Fall ist. 1720.

Merfert, W. und Schilowa, I.; Bernburg, Inst. für Pflanzenzücht. der Dtsch. Akad. der Landwirtsch.-Wiss. zu Berlin. **Eine neue Selektionsmethode in der Maiszüchtung.** Züchter **32** (1962) Nr. 6. S. 268–272.
Da Mais i .allg. in der Lage ist, 2 Kolben auszubilden, kann der zuerst angelegte, oberste Kolben zur Beurteilung von wichtigen Merkmalen (Kolbengew., Lieschengew., Dicke, Länge und Reihenzahl des Kolbens, Kornzahl/Reihe, Korngröße, Kornansatz) noch vor dem Narbenerscheinen des (isolierten) 2. Kolbens herangezogen werden. Damit ist eine wirksame Bestäubungslenkung möglich. Es lassen sich zu diesem Zeitpunkt auch schon Höhe des Kolbensitzes, Pflanzenhöhe und Blattzahl bestimmen, die wesentliche Indikatoren für den Endertrag sind. Am Morgen nach dem Abbruch des einen Kolbens erfolgt die gelenkte Bestäubung des anderen. Gegen Ende der Fah-

nenblüte wurde von den ausgewählten Vaterpflanzen Pollen gesammelt, der bei +2 °C und 95% rel. Luftfeuchte 3 Tage gelagert und dann zur Bestäubung der selektierten Mutterpflanzen verwendet wurde. Für die Ausbildung des 1. Kolbens standen 13 Tage zur Verfügung (10 Tage vom Narbenerscheinen bis Blühende der Fahne + 3 Tage Pollenlagerung). Am 13. Tag nach dem Narbenerscheinen wurde die Frühdiagnose vorgenommen. Durch das Abbrechen des Prüfkolbens wird der 2. Kolben fast ebenso gut versorgt wie der 1. und liefert vollwertige Körner. Vff. weisen darauf hin, daß sich die vorgeschlagene Methode bes. zur Selektion auf wenig modifizierbare Qualitätsmerkmale (Eiweiß, Öl) eignen dürfte. K. Bellmann. 1720.

Winkel, A., Focke, R. und Franzke, W.; Bernburg, Inst. für Pflanzenzücht. der Dtsch. Akad. der Landwirtsch.-Wiss. zu Berlin. **Das Wachstum junger Maispflanzen in Beziehung zu ihrem Zucker-, Rohprotein- und Carotingehalt unter besonderer Berücksichtigung unterschiedlicher Tageslängenverhältnisse.** Züchter **32** (1962) Nr. 8. S. 353–360. – 6 Abb., 9 Tab., 40 Lit.

Vff. haben die Tr.-Subst.-Bildung im Zusammenhang mit dem Gehalt an einigen wesentlichen Inhaltsstoffen 4 verschiedener Maisformen ('Schindelmeiser', 'Siloma', 'WIR 25' und Linie D 480) in 3 Gefäßversuchen unter verschiedenen Tageslängenverhältnissen untersucht. Der Zuckergehalt (Zg.) nahm in den ersten 2 Wochen nach dem Aufgang ab, dann aber wieder allmählich zu. Zg. war von der Belichtung abhängig: 5 Tage nach dem Aufgang hatten die Kurztagpflanzen den höchsten Zg. Später besaßen die Langtagpflanzen höheren Zg. Die raschwüchsige Hybride 'Siloma' zeigte allg. den größten Zg. Der Anteil der Monosaccharide am Gesamtzucker betrug ca. 60%. Den niedrigsten Rohproteingehalt hatten die schnellwachsenden Sorten und die Pflanzen nach Langtagbehandlung. Der Carotingehalt war bei Langtagpflanzen höher als bei den Kurztagpflanzen. Offenbar gibt es bei den geprüften Maissorten eine positive Beziehung zwischen Carotingehalt im Blatt und der Wachstumsintensität, bei der Linie dagegen nicht. Die Ergebnisse werden im Zusammenhang mit den Ergebnissen phänometrischer Untersuchungen bei Mais diskutiert. K. Bellmann. 1720.

Vozda, Jan; Trnava, Výzkumný Ústav Kukuřice; Lednice, Výzkumná Stanice. Studium cizorodého spoluopylení u kukuřice pomocí značkovaného pylu radioaktivním izotopem fosforu P^{32}. I. Vliv cizího pylu na oplozovací pochody při samoopylení kukuřice. **(Untersuchung des Anteils der Fremdbestäubung bei Mais mit Hilfe des mit radioaktivem Phosphorisotop ^{32}P markierten Pollens. 1. Mitt. Der Einfluß des fremden Pollens auf den Befruchtungsprozeß bei der Selbstbestäubung des Maises.)** Rostlinná Výroba **8(35)** (1962) Nr. 9. S. 1169–1186. – 5 Abb., 2 Tab., 47 Lit. Zus. in Russ., Dtsch.

Die Untersuchungen wurden nach der etwas modifizierten Methode von Poljak durchgeführt. Zur Bestäubung wurden Pollen von Mohrenhirse, Sonnenblume und So-Roggen benutzt. Es stellte sich heraus, daß Selbstbefruchtungen sicherer nach Beimischung artfremden Pollens erfolgen und die Zahl der in die Fruchtknoten eindringenden ^{32}P-Isotope 2,1 bis 4,3 mal höher als bei Selbstbestäubung war. Die Wirkung artfremden Pollens hängt von der Zeit des Einsatzes und von der Artzugehörigkeit des fremden Pollens ab. Je stärker der artfremde Pollen in der Mischung vertreten war, umso größer war die Zahl der aufgenommenen Isotope. Der artfremde Pollen hatte eine Steigerung des abs. Korngew. zur Folge. V. Skládal. 1720.

Vaidya, S. M. und Singh, Bhag; New Delhi, Indian Agric. Res. Inst., Div. of Bot. A new type in sweet corn. **(Ein neuer Typ bei Zuckermais.)** Current Sci. [Bangalore] **31** (1962) Nr. 9. S. 393. – 5 Lit.

In Indien wird, wie auch in anderen Ländern, nur Hartmais, und zwar für verschiedene Zwecke, angebaut. Viel Mais wird als Gemüse verbraucht. Hierfür eignet sich Zuckermais am besten, der jedoch in Indien bisher nicht gedieh. Durch Kreuzung und Rückkreuzung sowie Selbstung unter Verwendung der Zuckermaissorte 'Duloe' (südamer. Herkunft, die sich unter indischen Bedingungen stark verzweigt und nur kleine Kolben liefert) und der Hartmaissorte 'Amarillo de Cuba' gelang es, die großen Kolben des Hartmaises (pro Pflanze im Mittel 2) mit den Eigenschaften des Zuckermaises zu kombinieren. Die neue Sorte hat den Wuchstyp des Hartmaises, verzweigt sich nicht und bringt pro Pflanze 1–2 Kolben von 5–7 in. Länge mit 10–12 Kornreihen. Das Korn hat am oberen Ende das Aussehen von Zuckermais und enthält im Zentrum etwas weiches Stärkegewebe. Ein ähnlicher Typ wurde schon von Mangelsdorf in einem selbstbestäubten Bestand gefunden (Sorte 'Surcropper'), die Körner hatten aber an der Basis einen höheren Anteil von Stärkegewebe. Nach Mangelsdorf handelt es sich wahrscheinlich um die Wirkung einer Mutation des Gens Su zu Su^{am}. W. Stenz. 1720.

Mutationsversuch zur Gewinnung einer frühsaatverträglichen Hirse mit rascher Jugendentwicklung. Dornburg/Saale, Institut für Pflanzenzüchtung der Friedrich-Schiller-Univ. Plan-Nr.:2156251–12/7. 7 S. Abschlußber.

Bei mehrjährigen Versuchen wurde die Wirkung einmaliger und wiederholter Bestrahlungen auf die Mutationsrate bei Rispenhirse untersucht. Die kritische Bestrahlungsdosis liegt bei Freilandaussaat zwischen 18 und 21Kr, unter Gewächshausbedingungen aber erst bei 30 Kr. Im Gegensatz zu anderen Kulturpflanzen war nach mehrfacher Bestrahlung die Radiosensibilität der X_1 bei Hirse nicht erhöht. Die Auslese quantitativer und physiol. Merkmale war an Einzelpflanzen in der X^2 durch umweltbedingte Modifikationen sehr erschwert. Nur 25% der ausgelesenen mutmaßlichen Mutanten wurden in der X_3 bestätigt. Die Auslese in der X_3 ist dagegen sicherer; 95% der „Mutanten“ wurden in der X_4 bestätigt. Die meisten der aufgefundenen Mutanten unterschieden sich in mehr als einem Merkmal von der Ausgangsform. — Bei den Mehrfach-Bestrahlungsserien stieg die Mutationsrate — ermittelt an den Chlorophyllmutationen — mit jeder Bestrahlung und mit zunehmender Dosis an, wobei sich gleichzeitig das Mutationsspektrum erweiterte. In derartigen „Mutationspopulationen“ erhöhte sich die Wahrscheinlichkeit, züchterisch brauchbare Typen aufzufinden. — Mutantenprüfungen deuten darauf hin, daß sich unter den selektierten Formen einzelne Mutanten mit verbessertem Samenertrag befinden. 1722.

Bono, M. L'expérimentation variétale sur mil (Pennisetum). Les obstacles. Les résultats l'orientation nouvelle de l'amélioration. **(Sortenversuche mit Hirse [Pennisetum]. Die Schwierigkeiten. Die Ergebnisse neuer Züchtungsrichtungen.)** Agronom. trop. **17** (1962) Nr. 9. S. 734–751. 1722.

Downey, R. K. und Armstrong, J. M.; Saskatoon, Saskatchewan, Canada Agric. Res. Stat.; Ottawa, Ontario, Plant Breeding Res. Inst., Res. Branch. Inter-compatibility and performance of diploid and derived tetraploid rape (Brassica campestris L.). **(Inter-Kompatibilität und Verhalten von diploidem und abgeleitetem tetraploiden Rübsen [Brassica campestris L.].)** Canad. J. Plant Sci. **42** (1962) Nr. 4. S. 672–680. — 1 Abb., 6 Tab., 6 Lit.

Es wurde die rel. Kompatibilität normaler diploider und abgeleiteter tetraploider Formen sowie der Samen- und Ölertrag 2 tetraploider Populationen miteinander und mit den diploiden Populationen von *Brassica campestris* verglichen. Diploides Material waren eine kommerzielle polnische Landsorte und die schwedische Zuchtsorte 'Arlo'. Die tetraploiden Stämme (2) befanden sich in der 6. und 8. Generation nach der Polyploidisierung von Samen der polnischen Landsorte. Das Material wurde reihenweise abwechselnd in 6reihigen Parzellen an 2 Orten angebaut. Der Ertrag der tetraploiden Formen wurde durch die Nachbarscbaft diploider Formen signifikant im Samenertrag, Ölgehalt und Zahl der Samen je Hülse reduziert, während die diploiden Formen unbeeinflußt blieben. Untersuchungen des Pollenkeimens und des Pollenschlauchwachstums ließen Vorteile von n- gegenüber 2n-Pollen erkennen. Triploide Samen wurden nicht ermittelt. Es wurde angenommen, daß triploide Embryonen abortiert werden. K. Schulz. 1754.

Zadina, J.; Havlíčkův, Brod, Výzkumný Ústav Bramborářský ČSAZV. Dědičnost vzdornosti některých odrůd světového sortimentu bramborů proti rakovině bramborů (Synchytrium endobioticum [Schilb.] Perc.) a význam výběru rodičovských párů na vzdornost potomstva. **(Resistenz bei Vererbung der bestimmten Kartoffelsorten des Weltsortiments gegen den Kartoffelkrebs [Synchytrium endobioticum (Schilb.) Perc.] und die Bedeutung der Auswahl von Eltern für die Resistenz der Nachkommenschaft.)** Sborník českoslov. Akad. zemědělských Věd, rostlinná Výroba **8(35)** (1962) Nr. 1. S. 109–122. — 1 Abb., 7 Tab., 9 Lit. Zus. in Russ., Dtsch.

Bei 89 Kartoffelsorten des Weltsortiments wurde die Vererbung der Resistenz gegen Kartoffelkrebs geprüft. Von 5512 aus Selbstbestäubung hervorgegangenen Klonen erwiesen sich 75,2% als resistent und 24,8% als anfällig. Die Resistenz wies starke Unterschiede bei den Sorten auf. Die Sorten 'Gromadskie', 'Jara', 'Taborky', 'Depesche', 'Jubel', 'Nova Huta,' 'Argo', 'Cornelia', 'Biene', 'Sickingen' u. a. vererbten die Resistenz bis zu 100% auf ihre Nachkommen; hoch war dagegen der Anteil anfälliger Nachkommen bei den Sorten 'Deodara', 'Victor', 'Gratiola', 'Alma', 'Prof. Gisevius' u. a. Die Hybriden resistenter Sorten waren überwiegend resistent. Bei Kombinationen von resistenten und anfälligen Sorten war die Anfälligkeit der Nachkommen wesentlich höher und die Hybriden anfälliger Sorten waren überwiegend anfällig. Durch Kreuzung von 7 Sorten verschiedener Resistenz werden die Vorteile von Kombinationen nachgewiesen, bei der ein Elter die Resistenz in hohem Grade vererbt. Wenn es nicht möglich ist, ausschließl. resistente Sorten zu kombinieren, sollte wenigstens ein Elter die Resistenz gegen Kartoffelkrebs in hohem Grade übertragen. P. Bartoš. 1772.

Plaisted, R. L., Harrison, M. B. und Peterson, L. C.; Ithaca, N.Y., Cornell-Univ., Plant-Breeding Dep.; Plant Pathol. Dep. A genetic model to describe the inheritance of resistance to the golden nematode, Heterodera rostochiensis (Wollenweber), found in Solanum vernei. **(Ein genetisches Modell zur Beschreibung der Vererbung der Resistenz gegen den Kartoffelnematoden Heterodera rostochiensis [Wollenweber,] die bei Solanum vernei gefunden wurde.)** Amer. Potato J. **39** (1962) Nr. 11. S. 418–435. — 5 Abb., 4 Tab., 2 Lit.

Ein genetisches Modell zur Klärung der Resistenz von *Solanum vernei* gegen *Heterodera rostochiensis* wird beschrieben. Das Modell wurde aus den Ergebnissen von Nachkommenschaftsprüfungen diploider *S. vernei*-Pflanzen abgeleitet. Diese Ergebnisse deuten darauf hin, daß 2 Loci, B-b und C-c, über die Resistenz oder Anfälligkeit einer Pflanze entscheiden. Pflanzen vom Genotyp bbcc sind anfällig, B-C-Pflanzen besitzen die größte Resistenz, während B-cc- oder bbC-Pflanzen mehr oder weniger resistent sind. Des weiteren steuert ein anderer Locus, A–a, die Höhe der Resistenz bei den nicht anfälligen Genotypen. Dieses Modell erwies sich als passend bei den von Vff. durchgeführten Kreuzungen. Vff. schließen die Möglichkeit nicht aus, daß ein komplizierteres Modell den wahren Verhältnssen näher kommt, zumal von Rothacker und Focke ähnliche Beobachtungen gemacht wurden. K. Schulz. 1772.

Akeley, R. V., Houghland, G. V. C. und Schark, A. E.; Beltsville, Md., U.S. Dep. of Agric., Res. Serv., Grops Res. Div. Genetic differences in potato-tuber greening. **(Genetische Unterschiede in der Vergrünung der Kartoffel-**

knollen.) Amer. Potato J. **39** (1962) Nr. 11. S. 409–417. – 4 Abb., 4 Tab., 14 Lit.

Nach der Ernte wurden Kartoffelknollen gewaschen und verschiedener Behandlung mit Licht ausgesetzt. Der Grad der Vergrünung wurde an Hand von Vergleichen mit Farbtafeln in 5 Stufen ermittelt. Die Lichtbehandlung bestand aus einer Kombination von Tages- und fluorescierendem Licht. Der Chlorophyllgehalt wurde nach Liljemark und Widoff in einer Versuchsreihe bestimmt. Die Ergebnisse der Chlorophyllgehaltsermittlungen deckten sich mit den visuell getroffenen Feststellungen über die Veränderungen. Bei den Lichtbehandlungen wurden signifikante Unterschiede in der Vergrünung der Knollen beobachtet. Von den 5 geprüften Sorten und 13 Stämmen waren die Knollen von 4 Stämmen kaum oder gar nicht vergrünt, wenn sie 41–60 oder mehr Tage der Lichtbehandlung unterworfen waren. Unter ähnlichen Bedingungen vergrünten die Sorten 'Katahdin' und 'Kennebec'. Die Nachkommen von Kreuzungen vergrünender und nichtvergrünender Eltern ließen in ihrem Verhalten bei Lichtbehandlung darauf schließen, daß multiple Faktoren bei der Vererbung dieser Eigenschaft eine Rolle spielen und die Dominanz nicht vollständig ist. In der Versuchsreihe 6 wurde ein neues Gerät geprüft. Die Ergebnisse dieser Versuchsreihe beweisen, daß auf diese Weise große Knollenmengen unbeschädigt geprüft werden können, was für die Züchtung und den Kartoffelhandel von Bedeutung ist. K. Schulz. 1772.

Maris, Bastian; Wageningen, Landbouwhogeschool. Analyse van aardappelpopulaties ten dienste van de veredeling. **(Analyse von Kartoffelpopulationen für Zwecke der Züchtung.)** Diss. Landbouwhogeschool Wageningen **1962** 208 S. – 20 Abb., 63 Tab.

Die Verwendung der Sorten hängt hauptsächlich von der Reifezeit ab. Folglich kann die Auslese erst dann voll wirksam werden, wenn die Reifezeit ungefähr ermittelt ist. Es wurde eine Methode erarbeitet, mit der es möglich ist, die Reifezeit von Sämlingen einige Wochen nach der Aussaat zu ermitteln. Zu diesem Zweck werden die Sämlinge innerhalb der einzelnen Kombinationen entspr. der Länge ihrer Blätter geordnet ausgepflanzt. Wie Vf. darlegt, besteht eine ziemlich enge Beziehung zwischen der Höhe der Sämlinge sowie der Länge der Blätter und der Reife. Je größer die Blätter, umso später reiften die Klone, wie 4-jährige Untersuchungen bei verschiedenen Kombinationen von *Solanum tuberosum* ergaben. Außerdem zeigte sich, daß die Reifezeit polygen vererbt wird und eine gewisse Tendenz der Dominanz von frühreif gegenüber spätreif besteht. Neben der Reifezeit wurden der Aufgang, die Länge der Stolonen, die Beziehung zwischen Stolonenlänge und Reifezeit, der Befall der Blätter durch *Phytophthora infestans* in Beziehung zur Reifezeit, die Knollenform, die Tiefe der Augen, die Beziehung zwischen Knollenform und Tiefenlage der Augen, das Unterwassergew., die Reifezeit und der allg. Eindruck der Klone bei Ernte in grünem und reifem Zustand untersucht. Allg. fordert Vf. u. a. soviel Sämlinge wie möglich anzuziehen, die Sämlinge nach der Länge der Blätter geordnet auszupflanzen und damit eine gewisse Vorselektion auf die Reifezeit zu treffen. K. Schulz. 1772.

Lugt, C., Goodijk, G. und Glastra-Ubbels, D.; Wageningen, Inst. für Biol. und Chem. Forsch. von Landwirtsch. Kulturpflanzen. **Beurteilung der Konsumqualität von Kartoffelsorten.** Niederl. Kartoffel **1962** S. 1–15.

Die Konsumqualität der Kartoffel wird durch den Wert angegeben, den der Konsument einem Komplex von Eigenschaften der Kartoffel beimißt. Dabei muß zwischen den Eigenschaften roher und gekochter Kartoffeln unterschieden werden. Die Subjektivität des Begriffes „Konsumqualität" ist die Ursache, daß sich dieser Begriff zur direkten Untersuchung nicht eignet. Vff. beschränken sich auf Untersuchung von Eigenschaften der gekochten Kartoffel und beziehen sich auf die Vorschläge der Arbeitsgruppe Qualitätsforschung bei Kartoffeln der Eur. Gesellschaft für Kartoffelforsch. Die Gütebezeichnung von Kartoffelsorten ist beschreibend und ermöglicht die Einteilung der Sorten in 4 Kochtypen: A. Feste Salatkartoffel; B. Ziemlich feste Kartoffeln, für verschiedene Gerichte geeignet; C. Mehlige Kartoffel; D. sehr mehlige Kartoffel. Außer diesen typenbestimmenden Eigenschaften werden noch Farbe, Geschmack und Verfärbung nach dem Kochen beurteilt. Diese Eigenschaften sind für die Bewertung innerhalb des Kochtyps bedeutsam. Es wird darauf hingewiesen, daß neben der Schätzung des Verfärbungsgrades die Möglichkeit besteht, die Verfärbung zu messen. Ch. Pfeffer. 1772.

Savitsky, V. F. Sucrose and weight of root in tetraploid monogerm and multigerm sugar beet populations under different mating systems. **(Zuckergehalt und Rübenmasse bei tetraploiden mono- und polykarpen Zuckerrübenpopulationen unter verschiedenen Befruchtungssystemen.)** J. Amer. Soc. Sugar Beet Technologists **11** (1962) Nr. 8. S. 676–711. — 10 Tab., 95 Lit.

Variationen der Zuckergehalte und Rübenmasse bei 4x-, mono- und polykarpen Zuckerrüben-Populationen, die durch Selbstung, Sippen-, Rückkreuzung bzw. Fremdbefruchtung erzeugt wurden, sind untersucht worden. Zuckergehalte und Rübenmasse verändern sich nach Tetraploidisierung nicht einheitlich, sie können bei Vergleich mit Diploiden steigen, fallen oder gleich bleiben. Die monokarpen, selbststerilen und selbstfertilen Rübenstämme behielten als Tetraploide ihre ursprünglichen Zuckergehalte. Hinsichtlich der Rübenmasse reagierten sie verschieden auf die Chromosomenverdoppelung. Bei jungen Tetraploiden kann die Masse wegen der zunehmenden Heterozygotie steigen. Verschiedenheiten können auch die erwähnten Vermehrungsmethoden bedingen. Die Rübenmasse wird bei Diploiden nach Inzucht stark reduziert, bei Tetraploiden nach Sippenkreuzung dagegen nicht. Der Abfall von Wüchsigkeit und Rübenmasse der F_2-Hybriden ist bei 4x-Pflanzen nach Selbstung viel geringer als bei Diploiden, da der Heterozygotiegrad langsamer abnimmt. Heterosis zeigten 4x-Bastarde in der F_1, ebenfalls solche aus der Kreuzung mono- × polykarp. Höchste Rübenmasse und Zuckergehalt hatten männlich sterile, monokarpe 3x-Hybriden. G. Bandlow. 1774.

Sevost'janov, S. P. (Sewostjanow, S. P.); Kiew, Unions-Inst. für Zuckerrübenforsch. Gibridizacija povyšaet produktivnost' cerkosporoustojčivoj svekly. **(Die Hybridisation steigert die Produktivität Cercospora-resistenter Zuckerrüben.)** Sacharnaja svekla, Moskva 7 (1962) Nr. 11. S. 27–28. — 1 Tab.

Die *Cercospora*-resistente Zuckerrübensorte 'Perwomaiskaja 028' übertrifft in starken Befallsjahren die im Kuban rayonierte Sorte 'Ramonskaja 06' um 2% im Zuckergehalt und 8,4 dt/ha im Zuckerertrag. Jedoch bleiben die *Cercospora*-resistenten Sorten, bes. 'Perwomaiskaja 028' in der Wurzelausbildung in der ersten Hälfte der Vegetationsperiode hinter den frühreifen Sorten nördlicher Herkunft ('Ramonskaja' u. a.) zurück. Sortenkreuzungen mit ertragreichen Sorten (♂)erhöhten bei Beibehaltung der *Cercospora*-Resistenz bedeutend die Ertragfähigkeit. 'Perwomaiskaja 028' ist nach dieser Methode gezüchtet und übertrifft bei hoher bzw. abs. *Cercospora*-Resistenz um 7–10% den Zuckerertrag der Standardsorte. G. Jury. 1774.

Fischer, Hans Eberhard; Kleinwanzleben, Inst. für Pflanzenzücht. der Dtsch. Akad. der Landwirtsch.-Wiss. zu Berlin. **Gigaspollen infolge ausbleibender Zytokinese bei Beta vulgaris L.** Züchter **32** (1962) Nr.7. S. 307–311. — 11 Abb., 9 Lit.

Abweichende Pollenkorngrößen sind im Pflanzenreich nicht selten. Auch bei *Beta vulgaris* kommen vereinzelt abnorme, z. B. vergrößerte Pollenkörner vor. Bei 6 C_0-Pflanzen dieser Species wurde bes. großer Pollen festgestellt (durchschnittl. 34 bis 42 μm). Er entstand durch Ausbleiben der Zytokinese, so daß je PMZ nur 1 Pollenkorn mit allen 4 Tetradenkernen zur Ausbildung kam. In den reifen Pollenkörnern wurde eine wechselnde Anzahl von Spermakernen (bis zu 8) und vegetativen Kernen (bis zu 4) festgestellt. Als weitere Abweichung vom normalen Verhalten konnten u. a. Störungen in der Meiose und als Folge davon Kleinkernbildung, abnorme Formen der Spermakerne sowie Zellwandbildung innerhalb des Pollenkorns festgestellt werden. Der Gigaspollen erwies sich als keimfähig. In der Diskussion werden Erörterungen über die möglichen Ursachen dieses Phänomens angestellt. Als Ursachen kommen in Frage: die genetische Konstitution nach Polyploidisierung sowie der Bastardcharakter der Pflanzen (Anwesenheit von Genmaterial der Art *Beta lomatogona*). H. E. Fischer. 1774.

Popov, A. V. (Popow, A. W.); Jaltuschkow, Gebiet Winniza, Zuchtstat. O vozniknovenii odnosemjannych form u mnogosemjannoj sacharnoj svekly. **(Über das Auftreten monokarper Formen bei polygermen Zuckerrüben.)** Sacharnaja svekla, Moskva 7 (1962) Nr. 11. S. 24–26. – 1 Abb.
Es werden die Arbeiten zur Schaffung monokarper Formen beschrieben. G. Jury. 1774.

Hertzsch, W.; Köln-Vogelsang, Max-Planck-Inst. **Beobachtungen und Erfahrungen bei Züchtungsarbeiten mit tetraploiden Futterleguminosen. 4. Mitt. Rotklee (Trifolium pratense), Schwedenklee (Trifolium hybridum), Inkarnatklee (Trifolium incarnatum) und Gelbklee (Medicago lupulina).** Z. Pflanzenzücht. 48 (1962) Nr. 3. S. 230–258. – 22 Tab., 23 Lit. Zus. in Engl.
Untersuchungen über die schlechte Fertilität bei autotetraploidem Rotklee ergaben, daß die Selbststerilitätsallele keinen Einfluß auf den Samenansatz bei freiem Abblühen ausüben, daß aber der Verwandtschaftsgrad von Einfluß ist. Schlechter Samenansatz bei nichtverwandten Arten wird mit schlechter Kombinationseignung erklärt. Der Selbstungsansatz kann zwischen 0 und 40% schwanken. Der Einfluß der Witterung auf den Samenansatz wird herausgestellt. Vf. empfiehlt Züchtung auf starke Bestockung und hohen Blütenanteil. – Bei Schwedenklee ist in der 6. bis 8. Generation nach der Chromosomenverdoppelung mit einer normalen Samenernte zu rechnen. Die TKM gibt keine Auskunft über den Ploidiegrad. Auch hier hängt der Samenansatz weitgehend von Umweltbedingungen ab. – Bei tetraploidem Inkarnatklee sind im Vergleich zu diploidem die Bestockung, die Anzahl Blütenköpfe je Pflanze sowie die Blattzahl pro Pflanze niedriger. Die Grünmasseerträge sind bei 4n und 2n auf guten Böden gleich, auf leichtem Boden ist 2 n überlegen. Der Samenansatz der 4 n-Formen betrug im Höchstfall 50% von 2 n. Die Züchtung von 4 n-Inkarnatklee lohnt nicht. – Die 4 n-Formen von Gelbklee weisen gegenüber 2 n eine geringere Bestockung auf. Die Anzahl der Blätter und Blütenstände ist unterschiedlich. 4 n-Samenbestände weisen 60 bis 70% weniger Hülsen als diploide auf, auch die Samenzahl je Blütenstand ist bei 4 n um 70% niedriger. 2 Samen pro Hülse sind nur sehr selten anzutreffen. J. Schieblich. 1780.

Micke, A. **Eine bitterstoffreie Mutante bei Melilotus albus nach Bestrahlung von Samen mit thermischen Neutronen.** Naturwissenschaften 49 (1962) Nr. 14. S. 332.
Lufttrockenes Saatgut des selbstfertilen, frühblühenden Stammes Nr. 148 wurde mit thermischen Neutronen bestrahlt ($2{,}5 \cdot 10^{12}$ bis $8 \cdot 10^{13}$ n^{th}/m^2). In der Dosisgruppe $5 \cdot 10^{12}$ n^{th}/cm^2 wurde eine Pflanze mit einem Gehalt an Cumarinsäure-Glykosid von 0,0024% in der Tr.-Subst. gefunden (Stamm 148: 3,42%). Die Mutante war partiell steril. Samenansatz ließ sich nur nach freiem Abblühen erhalten. Die Mutante wird durch Stecklinge erhalten. K. Bellmann. 1780.

Stebbins, Ledyard; Davis, Univ. of California, Dep. of Genetics. A diploid subspecies of the Dactylis glomerata complex from Portugal. **(Eine diploide Subspezies des Dactylis-glomerata-Komplexes aus Portugal.)** Agronom. lusitana **23** (1961) Nr. 1. S. 9–15. – 1 Abb., 1 Lit. Zus. in Portugies.
Die von Vf. beschriebene diploide Form *Dactylis glomerata* subsp. *lusitanica* ist in Pinien- und Eichenwäldern Zentral- und Nordportugals endemisch. Sie nimmt eine intermediäre Stellung zwischen den Diploiden der atlantischen Inseln einerseits und den spanischen und zentraleuropäischen Formen andererseits ein. Die Beziehungen zu den tetraploiden Formen von *D. glomerata* werden erörtert und vermutet, daß diese Formen Gene oder Chromosomen von o.g. Subspezies besitzen, aber nicht als einziger Stammformen anzusehen sind K. Schulz. 1780.

Forbriger, E.; Müncheberg, Inst. für Acker- und Pflanzenbau der Dtsch. Akad. der Landwirtsch.-Wiss. zu Berlin. **Tetraploider Wiesenschwingel (Festuca pratensis Huds.). I. Die Erzeugung tetraploider Formen und deren Eigenschaften.** Albrecht-Thaer-Arch. **7** (1963) Nr. 6. S. 499-514. – 3 Abb., 5 Tab., 36 Lit. — nach Zus.
Angekeimte Wiesenschwingelsamen wurden mit 0,05–0,4%igen Colchicinlösungen ½–4 Std. behandelt. Mit zunehmender Konz. und verlängerter Behandlungsdauer erhöhte sich der Anteil der Pflanzen mit 4 n-Gewebe. Von 1200 behandelten Samen waren 368 teilweise bis vollständig tetraploid. Sie wurden einmal und 50 davon, die den höchsten Anteil an tetraploiden Klonteilen aufwiesen, ein weiteres Mal bis zum einzelnen Halm geteilt. Bei den meisten C_0-Klonen kamen beide Genomstufen vor. Durch Teilung ist es möglich, reines tetra- bzw. diploides Material zu erhalten. Als günstig erwies sich 1std. Behandlung mit 0,4%iger Konz. 12,8% der Pflanzen hatten einheitlichen tetraploiden Chromosomensatz. Tetraploide Pflanzen (C_0-Generation) bestockten sich schwächer und lieferten geringere Samenerträge als diploide. Die TKM war stark erhöht. 1780.

Cooper, J. P.; Aberystwyth, England, Welsh Plant Breeding Stat. Selection and population structure in Lolium. V. Continued response and associated changes in fertility and vigour. **(Selektion und Populationsstruktur von Lolium. 5. Mitt. Reaktionsverlauf und damit gekoppelte Veränderungen von Fertilität und Vitalität.)** Heredity **16** (1961,) Nr. 4. S. 435–453. – 7 Abb., 7 Tab., 17 Lit. 4. Mitt. vgl. LZ. Abt. II **7** (1962) Nr. 8. S. 2236.
In früheren Publikationen hatte Vf. über Probleme, die mit der Selektion auf frühzeitiges Ährenschieben bei den Formen 'Irish' und 'Kent' von *Lolium perenne* L. zusammenhängen, berichtet. Das Merkmal „Zeitpunkt des Ährenschiebens" war mit 70% heritabel, seine Variabilität genetisch bedingt. – In vorliegender Arbeit untersucht Vf. das Material der bisher selektierten 6 Generationen. Die neuen Linien unterschieden sich völlig von den ursprünglichen Ausgangsformen. Die Eigenschaften der Form 'Irish' traten in Linien von 'Kent' zutage und umgekehrt. Rekurrente Selektion ergab, daß die gesamte genetische Streubreite schon in 4 phänotypisch ähnlichen Ausgangspflanzen vorhanden ist. Während ♂ und ♀ Fertilität der Ausgangsformen hoch war, sinkt sie nach 6 Generationen in allen Linien stark; ihre Variabilität bleibt jedoch zwischen den Individuen einer Linie groß. Zwischen bestimmten Merkmalen der Keimpflanzen und dem Zeitpunkt des Ährenschiebens ergaben sich keine gesicherten Korrelationen. G. Meinl. 1780.

Grazi, F. Milano, Univ., Ist. di Genetica; Lodi, Staz. Sperimentale di Praticolt. Radiations and other mutagens in the balance between apomixis and sexuality in Poa pratensis. **(Gleichgewicht zwischen Apomixis und Sexualität bei Poa pratensis durch Strahlen und andere mutagene Stoffe.)** Genetica agraria [Pavia] **15** (1962) Nr. 3/4. S. 351–353. – 2 Lit. Zus. in Ital. Vgl. LZ. Abt. II **8** (1963) Nr. 3. S. 801.

Bei embryologischen Untersuchungen an einem Klon zeigte sich, daß aposporo und sexuelle Zellen während der Embryosackentwicklung miteinander konkurrieren und daß das Gleichgew. zugunsten des einen oder anderen Zelltyps durch Einwirkung von Umweltfaktoren verschoben werden kann. Die Ergebnisse embryologischer und morphol. Untersuchungen an Nachkommen von röntgenbestrahltem Material werden angeführt. Durch Bestrahlung und Einwirkung anderer mutagener Stoffe kann die Variabilität von Zuchtmaterial mit apomiktischer Vermehrung wesentlich erhöht werden. Mit Hilfe der Selektion ist es möglich, neue wertvolle Stämme zu schaffen.

E. Forbriger. 1780.

Mühle, Erich und Frauenstein, Käte; Leipzig, Karl-Marx-Univ., Inst. für Phytopathol. **Untersuchungen zur physiologischen Spezialisierung von Erysiphe graminis DC. 1. Das Auftreten einiger Mehltaupopulationen auf verschiedenen Futtergräsern.** Züchter **32** (1962) Nr. 7. S. 324–327. – 3 Abb., 2 Tab., 13 Lit.

Die Untersuchungen hatten den Zweck, einen allg. Überblick über das Verhalten der wichtigsten Futtergrasarten und -Sorten gegenüber Echtem Mehltau (*Erysiphe graminis* DC) zu verschaffen. Die künstliche Infektion erfolgte anfangs mittels Pinsel, später nach einer verbesserten Stäubemethode. Mit 8 Mehltaupopulationen (MP) wurden 47 Sorten von 15 Nutzgräserarten infiziert. Die MP von *Dactylis glomerata* und *Trisetum flavescens* sind streng auf die beiden Gattungen *Dactylis* und *Trisetum* spezialisiert. Hinsichtlich ihres Wirtspflanzenkreises zeigten die MP von *Festuca heterophylla, Festuca rubra*, 2 Mehltauherkünfte von *Festuca pratensis* und *Lolium perenne* sowie 2 MP von *Poa pratensis* weitgehende Übereinstimmung. Die 2 MP von *Poa pratensis* können außer Gräsern der Gattung *Poa* auch die von *Phleum, Festuca, Arrhenatherum* und *Allopecurus* befallen. Auf die Wichtigkeit der Überprüfung von Wildgräsern als Keimreservoir für Echten Mehltau wird hingewiesen und über einige Testversuche kurz berichtet.

J. Schieblich. 1780.

Effmert, B.; Groß-Lüsewitz, Inst. für Pflanzenzücht. der Dtsch. Akad. der Landwirtsch.-Wiss. zu Berlin. **Über den Holzgehalt verschiedener Markstammkohlformen.** Züchter **32** (1962) Nr. 7. S. 335–338. – 4 Abb., 2 Tab., 9 Lit.

Bei der Züchtung holzarmer Markstammkohlformen für die maschinelle Ernte sind die Beziehungen zwischen Holzgehalt der Sproßachsen und Standfestigkeit, Winterfestigkeit, Nährstoffzusammensetzung, Futterwert und Gesamtertrag zu berücksichtigen. Vf. kommt nach Untersuchung von 435 Sproßachsen verschiedener Markstammkohlformen auf Holzgehalt und Inhaltsstoffe zur Formulierung folgender Zuchtziele: Blattanteil über 50% des Gesamtertrages, Mächtigkeit des Stammes 3–5 cm, Holzgehalt im Mittel 20–30% der Tr.-Masse, vom Wurzelhals aufwärts zunächst stark, dann weniger stark abnehmend. A. Meinel. 1780.

Züchtungsversuche zur Steigerung des Fasergehaltes bei den Faserpflanzen Lein und Hanf. Hohenthurm, Institut für Pflanzenzüchtung der Universität Halle Plan-Nr.: 2155 24/1-09/6. 12 S. Abschlußber. – 9 Tab.

Im Verlaufe der Forsch.- und Zücht.-Arbeiten gelang die Züchtung von Stämmen, die gegenüber den Standardsorten bei erhöhtem Fasergehalt höhere Stroh- und teilweise auch Samenerträge liefern. Die Untersuchung des Fasergehaltes der mit Hilfe eines Serienverfahrens vorselektierten Zuchtstämme übernahm das Inst. für Technologie der Fasern in Dresden. Die leistungsstärksten Stämme wurden zur weiteren züchterischen Bearbeitung an VE-Saatzuchtbetriebe (Berthelsdorf und Derenburg) abgegeben. Einer dieser Stämme steht in der staatlichen Vorprüfung. Beim Hanf konnte die Geschlechtstypenzusammensetzung und Faserleistung 5 gleichzeitig reifender

Zuchtstämme verbessert werden. Einer dieser Stämme mit einem Fasermehrertrag von 4 dt/ha gegenüber der Sorte 'Hohenthurmer Gleichzeitigreifender' (Anbau auf Niederungsmoor) wurde 1962 in die staatliche Stammprüfung aufgenommen. 1790.

Moav, R. und Cameron, D. R. Chromosome complement dosage in relation to seed development of species hybrids in Nicotiana. **(Chromosomen-Komplementär-Bestimmung in Beziehung zur Samenentwicklung von Artbastarden bei Nicotiana.)** Bot. Gaz. **123** (1961) Nr. 1. S. 70–77. – 1 Abb., 4 Tab., 6 Lit.

Die Kreuzung *Nicotiana rustica* × *N. tabacum* ergibt nur vereinzelt kräftige, aber sterile Hybriden. Durch Colchicinbehandlung wurde eine amphidiploide Form gewonnen, die nach Selbstbestäubung geringe Samenbildung aufwies. Bei den selbstbestäubten Nachkommen keimte ein größerer Teil der Samen, was durch meiotische Chromosomenaberrationen und Veränderungen in der Verträglichkeitsreaktion erklärt wird. Durch Rückkreuzungen der amphidiploiden Form mit den Eltern erhielten Vff. einen hohen Anteil keimfähiger Samen. Umfangreiche Kreuzungen zeigten, daß ein Komplementärverhältnis von 1:1 (*N. rustica* : *N. tabacum*) bei den Embryonen die unverträglichste Kombination ist und Abweichungen die Samenentwicklung verbessern. Ähnliche Beziehungen ergaben sich, wenn neben *N. rustica* und *N. tabacum* auch *N. glutinosa* eingekreuzt wurde. A. Egerer. 1800.

Koelle, G.; Forchheim, Bundesanst. für Tabakforsch. **Beobachtungen zur phänotypischen Variabilität der Genotypen: Resistenz und Anfälligkeit am Beispiel der Rippenbräune des Tabaks.** Züchter **32** (1962) Nr. 8. S. 369–371. – 2 Abb., 2 Lit.

So lange die biochem.-genetischen Grundlagen der Resistenz nicht bekannt sind, kann das Wesen einer genotypischen Krankheitsdisposition nicht in einem abs. Befallswert erfaßt werden, sondern nur in der Befallsdifferenz zwischen resistenten und anfälligen Pflanzen. Zu dieser Schlußfolgerung kommt Vf. nach Beobachtungen über den Befall von Tabak mit RBV. Es zeigte sich, daß die anfällige Tabaksorte ebenso wie die resistente Mutante unter verschiedenen Umweltbedingungen jeden Befallsgrad zeigen kann. Vf. versuchte daher, im Mittelwert der Befallsdifferenzen ein abs. Maß für den Unterschied in der Wirkung der Allele zu finden. Danach gab es bei den Heterozygoten einen um ca. 14%, bei den rezessiv-resistenten Pflanzen einen um ca. 95% geringeren Befall als bei den homozygot-dominant-anfälligen Pflanzen. Vf. wendet sich gegen den Begriff „Resistenzgen" in dem Sinne, daß er als Faktor betrachtet wird, der die Resistenz bewirkt. Vielmehr müsse man vom physiol. Zustand der Resistenz sprechen, der das Ergebnis des Zusammenwirkens mehrerer genetischer Faktoren ist.

K. Bellmann. 1800.

Cantillon, P.,; Gembloux, Stat. de Rech. de l'État, Amélioration des Plantes de Grande Cult. La création de variétés résistantes au mildiou du tabac (Peronospora tabacina). **(Die Züchtung von Sorten, die gegen den Blauschimmel des Tabaks [Peronospora tabacina] resistent sind.)** Parasitica [Gembloux] **18** (1962) Nr. 1. S. 25–38. – 11 Lit.

Nach der Erörterung der Systematik und Genetik der Gattung *Nicotiana* wird auf die Möglichkeiten der Züchtung gegen *Peronospora tabacina* Adam resistenter Formen eingegangen. Es gibt keine Tabaksorte mit genügender Resistenz. Unterschiede bestehen zwischen den *aurea*-Formen mit hoher Anfälligkeit einerseits und den schwarzen Tabaken bzw. den Orienttabaken mit geringerer Anfälligkeit andererseits. Dazwischen liegen die übrigen Typen. Folgende *Nicotiana*-Arten sind dagegen resistent: *N. maritima*, *N. exigua*, *N. goodspeedii*, *N. megalosiphon*, *N. rotundifolia*, *N. debney*, *N. longiflora* und *N. plumbaginifolia*. Da die meisten Artkreuzungen autosteril bzw. steril sind, müssen amphidiploide Formen geschaffen werden, um die Resistenzeigenschaften auf *N. tabacum* zu übertragen. Am besten eignete sich *N. debney*; die Resistenz wird polyfaktoriell dominant vererbt. Die Qualität der Hybriden ist unbefriedigend. In Australien sind bereits 4 durch Artkreuzungen erhaltene Sorten blauschimmelresistent. Bis die Züchtung von anbauwürdigen Formen in Europa abgeschlossen ist, wird als Übergangslösung die Erzeugung von alljährlich herzustellendem Heterosis-Saatgut vorgeschlagen. J. Merker. 1800.

Murty, G. S. und Murty, B. R.; Rajahmundry, India, Centr. Tobacco Res. Inst. A partial chlorophyll deficiency in Nicotiana tabacum L. **(Ein teilweiser Chlorophyllmangel bei Nicotiana tabacum L.)** Current Sci. [Bangalore] **31** (1962) Nr. 3. S. 109–110. – 2 Tab., 10 Lit.
Da die *aurea*-Eigenschaft für „flue-cured"-Tabake, die auf schweren Böden angebaut werden, von Bedeutung ist, wurde die gelbreifende, chlorophyllarme chinesische Tabaksorte 'Kwang' mit der grünreifenden Sorte 'Chatham' gekreuzt. Auszählungen deuten auf mehrfaktorielle Vererbung dieses Merkmals hin. Die F_1 zeigte weder Pollenverkümmerungen noch Abnormitäten in der Meiose. Bei den gelben Formen war die Zahl der Palisadenschichten normal, die Chloroplasten waren weniger zahlreich und größer. 'Kwang' keimt 14 Tage später und schlechter (4–20% im Vergleich zu > 90% von 'Chatham') und ist eine frühblühende Halbzwergform. Chlorophyllmangel machte sich bereits 4 Wochen nach der Aussaat bemerkbar. J. Merker. 1800.

Hroneš, J. und Kybal, J. **Erfahrungen bei der Erhaltungszüchtung von Mutterkornstämmen in Feldanbau.** Z. Pflanzenzücht. **48** (1962) Nr. 1. S. 73–79.
Durch Monokonidien-Kulturen ist es gelungen, verschiedene chem. Rassen von *Claviceps purpurea* (verschiedenes Alkaloid-Spektrum) nachzuweisen und innerhalb dieser Rassen verschiedene Stämme zu selektieren, die für den künstlichen Feldanbau geeignet sind. Diese Stämme müssen züchterisch weiter bearbeitet werden (positive Selektion). Zunächst wurde auf den Gesamtalkaloidgehalt selektiert. Für den nächstjährigen Anbau (1958) haben Vff. nur Sklerotien von solchen Proben benutzt, die den höchsten Gesamt-Alkaloidgehalt besaßen und gleichzeitig von Flächen stammten, die wenigstens mittlere Erträge erreichen. Wegen der Möglichkeit lokaler Rassenbildung entstand bereits 1959 das neue Infektionsmaterial durch Mischen von 5 Kulturen, die von Proben verschiedener Anbaugebiete stammten. Die ausgewählten Sklerotien wurden dann nur noch chromatographisch auf den Gehalt an Alkaloid untersucht. Im J. 1960 wurden sowohl Gesamtalkaloidgehalt als auch Alkaloidtyp (an einem Sklerotium) bestimmt. So wurden 9 Einzelsklerotien selektiert, die man zu einer Mischkultur verarbeitete. 1961 wurde ähnlich gearbeitet (5 Ausgangssklerotien). Auf diese Weise konnte der mittlere Alkaloidgehalt (als Ergotamin in % der Tr.-Subst.) von 1958–1961 um 20% gesteigert werden. Er schwankte 1961 insgesamt weniger als 1958.
K. Bellmann. 1800.

Stubbe, Hans; Gatersleben, Inst. für Kulturpflanzenforsch. der Dtsch. Akad. der Wiss. zu Berlin. **Mutanten der Wildtomate Lycopersicon pimpinellifolium (Jusl.) Mill. II.** Kulturpflanze **9** (1961) S. 58–87. – 19 Abb., 2 Tab., 5 Lit. 1. Mitt. vgl. LZ. Abt. II **6** (1961) Nr. 5. S. 1249.
Vf. beschreibt 50 neue Mutanten von *Lycopersicon pimpinellifolium* (Jusl.) Mill. und veröffentlicht ein alphabetisches Verzeichnis aller bisher von ihm beschriebenen Mutanten der genannten Art. K. Bellmann. 1810.

Hille, M. und Lehmann, Chr. O.; Braunschweig, Biol. Bundesanst. für Land- und Forstwirtsch., Inst. für Bot.; Gatersleben, Inst. für Kulturpflanzenforsch. der Dtsch. Akad. der Wiss. zu Berlin. **Gibt es Tomatensorten, die gegenüber Synchytrium endobioticum resistent sind?** Züchter **32** (1962) Nr. 7. S. 311–317. – 1 Abb., 1 Tab., 7 Lit. Zus. in Engl.

Auf Resistenz gegenüber *Synchytrium endobioticum* wurden 328 Tomatensorten des Sortiments in Gatersleben geprüft. Alle Sorten wurden vom Erreger des Kartoffelkrebses befallen. E. Günther. 1810.

Georgieva, R., Molchova, E., Nikolov, Ch. und Andreeva, E. (Georgiewa, R., Molochowa, E., Nikolow, Ch. und Andreewa, E.) Vŭzmožnosti za izpolzuvaneto na meždu vidovi triploidni rastenija pri selekcijata na domatite. **(Möglichkeiten zur Ausnutzung von triploiden Artbastarden in der Tomatenzüchtung.)** Izvestija na Centralnija naučnoizsledovatelski institut po rastenievŭdstvo, Sofija **13** (1962) S. 19–51. — 31 Abb., 5 Tab., 11 Lit. Zus. in Russ., Franz.

Es wird darauf verwiesen, daß durch Verlängerung der ontogenetischen Entwicklung der sterilen Triploiden aus *Lycopersicum esculentum* (2 n = 48) × *L. esculentum* (2 n = 24) nach 4maliger Bewurzelung von Stecklingen die Samengewinnung ermöglicht wurde. Aus den Samen von Selbstungen wurden Sterile mit wesentlichen Abweichungen von den Mutterpflanzen erhalten. Durch Bestäubung der Triploiden mit Pollen aus *L. peruvianum* wurden 50% lebensfähige Samen erhalten. Die Bestäubung triploider Pflanzen mit tetraploidem Pollen ergab tetraploide, halbsterile Pflanzen, während die Bestäubung mit Pollengemisch (tetraploider + diploider + eigener Pollen) tetraploide halbsterile und diploide fertile Formen ('Nr. 320') ergab. In der Nachkommenschaft der Hybride 'Nr. 320' wurden Eigenschaften der beteiligten Polleneltern festgestellt. Vff. nehmen an, daß Polyspermie vorliegt. Aus den biochem. Untersuchungen der Blätter und Früchte der verschiedenen Pflanzen der Nachkommen von 'Nr. 320' ging hervor, daß Tr.-Subst., Zucker und Vitamin C Werte aufwiesen, die bei den Tomaten selten sind. K. Tschanew. 1810.

Kheiralla, A. I. und Whittington, W. J.; Sutton Bonington, Loughborough, Leics., Univ. of Nottingham, School of Agric. Genetic analysis of growth in tomato: the F_1 generation. **(Genetische Analyse des Tomatenwachstums: die F_1-Generation.)** Ann. Bot. [London] [N.S.] **26** (1962) Nr. 104. S. 489 bis 504. — 6 Abb., 6 Tab., 20 Lit.

Im Gewächshaus wurden 4 Sorten von *Lycopersicum esculentum* und 1 von *L. pimpinellifolium* diallel gekreuzt und Eltern und Bastarde 10 Wochen untersucht. Es wurden 2 Behandlungen, Entfernen und Belassen der Seitentriebe, verglichen. Untersucht wurden der Tr.-Subst.-Gehalt, die Nettoassimilationsrate und der Fruchtertrag. Obwohl gewisse morphol. Unterschiede auf Majorgene zurückzuführen sind, konnte das Bestehen polygener Variabilität sicher angenommen werden. Signifikante Unterschiede konnten im Wachstum zwischen den Sorten und den Bastarden nachgewiesen werden, letztere hingen von der Samengröße, die maternal beeinflußt wurde, ab. K. Schulz. 1810.

Pécaut, P. (unter techn. Mitarb. von Coninck, B. de); Versailles/Seine-et-Oise, Centre Nat. de Rech. Agronomiques, Stat. Centr. de Génétique et d' Amélioration des Plantes. Étude sur le système de reproduction de l'endive (Cichorium intybus L.). **(Untersuchungen über das Fortpflanzungssystem der Endivie [Cichorium intybus L].)** Ann. Amélioration Plantes **12** (1962) Nr. 4. S. 265–296. — 2 Abb., 16 Tab., 11 Lit.

Untersucht wurden folgende Fragen: Gibt es selbstfertile Pflanzen in den kommerziellen Sorten und in welcher Häufigkeit, wie funktioniert die Selbstfertilität und können selbstfertile Linien, über deren wirtsch. Wert keine Zweifel bestehen, erstellt werden? Die Untersuchungen ergaben, daß Selbstungen nur wenig oder gar keinen Samenansatz ergeben. Blütenanatomische Untersuchungen zeigten, daß die Blüte kaum anders als durch Insekten befruchtet werden kann und Selbstungen wegen der Selbstinkompatibilität, von der alle Arten angetroffen wurden, kaum möglich sind. Durch Auslese wurden

Stämme mit hoher Selbstverträglichkeit ausgelesen. Die genetischen Ursachen konnten nicht erkannt werden. Die Art der Inkompatibilität scheint der bei anderen Kompositen ähnlich zu sein. K. Schulz. 1810.

Weiling, F. **Mehrjährigkeit und Fähigkeit zur vegetativen Fortpflanzung beim Artbastard zwischen einer einjährigen und einer ausdauernden Kürbisart (Cucurbita moschata Duch. × Cucurbita foetidissima HBK).** Züchter **32** (1962) Nr. 6. S. 279–281. — 3 Abb., 6 Lit.

Zur Erforschung der Entstehung heute kultivierter Kürbisarten wurden in den letzten Jahren zahlreiche Bastarde aus Kreuzungen kultivierter Arten mit verschiedenen Wildarten hergestellt und analysiert. Vf. berichtet über Eigenschaften der Bastarde aus einer Kreuzung von *Cucurbita moschata* mit der ausdauernden Wildart *C. foetidissima.* Die Mehrjährigkeit als Merkmal der meisten Wildarten wird auf die Bastarde übertragen. Im Gegensatz zur ausdauernden Elternart bilden sie jedoch keine stark entwickelte Wurzelrübe, sondern nur im oberen Abschnitt fleischig angeschwollene Wurzeln. Als neue Eigenschaft besitzen sie die Fähigkeit zur vegetativen Vermehrung, die als eine Eigenschaftskombination der Ausgangsarten angesehen wird. Wie *C. moschata* vermögen sie an den Knoten der Hauptsprosse Wurzeln zu bilden. Werden diese sproßbürtigen Wurzeln frühzeitig angelegt, dann entwickeln sich in der folgenden Vegetationsperiode aus der ehemaligen Blattachsel oder dem Wurzelhals neue Triebe. Mehrjährigkeit und vegetative Vermehrung müssen als fakultativ bezeichnet werden, da sich beide nur in frostfreien Gebieten auswirken können. Chr. Döhler. 1810.

Zubov, A. A. (Subow, A. A.) Izmenenie dyni pod vlijaniem tykvy-mentora. **(Veränderung der Zuckermelone unter dem Einfluß eines Kürbismentors.)** Bjul. Centr. genet. labor. im. I. V. Mičurina **1960** Nr. 9/10. S. 55–63. — Aus: Referativnyj žurnal. Biologija, Moskva **1961** Nr. 15. G 530. S. 58.

Die Arbeit wurde in den Jahren 1957–59 durchgeführt. Bei der Pfropfung von Zuckermelone auf Kürbis erhöhte sich die Kälteresistenz der gepfropften Pflanzen; die Anfälligkeit gegenüber der Brennfleckenkrankheit verringerte sich; die Durchschnittslänge der Peitschentriebe und das Durchschnittsgew. der Früchte wurde um das Doppelte vergrößert; bedeutend erhöhte sich das abs. Gew. der Samen im Vergleich zu den Kontrollpflanzen (wurzelechten und auf sich selbst gepfropften Zuckermelonen). Das Reifen der Zuckermelonen unter dem Einfluß des Kürbismentors ist abhängig von der Menge der Tr.-Masse. Konsistenz und Geschmack des Fruchtfleisches der Zuckermelone werden in Abhängigkeit von der Sorte des Kürbismentors verändert.
übersetzt v. E. Fröhmcke. 1810.

Daskalov, Ch. und Popova, D. (Daskalow, Ch. und Popowa, D.) Proučvane biologijata na cŭfteneto i oprašvaneto na pipera (Capsicum annuum). **(Untersuchungen über die Biologie des Blühens und der Bestäubung des Paprikas [Capsicum annuum].)** Izvestija na Centralnija naučnoizsledovatelski institut po rastenie- vŭdstvo, Sofija **13** (1962) S. 5-18. — 2 Abd., 13 Tab., 11 Lit. Zus. in Russ., Dtsch.

Im Freien und im Gewächshaus wurden in den Jahren 1956–1959 Versuche mit folgenden Paprikasorten durchgeführt: 'Siwrija 600', 'Kalinkow 805', 'Dsholjunska schipka Nr. 1021' und 'Kosi roga'. Als geeignetster Zeitpunkt zur Kastration wurde die Entwicklungsphase ermittelt, in der die Kelchblätter unmittelbar vor der Entfaltung stehen. Paprika blüht vorwiegend morgens. Die meisten Blüten der untersuchten Sorten waren homostyl. Bei den Sorten 'Kalinkow 805' und 'Kosi roga' zeigten die Blüten, deren Narben über den Staubbeutel standen, reicheren Fruchtansatz, während bei Blüten, deren Narben unter den Staubbeuteln standen, der Fruchtansatz geringer war. Die durchschnittl. Samenzahl einer Frucht wurde von der Lage der Narbe gegenüber den Staubbeuteln beeinflußt. Die Bestäubung mit reichlichem und aus vielen Pflanzen stammendem Pollen steigerte den Fruchtansatz und die Samenzahl/Frucht. Diese bei den Untersuchungen festgestellten Gesetzmäßigkeiten sollten bei der Hybridsamenerzeugung von Paprika beachtet werden. K. Tschanew. 1810.

Vondráček, Jiři; Holovousy, Výzkumný Ústav Ovocnářský. Příspěvek ke studiu sklonu k samosprašnosti u jabloní. **(Beitrag zur Untersuchung der Selbstbestäubung bei Apfelbäumen.)** Rostlinná Výroba **8(35)** (1962) Nr. 9. S. 1249–1258. – 2 Tab., 19 Lit. Zus. in Russ., Dtsch.
Aus den Untersuchungsergebnissen von 33 Apfelbaumsorten, die in den Jahren 1952–1961 durchgeführt wurden, geht hervor, daß die Mehrzahl der Apfelbäume nur in geringem Umfang ohne Fremdbestäubung Fruchtansatz haben. Am stärksten war dies bei den Sorten 'Ontario', 'Wagenerovo', 'Ribstonské' und 'Laxton Superb' der Fall. Größere Neigung besteht bei triploiden Sorten, die imstande sind, aneuploide Samen nach Selbstbestäubung und auch ohne Bestäubung zu bilden. V. Skládal. 1820.

Physiologische Untersuchungen über die Blüten- und Fruchtentwicklung. Rostock, Institut für Acker- u. Pflanzenbau, Abt. Obstbau Plan-Nr.: 2152 10h/02–09/7. Abschlußber.
Infolge der Waagerechtstellung von Apfel-Langtrieben erweiterte sich deren kurztriebbildender medialer Bereich auf Kosten des nicht austreibenden basalen Bereiches. Die vegetative und reproduktive Tendenz wurde in Richtung auf die der Fruchttriebe verändert. Das gleiche gilt auch für den N- und Mineralstoffgehalt, der sich deutlich erhöhte. Der Wuchsstoffgehalt war in dem für die Blütenknospendifferenzierung bedeutsamen Zeitabschnitt von Juni bis Aug. in den Trieben mit stärkerer reproduktiver Tendenz geringer und der Hemmstoffgehalt höher. – Im zeitlichen Verlauf der Blütenknospendifferenzierung überwiegt die genotypische Variation der Sorten die Unterlagen- und Umwelteinflüsse. Die Wirkung von Standort und Jahr entspricht weitgehend dem Verlauf der Temperatursummenkurve. 1820.

Georgiev, V. (Georgiew, W.) Izsledvane vŭrchu unasledjavaneto na njakoi priznaci i svojstvo v pŭrvoto chibridno pokolenie (F_1) na jabŭlkovija sort Tetovka. **(Untersuchungen der Vererbung einiger Merkmale und Eigenschaften in der ersten Hybridgeneration [F_1] der Apfelsorte 'Tetowka'.)** Izvestija na Naučnoizsledovatelskija institut po ovoštarstvo – gara Kostinbrod, Sofija **2** (1962) S. 157–180. – 10 Abb., 13 Tab., 30 Lit. Zus. in Russ., Dtsch.
Bei der i. J. 1953–1960 durchgeführten Untersuchung wurde die Apfelsorte 'Tetowka' mit 'Goldparmäne', 'Gelber Bellefleur', 'Landsber gerRenette' und 'Golden Delicious' gekreuzt. Die meisten Hybriden waren wüchsig und entwickelten sich gut. $^1/_3$ dieser Hybriden traten im 5., die übrigen nach 8 Jahren in Ertrag. Die Sorten 'Goldparmäne' und 'Golden Delicious' übertragen das späte Blühen auf ihre Hybriden. Die Analysen bez. des Habitus der Krone, der Früchte und ihrer Eigenschaften bestätigten die Auffassungen Mitschurins, wonach bei den aus einheimischen und fremden Sorten gezüchteten und unter den Standortbedingungen der Mutter aufgezogenen Hybriden immer die Merkmale der Mutter dominieren sollen. Z. Zankow. 1820.

Remy, P.; Angers, Maine-et-Loire, Stat. de Rech. d'Arboricult. Fruitière. Principes et méthodes de l'amélioration des arbres fruitiers à pépins. **(Grundlagen und Verfahren der Züchtung von Obstbäumen in Plantagen.)** Ann. Amélioration Plantes **12** (1962) Nr. 4. S. 311–323.
Die Obstproduktion allein durch Plantagen beträgt in Frankreich 900000 t. 75% aller Äpfel und 25% der Birnen werden in Plantagen erzeugt. Obwohl die Produktion in den letzten 20 Jahren ständig erhöht wurde, könnte sie noch um 50% gesteigert werden, wenn alle Möglichkeiten dazu ausgenützt würden. Die Möglichkeiten der züchterischen Verbesserung werden dargelegt.

Nach Besprechung bot., cytologischer und genetischer Probleme von *Malus*, *Pyrus* und *Cydonia* werden die Schwierigkeiten der Klonauslese und der Kreuzungszüchtung behandelt. Von den Zuchtzielen kommt der Resistenzzüchtung, vor allem gegen Schorf, die größte Bedeutung zu. Abschließend wird der gegenwärtige Stand der Obstzüchtung in Frankreich bei Birnen und Äpfeln dargelegt. K. Schulz. 1820.

Stover, L. H. Progress in the development of grape varieties for Florida. **(Fortschritt in der Entwicklung von Weinrebensorten für Florida.)** Proc. Florida State horticult. Soc. **73** (1960, hrsg. 1961) S. 320–323. 1820.

Jain, H. K., Rana, R. S., Jana, S., Alexander, M. P. und Sharma, J. N. A study of fertility and phenotype in induced tetraploids of Antirrhinum. **(Untersuchung über Fertilität und Phänotyp von induzierten Tetraploiden bei Antirrhinum.)** Indian J. Genetics Plant Breeding **22** (1962) Nr. 2. S. 154 bis 159.

Bei der Verbesserung von Zierpflanzen wird dem verminderten Samenansatz und dem langsameren Wachstum induzierter Polyploider nicht die gleiche Bedeutung beigemessen wie bei Ölpflanzen oder Getreidearten. Der Samenansatz ist im Vergleich zu Diploiden geringer, dafür zeigen sie aber oft eine größere Blütenpracht. Durch Colchizin erhaltene Tetraploide von *Antirrhinum* sind auf phänotypische Eigenschaften, Stabilität und Fertilität untersucht worden. Das cytologische Verhalten der Tetraploiden konnte nicht voll für ihre Sterilitätserscheinungen verantwortlich gemacht werden. Die Frequenz der auftretenden Chiasmen scheint genotypisch bestimmt zu sein. Die Bildung der Multivalente in den Pollenmutterzellen von C_3 und C_5 wurde geprüft und zu dem Samenansatz und der Pollenfertilität der entspr. Pflanzen in Beziehung gesetzt. H. Senger. 1830.

Sharma, Arun Kumar und Sharma, Archana; Calcutta, India, Calcutta Univ., Bot. Dep., Cytogenetics Lab. Cytology of some members of the family Iridaceae. **(Cytologie einiger Vertreter der Familie der Iridaceae.)** Cytologia [Tokyo] **26** (1961) Nr. 3/4. S. 274–284. — Orig.: engl. 1830.

Legro, R. A. H.; Wageningen, Landbouwhogeschool. The breeding of red, orange and yellow delphiniums. **(Die Züchtung von rotem, orangefarbenem und gelbem Delphinium.)** J. Roy. horticult. Soc. **88** (1963) Nr. 1. S. 13–19.

Seit der Einführung von *Delphinium* im letzten Jahrhundert besteht der Wunsch, rote, orangefarbene und gelbe Varianten zu züchten. 1953 wurden Kreuzungen mit *D. cardianle*, *D. nudicaule* und *D. zalil* sowie mit der Kulturform *D. elatum* begonnen. Vf. berichtet über 9jährige Bemühungen, die Sterilitätsbarrieren zu überwinden und über die bisher noch nicht voll befriedigenden Erfolge. Das Hauptproblem besteht darin, ein einzelnes Gen so zu verändern, daß nur Pelargonidin produziert wird. Bisher wurden einige rosa, lachsfarbene und rote Hybriden geschaffen, die für weitere Kombinationen verwendet werden, um Größe und Form der Blüte zu verbesseren. Bes. muß in Zukunft auf einen gut ausgebildeten, *D. elatum*-ähnlichen Sporn geachtet werden. K. Bellmann. 1830.

Gründler, Ingrid-Gisela; Weixdorf, VEG, Spezialbetrieb für Cyclamenzucht. **Der Einfluß der Bestäubungstechnik auf den Samenertrag bei Cyclamen.** Dtsch. Gartenbau **9** (1962) Nr. 11. S. 305–306.

Zur Befruchtung der Blüten von Samenträgern bei *Cyclamen* wurde ein Gerät entwickelt. Das Gerät gewährleistet, daß die Narbe sehr gut bestäubt und bei der Befruchtung nicht verletzt wird. Die Erhöhung des Samenertrages durch die neu entwickelte Methodik wurde gegenüber herkömmlichen Verfahren nachgewiesen. H. Senger. 1830.

Züchterische Verbesserung von Freesia hybrida, Gerbera jamesonii und Calceolaria herbeohybrida. Dresden-Pillnitz, Inst. Obstbau- u. Zierpflanzenbau Dtsch. Akad. Landwirtsch.-Wiss. Berlin Plan-Nr.: 17 01 14 h/2–08/6. 52 S. Abschlußber. (22/4. 1963). – 1 Tab.

Gerbera jamesonii hat als wertvolle Schnittblume steigende Bedeutung erlangt. Die in der Praxis kultivierten *Gerbera* befriedigen in ihrer Leistung größtenteils nicht. Züchterische Bearbeitung ist – vor allem aus ökonomischen Gründen – dringend erforderlich. Die wichtigsten im Pillnitzer Institut verfolgten Zuchtziele sind: Erhöhung der Schnittleistung, Erreichung eines Blumendmr. von 10–12 cm, Verbesserung der Blumenform und -farbe, der Stieleigenschaften, der Schnitthaltbarkeit, der Wuchseigenschaften und der Resistenz gegen *Phytophthora cryptogea*. In 7jähriger Selektions- und Kombinationszüchtung konnten 6 wertvolle Klone als Neuzüchtungen entwickelt werden. 1830.

Züchtung hochwertiger Stämme von Clivia miniata. Dresden-Pillnitz, Inst. Obst- u. Zierpflanzenbau Dtsch. Akad. Landwirtsch.-Wiss. Berlin Plan-Nr.: 17 01 14 h/0–10/6. 140 S. Abschlußber.

Clivia miniata Regel, eine anspruchslose winterblühende Zimmerpflanze, läßt sich sehr gut in die Produktion der Gartenbaubetriebe einbeziehen, jedoch ist ihre Kulturzeit mit 4, vorwiegend 5 und mehr Jahren zu lang. In 10jähriger Kombinations-Stammbaumzüchtung wurden bis zur F_2-Generation aus Pillnitzer Clivien-Populationen frühblühende Stämme entwickelt, die zu 30 bis 50% bereits im 3. Kulturjahr blühen. Gleichzeitig wurden die Blüteneigenschaften (Mindestdmr., Perigonblattbreite, Farbton) sowie Wuchs- und Blüteneigenschaften wesentlich verbessert. Auf Grund der Ergebnisse kann die Aufnahme der Clivienkultur den Gartenbaubetrieben bes. empfohlen werden. 1830.

Cook, Stanton A.; Univ. of Oregon, Dep. of Biol. Genetic system, variation, and adaptation in Eschscholzia californica. **(Genetisches System, Variation und Anpassung bei Eschscholzia californica.)** Evolution [Lancaster] **16** 1962) Nr. 3. S. 278–299. – 8 Abb., 8 Tab., 42 Lit.

Mit Hilfe von Lit.- und experimentellen Ermittlungen wurde festgestellt, daß *Eschscholzia californica* (2 n = 12) weder bei Wild- noch Kulturvarietäten Differenzen in der Zahl der Chromosomen aufweist und infolgedessen Kreuzungsbarrieren nicht auf unterschiedliche Chromosomenzahlen zurückzuführen sind. Befruchtungsbiol. Untersuchungen ergaben, daß Apomixis nicht vorhanden ist. Selbstkompatibilität wurde gelegentlich bei perennierenden und einjährigen Formen gefunden. Der Samenansatz war bei Fremdbefruchtung größer. Die Befruchtung erfolgt hauptsächlich durch Insekten. Die weiteren Untersuchungen betrafen die Variabilität einzelner Merkmale sowie die Anpassung an die Umwelt. Letztere Fragestellung wurde an 44 Populationen verschiedener Gegenden Kaliforniens untersucht. K. Schulz. 1830.

Menzel, Margaret Y. und Wilson, F. D. Chromosomes and crossing behavior of Hibiscus cannabinus, H. acetosella, and H. radiatus. **(Chromosomen und Kreuzungsverhalten von Hibiscus cannabinus, H. acetosella und H. radiatus.)** Amer. J. Bot. **48** (1961) Nr. 8. S. 651–657. – 3 Abb., 3 Tab., 17 Lit.

Hibiscus cannabinus ist gegen *Meloidogyne incognita* sehr anfällig. Gute Resistenzeigenschaften gegenüber diesem Erreger wurden bei *H. acetosella*, weniger gute bei *H. radiatus* gefunden. Um zu Formen zu gelangen, die gegen diesen Nematoden nicht anfällig sind, wurden als Grundlage für die weitere Züchtung Kreuzungen von Formen dieser Arten mit unterschiedlicher Chromosomenzahl (z. T. nach Colchicinbehandlung) durchgeführt und das Chromosomenverhalten während der Meiose untersucht. H. Senger. 1830.

Forstliche Provenienzforschung als Grundlage der Züchtung, insbesondere bei den Baumarten Fichte (Picea abies), Lärche (Larix decidua), Kiefer (Pinus silvestris), Rotbuche (Fagus sylvatica) und Murraykiefer (Pinus contorta) unter besonderer Berücksichtigung der Belange der Mittelgebirgsforstwirtschaft. Graupa, Abt. Forstpflanzenzücht. Inst. Fortstwiss. Dtsch. Akad. Landwirtsch. Wiss. Berlin **1962** Plan-Nr.: 170 122/01 i-2-06/6. Zwischenber. (27/3. 1963).
Es wurden neue Erkenntnisse über die rassische Differenzierung der Baumarten Fichte, Douglasie, europäische Lärche, japanische Lärche, Kiefer, Murraykiefer und Buche gewonnen, die die Jugendwuchsleistung, den Beginn und das Ende der Vegetationszeit, die damit im Zusammenhang stehende Frostresistenz sowie – in einigen Fällen – die Schaftform und Beastungsverhältnisse betreffen. Die Ergebnisse liefern der Praxis Hinweise für die Wahl der für den Anbau im Mittelgebirgsraum der DDR geeigneten Herkünfte und schaffen die Voraussetzungen für eine planmäßige Auslese- und Kreuzungszüchtung. 1850.

Züchterische Bearbeitung der Laubhölzer. Baumart: Erle. Graupa, Inst. Forstwiss. Dtsch. Akad. Landwirtsch.-Wiss. Berlin Plan-Nr.: 170 122/01 i-62-08/6. Abschlußber. (27/3. 1963).
Prüfungen der aus gelenkten Schwarzerlenkreuzungen hervorgegangenen Nachkommenschaften ergaben „sortenbedingte", teilweise statistisch gesicherte Unterschiede in Jugendwuchsleistung, den Formeigenschaften, dem phänologischen Verhalten und der Standortstoleranz. Interspez. Kreuzungen zwischen Schwarz- und Weißerlen waren bei Verwendung von *Alnus glutinosa* als Mutter völlig steril, im reziproken Fall dagegen gering fertil. Die daraus hervorgegangenen Nachkommen waren in den meisten Eigenschaften intermediär. Von den Kreuzungen mit fremdländischen Arten erschienen bes. die aus der Kombination *A. glutinosa* × *A. hirsuta* hervorgegangenen Nachkommen aussichtsreich. Die Selbstfertilität war bei Schwarz- und Weißerlen i. allg. sehr gering; Parthenogenese wurde nicht beobachtet. Künstlich erzeugte tetraploide Pflanzen erwiesen sich z. T. wider alle Erwartung als wüchsig. Die erzielten Resultate sind bei der Anlage von Erlensamenplantagen zu berücksichtigen. 1850.

Untersuchungen über die Möglichkeit einer Frühdiagnose der Resistenz von Pappelbastarden der Sektion Leuce gegenüber dem Erreger der Kronenmykose (Valsa nivea). Graupa, Inst. Forstwiss. Dtsch. Akad. Landwirtsch.-Wiss. Berlin Plan-Nr.: 170 122 h-62/16/9. Abschlußber. (27/3. 1963).
Kräftig wachsende Hybrid-Aspen werden in Schweden durch *Valsa nivea* zerstört, der die Baumkrone zum Absterben bringt. Eine bes. Gefährdung der hiesigen Hybrid-Aspe konnte weder durch Wuchsteste auf Rindenmehlagar und auf Ästchen, noch durch künstliche Infektionsversuche festgestellt werden, selbst dann nicht, wenn stark pathogene Pilzstämme zur Prüfung verwendet wurden. 1850.

Züchtung von Baumweiden für den Anbau in der Forstwirtschaft und Landeskultur, sowie Bearbeitung physiologischer und populationsgenetischer Probleme. (Teilthema Flechtweidenzüchtung). Graupa, Abt. Pappelforsch. Inst. Forstwiss. Dtsch. Akad. Landwirtsch.-Wiss. Berlin Plan-Nr.: 170 122/01 i-62-03/9. Abschlußber. (27/3. 1963).
An Hand einer Sortenprüfung als Modellversuch werden die Fragen der Ermittlung des Sortenwertes von Flechtweiden untersucht. Es wird über Ertragsuntersuchungen, gütemäßige Zusammensetzung der Erträge, Höhenstufenanalysen sowie Untersuchungen des Schlankheitsgrades der Sorten berichtet. Weiterhin wird auf die Anatomie des Flechtholzes sowie Untersuchungen über Faktoren, die mechanisch-technologische Festigkeitswerte beeinflussen können, eingegangen. Die technologischen Eigenschaften der Flechtweidensorten werden an Hand der Biegefestigkeit, Bruchschlagfestig-

keit, Druckfestigkeit, Abriebfestigkeit und Restzugfestigkeit dargestellt. Als entscheidendes Kriterium des technologischen Wertes von Flechtholz wird die Restzugfestigkeit nach Biegebruchbeanspruchung herausgestellt. 1850.

Sen, Nirad K. und Bhowal, J. G.; Kharagpur, West Bengal, Indian Inst. of Technol. Appl. Bot. Sect. Colchicine-induced tetraploids of six varieties of Vigna sinensis. **(Colchicininduzierte Tetraploide von sechs Vigna-sinensis-Sorten.)** Indian J. agric. Sci. **30** (1960) Nr. 3. S. 149–161. – 10 Abb., 6 Tab., 31 Lit.
Von *Vigna sinensis* und den 2 Subspezies, *catjang* und *sesquipedalis*, wurden jeweils Samen und Knospen von 2 Sorten mit Colchicinlösungen verschiedener Konz. und Dauer behandelt. Durch die Samenbehandlung wurden weniger Tetraploide als durch die Behandlung der Knospen erzielt. Die größte Ausbeute an Tetraploiden wurde durch 6std. Behandlung mit 0,5%iger Colchicinlösung erzielt. Die meisten Tetraploiden waren Chimären mit di- und tetraploiden Sektoren. Die Tetraploiden wiesen stärkeren Wuchs, mehr Blüten aber weniger Hülsenansatz und weniger Samen auf als die Diploiden. Das Wachstum war langsamer und die Blüte später als bei Diploiden. Die Untersuchungen von Pollen und Meiosen ergaben weitere signifikante Unterschiede. Obwohl die Tetraploiden in einigen Eigenschaften Diploiden überlegen sind, steht der breiten, ökonomischen Verwendung von Tetraploiden die starke Sterilität entgegen. K. Schulz. 1880.

Cameron, J. W., Cole jun., Donald und Nauer, E. M.; Riverside, Univ. of California, Citrus Exp. Stat. Fruit size in relation to seed number in the Valencia orange and some other citrus varieties. **(Fruchtgröße in Beziehung zur Samenzahl bei der Valencia-Orange und einigen anderen Citrus-Sorten.)** Proc. Amer. Soc. horticult. Sci. **76** (1960) S. 170–180. – 3 Abb., 3 Tab., 21 Lit.
Zwischen der Fruchtgröße und der Samenzahl von Valencia-Orangen wurden in den Jahren 1956 bis 1958 Korrelationen berechnet. Bei geringer und mittlerer Fruchtgröße war diese Beziehung am engsten, bei höheren Größenklassen stieg die Samenzahl nicht mehr in gleichem Maße an und bei der größten Klasse (wegen zu geringer n-Zahl nicht signifikant) sank sie häufig wieder ab. Die gleiche Korrelation wurde (bei den kleinen und mittleren Fruchtgrößen) 1956 und 1957 an 4 anderen *Citrus*-Sorten beobachtet. Durch künstliche Fremdbestäubung von Valencia-Orangen erhöhten sich gegenüber Selbstbestäubung der Fruchtansatz und die Samenzahl. Das Fruchtgew. zeigte jedoch keine signifikante Differenz. Bei Clementine-Orangen war das Fruchtgew. dagegen ebenso wie die Zahl der Samen nach kontrollierter Fremdbefruchtung gestiegen. Vff. schließen, daß die Zahl der Samen bei Valenzia- u. a. Orangensorten die Fruchtgröße beeinflussen. U. Neumann. 1880.

Shannon, L. M., Frolich, E. F. und Cameron, S. H. Characteristics in Poncirus trifoliata selections. **(Kennzeichen der Poncirus trifoliata-Auslesen.)** Proc. Amer. Soc. horticult. Sci. **76** (1960) S. 163–169. – 3 Abb., 2 Tab., 16 Lit.
Um Informationen über die Variabilität der als *Citrus*-Unterlage verwendeten 3-blättrigen Orange zu gewinnen, wurden die Blüten- und Wuchseigenschaften von 36 Auslesen beschrieben. Es ließ sich eine kleinblütige Gruppe mit buschartigem Wuchstyp von einer großblütigen Gruppe mit aufrechtem, baumartigen Wuchstyp unterscheiden. Der buschartige Wuchstyp ist für die Baumschulanzucht ungeeignet. Die Sämlinge der großblütigen Gruppe sind bes. empfindlich für eine von der Kalkchlorosis abweichenden Chlorosis, deren Ursachen noch unbekannt sind. U. Neumann. 1880.

Abraham, A., Mathew, P. M. und Ninan, C. A.; Trivandrum, India, Univ. of Kerala. Cytology of Cocos nucifera L. und Areca catechu L. **(Cytologie von Cocus nucifera und Areca catechu L.)** Cytologia [Tokyo] **26** (1961) Nr. 3/4. S. 327–332. Orig.: engl. 1880.

Gopalkrishna, N. und Khanduja, S. D. Improvement of Guava by selection. **(Verbesserung von Guava durch Auslese.)** Poona agric. Coll. Mag. **51** (1961) Nr. 1. S. 50–54. – 1 Tab., 4 Lit.

Obgleich Guava durch Samen vermehrt werden kann, zieht man die vegetative Vermehrung vor, um zu ertragreicheren Sorten zu kommen. Es sind jedoch bisher wenig klonartige Sorten vorhanden. Um diese Lücke zu schließen und damit die wirtsch. Bedeutung der Guava-Produktion in West-Indien zu erhöhen, wurden verschiedene Herkünfte gesammelt und selektiert. Von 7 Auslesen werden die Wuchs- und Ertragseigenschaften sowie der Wertstoffgehalt der Früchte angegeben. U. Neumann. 1880.

E Silva, Manuel Vianna und Mendes, Francisco Pereira. 'Lusitano' una nova forma cultivada de arroz. **('Lusitano' eine neue Reis-Kulturform.)** Agronom. lusitana **21** (1959) Nr. 1. S. 5–17. 1880.

Joshi, B. C.; New Delhi, Indian Agric. Res. Inst., Bot. Div. A long-leaved mutant in chilli (Capsicum annuum L.). **(Eine langblättrige Mutante von Spanischem Pfeffer [Capsicum annuum L.].)** Current Sci. [Bangalore] **31** (1962) Nr. 10. S. 425–426. – 1 Tab., 1 Lit.

In der Nachkommenschaft einer Pflanze wurden morphol. abnorme Pflanzen beobachtet, die sich durch gestauchten, kompakten Wuchs (kürzere Internodien, Verzweigung tiefer ansetzend) und lange, schmale Blätter (9,9 × 0,81 cm gegen 5,7 × 1,9 cm bei den normalen Pflanzen) auszeichneten. Die Blattspreite war am Blattstiel heruntergezogen, so daß sitzende Blätter vorgetäuscht wurden. Blüten wurden reichlich angesetzt, aber die meisten Knospen gingen nicht auf, da in einem frühen Stadium die Entwicklung der Petalen, Filamente und des Stylus zum Stillstand kam. Der Pollen war trotz normaler Meiose steril. 12 Bivalente wurden gezählt. Die Pflanzen waren offenbar auch weiblich steril, denn Bestäubung mit normalem Pollen blieb erfolglos. Von 180 Sämlingen zeigten 30 den beschriebenen Habitus, woraus auf mono- oder digene Vererbung geschlossen wird. W. Stenz. 1880.

Butany, W. T. und Singh, Munshi; New Delhi, Indian Agric. Res. Inst., Div. of Bot. A self-pollinating variety of cotton (Gossypium hirsutum L.). **(Eine selbstbestäubende Baumwollsorte [Gossypium hirsutum L.].)** Current Sci. [Bangalore] **31** (1962) Nr. 10. S. 429–430. – 1 Abb., 1 Lit.

In einer Kollektion von 600 Sorten und Herkünften von Baumwolle aus 28 Ländern fiel die USA-Sorte 'S.A. 33' durch hellgrüne Farbe der Pflanzen, kleinere Blüten mit zitronengelben Petalen und gelben Pollenkörnern sowie anderen Merkmalen auf. Die Narbe ragt nicht, wie sonst bei *G. hirsutum*, 1–1,5 cm heraus, sondern erreicht nur die Höhe der Stamina. Selbstbestäubung ist daher bei dieser Sorte die Regel, während bei anderen Sorten von *G. hirsutum* 1–81% Fremdbestäubung beobachtet wurde. Selbst nach Anbau in der Nachbarschaft anderer *hirsutum*-Sorten wurden unter den Nachkommen keine normalen Formen gefunden. Die Eigenschaft des nicht hervortretenden Stempels wird offenbar doppelt rezessiv vererbt, denn in der F_2 einer Kreuzung mit einer normalen Form traten 15 normale und 1 abnorme Form auf.
W. Stenz. 1880.

Mao, Y. T. **World list of plant breeders.** Rome: FAO. 1961. (XI, 195 S.) 4°. (1962 B 265)

Avakjan, Artavazd Arsakovič. **Biologija razvitija sel'skochozjajstvennych rastenij.** (Entwicklungsbiologie der landwirtschaftlichen Kulturpflanzen.) 2. Aufl. Moskva: Izd. sel'skoch. lit., žurnalov i plakatov. 1962. (485 S.) 8°. (1962 A 1101)

Maksimovič, Michail Michajlovič. **Selekcija i semenovodstvo polevych kul'tur.** (Züchtung und Saatgutvermehrung bei Feldfrüchten.) Moskva: Sel'chozgiz. 1962. (406 S.) 4°. (1962 B 256)

Trizno, Semen Ivanovič. **Osnovy agrotechniki i selekcii zernovych kul'tur na torfjano-bolotnych počvach BSSR.** (Grundlagen der Agrotechnik und der Getreidezüchtung auf den Moorböden der Belorussischen SSR.) Minsk: Gos. izd. sel'skochoz. lit. BSSR. 1962. (198 S.) 8°. (1962 A 867)

Selekcija i semenovodstvo sel'skochozjajstvennych rastenij v Belorussii. (Züchtung und Samenbau landwirtschaftlicher Nutzpflanzen in Belorußland.) Minsk: Gos. izd. sel'skochoz.·lit. BSSR. 1961. (201 S.) 8°. (1962 A 882)

Ajzikovič, Leonid Efimovič. **Technologičeskie svojstva pšenično-pyrejnych gibridov.** (Die technologischen Eigenschaften der Weizen-Quecken-Hybriden.) Moskva: Zagotizdat. 1961. (215 S. m. Anl.) 8°. (1962 A 830)

Shrivastava, Kailash Narain. **Genetische und physiologische Untersuchungen an spontan entstandenen gelben und nichtkeimenden Mutanten der Kulturtomate (Lycopersicum esculentum Mill.).** Diss. Landwirtsch. Hochschule Hohenheim. 1962. (98 S.) 8°. (Diss. 8587)

XI. PHYTOPATHOLOGIE UND PFLANZENSCHUTZ

A. Allgemeine Literatur, Berichte, Statistiken u. a.

Friese, Gerrit und Königsmann, Eberhard; Berlin-Friedrichshagen, Dtsch. Entomol. Inst. der Dtsch. Akad. der Landwirtsch.-Wiss. zu Berlin. **Ergebnisse der Albanien-Expedition 1961 des Deutschen Entomologischen Institutes. 1. Beitrag. Bericht über den Verlauf der Reise.** Beitr. Entomol. **12** (1962) Nr. 7/8. S. 765–843. – 26 Abb., 9 Tab., 114 Lit. 1901.

Königsmann, Eberhard; Berlin-Friedrichshagen, Dtsch. Entomol. Inst. der Dtsch. Akad. der Landwirtsch.-Wiss. zu Berlin. **Ergebnisse der Albanien-Expedition 1961 des Deutschen Entomologischen Institutes. 2. Beitrag. Bibliographie zur entomologischen Erforschung Albaniens.** Beitr. Entomol. **12** (1962) Nr. 7/8. S. 844–915. – 1. Beitrag vgl. vorst. Ref. 1901.

B. Krankheiten und ihre Ursachen

Bajlov, D., Endemann, V., Palakarčeva, M. und Stojanova, M. (Bajlow, D., Endemann, W., Palakartschewa, M. und Stojanowa, M.) Izsledvanija vŭrchu ustojčivostta na njakoi bŭlgarski i drugi tjutjunevi sortove na manata po tjutjuna (Peronospora tabacina Adam). **(Untersuchungen über die Resistenz einiger bulgarischer und anderer Tabaksorten gegen Blauschimmel [Peronospora tabacina Adam].)** Rastitelna zaštita, Sofija **10** (1962) Nr. 3. S. 13–21. – 2 Tab., 4 Lit. Zus. in Russ., Engl.

Unter natürlichen Infektionsbedingungen prüften Vff. 63 kleinblättrige Zigarrentabaksorten Orienttabak als Setzlinge in Dresden und als erwachsene Pflanzen in Sofia sowie 34 großblättrige Zigarrentabaksorten als erwachsene Pflanzen in Sofia auf die Resistenz gegen Blauschimmel. Unter ihnen waren keine immunen oder resistenten Sorten zu ermitteln. Eine gewisse schwächere Empfindlichkeit zeigten 5 kleinblättrige Sorten als Setzlinge und als erwachsene Pflanzen. D. Dodow. 1911.

Kosljarová, Viera und Bojňanský, Vít.; Ivanka pri Dunaji, Ústav Exp. Fytopatol. a Entomol. Slov. Akad. Vied. Posôbenie vyšších teplôt na vznik nitkovitých klíčkov u zemiakov. **(Wirkung höherer Temperaturen auf die Bildung fadenförmiger Kartoffelkeime.)** Biológia [Bratislava] **17** (1962) Nr. 8. S. 621–625. – 4 Abb., 2 Tab., 7 Lit. Zus. in Russ., Dtsch.

An den Kartoffelsorten 'Krasava', 'Borka,' 'Bintje', 'Carmen' und der Hybride 'L 4/50' ermittelte man die Wirkung kurzfristiger (2 Std.) Temperaturschocks vor Keimbeginn: trockene Wärme 17° bis 60 °C und feuchte Wärme 16° bis 45 °C. Eine spez. Wirkung zeigte nur 2std. Warmwasserbadbehandlung (45 °C) mit anschließender Bildung 1–2 mm dicker oder fadenförmiger (weniger als 1 mm dicker) Keime. Derartige Keime werden auch durch Viren und Gibberellinsäure hervorgerufen. Am empfindlichsten waren die Sorten 'Krasava' und 'Bintje'. Z. Šesták. 1930.

Geraldson, C. M.; Bradenton, Gulf Coast Exp. Stat. Nutritional factors affecting the incidence and severity of blotchy ripening of tomatoes. **(Das Einwirken der Ernährungsfaktoren auf Auftreten und Stärke von Flecken bei reifenden Tomaten.)** Proc. Florida State horticult. Soc. **73** (1960, hrsg. 1961) S. 111–114. – 3 Tab., 18 Lit.

Vf. gibt eine Zusammenstellung der in der Lit. beschriebenen Symptome und Ursachen dieser Krankheit. Versuche bestätigten, daß das Auftreten von Flekken bei reifenden Tomaten im Gewächshaus auf eine geringe Nährstoffkonz. im Boden und ein verhältnismäßig niedriges NO_3/Cl-Verhältnis zurückzuführen ist. Bei Werten von 750 ppm und 25 NO_3/75 Cl mval zeigten 74% der Tomatenfrüchte charakteristische Flecke. E. Wittenberg. 1930.

Westerhout, J. Relation of fruit development to the incidence of blossom-end-rot of tomatoes. **(Die Beziehung zwischen Fruchtentwicklung und dem Auftreten der Blütenendfäule von Tomaten.)** Netherl. J. agric. Sci. **10** (1962) Nr. 3. S. 223–234.
In den Tomatenanbaugebieten von Ghana bedingen ungünstige klimatische Verhältnisse jährlich einen 25%igen Ertragsverlust an Früchten durch die Blütenendfäule, einer physiol. Erkrankung der Tomatenpflanze. Ziel vorliegender Untersuchungen war, unter trop. Bedingungen einige Faktoren zu erforschen, die zu dieser Krankheitserscheinung führen. Folgende Ergebnisse und Schlußfolgerungen werden mitgeteilt: Kräftiges Wachstum der Pflanzen vor dem Öffnen der ersten Blüten begünstigt das Auftreten der Erkrankung. Die ersten Krankheitssymptome zeigen sich 7–10 Tage nach der Blüte zu einer Zeit, wo die Pflanzen sehr empfindlich gegen Ca-Mangel sind, der auf verschiedene Faktoren wie Wachstumsrate und Fehlen eines Gleichgewichts zwischen Wasseraufnahme und Transpiration zurückgeführt wird. Ursache für die Blütenendfäule scheint eine ungenügende Ca-Versorgung in den Früchten zu sein. Der Ca-Mangel in den terminalen Knospen hat einen großen Einfluß auf die Verfügbarkeit dieses Elements für die Früchte. Bei langsamer Fruchtentwicklung reicht der Ca-Vorrat noch aus, um normale Früchte entstehen zu lassen. Bei einer Wachstumsrate aber, die etwas über den normalen Betrag hinausgeht, dehnt sich der Ca-Mangel auch auf die Früchte aus und wird dadurch zur Ursache der Erkrankung. G. Zahn. 1930.

Bohne, H.; Bad Godesberg. **Schädlichkeit von Staub aus Zementwerken für Waldbestände.** Allg. Forst-Z. **18** (1963) Nr. 7. S. 109–111. – 4 Abb., 2 Tab., 4 Lit.
Im Umkreis von Zementwerken ergaben einjährige Messungen im Durchschnitt Sedimentationsmengen bis 1,7 g Staub je m^2 und Tag sowie Wochenwerte bis 3,8 g Staub/Tag. Der Staub wird bezeichnet als stark kalk- und kieselsäurereich, basisch wirksam und abbindungsfähig, sein Verhalten steht, zumindest in Gegenwart von Feuchtigkeit, dem des Zements sehr nahe. Dadurch wird die Assimilation der Pflanzen beeinträchtigt. Außerdem können durch die hohe Alkalität die Zellinhaltsstoffe beschädigt oder zerstört werden. Vermehrtem Staubauswurf gehen geringere Jahresringbreiten parallel. Nadelhölzer werden stärker in Mitleidenschaft gezogen als Laubhölzer.
M. Amme. 1930.

Barron, G. L. und MacNeill, B. H.; Guelph, Ontario Agric. Coll., Dep. of Bot. A simplified procedure for demonstrating the parasexual cycle in Aspergillus. **(Ein einfaches Verfahren zur Darstellung des parasexuellen Zyklus bei Aspergillus.)** Canad. J. Bot. **40** (1962) Nr. 10. S. 1321–1327. – 5 Abb., 5 Lit.
1950.

Izard, Camille und Cradouteaud, Jeanine; Bergerac, Inst. Exp. des Tabacs. Sur les propriétés inhibitrices de croissance et toxiniques des extraits de conidies de Peronospora tabacina Adam. **(Über die kreuzungshemmenden und toxischen Eigenschaften der Konidienextrakte von Peronospora tabacina Adam.)** C.R. hebd. Séances Acad. Sci. **255** (1962) Nr. 15. S. 1773–1774. – 6 Abb. 1950.

Pethö, M. A kukorica golyvás üszöggombája (Ustilago maydis [DC.] Cd.) anyagcseréjének vizsgálata. **(Stoffwechseluntersuchungen beim Maisbeulenbranderreger [Ustilago maydis (DC.) Cd.].)** Magyar tudományos Akad.,

agrártudományok Osztályának Közleményei [Ung. Akad. Wiss., Ber. Abt. landwirtsch. Wiss.] **20** (1962) Nr. 1/2. S. 147–157. — Aus: Ung. Agrar-Rdsch. **1962** Nr. 4.
Ustilago maydis bevorzugt auf Nährböden, die verschiedene N-Quellen enthalten, Eiweiß-N. Die Entwicklung der dikaryotischen Hyphen auf Nährböden ist an die Anwesenheit org. N-Quellen gebunden. Glykokoll, Serin, Isoleuzin, Asparaginsäure, Glutaminsäure, Arginin und Histidin förderten mehr oder weniger die Entwicklung der dikaryotischen Hyphen. Norvalin, Norleuzin, Lysin, Cystin oder Methionin ermöglichen nicht einmal die Entwicklung der Sporidien. Unter den die Entwicklung der Population verhältnismäßig weniger fördernden Aminosäuren sind diejenigen zu finden [Alanin, Serin], die das Wachstum der dikaryotischen Hyphen am meisten ermöglichen. Auf Nährböden, die Cystin enthalten, vollzieht sich die Bildung von Luftmycel nur bei Anwesenheit anorg. N-Quellen. 1950.

Birchfield, Wray; Baton Rouge, La., U.S. Dep. of Agric., A.R.S., Crops Res. Div. Host-parasite relations of Rotylenchulus reniformis on Gossypium hirsutum. **(Wirt-Parasit-Beziehungen von Rotylenchulus reniformis an Gossypium hirsutum.)** Phytopathology **52** (1962) Nr. 9. S. 862–865. — 5 Abb., 10 Lit.
Vf. konnte folgende Feststellungen im Freiland und in Agarkulturen treffen: Junge Weibchen dringen allmählich in die Wurzeln bis zum Zentralzylinder ein und entnehmen die Nahrung aus dem Phloëm. In der Umgebung der Tiere werden mehrere Lagen der Epidermis- und Rindenparenchymzellen zerstört. Im Phloem sind, vom Kopf der Nematoden ausgehend, Zellpartien nach beiden Richtungen gebräunt. Dies wird auf toxische Stoffe zurückgeführt, die von den Nematoden ausgeschieden werden. Die jungen Weibchen schwellen 2 bis 3 Tage nach dem Eindringen in die Wurzeln an, nach weiteren 6–7 Tagen entwickeln sich die ersten Eier. Zu diesem Zeitpunkt sind Wurzelnekrosen schon deutlich sichtbar. Gelegentlich sind die Weibchen vom Wurzelgewebe völlig eingeschlossen. Die Entwicklungszeit vom Ei bis zur Eibildung betrug in Baumwollwurzeln bei Kulturen in Agar 17–23 Tage. Im Freiland wurden an den Wurzeln von 30 Tage alten Sämlingen bis 900 Eimassen je Pflanze festgestellt. H. Stelter. 1960.

Courtney, Wilbur D.; Puyallup, Wash., Western Washington Exp. Stat., Crops Res. Div. Stem nematode of red clover in the Pacific Northwest. **(Der Stengelnematode an Rotklee im Pazifischen Nordwesten.)** Washington agric. Exp. Stat., Bull. **1962** Nr. 640. S. 1–17. — 4 Abb., 5 Tab., 24 Lit.
Der Stengelnematode, *Ditylenchus dipsaci* (Kühn, 1857), wurde im Beobachtungsgebiet erstmalig i. J. 1918 an Rotklee festgestellt. Bevorzugte Wirte der Rotkleerasse in diesem Gebiet sind Rotklee, Schwedenklee, Erdbeere und *Phacelia heterophylla* Pursh. Von weiteren 51 geprüften Pflanzenarten wurden 37 nicht befallen, an 12 Arten erfolgte Befall, jedoch ohne weitere Entwicklung der Nematoden, während in *Lolium multiflorum* und *Vicia sativa* die volle Entwicklung nur in einzelnen Wachstumsabschnitten möglich war. Auf stark verseuchten Flächen wurden wild auflaufende Rotkleepflanzen noch 6 Jahre nach dem Rotkleeanbau zu 36% befallen; der Befall junger Keimpflanzen war z. T. so stark, daß sie schon vor dem Auflaufen zerstört waren. Bei feuchtem Wetter war der Befall stärker als bei trockenem. Die Verschleppung der Nematoden erfolgte hauptsächlich mit Kleeheu, hierin konnten sie sich bis zu 4 Jahren lebensfähig halten. Daneben trugen Erntemaschinen, durch Wind vertriebene Druschabfälle und Verunreinigungen der Kleesaat zur weiteren Verbreitung bei. Selbst an Kleesamen wurden häufig Nematoden gefunden, vor allem, wenn diese mit Honigtauausscheidungen von Blattläusen überzogen waren. — Tiefes Pflügen und mindestens 5jähriges Aussetzen des Anbaues von Rotklee werden als wirksame Vorbeugungsmaßnahmen angesehen. Auf die

Bedeutung resistenter Sorten wird hingewiesen. Die Bekämpfung mit Nematiciden ist zu kostspielig und nicht immer von dem gewünschten Erfolg begleitet. H. Stelter. 1960.

Endo, Burton Y.; Jackson, Tenn., U.S. Dep. of Agric., A.R.S., Crops Res. Div. Lethal time-temperature relations for Heterodera glycines. **(Die tödlichen Zeit-Temperatur-Beziehungen für Heterodera glycines.)** Phytopathology **52** (1962) Nr. 10. S. 992–997. – 4 Abb., 3 Tab., 10 Lit. –
In den Zysten befindliche Larven (**A**), freie Eier (**B**) und freie Larven (**C**) wurden einem Temperaturbereich von 110–145 °F (in 5° Intervallen) bei unterschiedlich langer Dauer ausgesetzt. Die Lebensfähigkeit der Larven wurde 10 Tage nach der Behandlung in Schlüpf- und Infektionsversuchen festgestellt. Folgende Behandlungen waren für die vollständige Abtötung der 3 Serien erforderlich: **A**) 145° = weniger als 1 Sek.; 140° = 10 Sek.; 135° = 40 Sek.; 130° = 2 Min.; 125° = 8 Min.; 120° = 30 Min.; 115° = 4 Std. und 110° = mehr als 8 Std. **B**) 145° = weniger als 1 Sek.; 140° = 10 Sek.; 135° = 1 Min.; 130° = 4 Min.; 125° = 8 Min.; 120° = 25 Min.; 115° = 4 Std. und 110° = mehr als 4 Std. **C**) 140° = 1 Sek.; 135° = 5 Sek.; 130° = 10 Sek.; 125° = 1 Min.; 120° = 2 Min.; 115° = 15 Min.; 110° = 30 Min. Für **A** und **B** ist die tödliche Temperatur-Zeit Einheit etwa gleich, während **C** wesentlich empfindlicher sind. Die Zystenhülle bietet demnach nur einen geringen Schutz gegen Hitzeeinflüsse. H. Stelter. 1960.

Miller, H. N. und Edwardo, A. A. di; Gainesville, Fla., Agric. Exp. Stat. Leaf galls on Siderasis fuscata caused by the root-knot nematode, Meloidogyne incognita incognita. **(Blattgallen an Siderasis fuscata, verursacht durch den Wurzelgallennematoden, Meloidogyne incognita incognita.)** Phytopathology **52** (1962) Nr. 10. S. 1070–1073. – 5 Abb., 8 Lit.
Die bis 77 mm breiten und 5 mm hohen Gallen befanden sich in der Regel auf der Blattunterseite an Blättern unterschiedlichen Alters, während die Wurzeln befallsfrei blieben. Die Befallsbedingungen wurden durch folgende Infektionsversuche geklärt: 1) Übersprühen der Pflanzen mit einer Nematodensuspension: a) 5 Tage mit Plaste abgedeckt; b) ohne Bedeckung. 2) Injektion einer Nematodensuspension in den Mittelnerv. 3) Kultivierung nematodenfreier Pflanzen in verseuchtem Boden. An den Blättern der unter 1a, 2 und 3 behandelten Pflanzen entwickelten sich Gallen. Es wurden nur die jüngsten, noch eingerollten Blätter befallen. Bes. Bedeutung für den Befall der Pflanzen vom Boden aus ist der Luftfeuchtigkeit und der Temperatur beizumessen, wie auch aus den Versuchen 1a und 1b hervorgeht. Der Kopf der Weibchen liegt immer im Gefäßsystem, während der Körper parallel zum Blatt orientiert ist. Riesenzellen sind vorhanden. Durch Heißwasserbehandlung (122 °F für 15 Min.) werden die in den Blättern befindlichen Nematoden, ohne nennenswerte Beschädigung der Pflanzen, abgetötet. H. Stelter. 1960.

Johnson, Leander; Knoxville, Univ. of Tennessee, Dep. of Plant Pathol. Effect of the addition of organic amendments to soil on root knot of tomatoes. II. Relation of soil temperature, moisture, and pH. **(Die Wirkung der Zugabe organischer Bestandteile zum Boden auf die Entwicklung von Wurzelgallen an Tomaten. 2. Mitt. Einfluß von Bodentemperatur, Feuchtigkeit und pH-Wert.)** Phytopathology **52** (1962) Nr. 5. S. 410–413. – 4 Abb., 10 Lit.
Aus früheren Arbeiten ist bekannt, daß durch Zugabe org. Subst. die Entwicklung von Gallen der Wurzelgallennematoden beeinträchtigt wird (vgl. Plant Disease Reptr. **43** [1959.] S. 1059.). In vorlieg. Arbeit teilt Vf. Versuche über die Beeinflussung der Gallenbildung durch Umweltfaktoren mit. Zerschnittenes reifes Haferstroh wurde mit *Meloidogyne incognita* verseuchtem Boden (1 lb./100 lb. Boden) zugegeben. Der Boden wurde 10 Wochen bei Temperaturen von 5–10–15–20–25 und 30 °C gelagert, in **6** in. Töpfe gefüllt,

mit Tomaten bepflanzt, bei gleichen Temperaturen im Gewächshaus gehalten und sein Besatz mit Gallen nach 6 Wochen ermittelt. Die Strohzugabe wirkte sich in einer signifikant geringeren Gallenzahl aus. Lagerung unter 15 °C bei beiden Varianten führte zu einer geringeren Gallenentwicklung als bei höheren Temperaturen. Reiner Boden und mit Haferstroh vermischter Boden wurden 10 Wochen bei 25–100, 50–100 und 80–100% Wassergehalt gelagert, danach mit Tomaten bepflanzt und normal gewässert. Den bis zur Sättigung gewässerten Boden ließ man bis zu den bestimmten niedrigen Feuchtigkeitsstufen trocknen und füllte laufend Wasser bis zur Sättigung auf. Der Gallenbesatz der Pflanzen auf dem Stroh-Boden-Gemisch war sehr niedrig (10–20 Gallen/Pflanze) und in den 3 Feuchtigkeitsstufen gleich hoch. An Pflanzen in reinem Boden entwickelten sich bei 25–100% Wassergehalt im Durchschnitt 140 Gallen, bei 50 bis 100% Wassergehalt 80 Gallen je Pflanze. Die Gallenzahl bei 80–100% Wassergehalt unterschied sich nicht von dem Stroh-Boden-Gemisch. Reiner Boden und ein Stroh-Boden-Gemisch wurden 10 Wochen bei 6 verschiedenen pH-Stufen gelagert und danach mit Tomaten bepflanzt. In dem unter pH 7 gehaltenen Gemisch entwickelten sich weniger Gallen als in reinem Boden, bei höherer Acidität traten keine Unterschiede auf. Die wenigsten Gallen wurden im Stroh-Boden-Gemisch bei pH 5,1–5,5 gebildet. — Die Behandlungen waren auf die Gallenbildung weniger wirksam als das Mischen des Bodens mit Stroh. Für Gewächshauskulturen wird die Strohbeimischung empfohlen, für den Feldanbau ist infolge des hohen Strohbedarfs die Anwendung sicher nur begrenzt durchführbar. H. Stelter. 1960.

Ruehle, John L. und Sasser, J. N.; Raleigh, N.C., Agric. Exp. Stat., Dep. of Plant Pathol. The role of plant-parasitic nematodes in stunting of pines in Southern plantations. **(Die Rolle pflanzenparasitischer Nematoden bei Wachstumsverzögerungen der Kiefern in südlichen Pflanzungen [Plantagen].)** Phytopathology **52** (1962) Nr. 1. S. 56–68. — 5 Abb., 5 Tab., 39 Lit.

Im Südosten von Nordkarolina sterben in einer Reihe von Fällen auf durchaus brauchbar erscheinenden Böden in jungen Kiefernanpflanzungen ganze Partien von Pflanzen ab oder wachsen sehr kümmerlich. Als Schadursache konnten Nematoden ermittelt werden. In Baumschulen und in Kiefernanpflanzungen wurden die Arten *Hoplolaimus coronatus*, *Meloidodera floridensis*, *Helicotylenchus nannus*, *Xiphinema americanum*, *Tylenchorhynchus claytoni* und *Trichodorus christiei* an geschädigten Pflanzen gefunden, während die Arten *Belonolaimus gracilis*, *Meloidogyne arenaria* und Arten aus den Gattungen *Dolichodorus*, *Longidorus*, *Criconemoides*, *Pratylenchus* und einiger anderer weniger häufig auftraten. Außer *M. floridensis* handelt es sich um Arten, die überall in N.C. vorkommen und an verschiedenen Pflanzen Schäden verursachen. Bes. schädlich an Kiefern erwiesen sich *H. coronatus* und *M. floridensis*, während für *H. nannus* und *X. americanum* trotz Befall deutliche Schäden nicht nachgewiesen werden konnten. *M. floridensis* bedingt erhebliche Wurzelschäden, das Wachstum der oberirdischen Teile ist jedoch nicht so stark in Mitleidenschaft gezogen wie bei Befall durch *H. coronatus*. Die Reihenbehandlung mit DD (20 gal./acre) vor dem Pflanzen wirkte sich günstig auf das Wachstum der Pflanzen aus, 10 gal./acre und DBCP 2,5 und 5 gal./acre waren weniger wirksam. H. Stelter. 1960.

Ruehle, John L.; Raleigh, N.C., Agric. Exp. Stat., Dep. of Plant Pathol. Histopathological studies of pine roots infected with lance and pine cystoid nematodes. **(Histopathologische Studien an Kiefernwurzeln, die mit dem „lance“ und Kiefern-Zystennematoden infiziert waren.)** Phytopathology **52** (1962) Nr. 1. S. 68–71. — 8 Abb., 9 Lit.

Im Südosten von Nordkarolina werden an Kiefern (*Pinus elliottii* und *P. taeda*) durch den „lance“-Nematoden (*Hoplolaimus coronatus*) und den Kiefern-

Zystennematoden (*Meloidodera floridensis*) erhebliche Schäden verursacht. Nach Angabe der Fixier- und Färbemethode teilt Vf. seine Untersuchungsergebnisse mit. *H. coronatus* dringt in Seitenwurzeln ein, verbleibt in der Regel im Rindengewebe und wandert parallel zur Längsachse der Wurzel. Die auf dem Wanderwege in unmittelbarer Nähe der Tiere befindlichen Zellen werden zerstört. Gelegentlich wurde auch das Xylem in Mitleidenschaft gezogen. *M. floridensis* befällt ebenfalls beide Wirte und dringt dicht hinter der Wurzelspitze oder durch Risse und Wunden bevorzugt in Seitenwurzeln ein. Die Wanderung in der Wurzel erfolgt größtenteils in den Intercellularen. Riesenzellen entwickeln sich im Rindengewebe am Kopfende der Weibchen. Die Zellregionen der Riesenzellen in Nähe des Kopfes sind dicker als die vom Kopf weiter entfernten. In vielen Fällen konnte eine Einengung des Gefäßsystems durch die Riesenzellen beobachtet werden. Die äußeren Zellagen wurden durch die Volumenzunahme der Weibchen zerstört. Männchen dieser Art wurden nicht beobachtet. H. Stelter. 1960.

Fritzsche, R. und Jüttner, P.; Aschersleben, Inst. für Phytopathol. der Biol. Zentralanst. der Dtsch. Akad. der Landwirtsch.-Wiss. zu Berlin; Rat des Kreises. **Die Acarose der Kartoffeln.** Dtsch. Landwirtsch. **14** (1963) Nr. 2. S. 83–85. — 1 Abb. — nach Zus.

Die Spinnmilbe *Tetranychus urticae* ist in der DDR allg. verbreitet. Meldungen über ihr Auftreten an Kartoffeln liegen aus fast allen Bezirken vor. Da bei Massenauftreten erhebliche Ertragsausfälle eintreten können, ist der Acarose bes. Beachtung zu schenken. Nur durch rechtzeitige Gegenmaßnahmen können größere volkswirtschaftliche Schäden verhindert werden. Mit Routinemaßnahmen sind hiergegen keine Erfolge zu erreichen. Nur durch eine gezielte Bekämpfung lassen sich Ertragsausfälle vermeiden. 1960.

Post, A.; Wilhelminadorp, Netherlands, Proefstat. voor de Fruitteelt in de Volle Grond. The effect of cultural measures on the population density of harmful and beneficial organisms in orchards. **(Die Wirkung von Kulturmaßnahmen auf die Populationsdichte schädlicher und nützlicher Organismen in Obstplantagen.)** Entomophaga [Paris] **7** (1962) Nr. 3. S. 257–262. — 7 Lit.

In einer alten vernachlässigten und einer neuen gepflegten Obstplantage wurde der Einfluß von Pflanzenschutzmaßnahmen, Bodenbearbeitung, Düngung und Baumschnitt auf die Population von *Aphis pomi* de Geer, *Eriosoma lanigerum* (Hausm.) und *Metatetranychus ulmi* (Koch) untersucht. Das Anwachsen der Milben- und Blattlauspopulationen geht sowohl auf eine verminderte Mortalität infolge einer Reduktion der Räuber durch Pflanzenschutzmaßnahmen als auch auf eine vermehrte Reproduktion als Folge eines verbesserten physiol. Zustandes der Wirtspflanze (N-Gehalt der Blätter) zurück.
E. Königsmann. 1960.

Fritzsche, R.; Aschersleben, Inst. für Phytopathol. der Biol. Zentralanst. der Dtsch. Akad. der Landwirtsch.-Wiss. zu Berlin. **Spinnmilbenprobleme im Gemüsebau.** Dtsch. Akad. Landwirtsch.-Wiss. Berlin, Tagungsber. **1962** Nr. 51. S. 89–94. — 5 Lit. Zus. in Russ., Engl. — nach Zus.

Für das Spinnmilbenauftreten im Gemüsebau spielen die Wechselbeziehungen zwischen Schädling und Wirtspflanze eine wesentliche Rolle. Sie wirken sich sowohl auf die Populationsbewegung als auch auf die Empfindlichkeit der Milben gegen Acaricide aus. Sowohl das Entwicklungsstadium der Wirtspflanze, die chem. Zusammensetzung ihrer Blätter als auch die Sortenzugehörigkeit sind hierbei von Bedeutung. Den Fragen der Acaricidresistenz muß im Gemüsebau bes. Beachtung geschenkt werden, da hier durch zahlreiche Bekämpfungen die Ausbildung resistenter Rassen begünstigt wird. Als vorbeugend gegen Resistenzausbildung muß in erster Linie der Wirkstoffwechsel angesehen werden. Die Einsatzmöglichkeiten der z. Z. im Handel befindlichen

Acaricidpräparate im Gemüsebau werden erörtert. Die bisher üblichen Routinemaßnahmen müssen durch gezielte Bekämpfungsmaßnahmen abgelöst werden. 1960.

Smith, B. D.; Bristol, Univ., Long Ashton Res. Stat. The behaviour and control of the blackcurrant gall mite Phytoptus ribis (Nal.). **(Das Verhalten und die Bekämpfung der Johannisbeergallmilbe Phytoptus ribis [Nal.].)** Ann. appl. Biol. **50** (1962) Nr. 2. S. 327–334. – 3 Abb., 3 Tab., 5 Lit.
Um den Verlauf der Wanderung der Milben aus den alten Gallen in die jungen Knospen zu verfolgen, wurden in den Jahren 1959–61 im Abstand von 1 Woche Gruppen von eingetopften befallsfreien Johannisbeersträuchern für je 1 Woche zwischen Sträucher mit einem Befall von ca. 25% gestellt, und im Herbst der Milbenbefall ermittelt. Die Überwanderung findet im Frühjahr im Verlauf von etwa 90 Tagen statt. Das Maximum der Wanderung fällt mit der Blütezeit, die 14–34 Tage dauert, zusammen. 56,5% der Knospen wurden i. J. 1961 während der Blütezeit befallen. Bei der Bekämpfung müssen vor allem die sich neu entwickelnden Blätter oder aber die jungen Knospen mehrfach, vor allem während der Blüte, und gründlich behandelt werden. Netzschwefel, zu Beginn der Blüte und 2 Wochen später eingesetzt, war ebenso wirksam wie Schwefelkalkbrühe. Thiodan wirkte nicht besser als Schwefelkalkbrühe. Der Zusatz von Netzmitteln erhöhte die Wirksamkeit bedeutend.
E. Königsmann. 1960.

Domes, R. Anthocoptes rubi n.sp. (Acar., Eriophyidae) an Rubus bifrons Vest. **(Anthocoptes rubi n. sp. [Acar., Eriophydiae] an Rubus bifrons Vest.)** Z. angew. Entomol. **50** (1962) Nr. 3. S. 343–349. – 2 Abb., 3 Tab., 8 Lit.
An *Rubus bifrons* und *R. thyrsoideus* beobachtete Vf. die neue Gallmilbenart *Anthocoptes rubi* Domes, die aber ohne wirtsch. Bedeutung ist. Damit sind aus der Umgebung von Mannheim bisher 5 Gallmilbenarten an *Rubus* bekannt. Andere Wirtspflanzen befällt die neue Art nicht. Die Milbe verursacht millimetergroße hellgrüne Flecke (Saugstelle) auf der Blattoberfläche, die verschmelzen können. Maximale Besiedlungsdichte zeigt die Milbe an Blättern, die ihr Wachstum abgeschlossen haben, und zwar im Okt. Unter Klimabedingungen, die den natürlichen angepaßt waren, hatten 2 Individuen nach 8 Mon. 26312 Nachkommen. Im Spätherbst entstehen Deutogynen. Als Räuber wurde *Typhlodromus caudatus* festgestellt. E. Königsmann. 1960.

Schruft, Günter; Freiburg/Br., Staatl. Weinbau-Inst. **Die Blattgall- oder Pockenmilbe der Rebe (Eriophyes vitis Pgst.) und ihre physiologischen Rassen.** Wein-Wiss. **17** (1962) Nr. 10. S. 249–256.
Die Pockenmilbe der Rebe kommt in fast allen Weinbaugebieten der Welt vor, befällt aber nur die eur. Sorten von *Vitis vinifera*. Der Befall wird allg. als harmlos angesehen. Biologie, Auftreten und Bekämpfungsmöglichkeiten dieser Blattgallmilbe, die Ernteverluste bis zu 50% und Totalverluste einzelner Stöcke verursachen kann, werden dargestellt. In den 20er Jahren dieses Jh. wurden in Kalifornien Mißbildungen an Reben beobachtet, die nach langjährigen Studien als Schäden durch eine neue Rasse der Pockenmilbe – die Knospenmilbenrasse (grape bud mite, bud mite strain) – erkannt wurden. Da die Symptome nicht sehr spez. sind, ist die Diagnose schwierig. Der eur. Weinbau muß auf das evtl. Auftreten dieser Rasse der weitverbreiteten Pockenmilbe achten. F. Gollmick. 1960.

Hochmut, Richard; Zbraslav-Strnady, Výzkumný Ústav Lesního Hospodářství a Myslivosti. Současné světové teorie populační dynamiky hmyzu a jejich význam v ochraně lesů. **(Die aktuellen bedeutenden Theorien über die Populationsdynamik der Insekten und ihre Bedeutung im Forstschutz.)** Lesnictví **8(35)** (1962) Nr. 7. S. 567–588. – 3 Abb. Zus. in Russ., Engl., Span., Dtsch.

Die Theorie von Nichols beruht auf der Vorstellung des Gleichgewichts zwischen Population und Umwelt, das durch Selbstregulierung erhalten bleibt. Thompson dagegen glaubt, daß die Hauptursachen für die Hemmung des Populationszuwachses in den zufälligen extremen Witterungseinflüssen zu suchen seien. Er berücksichtigt jedoch nicht Faktoren, die von der Populationsdichte abhängig sind, während Andrewarthy-Birche dagegen ausschl. diese Faktoren anerkennt. Nach Milne ist für die Populationsdynamik die Umwelt, teilweise unter Mitbeteiligung der Organismen selbst, entscheidend. Schwerdtfeger erklärt die Populationsdynamik der Insekten durch die Gradozöntheorie (Gradozön = ein dynamisches System sämtlicher Komponenten der Biozönose und der sie beeinflussenden Faktoren, die räumlich und zeitlich in ständiger Bewegung). Die beiden letzterwähnten Theorien haben in der angewandten Entomologie Bedeutung infolge ihrer dialektischen Auffassung. F. Kopřiva. 1960.

Eidmann, H.; Stockholm, Königl. Forstl. Hochschule. **Das schädliche Auftreten und die Bekämpfung der Lärchentriebmotte.** Allg. Forst-Z. **18** (1963) Nr. 2. S. 32–33. 1960.

Legner, Fred und Oatman, Earl R.; Madison, Univ. of Wisconsin, Dep. of Entomol. Sampling and distribution of summer eye-spotted bud moth Spilonota ocellana (D. & S.), larvae and nests on apple trees. **(Probenehmen und Verteilung von Larven und Nestern von Spilonota ocellana [D. et S.] auf Apfelbäumen.)** Canad. Entomologist **94** (1962) Nr. 11. S. 1187–1189. – 2 Tab., 3 Lit.

Statistische Erhebungen ergaben eine ungleiche Verteilung der Nester der Sommerlarven von *Spilonota ocellana* (D. et S.) in Wisconsin auf Apfelbäumen. Die Bäume wurden zu diesem Zweck in 3 Regionen eingeteilt, wobei die Zweigstärke zugrunde gelegt wurde. Die höchsten Nestzahlen wurden an den mittelstarken Zweigen gefunden. Die Methode der Probeentnahme und deren statistische Auswertbarkeit werden beschrieben, um ein reales Bild von den Befallsverhältnissen und dem Bekämpfungserfolg zu erhalten. K. Geißler. 1960.

Wheatley, G. A. und Dunn, J. A.; Wellesbourne, Warwick, Nat. Vegetable Res Stat. The influence of diapause on the time of emergence of the pea moth Laspeyresia nigricana (Steph.). **(Der Einfluß der Diapause auf die Schlüpfzeit des Erbsenwicklers Laspeyresia nigricana [Steph.].)** Ann. appl. Biol. **50** (1962) Nr. 3. S. 609–611. – 2 Lit.

Erfolge bei der Erbsenwicklerbekämpfung können mit DDT unmittelbar vor Beginn des Schlüpfens der Junglarven erzielt werden (bei Aussaat Ende Apr. bis Anfang Mai 7–10 Tage nach Erscheinen der ersten Blüten). Bei anderen Aussaatterminen ist die Feststellung des Falterfluges notwendig. Es wurden daher Untersuchungen über die Flugbedingungen und den -termin durchgeführt. Beide sind von den Temperaturen während der Diapause abhängig. Etwa 5–11 °C während der Diapause für etwa 10 Wochen brachten die besten Entwicklungsbedingungen. Hiervon sind die Flugzeit und die Populationsdichte im kommenden Jahr abhängig. Der Verlauf der Bodentemperatur im Winter mehrerer Jahre wird mit der jeweils folgenden Population verglichen. R. Fritzsche. 1960.

Popov, V. und Dončev, N. (Popow, W. und Dontschew, N.) Proučvanija vŭrchu biologijata, vredata i sredstvata za borba s carevičnija probivač (Pyrausta nubilalis Hb.) kato neprijatel po carevicata za uslovijata na Dobrudža. **(Untersuchungen über die Biologie, den Schaden und die Bekämpfungsmittel gegen den Maiszünsler [Pyrausta nubilalis Hb.] als Maisschädling unter den Verhältnissen der Dobrudsha.)** Izvestija na Dobrudžanskija selskostopanski naučnoizsledovatelski institut, Tolbuchin-Sofija **2** (1962) S. 95–126. – 9 Tab., 23 Lit. Zus. in Russ., Engl.

Unter den Verhältnissen der Dobrudsha entwickelt der Maiszünsler eine volle und teilweise eine 2. Generation. Hauptwirtspflanze ist Mais. Selbst bei einer Befallsdichte von durchschnittlich 9,8 Raupen je Maisstengel erfuhr der Kornertrag keine Einbuße. 3 Stäubungen mit DDT 5% oder oberflächliches Ausstreuen von granuliertem DDT führte zur Befallsminderung um 73% gegenüber unbehandelt. Der Praxis wird Ernteeinbringung durch Maiserntemaschinen mit tiefem Schnitt der Maisstengel empfohlen. Dadurch bleiben weniger in der Diapause befindliche Raupen zurück. Bei Einsatz der Maisvollerntemaschine sollen die Stengel gehäckselt und eingesäuert, die nichteingesäuerten verfüttert und die Rückstände auf dem Feld verbrannt werden. Parasiten des Maiszünslers finden Erwähnung. A. Balewski. 1960.

Bonnemaison, L. Étude de quelques facteurs de la fécondité et de la fertilité chez la noctuelle du chou (Mamestra brassicae L.) (Lep.). III. Influence de la diapause. **(Studie über einige Faktoren, die die Eiablage und die Fruchtbarkeit der Kohleule [Mamestra brassicae L.] [Lep.] beeinflussen. 3. Mitt. Einfluß der Diapause.)** Bull. Soc. entomol. France **66** (1961) Nr. 5/6. S. 128–133. – 2 Abb., 2 Lit. 2. Mitt. vgl. LZ. Abt. II 8 (1963) Nr. 2. S. 529.
Die Zahl abgelegter Eier und die Fruchtbarkeit der Falter aus Puppen ohne Diapause waren höher als die derjenigen aus Diapausepuppen, aufgezogen bei 20 °C für 7 oder 11 Mon. Sie lagen aber unter derjenigen Leistung, die Falter von Puppen zeigten, die während der Diapause 2 Mon. lang 5 °C erhielten, anschließend in 20° gelangten und am Ende des 3. Mon. nach der Verpuppung schlüpften. Dieser indirekte Einfluß der Kälte auf die Fortpflanzungsleistung wird als Ursache für die rel. Seltenheit der Art im Süden Frankreichs und in Nordafrika gesehen. Der Prozentsatz der Diapausen war zur 1. und vor allem 3. Generation höher als zur 2. Die ununterbrochene Aufzucht von 14 Generationen schwächte nicht das Verhältnis der Puppendiapause.
W. Tannert. 1960.

Bonnemaison, L. Étude de quelques facteurs de la fécondité et de la fertilité chez la noctuelle du chou (Mamestra brassicae L.) (Lep.). IV. Influence de l'age de la femelle sur la proportion de diapause dans sa descendance. **(Studie über einige Faktoren, die die Eiablage und die Fruchtbarkeit der Kohleule [Mamestra brassicae L.] [Lep.] beeinflussen. 4. Mitt. Einfluß des Weibchen-Alters auf das Diapauseverhältnis in der Nachkommenschaft.)** Bull. Soc. entomol. France **66** (1961) Nr. 5/6. S. 134–137. – 2 Tab., 5 Lit. 3. Mitt. vgl. vorst. Ref.
Es besteht keine eindeutige Beziehung zwischen den frühen und späten Eiablagen im Hinblick auf das Diapauseverhältnis bei der Nachkommenschaft (Schwankungen zwischen 20 und 70% Diapausehäufigkeit). Allerdings zeigten die späten Eiablagen einen höheren Prozentsatz der Diapause als die frühen. Einfluß von niedriger Temperatur (5 °C 10 Tage lang auf die Weibchen oder auf die schlüpfbereiten Puppen) oder von Dauerlicht auf die Weibchen erzeugte künstliche Verspätung der Eiablage, erhöhte aber sehr stark den Anteil der diapausierenden Tiere in der Nachkommenschaft der Weibchen.
W. Tannert. 1960.

Baggiolini, M.; Lausanne, Domaine de Changins-sur-Nyon, Stat. Fédérales d'Essais Agric. Trois chenilles défeuillantes des arbres fruitiers actives en été: Taeniocampa (Monima) incerta, T. stabilis (Lép. Noctuidés) et Orgya gonostigma (Lép. Lymantriidé). **(Drei Raupen, die im Sommer Obstbäume entblättern: Taeniocampa [= Monima] incerta, T. stabilis [Lep., Noctuidae] und Orgya gonostigma [Lep., Lymantriidae].)** Rev. romande [Lausanne] **16** (1960) Nr. 9. S. 78–81. – 12 Abb.
Es handelt sich um Schädlinge, die in jüngster Zeit in Obstanlagen teilweise erhebliche Schäden an Jungtrieben, Blättern und Früchten von Apfel und Birne verursachten. Während die beiden *Taeniocampa*-Arten als Puppen im Boden überwintern, die Imagines nächtlich im März–Mai fliegen, ihre Eier in

Haufen zu ca. 50 Stck. auf den Obstbäumen ablegen und nur eine Generation haben, überwintert *O. gonostigma* als halberwachsene Raupe leicht eingesponnen im abgefallenen Laub des Vorjahres und entwickelt 2 Generationen. *Taeniocampa* sollte, falls überhaupt nötig, zur ersten Nachblütespritzung durch Beigabe von Arsen oder im Falle der Notwendigkeit schneller Vernichtung durch Dipterex oder DDD (Rhothane) bekämpft werden. Während die Raupen von *Taeniocampa* tagsüber versteckt leben und nachts fressen, finden sich die Jungraupen von *O. gonostigma* zunächst in Massenansammlungen (Mitte Juni) an den Blattunterseiten und breiten sich Ende Juni, Anfang Juli über den ganzen Baum aus. Die Imagines der 1. Generation (Weibchen flügellos, verbleiben im Puppenkokon auf dem Baum) fliegen Ende Mai, die der 2. Generation Ende Juli. Das Massenauftreten der 2. Jungraupen erfolgt im Aug. Mitte Aug. verkriechen sich die Raupen in die noch grünen Blätter und fallen dann zur Überwinterung mit ihnen im Herbst ab. Zur Bekämpfung wird DDD, DDT oder Bleiarsen im Frühjahr (1. Generation) oder auch Dipterex zur schnellen Vernichtung der 2. Generation im Sommer empfohlen.
W. Tannert. 1960.

Parencia jun., C. R., Cowan jun., C. B. und Davis, J. W.; Waco, Tex., U.S. Dep. of Agric., A.R.S., Entomol. Res. Div. Relationship of Lepidoptera light-trap collections to cotton field infestations. **(Beziehung zwischen Lepidopteren-Lichtfallenfängen und dem Befall von Baumwollfeldern.)** J. econ. Entomol. **55** (1962) Nr. 5. S. 692–695. — 1 Tab., 4 Lit.

Mehrjährige Lichtfallenfänge auf Baumwollfeldern zeigten, daß aus den Fangergebnissen von *Heliothis zea* Boddie, *H. virescens* F., *Alabama argillacea* Hübner und *Trichoplusia ni* Hübner auf die Befallstärke auf den Feldern geschlossen werden kann. Die Fangmethode ist daher für Zwecke des Warndienstes brauchbar. Eine Ausnahme machte *Pectinophora gossypiella* Saunders, dessen Auftreten im Verlauf mehrerer Jahre starken Schwankungen unterlag.
R. Fritzsche. 1960.

Geißler, K.; Aschersleben, Inst. für Phytopathol. der Biol. Zentralanst. der Dtsch. Akad. der Landwirtsch.-Wiss. zu Berlin. **Untersuchungen über Auftreten und Massenwechsel der Erbsengallmücke (Contarinia pisi Winn.)** Dtsch. Akad. Landwirtsch.-Wiss. Berlin, Tagungsber. **1962** Nr. 51. S. 95–105. — 7 Abb., 8 Lit. Zus. in Russ., Engl. — nach Zus.

Die Erbsengallmücke, *Contarinia pisi* Winn., vermag bei einem Massenauftreten dem Erbsenanbau gefährlich zu werden. Die Imagines erscheinen Ende Mai bis Anfang Juni auf den Erbsenflächen, wobei mittlere und späte Sorten gefährdet sind. Die Eiablage erfolgt in den Knospen oder in den Triebspitzen. Erstere nehmen infolge der Saugtätigkeit der weißlichen Larven ein charakteristisch geschwollenes Aussehen an und vertrocknen später, während letztere wegen mangelhaften Internodienwachstums gestaucht werden. Die Larven gehen nach etwa 10 Tagen in den Boden, wo sie in 2 bis 6 cm Tiefe in einem Kokon überwintern. Die Verpuppung erfolgt in der Regel im Mai des folgenden Jahres. Hierfür ist aber neben einer bestimmten Temperatur eine gewisse Bodenfeuchtigkeit notwendig; fehlt letztere, unterbleibt das Schlüpfen, und die Kokonlarven überliegen mindestens ein Jahr. Unter bes. günstigen Bedingungen kann es zur Ausbildung einer 2. Teilgeneration kommen. Unter den Verhältnissen des Untersuchungsgebietes scheint dies jedoch nicht der Fall zu sein. — Eine Eindämmung des Schadens ist nur durch Bekämpfung der Imagines möglich. Hier muß noch eine sichere und einfache Prognosemethode erarbeitet werden. 1960.

Harper, A. M.; Lethbridge, Alberta, Canada Agric. Res. Stat. Life history of the sugar-beet root maggot Tetanops myopaeformis (Röder) (Diptera: Otitidae) in Southern Alberta. **(Lebensweise der Zuckerrübenwurzelfliege Tetanops**

myopaeformis [Röder] [Diptera: Otitidae] im südlichen Alberta.) Canad. Entomologist **94** (1962) Nr. 12. S. 1334–1340. – 3 Tab., 11 Lit.

Seit dem Jahre 1955 verursacht *Tetanops myopaerformis* starke Schäden an jungen Zuckerrübenpflanzen im südlichen Alberta. Biol. Untersuchungen ergaben, daß der Schädling als ausgereifte Larve im Boden überwintert. Von Ende Mai bis Anfang Juni erfolgt die Verpuppung und bis Anfang Juli schlüpfen die letzten Insekten. Im südlichen Alberta wurde bisher jährlich nur eine Generation beobachtet. Durch Wurzelfraß verursacht die Larve des Schädlings starke Schäden und bringt die jungen Pflanzen zum Absterben. Bodenproben im Dez. ergaben, daß die größte Anzahl Larven in Tiefen von ca. 18 bis 23 cm abgewandert war. E. Zesewitz. 1960.

Lebensweise und Bekämpfung der Fichtengespinstblattwespe (Cephalcia abietis L.) in den Beständen der Mittelgebirge. Tharandt, Abt. Forstschutz gegen tierische Schädlinge des Inst. Forstwiss. Dtsch. Akad. Landwirtsch.-Wiss. Berlin Plan-Nr.: 170122b – 1–12/0. Wiss. Ber. (21/3. 1963).

In den Mittelgebirgen der DDR, vor allem im Erzgebirge und in Thüringen, tritt *Cephalcia abietis* L. als hartnäckiger Schädling in älteren Fichtenbeständen der Höhenlagen zwischen 500 und 900 m NN auf. Nach einem Überblick der Verbreitung dieser Blattwespenart, ihres bisherigen Auftretens seit der Mitte des 19. Jh. in Deutschland und im Ausland, der in Dtschl. lebenden *Cephalcia*-Arten und der Beschreibung der einzelnen Entwicklungsstadien wird auf die Bionomie näher eingegangen. Der Parasitierungsgrad der Larven betrug im 10 jähr. Durchschnitt 16,5–56%, maximal in 1 Revier 69%. Die Larvenzahl/m² Boden ging in dieser Zeit von 329 auf 69/m² zurück. Maximal wurden 1760 Larven/m² gefunden. Der Hauptflug fand in den Jahren 1954, 1956, 1958, 1960 und 1962 statt. Die vorangehenden Bodensuchen wiesen jeweils 93,6/62,4/22,7/70,4/19,0% verpuppungsbereiter Larven auf. 1960.

Jørgensen, Jørgen. Forekomsten af visse økonomisk vigtige insektarter i gule fangbakker, i årene 1953–1958. **(Insekten von wirtschaftlicher Bedeutung in Fängen mit Moericke-Schalen in Dänemark in den Jahren 1953–58.)** Tidsskr. Planteavl **66** (1962) Nr. 4. S. 667–699. – 28 Abb., 11 Lit.

Für Blattlausuntersuchungen in Kartoffel- und Rübenfeldern wurden in verschiedenen Gebieten Dänemarks mehrjährige Fänge mit Moericke-Schalen durchgeführt. Neben Blattläusen, die in einer gesonderten Arbeit behandelt werden sollen, fingen sich vor allem *Meligethes aeneus* und *M. viridescens*. Von den übrigen Schadinsekten wurden quantitativ ausgewertet: *Ceuthorrhynchus assimilis, C. quadridens, Phyllotreta undulata, Chaetocnema concinna* und *Longitarsus* spp. Daneben fanden sich noch weitere Erdfloharten, ferner *Apion*- und *Sitona*-Arten. Von den Fliegen interessierten noch *Chortophila brassicae, C. cilicrura, C. trichodactyla* und *C. floralis* sowie *Pegomyia hyoscyami*. Der Populationsverlauf der Arten ist in zahlreichen Diagrammen zusammengestellt. R. Fritzsche. 1960.

Cinovskij, Ja. P., Egina, K. Ja. und Strazdinja, A. A. (Zinowski, Ja. P., Jegina, K. Ja. und Strasdinja, A. A.); Riga, Inst. für Biol. der Akad. der Lett. SSR. Ispol'zovanie morfologičeskich priznakov dlja prognozirovanija vreditelej rastenij. **(Ausnutzung morphologischer Merkmale für die Prognose von Pflanzenschädlingen.)** Žurnal obščej biologii, Moskva **24** (1963) Nr. 1. S. 30–42. – 11 Abb., 4 Tab., 6 Lit. Zus. in Engl.

Anhand von Daten über die Breite des Kopfes, Körperlänge, Vergrößerung der Ovariolen und Germarien verschiedener Altersstufen wird eine kurzfristige Vorausbestimmung des Termins der Verpuppung und Eiablage für die Schnellkäfer *Agriotes obscurus* und *Selastosomus aeneus* sowie für *Hylemyia antiqua* und *Eumerus strigatus* ermöglicht. E. Rieske. 1960.

Kočmíd, Václav. Slunečko vojtěškové (Subcoccinella vigintiquatuorpunctata L.) – méně známý škůdce cukrovky. **(Der Luzernemarienkäfer [Subcoccinella vigintiquatuorpunctata L.] — ein wenig bekannter Rübenschädling.)** Listy Cukrovarnické 78 (1962) Nr. 6. S. 121–123. – 6 Abb., 3 Lit. Zus. in Russ., Dtsch.

Im Jahre 1961 war in mittel- und ostböhmischen Bezirken an Zuckerrübenblättern Larvenfraß zu beobachten. Überwinterung des Schädlings erfolgt als Imago. Die Eiablage findet in der 2. Maihälfte statt. Das Larvenstadium erstreckt sich auf ca. 4 Wochen, das Puppenstadium auf ca. 10 Tage. In der 1. Julihälfte erscheinen die Käfer der neuen Generation. Schadbild und -ausmaß werden besprochen. Zur Bekämpfung eignen sich DDT- und HCH-Präparate. In der ČSSR ist der verursachte Schaden geringfügig. P. Bartoš. 1960.

Zamfirov, C. (Samfirow, Z.) Obiknoven žiten brŭmbar (Anisoplia austriaca Hrbst.), biologija i sredstva za borba. **(Der Gemeine Getreidelaubkäfer [Anisoplia austriaca Hrbst.], Biologie und Bekämpfungsmittel.)** Izvestija na Selskostopanskija naučnoizsledovatelski institut – Kneža, Sofija 3 (1962) S. 149–169. – 10 Abb., 9 Tab., 11 Lit. Zus. in Russ., Engl.

Es wurde ermittelt, daß unter natürlichen Verhältnissen Eistadium 20 Tage, Larvenstadium 22 Mon., Puppenstadium 20 Tage und Lebensdauer des Käfers 30 Tage dauern. In Labor.- und Feldversuchen haben sich am besten bewährt: gegen Junglarven HCH 12% (80 kg/ha, in den Boden eingearbeitet, 72% Sterblichkeit); gegen den Käfer HCH 12 oder 20%, 50 kg/ha über die Saaten gestäubt. A. Balewski. 1960.

Popova, V. (Popowa, W.) Mŭchnatijat brŭmbar (Epicometis hirta Poda – Tropinota hirta Poda) i borbata s nego. **(Der zottige Blütenkäfer [Epicometis hirta Poda — Tropanota hirta Poda] und dessen Bekämpfung.)** Izvestija na Centralnija naučnoizsledovatelski institut za zaštita na rastenijata, Sofija 2 (1962) S. 80–113. – 5 Abb., 9 Tab., 28 Lit. Zus. in Russ., Dtsch.

Vf. bespricht Systematik, geographische Verbreitung, Schadbild und die Entwicklungsstadien des Blütenkäfers. Zur Bekämpfung werden Bestäuben der Pflanzen (I) mit Holfidal und Toxaphen bzw. Bodenbehandlung (II) (40 kg/ha) mit einem Gemisch aus DDT (5%) und HCH (12%) (1:1) und anschließendes Einarbeiten in den Boden empfohlen. Sollten Holfidal und Toxaphen nicht zur Verfügung stehen, so ist die Dosierung bei der Bodenbehandlung auf 60 kg/ha zu erhöhen. Das Mischungsverhältnis soll dann 1:2 betragen. A. Balewski. 1960.

Luca, Yvon de; Alger, École Nat., Lab. de Zool. d'Agric., Au sujet de Bruchidius algiricus All. et Bruchidius incarnatus Boh. [Col. Bruchidae]. **(Über Bruchidius algiricus All. und Bruchidius incarnatus Boh. [Col. Bruchidae].)** Ann. Inst. agric. Serv. Rech. Exp. agric. Algérie 2 (1960) Nr. 2. S. 1–12. – 10 Abb., 11 Lit.

Die Arbeit behandelt die Synonymie, Artbeschreibung, geographische Verbreitung und Wirtspflanzen der beiden Arten. Für beide waren bisher nur Leguminosen als Wirtspflanzen nachweisbar. *B. algiricus* All. kommt in Marokko und Algerien, aber nicht in Tunesien vor. *B. incarnatus* Boh. ist in Tunesien und Algerien, aber nicht in Marokko zu finden. Die Biologie beider Arten ist bisher unbekannt. W. Tannert. 1960.

Nikolova, V. (Nikolowa, W.) Vredni počveni nasekomi po zelenčukovite rastenija. **(Schädliche Bodeninsekten an den Gemüsepflanzen.)** Gradinarstvo, Sofija 4 (1962) Nr. 8. S. 25–28. – 1 Abb.

Für *Gryllotalpa gryllotalpa*, einige Elateriden-, Noctuiden- und *Melolontha*-Arten werden Biologie, verursachter Schaden und Bekämpfung besprochen. A. Balewski. 1960.

Popova, I. (Popowa, I.) Kestenovijat chobotnik — Curculio (Balaninus) elephas Gyll. Biologija i sredstva za borba s nego. **(Der Kastanienrüßler — Curculio [Balaninus] elephas Gyll. Biologie und Mittel zu seiner Bekämpfung.)** Izvestija na Centralnija naučnoizsledovatelski institut na zaštita na rastenija-ta, Sofija 2 (1962) S. 115–142. — 11 Abb., 10 Tab., 21 Lit. Zus. in Russ., Engl.
Vf. behandelt Systematik, Biologie und verursachten Schaden. Die Bekämpfung ist vor der Eiablage (Ende Aug.) vorzunehmen. 3maliges Stäuben im Abstand von 8–10 Tagen mit DDT 5% + HCH 12% (1:1) hat sich gut bewährt. Im Bezirk Petritsch spritzte man erst Anfang Sept. Auch Heißwasserbehandlung (30–45 Min. bei 50 °C) der Früchte mit anschließendem Spülen in Kaltwasser brachte gute Ergebnisse. A. Balewski. 1960.

Keller, J. C., Maxwell, Fowden G. und Jenkins, Johnie N.; State College, Miss., U.S. Dep. of Agric., A.R.S., Entomol. Res. Div.; Crops Res. Div. Cotton extracts as arrestants and feeding stimulants for the boll weevil. **(Baumwollextrakte als Hemmstoffe und Nahrungsstimulantien für Anthonomus grandis.)** J. econ. Entomol. **55** (1962) Nr. 5. S. 800–801. — 1 Abb., 1 Tab., 2 Lit.
Vff. konnten im Sept. 1961 eine oder mehrere Substanzen aus Baumwollblütenknospen gewinnen, die als Hemmstoff oder Stimulans bei der Nahrungsaufnahme von *Anthonomus grandis* wirken. Diese Stoffe haben bes. Bedeutung im Hinblick auf eine Bekämpfung des Schädlings oder auch für Fragen der Resistenzzüchtung bei der Wirtspflanze. Die Stoffe ließen sich aus zerquetschten Knospen mittels Petroläther, Äthyläther, Äthylalkohol oder doppelt aqua. dest. extrahieren. Als Testmedien kamen Keimpflanzen von *Vicia faba* zur Verwendung, die mit dem Extrakt behandelt worden waren, und damit getränkter Agar. Die Versuchspflanzen wurden 15 bis 24 Std. mit 100 bis 1000 Käfern besetzt. Da in Abhängigkeit vom Extraktionsmedium einmal eine Hemmung der Fraßtätigkeit, dann wieder Stimulation derselben beobachtet werden konnten, schlußfolgern Vff., daß es sich dabei um verschiedene Stoffe handeln müsse. Die Arbeiten zur Identifizierung werden fortgeführt. K. Geißler. 1960.

Untersuchungen über die physiologischen Ursachen von Befall und Nichtbefall der Obstgehölze durch Homopteren (vor allem San José-Schildlaus, Blutlaus, Große Himbeerblattlaus) unter besonderer Berücksichtigung der Sorten- und Rassendifferenzierung der Reaktionspartner. Dresden-Pillnitz, Inst. Obst- u. Zierpflanzenbau Dtsch. Akad. Landwirtsch.-Wiss. Berlin, Versuchsstation Naumburg/Saale Plan-Nr.: 17 01 11 h/2–4. 10 S. Abschlußber. (18/3. 1963). — 3 Anlagen.
Die papierchromatographische Analyse des Speichels von 7 physiol. Rassen der Reblaus (*Viteus vitifolii* Shimer) ergab, daß die Mehrzahl der im Speichel nachgewiesenen freien Aminosäuren bei allen Rassen in gleicher Konz. auftritt. Quantitative und qualitative Unterschiede wurden dagegen bei Asparagin, Glutamin, Arginin, Lysin, Histidin, Glutaminsäure und der nicht identifizierten ninhydrinpositiven Verbindung „Unter-Asparagin" festgestellt. — Die als Oxydationsprodukte phenolischer Inhaltsstoffe auftretenden Chinone katalysieren die Desaminierung der physiol. sehr aktiven freien Aminosäuren. Neben der Aktivität der Polyphenoloxydase ist auch noch die der Chinonreduktase und anderer Dehydrogenasen für das Ausmaß der Desaminierung von Bedeutung. In dem Blattgewebe unanfälliger Rebensorten findet eine im Vergleich zu anfälligen Sorten stärkere Desaminierung von Aminosäuren statt. 1960.

Richards, Aola M.; Auckland, Dep. of Sci. and Ind. Res., Plant Diseases Div. Damage to apple crops infested with San José scale, Quadraspidiotus perniciosus (Comst.). **(Schaden an Äpfeln nach Befall durch die San José-Schildlaus, Quadraspidiotus perniciosus [Comst.].)** New Zealand J. agric. Res. **5** (1962) Nr. 5/6. S. 479–484. — 4 Abb. 1960.

Thomas, K. H.; Rostock, Univ., Inst. für Landwirtsch. Biol. **Die Blattläuse des Formenkreises Brachycaudus prunicola (Kalt.).** Wiss. Z. Univ. Rostock, math.-naturwiss. R. **11** (1962) Nr. 2. S. 325–342. — 6 Abb., 4 Tab., 31 Lit.

Brachycaudus prunicola (Kalt.) ist ein Formenkomplex, der früher unter dem Gattungsnamen *Appelia* Börn. zusammengefaßt wurde und in der DDR in 3 Subspecies vorkommt: *B. prunicola* (Kalt.) s. str. an Schlehe, *B. prunicola* ssp. *schwartzi* Börn. an Pfirsich und *B. prunicola* ssp. *tragopogonis* (Kalt.) an *Tragopogon pratensis*. Von diesen 3 Formen werden alle Morphen beschrieben. Die Merkmale überschneiden sich erheblich, so daß den 3 Formen, die durch ihre Wirtspflanzen und infolge Fehlens von Wirtswechsel ökologisch isoliert sind, nur der Rang von Subspecies zuerkannt werden kann. Wirtsch. Bedeutung hat nur die ssp. *schwartzi*. 6 Kombinationen von Bastardierungsversuchen ergaben in 3 Fällen die Ablage von Eiern. Diese schlüpften zu einem hohen Prozentsatz, aber sämtliche Larven starben vor der ersten Häutung. F. P. Müller. 1960.

Fröhlich, Gerd; Leipzig, Karl-Marx-Univ., Inst. für Phytopathol. **Das Verhalten der Grünen Erbsenlaus Acyrthosiphon pisum (Harris) gegenüber verschiedenen Wirtspflanzen und Temperaturveränderungen.** Z. angew. Entomol. **51** (1962) Nr. 1. S. 55–68. — 2 Tab., 18 Lit.

Von Luzerne gesammelte rote und grüne vivipare *Acyrthosiphon pisum* (Harris) wurden nach Farben in getrennten Zuchten gehalten und für Übertragungsversuche benutzt. Rote Virgines ergaben rote, grüne Virgines nur grüne Nachkommen. Die Läuse in der roten Zucht nahmen bei höherer Temperatur einen gelblichen Farbton an. Beide Farbrassen vermehrten sich an *Vicia faba* und *V. sativa* etwas besser als an Luzerne. *Capsella bursa pastoris*, *Trifolium pratense*, Esparsette und *Pisum sativum* werden nur als Gelegenheitswirte gewertet. Bei Prüfung der letzteren Pflanzen wurde nicht zwischen der grünen und der roten Form unterschieden. F. P. Müller. 1960.

Klinkowski, M.; Aschersleben, Inst. für Phytopathol. der Biol. Zentralanst. der Dtsch. Akad. der Landwirtsch.-Wiss. zu Berlin. **Virusnomenklatur und die Möglichkeiten einer internationalen Vereinbarung.** Albrecht-Thaer-Arch. **6** (1962) Nr. 9. S. 610–622. — nach Zus.

1. Die Bemühungen, taxonomische Grundlagen für pflanzliche Viren zu schaffen, gehen in ihren Anfängen auf die Mitte der zwanziger Jahre dieses Jh. zurück. — 2. Als Begründer einer Virussystematik ist James Johnson anzusehen. Es sind weiterhin die Namen von K. M. Smith, Holmes, Ryshkow, Hansen, Brandes und Wetter sowie Cooper zu nennen. — 3. Es werden Vorzüge und Nachteile der Katalogsysteme, der Vulgärnamen und der binomialen Nomenklaturen besprochen. — 4. Keines der Klassifizierungsschemen hat bisher allg. internationale Anerkennung erringen können. — 5. Es erscheint möglich, daß zukünftig die Klassifizierung von Brandes und Wetter, vielleicht in sinnvoller Verknüpfung mit den Gedankengängen von Cooper, den Bedürfnissen am ehesten gerecht wird. 1970.

Bos, L.; Wageningen, Inst. voor Plantenziektenkundig Onderzoek. Symptomen van virusziekten bij planten. **(Symptome von Viruskrankheiten an Pflanzen.)** Tijdschr. Plantenziekten **68** (1962) Nr. 5. S. 257–267. — 1 Lit. Zus. in Engl. 1970.

Heinze, Kurt. **Einfluß von Standort und Klima auf die Ausbreitung von Viruskrankheiten in Feldbeständen. 2. Teil. Viruskrankheiten der Kartoffel.** Kali-Briefe, Fachgeb. 12 **6** (1962) Nr. 3. S. 1–8. 1970.

Wenzl, H.; Wien, Bundesanst. für Pflanzenschutz. **Nekrosen an Kartoffelkeimen, ein Symptom von Mosaikviren.** Europ. Potato J. [Wageningen] **5** (1962) Nr. 3. S. 228–241. — 7 Abb., 5 Tab., 9 Lit.

Nach Martin und Quemener kann sich Y- und X-Virusbefall in einer charakteristischen Fleckung belichteter Dunkelkeime auswirken. Daneben können sich an den Keimen kranker Knollen Nekrosen zeigen. Von verschiedenen Sorten wurden belichtete Dunkelkeime aus den Ernten 1957–61 visuell beurteilt und anschließend serologisch untersucht. Während die virös bedingten Nekrosen in Form hell- bis dunkelbrauner Flecke auftreten, kommen an Dunkelkeimen auch die nichtvirösen „Nekrobiosen" vor (vor allem in der Spitzenregion, nicht großfleckig, vielfach streifig; verursacht durch lokalen Mangel an Ca und Überschuß an Wuchsstoffen). Die Häufigkeit der Keimnekrosen steigt mit dem Alter der Keime; an zweitgewachsenen Keimen ist die Virusdiagnose nach Nekrosen und Farbfleckung sicherer. Virusbedingte Nekrosen bewirken meist ein Zurückbleiben des Längenwachstums der Keime. – Auf Grund der Untersuchungen sind Nekrosen an Keimen ein sicheres Zeichen für Mosaikviren und treten vor allem bei Mischinfektionen durch Y- und X-Virus auf. 'Erstling' kann nicht sicher beurteilt werden.

R. Kämmerer. 1970.

Tizio, Ricardo; Mendoza, Argentine, Univ. La dégénerescence de la pomme de terre: effet de la haute température et du virus X sur la variété Bintje. **(Der Abbau der Kartoffel: Wirkung hoher Temperatur und des X-Virus bei der Sorte 'Bintje'.)** Phyton [Vicente López, Argentina] 18 (1962) Nr. 2. S. 137 bis 150. – 5 Tab., 50 Lit.

Halbierte Knollen der Sorte 'Bintje' wurden 44 Tage Temperaturen von 23–25 °C und 7–9 °C ausgesetzt. Nach dem Aufgang wurden die Blätter mit X-Virus inokuliert, während andere Varianten nicht infiziert wurden. Daraus ergaben sich 4 Gruppen: tiefe Temperatur infiziert (**I**), tiefe Temperatur nichtinfiziert (**II**), hohe Temperatur infiziert (**III**) und hohe Temperatur nichtinfiziert (**IV**). Serologisch wurden in **I** 53%, in **III** 75,5% kranke Pflanzen nachgewiesen. Der Ertrag von **IV** war 38,2% gesichert niedriger als bei **II**. Diese Ergebnisse werden damit erklärt, daß die Wärmebehandlung physiol. Veränderungen bewirkt, die eine größere Empfindlichkeit gegenüber X-Virus bedingen, ferner Vitalität und Ertragsfähigkeit verringern. Hohen Temperaturen, die in einem bestimmten Entwicklungsstadium einwirken, wird, unabhängig vom Virusbefall, Abbauwirkung zu gesprochen. K. Schulz. 1970.

Köhler, Erich; Braunschweig. **Über das Verhalten einiger Mosaikviren im geimpften Blatt im Anschluß an die Impfung. 4. Mitt. Das Kartoffel-X-Virus auf dem Samsuntabak; das Tabakmosaikvirus auf Nicotiana glutinosa und Nicotiana glauca.** Z. Pflanzenkrankh. (Pflanzenpathol.) Pflanzenschutz 68 (1961) Nr. 5. S. 258–266. – 4 Abb., 3 Tab., 10 Lit. Zus. in Engl. 3. Mitt. vgl. LZ. Abt. II 5 (1960) Nr. 10. S. 2498.

Auf Grund von Versuchen mit zeitlicher Verfolgung der Infektiosität der Preßsäfte aus direkt virusinfizierten Blättern geht hervor, daß das Kartoffel-X-Virus auf 'Samsun'-Tabak eine ähnliche Infektionskurve verursacht wie das Tabakmosaikvirus. Noch während der Inaktivierung des Impfvirus findet eine Synthese von neuen, infektiösen Viruspartikeln statt. Bei *Nicotiana glutinosa* als Wirt wird die Infektiosität z. T. erheblich über den Nullzeitwert erhöht. Es wird vermutet, daß die anfängliche Inaktivierung reversibel ist und schon in den ersten Std. rückgängig gemacht wird. Höhere Versuchstemperaturen beschleunigten die Inaktivierung des Impfvirus und verkürzten die latente Phase. Die Infektionskurve von TMV auf *N. glauca* nimmt rasch ab. Dies wird auf eine starke Gegenreaktion des Wirtes zurückgeführt.

J. Merker. 1970.

Untersuchungen über das Y-Virus der Kartoffel und verwandte Viren unter besonderer Berücksichtigung der Tabakrippenbräune. Aschersleben, Inst. Phytopathol. Dtsch. Akad. Landwirtsch.-Wiss. Berlin Plan-Nr.: 1701 12 h-2-6/0. 4 S. Abschlußber.

Im Gegensatz zu Angaben von Bawden und Kassanis wurde festgestellt, daß das Tabakätzmosaik- und das Bilsenkrautmosaik-Virus nicht in der Lage sind, das Kartoffel-Y-Virus zu unterdrücken. Nahezu 50 Pflanzenarten außerhalb der Solanaceen, die 20 verschiedenen Familien angehören, konnten nicht mit normalen bzw. Tabakrippenbräune-Stämmen des Kartoffel-Y-Virus infiziert werden. Dieses Virus und das Tabakätzmosaik-Virus befielen alle 5 geprüften Arten der Gattung *Trigonella* sowie mehrere *Melilotus*-Arten systemisch, nicht jedoch Angehörige der Gattung *Lotus* und *Medicago*. Die anfälligen Arten zeigten deutliche Symptome in Form von Mosaik, Verbeulungen bzw. Nekrosen und Stauchungen. Das Bilsenkrautmosaik- und das Kartoffel-A-Virus infizierten keine Vertreter der genannten Leguminosen-Gattungen. 1970.

Schmelzer, K.; Aschersleben, Inst. für Phytopathol. der Biol. Zentralanst. der Dtsch. Akad. der Landwirtsch.-Wiss. zu Berlin. **Das Tabakrippenbräune-Virus und die Gesunderhaltung von Kartoffelvermehrungsbeständen.** Dtsch. Landwirtsch. **14** (1963) Nr. 2. S. 85–87. — nach Zus.

Der Tabak kommt nicht als primäre Ansteckungsquelle der Kartoffel mit dem Tabakrippenbräune-Virus in Betracht. Er wird alljährlich neu infiziert. Durch den Anbau gegenüber dem Tabakrippenbräune-Virus widerstandsfähiger Tabaksorten und Einhaltung größerer Entfernungen zwischen Kartoffel- und Tabakfeldern wird die Möglichkeit der wechselseitigen Verseuchung stark eingeschränkt. Das Virus überwintert in der Kartoffelknolle. In Kartoffelvermehrungszentren ist streng auf den Anbau virusfreien, zumindest zu einem äußerst geringen Prozentsatz verseuchten Pflanzgutes Wert zu legen. Die Bekämpfung der virusübertragenden Blattläuse muß sich in erster Linie gegen die überwinternden Formen richten. Dabei sind auch die Überwinterungsmöglichkeiten in Gewächshäusern auszuschalten. 1970.

Slogteren, D. H. M. van, Vos, N. P. de und Hahhaart, F. A. Serological relationship of chrysanthemum virus B to carnation latent virus and potato viruses M and S. **(Serologische Beziehung zwischen Chrysanthemum Virus B und latentem Nelkenvirus, Kartoffelvirus M und S.)** Nature [London] **195** (1962) Nr. 4843. S. 835–836. — 5 Lit., 1 Tab.

Blattextrakte von Chrysanthemen, die mit dem *Chrysanthemum* Virus B(CVB) infiziert waren, ergaben positive Reaktionen mit Antiseren des latenten Nelkenvirus (LNV), Kartoffel M- und S-Virus. CVB-Antiserum reagierte gleichfalls positiv mit teilweise gereinigten Präparaten von LNV, M- und S-Virus. Verhältnismäßig große Differenzen zwischen homologen und heterologen Titern lassen annehmen, daß eine für jedes Virus spez. Hauptfraktion vorhanden ist, während eine kleinere Fraktion mit 2 und mehr Viren reagiert. Die Ergebnisse der Untersuchungen legen nahe, das CVB in die Virusgruppe einzuordnen, in die serologisch und elektronenoptisch durch verschiedene Autoren auch LNV, M- und S-Virus gestellt sind.

K. Zschau. 1970.

Russell, G. E.; Maris Lane, Trumpington, Cambridge, Plant Breeding Inst. The distribution of sugar beet yellowing viruses in East Anglia in 1960. **(Die Verbreitung der Viren der Vergilbungskrankheit der Zuckerrübe in Ostengland im Jahre 1960.)** Plant Pathol. **11** (1962) Nr. 1. S. 14–16. — 1 Tab., 3 Lit. 1970.

Virág, János. A cukorrépa szakaszos vetésének összefüggése a sárgaságvirus-fertözöttséggel. **(Die Beziehung zwischen Aussaattermin und durch Befall durch die Vergilbungskrankheit der Zuckerrübe.)** Növénynemesítési és Növénytermesztési Kutató Intézet Közleményei, Sopronhorpács [Mitt. Forsch.-Inst. Pflanzenzücht. Pflanzenbau, Sopronhorpács] **1** (1961, hrsg. 1962) S. 329–335.

– 1 Abb., 22 Lit. Zus. in Russ., Engl., Dtsch. Aus: Ung. Agrar-Rdsch. **1963** Nr. 1.
Wichtigster Vektor des Virus der Vergilbungskrankheit ist in Ungarn die Schwarze Bohnenblattlaus, *Doralis fabae* Scop., deren Vermehrung Anfang Juli den Höhepunkt erreicht. Danach bricht die Massenvermehrung zusammen, so daß später auflaufende Rübensämlinge nicht mehr von Blattläusen befallen werden. Verspätete Aussaat (22.6. und 18.7.) führte zu stark verringertem Auftreten der Vergilbungskrankheit. 1970.

Bradley, R. H. E.; Fredericton, New Brunswick, Canada Dep. of Agric., Res. Branch., Res. Stat., Entomol. and Plant Pathol. Sect. Effect of keeping viruliferous aphids on plants or glass on their transmission of sugar beet yellows virus. **(Der Einfluß des Haltens virustragender Blattläuse auf Pflanzen oder Glas auf ihre Übertragungsfähigkeit für das Virus der Vergilbungskrankheit der Zuckerrübe.)** Virology **17** (1962) Nr. 4. S. 571–573. – 2 Tab., 4 Lit.
Auf vergilbungskrankem Mangold gezüchtete Adulte von *Myzus persicae* wurden einzeln für 4 Std. auf gesunde Mangoldpflanzen (**I**) bzw. in Glasröhrchen (**II**) gesetzt. Danach saugten beide Versuchsgruppen für 24 Std. auf gesundem Mangold. Der Übertragserfolg in Gruppe **I** betrug 17, in Gruppe **II** 21%. Ein Saugen auf Pflanzen verlängerte somit nicht die Übertragungsfähigkeit der Blattläuse, wie frühere Ergebnisse des Vf. und von Watson ergeben hatten. K. Wiesner. 1970.

Blaszyk, P. **Zur Beeinflussung des Samenertrages von Zuckerrüben durch das Rübenmosaik.** Gesunde Pflanzen **15** (1963) Nr. 2. S. 32–34.
In den Jahren 1960 und 1961 wurden ca. 80% erkrankte Samenträgerpflanzen (aus im Vermehrungsgebiet erzeugten Stecklingen erwachsen) festgestellt. Unausgeglichener Wuchs infizierter Pflanzen im Jugendstadium ließ sich durch N-Düngung nicht beseitigen. Die Sorte 'Polybeta' zeigte 1961 und 1962 einen Samenminderertrag von 32,7–47,0%. Als prophylaktische Maßnahme wird eine ausreichende Isolierungsentfernung der Stecklinge von den Samenträgern zur Ausschaltung des Rübenmosaiks empfohlen.
P. Diederich. 1970.

Loring, Hubert S., Fujimoto, Yasuo und Tu, Anthony T.; Stanford, Calif., Stanford Univ., Dep. of Chem. Tobacco mosaic virus. A calcium-magnesium coordination complex. **(Tabakmosaikvirus. Ein Calcium-Magnesium-Koordinationskomplex.)** Virology **16** (1962) Nr. 1. S. 30–40. – 4 Tab., 29 Lit. 1970.

Veldee, S. und Fraenkel-Conrat, H.; Berkeley, Univ. of California, Virus Lab. The characterization of tobacco mosaic virus strains by their productivity. **(Die Charakterisierung von Tabakmosaikvirus-Stämmen durch ihre Produktivität.)** Virology **18** (1962) Nr. 1. S. 56–63. – 4 Tab., 13 Lit.
Einzelläsionen, die durch das Tabakmosaikvirus (TMV) oder seine natürlichen oder künstlich induzierten Stämme hervorgerufen werden, wurden homogenisiert und auf ihre Produktivität (d. i. die Anzahl von Lokalläsionen, die sie nach Rückübertragung auf *Nicotiana tabacum* var. Xanthi nc zu erzeugen imstande sind) geprüft. Die höchste Produktivität wies das gewöhnliche TMV auf; die natürlichen Stämme oder chem. induzierten Mutanten zeigten eine in verschiedenem Ausmaß geringere Produktivität. Die Läsionsproduktivität scheint ein neues wertvolles Merkmal für die TMV-Stammdifferenzierung zu sein. Die evolutionäre Bedeutung einer Änderung der Läsionsproduktivität eines Virusstammes als Folge einer Mutation wird erörtert.
H.-H. Schimanski. 1970.

Dijkstra, Jeanne; Wageningen, Netherlands, Agric. Univ., Lab. of Virol. On the early stages of infection by tobacco mosaic virus in Nicotiana glutinosa

L. **(Über die Anfangsstadien der Infektion durch das Tabakmosaikvirus bei Nicotiana glutinosa L.)** Virology **18** (1962) Nr. 1. S. 142–143. – 1 Tab., 9 Lit.

Blattscheiben von *Nicotiana glutinosa* L. wurden auf der Blattunterseite mit TMV inokuliert. Darauf wurde die Epidermis der Blattunterseite entfernt. Die Zeitspanne zwischen Inokulation und Entfernen der Epidermis variierte zwischen 0 und 20 Std. Lokalläsionen auf den Blattscheiben entstanden erst bei mehr als 8 Std. Abstand zwischen Inokulation und Abziehen der Epidermis. Das gleiche Ergebnis erhielt Vf. mit TMV-Nucleinsäure (TMV-NS) als Inokulum. Infektiositätsprüfungen der abgezogenen Epidermis ergaben mit intaktem TMV als Inokulum erst bei einem Abstand von 14–16 Std. zwischen Inokulation und Abziehen der Epidermis Zunahmen der Lokalläsionszahlen auf den Testpflanzenblättern; mit TMV-NS als Inokulum trat die Zunahme schon 2–4 Std. eher auf. UV-Bestrahlung inokulierter Blätter ergab bereits eine Resistenzzunahme gegen die UV-Inaktivierung, bevor die Infektion in den Mesophyllzellen haftete. H.-H. Schimanski. 1970.

Goodchild, D. J.; Canberra, C.S.I.R.O., Div. of Plant Ind. Photo-reactivation of tobacco mosaic virus in vivo. **(Photoreaktivierung des Tabakmosaikvirus in vivo.)** Nature [London] **192** (1961) Nr. 4799. S. 289–290. – 2 Tab., 6 Lit.

TMV-RNS, die durch UV-Bestrahlung in vitro inaktiviert wurde, läßt sich bekanntlich durch Licht wieder reaktivieren. Davon ausgehend versuchte Vf., die von Siegel u. Mitarb. vermutete Aufspaltung der TMV-Partikeln beim Infektionsprozeß in Protein und RNS durch Photosensibilisierung der RNS zu beweisen. *Nicotiana glutinosa* wurde mit dem bes. UV-empfindlichen U 2-Stamm infiziert, die Blätter abgenommen und zur Hälfte bedeckt. Die freien Blatthälften wurden 2–5 Std. nach der Inokulation für 90 Sek. der UV-Bestrahlung ausgesetzt und dann für 24 Std. belichtet bzw. verdunkelt. Es läßt sich eine Photoreaktivierung bei den Blättern feststellen, die 3,75–5 Std. nach der Inokulation bestrahlt worden waren. Der Nachweis der Photoreaktivierung stützt die Hypothese, daß TMV-RNS für eine kurze Zeit in den infektiösen Zentren frei von Protein ist. E. Proll. 1970.

Zech, Hendrik; Stockholm, Karolinska Inst.; Inst. für Zellforsch. und Genetik. **Cytochemische Untersuchungen zur Reproduktion des Tabakmosaikvirus. 1. Mitt. UV-spektrophotometrische Messungen an isolierter Virussubstanz.** Z. Naturforsch. **16b** (1961) Nr. 8. S. 520–538. – 7 Abb., 3 Tab., 93 Lit. Zus. in Engl.

Um die optischen Eigenschaften der TMV-Partikeln im Gewebe zu erklären, wurden vergleichende UV-spektrophotometrische Messungen durchgeführt mit: gereinigtem TMV bei niedrigen und hohen Konz., an isolierter und teilweise rekombinierter RNS, dem Protein des TMV und an isolierten TMV-Kristallen. Der spez. Extinktionskoeffizient des TMV nahm mit steigender Konz. zu und erreichte bei 1–2%iger Lösung ein Maximum, um dann wieder abzunehmen. Diese Abweichung vom Beerschen Gesetz erklärt sich daher, daß zunächst die Tyndallstreuung durch anfänglich ungeordnete Aggregation der TMV-Partikeln zunimmt, während sie bei höheren Konz. auf Grund der zunehmenden Ordnung in den Aggregationen wieder abnimmt. Andererseits bleibt aber der Wert für den spez. Extinktionskoeffizienten nach Korrektur für die Lichtstreuung über den gesamten Konz.-Bereich konstant. Isolierte TMV-RNS zeigte mit steigender Konz. einen deutlichen hypochromen Effekt. Er beruht vermutlich auf der Bildung von Sekundärstrukturen der Einzelstränge und Interaktionen der Ketten untereinander bei abnehmendem Wassergehalt. Längere UV- oder Röntgenbestrahlung der RNS (auch in getrocknetem Zustand) rief ebenfalls einen starken Hypochrom-Effekt hervor. Wurden TMV-RNS und Protein gemischt, eingetrocknet und anschließend bestrahlt,

so war der Hypochrom-Effekt kleiner als bei frisch isolierter RNS. Dies wird durch die teilweise erfolgte Rekombination der TMV-Bausteine erklärt. Hohe UV-Lichtdosierungen spalteten einen beträchtlichen Teil der TMV-Partikeln in RNS und Protein. Untersuchungen an TMV-Einschlüssen der Zelle als Modellsubstanz für die Auswertung von UV-Absorptionskurven infizierter Zellen erwiesen sich als wertvoll für die Kontrolle unspez. Lichtverluste.
E. Proll. 1970.

Rappaport, Irving und Wildman, S. G.; Los Angeles, Univ. of California, Dep. of Bot. Inactivation of naturally occurring variants of tobacco mosaic virus with nitrous acid. **(Inaktivierung natürlich auftretender Tabakmosaikvirusvarianten mit Salpetersäure.)** Nature [London] **195** (1962) Nr. 4845. S. 1029–1030. – 2 Abb., 6 Lit.
Eine Mischung von 2 konkurrierenden TMV-Stämmen, U1 und VM, wurde unter Berücksichtigung des Verhältnisses beider Stämme zueinander hergestellt. Eine Variante dieser Mischung wurde verdünnt und die andere unverdünnt inokuliert. Bei letzterer wurden die Testpflanzen (*Nicotiana glutinosa*) vorher verschieden lange UV-bestrahlt. Durch die Verdünnung wurde die Anzahl der U1-Läsionen verringert, aber nicht in dem Maße, wie ohne das Vorhandensein einer Wechselwirkung anzunehmen wäre. Durch die Bestrahlung wurde bei kurzzeitigen Behandlungen Anstieg der Läsionenzahl beobachtet, die erst bei mehr als 2 Min. Bestrahlungsdauer zurückging. Diese Beobachtungen wurden mit Ergebnissen in Beziehung gesetzt, die durch Behandlung 5 verschiedener durch Selektion gewonnener TMV-Stämme mit Salpetersäure erzielt wurden. Während bei UV-Behandlung der Inaktivierung zunächst eine Aktivierung vorausging, war durch Behandlung mit Salpetersäure ein lineares Absinken der Aktivität aller 5 Stämme zu beobachten. Wenn von Gierer und Mundry Zunahme der Läsionen nach Behandlung mit Salpetersäure beobachtet wurde und Selektion ausgeschlossen werden muß, ist die Salpetersäure als mutagen für TMV anzusehen.
K. Schulz. 1970.

Francki, R. I. B. und Matthews, R. E. F.; Auckland, New Zealand, Univ., Bot. Dep. Relation between incorporation of 2-thiouracil into tobacco mosaic virus nucleic acid and virus inhibition. **(Beziehung zwischen Einbau von 2-Thiouracil in die Tabakmosaikvirus-Nucleinsäure und Virushemmung.)** Virology **17** (1962) Nr. 1. S. 22–29. – 4 Abb., 2 Tab., 19 Lit.
In TMV-infizierten Tabakblättern, die auf 2-Thiouracil(**I**)-haltiger Kulturlösung gehalten wurden, konnte das in die Virus-Ribonucleinsäure (RNS) eingebaute **I** nur als 2-Thiouridylsäure nachgewiesen werden; 2-Thiouridin oder 2-Thiouridin-3′ (2′),5′-diphosphat wurde in den untersuchten TMV-RNS-Präparaten nicht gefunden. Im Sedimentationsverhalten in der analytischen Ultrazentrifuge wurde zwischen **I**-haltiger und normaler TMV-RNS kein Unterschied festgestellt. Signifikante Wechselbeziehungen konnten zwischen der Menge des in die TMV-RNS eingebauten **I**, dem Infektiositätsverlust und der Abnahme der gebildeten Virusmenge nachgewiesen werden.
H.-H. Schimanski. 1970.

Diener, T. O.; Beltsville, Md., U.S. Dep. of Agric., A.R.S., Crops Res. Div., Plant Virol. Lab. Isolation of an infectious, ribonuclease-sensitive fraction from tobacco leaves recently inoculated with tobacco mosaic virus. **(Isolierung einer infektiösen, Ribonuclease-empfindlichen Fraktion aus kürzlich mit dem Tabakmosaikvirus inokulierten Tabakblättern.)** Virology **16** (1962) Nr. 1/4. S. 140–146. 1970.

Thornberry, H. H. und Nagaich, B. B.; Urbana, Univ. of Illinois, Dep. of Plant Pathol. Stability of tobaccomosaic virus, Marmor tabaci H., in solutions diluted beyond the end point of infectivity. **(Stabilität des Tabakmosaik-**

virus, Marmor tabaci H., in Lösungen, die über den Infektionsendpunkt hinaus verdünnt wurden.) J. Bacteriol. **83** (1962) Nr. 6. S. 1322–1326. – 2 Tab., 15 Lit.

TMV wird in sehr stark verdünnten Lösungen nicht irreversibel inaktiviert. Es kann noch aus Lösungen, die im normalen biol. Test auf *Phaseolus vulgaris* L. (12 Primärblätter/Test) keine Lokalläsionen hervorrufen, an Celit adsorbiert werden. Das Virus läßt sich mit aqua dest., 0,1 m NaCl bzw. 0,1 m Phosphatpuffer pH 8 und bei 40 °C gleich gut eluieren. Die 100fach konzentrierte Ausgangslösung war wieder infektiös. Zum direkten Nachweis der Infektiosität des TMV in über den Infektionsendpunkt hinaus verdünnten Lösungen wurde TMV-Preßsaft in 3 Verdünnungsstufen auf *P. vulgaris* abgerieben: 10^{-6} auf 12, 10^{-7} auf 120 und 10^{-8} auf 1200 Blätter. Jede Verdünnungsstufe erzeugte die gleiche Anzahl Lokalläsionen. Daraus ergibt sich, daß der Infektionserfolg durch TMV streng genommen nicht von der Konz. abhängig ist, sondern vom Zufall, ob TMV-Partikeln empfängliche Stellen der Blattoberfläche finden. Diese Schlußfolgerung der Vff. stützt die Hypothese, daß eine einzelne Partikel zur Infektion ausreicht. E. Proll. 1970.

Loebenstein, G.; Rehovot, Israel, Univ., Agric. Res. Stat. Inducing partial protection in the host plant with native virus protein. **(Die Induzierung eines teilweisen Schutzes in der Wirtspflanze mit natürlichem Virusprotein.)** Virology **17** (1962) Nr. 4. S. 574–581. – 1 Abb., 4 Tab., 19 Lit.

Wurden Blatthälften von *Nicotiana glutinosa* L. mit verdünnten TMV-Proteinlösungen behandelt und nach 4 Tagen mit dem TMV inokuliert, dann war die Infektion im Vergleich zu den unbehandelten Kontrollen deutlich gehemmt. Ein direkter Hemmeffekt des Proteins liegt dabei scheinbar nicht vor, da die Läsionenzahl nicht vermindert wurde, wenn das TMV einige Std. oder nur einen Tag nach der Proteinbehandlung der Blätter überimpft wurde. Gleiche Verhältnisse konnten bei Beimpfung von *Datura stramonium* L. beobachtet werden. Es ließ sich zeigen, daß der durch die TMV-Proteineinwirkung induzierte partielle Schutz in beiden genannten Pflanzenarten systemisch wirksam war. Durch Abreibung von TMV-Proteinlösungen auf *Gomphrena globosa* L. und *D. stramonium* L. wurde ein Schutz gegenüber dem Kartoffel X-Virus hervorgerufen. Es wird daher vermutet, daß die Pflanzen auf eine Behandlung mit Virusproteinlösungen durch die Bildung von „Schutzstoffen" reagierten. H. E. Schmidt. 1970.

Nitzany, F. E. und Sela, I.; Rehovot, Israel, Univ., Inst. of Agric., Virus Res. Unit. Interference between cucumber mosaic virus and tobacco mosaic virus on different hosts. **(Interferenz zwischen Gurkenmosaikvirus und Tabakmosaikvirus bei verschiedenen Wirten.)** Virology **17** (1962) Nr. 4. S. 549–553. – 2 Abb., 8 Lit.

Es wird über die Interferenz zwischen dem TMV und einem Stamm des Gurkenmosaikvirus (GMV), der bei *Zinnia elegans* Lokalläsionen hervorruft, berichtet. Bei *Nicotiana repanda* und *N. glutinosa* ist Interferenz zu beobachten, wenn zuerst mit GMV infiziert wurde, bei *Zinnia elegans* nach TMV-Infektion. Werden beide Viren gleichzeitig inokuliert, so findet bei *N. repanda* und *N. glutinosa* keine Vermehrung des GMV statt. Steigerung der TMV-Konz. bewirkte zunehmende Abwehr des GMV. Dies unterstützt die Hypothese, daß das eine Superinfektion verhindernde Virus einige Zellstrukturen besetzt oder einige Bausteine verbraucht, die für die Vermehrung des zweitverimpften Virus benötigt werden. O. Henke. 1970.

Sela, Ilan und Applebaum, Shalom W.; Rehovot, Israel, Hebrew Univ., Fac. of Agric. Occurrence of antiviral factor in virus-infected plants. **(Das Vorkommen eines Antivirusfaktors in virusinfizierten Pflanzen.)** Virology **17** (1962) Nr. 4. S. 543–548. – 3 Tab., 6 Lit.

Das Y-Virus der Kartoffel (Y-Virus) und das Tabakmosaikvirus (TMV) konnten an hydratisiertes Calciumphosphatgel (HCP) adsorbiert werden. Wenn Preßsaft von einer Y-Virus infizierten Pflanze mit HCP behandelt wurde, dann erhielten Vff. eine nichtinfektiöse Lösung. In dieser war ein „Antivirusfaktor" enthalten, der deutlich die Infektiosität des TMV bzw. des Y-Virus erniedrigte. Über seine chem. Eigenschaften und den Wirkungsmechanismus lassen sich noch keine genauen Angaben machen. Ein gleichartiger Antivirusstoff wurde in Pflanzen unter dem Einfluß einer TMV-Infektion gebildet. Dieser ließ sich in allen TMV- bzw. Y-Virus-infizierten Pflanzen in systemischer Verteilung nachweisen. Die jeweilige Virus-Wirtkombination spielte dabei keine Rolle.
H. E. Schmidt. 1970.

Teakle, D. S.; Berkeley, Univ. of California, Dep. of Plant Pathol. Necrotic symptoms of tobacco necrosis virus in roots. **(Nekrotische Symptome des Tabaknekrosevirus in Wurzeln.)** Phytopathology **52** (1962) Nr. 10. S. 1037 bis 1040. — 2 Abb., 1 Tab., 19 Lit.
Nach mechanischer Inokulation von Tabaknekrosevirus (TNV) auf Kundebohnenwurzeln wurden nach 2 Tagen kleine rötlich-braune Läsionen festgestellt. Diese Läsionen waren Läsionen von Pilzen oder Bakterien ähnlich. Prüfungen ergaben aber, daß die meisten Läsionen frei von Pilzen und Bakterien waren. Bei Abreibungen von Läsionen- und gesund erscheinendem Gewebe auf Blätter von Kundebohnen wurde immer mehr Virus durch das Läsionengewebe nachgewiesen. Parallelinokulationen wurden mit *Olpidium brassicae* durchgeführt. Inokuliert wurde mit *Olpidium* + TNV-Suspension, *Olpidium*-Zoosporensuspension und TNV-Suspension allein. Die meisten Läsionen wurden nach Inokulation mit *Olpidium*-Zoosporen + TNV-Suspension festgestellt. Inokulationen der Wurzeln bei *Cleome spinosa*, Tabak, Kohl und Gerste ergaben keine Läsionen in den Wurzeln, obwohl diese Pflanzen infiziert waren, wie nachgewiesen wurde. K. Schulz. 1970.

Babos, P. und Kassanis, B.; Harpenden, Herts., England, Rothamsted Exp. Stat. Unstable variants of tobacco necrosis virus. **(Unstabile Varianten des Tabaknekrosevirus.)** Virology **18** (1962) Nr. 2. S. 206–211. 1970.

Teakle, D. S. ; Berkeley, Univ. of California, Dep. of Plant Pathol. Transmission of tobacco necrosis virus by a fungus, Olpidium brassicae. **(Übertragung des Tabaknekrosevirus durch einen Pilz, Olpidium brassicae.)** Virology **18** (1962) Nr. 2. S. 224–231. 1970.

Asatrjan, E. V. und Babajan, A. A. (Assatrjan, E. W. und Babajan, A.A.); Inst. für Ackerbau des Min. für Landwirtsch. der Armen.SSR. Bronzevost' tabaka v Armjanskoj SSR. **(Bronzefleckenkrankheit des Tabaks in der Armenischen SSR.)** Izvestija Akademii nauk Armjanskoj SSR, Erevan **15** (1962) Nr. 8. S. 57–64. — 5 Tab., 16 Lit. Orig.: russ., Ausz.: armen.
Die Bronzefleckenkrankheit des Tabaks ist in fast allen Gebieten der Armenischen SSR verbreitet, jedoch treten die größten Schäden in der zentralen Zone auf. Überträger dieser Krankheit ist *Thrips tabaci*, der 13 weitere Pflanzenarten, die angeführt werden, aufsucht. Von den geprüften 10 Tabaksorten tritt die Krankheit am schwächsten auf bei 'Trapezunt 1272 und 2578', 'Peremoschez 83' u. a., etwas stärker bei 'Samsun 3073 und 935' bzw. 'American 287'. 'Samsun 186' wurde am stärksten befallen. 3maliges Stäuben der Tabakbestände mit DDT (erste Behandlung 5–7 Tage nach dem Pflanzen) bewirkte eine ausreichende Bekämpfung des Vektors. Durch Einbringen eines geeigneten Mittels in den Boden ließ sich der Vektor ungenügend vernichten.
J. Merker. 1970.

Sinha, R. C. und Black, L. M.; Urbana, Univ. of Illinois, Dep. of Bot. Studies on the smear technique for detecting virus antigens in an insect vector by use of fluorescent antibodies. **(Untersuchungen über die Anwendung von**

Abstrichen zum Nachweis von Virus-Antigenen in einem Vektor-Insekt unter Verwendung von fluorescierenden Antikörpern.) Virology **17** (1962) Nr. 4. S. 582–587. – 2 Tab., 15 Lit.

Zum Nachweis der Antigene des Wund-Tumorvirus (WTV) in Ausstrichen von zerdrückten Grashüpfern (*Agallia constricta* Van Duzee), die als Vektoren das WTV verbreiten, verwenden Vff. das mit Fluorescein markierte Schafserum. Haltung und Infizierung der Vektoren, ihre Präparation für die Ausstriche (Smear technique), die Gewinnung des Antiserums und die Markierung der Antikörper mit Fluorescein werden angegeben. Vff. beschreiben verschiedene Nachweismethoden sowie die zur Erreichung guter Färbungen durchzuführenden Vorbehandlungen. Das als „indirekte Nachweismethode" dargelegte Verfahren ist empfindlicher als die „direkte"; durch unmittelbare Übertragung des Virus von dem Vektor auf Testpflanzen wurden die Sicherheit der beschriebenen Methoden überprüft und ihre Eignung bestätigt.

J. Hartisch. 1970.

Velsen, R. J. van; Kerevat, Lowlands, Agric. Exp. Stat. Cowpea mosaic, a virus disease of Vigna sinensis in New Guinea. **(Kundebohnenmosaik, eine Viruskrankheit von Vigna sinensis auf Neu-Guinea.)** Papua New Guinea agric. J. **14** (1962) Nr. 4. S. 153–161. – 4 Abb., 10 Tab., 11 Lit. 1970.

Jordović, Mitar; Čačak, Inst. za Voćarstvo. Prilog proučavanju viroznih bolesti voćaka kod nas. **(Beitrag zur Erforschung der Viruskrankheiten an Obst in Jugoslawien.)** Plant Protect. [Beograd] **1961** Nr. 63/64. S. 51–56. – 7 Abb., 10 Lit. Zus. in Engl. 1970.

Vukovits, G.; Wien, Bundesanst. für Pflanzenschutz. **Über das Vorkommen von Viruskrankheiten im österreichischen Obstbau und die zu ihrer Abwehr ergriffenen Maßnahmen.** Anz. Schädlingskunde verein. Schädlingsbekämpf. **35** (1962) Nr. 10. S. 145–148. – 13 Abb.

In Österreich wurden an Obst folgende Virosen nachgewiesen: Das Apfelmosaik tritt hauptsächlich an 'Golden Delicious' auf. Die größte Bedeutung besitzt beim Apfel der viröse Besenwuchs, der bes. deutlich bei 'Berlepsch', 'Boskoop' und 'Golden Delicious' hervortritt. Für die Diagnose sind die um 30% verkürzten Blattstiele kranker Bäume wichtig. Die Flachästigkeit kommt bei 'Gravensteiner', 'Ontario' und 'James Grieve' vor. Die Gummiholzkrankheit wurde nur vereinzelt beobachtet. An 'Gellert' ist das Birnenmosaik verbreitet, während 'Boscs Flaschenbirne' vereinzelt Steinfrüchtigkeit zeigt. Die größte Verbreitung besitzt das Bandmosaik der Pflaume, des Pfirsichs und der Aprikose. Weidenblättrigkeit und Scharkakrankheit der Pflaume treten dagegen nur vereinzelt auf. Bei Süßkirschen kommen Ringfleckenkrankheit häufig und Pfeffinger Krankheit sporadisch vor. Bei Johannisbeeren wurde Brennesselblättrigkeit, bei Himbeeren Adernchlorose, Fleckenmosaik und Blattvergilbung, bei Erdbeeren Kräuselkrankheit und Blattrandvergilbung festgestellt. Zur Ermittlung des Virusbefalles der Baumschulen wurden an Baumschulwarte vorgedruckte Meldekarten ausgegeben. Mit der Testung von Mutterbäumen wurde begonnen. H. Kegler. 1970.

Campbell, A. I.; Bristol, Long Univ. Ashton Res. Stat. The effect of some apple viruses on the growth of Malus species and varieties. **(Die Wirkung einiger Apfelviren auf das Wachstum von Malus-Arten und Varietäten.)** J. horticult. Sci. **37** (1962) Nr. 3. S. 239–246. – 6 Abb., 5 Tab., 13 Lit.

Die Inokulation 40 verschiedener *Malus*-Varietäten mit Viren, die i. allg. latent bei Apfelsorten und -unterlagen vorkommen, ließ 10 Varietäten absterben, 27 wurden im Wachstum behindert und nur 3 blieben unbeeinflußt. Die Symptome unterschieden sich erheblich. Hauptsächlich fanden sich Flekken und Streifensymptome sowie Veränderungen der Blätter, Spitzenrekrosen und Verzwergungen. Latente Viren werden als Ursache der Unverträglichkeit von Reis und Unterlage angesehen, die bei *Malus*-Arten auf Apfel nnd umgekehrt beobachtet wurden. K. Schulz. 1970.

Gilmer, R. M.; Geneva, N. Y., Agric. Exp. Stat. Pathological anatomy of rapid decline of Spy 227 apple. **(Pathologische Anatomie des schnellen Verfalls des Apfels 'Spy 227'.)** Phytopathology **52** (1962) Nr. 10. S. 1027–1030. – 6 Abb., 7 Lit.
Sofern die Sorte 'Spy 227' trotz Infektion mit latenten Apfelviren Triebe bildet, erscheinen nach 6–8 Wochen Blattchlorose, Laubfall und Absterben der Triebspitzen. Die ersten anatomischen Veränderungen wurden 8 Wochen p.i. in Gestalt von Phloëmnekrosen beobachtet. Nach 10–12 Wochen traten zusätzlich Nekrosen und Hypertrophien im Markstrahlen- und Rindenparenchym auf. Um die geschädigten Bereiche bildete sich Wundkambium. Die hypertrophierten Zellen enthielten stark vergrößerte und oft bootförmig deformierte Kerne. Diese Kerne wurden durch Safranin stärker gefärbt als normale. H. Kegler. 1970.

Willison, R. S.; Vineland Station, Ontario, Canada Dep. of Agric., Res. Lab. Cross protection and interference with some stone-fruit viruses. **(Prämunität und Interferenz bei einigen Steinobstviren.)** Canad. J. Bot. **40** (1962) Nr. 8. S. 1041–1049. – 1 Abb., 1 Tab., 24 Lit.
Einjährige virusfreie 'Montmorency'-Bäume wurden mit dem Virus der Vergilbungs-(Y), nekrotischen Ringflecken-(NRS), Weidenblättrigkeits-(PD) und der Lochkrankheit (TL) infiziert und später nachinfiziert. Die mit TL infizierten Bäume zeigten nach Zweitinfektion mit NRS nur schwache Schocksymptome und feine braune Ringe an jüngsten Blättern. Bei umgekehrtem Infektionsvorgang traten diese Symptome nicht auf. Die braunen Ringe werden als synergistische Reaktion auf Infektion mit verwandten Viren angesehen. NRS-kranke Bäume zeigten nach Y-Infektion Y-Symptome mit Schock. Umgekehrt traten keine NRS-Symptome auf, da bei den Y-Virusisolierungen NRS-Viruskomponenten beteiligt waren. Eine gewisse Interferenz war jedoch festzustellen. Infektion mit PD schützte nicht vor Nachinfektion mit Y und Mischinfektion mit NRS und PD rief keine Y-Symptome hervor. PD und Y sind demnach nicht identisch. H. Kegler. 1970.

Untersuchungen über Viruskrankheiten an Rubus-Arten. Halle/Saale, Phythopathol. Inst. der Martin-Luther-Universität Plan-Nr.: 2155-11-1-13-9. 6 S. Abschlußber.
Durch Pfropfübertragungen auf verschiedene gesunde Himbeersorten konnte das Vorkommen folgender Komponenten des Himbeermosaiks für die DDR nachgewiesen werden: Fleckenmosaik, Adernbänderung und Adernchlorose. Die meisten der geprüften „symptomlosen" Pflanzen sowie die an Adernchlorose erkrankten Herkünfte waren mit dem Fleckenmosaikvirus latent verseucht. Im Freiland fungiert *Amphorophora rubi* als Vektor für dieses Virus. Von mosaikkranken Himbeeren gelang die mechanische Übertragung eines Virus auf *Chenopodium quinoa*. Als weitere wirtsch. wichtige Virose wurde die *Rubus*-Stauche durch Pfropfübertragung auf verschiedene *Rubus*-Arten ermittelt. Demgegenüber spielen einige virusbedingte chlorotische Ringfleckenkrankheiten – von denen eine durch das *Arabis*-Mosaik-virus hervorgerufen wird – keine große Rolle. 1970.

Taylor, C. E.; Invergowrie, Dundee, Scott. Horticult. Res. Inst. Transmission of raspberry ringspot virus by Longidorus elongatus (de Man) (Nematoda: Dorylaimidae). **(Die Übertragung des Himbeerringfleckenvirus durch Longidorus elongatus [de Man] [Nematoda: Dorylaimidae].)** Virology **17** (1962) Nr. 3. S. 493–494. – 7 Lit.

Das Himbeerringfleckenvirus wurde durch den Nematoden *Longidorus elongatus* auf *Spinacia oleracea* und *Cucumis sativus* übertragen. Zur Übertragung sind Larven und Adulte befähigt. Die Nematoden bleiben nach der Virusaufnahme mindestens 42 Tage infektiös. H. Kegler. 1970.

Brückbauer, H.; Neustadt/Weinstr., Landes-Lehr- und Forsch.-Anst. für Wein- und Gartenbau, Forsch.-Inst. für Reblausbekämpf. und Wiederaufbau. **Welche Möglichkeiten bestehen zur Erkennung viruskranker Reben?** Dtsch. Weinbau **17** (1962) Nr. 16. S. 600–607. 1970.

Schneider, Irving R. und Mitchell, John W.; Beltsville, Md., U.S. Dep. of Agric., A.R.S., Crops Res. Div. Effects of five sulfosuccinates on symptom development of five virus diseases in bean plants. **(Wirkungen von fünf Sulfosuccinaten auf die Symptomentwicklung von fünf Viruskrankheiten in Bohnenpflanzen.)** Phytopathology **52** (1962) Nr. 1. S. 46–51. — 5 Abb., 7 Lit.
Durch Dioctyl-Natriumsulfosuccinat konnte die Zahl der Lokalläsionen des Südlichen Bohnenmosaikvirus, des Tabakmosaik- und Luzernemosaikvirus auf Bohnenblättern (*Phaseolus vulgaris*) Sorte 'Pinto' um 75–100% vermindert werden, wenn die Applikation 15 Min. nach der Virusinokulation erfolgte. Die hierbei noch entstandenen Lokalläsionen waren größer als in Fällen, in denen die Blattoberfläche 16–24 Std. nach der Inokulation mit der genannten Verbindung behandelt worden war. Wenn die Primärblätter von Bohnen mit dem Tabakringflecken- oder dem Gelbmosaikvirus der Buschbohne infiziert wurden, vermochte Dioctyl-Natriumsulfosuccinat den Prozentsatz kranker Pflanzen deutlich zu senken. Die Verbindung mußte dabei 15 Min. nach der Inokulation auf die abgeriebene Blattfläche gesprüht werden. Ob eine Verlagerung zu unbehandelten Gewebeteilen der Bohnenpflanzen erfolgte, konnte nicht nachgewiesen werden. H. E. Schmidt. 1970.

Chalfant, Richard B. und Chapman, R. Keith; Madison, Univ. of Wisconsin, Dep. of Entomol. Transmission of cabbage viruses A and B by the cabbage aphid and the green peach aphid. **(Die Übertragung der Kohlviren A und B durch die Kohlblattlaus und die Grüne Pfirsichblattlaus.)** J. econ. Entomol. **55** (1962) Nr. 5. S. 584–590. — 4 Abb., 8 Tab., 24 Lit.
Versuche zur Bestimmung der Übertragungsart für die Kohlviren A (KVA) und B (KVB) durch die Grüne Pfirsichblattlaus, *Myzus persicae* (Sulz.), und die Kohlblattlaus, *Brevicoryne brassicae* (L.), zeigten, daß von beiden Aphidenarten bei variierenden Saugzeiten auf der Infektionsquelle das KVA nichtpersistent, das KVB dagegen von *M. persicae* nichtpersistent und von *B. brassicae* semipersistent übertragen werden. Es wird vermutet, daß *B. brassicae* das KVB nach kurzen Saugzeiten auf der Infektionsquelle nichtpersistent und nach langen Virusaufnahmesaugzeiten persistent überträgt. Für diese Hypothese sprechen auch die Ergebnisse der durchgeführten Haltbarkeitsversuche am Überträger. Bei Anwendung von 0,25%igem Formaldehyd — entweder den infektiösen und auf einer Membran saugenden *B. brassicae*-Tieren in einer 10%igen Zuckerlösung verabreicht oder den ausgefahrenen Stechborsten direkt appliziert — blieb in den meisten Fällen die Virusübertragung durch die Aphiden aus, denen kurze Saugzeiten (1–2 Min.) auf der Infektionsquelle gegeben wurden. Bei Aufnahmesaugzeiten von 4 Std. bis zu 2 Tagen war der Übertragungserfolg nach dieser Behandlung ohne Rücksicht auf die Länge der Stechborsten nur unwesentlich vermindert im Vergleich zur Kontrolle. B. Hinz. 1970.

Martin, Mark W.; Logan, Utah State Univ., Dep. of Bot. and Plant Pathol. Solanum pennellii, a possible source of tomato curly-top resistance. **(Solanum pennellii, eine mögliche Quelle für Resistenz gegen Kräuselschopf der Tomate.)** Phytopathology **52** (1962) Nr. 11. S. 1230–1231. — 1 Tab., 7 Lit. 1970.

Mészöly, Gy. und Vidéki, L. Paradicsom-rezisztencia kialakításával kapcsolatos megfigyelések. **(Beobachtungen im Zusammenhang mit der Tomatenresistenzzüchtung.)** Duna-Tisza Közi mezögazdasági Kisérleti Intézet Évkönyve [Jb. landwirtsch. Forsch.-Inst. Donau-Theiss] **1960** (hrsg. 1962) S. 35–46. — Aus: Ung. Agrar-Rdsch. **1963** Nr. 1.
Die Infektiosität von 3 Isolaten des TMV wurde an den Tomatenstämmen 'Mészöly 62/8 F_5' sowie 'Walter 75' bzw. an der anfälligen amer. Sorte 'Leader' in Gefäßen untersucht. Am aggressivsten erwies sich das gewöhnliche TMV, am wenigsten der Farnblättrigkeit hervorrufende Typ. Zwischen der Infektiosität des Mosaiktyps und des Gemisches der 3 TMV-Isolate bestand kein Unterschied. Scheinbar nimmt die Aktivität durch Vermischung ab. Unter dem Einfluß der Infektion wird der P-Stoffwechsel resistenter Tomatensorten mehr gefördert als der empfindlicher Sorten. Es wurde festgestellt, daß der Blattpreßsaft Stoffe enthält, die das TMV hemmen. Ihre Wirkung erwies sich bei resistenten Sorten stärker. Der Hemmstoff beeinflußt im pflanzlichen Organismus vermutlich nur die TMV-Vermehrung, nicht aber seine Aktivität. Eine Ansteckung durch Preßsaft wiederholt infizierter symptomfrei gebliebener Pflanzen war ebenso erfolgreich wie von empfindlichen Sorten. Wird Hemmstoff enthaltender Gewebesaft mit TMV-haltigem Preßsaft sonstiger Tomatenpflanzen zusammengebracht, so wirkt er auch auf die Aktivität hemmend. Der Hemmstoff verliert seine Wirkung selbst bei 95 °C nicht. 1970.

Ragetli, H. W. J. und Weintraub, M.; Vancouver, Brit. Columbia, Canada Agric. Res. Stat. Purification and characteristics of a virus inhibitor from Dianthus caryophyllus L. I. Purification and activity. **(Reinigung und Eigenschaften eines Virushemmstoffes aus Dianthus caryophyllus L. 1. Mitt. Reinigung und Aktivität.)** Virology **18** (1962) Nr. 2. S. 232–240. 1970.

Ragetli, H. W. J. und Weintraub, M.; Vancouver, Brit. Columbia, Canada Dep. of Agric. Purification and characteristics of a virus inhibitor from Dianthus caryophyllus L. II. Characterization and mode of action. **(Reinigung und Eigenschaften eines Virushemmstoffes aus Dianthus caryophyllus L. 2. Mitt. Charakterisierung und Wirkungsweise.)** Virology **18** (1962) Nr. 2. S. 241–248. — 1. Mitt. vgl. vorst. Titel. 1970.

Lee, Peter E.; Madison, Univ. of Wisconsin, Dep. of Entomol. Acquisition time and inoculation time in transmission of aster yellows virus by single leafhoppers. **(Aufnahme- und Infektionssaugzeit bei der Übertragung des Virus der infektiösen Vergilbung der Aster durch einzelne Zikaden.)** Virology **17** (1962) Nr. 3. S. 394–396. — 2 Abb., 5 Lit.
Bei der Übertragung eines Sellerieisolates (*Apium graveolens* L.) des Virus der infektiösen Vergilbung der Aster entsprach die Zahl der infizierten Pflanzen in Abhängigkeit von Infektionssaugzeit und Virusaufnahmezeit dem Schema einer Exponentialfunktion. Als Vektorinsekt diente die Zikade *Macrosteles fascifrons* Stål. Virusaufnahmezeit und Infektionssaugzeit wurden im Bereich von $^1/_8$ bis 32 Std. in geometrischer Reihenfolge variiert. War die Aufnahmezeit kleiner als 2 Std., dann konnte keine Testpflanze (*Callistephus chinensis* Nees, var. 'Giant branching Shellpink') infiziert werden. Betrug die Aufnahmezeit 32 Std., so belief sich der Anteil infizierter Pflanzen auf 77,7 bzw. 73,7% bei einer gleich großen Infektionssaugzeit.
H. E. Schmidt. 1970.

Herold, Frieda und Weibel, Josef; Caracas, Inst. Venezolano de Investigaciones Ci., Dep. de Virol. Electron microscopic demonstration of papaya ringspot virus. **(Elektronenmikroskopischer Nachweis des Ringfleckenvirus des Papayabaumes.)** Virology **18** (1962) Nr. 2. S. 302–311. 1970.

Tarjan, Armen C. **Check list of plant and soil nematodes.** A nomenclatorial compilation. Gainesville: University of Florida Press. 1960. (200 S.) 8°. $ 7,50. In diesem wiss. geordneten

Namensverzeichnis findet der Zoologe, spez. der Nematologe, nahezu alle in der Fachliteratur erwähnten Pflanzen- und Bodennematoden aufgeführt, und zwar nach Species alphabetisch geordnet mit Angabe von Unterart, Varietät, Form usw. Synonyme werden ebenfalls aufgeführt. Entsprechend gekennzeichnete Zahlen bei den einzelnen wiss. Namen weisen auf die fortlaufend numerierte Literaturzusammenstellung im 2. Teil des Nachschlagewerkes, die den jeweiligen Originaltitel der betr. Nematodenarbeit vermittelt. 746 Lit. W. Wolde.

Stojanov, D. (Stojanow, D.) **Rastitelni nematodi iborbata s tjach.** (Pflanzennematoden und ihre Bekämpfung.) Sofija: Zemizdat. 1962. (97 S. m. 53 Abb., u. 53 Lit.) Nach allg. Angaben über Morphologie, Vermehrung, Systematik, Klassifikation nach A. Paramonow und kennzeichnenden Besonderheiten einzelner ökol. Gruppen werden Biologie und Bekämpfung folgender in Bulgarien festgestellter Nematoden behandelt: *Meloidogyne marioni, Hetrodera schachtii, Aphelenchoides fragariae, A. ritzema-bosi, A. olesistus, A. oryzae, Ditylenchus dipsaci, D. destructor, D. allii, Anguina tritici, Neotylenchus abulbosus* und *Pratylenchus pratensis*. Als Quarantäneschädlinge werden *H. rostochiensis* und *Ditylenchus phloxidis* (beide bisher in Bulgarien nicht beobachtet) genannt. Probenahme und Untersuchung des Bodens auf Zystenvorkommen werden abschließend beschrieben. D. Dodow.

Trudy Vsesojuznogo instituta gel'mintologii imeni akademika K. I. Skrjabina. (Arbeiten des Skrjabin-Unions-Instituts für Helminthologie. Bd. 8.) Hrsg.: Minist. sel'skogo chozjajstva SSSR; Vsesojuznaja ordena Lenina Akademija sel'skochozjajstvennych nauk imeni V. I. Lenina. Moskva. 1960. (274 S. m. 56 Abb., 67 Tab. u. 225 Lit.) 4°. Rbl. 10,—. Vf. berichtet über geschichtliche Entwicklung der Erforschung des Rübennematoden, seine Stellung im System, geographische Verbreitung, Biologie, Diagnose und Bekämpfung. Die wichtigsten Nematoden an Klee und Mais, ferner der Einfluß von ^{60}Co-Strahlen und Hochspannungsimpulsen auf Gallennematoden finden in diesem Werk Berücksichtigung. W. Peitz.

Lazarov, A., Balevski, A., Toševa, C., Vasev, A. und *Ivanov, S.* (Lasarow, A., Balewski, A., Toschewa, Z., Wassew, A. und Iwanow, S.) **Jabulkovijat plodov červej i borbata s nego.** (Die Obstmade und ihre Bekämpfung.) 2. bearb. u. erg. Aufl. Sofija: Zemizdat. 1962. (67 S.) Vff. vermitteln mehrjährige Studien über Biologie, Ökologie, Möglichkeiten zur Einführung des Warndienstes zur Bekämpfung der Obstmade sowie die erfolgreichsten Ergebnisse ihrer chem. Bekämpfungsmaßnahmen. Die besten Ergebnisse brachte Kupferkalkbrühe unter Zusatz von DDT (0,4 % Wirkstoff) zur Vorblütespritzung und an 2. Stelle, unter Zusatz von Thiophosphorpräparaten. Die Nachblütespritzungen werden mit Schwefelkalkbrühe unter Insekticidzusatz vorgenommen. DDT wird nur gegen die 1. Generation empfohlen, Thiophosphorpräparate gegen die 2. Generation (Wirkungsdauer 12–16 Tage). Mit 3–4 Spritzungen (1 Vorblüte-, einer z. Z. der Blüte und 2 Nachblütespritzungen) wird die Apfelernte gegen Schorf, Obstmade, Milbe, Blatt- und Blutlaus sehr gut geschützt. A. Balewski.

Baeva, Valentina Gerasimovna. **Nasekomye vrediteli semečkovych plodovych kul'tur v Gissarskoj doline.** (Schadinsekten der Kernobstkulturen im Gissartal.) Stalinabad: Izd. Akad. nauk Tadžikskoj SSR. 1959. (107 S.) 8° = Trudy. Akademija nauk Tadžikskoj SSR, Stalinabad Bd. 119. (SR 1425, 119)

Bašenina, Natal'ja Viktorovna u. a. **Gryzuny — vrediteli sadov i ogorodov.** (Nagetiere, Schädlinge der Gärten und Gemüsefelder.) 2., verb. u. erg. Aufl. Moskva: Izd. Moskovskogo univers. 1961. (116 S.) 8°. (1962 A 1150)

Chomjakova, Valentina Osipovna. **Kukuruznyj motylek.** (Der Maiszünsler.) Leningrad: Izd. sel'skochoz. lit. 1962. (32 S.) 8°. (DA 1419)

Esau, Katherine. **Plants, viruses and insects.** Cambridge: Harvard univ. press. 1961. (VI, 110 S. m. Abb.) 8°. (1962 A 1440)

MacLeod, D. J. **Mosaic and streak viruses of the potato.** Ottawa: Canada Dept. of Agriculture. 1962. (79 S.) 8° = Canada Department of Agriculture. Publication. 1150. (SR 1366, 1150)

Pučkova, Lidija Vasil'evna und *Pučkov, Georgij Vasil'evič.* Hrsg.: Akademija nauk Ukr.SSR; Inst. zool. **Bespozvonočnye — vrediteli zapasov zerna i zernovych produktov. (Kratkij opredelitel'.)** (Wirbellose Schädlinge der Kornvorräte und der Vorräte von Getreideerzeugnissen.) Kiev: Izd. Akad. nauk Ukr.SSR. 1962. (31 S.) 8°. (1962 A 799)

Riggs, R. D. and *Hamblen, M. L.* **Soybean-cyst nematode host studies in the family Leguminosae.** Fayetteville: Univ. of Arkansas. 1962. (18 S.) 8° = Agricultural experiment station. Report series. 110. (SR 2859, 110)

Ryss, Rebekka Grigor'evna. **Steblevaja nematoda kartofelja i mery bor'by s nej.** (Stengelnematode der Kartoffel und Maßnahmen zu seiner Bekämpfung.) Hrsg.: Ukrainskaja akad. sel'skochoz. nauk. Kiev: Izd. Ukr. akad. sel'skoch. nauk. 1962. (118 S.) 8°. (1962 A 1268)

C. Krankheiten und Wirtspflanzen

Sequeira, Luis und Kelman, Arthur. The accumulation of growth substances in plants infected by Pseudomonas solanacearum. **(Die Anreicherung wachstumsfördernder Substanzen in Pflanzen, die mit Pseudomonas solanacearum infiziert sind.)** Phytopathology **52** (1962) Nr. 5. S. 439–448.

Tabak- und Bananenpflanzen, die mit *Pseudomonas solanacearum* infiziert sind, zeigen einen hohen Gehalt an Indolyl-3-essigsäure (**IES**) und an einem Wachstumshemmstoff (**I**). Bei Tabak steigt auch der Scopoletin (**II**)-Gehalt stark an. Der Anstieg dieser Substanzen ist bereits 4 Tage nach der Infektion erheblich und dauert bis zum Verwelken der Pflanzen an. Der **IES**-Gehalt ist am stärksten im Stengelgewebe, der Stelle, wo sich der Erreger maximal vermehrt. Der hohe **IES**-Gehalt des erkrankten Gewebes ist in erster Linie auf den Erreger zurückzuführen, während der Anstieg des Gehalts an **I** und **II** einer Wirtsreaktion zuzuschreiben ist. Da stark, schwach und nichtpathogene Stämme von *P. solanacearum* in vitro auf Kulturmedien aus Tabak- und Bananengewebe große Mengen an **IES** bilden, kann die **IES**-Produktion allein nicht als Maß für die Pathogenität gelten. Auch bei resistenten Tabaksorten zeigt sich nach Infektion mit dem Erreger eine Zunahme des **IES**-Gehalts (durch Versuche in vitro mit Kulturmedien aus Geweben resistenter Tabakpflanzen bestätigt). Die Anreicherung von **IES** in infizierten Pflanzen kann also nicht in direkter Beziehung zur Resistenz gegen die Bakterienwelke stehen. Es wird vermutet, daß wachstumsregulierende Substanzen für die Pathogenese von *P. solanacearum* eine größere Bedeutung haben als bisher angenommen wurde. G. Zahn. 2000.

Williams, L. E. und Schmitthenner, A. F.; Wooster, Ohio Agric. Exp. Stat., Dep. of Bot. and Plant Pathol. Effect of crop rotation on soil fungus populations. **(Die Wirkung der Fruchtfolge auf Bodenpilzpopulationen.)** Phytopathology **52** (1962) Nr. 3. S. 241–247. – 25 Tab., 29 Lit.
In Parzellenversuchen prüften Vff. die Wirkung 3jähriger Monokultur sowie aller möglichen Folgen von Weizen, Mais, Hafer, Sojabohne und Luzerne auf die Menge und Arten der Bodenpilze. Die Proben wurden im Frühjahr 1957 und 1958 gezogen, so daß die geprüften Fruchtfolgepaare zur Wirkung kommen konnten. Die Bestimmung erfolgte nach dem Plattengußverfahren mit 10 Platten aus einer Mischprobe von 32 Bohrkernen je Parzelle. Fruchtwechsel erhöht die Anzahl und den Artenreichtum der Bodenpilze gegenüber Monokultur ohne Fruchtwechsel (66 Pilzgruppen gegenüber 32). Die Bodenmykoflora ließ sich durch ununterbrochenen Anbau einer Pflanzenart anders beeinflussen als durch Fruchtwechsel. 19 Pilzgruppen werden durch die Vorfrüchte, 22 durch spez. Fruchtfolgepaare und 7 durch die Nachfrüchte in ihrem Vorkommen bestimmt. D. Seidel. 2000.

Buhr, H.; Mühlhausen/Thür., Forsch.-Stelle für Kartoffelkäfer-Bekämpf. der Biol. Zentralanst. der Dtsch. Akad. der Landwirtsch.-Wiss. zu Berlin. **Krankheiten und Schädlinge an Solanum aviculare Forst. und Solanum auriculatum Ait. in Deutschland.** Dtsch. Akad. Landwirtsch.-Wiss. Berlin, Tagungsber. **1959** (hrsg. 1961) Nr. 27. S. 249–254. – Zus. in Russ., Engl.
An *S. aviculare* Forst. = *S. laciniatum* Ait. wurden beobachtet: *Heterodera rostochiensis* Wr., *Agrotis* spp., Engerlinge vor allem von *Melolontha melolontha* L., *Elateridarum* spp., *Psylliodes affinis* (Payk.), *Leptinotarsa decemlineata* Say, Raupen von *Phytometra gamma* L., ferner *Empoasca pteridis* (Dahlb.), *Lygus pratensis* L., *Tetranychus urticae* Koch, *Macrosiphum euphorbiae* (Thomas) = *M. solanifolii* (Ashm.), *Aulacorthum solani* (Kltb.), *Myzus* (*Nectarosiphon*) *persicae* Sulz., *M. ornatus* Laing, *Neomyzus circumflexus* (Buckt.), *Aphis fabae* Scop. und eine Anzahl Minierfliegen. Darüber hinaus konnte in Fütterungsversuchen ein Befall durch *Epilachna vigintioctomaculata* Motsch. var. *niponica* Lewis und *E. sparsa* (Herbst) sowie durch *Phthorimaea operculella* (Zell.) festgestellt werden. Von den Pilzerkrankungen besitzt *Phytophthora infestans* (Mont.) de Bary die größte wirtsch. Bedeutung. Erkrankungen viröser Art konnten nicht beobachtet werden. *S. auriculatum* Ait. hingegen erwies sich allen vorkommenden Solanaceen-Parasiten und -Krankheiten gegenüber als weitgehend resistent. Lediglich in Gewächshäusern wurde verschiedentlich ein auffallend starker Befall durch die Rote Spinne festgestellt.
K. Schreiber. 2000.

Naumann, K.; Aschersleben, Phytopathol. Inst. der Biol. Zentralanst. der Dtsch. Akad. der Landwirtsch.-Wiss. zu Berlin. **Durch Kleegrasanbau hervor-**

gerufene Veränderungen in der Zusammensetzung der Bodenmikroflora. Dtsch. Akad. Landwirtsch.-Wiss. Berlin, Tagungsber. **1961** Nr. 41. S. 123–133. – 3 Abb., 1 Tab., 6 Lit. Zus. in Russ., Engl.

Vf. prüfte in einem Fruchtfolgeversuch den Gehalt des Bodens in Weizenparzellen nach 2jährigem (Rotation B) und 3jährigem (Rotation C) Kleegrasanbau an pflanzlichen Mikroorganismen. Wurzelfreier Boden und Rhizosphäre wurden getrennt untersucht. Die Probeentnahme erfolgte vor dem Schossen, nach der Blüte und nach der Ernte. Im allg. war der Gehalt an Mikroorganismen in der Rhizosphäre höher als im wurzelfreien Boden. Während im ersten Fall bei C größere Keimzahlen ermittelt werden konnten, war die Anzahl der Mikroorganismen im wurzelfreien Boden im Frühjahr bei B größer als bei C, wobei jedoch im Laufe der Vegetationsperiode eine Verschiebung zugunsten von C beobachtet wurde. Nach 3jährigem Kleegrasanbau war die Zahl der Actinomyceten bes. hoch. Nach 2jährigem Kleegrasanbau wurde dagegen ein größerer Gattungs- und Artenreichtum bei den Pilzen festgestellt, insbesondere bei der Gattung *Fusarium*. Die durch *Cercosporella herpotrichoides* verursachten Schäden waren bei B größer als bei C. Wenngleich durch 3jährigen Kleegrasanbau deutlich ein gewisser Sanierungseffekt bewirkt wurde, mußte festgestellt werden, daß sich Kleegras als Vorfrucht ungünstig auf die Weizenerträge auswirkt und deshalb auf jeden Fall eine Hackfrucht eingeschoben werden sollte. K. Frauenstein. 2020.

Pohjakallio, Onni, Salonen, Arvi, Antila, Simo und Halkilahti, Anna-Marja; Helsinki, Univ., Plant Pathol. Dep. Syysviljan talvehtimiseen vaikuttavista tekijöistä. **(Untersuchungen über Faktoren, die die Überwinterung des Wintergetreides beeinflussen.)** Maatalous ja Koetoiminta [Agric. and Res.] **16** (1962) S. 140–152. – 9 Tab. Zus. in Engl.

Mehrjährige Versuche an zwei Orten zeigten unterschiedliche Ursachen der Auswinterung. In Viik (60°10' N) verursachten Witterungsfaktoren (Strahlungsfrost, Eisbedeckung), in Muddusniemi (69° 5' N) Pilze (hauptsächlich *Sclerotinia borealis* und *Fusarium* sp.) die größten Auswinterungsverluste. Flächenbehandlung mit PCNB verbesserte beträchtlich die Überwinterungsfähigkeit, ohne jedoch die Kälteresistenz zu erhöhen. Saatgutbehandlung wirkte in einigen Fällen ebenfalls günstig. Sie scheint die Kälteresistenz zu verbessern. Bei Abwesenheit der Pilze ergaben sich zwischen den geprüften Roggen- und Weizensorten Unterschiede in der Überwinterungsfähigkeit. Sie scheint physiol. bedingt zu sein. K. Wiesner. 2020.

Zogg, H.; Zürich-Oerlikon, Eidg. Landwirtsch. Versuchsanst. **Übertragungsmöglichkeiten von Getreidefußkrankheiten (Schwarzbeinigkeit) durch Futtergräser.** Mitt. schweiz. Landwirtsch. **11** (1963) Nr. 2. S. 17–24. 2020.

Wiberg, A. Further studies on the physiological race specialization of Erysiphe graminis DC. f. sp. hordei Marchal in Sweden. **(Weitere Untersuchungen über die physiologische Rassenspezialisierung von Erysiphe graminis DC. f. sp. hordei Marchal in Schweden.)** Phytopathol. Z. **44** (1962) Nr. 4. S. 324–333.

In den Jahren 1959 und 60 gelangten im wesentlichen Konidienproben des Pilzes aus dem mittleren und südlichen Schweden zur Untersuchung. 134 Kulturen des Jahres 1959 lieferten 12 verschiedene Rassen, von denen eine (B_8) neu war. Von den 168 Kulturen des Jahres 1960 wurden 20 Rassen isoliert, darunter 8 neue (A_8, A_9, A_{10}, D_5, D_6, C_8, C_9, C_{10}). Eine Rasse (B_3) wurde bisher nur aus Ascosporen gewonnen. Insgesamt wurden damit in den Jahren 1958 bis 60 26 verschiedene Rassen des Gerstenmehltaupilzes in Schweden gefunden. Eine Reihe von Gerstensorten wurde mit 23 von den 26 vorhandenen Rassen auf Befall geprüft. 18 Gerstensorten erwiesen sich gegen 23 Rassen resistent. G. Zahn. 2020.

Franke, G.; Halle/S., Martin-Luther-Univ., Inst. für Acker- und Pflanzenbau. **Der Einfluß ständigen Getreideanbaues auf den Befall mit Heterodera avenae Wollenweber 1924 und Cercosporella herpotrichoides Fron.** Albrecht-Thaer-Arch. **6** (1962) Nr. 8. S. 574–578. – 3 Tab., 11 Lit. Zus. in Russ., Engl.

In einem Verträglichkeitsversuch wurden i. J. 1960 starke Vergilbungserscheinungen an jungen Pflanzen von Wintergerste und Winterroggen beobachtet. Die Verfärbungen zeigten sich bes. nach So-Gerste als Vorfrucht, während nach Wi-Roggen keine Farbveränderungen an den Blättern festgestellt werden konnten. Nach eingehenden Bodenprobenuntersuchungen wurde als Schaderreger *H. avenae* ermittelt. Die Untersuchungen bestätigen, daß bei starkem Getreideanbau die Ertragsbeeinflussung häufig auf phytopathol. Ursachen zurückzuführen ist. – Die Untersuchungen auf Befall von *C. herpotrichoides* Fron. an Wi-Weizen zeigten keine Vorfruchtabhängigkeit nach mehrjährigem Anbau von Wi-Weizen und wechselnden Anbaufolgen mit anderen Getreidearten. E. Zesewitz. 2020.

Watson, I. A. und Cass Smith, W. P.; Sydney, New South Wales, Univ. of Sydney, Agric. Bot.; Perth, Western Australia, Dep. of Agric., Biol. Serv. Div. Movement of wheat rusts in Australia. **(Bewegung der Weizenrostkrankheiten in Australien.)** J. Austral. Inst. agric. Sci. **28** (1962) Nr. 4. S. 279–287.– 4 Abb., 9 Lit. 2020.

Rosenstiel, Klaus von; Waterneverstorf, Kreis Plön/Ostholstein. **Über einen Versuch, die im Jahre 1961 durch Gelbrostbefall bei Sommergerste verursachten Ertragsausfälle abzuschätzen.** Angew. Bot. **36** (1962) Nr. 1. S. 16–24. – 11 Tab.

Zur Feststellung des Ausmaßes der Ertragsminderung wurden 1961 die Drillprüfungen in Waterneverstorf an 5 Sorten und 3 eigenen Zuchtstämmen ausgewertet. 'Haisa II",'MGZ', 'Wisa' und 'Union' dienten als Standardgruppe (Bezugsgröße der rel. Sortenleistung). Die Auswertung ergab i. J. 1961 im Sortendurchschnitt eine mittlere Ertragsminderung von 27% gegenüber den mittleren Erträgen von 1958–60. Die Untersuchung ließ keine straffe Korrelation zwischen der bei der Feldbonitur zum Ausdruck gekommenen Befallsstärke und der Ertragsminderung erkennen. Deutlich hob sich dagegen hinsichtlich der Ertragsminderung eine typische Sortenreaktion ab. Als ertragstreu erwiesen sich 'Union', 'MGZ', 'Stamm 9874/56' und 'St. 9877/56'. Zur Klärung, ob die starke Ertragsdepression des Jahres 1961 allein auf den Gelbrostbefall zurückzuführen ist, da gleichzeitig auch ein starker Befall durch Fußkrankheiten vorlag, wurden die Ertragsstrukturen der Sortenerträge in den Jahren 1958–61 analysiert. Obwohl sich diese in den einzelnen Jahren grundlegend unterschieden, war allein 1961 das schlechte 1000-Korngewicht (TKG) für die Ertragsminderung ausschlaggebend, so daß für letztere der Gelbrostbefall verantwortlich gewesen sein muß. Sorten mit der höchsten Ertragsdepression ('Haisa II', 'Wisa', 'Volla' sowie 'Stamm 9875/56') wiesen nicht nur die stärkste Minderung des TKG auf, sondern auch eine Minderung der Kornzahl/Ähre. W. Kühnel. 2020.

Lunderstädt, J., Heitefuss, R. und Fuchs, W. H ;Göttingen, Univ., Inst. für Phytopathol. und Pflanzenschutz. **Aktivität einiger Enzyme des Kohlenhydratstoffwechsels aus Weizenkeimpflanzen nach Infektion mit Puccinia graminis tritici.** Naturwissenschaften **49** (1962) Nr. 17. S. 403.

Vff. bestimmten die Aktivität einiger Enzyme (Hexokinase (**I**); Phosphoglucomutase (**II**); Phosphoglucoseisomerase (**III**); Glucose-6-phosphatdehydrogenase (**IV**) und 6-Phosphoglukonsäuredehydrogenase (**V**) aus Weizenkeimpflanzen nach Infektion mit *Puccinia graminis tritici*. Bis zum 5. Tag nach der Infektion (p.i.) war nur eine geringe, vorübergehende Steigerung der Enzymaktivität zu erkennen. Lediglich die Aktivität von **I** lag schon am 4. Tag p.i.

deutlich höher als in gesunden Pflanzen und stieg bis zum 8. Tag p.i. auf den 5- bis 6-fachen Wert der Kontrollen an. Die Aktivität der übrigen Enzyme erhöhte sich vom 5. bis 6. Tag p.i. merklich, an den folgenden Tagen stärker und erreichte am 8. Tag bei **IV** den 2,5- bis 3-fachen, bei **V** den doppelten Wert der Kontrollen, während **II** und **III** nur etwa 1,5-fache Aktivitätssteigerung zeigten. Bei **IV** ließ sich eine Korrelation zwischen der Höhe der Aktivitätssteigerung und der Infektionsdichte ermitteln. Die Ergebnisse werden als weiterer Anhaltspunkt dafür gewertet, daß im Wirt-Parasit-System der Abbau des vielleicht verstärkt durch **I** bereitgestellten Glucose-6-phosphats zu einem erheblichen Teil über den Hexosemonophosphat-Weg laufen kann. Es wird angenommen, daß dem Parasiten selbst ein wesentlicher Anteil an der infektionsbedingten Steigerung der Enzymaktivität, vor allem bei **I** und **IV**, zumindest in den späten Phasen des Infektionsprozesses, zukommt.

G. Zahn. 2020.

Carmo e Freitas, Alberto Palyart do. Puccinia recondita Rob. I. Prospecção de raças fisiológicas em trigo durante os anos de 1956 e 1957. **(Puccinia recondita Rob. 1. Mitt. Auftreten physiologischer Rassen in den Jahren 1956 und 1957.)** Agronom. lusitana **21** (1959) Nr. 4. S. 239–268. 2020.

Ammon, H. U.; Zürich-Oerlikon, Eidg. Landwirtsch. Versuchsanst. **Keimlingskrankheiten bei Mais.** Mitt. schweiz. Landwirtsch. **11** (1963) Nr. 1. S. 1–8. 2020.

Robert, Alice L. Host ranges and races of the corn rusts. **(Wirtspflanzenkreis und Rassen der Maisrostpilze.)** Phytopathology **52** (1962) Nr. 10. S. 1010–1012.

Da das Wissen um den Wirtspflanzenkreis der Maisrostpilze bisher sehr dürftig war, wurden 87 Pflanzenarten, -sorten und -stämme auf ihre Anfälligkeit gegenüber 13 Isolaten von *Puccinia polysora*, 3 von *Physopella zeae* und einem Isolat von *P. sorghi* geprüft. Als Wirtspflanzen wurden verwendet *Tripsacum dactyloides*, *Coix lacryma-jobi*, *Setaria viridis*, *S. italica*, *Pennisetum spicatum*, *Euchlaena mexicana*, *Sorghum halepense*, *S. sudanense*, *S. vulgare* und 62 Maissorten bzw. -stämme. *P. sorghi* war nicht in der Lage, 8 der getesteten Maisstämme zu befallen, bei 6 Stämmen war die Reaktion schwach, alle übrigen waren anfällig. *P. polysora* infizierte alle Maissorten außer 11. Es konnten 6 neue Rassen des Pilzes identifiziert werden. Alle 3 Pilze waren in der Lage, *Euchlaena mexicana* zu befallen. Die anderen getesteten Pflanzenarten zeigten keine Anfälligkeit. G. Zahn. 2020.

Kul'pinova, M. P. (Kulpinowa, M. P.); Stawropol, Zucht-Versuchsstat. des Unions-Inst. für Maisforsch. Bolezni kukuruzy pri bessmennom ee vozdelyvanii. **(Die Krankheiten des Maises bei dessen Nachbau.)** Zaščita rastenij ot vreditelej i boleznej, Moskva **7** (1962) Nr. 9. S. 23–24.

Entgegen Literaturangaben, daß ein mehrjähriger Nachbau von Mais das Krankheitsauftreten fördert, wurde aus 4jährigen Beobachtungen gefolgert, daß dies nicht zutrifft. Nach 4maligem Nachbau von Mais war das Krankheitsauftreten gering, wenn optimale Wachstumsbedingungen vorhanden waren. Das Auftreten von *Penicillium*, *Fusarium*, *Nigrospora* und *Ustilago zeae* hängt mehr von der Aussaatzeit, Saatgutqualität, Bodenbearbeitung und den Witterungsbedingungen ab als von mehrmaligem Nacheinanderbau. So traten bei zu früher Aussaat 15,2% Ausfall ein, während ein optimaler Aussaattermin den Ausfall auf 0,2–0,5% verringerte. H. Decker. 2020.

Grisenko, G. V. (Grissenko, G. W.); Dnepropetrowsk, Unions-Inst. für Maisforsch. Rol' posleuražajnych ostatkov v rasprostranenii diplodioza kukuruzy. **(Die Rolle der Ernterückstände für die Verbreitung der Diplodiose des Maises.)** Zaščita rastenij ot vreditelej i boleznej, Moskva **7** (1962) Nr. 9. S. 24–25. — 1 Abb.

Diplodia zeae (Schw.) Lev. ist in Westgrusien eine der wichtigsten Maiskrankheiten. Der Pilz befällt Kolben, Stengel, Blätter, Blattscheiden und Wurzeln. Die Hauptquelle für die Erhaltung und Verbreitung des Krankheitserregers sind die nichteingepflügten Ernterückstände des Vorjahres. Es besteht eine direkte Abhängigkeit zwischen der Menge dieser Ernterückstände und dem Krankheitsauftreten. Frühe Aussaaten werden stärker befallen als späte. Zur Bekämpfung sind sorgfältige Bodenbearbeitung und Düngung mit P_2O_5 und K_2O zu empfehlen. H. Decker. 2020.

Gojko, V. (Goiko, W.); Odessa. Fitoftoroz kartofelja na juge Ukrainy. **(Die Kraut- und Knollenfäule der Kartoffel im Süden der Ukraine.)** Zaščita rastenij ot vreditelej i boleznej, Moskva 7 (1962) Nr. 9. S. 19.

Im Jahre 1961 waren das Frühjahr verspätet, der Mai kalt und die Niederschlagsmenge 300% der Norm. Somit war das Auftreten von *Phytophthora* an Kartoffeln begünstigt. Von einzelnen Herden (Anfang Juni) breitete sich die Krankheit aus. Durch Kupferkalkspritzungen konnte die weitere Ausbreitung der Krankheit verhindert werden. Der Ertrag war jedoch sehr niedrig, die Haltbarkeit der geernteten Knollen gering. H. Decker. 2030.

Červenka, Jan; Havlíčkův Brod, Výzkumný Ústav Bramborářský ČSAZV. Přezimování a původ primární infekce plísně bramborové (Phytophthora infestans [Mont.] de Bary). **(Überwinterung und Herkunft der primären Kraut- und Knollenfäule der Kartoffel [Phytophthora infestans (Mont.) de Bary].)** Sborník českoslov. Akad. zemědělských Věd, rostlinná Výroba **8(35)** (1962) Nr. 1. S. 131–138. – 2 Abb., 1 Tab., 13 Lit. Zus. in Russ., Dtsch.

Primäre Infektionsherde bildeten sich nur nach der Frühjahrspflanzung künstlich infizierter Knollen von 'Erstling', 'Bintje' und 'Rapid' im Gewächshaus und im Freiland. Im Feldversuch breitete sich die Infektion von der Pflanzknolle auf den oberirdischen Teil der Pflanze in 0–5% der Fälle und nur in einem für *Phytophthora* bes. günstigem Jahr aus. 27–48% der Pflanzen zeigten Primärinfektion. Die Krankheit drang über die Stengeloberfläche bis zur Pflanzenspitze vor bzw. befiel die Blattstiele der obersten Blätter.
P. Bartoš. 2030

Čača, Zdeněk; Brno, Vysoká Škola Zemědělská, Ústav Fytopatol. Příspěvek ke studiu škodlivosti některých skládkových mikroorganismů na cukrové řepě za laboratorních podmínek. **(Beitrag zum Studium der Schädlichkeit einiger Mikroorganismen der eingelagerten Zuckerrübe unter Laboratoriumsbedingungen.)** Rostlinná Výroba **8(35)** (1962) Nr. 4. S. 509–520. – 2 Tab., 32 Lit. Zus. in Russ., Engl., Dtsch.

Botrytis cinerea Pers. bildete auf natürlichem flüssigem Nährboden (durch ZR-Diffusion gewonnen) die meiste Tr.-Subst. und säuerte das Substrat am stärksten an, so daß er als der größte pilzliche Schaderreger erkannt wurde. Im Vergleich mit *B. cinerea* bildete *Cladosporium herbarum* [Pers.] Link. auf natürlichem flüssigem Nährboden um 40% weniger Tr.-Subst.; 33% weniger Tr.-Subst. bei starker Ansäuerung bildete *Penicillium* sp., um 34% weniger bei nur schwacher Ansäuerung *Phoma betae* [Oud.] Frank., *Fusarium oxysporum* Schlecht. und andere *Fusarium* sp. um 25% bei schwacher Ansäuerung, *Aspergillus* sp. um 52% weniger bei schwacher Ansäuerung, *Alternaria tenuis* Nees. um 85% weniger bei starker Ansäuerung, *Fusarium sambucinum* Fuck. um 85% weniger bei schwacher Ansäuerung.
P. Bartoš. 2030.

Ševčenko, F. P. und Alinovskij, P. C. (Schewtschenko, F. P. und Alinowski, P. G.); Altai-Forsch.-Inst. für Landwirtsch. Bolezni kormovych bobov v Zapadnoj Sibiri. **(Krankheiten der Ackerbohne in Westsibirien.)** Zaščita rastenij ot vreditelej i boleznej, Moskva 7 (1962) Nr. 9. S. 20–23. – 4 Abb.

Am Altai-Gebiet wurden i. J. 1961 etwa 53000 ha und 1962 ca. 200000 ha Ackerbohnen angebaut. In den nächsten beiden Jahren soll hier die Fläche für Ackerbohnen und Erbsen auf ca. 1 Mill. ha erweitert werden. Dem Auftreten von Krankheiten und ihrer Bekämpfung ist große Aufmerksamkeit zu schenken. Die wichtigste Pilzkrankheit ist die Fusariose, die zur Wurzelfäule und Welke führt sowie Hülsen und Samen befällt. Daneben kommt auch der Brennfleckenkrankheit (Ascochytose) Bedeutung zu. Der Mehltaubefall ist allg. gering, Rost wurde noch nicht festgestellt. Weit verbreitet sind dagegen Bakteriosen und Virosen. H. Decker. 2040.

Christou, Theodosios; Berkeley, Univ. of California, Dep. of Plant Pathol. Penetration and host-parasite relationships of Thielaviopsis basicola in the bean plant. **(Das Eindringen von Thielaviopsis basicola in die Bohnenpflanze und Wirt-Parasit-Verhältnisse.)** Phytopathology **52** (1962) Nr. 3. S. 194–198. – 5 Abb., 11 Lit.

Vf. untersuchte an künstlich und natürlich infizierten Bohnenpflanzen den Infektionsmechanismus von *Thielaviopsis basicola.* Der Pilz dringt ohne Bildung eines Appressoriums in die Epidermiszellen der Wurzeln und des Hypokotyls ein. Die Infektionshyphen dringen in die Zellen ein, schwellen an ihrer Spitze an und verzweigen sich mit fingerförmigen, schmalen Hyphen. Erreicht eine intracellulare Hyphe die Zellwand, so durchbohrt sie diese und dringt in die benachbarten Epidermis- und Rindenzellen ein. Schlanke, nichteingeschnürte intercellulare Hyphen bilden kurze Seitenzweige aus, die eindringen in die anliegenden Zellen. Die „reproduktiven" Hyphen wachsen inter- und intracellular und bilden intracellular sowie gelegentlich intercellular Chlamydosporen. Bei hoher Feuchtigkeit wachsen diese Hyphen an die Oberfläche der Wirtspflanze und bilden dort an kurzen Seitenzweigen Chlamydosporen sowie Träger mit Endokonidien. Der Pilz durchwächst das gesamte Gewebe der Wurzeln und des Hypokotyls einschließl. der Leitungsbahnen und bildet überall Chlamydosporen. Wurzelhaare werden mittels eingeschnürter Hyphen besiedelt. Während zu Beginn der Infektion keine Veränderungen der infizierten Zellen festzustellen sind, verfärben sich später die Zellwände gelb-braun. Im Cytoplasma erscheinen zahlreiche gelbbraune Granula. D. Seidel. 2040.

Christou, Theodosios und Snyder, William C.; Berkeley, Univ. of California, Dep. of Plant Pathol. Penetration and host-parasite relationships of Fusarium solani f. phaseoli in the bean plant. **(Das Eindringen von Fusarium solani f. phaseoli in die Bohnenpflanze und Wirt-Parasit-Verhältnisse.)** Phytopathology **52** (1962) Nr. 3. S. 219–226. – 13 Abb., 11 Lit.

Der Infektionsmechanismus von *Fusarium solani* f. *phaseoli* wurde mit 4 pathogenen Klonen an hochanfälligen Bohnensorten untersucht. In Sporenlösung getauchte Keimlinge wurden entweder auf Wasseragar ausgelegt oder in sterilem Sand im Gewächshaus aufgestellt. Außerdem wurden Sämlinge in künstlich verseuchtem Kompost u. ä. ausgepflanzt. Vff. stellten fest, daß der Pilz in die Wurzeln und das Hypokotyl ohne Appressorienbildung eindringt. Jedoch wird vor dem Eindringen von den Keimschläuchen ein kleiner Thallus gebildet. Der Pilz kann durch unverletztes Gewebe, durch Wunden oder, wie es meist der Fall ist, durch die Stomata des Hypokotyls eindringen. Zu Beginn der Infektion können keine Veränderungen des befallenen Gewebes festgestellt werden, später werden Zellwände und -inhalt braun verfärbt. Nach dem Eindringen wachsen die Hyphen des Pilzes, von geringen Abweichungen je nach dem Eindringungsmodus abgesehen, intercellular, verzweigen sich und umhüllen die Rindenzellen in einer typisch fingerförmigen Weise. Wurzelinfektionen sind seltener als Hypokotylinfektionen. Chlamydosporen werden in großer Zahl auf und in den nekrotischen Läsionen gebildet, Konidien bei hoher Feuchtigkeit und bei Licht in Sporodochien in Höhe der Bodenoberfläche. In anderen Untersuchungen zeigte sich, daß auch *F. solani* f.

pisi, *F. solani* f. *cucurbitae* (Rasse 1) und *F. roseum* f. *cerealis* „*culmorum*" zahlreiche Chlamydosporen im nekrotischen Gewebe ihrer Wirtspflanzen entstehen lassen. D. Seidel. 2040.

Wallen, V. R. und Seaman, W. L.; Ottawa, Canada, Canada Dep. of Agric., Plant Res. Inst., Res. Branch. Seed infection of soybean by Diaporthe phaseolorum and its influence on host development. **(Saatgutinfektion der Sojabohne durch Diaporthe phaseolorum und ihr Einfluß auf die Entwicklung der Wirtspflanze.)** Canad. J. Bot. **41** (1963) Nr. 1. S. 13–21. — 8 Abb., 6 Tab., 14 Lit. 2045.

Hawn, E. J. und Lebeau, J. B.; Alberta, Canada Agric. Res. Stat., Plant Pathol. Sect. Antibiosis in bacterial wilt of alfalfa. **(Antibiose der bakteriellen Luzernewelke.)** Phytopathology **52** (1962) Nr. 3. S. 266–268. — 1 Abb., 1 Tab., 5 Lit.
Extrakte getrockneter, pulverisierter Wurzeln welkekranker Luzerne brachten im Papierscheibentest Hemmzonen gegenüber *Corynebacterium insidiosum*. Filtrate steriler Wurzelsuspensionen, die mit den daran dominanten *Arthrobacter* sp. und *Bacillus subtilis* beimpft waren, zeigten Hemmwirkungen gegenüber *C. insidiosum*. Unbeimpfte Suspensionen waren nicht aktiv. Extrakte welkeresistenter Luzernesorten verursachen größere Hemmzonen als solche anfälliger Sorten. Die Extrakte zeigten keine Wirkung gegenüber einigen phytopathogenen Pilzen. Das Antibioticum scheint ein Polypeptid zu sein. Vff. kommen zu dem Schluß, daß die Resistenzunterschiede von Luzernesorten gegenüber bakterieller Welke z. T. durch eine unterschiedliche Stimulierung antagonistischer Bakterien bedingt sein können. D. Seidel. 2050.

Elliott, Edward S.; Morgantown, West Virginia Univ. Disease damage in forage grasses. **(Durch Krankheiten verursachter Schaden an Futtergräsern.)** Phytopathology **52** (1962) Nr. 5. S. 448–451. — 3 Abb., 1 Lit.
Zur Ermittlung des Umfanges des durch pilzliche Krankheitserreger verursachten Schadens wurden *Poa pratensis*, *Phleum pratense*, *Dactylis glomerata* und *Bromus inermis* ein Jahr lang beobachtet. In Abständen von 7–10 Tagen wurden je Grasart 4–8 Proben von mindestens 100 Blättern gesammelt und der prozentuale Anteil der Blätter mit Krankheitssymptomen (**I**) ermittelt. Vf. errechnete außerdem einen „Durchschnittsschaden", indem er die geschädigte Oberfläche (Nekrosen, Chlorosen) des am stärksten erkrankten Blattes ins Verhältnis zur Gesamtblattfläche setzte und durch 2 teilte (**II**). Das Produkt aus **I** und **II** wurde als „Gesamtschaden" bezeichnet. Die Methode ist nach Ansicht des Vf. nicht ganz korrekt und bei Pflanzen mit Mischinfektionen zur Ermittlung des durch die einzelnen Erreger verursachten Schadens wenig geeignet. Sie gibt jedoch einen allg. Überblick und läßt sich weiter verbessern, indem man die Anzahl der Proben vergrößert oder die Zeitabstände der Probeentnahme verringert. Bei *P. pratensis* betrug **II** 14,8%. Davon waren allein 8,9% auf *Helminthosporium vagans* zurückzuführen. Durch *Septoria*-, *Puccinia*-, *Ustilago*-, *Rhizoctonia*- und *Colletotrichum*-Arten wurden nur geringe Schäden verursacht. Bei *D. glomerata* erreichte **II** 9,9% und verteilte sich gleichmäßig auf mehrere Krankheitserreger, die aber jeder nur schwach auftraten (z. B. Arten von *Colletotrichum*, *Stagonospora*, *Ustilago*, *Rhynchosporium* und *Puccinia*). Bei *Bromus inermis* belief sich **II** auf 11,4%; davon fielen allein 7,3% auf *Helminthosporium bromi*. Außerdem traten nur noch *Stagonospora bromi* und *R. solani* als Krankheitserreger in Erscheinung. *P. pratense* wurde kaum geschädigt. **II** lag mit 3,2% sehr niedrig und ließ sich zum größten Teil auf *Helminthosporium dictyoides* var. *phlei* zurückführen.
K. Frauenstein. 2050.

Frauenstein, Käte; Leipzig, Karl-Marx-Univ., Inst. für Phytopathol. **Untersuchungen zur Frage des Verhaltens einiger wichtiger Gramineen gegen-**

über Pleospora bromi Died., einem Blattfleckenerreger der Wehrlosen Trespe, Bromus inermis Leyss. Züchter **32** (1962) Nr. 6. S. 265–268. – 1 Abb., 3 Tab., 7 Lit.

In den letzten Jahren konnte bei Futtergräsern ein verstärktes Auftreten von *Pleospora bromi* Died. in mitteldtsch. Saatzuchtbetrieben beobachtet werden. Als Krankheitssymptome treten an jungen Trieben und Blättern braune Flecke auf, die von einem gelben Hof umgeben sind. Das Absterben der Blätter erfolgt von der Spitze her. Um den Wirtspflanzenkreis des Pilzes kennenzulernen, wurden 15 verschiedene Gräserarten mit einer Ascosporensuspension im Gewächshaus übersprüht. Konidien ließen sich nur bei *Bromus inermis* Leyss. nachweisen. Im Freiland wurden 11 verschiedene Gräserarten, die in Nachbarschaft von sehr stark befallenen *Bromus*-Pflanzen angebaut wurden, nicht infiziert. Die Übertragung der Krankheit auf 7 verschiedene Getreidearten und Mais gelang nicht. Infektionsversuche an 30 in Deutschland kultivierten und wildwachsenden *Bromus*-Arten ergaben, daß der Pilz seinen vollen Entwicklungszyklus nur auf *B. inermis* Leyss., *B. inermis* var. *aristatus* Steud. und *B. erectus* Huds. durchlaufen kann. *B. japonicus* Thunb. und *B. tectorum* L. erwiesen sich als widerstandsfähig. Beide im Handel befindlichen Zuchtsorten von *B. inermis* Leyss. und 64 Zuchtstämme wurden stark befallen. Die Einkreuzung widerstandsfähiger *Bromus*-Arten wird angeraten.

E. Forbriger. 2050.

Klappenschorf bei der Luzerne. Bernburg, Inst. Pflanzenzücht. Dtsch. Akad. Landwirtsch.-Wiss. Berlin Plan-Nr.: 170103 h-0-11/7. Abschlußber. (19/11. 1962).

Der gefundene annuelle Sporulationszyklus ist in erster Linie von der spektralen Lichtzusammensetzung abhängig. Die Wirkung der Lichtfaktoren erfolgt über den Stoffwechsel der Wirtspflanze. Eine endogene Rhythmik konnte nicht festgestellt werden. Die Ursache für die unterschiedliche Fruktifikationsbereitschaft des Pilzes bei der Luzerne wird im Wuchsstoffwechsel gesehen und hat seine Ursache in einer veränderten spektralen Lichteinstellung. Es erscheint denkbar, daß entspr. Zuchtstämme isoliert werden können, die eine gewisse Resistenz gegen den Erreger aufweisen. 2050.

Berger, Paul. **Vergleichende Betrachtungen zum Auftreten der Blauschimmelkrankheit in Europa.** Ber. Inst. Tabakforsch. Dresden **9** (1962) Nr. 2. S. 246–283. – 4 Abb., 6 Tab., 23 Lit. – nach Zus.

Nach einer allg. Übersicht über Verbreitung und Auswirkung des Blauschimmels in den anderen eur. tabakanbauenden Ländern werden in gleicher Weise auch die einzelnen Bezirke der DDR analysiert. Der allg. Witterungsverlauf und die Pflanzenentwicklung in der DDR von Okt. 1960 bis Mai 1962 werden kurz dargestellt. In der Einschätzung der Ursache zum Auftreten, zur Verbreitung und Auswirkung der Krankheit wird auf die Problematik der Erstinfektion durch Oosporen bzw. Konidien eingegangen. Die chem. Behandlung allein reicht nicht aus, sondern die Pflanzenentwicklung und die Wetterlage müssen bei einer Behandlung mit beachtet werden. 2065.

Tempel, W.; Mainz, Landespflanzenschutzamt. **Zwei Jahre Blauschimmel.** Dtsch. Tabakbau **42** (1962) Nr. 7. S. 50–52. – 4 Abb., 10 Lit.

In Rheinland-Pfalz trat der Erreger der Blauschimmelkrankheit, *Peronospora tabacina* Adam, erstmalig am 27. 6. 1960 auf und richtete dort einen Schaden von 11,5 Mill. DM an. Virusbefallene Tabakpflanzen zeigten nur einen geringen oder keinen Blauschimmelbefall und umgekehrt. Im Winter 1960/61 konnten noch bis Febr. lebensfähige Konidien festgestellt werden. Obwohl der Pilz i. J. 1961 bereits am 7. 6. auftrat, ließ sich durch Anschaffung von 1000 Spritzgeräten und der damit verbundenen Möglichkeit einer laufenden Spritzung der Tabakbestände mit 0,1%iger Maneb-Brühe der Schaden auf ein geringes Maß beschränken.

J. Merker. 2065.

Kosswig, W. und Pawlik, A.; Forchheim, Bundesanst. für Tabakforsch. **Beobachtungen über die Ausbreitung der Blauschimmel-Krankheit (Peronospora tabacina Adam) im Feldbestand.** Z. Pflanzenkrankh. (Pflanzenpathol.) Pflanzenschutz **69** (1962) Nr. 8. S. 462–465. – 2 Abb., 10 Lit. Zus. in Engl.
Es wird über die Ausbreitung von *Peronospora tabacina* Adam in einem nichtgespritzten, isolierten Tabakbestand ('Burley 5') von 75 × 11 m Größe berichtet. Ausgehend von 2 primär erkrankten Einzelpflanzen kam es bei den im Juni und Juli 1960 günstigen Entwicklungsbedingungen für den Pilz nach 20 Tagen zu einem Totalbefall des Bestandes. J. Merker. 2065.

Hill, A. V.; Canberra, Australia, Div. of Plant Ind. Soil as a factor in the incidence of Peronospora tabacina Adam on tobacco. **(Der Boden als ein Übertragungsfaktor für Peronospora tabacina Adam auf Tabak.)** Austral. J. agric. Res. **13** (1962) Nr. 4. S. 650–661. – 6 Tab., 20 Lit.
In Gefäßversuchen wurde der Einfluß des Bodens auf die Anfälligkeit von Pflanzen der HL-Tabaksorte 'Virginia Gold' gegenüber *Peronospora tabacina* geprüft. Nach künstlicher Infektion wurden die Blätter von Tabakpflanzen auf Böden mit einem hohen Gehalt an org. Subst. wesentlich leichter befallen als solche von humusarmen Böden. Die Erkrankung verstärkte sich, wenn dem Boden größere N-Gaben zugeführt wurden, als für HL-Tabaksorten erforderlich ist (verzögerte Blattreife). Es wird empfohlen, Böden mit einem hohen Gehalt an org. Subst. für den Anbau von HL-Tabaken nicht zu verwenden und gleichfalls hohe N-Gaben zu unterlassen, um die Empfänglichkeit der Tabakbestände für *P. tabacina* herabzusetzen und eine evtl. Infektionsquelle für andere Bestände auszuschließen. J. Merker. 2065.

Fetvadžiev, V. (unter Mitarb. v. Galev, J., Denev, N. und Grŭučarov, Ch.) (Fetwadshiew, W. [unter Mitarb. v. Galew, I., Denew, N. und Grâutscharow, Ch.].) Prinos vŭrchu uslovijata za pojavjavane na manata (Peronospora tabacina Adam.) po orientalskija tjutjun iotnositelnata mu ustojčivost (čuvstvitelnost) kŭm neja. **(Beitrag über Voraussetzungen für Blauschimmelbefall [Peronospora tabacina Adam.] des Orient-Tabaks und seine relative Widerstandsfähigkeit [Anfälligkeit] gegen diese Krankheit.)** Naučni trudove. Naučnoizsledovatelski institut po tjutjuna – Plovdiv, Sofija **2** (1962) S. 5–28. – 8 Abb., 10 Tab., 33 Lit. Zus. in Russ., Engl.
Infektionen sind bei 1 bis 2 Std. Anwesenheit tropfenförmigen Wassers möglich. Am stärksten sind die Schäden an den Zigarrentabaktypen, mäßig bei Virginiatypen und am schwächsten an Orient-Tabak. Zwischen dem Xerophytismus der Tabakpflanzen und ihrer rel. Widerstandsfähigkeit wurde lineare Abhängigkeit festgestellt. Auf geringe Feuchtigkeit bei der Tabakanzucht und im Freiland ist bes. Wert zu legen zwecks Einschränkung der Krankheit. D. Dodow. 2065.

Segall, R. H. und Smoot, John J.; Orlando, Fla., Horticult. Crops Branch. Bacterial black spot of radish. **(Bakterielle Schwarzfleckigkeit des Radieschens.)** Phytopathology **52** (1962) Nr. 10. S. 970–973. – 4 Abb., 9 Lit.
Die Schwarzfleckigkeit der roten und weißen Radieschen wird durch *Xanthomonas vesicatoria* (Doidge) Dowson, früher *B. vesicatoria* var. *raphani* (White), verursacht. Sie tritt während des Versandes der in Plastikbeuteln verpackten Ware auf und äußert sich in 1–3 mm großen, zuerst braunen, nach 1–2 Tagen schwarzwerdenden eingesunkenen Flecken. Diese können ineinander laufen, greifen aber nicht auf das Knolleninnere über. Außer Radies werden befallen *Brassica rapa* L., *Lycopersicon esculentum* L. und *Capsicum frutescens* var. *grossum* L. – Durch Impfung konnten auch auf dem Laub verschiedener Pflanzen kleine weiße Flecke hervorgerufen werden. – Mechanische Beschädigungen der Radieschen begünstigen die Infektion. Der Befall wird vermindert, wenn dem Waschwasser 40–60 ppm Cl zugesetzt werden. Der Befall wird weitgehend

vermieden, wenn die Radieschen bei 5–10 °C gelagert und versandt werden. Die Behandlung mit Antibiotica scheint vielversprechend, ist aber verboten. — Physiol. und morphol. Eigenschaften des Bakteriums werden beschrieben.
R. Peschel. 2070.

Burdine, H. W. und Thayer, P. L.; Belle Glade, Fla., Everglades Exp. Stat. Effects of soil and foliar applications of nitrogen, phosphorus and potassium on bacterial and early blight incidence of Utah 52–70 celery. **(Wirkungen der Boden- und Blattapplikationen von Stickstoff, Phosphor und Kalium auf bakterielle Welke und Cercospora-Blattfleckenkrankheit bei der Selleriesorte 'Utah 52–70'.)** Proc. Florida State horticult. Soc. **73** (1960, hrsg. 1961) S. 123–129. — 5 Tab., 16 Lit.

Ziel der Untersuchungen war es, festzustellen, inwieweit das Auftreten von *Cercospora apii* Fr. und *Pseudomonas apii* Jagger durch die Applikation von N, P und K über die Blätter und den Boden beeinflußt wird. Die Versuche wurden im Freiland und im Saatbeet durchgeführt. Die Ergebnisse zeigten, daß die bakterielle Welke sich bei Freilandpflanzen, die keinen N-Mangel aufwiesen, bei Blattspritzungen mit Harnstoff stärker entwickelte als ohne. Im Saatbeet unter N-Mangel-Bedingungen konnte ebenfalls ein Anstieg sowohl bei N-Applikationen über das Blatt als auch über den Boden gefunden werden. Die Zugabe von K verstärkte den Befall. Die Blattfleckenkrankheit wurde in der Feldkultur durch N nicht signifikant beeinflußt, im Saatbeet unter N-Mangelerscheinungen ließ sie sich jedoch durch Boden- und Blattapplikationen reduzieren. E. Wittenberg. 2070.

Marlatt, R. B., Lewis, R. W. und McKittrick, R. T.; Univ. of Arizona, Mesa Branch Stat. Systemic infection of lettuce by Bremia lactucae. **(Systemische Infektion des Kopfsalates durch Bremia lactucae.)** Phytopathology **52** (1962) Nr. 9. S. 888–890. — 9 Abb., 11 Lit.

Im Jahre 1958 wurde durch *Bremia* sp. eine braune Verfärbung der Leitgefäße des Kopfsalates beobachtet. Nach der Impfung der Kotyledonen von Salatsämlingen mit einer wäßrigen Konidiensuspension ergab sich: Nach 1 Std. begann die Keimung der Sporen und war nach 6 Std. fast vollständig erfolgt (bei Kontrollen auf Wasseragar dauerte der Vorgang länger und verlief nicht so hochprozentig); Nach 3 Std. durchstießen die Keimschläuche die anticlinalen Wände der Epidermiszellen; Ein Eindringen der Keimschläuche durch die Stomata in das Wirtsgewebe war nicht feststellbar. — Nach 11 Std. hatten sich die Keimschläuche innerhalb des Gewebes zu kugelig-bläschenförmigen Gebilden von maximal 16 μ vergrößert, Protoplasma strömte in sie aus den zerfallenden Konidien und Keimschläuchen ein. — 14 Std. n.d.I. wuchsen ovale „secondary vesicles" (**A**) aus den Kugelbläschen und vergrößerten sich in den infizierten Zellen zu maximal 54 μ Länge. Bisher erfolgte die Infektion intracellular, Anastomosen wurden nicht beobachtet. — 48 Std. n.d.I. durchdrangen die Haustorien von **A** die Zellwände. — 54 Std. n.d.I. entstanden die ersten intercellularen Hyphen; 72 Std. n.d.I. durchdrangen diese das Mesophyll der Kotyledonen. 90 Std. n.d.I. wurde das Hypocotyl erreicht. 108 Std. n.d.I. wurden die echten Blätter und 114 Std. n.d.I. die Wurzeln von den Hyphen erreicht; 188 Std. n.d.I. waren die Hyphen bis zu den Wurzelspitzen vorgedrungen. Bei in 100%iger Luftfeuchtigkeit gehaltenen Pflanzen entwickelten sich nach 162 Std. Konidienträger, nach 168 Std. Konidien. Bei Pflanzen in 80%iger Luftfeuchtigkeit fand keine Konidienbildung statt. Die Pflanzen wurden vor Einsetzen der Sporulation nicht wesentlich geschädigt.
R. Peschel. 2070.

Mukhath, A. und Wood, R. K. S.; London, Imperial Coll. of Sci. and Technol., Dep. of Bot. Infection of celery seedlings by Septoria spp. **(Die Infek-**

tion der Sellerie-Sämlinge durch Septoria spp.) Nature [London] **196** (1962) Nr. 4853. S. 493.
Bisher wurde angenommen, daß die Infektion der Selleriesämlinge durch Sporen der Pyknidien von *S. apii* und *S. apii-graveolentis* erfolgt. Da Samenbehandlung mit Fungiciden eine Infektion unbefriedigend verhütet, Heißwasserbehandlung des Samen sie aber weitgehend verhindert, scheinen äußerlich dem Samen anhaftende Pilzteile für die Infektion nicht verantwortlich zu sein. Vielmehr konnten Vff. ermitteln, wie mikroskopische Untersuchungen pyknidienbesetzten Samens zeigten, daß vermutlich im Samen übertragene Mycelien die Sämlinge infizieren. R. Peschel. 2070.

Rogačev, V. L. (Rogatschew, W. L.); Saporoshje, Landwirtsch. Gebiets-Versuchsstat. Ustojčivost' kapusty k fuzarioznomu uvjadaniju. **(Die Resistenz des Kohls gegen die Fusarium-Welke.)** Zaščita rastenij ot vreditelej i boleznej, Moskva **7** (1962) Nr. 10. S. 53.
Im Gebiet von Saporoshje wurde i. J. 1961 eine durch *Fusarium conglutinans* Wall. verursachte Welke an Weißkohl entdeckt. Bei stark verseuchtem Boden gehen die Pflanzen in der Regel zu 100% ein. Bei der Prüfung einiger amer. Sorten 1960–1961 erwiesen sich diese als äußerst widerstandsfähig ('Badger Market', 'B. Ballhead', 'Glory' u. a.), während die sowj. Vergleichssorte ('Dymerskaja 7') schon Mitte des Sommers abgestorben war.
H. Decker. 2070.

Stojanov, D. (Stojanow, D.) Alternaria radicina M.D. et E. po šteklingite ot morkovi i vŭzmožnostite za borba s nego. **(Alternaria radicina M.D. et E. an Möhrenstecklingen und Möglichkeiten zu ihrer Bekämpfung.)** Izvestija na Centralnija naučnoizsledovatelski institut za zaštita na rastenijata, Sofija 2 (1962) S. 75–87. — 2 Abb., 6 Tab., 18 Lit. Zus. in Russ., Engl.
Die Untersuchungen erfolgten während der Jahre 1956–60. Künstliche Infektion gelang nur bei Möhre, nicht dagegen bei Pastinake, Sellerie, Kohlrabi und Lein. Die Krankheit ist samenübertragbar. Durch Bestäuben der Samen mit Germisan-Trockenbeize oder Behandlung (10 Min.) in 0,15%iger Germisan-Naßbeize läßt sich die Fäule bekämpfen. Von den geprüften Mitteln wie Cupravit, Kupfer-Sandoz, Kupferoxychlorid, Pomarsol-forte, Granosan, Tritisan, Brassikol Super und Germisan-Trockenbeize hat sich die Behandlung der Möhrenstecklinge mit Germisan-Trockenbeize (Dosis 5–7 g/kg) während des Einmietens am besten bewährt. Die Stecklingsfäule konnte um das 4- bis 10fache gegenüber unbehandelt gesenkt werden. D. Dodow. 2070.

Müller, H. J.; Halle/S., Martin-Luther-Univ. Halle-Wittenberg, Inst. für Phytopathol. **Beiträge zur Kenntnis von Gloeosporium fructigenum Berk. und Gloeosporium musarum Cke. et Mass.** Phytopathol. Z. **44** (1962) Nr. 4. S. 381–412. — 17 Abb., 9 Tab., 72 Lit. Zus. in Engl.
Die vorliegenden Untersuchungen dienen der Klärung einiger strittiger Fragen aus der Biologie des Erregers der Bitterfäule an Äpfeln, *Gloeosporium fructigenum* Berk. Bei allen Versuchen diente ein Stamm von *G. musarum* Cke. et Mass., der Erreger der Bananen-Anthraknose, als Vergleich. Optimales Mycelwachstum erfolgte bei *G. fructigenum* bei 24 °C und zwischen pH 5,2 und 5,5. Für *G. musarum* betragen die entspr. Werte 28 °C und pH 5,8–6,0. Die Sporenkeimung beider Pilze verläuft in einem pH-Bereich von 4,3–8,0. Beide Pilze benötigen zum Mycelwachstum N und C, nicht jedoch für die Sporenkeimung. Beide Pilze verursachen Infektionen an verletzten und unverletzten Früchten. Allein *G. fructigenum* vermag auch in unreife Früchte einzudringen. Der Infektionsvorgang wird beschrieben. Der Appressorienbildung wird bes. Beachtung geschenkt. Wundinfektionen an Trieben von Bäumen unterschiedlicher Entwicklungsstadien (Winterruhe, Mausohr, junges Blatt) hatten an Zweigen im Stadium der Winterruhe den größten Erfolg.

Entsprechend verliefen Wundinfektionen an gesunden Apfeltrieben in monatl. Abständen. Latente Infektionen ließen sich in der Frucht, im Holz und in der Rinde nachweisen. F. Daebeler. 2080.

Kulibaba, Ju. F.; Leningrad, Unions-Forsch.-Inst. für Pflanzenschutz der Lenin-Akad. der Landwirtsch.-Wiss. Dyrčataja pjatnistost' slivy. **(Die Lochfleckigkeit der Pflaume.)** Zaščita rastenij ot vreditelej i boleznej, Moskva **7** (1962) Nr. 9. S. 43–45. – 5 Abb.

Im Gebiet von Krasnodar trat i. J. 1961 die Lochfleckigkeit (Schrotschußkrankheit) sehr stark an der Pflaume auf. Neben *Clasterosporium carpophilum* Aderh., dem Erreger der Schrotschußkrankheit, konnten auch noch *Cercospora cerasella* Sacc., *Phyllosticta prunicola* Sacc., *Ovularia circumcissa* Sorok und *Xanthomonas pruni* (E. Smith) Dowson als Ursache nachgewiesen werden. Die Bekämpfung erfolgt durch den Herbstschnitt der Bäume verbunden mit einem System von Spritzungen. H. Decker. 2080.

Peries, O. S.; Bristol, Univ., Horticult. Sci. Lab. Studies on strawberry mildew, caused by Sphaerotheca macularis (Wallr. ex Fries) Jaczewski. I. Biology of the fungus. **(Untersuchungen über den Erdbeermehltau, verursacht durch Sphaerotheca macularis [Wallr. ex Fries] Jaczewski. 1. Mitt. Biologie des Pilzes.)** Ann. appl. Biol. **50** (1962) Nr. 2. S. 211–224. – 4 Abb., 10 Tab., 30 Lit.

Wie Infektionsversuche zeigten, ist der Echte Mehltau an Erdbeeren eine forma spezialis von *Sphaerotheca macularis.* – Die jüngsten Konidien haben die höchste Keimfähigkeit. Die Keimung (Minimum bei 2°, Optimum bei 20° und Maximum bei 35 °C) verläuft auf der trockenen Blattoberfläche. Bei 0 °C und wassergesättigter Luft aufbewahrte Sporen behalten bis zu 5 Wochen ihre Keimfähigkeit. Sie wird durch geringe Luftfeuchtigkeit herabgesetzt. Unter 5 °C erfolgt keine Infektion mehr. Infektion, Pilzwachstum und Sporulation finden zwischen 18° und 22,5 °C die besten Voraussetzungen. Geringe Luftfeuchtigkeit beeinflußt weder Pilzwachstum noch Sporulation. Tropfbar flüssiges Wasser verhindert die Keimung der Sporen. Das Licht ist ohne Einfluß auf den Pilz. Die meisten Sporen werden am späten Nachmittag frei. Regen unterdrückt den Sporenflug. Beschattung, humide Verhältnisse und Temperaturen zwischen 60 und 80 °F fördern die Bildung der Perithecien. Diese sind für die Verbreitung der Krankheit unwichtig.
F. Daebeler. 2080.

Peries, O. S.; Bristol, Univ., Horticult. Sci. Lab. Studies on strawberry mildew, caused by Sphaerotheca macularis (Wallr. ex Fries) Jaczewski. II. Host-parasite relationships on foliage of strawberry varieties. **(Untersuchungen über den Erdbeermehltau, verursacht durch Sphaerotheca macularis [Wallr. ex Fries] Jaczewski. 2. Mitt. Wirt-Parasit-Beziehungen am Laub von Erdbeersorten.)** Ann. appl. Biol. **50** (1962) Nr. 2. S. 225–233. – 5 Tab., 25 Lit. 1. Mitt. vgl. vorst. Ref.

Den Untersuchungen liegen Infektionen an abgeschnittenen Blättern sowie ganzen Pflanzen unter natürlichen und künstlichen Infektionsbedingungen zugrunde. Unter kontrollierten Bedingungen (20 °C und feuchte Kammer) sind die Keimung der Konidien auf den Blättern nach 4–6 Std., die Bildung der Appressorien nach 12 Std., die der Haustorien nach 36 Std. und die der Konidienträger nach 5 Tagen abgeschlossen. Die Sporen erscheinen 6 Tage nach der Infektion. 36 geprüfte Sorten waren unterschiedlich anfällig. Stark anfällig waren u. a.: 'Cambridge Vigour' und 'Deutsche Evern'; widerstandsfähig u. a.: 'Cambridge Favourite' und 'Huxley'. Als stark anfällig erwiesen sich auch *Fragaria chiloensis* und *F. ovalis.* Physiol. Rassen des Pilzes ließen sich nicht ermitteln. Wachs förderte, Cutinsäure hemmte die Sporenkeimung. Ihre Bedeutung hinsichtlich der Widerstandsfähigkeit der Pflanzen wird besprochen. Histol. Untersuchungen zeigten, daß der Pilz Cuticula und Epidermis bei anfälligen Sorten schneller durchdrang als bei widerstandsfähigen. F. Daebeler. 2080.

Stojanov, D. (Stojanow, D.) Antraknoza po malinata (Gloeosporium venetum Speg.). **(Anthraknose der Himbeere [Gloeosporium venetum Speg.].)** Rastitelna zaštita, Sofija **10** (1962) Nr. 4. S. 18–23. – 5 Abb., 1 Tab., 4 Lit. Zus. in Russ., Engl.
Nach bei 14–18 °C durchgeführten künstlichen Infektionen traten die ersten Krankheitssymptome am 6. Tag auf. Am 10.–12. Tag war auch ascusführendes Stroma festzustellen. *Elsinoë venetum* (Burk.) Jenk. wurde in Bulgarien nicht beobachtet. *G. venetum* überwintert an 2jährigen Sommertrieben in Form von Stromata. Infolge der hohen Resistenz der in Bulgarien vorhandenen Himbeersorten ist die Krankheit im Lande wenig verbreitet. Nur in einzelnen Fällen trat sie als Folge zu starker N-Kopfdüngung stärker auf. D. Dodow. 2080.

Christov, A. (Christow, A.) Etiologija na černilkata po lozata v Bŭlgarija. Identifikacija na pričinitelja na bolestta. **(Ätiologie der Rebenschwärze in Bulgarien. Identifizierung des Krankheitserregers.)** Rastitelna zaštita, Sofija **10** (1962) Nr. 4. S. 11–17. – 1 Tab., 26 Lit. Zus. in Russ., Engl.
Vf. beschreibt die Krankheitssymptome künstlich infizierter Weinreben sowie biochem. und biophys. Besonderheiten des Erregers. Nach Durchsicht der Lit. über die Ätiologie der Krankheit wird der Erreger als *Erwinia vitivora* (Baccarini) Du Blessis identifiziert. D. Dodow. 2090.

Bolick, Joseph H.; Gainesville, State Plant Board of Florida. Bacterial bud blight of Chrysanthemum. **(Bakterielle Knospenfäule bei Chrysanthemum.)** Proc. Florida State horticult. Soc. **73** (1960, hrsg. 1961) S. 346–351. – 7 Abb., 10 Lit.
Vf. beschreibt Untersuchungen zur Identifizierung des Erregers einer Krankheit, die in den USA neu ist. Jedoch liegen aus England aus dem Jahre 1928 Berichte darüber vor. Die ersten Symptome zeigen sich in einer Schwärzung der Blätter. Die Krankheit breitet sich über die Blütenknospe in den Stengel aus und kann ein Umknicken unterhalb der Blütenknospe zur Folge haben. Die infizierten Blätter weisen wasserdurchtränkte Flächen auf, die sich später braun und schwarz verfärben. Verursacht wird diese Krankheit durch ein pathogenes Bakterium der Gattung *Pseudomonas*. Auf Grund von Inokulationsergebnissen bei anderen Pflanzen (Tomate, Flieder) liegt die Vermutung nahe, daß es sich um *P. syringae* van Hall handelt. Jedoch widerlegen physiol. Reaktionen diese Annahme und deuten auf *P. calendulae* Takimoto oder *P. cichorii* Swingle hin. E. Wittenberg. 2100.

Creager, D. B. und Matherly, E. P.; Gainesville, Fla., Dep. of Agric., Div. of Plant Ind., Sect. of Plant Pathol. Bacterial blight of Poinsettia: histopathological studies. **(Poinsettien-Bakterienbrand: Histopathologische Untersuchungen.)** Phytopathology **52** (1962) Nr. 2. S. 103–110. – 10 Abb., 11 Lit.
Im Jahre 1958 wurde in Florida eine Bakterienkrankheit an Poinsettien, die bereits seit 1941 in den USA bekannt ist, beobachtet. *Corynebacterium poinsettiae* dringt von Stengelwunden durch das Intercellularsystem in das Phloëm und das Rindenparenchym ein, in geringem Maße auch in das Xylem. Die Bakterien wandern in erster Linie in der Längsrichtung, zerstören das Parenchym und erzeugen lysigene Kavitäten in der Rinde. Bei Besprühen der Blätter mit Bakteriensuspension erfolgt das Eindringen durch Stomata oder Wunden in die Gefäßbündel der Blattnerven und in das Intercellularsystem. Die Histopathologie des Poinsettien-Bakterienbrandes gleicht in mancher Beziehung den Verhältnissen bei anderen Bakteriosen, stimmt aber z. B. nicht überein mit den Schäden, die durch *C. michiganense* bei Tomaten verursacht wer-

den. Das Vordringen von *C. poinsettiae* im Intercellularsystem, die Zerstörung der Mittellamellen der Zellwände und damit des Gewebesverbandes wird bei zahlreichen Bakterien, die über pektolytische und cellulytische Enzyme verfügen, beobachtet. Herta Schmidt. 2100.

Sobers, E. K. und Plakidas, A. G.; Louisiana State Univ. Colletotrichums associated with lily bulbs. **(Colletotrichum-Arten an Lilienzwiebeln.)** Phytopathology **52** (1962) Nr. 9. S. 884–887.

Im Jahre 1944 beschrieb Plakidas die durch *Colletotrichum lilii* Plakidas an Osterlilien verursachte Schuppenschwärze, die damals noch auf Bermuda und Louisiana beschränkt war. 1949/50 trat in Oregon an Lilien eine *Colletotrichum*-Erkrankung auf, die nicht mit den typischen Symptomen übereinstimmte. Der isolierte Pilz war morphol. nicht von *C. lilii* zu unterscheiden, verursachte aber auf Osterlilien-Zwiebeln keine Erkrankung. Ebenso fanden sich nach dem Kriege an Importen aus dem Orient *Colletotrichum*-Pilze, die alle nicht die als Schuppenschwärze bekannte Krankheit mit den typischen Symptomen hervorriefen. Nunmehr wurden 16 Isolate verschiedener Herkunft auf ihre Pathogenität untersucht. – Es ergab sich, daß sich einige *C*-Formen in ihrem Temperatur- oder pH-Optimum oder im Trockengewicht des Mycels ± von *C. lilii* Plakidas unterschieden. Doch eignen sich diese Unterschiede für die Quarantäne-Inspektion nicht zur sicheren Erkennung der einzelnen Formen. Eine Schnellmethode für die Praxis gibt es noch nicht. Die Pathogenitätsstudien zeigten jedoch eindeutig, daß alle Isolate außer *C. lilii* nicht parasitisch sind. Sie bedeuten für Lilien-Anbaugebiete, in denen die Schuppenschwärze noch nicht auftritt, keine Gefahr. Vff. zeigen auf, für welche *Lilium* sp. *C. lilii* pathogen ist und welche Arten nicht infiziert werden. Taxonomische und nomenklatorische Fragen werden besprochen. Eine Umbenennung des schon so lange als *C. lilii* in die Lit. eingeführten Pilzes halten Vff. nicht für ratsam. R. Peschel. 2100.

Gerlach, W. und Pag, H.; Berlin-Dahlem, Biol. Bundesanst. für Land- und Forstwirtsch. **Fusarium redolens Wr., seine phytopathologische Bedeutung und eine an Dianthus-Arten gefäßparasitäre Form (F. redolens Wr. f. dianthi Gerlach).** Phytopathol. Z. **42** (Okt. 1961) Nr. 4. S. 349–361. – 7 Abb., 1 Tab., 34 Lit.

Aus welkekranken Nelken wurden zahlreiche Stämme von *Fusarium redolens* (Sektion Elegans) isoliert und erstmalig für die BRD die pathologische Bedeutung von 3 aus einer Gärtnerei stammenden Stämmen von 17 geprüften als Gefäßparasiten durch Infektions- und Reisolierungsversuche nachgewiesen. Anfällig sind *Dianthus caryophyllus*, *D. barbatus* und *D. plumarius*. Die Symptome der Tracheomykose sind die gleichen wie bei Erkrankungen durch *Fusarium oxysporum* f. *dianthi*. *F. redolens* ist ein häufiger Bodenpilz, der meist im Zusammenhang mit Wurzel-, Rhizom-, Knollen- oder Wurzelhalsfäulen sowie Umfall- und Welkekrankheiten an zahlreichen Pflanzenarten verschiedener Familien auftritt. Es wird ein Überblick gegeben über das aus der Literatur bekannte Auftreten des Pilzes. Durch die nelkenpathogenen Stämme von *Fusarium redolens* wird bei *Pisum sativum*, *Linum usitatissimum*, *Lupinus albus*, *Medicago sativa*, *Trifolium pratense*, *Asparagus officinalis*, *Spinacia oleracea*, *Lycopersicon esculentum* und *Triticum aestivum* keine Welkekrankheit verursacht. Sie werden daher als eine auf die obengenannten *Dianthus*-Arten spezialisierte Form aufgefaßt und mit *Fusarium redolens* Wr. f. *dianthi* Gerlach bezeichnet. Herta Schmidt. 2100.

Alford, D. M. und Sinclair, J. B.; Louisiana State Univ., McNeese State Coll. Sclerotinia camilliae cultures remain viable in liquid medium. **(Kulturen von Sclerotinia camelliae bleiben in flüssigem Medium lebensfähig.)** Phytopathology **52** (1962) Nr. 2. S. 175–177. – 1 Tab., 7 Lit.

Seit dem Jahre 1950 tritt die *Sclerotinia*-Blütenfäule der Kamellien auch in

Louisiana auf. Der Pilz läßt sich aus kranken Blüten oder während des ganzen Jahres aus ruhenden Sclerotien isolieren. Reinkulturen sind auf Agar nur begrenzt lebensfähig. Alle 2–4 Tage müssen junge Hyphenenden, die wuchsfreudig sind, übergeimpft werden. Durch Schüttelkulturen in flüssigem Medium (Kartoffel-Saccharose-Brühe) gelingt es, den Pilz 195 Tage am Leben zu erhalten. Bei ungeschüttelten Kulturen betrug die Lebensdauer 161 Tage.
Herta Schmidt. 2100.

Houtman, G. und Nooij, S. H. Italiaanse populier als windscherm. **(Italienische Pappeln als Windschutz.)** Fruitteelt **52** (1962) Nr. 35. S. 1055. 1057. – 1 Abb.

In Nordholland wird in jüngster Zeit ein plötzliches Absterben der Italienischen Pappel (*Populus nigra italica*) beobachtet. Ursache ist das Auftreten von *Marssonina* und *Cryptodiaporthe populea* sowie in einigen Landesteilen von *Melampsora*. Die Pilze bedingen vorzeitigen Blattfall, als Folge davon geringe Frostfestigkeit und Absterben des Holzes. Zur Bekämpfung der Schaderreger werden Fungicidspritzungen und Schnittmaßnahmen empfohlen. Die in Mitleidenschaft gezogenen Bäume sollen vorerst stehen bleiben, doch ist das abgestorbene Holz zu entfernen und zu verbrennen. Die Italienische Pappel ist ein Gefahrenherd auch für andere Pappelsorten, so daß vor einer weiteren einseitigen Verwendung dieser Art gewarnt wird. Die Prüfung verschiedener Pappelsorten ist eingeleitet, doch liegen noch keine eindeutigen Ergebnisse vor.
W. Blasse. 2150.

Boyer, M. G. A Fusarium canker disease of populus deltoides Marsh. **(Eine Fusarium-Krebskrankheit an Populus deltoides Marsh.)** Canad. J. Bot. **39** (1961) Nr. 5. S. 1195–1204. – 9 Abb., 2 Tab., 20 Lit.

Als Erreger einer bei Quebec beobachteten Krebskrankheit der Pappel, *Populus deltoides*, werden 2 Rassen von *Fusarium solani* festgestellt. Weitere Pilze wie *F. avenaceum*, *Valsa nivea*, *V. sordida* und *Cryptodiaporthe populea*, die aus Krebsherden isoliert wurden, zeigten keine oder nur schwache Pathogenität bei Einzelinokulation. Die Kanadische Pappel wird nicht befallen, *P. deltoides* nur im Alter von 1–2 Jahren. Die Erreger dringen über Wunden oder absterbende Zweige in das Mark und das Subcorticalgewebe des Stammes ein. Durch den Befall wird der Zuwachs erheblich gemindert. Dichte Bestände auf feuchten Standorten bieten günstige Bedingungen für den Befall.
O. Saß. 2150.

Unter d. Red. v. *Izrails'ki, V. P.* **Bakteryjne choroby roślin.** (Bakterielle Pflanzenkrankheiten.) Warszawa: PWRiL. 1962. (622 S.) 8°. (1963 A 356)

D. Maßnahmen des Pflanzenschutzes

Mühle, E. **Zur Grundlegung der Phytomedizin.** Maataloustieteellinen Aikakauskirja [J. sci. agric. Soc. Finland] **34** (1962) Nr. 3. S. 132–137.

Vf. schlägt vor, in Analogie zur Human- und Veterinärmedizin eine Phytomedizin zu schaffen. Es wäre damit eine Wissenschaft vorhanden, die die Pflanze allg. und in gleicher Weise zu einem Objekt einheitlichen Bemühens erhebt, wie es die Humanmedizin in bezug auf den Menschen und die Veterinärmedizin in bezug auf das Tier bereits lange getan haben. Die Phytopathologie im engeren Sinne und die „Angewandte Entomologie" verlieren dadurch das lose Nebeneinander und werden mit etwas isoliert dastehenden Arbeitsgebieten (Phyto-Virologie, -Nematologie, -Acaralogie) zu Teildisziplinen der sie umfassenden Phytomedizin. Das zentrale Objekt ist für sie alle in Zukunft nicht mehr der an der Pflanze angetroffene Krankheitserreger, sondern der von einem krankmachenden oder schädigenden Agens in Mitleidenschaft gezogene pflanzliche Patient. Die Phytomedizin läßt sich in 3 große

Hauptdisziplinen gliedern: 1. Phytopathologie im engeren Sinne des Wortes (umfaßt die pathologische Morphologie, Anatomie, Histologie und Physiologie sowie die Phyto-Virologie), 2. Phytoparasitologie (umfaßt Phyto-Bakteriologie, -Mykologie, -Nematologie, -Acaralogie und die parasitogene Phyto-Entomologie, bes. alle Pflanzensaftsauger), 3. Phytophagologie (umfaßt Phyto-Malakologie-, Vertebratologie und phagogene Phyto-Entomologie). Als weitere Wissens- und Forschungsgebiete der Phytomedizin ergeben sich die Epidemiologie (Massenschädigung durch pflanzliche Organismen), Kalamitatologie (Massenschädigung durch tierische Organismen), Therapeutik (prophylaktische: Pflanzenhygiene; indirekte: Antibiotica, biol. Schädlingsbekämpfung und wesentliche Teile aus dem Gebiet der unmittelbaren phys. und chem. Bekämpfungsmaßnahmen; direkte: Heilbehandlung im engeren Sinne), Phytopharmakologie mit Toxikologie, Phytopharmazie und Applikationsmethodologie. – Abschließend werden die Gedanken über den Studienweg bzw. die Ausbildung des künftigen Pflanzenarztes dargelegt.

G. Zahn. 2400.

Wensley, R. N. und McKeen, C. D.; Harrow, Ontario, Canada Dep. of Agric., Res. Stat. Rapid test for pathogenicity of soil isolates of Fusarium oxysporum f. melonis. **(Schnelltest für die Pathogenität von Bodenisolierungen von Fusarium oxysporum f. melonis.)** Canad. J. Microbiol. 8 (1962) Nr. 5. S. 818–819. – 4 Abb., 1 Lit.

7 Tage alte, bei Zimmertemperatur auf Martins Pepton-Agar gewachsene *Fusarium-oxysporum*-Kolonien werden mit aqua dest. abgespült und eine Sporensuspension hergestellt. Diese wird in Glasfläschchen (25×95 mm) abgefüllt, geschüttelt und zu gleichen Teilen in 3 ebensolche Röhrchen gebracht. Die Suspension wird jeweils mit aqua dest. auf 12 ml aufgefüllt. In diese Röhrchen werden 7 Tage alte Sämlinge eingesetzt, so daß Wurzel und Hypokotyl in die Suspension eintauchen. Die Pathogenität der Isolierungen zeigt sich nach 7–8 Tagen. K. E. Lindner. 2420.

Schmitthenner, A. F.; Wooster, Ohio Agric. Exp. Stat. Dep. of Bot. and Plant Pathol. Isolation of Pythium from soil particles. **(Pythium-Isolierung von Bodenpartikeln.)** Phytopathology **52** (1962) Nr. 11. S. 1133–1138. – 4 Tab., 27 Lit.

Der zu untersuchende Boden wird bei der beschriebenen „soil-particle method" durch Siebe mit verschiedener Maschenweite getrieben. 4 Bodenkrümel der gewählten Größe werden in gleichem Abstand auf einen Nähragar in eine Petrischale gebracht, und die Agarscheibe umgedreht, so daß die Bodenteile zwischen dem Boden der Petrischale und dem Agar liegen. Nach einer Aufbewahrung von 48 Std. bei 25 °C werden die *Pythium*-Kolonien bei 200facher Vergrößerung ausgezählt. Als Nährboden eignete sich ein modifiziertes Reischer-Medium. 5 mg Endomycin und 50 mg Streptomycinsulfat auf 1 l Nährmedium hemmten Bakterien und Pilze, ohne die Zahl der *Pythium*-Kolonien zu reduzieren. 16täg. Lufttrocknung des Bodens beeinflußte das Versuchsergebnis nicht. Vergleichende Untersuchungen mit der „soil-plate method" (Dispersion des Bodens in Agar) brachten gleiche Ergebnisse, nur bei großen Bodenkrümeln (15 und 38 mg Gewicht) war die „soil-plate method" überlegen. Auf den „soil-particle" -Platten konnte jedoch schon nach 48 Std. die *Pythium* spp. bis auf wenige Ausnahmen identifiziert werden.

D. Seidel. 2420.

Kuhlman, E. George und Hendrix jun., F. F.; Ashville, N.C., U.S. Dep. of Agric., Forest Serv., Southeastern Forest Exp. Stat. A selective medium for the isolation of Fomes annosus. **(Ein selektives Medium zur Isolierung von Fomes annosus.)** Phytopathology **52** (1962) Nr. 12. S. 1310–1312. – 2 Abb., 10 Lit.

2420.

Hinfner, Kálmán. A levélrozsda- és lisztharmat-rezisztencia vizsgálatának, értékelésének módszere a fertözés mérve alapján az öszi búza fajtakísérletekben. **(Über das Verfahren und die Bewertung bei Braunrost- und Mehltau-Resistenzprüfung auf Grund des Befallsgrades in den Winterweizen-Sortenversuchen.)** Nemesített Növényfajtákkal végzett Országos Fajtakísérletek Eredményei [Ergebn. Zücht. Pflanzensorten d. Staatl. Sortenprüfanst.] **1960** (hrsg. 1962) S. 131–151. – 9 Abb., 6 Lit. Zus. in Russ., Engl., Dtsch. Aus: Ung. Agrar-Rdsch. **1963** Nr. 1.

Der Befallsgrad wurde durch Untersuchungen von 30 Pflanzen je Variante bestimmt und nach 5 Boniturstufen bewertet. Nach diesen Boniturstufen wird dann die Einteilung der Sorten nach ihrer Anfälligkeit oder Resistenz gegen Braunrost und Mehltau getroffen. 2420.

Stenz, G. **Über die Verwendbarkeit von Zoosporensuspensionen als Infektionsmaterial für Resistenzprüfungen gegen den Kartoffelkrebs (Synchytrium endobioticum [Schilb.] Perc.).** Nachrichtenbl. dtsch. Pflanzenschutzdienst [Berlin] [N.F.] **16(42)** (1962) Nr. 10. S. 206–211.

Es wird über eine verbesserte Methode der Resistenzprüfung gegen den Kartoffelkrebs, *Synchytrium endobioticum*, berichtet. Durch Infektion der zu prüfenden Kartoffelsorten mit Zoosporensuspensionen des Erregers gelang es Vf., das bisher übliche Lemmerzahl-Verfahren, bei dem Augenstücke von Kartoffelknollen mit frischen Krebswucherungen infiziert wurden, wesentlich zu vereinfachen. Die Lebensfähigkeit der Zoosporen in der Suspension betrug bei 18 °C 2–4, bei 4–6 °C 8–9 Tage, verringerte sich aber bedeutend bei 25 °C. Unterschiede im Infektionserfolg bei verschiedenen Biotypen wurden nicht gefunden. Das neue Verfahren – als Tropfenmethode bezeichnet – führt zu einer merkbaren Verminderung des Arbeits- und Zeitaufwandes bei der Resistenzprüfung gegen Kartoffelkrebs. G. Zahn. 2420.

Anselme, Cl. und Champion, R. L'analyse sanitaire des semences de pois. **(Die Gesundheitsprüfung bei Erbsensamen.)** C.R. Assoc. int. Essais Semences [Copenhague] **27** (1962) Nr. 3. S. 829–842. – 2 Abb., 3 Tab. Zus. in Engl., Dtsch.

In einer vgl. Untersuchung prüften Vff. die Anwendbarkeit der folgenden 3 Methoden zur Bestimmung der Anthraknoseerreger *Ascochyta pisi* Lib. und *A. pinodes* Jones: 1) Untersuchung der Fluorescenz bei Anregung durch UV-Licht von 360 mμ; 2) Inkubation in einer Rolle Löschpapier (begünstigt die Entwicklung eines weißen Mycels um das infizierte Samenkorn); 3) Inkubation auf 1% Malz und 2% Gelatine zur Bestimmung der Mikroorganismen (nach Ulster). Zwischen UV-Fluorescenz gesunder und infizierter Samen besteht keine signifikante Beziehung. (Von 82 Proben mit je 300 Erbsensamen zeigten 27% Fluorescenz ohne Infektion, 11% der infizierten blieben ohne Fluorescenz). Anwendbar nur zur allg. Orientierung. Ergebnisse höherer Signifikanz werden von den beiden anderen Methoden erzielt, wovon die Keimungsmethode von Ulster die genauesten Resultate ergibt. Ihre Anwendung ist überall dort angezeigt, wo geringe Infektionsraten an Erbsen auftreten. R. Ritter. 2420.

Vago, C., Fosset, J. und Meynadier, G. Élevage aseptique d'insectes phytophages. **(Aseptische Aufzucht phytophager Insekten.)** Rev. Pathol. végétale Entomol. agric. France **40** (1961) Nr. 2. S. 111–129. – 7 Abb., 28 Lit.

Das aseptische Aufziehen phytophager Insekten ist für verschiedene Forschungen von großer Bedeutung: so z. B. für den Nachweis der latenten Virusübertragung durch das Eiinnere oder der Bedeutung von mikrobiellen Symbionten für bestimmte Insekten; aber auch die keimfreie Gewinnung von Insekten gewebe oder -zellen für ihre Kultur in vitro wird dadurch bedeutend erleichtert. Das Gleiche gilt für das Erforschen der Vektoren (oft Insekten) von bestimmten Pflanzenviren. Die aseptische Aufzucht von Insekten war bisher nur auf synthetischen Nährböden oder unbeweglichen org. Subst. möglich. Es werden an mehreren typischen Beispielen (*Polia oleracea* L., *Acyrthosiphon pisum* Harr., *Bombyx mori* L., *Locusta migratoria* L.) die Möglichkeit der aseptischen Aufzucht auf lebenden Nährpflanzen und an einigen Beispielen sogar die Heranzucht aseptischer Stämme von Insektenarten über mehrere Generationen beschrieben. Voraussetzung für die Durchführung sind: 1. ein steriler, abgeschlossener Zuchtbehälter, 2. eine darin befindliche, aseptische Wirtspflanzenkultur, 3. das Gewinnen und Übertragen aseptischer Entwicklungsstadien des betreffenden Insektes und 4. ihr aseptisches Aufziehen. Zu 1.: Es werden Glasbehälter verschiedenster Größe verwendet, die sterilen Boden mit Nährlösung enthalten; zu 2.: Es wurden Samen oder andere Pflanzenteile nach Keimfreimachung durch Eintauchen in entspr. Medien und anschließendem Abspülen in H_2O in der Zuchtkammer aufgezogen (z. B. Erbse, Bohne, Tomate, Rizinus, Weiße Rübe, Kohl, Tabak, Blattsalat, Schwarzwurzel, Mais, Reis, Melone, Brombeere, Pappel, Weinstock); zu 3.: ähnlich wie unter 2. werden artspez. Methoden für die jeweiligen Insekten dargestellt; zu 4.: an typischen Aufzuchten (s. o.!) werden die wesentlichen methodischen Unterschiede herausgestellt (Übertragung von Eiern unterschiedlicher Inkubationszeit, von Larven und von Imagines). Zum Teil ist die Neuübertragung in weitere sterile Zuchtbehälter im Laufe der Ontogenese wegen der Erschöpfung von Wirtspflanzen nötig. W. Tannert. 2420.

Stelter, H. und Raeuber, A.; Groß-Lüsewitz, Inst. für Pflanzenzücht. der Dtsch. Akad. der Landwirtsch.-Wiss. zu Berlin. **Untersuchungen über Methoden der Bodenprobeentnahme zur Feststellung der Verseuchung mit dem Kartoffelnematoden Heterodera rostochiensis Wollenweber.** Z. Pflanzenkrankh. (Pflanzenpathol.) Pflanzenschutz **69** (1962) Nr. 10. S. 577–586. – 6 Abb., 2 Tab., 11 Lit. Zus. in Engl.

Die häufig auftretende Verseuchung der Böden mit Kartoffelnematoden macht es notwendig, vor dem Anbau anfälliger Kartoffelsorten Bodenuntersuchungen durchzuführen. Auf 3 verseuchten Flächen wurden Bodenproben nach 3 verschiedenen Methoden entnommen und die Ergebnisse mit denen der Grunduntersuchung (10×10 m) verglichen. 1. 400 Einstiche/ha = 8 Proben à 100 cm³, 2. 200 Einstiche/ha = 4 Proben à 100 cm³ Boden, 3. 36 Einstiche/ha = 4 Proben à 100 cm³ Boden. Zur Beurteilung der gefundenen Feldverteilungen wurden die Poisson-, negative Binominal- und Neyman-Verteilung herangezogen. Außerdem wurde die Formel für den Variationskoeffizienten von Anscombe berücksichtigt. Bei allen Methoden wurden die von Anscombe angegebenen Werte unterschritten. Im Ergebnis der Untersuchungen ist festzustellen, daß eine Genauigkeit vor allem durch eine Erhöhung der zu untersuchenden Bodenmenge, weniger durch vermehrte Einstiche pro Fläche, erzielt wird. E. Zesewitz. 2420.

Siegel, Albert, Zaitlin, Milton und Sehgal, Om P.; Tucson, Univ. of Arizona, Dep. of Agric. Biochem. The isolation of defective tobacco mosaic virus strains. **(Die Isolierung von unbrauchbaren Tabakmosaikvirus-Stämmen.)** Proc. nat. Acad. Sci. USA **48** (1962) Nr. 10. S. 1845–1851. 2420.

Bancroft, J. B.; Lafayette, Ind., Purdue Univ., Dep. of Bot. and Plant Pathol. Purification and properties of bean pod mottle virus and associated centrifugal and electrophoretic components. **(Reinigung und Eigenschaften des „bean pod mottle"-Virus und ihm beigeordneter durch Zentrifugation und Elektrophorese sichtbar gemachter Komponenten.)** Virology **16** (1962) Nr. 1/4. S. 419–427. – 8 Abb., 3 Tab., 16 Lit.

Das „bean pod mottle"-Virus (BPMV) wurde durch Chloroform-Butanol-Ausschüttelung, Fällung bei pH 5 und fraktionierte Zentrifugation aus Sojabohnenblättern isoliert. In den Präparaten ließen sich in der analytischen Ultrazentrifuge 3 Fraktionen nachweisen. Sie hatten die Sedimentationskoeffizienten 54 s, 91 s, 112 s. Die präparative Auftrennung der Komponenten erfolgte durch Zentrifugation im Rohrzucker- bzw. $CsCl_2$-Dichtegradienten. Alle 3 Fraktionen bestanden aus isodiametrischen Partikeln mit 30 μm Dmr. Die Partikeln der obersten Fraktion (entspricht der 54 s-Komponente) enthielten nur wenig RNS. Diese Fraktion war nicht infektiös. Die mittlere Fraktion (91 s-Komponente) enthielt 30% RNS, sie ist auch nicht infektiös. Die unterste Fraktion im Dichtegradienten (112 s-Komponente) enthielt 38% RNS und war hochinfektiös. Die 3 Komponenten waren serol. nicht zu differenzieren. Elektrophoretisch ließen sich alle Präparate des BPMV in 2 Fraktionen zerlegen und diese mit der kontinuierlichen Papierelektrophorese präparativ trennen. Beide Fraktionen waren infektiös, aber serol. nicht unterscheidbar. Folgende Beziehungen bestehen zwischen den 3 Fraktionen aus der Dichtegradientenzentrifugation und den beiden Fraktionen der Elektrophorese: Die 112 s- und die 91 s-Fraktion enthalten jeweils die beiden elektrophoretischen Fraktionen, andererseits enthielten die beiden elektrophoretischen Fraktionen auch sowohl die 112 s- wie die 91 s-Fraktion. Vf. diskutiert die Ergebnisse hinsichtlich der zeitlichen Entstehung und Bedeutung der einzelnen Fraktionen. Eine Aufspaltung in verschiedene Stämme wird auch dadurch ausgeschlossen, daß bei der Virusvermehrung von Einzelläsionen ausgegangen wurde. E. Proll. 2420.

Lüders, Wolfgang; Stuttgart, Landesanst. für Pflanzenschutz. **Ein Spritzgerät für die Prüfung von Pflanzenschutzmitteln im Freiland.** Nachrichtenbl. dtsch. Pflanzenschutzdienstes [Braunschweig] **14** (1962) Nr. 9. S. 140–142. – 5 Abb., 1 Lit. 2420.

Ullrich, K.; Bratislava-Predmestie, ČSSR, Forsch.-Anst. für Agrochem. Technol. **Methode zur zahlenmäßigen Bestimmung einiger physikalischer Charakteristika der Emulsionen von Pflanzenschutz- und Schädlingsbekämpfungsmitteln.** Nachrichtenbl. dtsch. Pflanzenschutzdienst [Berlin] [N.F.] **16(42)** (1962) Nr. 10. S. 211–218. 2420.

Chinn, S. H. F. und Ledingham, R. J. A laboratory method for testing the fungicidal effect of chemicals on fungal spores in soil. **(Eine Laboratoriumsmethode zur Prüfung der fungiciden Wirkung von Chemikalien auf Pilzsporen im Boden.)** Phytopathology **52** (1962) Nr. 10. S. 1041–1044.
Es wird eine Methode beschrieben, die es gestattet, in rel. kurzer Zeit die Wirkung von Fungiciden auf die Sporenkeimung von Pilzen im Boden zu erfassen. Im Prinzip wird derart verfahren, daß die Pilze auf Weizenstroh kultiviert, 4 Tage in den behandelten Boden gebracht und dann wieder entnommen werden, worauf die Untersuchung der Lebensfähigkeit der Sporen erfolgt. Mit Hilfe dieser Methode wurde eine Reihe von Chemikalien auf ihre Wirksamkeit gegen *Helminthosporium sativum, Fusarium culmorum* und *Alternaria tenuis* im Boden geprüft. Als wirksamste Fungicide erwiesen sich Vapam und Chlorpikrin, 2 Begasungsmittel. Von den nichtflüchtigen Fungiciden waren Diamond Alkali DAC 649 und Stauffer N 521 am wirksamsten. Es zeigte sich eine nahezu völlige Übereinstimmung zwischen den mit der beschriebenen Methode und den im Sämlingstest in sterilem Boden erhaltenen Ergebnissen. G. Zahn. 2420.

Niessen, H., Frehse, H. und Tietz, H.; Leverkusen, Farbenfabriken Bayer AG, Biol. Inst. **Methode zur Bestimmung von Spritzrückständen des Fungizids FUNGILON(R) auf Äpfeln.** Pflanzenschutz-Nachr. „Bayer" **15** (1962) Nr. 3. S. 176–180. 2420.

Lebedeva, N. P. (Lebedewa, N. P.); Forsch.-Inst. für Landwirtsch. des Nichtschwarzerdegebietes. Količestvennoe opredelenie TMTD. **(Quantitative Bestimmung von TMTD.)** Kukuruza, Moskva **7** (1962) Nr. 9. S. 54.

Vf. entwickelte eine einfache, leicht durchführbare Methode zur Bestimmung des TMTD-Gehaltes im Maissaatgut. Sie beruht auf der Farbreaktion des TMTD mit Salpetersäure (mit der es sich grün färbt). Ausführlich werden die Durchführung der Bestimmung und die Herstellung der Standardskala beschrieben, die die Werte für verschiedene Konz. von TMTD bei der visuellen Bestimmung im Dubosk-Colorimeter (wenn kein Photocolorimeter vorhanden ist) enthält. L. Rang. 2420.

Frehse, H., Niessen, H. und Tietz, H.; Leverkusen, Farbenfabriken Bayer AG, Biol. Inst. **Methode zur Bestimmung von Rückständen des Insektizids LEBAYCID(R) in pflanzlichem Material.** Pflanzenschutz-Nachr. „Bayer" **15** (1962) Nr. 3. S. 152–163. 2420.

Glofke, Edith. **Beitrag zur Bestimmung von DDT-Rückständen in Mehl.** Pflanzenschutzberichte [Wien] **29** (1962) Nr. 1/2. S. 1–9. 2420.

Tietz, H., Osman, M. F., Frehse, H. und Niessen, H.; Leverkusen, Farbenfabriken Bayer AG, Biol. Inst.; Kairo, Univ., Fac. of Sci., Dep. of Entomol. **Methode zur Bestimmung von Rückständen des Akarizids ERADEX(R) NEU in pflanzlichem Material.** Pflanzenschutz-Nachr. „Bayer" **15** (1962) Nr. 3. S. 170–175. 2420.

Gospodinov, G. (Gospodinow, G.) Vŭzmožnosti za borba s galovata nematoda (Meloidogyne spp.) črez seitboobraštenija. **(Möglichkeiten zur Bekämpfung des Wurzelgallenälchens [Meloidogyne spp.] durch Fruchtwechsel.)** Rastitelna zaštita, Sofija **10** (1962) Nr. 4. S. 41–51. — 6 Tab., 7 Lit. Zus. in Russ., Engl.

Durch eine 6feldrige Fruchtfolge — Frühbohnen, Frühtomaten, Getreide (Roggen, Weizen oder Gerste), Paprika, Frühbohnen und Frühtomaten — läßt sich der *Meloidogyne*-Befall der Tomaten von 74 auf 11,2% reduzieren. Älchenresistente Kulturen (Mais und Weizen) tragen, sofern sie in 2 aufeinanderfolgenden Jahren angebaut werden, erheblich zur Verminderung der Infektion bei und sind gute Vorfrüchte für Tabak, dessen Erträge sich dadurch auf das 3fache steigern lassen. 3maliges Pflügen des Bodens, bei jeweiliger Vertiefung der Furche auf 12, 18 und 23 cm zwecks guter Durchtrocknung und Insolation der Krume nach Abernten des Weizens, Roggens, der Frühbohnen oder Frühtomaten, führt zu einer erheblichen Verminderung der Befallsdichte. Frühtomaten und Tabak liefern auf den infizierten Flächen nach 4jähriger Luzernenutzung mehrere Jahre lang hohe Erträge. D. Dodow. 2450.

Anonym. Conclusions et résolutions de l'assemblée générale de la commission internationale de lutte biologique contre les ennemis des cultures. **(Ergebnisse und Beschlüsse auf der Hauptversammlung der Internationalen Kommission für Biologische Bekämpfung der Schädlinge der Kulturen.)** Entomophaga [Paris] **7** (1962) Nr. 4. S. 305–323. 2470.

Grison, P.; La Minière, I.N.R.A., Lab. de Lutte Biol. Développement et perspectives de la lutte biologique. **(Entwicklung und Perspektiven der biologischen Bekämpfung.)** Entomophaga [Paris] **7** (1962) Nr. 4. S. 325–335. 2470.

MacLellan, C. R. Mortality of codling moth eggs and young larvae in an integrated control orchard. **(Die Sterblichkeit von Eiern und Junglarven des Apfelwicklers bei einer integrierenden Bekämpfung im Obstgarten.)** Canad. Entomologist **94** (1962) Nr. 6. S. 655–666. — 2 Abb., 6 Tab., 16 Lit.

Die Mortalität der Eier und Junglarven von *Carpocapsa pomonella* wurde nach Anwendung einer integrierten chem. und biol. Bekämpfung ermittelt. 12 Bäume einer 20jährigen Obstplantage mit den Apfelsorten 'McIntosh', 'Delicious', 'Northern Spy', 'Gravenstein', 'Kendall' und 'Red Rome Beauty' wurden für die Beobachtungen ausgewählt. Nach einer frühen Spritzung mit den Fungiciden Captan, Glyodin sowie Kupferkalkbrühe + Glyodin wurde ab Mitte Juni mit dem Einsatz der Räuber zur Bekämpfung des Apfelwicklers begonnen. Folgende Räuber wurden eingesetzt: die 4 Wanzenarten *Diaphnidia* sp., *Pilophorus perplexus* D. et. S., *Blepharidopterus angulatus* (Fall.) und *Phytocoris* sp. als Eiräuber und Nachsteller der ersten Larvenstadien des Apfelwicklers. Sie wurden aus der Umgebung eingetragen und auf den Obstbäumen ausgesetzt. Außerdem wurden Eiparasiten aus der Gattung *Trichogramma* sp. verwendet. Die Zahl der ausgesetzten Räuber stand immer in deutlicher positiver Beziehung zum Bekämpfungserfolg. Die Wanzen vernichteten 14,4% der Eier, die Trichogrammen 2,4%. Die Junglarven wurden von den Räubern zu 58,5% dezimiert. Insgesamt wurde eine Mortalitätsrate von 68,3% ermittelt. Zur Feststellung der Flugaktivität der Apfelwickler wurden Fanggefäße benutzt, die mit 10% Melasse und 1% Nicotinsulfat gefüllt waren. H. Thomas. 2470.

Fedorintschik, N. S.; Leningrad, Allunionsinst. für Pflanzenschutz. **Anwendung von Biopräparaten zum Schutz von Gemüsekulturen gegen Schädlinge und Krankheiten.** Dtsch. Akad. Landwirtsch.-Wiss. Berlin, Tagungsber. **1962** Nr. 51. S. 67–76. – 2 Tab., 9 Lit. Zus. in Russ., Engl. – nach Zus.

Vom Unionsinst. für Pflanzenschutz wurde gemeinsam mit dem 1. Staatlichen Werk für bakterielle Präparate ein technisches Verfahren zur Gewinnung des trockenen (pulverförmigen) biol. Präparates „Entobakterin-3" aus Bakterienstämmen von *Bacillus cereus* var. *galleriae* Isak entwickelt. Auf Grund 3jähriger Ergebnisse mit dem Biopräparat zur Bekämpfung von *Plutella maculipennis* Curt., *Mesographe forficalis* L., *Pieris brassicae* L. und *P. rapae* L. kann die Verwendung von Entobakterin 3 in der Praxis empfohlen werden. Es ist für Menschen sowie für Warmblüter, Bienen und andere nützliche Insekten unschädlich, hat keinen unangenehmen Geruch und kann in jedem Vegetationsstadium der Pflanzen und auch noch kurz vor der Ernte angewendet werden. Zur Bekämpfung von Pflanzenkrankheitserregern wird gegenwärtig das Biopräparat Trichodermin geprüft, das vom Unionsinst. für Pflanzenschutz aus dem Stamm Nr. 6 von *Trichoderma lignorum* H. entwickelt worden ist. Die Forschungen der letzten Jahre haben auch die Möglichkeit einer Anreicherung von Erdkomposten mit diesem *Trichoderma*-Stamm ergeben. Das Biopräparat Trichodermin besitzt eine starke selektive Wirkung, unterdrückt erfolgreich viele bodenbürtige Krankheitserreger wie z. B. die Schwarzbeinigkeit des Kohls (*Rhizoctonia aderholdi* Kolosch), die Wurzelfäule der Gurken (*Sclerotinia libertiana* Fuck.) und verschiedene Arten der Gattung *Fusarium* sowie den Wurzelbrand der Rüben (*Pythium de Baryanum* Hesse) und andere Krankheiten. 2470.

Herfs, Walter; Darmstadt, Biol. Bundesanst. für Land- und Forstwirtsch., Inst. für Biol. Schädlingsbekämpf. **Zur Wirksamkeit verschiedener Varietäten von Bacillus thuringiensis Berliner.** Dtsch. entomol. Z. [N.F.] **9** (1962) Nr. 5. S. 466–470. – 1 Abb., 9 Lit.

Die für die Wirkung von Bakterienpräparaten wichtige Virulenz der Sporen kann bei verschiedenen Varietäten und Stämmen unterschiedlich sein. Zur Klärung dieser Frage wurden der Lepidopteren-spezifische „Sporen-Endotoxin-Komplex" und die als „Exotoxin" bezeichnete toxische Substanz des Kulturfiltrats getrennt an Lepidopteren- und anderen Insekten-Arten untersucht. Es zeigte sich, daß die verschiedenen Varietäten unterschiedliche

Wirksamkeit auf die einzelnen Insektenarten ausübten, überdies bestand noch ein Unterschied in der Wirkung des „Endo-" und „Exotoxins".

G. Kerner. 2470.

Jaques, R. P. und Patterson, N. A.; Kentville, Nova Scotia, Canada Dep. of Agric., Res. Stat. Control of the apple sucker, Psylla mali Schmidb., by the fungus Entomophthora sphaerosperma (Fresenius). **(Bekämpfung des Apfelblattsaugers Psylla mali Schmidb. durch den Pilz Entomophthora sphaerosperma [Fresenius].)** Canad. Entomologist **94** (1962) Nr. 8. S. 818-825. — 1 Abb., 3 Tab., 6 Lit.

Der Pilz *Entomophthora sphaerosperma* befällt die Imagines von *Psylla mali*, in geringem Maße deren Nymphen, nicht jedoch die Eier. Der Pilz wächst erst 1-2 Tage nach dem Tode des Tieres aus dessen Körper mit einem blaugrünen Mycel aus. Der Körper des befallenen Saugers wird dann braun bis schwarz. Ein plötzliches schnelles Zurückgehen des Apfelblattsaugers in Neuschottland um das Jahr 1920 wurde zunächst auf die Tätigkeit des genannten Pilzes zurückgeführt. Später stellte sich jedoch heraus, daß die bis zum Jahre 1950 übliche Verwendung von Schwefel die Sauger und auch den Pilz zurückgedrängt hatte. Dies wurde bes. klar, als org. Fungicide, wie Ferbam, Captan, Glyodin u. a. zur Anwendung kamen, denn sofort stiegen die Apfelblattsauger-Populationen wieder an. Langjährige Versuche zur Feststellung der Wirkung von *Entomophthora sphaerosperma* in nichtbehandelten und mit org. Fungiciden gespritzten Anlagen zeigten jedoch, daß *E. sphaerosperma* in den erstgenannten Fällen den *P. mali*-Bestand vor der Eiablage bis zu 95% vernichten kann. In den mit org. Fungiciden behandelten Fällen kam der Pilz nicht bes. gut zur Entwicklung. Er benötigt, um schnell wirksam werden zu können, eine gewisse Populationsdichte des Wirtes.

H. A. Schmidt. 2470

Schwenke, W.; München, Inst. für Angew. Zool. **Versuche zur biologischen Bekämpfung der Forleule, Panolis flammea Schiff. (Lepid., Noct.), durch den Eiparasiten Trichogramma embryophagum Htg. (Hymen., Chalc.).** Anz. Schädlingskunde verein. Schädlingsbekämpf. **35** (1962) Nr. 11. S. 166-168.

2470.

Więckowski, S. und Więckowska, I. Wyniki hodowli pasożytów entomofauny sadu. Cz. II. **(Ergebnisse der Züchtung von Feinden der Insektenfauna des Obstgartens. 2. Mitt.)** Polskie Pismo entomol. **1961** Nr. 3/4. S. 255 bis 262. — 14 Lit. Zus. in Russ., Engl.

Die Arbeit ist eine Fortsetzung der Untersuchungen über die Insektenparasiten, die in den Obstgärten leben — unter Berücksichtigung sowohl der Schädlinge wie der nützlichen Insekten. Es werden viele, bisher in Polen nicht bekannte Parasitenwirte angeführt. Die Insektenparasiten sind in Tab. nach den Wirten und nach der Systematik geordnet.

W. Śliwiński. 2470.

Mackauer, M. J. P.; Belleville, Ontario, Dep. of Agric., Res. Inst. for Biol. Control. A new genus of Aphidiidae (Hymenoptera) from Northern Canada. **(Eine neue Gattung der Aphidiidae [Hymenoptera] aus dem nördlichen Kanada.)** Canad. Entomologist **94** (1962) Nr. 10. S. 1107–1109. — 4 Abb.

Vf. stellt die neue Gattung *Boreogalba* n. g. auf und beschreibt als typische Art der neuen Gattung *Boroegalba gladifer* n.sp. Das Genus *Boreogalba* ist charakterisiert durch das Fehlen der völlig reduzierten Disco-Cubitalader im Vorderflügel. Die Unterscheidungsmerkmale zu den verwandten Gattungen *Lipolexis* Foerster, *Trioxys* Haliday, *Binodoxys* Mackauer, *Acanthocaudus* Smith und den Gattungen des Tribus *Aphidiini* und die weiteren typischen Charaktere sind angegeben. Das Weibchen des Holotypus wurde am Great

Whale River in der Provinz Quebeck gefunden. Die Männchen und der typische Wirt der Art *B. gladifer* n.sp. sind noch unbekannt.
H. Thomas. 2470.

Stary, Petr; Prague, Czechoslov. Acad. of Sci. Bionomics and ecology of Ephedrus pulchellus Stelfox an important parasite of leaf-curling aphids in Czechoslovakia, with notes on the diapause (Hym. Aphidiidae). **(Bionomie und Ökologie von Ephedrus pulchellus Stelfox, einem wichtigen Parasiten von schädlichen Blattläusen in der Tschechoslowakei mit Bemerkungen zur Diapause.)** Entomophaga [Paris] **7** (1962) Nr. 2. S. 91–100. – 10 Abb., 1 Tab., 10 Lit. Zus. in Franz.

Als Wirte von *Ephedrus pulchellus* kommen u. a. folgende Aphiden in Frage: *Aphis fabae*, *Phorodon humuli*, *Brachycaudus* sp., *Dysaphis* sp., *Myzus cerasi*, *Sappaphis* sp. u. a. *E. pulchellus* belegt hauptsächlich die frühen Larvenstadien von Aphiden. Die Geschlechterverteilung erfolgt nach den Regeln arrhenotoker parthenogenetischer Fortpflanzung, bei verhältnismäßig hoher weiblicher Fruchtbarkeit. Die Parasiten sind während der Mon. Mai bis Juli verbreitet, die anschließende Diapause ist als Anpassung an den Wirtswechsel der Blattläuse anzusehen. Weitere Angaben folgen über Eiablage, Verbreitung und Einfluß der Wirtspflanze auf die Parasitierung. H. Thomas. 2470.

Huffaker, C. B., Kennett, C. E. und Finney, G. L.; Berkeley, Exp. Stat. Biological control of olive scale, Parlatoria oleae (Colvée), in California by imported Aphytis maculicornis (Masi) (Hymenoptera: Aphelinidae). **(Biologische Bekämpfung der Olivenschildlaus Parlatoria oleae [Colvée] in Kalifornien durch eingeführte Aphytis maculicornis [Masi] [Hymenoptera: Aphelinidae].)** Hilgardia [Berkeley, Calif.] **32** (1962) Nr. 13. S. 541-636. – 30 Abb., 27 Tab., 32 Lit.

Von Wirt und Parasit werden Taxonomie, Verbreitung, Biologie und Ökologie beschrieben. Der aus dem Iran und Irak eingeführte Zuchtstamm von *Aphytis maculicornis* wird seit dem Jahre 1952 mit *Hemiberlesia lataniae* als Wirt, der sich leicht auf Kartoffelknollen züchten läßt, vermehrt. Von 1952 bis 1960 wurden in 24 Bezirken Kaliforniens über 27 Mill. Parasiten ausgesetzt. Der Wirkungsgrad des Parasiten hängt von der Anzahl der Jugendstadien der Schildlaus im Herbst (2. Generation) ab. Er wird ferner beeinträchtigt durch Trockenheit und Hitze im Sommer sowie durch Abdrift von Insekticiden bei chem. Bekämfungsaktionen in benachbarten Kulturen. Ungünstige Witterungsbedingungen wirken sich auf den Parasiten stärker aus als auf den Wirt. Trotz des aus diesen Gründen jahr- und ortsweise schwankenden Wirkungsgrades gewährleistet *A. maculicornis* eine gute und wirtsch. Bekämpfung der Schildlaus in den meisten Olivenplantagen. Der Besatz mit *P. oleae* war an durch DDT-Behandlung parasitenfrei gehaltenen Olivenbäumen 755-bis993mal so hoch wie an unbehandelten Bäumen. Selbst eine zusätzliche Freilassung von *A. maculicornis* im Herbst, die durchaus nicht immer erforderlich sein wird, ist billiger als eine normale Insekticid-Behandlung und ohne deren Nachteile (z. B. Förderung anderer Schädlinge). W. Lehmann. 2470.

Bombosch, S.; Göttingen, Univ., Inst. für Pflanzenpathol. und Pflanzenschutz. **Über den Einfluß der Nahrungsmenge auf die Entwicklung von Syrphus corollae Fabr. (Dipt. Syrphidae).** Z. angew. Entomol. **50** (1962) Nr. 1. S. 40 bis 45. – 5 Abb., 5 Lit.

Um zu einer Beurteilung der Bedeutung der Syrphidenlarven für die Bekämpfung der Blattläuse zu gelangen, ist die Kenntnis der Wechselbeziehungen zwischen beiden nötig. Die Vermehrung der Blattläuse ist von der tägl. Temperatur, die tägl. Zunahme der Population von der Ausgangsbevölkerung abhängig. Ebenfalls ist die Kenntnis der Syrphidenpopulation während der verschiedenen Gradationsabschnitte notwendig, ebenso die Zahl der tägl. von dieser Feindpopulation verzehrten Blattläuse. Am Beispiel von *Syrphus corollae* Fabr. wird durch Bestimmung des Nahrungsbedarfes und des Einflusses der Nahrungsmenge auf die Entwicklung dieses Nützlings ein Teil des Fragenkomplexes erläutert. Der Nahrungsbedarf von *S. corollae* ist in den beiden ersten Larvenstadien gering, er steigt dagegen im 3. stark an. Die Gesamtzahl der von einer *S. corollae*-Larve aufgenommenen Blattläusen betrug im Versuch 867 Stck. Bei 20 °C können sich die *S. corollae*-Larven auch dann noch verpuppen, wenn sie nur 2 Tage nach der 2. Häutung Futter erhielten, d. h. wenn sie nur 57% gegenüber den ständig mit Nahrung versorgten Tieren bekamen. Die Larven gingen jedoch ein, wenn sie nur einmal nach der 2. Häutung gefüttert wurden, bei 24 °C jedoch, bedingt durch die größere Entwicklungsgeschwindigkeit, verpuppten sie sich bei einmaliger Fütterung noch. Die Entwicklungsdauer des 3. Larvenstadiums bleibt trotz unterschiedlichen Nahrungsangebotes konstant. Niedrige Feuchtigkeitswerte erhöhen jedoch den Nahrungsbedarf von *S. corollae* wesentlich. H. A. Schmidt. 2470.

Balevski, A. und Vasev, A. (Balewski, A. und Wassew, A.) Prinos za izjasnjavane pričinite za namaljavane efektivnostta na parazita na krŭvnata vŭška Aphelinus mali Hald. **(Beitrag zur Klärung der Ursachen der verminderten Wirksamkeit der Blutlauszehrwespe Aphelinus mali Hald.)** Izvestija na Centralnija naučnoizsledovatelski institut za zaštita na rastenijata, Sofija 2 (1962) S. 143–173. — 3 Abb., 15 Tab., 19 Lit. Zus. in Russ., Dtsch.

Die Wirksamkeit von *Aphelinus mali* zur Bekämpfung der Blutlaus geht in Bulgarien ständig zurück. Das Fortpflanzungspotential der Blutlaus (*Eriosoma lanigerum* Hausm.) ist höher als das von *A. mali*. Die Blutlaus entwickelt in den verschiedenen Gebieten des Landes 10–15 Generationen, wobei von einer Laus durchschnittl. 77–128 Larven (für die einzelnen Generationen) geboren werden. *A. mali* entwickelt jährlich 7–10 Generationen, bei einer mittleren Eiproduktion von 25–29 Stck. Die Hauptflugzeit der Blutlauszehrwespe liegt im zeitigen Frühjahr, wenn noch keine Kolonien der Blutlaus vorhanden sind. Außerdem hemmen die hohen Temp. der Sommermon. Juli und Aug. sowie die niedrigere rel. Luftfeuchtigkeit dieEntwicklung der Blutlaus. Sobald die Temperaturen für 2–3 Tage 35 °C übersteigen, setzt ein Massensterben der Blutlaus ein. Eine der Hauptursachen der verminderten Wirksamkeit von *A. mali* ist die verstärkte Anwendung von synthetischen Pflanzenschutzmitteln, insbes. DDT, in den Obstgärten. Die DDT-Mittel haben schon während des Spritzens eine starke Kontaktwirkung auf das Vollinsekt, die über 20–25 Tage anhält. Die Kontaktwirkung der E-Mittel ist von kürzerer Dauer. Bei sechsmaligem Spritzen mit DDT-Mitteln ist der Zehrwespenbefall nicht höher als 10-12%, während er bei Anwendung von E-Mitteln nur um 5–8% niedriger gegenüber der unbehandelten Kontrolle ist. A. Balewski. 2470.

Denburgh, R. S. van, Burbutis, Paul P. und York, George T.; Delaware, Agric. Exp. Stat.; Univ., Dep. of Entomol.; Ankeny, Iowa, U.S. Dep. of Agric. The re-introduction and recovery of Lydella stabulans grisescens, a parasite of the European corn borer in Delaware. **(Die erneute Einführung und der Nachweis von Lydella stabulans grisescens, einem Parasiten des Maiszünslers in Delaware.)** J. econ. Entomol. **55** (1962) Nr. 1. S. 11–14. — 3 Abb., 2 Tab., 6 Lit.

Die Schäden durch den Maiszünsler *Ostrinia nubilalis* (Hübner) haben in Delaware seit dem Jahre 1951 in beträchtlichem Maße zugenommen. Befallen werden in erster Linie Getreide, Pfeffer, Kartoffel, aber auch Tomate, Apfel und einige Zierpflanzen (*Hibiscus*, *Dahlia* u. a.). Natürliche Feinde waren im Schadgebiet nur in geringem Maße nachzuweisen. Zur biol. Bekämpfung des Schädlings wurde deshalb *Lydella stabulans grisescens* eingeführt. Im Juni 1959 wurden insgesamt 2933 adulte Parasiten an 6 ausgewählten Orten des Staates Delaware freigelassen. Zum Nachweis von Parasiten wurden im

Herbst und Winter 1959/60 insgesamt 4249 Larven des Maiszünslers von 88 Feldern eingetragen und auf evtl. Parasitierung geprüft. *L. stabulans grisescens* war der einzige Parasit, der sich in 16 der 88 Proben in stärkerem Maße nachweisen ließ. Der Parasitierungsgrad schwankte zwischen 2,1–7,7% und betrug im Mittel 3,45%. Die Ausbreitung des Parasiten erfolgte im 1. Jahr hauptsächlich in nordöstlicher Richtung und in einer Entfernung von maximal 4 Meilen vom Zentrum des Freilassungsortes. H. Thomas. 2470.

Narayanan, E. S. und Chawla, S. S.; New Delhi, Indian Agric. Res. Inst., Div. of Entomol. Parasites of fruit fly pests of the world with brief notes on their bionomics, habits and distribution. **(Parasiten von schädlichen Fruchtfliegen der Welt mit kurzen Bemerkungen über ihre Bionomie, Lebensweise und Verbreitung.)** Beitr. Entomol. **12** (1962) Nr. 3/4. S. 437–476. — 1 Tab., 79 Lit. Zus. in Russ., Dtsch.

Unter Berücksichtigung der verfügbaren Lit. und auf der Grundlage eigener Untersuchungen geben Vff. eine Übersicht über Lebensweise und Verbreitung der Parasiten folgender Fruchtfliegenarten (*Diptera, Trypetidae*): *Acanthiophilus helianthi* Rossi, *Anastrepha* spp., *Ceratitis capitata* (Wiedemann), *Dacus bipartitus* Graham, *D. ciliatus* Loew, *D. emmerezi* Bezzi, *D. ferrugineus* Fabricius, *D. humeralis* Bezzi, *D. incisus* Walker, *D. laticaudatus* Hardy, *D. latifrons* Wiedemann, *D. oleae* Gmel., *D. passiflorae* Froggatt, *D. pectoralis* Wlk. *D. punctatifrons* Karsch, *D. tryoni* (Frogg.), *D. umbrosus* F., *D. zonatus* Saunders, *Rhagoletis spp.*, *Carpomyia vesuviana* Costa, *Dacus correctus* Bezzi, *D. cucurbitae* Coquillett und *D. dorsalis* Hendel. H. Thomas. 2470.

Großversuch zur Möglichkeit der biologischen Schädlingsbekämpfung durch Vogelschutzmaßnahmen im Walde auf Grund der günstigen Ergebnisse des Forschungsthemas Pl.-Nr. 100110/01i 8-01/6 „Vogelschutzmaßnahmen im Kiefernwald“. Seebach, Vogelschutzwarte Dtsch. Akad. Landwirtsch.-Wiss. Berlin Plan-Nr.: 170 110/01bo-02; Plan-Nr.: 170 110/01i 1-06/0.; Plan-Nr.: 170 141h 2-06/0. Zwischenber. (11/3. 1963).

In diesem Zwischenbericht werden ergänzende Feststellungen zur Frage der Siedlungsdichtesteigerung, über Beziehungen zwischen Siedlungsdichte und Puppensuchergebnissen und über die Nestlingsnahrung einiger insektenfressender Vogelarten mitgeteilt. Klärung in der entscheidenden Frage, inwieweit durch Vogelschutzmaßnahmen Gradationen verhindert werden können, konnte noch nicht erlangt werden, da bisher keine Massenvermehrungen in den Versuchs- und Vergleichsgebieten vorkamen. 2470.

Krieg, Aloysius; Darmstadt, Biol. Bundesanst. für Land- und Forstwirtsch. **Über einige insektenpathogene Rickettsien.** Dtsch. entomol. Z. [N.F.] **9** (1962) Nr. 5. S. 465. — 4 Abb.

In vorl. Kurzreferat faßt Vf. den Stand der Forschungen auf dem Gebiet der insektenpathogenen Rickettsien zusammen, von denen drei Arten im Vordergrund standen: *Rickettsiella popilliae* (Dutky et Gooden) Philip, *R. melolonthae* (Krieg) Philip und *R. tipulae* Müller-Kögler. G. Kerner. 2470.

Huger, Alois; Darmstadt, Biol. Bundesanst. für Land- und Forstwirtsch., Inst. für Biol. Schädlingsbekämpf. **Die viröse Wassersucht der Maikäfer-Engerlinge (Melolontha spp.).** Dtsch. entomol. Z. [N.F.] **9** (1962) Nr. 5. S. 437–440. — 2 Abb. 2470.

Schick, W., Engel, G. und Lemke, W. **Weitere Untersuchungen zur Verregnung von Pflanzenschutzmitteln.** Erwerbsobstbau **4** (1962) Nr. 12. S. 231–233. — 3 Abb., 2 Tab., 4 Lit.

Das Verregnen von Pflanzenschutzmitteln beginnt mit der Vorberegnung mit reinem Wasser bis zur gleichmäßigen Befeuchtung der Blätter (im vorliegenden Falle 10,84 Min. lang). Ist dies geschehen, muß die Brühe am

1. Regner angekommen sein. Bei zu ausgedehnter Vorbehandlung entstehen größere Abtropfverluste bei der anschließenden Brüheverregnung. – Ist die vorberechnete Brühemenge ausgebracht, d. h. kommt am 1. Regner wieder reines Wasser an, muß die Beregnung unterbrochen werden, bis der Belag auf den Blättern getrocknet ist. Nach etwa 20 Min. drückt man durch eine Nachberegnung die restliche Brühe aus den Regnersträngen heraus. – Im vorliegenden Versuch wurde eine Mannesmann-Beregnungsanlage mit 16 Schwachregnern (MR 20) in 3,5 m Höhe bei einem Abstand von 18 x 18 m eingesetzt (Druck 6,5 atü, Düse 4,2 mm). Während des Versuches (2 kg Kupferoxychlorid in 2000 l Wasser) wurden an den 4 Regnern eines Stranges in regelmäßigen Abständen Proben genommen und der Cu-Gehalt quantitativ erfaßt. Die Verluste an Cu lagen bei 9,9%. – Hinsichtlich der biol. Wirkung läßt sich bisher feststellen, daß der Erfolg bei Mehltau, Wicklerraupen und Spinnmilben geringer war als in der Spritzparzelle. Die Versuche werden fortgesetzt. M. Reichel. 2500

Steckel, Walter; Trier. **Die Bekämpfung der Stippigkeit bei Äpfeln.** Rhein. Mschr. Gemüse-, Obst- u. Gartenbau **51** (1963) Nr. 1. S. 8. – 2 Tab. 2500.

Dewey, D. H. und MacLean, D. C. Post-harvest treatment with 2,6-dichloro-4-nitroaniline for fruit rot control on fresh market peaches. **(Nachernte-Behandlung frisch vermarkteter Pfirsiche mit 2.6-Dichlor-4-nitroanilin zur Bekämpfung von Fruchtfäulen.)** Michigan State Univ., agric. Exp. Stat., quart. Bull. **44** (1962) Nr. 4. S. 679–683. – 2 Tab., 2 Lit.

Geerntete Pfirsichfrüchte der Sorten 'Redhaven' und 'Halehaven' wurden für 1 Min. in Lösungen von 2.6-Dichlor-4-nitroanilin unterschiedlicher Konz. (1000 und 2000 ppm) getaucht. Die Früchte wurden anschließend bei 60 °F. aufbewahrt und vom 6.–13. Tag nach der Behandlung auf Fruchtfäulebefall (*Sclerotinia fructicola*, *Rhizopus* spp. u. a. Fäulniserreger) untersucht. Das Auftreten der *Rhizopus*-Fäule wurde durch beide Konz. verhindert. Ein der Behandlung unmittelbar folgendes Abspülen der Früchte mit Wasser beeinflußte die Wirkung nicht. Zur Bekämpfung der *Sclerotinia*-Fäule war nur die höhere Konz. ausreichend wirksam. F. Daebeler. 2500.

Cox, R. S. Studies on the control of Southern bacterial wilt on trellis-grown tomatoes in South Florida. **(Untersuchungen über die Bekämpfung der Südlichen Bakterienwelke bei Spaliertomaten in Südflorida.)** Proc. Florida State horticult. Soc. **73** (1960, hrsg. 1961) S. 120–123. – 5 Abb., 2 Lit.

Erste Ergebnisse über das Auftreten der Südlichen Bakterienwelke, hervorgerufen durch *Pseudomonas solanacearum* E. F. S., sowie über Bekämpfungsmöglichkeiten liegen vor. Sie zeigen, daß die Bakterienwelke in Gebieten mit Drainagekanälen auftritt, wobei diese als Infektionsquellen anzusehen sind. Gut wirksam ist die Behandlung mit Chlorpikrin bei Mengen von 320 und 160 lb./acre, Mylone 85 W bei 250 lb./acre und Ammoniumthiocyanat bei 250 lb./acre. Harnstoff in Gaben von 1000 lb./acre und Ammoniumthiocyanat mit 125 lb./acre zeigten nur eine mäßige Wirksamkeit. Ohne Erfolg blieb die Anwendung von Harnstoff (500 lb./acre) und Norwich-U-587 (50 und 100 lb./acre). E. Wittenberg. 2500.

Diehl, O.; Lübeck. **Der Falsche Mehltau des Tabaks (Peronospora tabacina Adam), sein Auftreten und seine Bekämpfung in Schleswig-Holstein.** Dtsch. Tabakbau **41** (1961) Nr. 5. S. 33–35. – 2 Abb.

Es wird über das Auftreten des Blauschimmels in Nordwestdeutschland in den Jahren 1959 und 1960 berichtet. Nach der Beschreibung des Schadbildes wird ausführlich auf die Abwehrmaßnahmen eingegangen, wie Saatbeethygiene und -desinfektion, Stäuben mit Maneb und Haftstaub TO12, Wahl der geeigneten Vorfrucht und Düngung (wenig N, viel P_2O_5;

auf leichten Böden mit Mg-Mangel Düngung mit Kieserit), wöchentliches Spritzen der Feldbestände mit 1200 l/ha einer 0,5%igen Maneb-Brühe sowie laufende Kontrolle der Tabakschläge. J. Merker. 2500.

Hirst, J. M. und Stedman, O. J.; Harpenden, Herts., Rothamsted Exp. Stat. The epidemiology of Phytophthora infestans. III. Spraying trials 1952–1958. **(Die Epidemiologie von Phytophthora infestans. 3. Mitt. Spritzversuche von 1952–1958.)** Plant Pathol. **11** (1962) Nr. 1. S. 7–13. 2500.

Corke, A. T. K. Black currant leaf spot: Spray trial 1959–61. **(Blattfleckenkrankheit der Schwarzen Johannisbeere: Spritzversuch 1959–61.)** Annu. Rep. agric. horticult. Res. Stat., Long Ashton, Bristol **1961** S. 144–153. 2500.

Byrde, R. J. W., Clarke, G. M. und Harper, C. W. Spraying experiments against apple scab and apple mildew at Long Ashton, 1959–61. **(Spritzversuche gegen Apfelschorf und Apfelmehltau bei Long Ashton 1959–61.)** Annu. Rep. agric. horticult. Res. Stat., Long Ashton, Bristol **1961** S. 130–137. 2500.

Helton, A. W. Prevention of Cytospora invasion of injured stems of prune trees with wound treatments. **(Verhinderung des Eindringens von Cytospora in verletzte Äste von Pflaumenbäumen durch Wundbehandlung.)** Phytopathology **52** (1962) Nr. 10. S. 1061–1064. — 4 Abb., 6 Lit.

Der *Cytospora*-Pilz verursacht seit dem Jahre 1951 im Pflaumenanbau Idahos beachtliche Verluste. Folgende Präparate wurden auf ihre Eignung als Wunddesinficiens untersucht: Petrolatum, Cycloheximid (10 und 1000 ppm) in Petrolatum, Cycloheximid (400 und 40000 ppm) in flüssiger Form, Gibberellinsäure (10 und 1000 ppm) in Petrolatum, Oxychinolinsulfat (50 und 5000 ppm) in Petrolatum, Phytostreptin (50 und 5000 ppm) in Petrolatum und Phytoactin L-307 (100 und 10000 ppm) in Petrolatum. Im Frühjahr wurden noch in Winterruhe befindliche Pflaumenzweige nach Verletzung durch Auflegen von Trockeneisblöcken und teilweise zusätzlichem Messerschnitt für 5 Tage der Infektion durch *Cytospora* ausgesetzt. Danach erfolgte mit Ausnahme des Petrolatums, das auch sofort nach der Verletzung angewendet wurde, die Wundbehandlung mit den genannten Mitteln. Von befriedigender Wirkung waren Petrolatum sofort nach der Verletzung angewendet, Cycloheximid (40000 ppm) und Oxychinolinsulfat (5000 ppm) in Petrolatum. F. Daebeler. 2500.

Grover, Rajendra K. und Moore, J. Duain; Madison, Univ. of Wisconsin, Dep. of Plant Pathol.; Chandigarh, India, Univ. of Panjab, Dep. of Bot. Toximetric studies of fungicides against the brown rot organismus, Sclerotinia fructicola and S. laxa. **(Toximetrische Studien von Fungiciden gegen die Erreger der Braunfäule, Sclerotinia fructicola und S. laxa.)** Phytopathology **52** (1962) Nr. 9. S. 876–880. — 1 Abb., 3 Tab., 16 Lit.

Der Einfluß der beiden Antibiotica Cycloheximid und Phytoactin sowie der Fungicide Dichlone, Dodine, Ferbam, Monocalcium-Arsenit und Phaltan auf Mycelwachstum, Sporulation und Produktion pektolytischer Enzyme in vitro von *Sclerotinia fructicola* (Wint.) Rehm. und *S. laxa* Ader. et Ruhl. wurde untersucht. Allg. vertrug *S. fructicola* höhere Dosierungen. Cycloheximid, Phytobactin und Dichlone unterdrückten am stärksten Mycelwachstum und Sporulation beider Pilze. Die beiden genannten Antibiotica sowie 4 in den Versuch einbezogene Cycloheximid-Derivate unterschieden sich in ihrer Wirkung. Die Enzymproduktion wurde durch Phaltan am stärksten gehemmt. Durch Fruchtstengel reifer Kirschen aufgenommenes Cycloheximid verzögerte die durch beide Pilze verursachte Fruchtfäule. Die Fäule verlief bei *S. laxa* langsamer als bei *S. fructicola*.
F. Daebeler. 2500.

Király, Z., Bócsa, Eva und Vörös, J.; Budapest, Res. Inst. for Plant Protection; Kompolt, Inst. of Agric. Effect of treatment of wheat seed with gibberellic acid on bunt infection. **(Die Wirkung einer Samenbehandlung mit Gibberellinsäure auf die Weizensteinbrandinfektion.)** Phytopathology **52** (1962) Nr. 2. S. 171–172. – 1 Tab., 4 Lit.

Im Jahre 1958 wurde in einem Feldversuch festgestellt, daß mit Gibberellinsäure (**I**) behandelter Weizen einen verringerten Prozentsatz von *Tilletia foetida*-Infektionen aufwies. Das wird auf die schnellere Überwindung des anfälligsten Stadiums (Koleoptile von 2–10 mm) zurückgeführt. In einem weiteren Versuch ergab sich eine Verringerung der durch *T. foetida* befallenen Ähren durch eine Behandlung der Weizensamen mit 100 bzw. 300 ppm **I.** Hierbei ergaben sich auch höhere Erträge. **I**-Behandlungen im Rosettenstadium des Weizens hatten keinen Erfolg. **I** hat keinen Einfluß auf die Sporenkeimung von *T. foetida*. G. Otto. 2500.

Salunskaja, N. I.; Kiew, Ukrain. Forsch.-Inst. für Pflanzenschutz. Zavisimost' poražaemosti kukuruzy puzyrčatoj golovnej ot osobennostej stroenija rastenija. **(Die Abhängigkeit des Beulenbrandbefalls vom Entwicklungsstadium der Maispflanzen.)** Agrobiologija, Moskva **1962** Nr. 3. S. 401–406. – 2 Abb., 2 Tab.

Der Mais ist in den einzelnen Phasen seiner Entwicklung unterschiedlich anfällig gegen den Maisbeulenbrand. Die Spritzung mit TMTD-Mitteln zwischen dem Auflaufen und der Bildung von 4–5 Blättern senkte den Befall um 30%; Spritzen zu einem späteren Zeitpunkt (vor und während des Fahnenschiebens) senkte den Befall um 63%. E. Kahn. 2500.

Srivastava, S. N. S.; Madras, Directorate of Plant Protection, Quarantine and Storage, Plant Quarantine and Fumigation Stat. The systemic control of blast disease of rice. **(Die systemische Bekämpfung der Blasenkrankheit des Reises.)** Current Sci. [Bangalore] **31** (1962) Nr. 6. S. 243–244. – 1 Tab., 9 Lit.

Piricularia oryzae Br. et Cav., der Erreger der Blasenkrankheit des Reises, verursacht in einigen Gebieten Indiens schwere Schäden. In Versuchen zur systemischen Bekämpfung wurden Harnstoff, Thioharnstoff, Sulfanilamid, Griseofulvin und Paranitrophenol erprobt. Dazu wurden die Pflanzen einer anfälligen Sorte in Nährlösungen herangezogen und durch Einreibung des jüngsten Blattes mit einer Sporensuspension beimpft. Die Behandlung mit den systemischen Mitteln erfolgte in verschiedener Konz. am 10. und 14. Tag. Thioharnstoff (100 μg/ml) wirkte stark toxisch. Harnstoff erwies sich als nichttoxisch, wogegen die anderen Mittel wenig toxisch waren. Die höheren Konz. der Mittel waren allg. stärker toxisch. 4 Tage nach der Beimpfung zeigten sich typische und atypische Befallsstellen, z. T. als nekrotische Flecke. Die Zahl der Flecke sowie deren Größe dienten als Maß für die Wirksamkeit der Mittel. Deutlich kleinere Flecke traten nach Behandlung mit Thioharnstoff (25 und 100 μg/ml) und Sulphanilamid (100 μg/ml) auf. Die anderen Mittel waren weniger wirksam. Die Zahl der Befallsstellen war bei allen Behandlungen verringert, bes. bei Thioharnstoff und Griseofulvin (10 und 25 μg/ml). Die Wirksamkeit aller Mittel ließ mit der Zeit nach. Eine systemische Bekämpfung der Blasenkrankheit mit einigen dieser Mittel wird für möglich gehalten. G. Otto. 2500.

Kulunev, D. (Kulunew, D.) Izpitvane na njakoi chimičeski sredstva sreštu cerkosporozata po zacharnoto cveklo. **(Prüfung einiger chemischer Mittel gegen die Blattfleckenkrankheit der Zuckerrübe.)** Rastitelna zaštita, Sofija **10** (1962) Nr. 3. S. 25–29. – 2 Tab., 6 Lit. Zus. in Russ., Engl.

Vf. prüfte in den Jahren 1953 und 1954 die Wirkung von 1%iger Kupferkalkbrühe, Stäuben mit Kupferoxychlorid 15% (30–35 kg/ha) und Stäuben mit selbstbereitetem Kupferkalkpulver aus gemahlenem Kupfersulfat und ungelöschtem Kalk im Verhältnis 1:4 (35–40 kg/ha) gegen die Rüben-*Cercospora*. Der höchste Effekt in bezug auf Ertrag, Trockensubstanz und Zuckergehalt wurde durch Kupferoxychlorid erzielt. Der Zuckermehrertrag belief sich i. J. 1953 auf 1404,8 kg/ha oder durchschnittl. auf 13% gegenüber „unbehandelt". D. Dodow. 2500.

Pag, Hansgeorg. **Großflächige Bodendesinfektion zur Bekämpfung der Verticillium-Welke an Erdbeeren in Kalifornien.** Nachrichtenbl. dtsch. Pflanzenschutzdienstes [Braunschweig] **14** (1962) Nr. 11. S. 161–162. — 5 Abb., 4 Lit. Zus. in Engl.
Die verbreitetsten kalifornischen Erdbeersorten 'Lassen' und 'Shasta' leiden sehr stark unter Bodenmüdigkeitserscheinungen und dem Befall von *Verticillium albo-atrum* (mikrosklerotialer Typ), da kaum ein Fruchtwechsel erfolgt. Ohne eine Bodenentseuchung lohnt sich ihr Anbau fast nicht mehr. Als allg. empfehlenswert erwies sich eine maschinelle Injektion von Chlorpikrin + Methylbromid (2:1) mit einer Aufwandmenge von 320 lb./acre (363 kg/ha). Die Behandlung erfolgt an windstillen Tagen, da die entseuchte Fläche für 24 Std. mit einer leichteinreißenden Polyäthylenfolie abgedeckt wird. In Kalifornien beträgt die Karenzzeit 10 Tage. D. Stump. 2500.

Harrison, D. J. und Burgess, P. G. Use of rootstock resistance for controlling Fusarium wilt of tomatoes. **(Verwendung resistenter Unterlagen zur Bekämpfung der Fusarium-Welke der Tomaten.)** Plant Pathol. **11** (1962) Nr. 1. S. 23–25. — 2 Tab., 2 Lit. 2500.

Ciccarone, A., Piglionica, V. und Elia, M. La lotta chimica contro l'orobanche. **(Die chemische Bekämpfung der Orobanche.)** Italia agric. **99** (1962) Nr. 10. S. 925–941. — 7 Abb., 7 Tab., 7 Lit. 2500.

Šály, Anton, Neoral, Jaroslav und Jemelík, Jaroslav; Bratislava, Výskumny Ústav Agrochem. Technol. Kralice na Hanej, Šl'achtitelská Stanica Repárska. Perspektívy chemického boja proti hádátku repnému — (Heterodera schachtii Schmidt 1871) na cukrovej repe. **(Aussichten für die chemische Bekämpfung des Rübennematoden [Heterodera schachtii Schmidt 1871] an der Zuckerrübe.)** Listy Cukrovarnické **78** (1962) Nr. 6. S. 123–130. — 4 Tab., 52 Lit. Zus. in Russ., Engl., Dtsch.
Vff. berichten über die Wirksamkeit der Nematicide Nematin (1.2 Dibrom-3-chlorpropan) und Chlorex gegen den Rübennematoden. Nematin wirkte nicht phytotoxisch, sondern eher stimulierend. 150 ml/m² erhöhten den Rüben-, Zucker- und Blattertrag um 25% und verringerten die Zystenzahl an den Wurzeln um 32% im Vergleich zur Kontrolle. 5 ml/m² steigerten den Ertrag an Rüben um 39,1% an Zucker um 39,3%, und an Blatt um 45,1%. Chlorex erwies sich selbst bei der Anwendung im Herbst als stark phytotoxisch; in Emulsionsform erzielte es eine mäßige Ertragserhöhung. M. Pštross. 2500.

Evreinov, M. G., Luŕe, L. S., Skarbilovič, T. S., Smirnova, I. S. und Ter-Simonjan, L. G. (Jewreinow, M. G., Lurje, L. S., Skarbilowitsch, T. S., Smirnowa, I. S. und Ter-Simonjan, L. G.) Opyt sterilizacii počvy gamma-lučami. **(Erfahrungen bei der Bodensterilisierung mittels γ-Strahlen.)** Naučnye trudy. Elektrifikacija sel'skogo chozjajstva. Vsesojuznyj naučno-issledovatel'skij institut ėlektrifikacii sel'skogo chozjajstva (VIĖSCh), Moskva **10** (1961) S. 182–199. — 9 Abb., 5 Tab., 17 Lit.
γ-Strahlen (^{60}Co) einer Intensität von 400000 r töteten die Wurzelgallennematoden im Boden ab. An den Wurzeln wurden nur vereinzelt Gallen beobachtet, in den Wurzeln waren alle Nematoden abgestorben. Bei einer Dosis von 200000 r schlossen nur einige Nematoden ihre vollkommene Entwicklung ab; die weiblichen Tiere gingen aber nicht zur Eiablage über. Auch bei

einer 74 std. Bestrahlung mit 100000 r gingen nur einzelne weibliche Tiere zur Eiablage über. Während dieser Zeit entwickelten sich in der Kontrollvariante 2 Generationen und jedes weibliche Tier hatte über 100 Eier abgelegt. Die Wirkung von 2500–50000 r erfordert noch eingehendere Untersuchungen. W. Görtler. 2500.

Stevenson, A. B.; Vineland Station, Ontario, Canada Dep. of Agric., Res. Lab., Res. Branch. Insecticide dips to control grape phylloxera on nursery stock. **(Tauchverfahren mit Insekticiden zur Bekämpfung von Phylloxera vitifoliae [Fitch] an Baumschulstecklingen.)** J. econ. Entomol. **55** (1962) Nr. 5. S. 804–805. – 1 Tab., 3 Lit.
Phylloxera vitifoliae (Fitch) überwintert im 1. Larvenstadium an den Wurzeln infizierter Rebstöcke. Die Anzucht von Stecklingen in verseuchten Böden fördert daher die Verbreitung des Schädlings. Die klassische Bekämpfungsmethode bestand bisher in einer mehrfachen Tauchbehandlung der Wurzeln mit Nicotinsulfat, heißem Wasser oder Räuchern mit Methylbromid. Als ebenso günstig in der Wirkung erwies sich nach mehrjährigen Untersuchungen des Vf. eine mehrmalige Tauchbehandlung der Wurzeln mit Malathion, Ethion und Graphlox. K. Geißler. 2500.

Hoyt, Stanley C.; Wenatchee, Wash., Tree Fruit Exp. Stat. New materials for the control of the apple rust mite. **(Neue Mittel zur Bekämpfung von Vasates schlechtendali [Nalepa].)** J. econ. Entomol. **55** (1962) Nr. 5. S. 639 bis 641. – 4 Tab., 7 Lit.
Da *Tetranychus mcdanieli* McGregor gegen Kelthane resistent wurde, mußten auch zur Bekämpfung von *Vasates schlechtendali* (Nal.) an Apfel neue Mittel gesucht werden. *V. schlechtendali* kann durch Thiodan, Eradex und NIA-9044 während der Vorblüte wirkungsvoll bekämpft werden. Wegen ihrer großen Wirkungsbreite dürften aber auch die herkömmlichen Mittel (Schwefelkalk und Netzschwefel) weiter in Gebrauch bleiben. Während des Sommers gewähren Thiodan, OW-9 und Sevin für 4 Wochen einen Bekämpfungserfolg, wobei allerdings der Einsatz von Sevin ein Ansteigen der Population von *Tetranychus mcdanieli* zur Folge hat. Vorversuche mit verschiedenen Carbamaten zeigten, daß diese Mittel eine gute Wirkung gegen *V. schlechtendali* versprechen. E. Königsmann. 2500.

Doucette, Charles F.; Sumner, Wash., U. S. Dep. of Agric., A. R. S., Entomol. Res. Div. Granular phorate and Di-Syston for control of aphids on field-grown Easter lily. **(Granuliertes Phorate und Di-Syston zur Bekämpfung von Blattläusen an feldmäßig angebauten Narzissen.)** J. econ. Entomol. **55** (1962) Nr. 5. S. 812–813. – 1 Tab., 1 Lit.
Die Insekticide wurden im Herbst entweder mit der Erde in den Furchen unmittelbar vor dem Auslegen der Zwiebeln vermischt oder über die in den Furchen liegenden Zwiebeln vor dem Bedecken ausgestreut. Die Blattläuse, unter denen *Macrosiphum scoliopi* Essig am stärksten neben mäßigen Populationen von *Aphis gossypii* Glover, *Aulacorthum solani* (Kalt.) und *Myzus persicae* (Sulz.) auftrat, wurden im darauffolgenden Jahr vom 13. Mai bis zum 8. September kurz vor der Ernte gezählt. Di-Syston (chem. Bezeichnung angegeben) war in einer Aufwandmenge von 1 lb./12000 ft. Reihenlänge während der gesamten Beobachtungsperiode sehr wirksam. Die gleiche Wirkung konnte mit Phorate erst bei einer Dosierung von 4 lb. erreicht werden. F. P. Müller. 2500.

Savage, Linnaeus B. und Harrison, Floyd P.; College Park, Univ. of Maryland, Dep. of Entomol. Control of the green peach aphid on tobacco with systemic insecticides. **(Bekämpfung der Grünen Pfirsichblattlaus an Tabak mit systemischen Insekticiden.)** J. econ. Entomol. **55** (1962) Nr. 5. S. 623–626. – 8 Abb., 3 Tab., 2 Lit.

Der Befall durch *Myzus persicae* (Sulz.) an Tabak ist in Maryland im Aug. und Spätsommer am stärksten und dann ein ernstes Problem des Tabakanbaues. Da der Einsatz von Spritzgeräten im Aug. erschwert und nicht vollwirksam wird, und da außerdem aus ökonomischen Gesichtspunkten nur eine einzige Behandlung tragbar ist, mußte versucht werden, die Spritzungen durch Anwendung granulierter systemischer Insekticide zu ersetzen. Im Gewächshausversuch war noch 1 Mon. nach der Behandlung Phorate, welches in die Topferde eingebracht wurde, ebenso wirksam wie Spritzungen mit Dimethoate oder Phosphamidon. Vermischen der Erde mit Phosphamidon war dagegen wirkungslos. Im Feldversuch wurde der Blattlausbefall bis zur Ernte Ende Aug. praktisch ausgeschaltet, wenn die Bodenbehandlung mit 4 lb./acre granuliertem Phorate oder American Cyanamid 18133 (chem. Bezeichnung angegeben) am 21. Juli erfolgte. Das letztere Mittel bewirkte weitgehende Verhinderung des Befalls auch dann, wenn die Bodenbehandlung am 1. Juni vor dem Auspflanzen des Tabaks stattfand.

F. P. Müller. 2500.

Lavabre, E. Recherches sur une méthode économique de contrôle des mirides du cacaoyer. **(Untersuchungen über ein wirtschaftliches Verfahren zur Bekämpfung von Miriden am Kakaobaum.)** Café, Cacao, Thé **4** (1960) Nr. 1. S. 16–25. – 23 Abb.

Die Untersuchungen zur Ermittlung des Jahresverlaufs und der Schädlichkeit der Populationen und deren Bekämpfung wurden in Kamerun (hauptsächlich in Yaounde) während der Jahre 1957–1959 durchgeführt. Schädlich wird fast nur *Sahlbergelle singularis* Hag. Neben der Festlegung des richtigen Bekämpfungszeitpunktes (Mitte bis Ende Juni und evtl. als 2. Termin das Ende der Trockensaison im Aug.) ist vor allem die einheitliche Behandlung größerer Flächen (1 ha und größer) wichtig, da zu kleine Flächen durch anschließendes schnelles Zuwandern der Schädlinge nicht wirksam und wirtsch. genug behandelt werden können. Bevorzugter Wirkstoff ist das HCH (technisches oder Lindan), aber auch Aldrin wird empfohlen (ungenügend wirksam: Heptachlor). Es wird ausdrücklich auf die Notwendigkeit der Beschränkung von chem. Maßnahmen für dringende Notfälle hingewiesen.

W. Tannert. 2500.

Popova, V. (Popowa, W.) Borba s koloradskija brŭmbar (Predvaritelno sŭobštenie.). **(Bekämpfung des Kartoffelkäfers. Vorl. Mitt.)** Rastitelna zaštita, Sofija **10** (1962) Nr. 3. S. 42–50. – 10 Tab., 8 Lit. Zus. in Russ., Engl.

In Labor.- und Feldversuchen zur Bekämpfung von Larve und Imago des Kartoffelkäfers (*Leptinotarsa decemlineata* Say) zeigten 30 kg/ha Dedelin (Gemisch von 0,5%igem DDT und 0,8%igem Lindan), 0,8%ige DDT-Hexaemulsion (30%iges DDT + 9% Lindan), sowie 20 kg/ha eines Aerosolpräparates aus 2% Lindan in Gasöl gelöst die beste Wirkung. Die Behandlung ist, je nach Befall und Weisungen des Prognose- und Warndienstes, mehrere Male durchzuführen. A. Balewski. 2500.

Davis, J. W., Cowan jun., C. B. und Parencia, C. R.; Waco, Tex., U.S. Dep. of Agric., A.R.S., Entomol. Res. Div. Field experiments with insecticides on cotton for control of the boll weevil, bollworm, and cotton leafworm in 1961. **(Feldversuche mit Insekticiden an Baumwolle zur Bekämpfung des Baumwollkapselkäfers, der Maiseule und der Baumwollblattraupe im Jahre 1961.)** J. econ. Entomol. **55** (1962) Nr. 5. S. 688–692. – 2 Tab., 2 Lit.

Die beste Wirkung gegen den Baumwollkapselkäfer *Anthonomus grandis* Boh. konnte i. J. 1961 mit Stauffer R-1504 (0.0-Dimethyl S-phthalimidmethylphosphordithioat) in Kombination mit Sevin oder Guthion erzielt werden. Wie Methylparathion wirkten Methyl-Trithion, Geigy 30494 (0.0-Dimethyl S(2.5-dichlorphenylthiomercapto-methylphosphordithioat) und Bayer 41831

(0.0-Dimethyl 0-(4-nitro-m-tolyl)phosphorthioat). Toxaphen oder Stroban im Gemisch mit DDT wirkten gleichzeitig noch gut gegen die Maiseule *Heliothis zea* Boddie. Gegen die Baumwollblattraupe *Alabama argillacea* Hübner wirkte Zectran ebenso gut wie Methylparathion. Trithion und Stauffer R-1504 waren weniger gut wirksam. R. Fritzsche. 2500.

Gospodinov, G. (Gospodinow, G.) Opiti za borba s malkija i golemija červenokril cvetojad omophlus proteus Kirsch i Omophlus lepturoides F. **(Versuche zur Bekämpfung von Omophlus proteus Kirsch und Omophlus lepturoides F.)** Izvestija na Centralnija naučnoizsledovatelski institut za zaštita na rastenijata, Sofija **2** (1962) S. 57–73. – 14 Tab., 10 Lit. Zus. in Russ., Engl.
Es wurden Labor.- und Feldversuche zur Bekämpfung von *Omophlus proteus* Kirsch und *O. lepturoides* F. mit verschiedenen chem. Mitteln durchgeführt. Es muß vor allem das Vollinsekt bekämpft werden. Zu diesem Zweck muß der Prognose- und Warndienst sein Auftreten beobachten und die Durchführung der chem. Bekämpfung anordnen. Die günstigste Zeit hierzu ist Mai und Juni, wenn sich das Vollinsekt auf den blühenden Pflanzen befindet. Die Anwendung der Bekämpfungsmittel muß abends nach dem Bienenflug erfolgen. Es werden folgende Mittel empfohlen: E 605-forte (0,06%ig), Parathion (0,07%ig), DDT 20% (1%ig), Stäuben mit DDT 5% (30 kg/ha) u. a. Gute Resultate erzielt man durch Stäuben mit Holfidal, das für Bienen unschädlich ist. Die Bekämpfung der Larve wird gegebenenfalls im Herbst oder Frühjahr durchgeführt. Gegen die Larven stäubt man mit HCH 12% oder Dieldrin 5% (40 kg/ha). Nach dem Stäuben muß der Boden geeggt oder gegrubbert werden, damit sich das Mittel mit dem Boden gut vermischt. Bei Anwendung von HCH dürfen 1–2 Jahre keine Knollen- und Wurzelfrüchte angebaut werden. A. Balewski. 2500.

Welis, Arthur L. und Guyer, Gordon; East Lansing, Michigan State Univ., Dep. of Entomol. Effects of chemicals on European corn borer eggs. **(Wirkungen von Insekticiden auf die Eier des Maiszünslers.)** J. econ. Entomol. **55** (1962) Nr. 5. S. 631-633. – 3 Tab., 14 Lit.
Wirkung auf die Eier des Maiszünslers, *Ostrinia nubilalis* Hübner, konnte bei den Insekticiden Diazinon, Dibrom, Dylox, Ethion, Guthion, Parathion und Phosdrin festgestellt werden. Diazinon, Dibrom und Guthion bewirkten in Freilandversuchen allein oder in Mischung mit DDT, Sevin und Thiodan auf Pfefferfeldern eine deutliche Befallsreduktion. Je älter die Eier z. Z. der Behandlung sind, um so widerstandsfähiger werden sie. Die Versuchsmethode im Freiland wird beschrieben. R. Fritzsche. 2500.

Myburgh, A. C.; Stellenbosch, Fruit and Food Technol. Res. Inst. Some pest control problems on apples. **(Einige Probleme bei der Bekämpfung von Apfelschädlingen.)** Deciduous Fruit Grower [Cape Town] **12** (1962) Nr. 10. S. 301–303. – 4 Abb., 2500.

Karadžov, S. (Karadshow, S.) Jabŭlkovijat plodov červej v Kolarovski okrŭg i borbata s nego. **(Der Apfelwickler im Bezirk Kolarowgrad und seine Bekämpfung.)** Rastitelna zaštita, Sofija **10** (1962) Nr. 4. S. 52–62. – 2 Abb., 5 Tab., 5 Lit. Zus. in Russ., Engl.
In den Jahren 1957 und 1958 hat sich der Apfelwickler (*Laspeyresia pomonella* L.) infolge der rel. günstigen Witterung stark vermehrt, so daß in ungespritzten Plantagen bis zu 80% Fruchtbefall festgestellt wurde. Bei genauer Beobachtung der Entwicklung des Schädlings und Beachtung der Hinweise des Warndienstes sind gegen die 1. Generation eine und gegen die 2. Generation 2 Spritzungen notwendig. Es konnte der Prozentsatz befallener Früchte bei verschiedenen Apfelsorten in den Jahren 1957 und 1958 von 49–80% auf 3,5–6,5% und in den Jahren 1959 und 1960 von 14–62% auf 0,2–2% reduziert

werden. Die Spritzungen wurden mit DDT (20%) in 2%iger Konz. oder DDT (50%) in 0,8%iger Konz. durchgeführt. Zwecks gleichzeitiger Bekämpfung der Milben und des Apfelschorfs wurden kombinierte Spritzbrühen verwendet. Die Spritzung gegen die 1. und 2. Generation erfolgte bei Beginn des Raupenschlupfes und die 2. Spritzung 12–15 Tage danach.

A. Balewski. 2500.

Chiswell, J. R.; Kent, East Malling Res. Stat. Field comparisons of insecticides for control of the codling moth, Cydia pomonella (L.), with observations on effects of treatments on mite populations. **(Freilandvergleiche von Insekticiden zur Bekämpfung des Apfelwicklers, Cydia pomonella L., mit Beobachtungen über die Wirkungen auf Milbenpopulationen.)** J. horticult. Sci. **37** (1962) Nr. 4. S. 313–325. – 8 Abb., 10 Lit.

In Freilandversuchen wurden verschiedene Insekticide gegen den Apfelwickler geprüft und ihre Wirksamkeit mit der von DDT und Bleiarsenat verglichen. Azinphos-methyl (0,04%) und Sevin (0,1%) erwiesen sich als ebenso wirksam wie DDT (0,1%). Alle 3 Mittel waren jedoch wirksamer als Bleiarsenat (0,2%), welches in der Wirksamkeit mit Ryania (0,6%) verglichen werden kann. Diazinon (0,02%) schnitt im Einzelversuch ebenso gut wie DDT (0,1%) ab. Die Anwendung von DDT und Sevin gegen den Apfelwickler hatte jedoch ein beträchtliches Ansteigen der Roten Spinne zur Folge. In geringem Ausmaß konnte dies auch bei Diazinon und Ryania beobachtet werden.

E. Zech. 2500.

Zamfirov, C. (Samfirow, Z.) Proučvanija vŭrchu vazmožnostite za borba s žitnite muchi črez predposevno tretirane semenata na žitnite kulturi s insekticidi. **(Untersuchungen über die Möglichkeiten der Bekämpfung der Getreidefliegen durch Vorbehandlung des Getreidesaatgutes mit Insekticiden.)** Izvestija na Selskostopanskija naučnoizsledovatelski institut – Kneža, Sofija **3** (1962) S. 181–192. – 9 Tab., 17 Lit. Zus. in Russ., Engl.

6jährige Versuche zur Bekämpfung von *Oscinosoma frit* L., *Chlorops pumilionis* B., *Mayetiola destructor* Say und *Phorbia securis* T. durch Saatgutbehandlung mit Insekticiden führten zu folgenden Ergebnissen: Behandlung des Weizens mit 1% und der Gerste mit 1,5 und 2% HCH (12%ig), DDT (5%ig) sowie mit HCH + Wofatox führten, bei guter Bodenfeuchtigkeit z. Z. des Auflaufens der Saat und während der Entwickung der Pflanzen im Herbst, zu einer 30%igen Senkung der Schäden durch Getreidefliegen. Die Vorbehandlung des Hafers mit 1,5 kg/dt 12%igem HCH, Agronex (0,25 kg/dt), Dieldrin (0,6 und 0,8 kg/dt), Gesaktiv (1 kg/dt) und 2 kg/dt DDT + HCH vermindert bei guter Bodenfeuchtigkeit die durch die Fritfliege hervorgerufenen Schäden um 20–30%. Die Vorbehandlung des Weizens, Hafers und der Gerste führt zu keiner fühlbaren Ertragssteigerung und wird daher für unwirtsch. gehalten. Bei Dürre während und nach der Saat wirken die angewendeten Insekticide hemmend auf das Auflaufen der Saat und die Entwicklung der Pflanzen.

A. Balewski. 2500.

Zamfirov, C. (Samfirow, Z.) Vŭzmožnosti za borba sŭs žitnite muchi pri pšenicata Oscinosima frit L., Chlorops pumilionis Bjerk. i Mayetiola destructor Say črez naprašvane na poseva s insekticidi. **(Möglichkeiten der Bekämpfung der Getreidefliegen Oscinosoma frit L., Chlorops pumilionis Bjerk. und Mayetiola destructor Say beim Weizen durch Stäuben mit Insekticiden.)** Izvestija na Selskostopanskija naučnoizsledovatelski institut – Kneža, Sofija **4** (1962) S. 179–187. – 3 Tab., 6 Lit. Zus. in Russ., Engl.

Es wird festgestellt, daß Fliegenschäden an Weizen durch *Oscinosoma frit*, *Chlorops pumilionis* und *Mayetiola destructor* bei Frühaussaat bis 17% betragen, woran die genannten Schädlinge zu 48,7%, 34,4% bzw. 16,9% beteiligt sind. Zur Bekämpfung während der Flugzeit im Herbst wurden gegen die erwähnten Fliegenarten geprüft: DDT (5%ig), HCH (12%ig), HCH

(20%ig) sowie DDT (5%ig) im Gemisch mit HCH (12%ig) 1:1. Am besten hat sich das zwei- bis dreimalige Stäuben mit HCH (20%ig) bewährt, gefolgt von HCH (12%ig) und dem Gemisch DDT (5%ig) + HCH (12%ig). Die Behandlung nur mit 5%igem DDT war unbefriedigend. Bei zweimaliger Behandlung (jeweils 20 kg/ha) mindern sich die Schäden etwa auf 20% und bei 3maliger Behandlung etwa auf 16%. Die erste Behandlung ist 2–3 Tage nach Auflaufen der Saat, die nächstfolgenden sind in jeweiligen Zeitabständen von 5–6 Tagen durchzuführen. A. Balewski. 2500.

Webley, D. P. und Stone, L. E. W.; Cardiff, Nat. Agric. Advisory Serv. Field trials of frit fly control on spring oats in 1960. **(Feldversuche zur Bekämpfung der Fritfliege an Hafer im Jahre 1960.)** Plant Pathol. **11** (1962) Nr. 1. S. 28–29. – 1 Tab., 2 Lit. 2500.

Perron, J. P. und Larrance, J.; St. Jean, Quebec, Canada Dep. of Agric. Organophosphate compounds for the control of the onion maggot, Hylemyia antiqua (Meigen) (Diptera : Anthomyiidae) resistant to cyclodiene insecticides in Southwestern Quebec. **(Organische Phosphorverbindungen zur Bekämpfung der gegen zyklische Kohlenwasserstoffe resistenten Zwiebelfliege Hylemyia antiqua [Meigen] [Dipt.: Anthomyiidae] im südwestlichen Quebeck.)** Canad. J. Plant Sci. **42** (1962) Nr. 4. S. 616–619. – 2 Tab., 4 Lit.

Diazinon und V-C-13 als Bodenstreumittel in Aufwandmengen von 1 bis 2 lb./acre und Diazinonpuder in einer Aufwandmenge von 1,5 oz./lb. Saatgut boten ausreichenden Schutz gegen *Hylemyia antiqua*, die im südwestlichen Quebeck gegen zyklische Kohlenwasserstoffe weitgehend resistent ist. Die gleiche Wirkung wurde mit dem Präparat EN 18133 als Bodenstreumittel sowie mit Ethion, Trithion und Guthion erzielt, während Dylox in wasserlöslicher Emulsion als Gießmittel keinen ausreichenden Schutz gewährt. K. Geißler. 2500.

Sanford, K. H.; Kentville, Nova Scotia., Canada Dep. of Agric. Fumigation of apples to control the apple maggot, Rhagoletis pomonella. **(Begasung von Äpfeln zur Bekämpfung der Apfelfruchtfliege Rhagoletis pomonella.)** J. econ. Entomol. **55** (1962) Nr. 5. S. 724–727. – 6 Tab., 12 Lit.

Äpfel der Sorten 'Gravensteiner', 'McIntosh Red', 'Golden Russet' und 'Red Delicious' wurden zur Bekämpfung der Apfelfruchtfliege, *Rhagoletis pomonella* Walsh., mit Methylbromid, Äthylendibromid und Äthylenchlorbromid begast. Bei 15 °C war ein guter Erfolg zu erzielen. Schäden konnten in der wirksamen Dosis nur durch Methylbromid an 'Gravensteiner' und 'McIntosh' festgestellt werden. Die Begasungsschäden waren größer, wenn die Behandlung unmittelbar nach der Ernte erfolgte. Bereits eine Woche Lagerung wirkte sich günstig auf die Verträglichkeit der Früchte aus, vorausgesetzt, daß sie in dieser Woche nicht kalt gelagert wurden. Die Art der Lagerung bzw. Verpackung hatte keinen Einfluß auf die Höhe der Begasungsschäden. R. Fritzsche. 2500.

Sanford, K. H. Kentville, Nova Scotia, Canada Dep. of Agric. Bulk fumigation of apples with ethylene dibromide under plastic tarpaulins for apple maggot. **(Lagerbegasung von Äpfeln mit Äthylendibromid unter Plastikplanen gegen die Apfelfruchtfliege.)** J. econ. Entomol. **55** (1962) Nr. 5. S. 659–661. – 3 Tab., 11 Lit.

Lagerbestände von Äpfeln ('Roter Gravensteiner' und 'Roter McIntosh') wurden unter Plastikplanen mit Äthylendibromid zur Bekämpfung der Apfelfruchtfliege, *Rhagoletis pomonella* Walsh., begast. Bei einer Aufwandmenge von 1 g/l für 2 Std. wurden bei 55 °C alle Larven des Schädlings abgetötet. Schäden an den Früchten konnten nicht beobachtet werden. Entspr. Absprachen über Einführung des Verfahrens sollen mit den Importländern getroffen werden. R. Fritzsche. 2500.

Constantino, Giorgio; Catanzaro, Italia, Plant Protection Serv. Olive fly (Dacus oleae) control with aircraft and helicopter in Italy. **(Die Bekämpfung der Olivenfliege [Dacus oleae Gmel.] mit Starrflüglern und Hubschraubern in Italien.)** Agric. Aviation [The Hague] **5** (1963) Nr. 1. S. 12–16. — 3 Abb. Zus. in Fanz., Dtsch.

In Italien stellt der Schutz der 170 Mill. Olivenbäume (auf 2–3 Mill. ha) gegen die Olivenfliege ein schwieriges Problem dar. Die Bekämpfung erhielt durch den Einsatz von Luftfahrzeugen einen bedeutsamen Aufschwung, da Flugzeuge neben biol. Vorteilen eine Verminderung des Arbeitskräfteaufwands und der Kosten ermöglichen. Versuche mit einem Djinn-Hubschrauber, bei denen Rogor L 20 in verschiedenen Konz., mit unterschiedlichen Wassermengen und bei verschiedenen Fluggeschwindigkeiten ausgebracht wurde, zeigten, daß 6 kg Rogor L 20 in 34 l Wasser/ha und eine Geschwindigkeit von 30 km/h am günstigsten sind. Bei ähnlichen Versuchen mit einer Piper Super Cub (mit 2 Rotationszerstäubern) brachten 6 kg Rogor L 20 in 44 l Wasser/ha das beste Ergebnis. Die Wirkung hielt 38 Tage an. Die Kosten der Gesamtbehandlung (zweimalige Behandlung) betrugen 15000 Lire (3000 Lire Flugkosten, 12000 Lire Insekticidkosten). R. Angermann. 2500.

Mühlmann, H. Oppenheim/Rh., Landes-Lehr- und Versuchsanst. für Wein- und Gartenbau. **Dreijährige Erfahrungen beim Einsatz der phonoakustischen Methode zur Starenabwehr in den Weinbergen.** Wein-Wiss. **18** (1963) Nr. 2. S. 75–84. Beil. zu: Dtsch. Weinbau. 2500.

Sárvári, I. Burgonyaleromlás elleni védekezési munkánk föbb eredményei. **(Erfolge bei der Verhütung von Kartoffelabbau.)** Duna-Tisza Közi mezögazdasági Kisérleti Intézet Évkönyve [Jb. landwirtsch. Forsch.-Inst. Donau-Theiss] **1960** (hrsg. 1962) S. 193–204. — Aus: Ung. Agrar-Rdsch. **1962** Nr. 4.

In Ungarn wird der Kartoffelabbau vornehmlich durch das X-, Y-, S- und A-Virus verursacht. Zur Verhütung wird empfohlen, bei frühen Sorten um den 10. Febr. mit dem Vorkeimen zu beginnen und die vorgekeimten Knollen spätestens bis zum 25. März auszupflanzen. Während der Vegetationszeit soll der Bestand mehrmalig selektiert werden. Die serol. Untersuchung wird bereits am Pflanzgut durchgeführt. Der Züchtung ist es gelungen, 21 hochresistente Sorten zu erzeugen, die im Verlauf eines fünfjährigen Freilandanbaues gesund geblieben sind und guten Ertrag brachten. 2500.

Steyvoort, L. van; Tirlemont, Inst. de la Betterave. La jaunisse de la betterave. Résultats des essais sur insecticides systémiques effectués en Belgique en 1960 et en 1961. **(Die Vergilbungskrankheit der Rübe. Ergebnisse der in den Jahren 1960 und 1961 in Belgien durchgeführten Versuche mit systemischen Insekticiden.)** Publ. techn. Inst. belge Amélioration. Betterave **30** (1962) Nr. 1. S. 25–66.

Vf. berichtet über 8 Parzellenversuche, die an verschiedenen Orten des Landes durchgeführt wurden. Die Parzellengröße betrug ca. 1,2 a. Als Saatgutpuder wurden geprüft: Thimet 44 D 6% und Menazon 4%; als Granulat auf die Rübenreihe Thimet 44 D, 2%, 111,8 kg, Thimet 44 D, 8%, 27,95 kg, Granulat 5038 Bayer 20 kg und Menazon, 5%, 10 und 20 kg sowie als Spritzmittel 1-bzw. 2mal: Meta-iso-Systox 0,4 l, Ekatin 1 l, Dimecron 20 1 und 1,5 l, Rogor L 40 0,75 und 1 l, PP 175 0,35 kg, Phosdrin 1 l, Endocid 1 und 1,25 kg, Metasystox R 0,4 l, I 152 und I 153 (Tecochim) 0,5 kg, Menazon 70% 0,35 kg, Isolan Pyrazoxon 1 l, Super Sytam 1,25 l, MC 66 0,5 l, Vation 0,8 l und Shell Phosdrin 1 l. Zum Teil kamen Kombinationen der 3 Einsatzmöglichkeiten zur Anwendung. In tab. Form werden die Beobachtungen über die Blattlausentwicklung (*Aphis fabae* und *Myzus persicae*), der prozentuale Vergilbungsbefall und die Ernteergebnisse (Rüben- und Blattmasse, Zuckergehalt) mitgeteilt. Infolge des in beiden Jahren geringen Auftretens der Blattläuse und der Vergilbungskrankheit waren nicht in allen Versuchen und bei allen Mitteln signifikante Ertragserhöhungen nachzuweisen. Am besten schnitt zweimaliges Spritzen zu den amtlichen Spritzterminen ab. Die Saatgutpuder und Granulate waren wirkungslos. Über die Rentabilität der chem. Blattlausbekämpfung werden keine Angaben gemacht. K. Wiesner. 2500.

Meier, W. Zürich-Oerlikon, Eidg. Landwirtsch. Versuchsanst. **Ergebnisse weiterer Versuche zur Bekämpfung der Blattrollkrankheit der Erbsen.** Mitt. Schweiz. Landwirtsch. **10** (1962) Nr. 12. S. 177–185. 2500.

Zanardi, D.; Pavia, Univ., Ist. ed Orto Bot. I disseccanti delle plante di tobacco per l'estinzione delle infezioni secondarie di Peronospora tabacina Adam. **(Defoliationsmittel für Tabakpflanzen zur Verhütung der sekundären Infektionen von Peronospora tabacina Adam.)** Tabacco **66** (1962) Nr. 702. S. 114–117. — 6 Lit.
Mittel auf DNOC- oder Na-Chlorat-Basis, bes. die Mischung von Natrium-Chlorat (25 kg) und AT (1 kg) erwiesen sich als am wirksamsten. 2505.

Mosebach, Erna; Braunschweig, Biol. Bundesanst., Lab. für Zool. Mittelprüf. **Arbeiten über Rückstände von Pflanzenschutzmitteln auf oder in Erntegut. X. Über die Beständigkeit von Aldrin-Rückständen in lagernden Spätmöhren.** Nachrichtenbl. dtsch. Pflanzenschutzdienstes [Braunschweig] **14** (1962) Nr. 10. S. 156–157. 2505.

Frehse, H., Niessen, H. und Tietz, H.; Leverkusen, Farbenfabriken Bayer AG, Biol. Inst. **Zur Anwendung des ppm-Begriffs im Bereich sehr kleiner Pflanzenschutzmittel-Rückstände.** Pflanzenschutz-Nachr. „Bayer" **15** (1962) Nr. 3. S. 113–128. 2505.

Pianka, M.; Wheathampstead, St. Albans, Herts., Murphy Chem. Co., Ltd. Studies in fungitoxicity. III. Fungitoxicity of certain β-nitrostyrenes and related compounds. **(Untersuchungen über Fungitoxizität. 3. Mitt. Fungitoxizität von bestimmten β-Nitrostylen und verwandten Verbindungen.)** J. Sci. Food Agric. **14** (1963) Nr. 1. S. 48–55. 2510.

Edwards, J. D. und Pianka, M.; Wheathampstead, St. Albans, Herts., Murphy Chem. Co., Ltd. Studies in fungitoxicity. IV. Fungitoxicity of certain ethylenic compounds. **(Untersuchungen über Fungitoxizität. 4. Mitt. Fungitoxizität von bestimmten Äthylenverbindungen.)** J. Sci. Food Agric. **14** (1963) Nr. 1. S. 55–58. — 3. Mitt. vgl. vorst. Ref. 2510.

Henriet, J. und Mathieu, Ch.; Gembloux, Stat. de Phytopharmac. de l'État; Centre d'Étude des Pesticides Agric. Caractéristiques physico-chimiques des produits pesticides. Les oxychlorures de cuivre utilisés en suspension. **(Physiko-chemische Eigenschaften von Pflanzenschutzmitteln. Verwendung von Kupferoxychloridsuspensionen.)** Parasitica [Gembloux] **18** (1962) Nr. 2. S. 131–157. 2510.

Somers, E. und Richmond, D. V. Recent studies with captan. **(Neueste Versuche mit Captan.)** Annu. Rep. agric. horticult. Res. Stat., Long Ashton, Bristol **1961** S. 110–113. 2510.

Storoženko, E. M. (Storoshenko, Je. M.); Zonales Forsch.-Inst. für Garten- und Weinbau des Nordkaukasus. Chimičeskij metod bor'by s seroj gnil'ju vinograda. **(Chemische Bekämpfung der Graufäule der Weinrebe.)** Vinodelie i vinogradarstvo SSSR, Moskva **22** (1962) Nr. 3. S. 38–40. — 2 Tab.,
Botrytis cinerea pers. ist gegen die üblichen chem. Bekämpfungsmittel bemerkenswert resistent. Vf. prüfte deshalb über 50 verschiedene Fungicide, Antibiotica und andere Chemikalien auf ihre Wirksamkeit gegen den Erreger der Graufäule. Zuerst wurden die Konidien in einem Tropfen der zu unter-

suchenden Substanzlösung bzw. Suspension zum Keimen gebracht. Zeigte sich gegenüber der Keimung in sterilem Wasser eine Keimhemmung, wurden diese Substanzen an künstlich infizierten Pflanzen unter Labor.-Bedingungen getestet. Der größte Teil aller geprüften Verbindungen erwies sich als zu wenig wirksam. Lediglich elementares J und KJ zeigten positive Ergebnisse. Die weiteren Versuche wurden mit KJ in 0,01- bzw. 0,001%igen Lösungen an den Sorten 'Aligote' und 'Galan' im Freiland unternommen. Die 1. Spritzung erfolgte 12–14 Tage vor der Ernte, als bereits ein bedeutender Befall vorlag. Eine weitere 5 Tage vor der Ernte durchgeführte Behandlung erwies sich als unnötig. Unter den meteorol. Bedingungen des Versuchsjahres ist eine einmalige Behandlung ausreichend. Es ist allerdings möglich, daß bei einem größeren Zeitraum zwischen erstem Befall und Ernte ein nochmaliges Spritzen erforderlich ist. KJ ist für den Menschen unschädich; eine geschmackliche und geruchliche Beeinflussung der Trauben wurde nicht beobachtet.

H.-D. Nürnberger. 2500.

Asquith, Dean; Arendtsville, Pennsylvania State Univ., Fruit Res. Lab. Cross resistance to acaricides in European red mite. **(Kreuzresistenz der Obstbaumspinnmilbe gegen Acaricide.)** J. econ. Entomol. **55** (1962) Nr. 5. S. 780 bis 782. — 2 Tab., 2 Lit.

Vf. analysiert das Verhalten mehrerer Populationen von *Panonychus ulmi* (Koch) gegen Tedion und Kelthane während der Jahre 1958–61. Bei Einsatz von Kelthane tritt eine Kreuzresistenz gegen Tedion auf, wobei sich allerdings die Populationen sehr unterschiedlich verhalten. Während ein Kelthane-Tedion-Gemisch bei allen Populationen eine Resistenz erzeugt, wenn auch in unterschiedlichem Maße, zeigten alternierendem bei Einsatz der beiden Mittel einzelne Populationen keine Resistenzerscheinungen.

E. Königsmann. 2512.

Magalhães Silva, G. und Oliveira, Augusto J. de; Sacavém, Portugal, Estacão Agronómica Nac. Experiments on control of the pests of the yellow lupin (Lupinus luteus L.). I. Insecticides. **(Versuche zur Schädlingsbekämpfung an Gelber Lupine [Lupinus luteus L.]. 1. Mitt. Insekticide.)** Agronom. lusitana **21** (1959) Nr. 1. S. 43–74.

Im Gebiet südlich des Tagus-Flusses mit sandigen sauren Böden werden die Gelben Bitterlupinen von jeher als Herbst-Winter-Kultur zur Gründüngung und als Viehfutter angebaut. Zur Förderung des Lupinenanbaues wurde ein „Trockenfarm-Versuchszentrum" in Pegões mit 9feldriger Fruchtfolge errichtet. Darin kommen 4mal Gelbe Lupinen vor. Seit dem Jahre 1945 werden die Lupinen in steigendem Ausmaß von Schädlingen befallen. Als die wichtigsten Schädlinge werden genannt: *Hylemyia cana* Meig. (Keimlingsschäden), *Sitona gressorius* F. und *S. griseus* F. (Zerstörung der Terminalknospen), *Noctuidae*-Raupen (Fraßschäden an oberirdischen Pflanzenteilen und nicht näher bezeichnete *Curculionidae*-Larven (Fraßschäden an Wurzelknöllchen). Zu deren Bekämpfung wurden Insekticide auf der Basis von BHC, Chlordan und Dieldrin geprüft. Dieldrin zeigte bei 6 kg/ha die besten Ergebnisse, indem über 80% *Sitona*-Schäden verhindert wurden. Auch auf die *Noctuidae*-Arten sowie auf *Hylemyia* wirkte es ausreichend und hatte sogar eine günstige Nachwirkung auf Lupinen, die erst nach einer Zwischenfrucht auf die behandelten folgten. H.-J. Troll. 2515.

Noddegaard, E. Forsøg med midler mod skadedyr i raps og kløver. **(Prüfung von Pflanzenschutzmitteln bei Raps- und Kleeschädlingen.)** Tidsskr. Planteavl **66** (1962) Nr. 4. S. 643–666. — 14 Tab., 3 Lit.

Es werden die Ergebnisse mehrjähriger Pflanzenschutzmittelprüfungen gegen die Rapsschädlinge *Meligethes aeneus* Fab., *Ceuthorrhynchus assimilis* F., *Dasyneura brassicae* Winn., *Apion* sp. sowie die Kleeschädlinge *Apion flavipes* u. a. *Apion*-Arten, *Sitona* sp. und *Macrosiphum pisi* Kalt. zusammengestellt. Geprüft wurden die Wirkstoffe DDT, Dieldrin, Trichlorfon, Malathion, Methylparathion, Methoxychlor, Demeton, Toxaphen, Gusathion und *Bacillus thuringiensis*-Präparate. Es wurden sowohl Labor. als auch Freilandversuche durchgeführt. Die Bekämpfung von *D. brassicae* und *C. assimilis* ist noch nicht zur Zufriedenheit geklärt. Thiodan ist zwar gut geeignet, ist aber giftiger für Mensch und Haustier als DDT. Toxaphen wirkt nicht ausreichend. Sämtliche Wirkstoffe wirkten gut gegen *M. aeneus*.

R. Fritzsche. 2515.

Harris, C. R., Manson, G. F. und Mazurek, J. H.; Catham, Ontario, Canada Dep. of Agric., Entomol. Lab. Development of insecticidal resistance by soil insects in Canada. **(Die Entwicklung von Insekticidresistenz bei Bodeninsekten in Kanada.)** J. econ. Entomol. **55** (1962) Nr. 5. S. 777–780. – 5 Tab., 11 Lit.

Eine Prüfung von Bodeninsekten in Kanada ergab eine schnelle Zunahme der Resistenz gegen Kohlenwasserstoffinsekticide. Folgende Arten waren weitgehend resistent gegen Aldrin und Dieldrin: *Hylemyia antiqua* (Meigen), *H. cilicrura* (Rondani) und *H. brassicae* (Bouché). Resistenzerscheinungen waren auch gegen Esterpräparate festzustellen. Während *Agrotis ypsilon* (Hufnagel) und *Peridroma saucia* (Hübner) gegen Kohlenwasserstoffinsekticide sehr empfindlich sind, erweisen sich org. Phosphorverbindungen als weniger toxisch. *Euxoa messoria* (Harris) dagegen ist sehr empfindlich gegen Dieldrin, DDT und Diazinon. Die Resistenz trat in langjährig behandelten Böden bei fortwährender Anwendung des gleichen Wirkstoffes auf.

K. Geißler. 2515.

Bernard, J.; Gembloux, Stat. d'Entomol. de l'État. Quelques aspects zoologiques de la résistance des arthropodes aux insecticides. **(Einige zoologische Gesichtspunkte zur Insekticidresistenz der Arthropoden.)** Rev. Agric. [Bruxelles] **13** (1960) Nr. 6. S. 617–629.

Vf. versucht, einen Überblick des Resistenzproblems und des gegenwärtigen Standes der Forschungen auf diesem Gebiet zu geben. Im historischen Rückblick wird der erste Fall einer Resistenz, nämlich der San José-Schildlaus (*Quadraspidiosus perniciosus* Comst.) gegen Schwefelkalkbrühe i. J. 1915 in den USA genannt. Resistenz zeigte wenig später die Schildlaus *Aonidiella aurantii* Mask. gegen anormal hohe Dosierungen von HCN, ebenso *Carpocapsa*-Raupen gegen Bleiarsen. Es wird der gegenwärtige Stand unter folgender Fragestellung abgehandelt: 1. die physiol. Seite des Problems (Hauptteil), 2. die genetischen Probleme und 3. die Aussichten auf eine Lösung des Problems. Es sollte weiter nach Substanzen geforscht werden, die im Fall einer spez., zunehmenden Resistenz eines Insektes gegen ein Insekticid A als Insekticid B zunehmend wirksam gegen dieses A-resistente Insekt wird (Anführung eines praktischen Beispiels, wo dies mit einem org. Phosphorsäureester gegen einen DDT-resistenten Fliegenstamm gelang).

W. Tannert. 2515.

MacLagan, D. Stewart. Secondary and residual effects of modern insecticides. **(Sekundär- und Rückstandswirkungen moderner Insekticide.)** Scott. Agric. **42** (1962) Nr. 2. S. 81–84.

Moderne Insekticide sind aus der modernen Landwirtschaft nicht mehr fortzudenken. Insbes. wurde durch die org. Phosphormittel eine neue Ära eingeleitet. Die Anwendung von Insekticiden ist aber nicht ungefährlich. Vf. geht zunächst auf die direkten Gefahren bei der Verwendung dieser Chemikalien ein, um dann die möglichen Störungen des biol. Gleichgewichtes zu behandeln. Beispiele sekundärer Wirkungen von Insekticiden wie DDT, Parathion, Demeton sind die Zunahme der Roten Spinne u. a. Schädlinge, da ihre natürlichen Feinde vernichtet wurden sowie Veränderungen der Bodenfauna in den oberen 3 in. Ein ernstes Problem ist die Anhäufung von

Insekticidrückständen in Böden und Pflanzen. Es wurde festgestellt, daß sich DDT zu 89, Dieldrin zu 86 und Gamma-BHC zu 70% auch im folgenden Jahr noch im Boden befanden. Durchschnittl. Halbwertszeiten von DDT sind 6,3 von Dieldrin 5 Jahre. Große Gefahren birgt die Verfütterung rückstandsreichen Futters. Der Gehalt an DDT kann in der Butter 3mal so hoch wie im Futter sein! Abschließend behandelt Vf. die Entwicklung gegenüber Insekticiden resistenter Stämme verschiedener Insektenarten.

K. Schulz. 2515.

Geißler, K.; Aschersleben, Inst. für Phytopathol. **Weitere Untersuchungen über Lindanrückstände an Möhren nach Saatgutinkrustierung.** Nachrichtenbl. dtsch. Pflanzenschutzdienst [Berlin] [N. F.] **16(42)** (1962) Nr. 11. S. 233 bis 235. – 2 Abb., 2 Tab., 12 Lit.
Spätmöhren ('Rote Riesen') wurden in den Jahren 1960 und 1961 mit einem 50%igen Lindanpräparat (300 g/kg) zum Schutz gegen die Möhrenfliege (*Psila rosae*) inkrustiert und nach der Ernte von einzelnen Möhrenteilen Wirkstoffrückstände (*Drosophila*-Test) ermittelt. Es wurde dabei festgestellt, daß der größte Anteil des Rückstandes im oberen Möhrenwurzelkörper und dort bes. in der Rindenzone lokalisiert ist. Die Höhe der Niederschläge hat offenbar keinen Einfluß auf die Rückstandsmenge, wohl aber die Länge der Vegetation. Die gefundenen Rückstandswerte lagen unter den zulässigen Toleranzwerten. Eine Inkrustierung mit anerkannten Lindanpräparaten kann daher für Spätmöhren und zur Stecklingsanzucht empfohlen werden.

R. Wabnitz. 2515.

Stobwasser, Herbert; Stuttgart-Hohenheim, Landwirtsch. Hochschule, Inst. für Pflanzenschutz. **Untersuchungen der Rückstände organischer Phosphorverbindungen auf Äpfeln.** Nachrichtenbl. dtsch. Pflanzenschutzdienstes [Braunschweig] **14** (1962) Nr. 11. S. 164–169. 2515.

Niessen, H., Tietz, H. und Frehse, H.; Leverkusen, Farbenfabriken Bayer AG, Biol. Inst. **Über das Vorkommen biologisch aktiver Umwandlungsprodukte des Wirkstoffs S 1752 bei der Anwendung von LEBAYCID(R).** Pflanzenschutz-Nachr. „Bayer" **15** (1962) Nr. 3. S. 129–151. 2515.

Erzielung aktiver Mutanten von Antibiotika bildenden Mikroorganismen durch Röntgenstrahlen. Aschersleben, Inst. Phytopathol. Dtsch. Akad. Landwirtsch.-Wiss. Berlin Plan-Nr.: 1701 12 h-2-42. 8 S. Abschlußber. – 1 Abb., 5 Tab.
Auf Grund kürzerer Bestrahlungszeiten wurden im Rahmen des Forschungsauftrages anstelle von Röntgenstrahlen UV-Strahlen verwendet. Sowohl bei *Gibberella fujikuroi* (Saw.) Wollenw. als auch bei polyenbildenden Actinomyceten führten Bestrahlungszeiten von 2–10 Min. zu einer hohen Abtötungsrate und zu Mutationen. Durch wiederholte Bestrahlung konnten Mutanten von *Gibberrella*-Stämmen erzielt werden, deren Leistung im Labor.-Versuch um 35% höher lagen als die des Ausgangsstammes. 2 Stämme mit hoher Ausbeute wurden für die praktische Gibberellingewinnung im halbtechnischen Verfahren erfolgreich erprobt. Versuche mit polyenbildenden Actinomyceten dienten der Ermittlung günstiger Bestrahlungszeiten zur Erzielung von Mutanten. Der Einfluß verschiedener Filter (BG 24, UG 2, UG 3, UG 11) auf die Überlebensrate wurde untersucht. Im Zuge der Reorganisation wurden die Versuche abgebrochen. 2535.

Überführung der Antibiotikagewinnung vom Labor in den halbtechnischen Maßstab. Aschersleben, Inst. Phytopathol. Dtsch. Akad. Landwirtsch.-Wiss. Berlin Plan-Nr.:1701 12 h-2-17/1. 3 S. Abschlußber. – 2 Abb.
Es werden die Erfahrungen mitgeteilt, die mit einer halbtechnischen Produktionsanlage zur Gewinnung von Kulturfiltraten antibiotica- und gibberellinbildender Mikroorganismen gemacht wurden. Im einzelnen werden be-

schrieben: die Sterilisation der Kulturgefäße und Nährlösungen, die Belüftung der Kulturtanks, die Regelung der Temperatur und die Beimpfung der Kulturgefäße. Als Versuchsobjekte dienten der Actinomyceten-Stamm 4/122 und *Fusarium moniliforme* Sheld. 2535.

Die Anwendung des Griseofulvins als systemisches Fungizid zur Bekämpfung von Pflanzenkrankheiten. Aschersleben, Inst. Phytopathol. Dtsch. Akad. Landwirtsch.-Wiss. Berlin Plan-Nr.: 17 01 12 h-2-35/1. 12 S. Abschlußber. – 2 Tab.

Es wurde in Versuchen die Wirkung von Griseofulvin auf den Echten Mehltau, *Erysiphe cichoracearum* DC., an Gurkenkeimlingen geprüft. Mit Hilfe von charakteristischen morphol. Veränderungen der Pilzhyphen wurden die wirksame Konz., die Dauer der Griseofulvinwirkung in Zusammenhang mit der Konz., die Einwirkung auf verschieden alte Infektionen und die Aufnahme des Griseofulvins in das Blatt sowie der Transport im Blatt geprüft. Die Bekämpfungsversuche mit Griseofulvin ergaben unterschiedliche Ergebnisse: *Erysiphe polyphaga* konnte an *Begonia semperflorens* sogar durch 14tägige Spritzung mit 50 ppm Griseofulvin unterdrückt werden. Erfolg hatte auch die Spritzung von Hortensien gegen Echten Mehltau mit 100 ppm und von Salatjungpflanzen gegen *Botrytis cinerea* Pers. mit 50 ppm. Versagt hat die Spritzung von Kastengurken mit 400 ppm gegen *E. cichoriacearum* und von Apfelunterlagen gegen *Podosphaera leucotricha*. *Sphaerotheca pannosa* var. *rosae* an Rosen wurde durch Griseofulvin etwas geschädigt. Der Ertrag von Tomaten steigerte sich durch Griseofulvinbehandlung, außerdem wurde der Befall mit Tomatenfruchtfäulen verringert. Mit Hilfe von Spritzungen mit griseofulvinhaltigem Kulturfiltrat konnte Echter Mehltau an Rosen, Apfelbäumen und Schwarzwurzeln vernichtet werden. Die Wirkung war kurativ. 2535.

Polyene Antibiotika und polyenhaltige Kulturfiltrate zur Bekämpfung der Fruchtfäulen der Tomaten. Aschersleben, Inst. Phytopathol. Dtsch. Akad. Landwirtsch.-Wiss. Berlin Plan-Nr.: 1701 12 h-2-24/0. 12 S. Abschlußber. – 5 Tab.

Um gleichmäßig aktive Streptomycetenkulturen zum Beimpfen der Kulturlösungen zur Verfügung zu haben, empfiehlt sich eine Konservierung der Stämme nach der Tieffriermethode. Es gelang in den Jahren 1958–1962, den Ausfall durch Fruchtfäulen der Tomate durch 14täg. Spritzungen mit Polyen- und Actidion-haltigen Kulturfiltraten, sowie durch Reinpräparate von Actidion, Fungicidin und Griseofulvin (rein und technisch) stark zu senken. Die Spritzerfolge waren dem Cupral zumindest gleichwertig. Eine durch die Spritzung in einigen Jahren bedingte Ertragserhöhung scheint witterungsbedingt zu sein. Es ergaben sich keine Unterschiede im Bekämpfungserfolg zwischen reinen Antibiotica und den Kulturfiltraten, so daß technische Präparate für den Einsatz im praktischen Pflanzenschutz befriedigen dürften. Eine Aufnahme der Antibiotica in die Früchte und eine Akkumulierung konnten nicht nachgewiesen werden. Das Phytoncid des Knoblauchs (*Allium sativum*) verhütet, als Spritzlösung angewandt, gleichfalls die Tomatenfruchtfäulen, wirkt aber im Gegensatz zu den angewandten Antibiotica nachteilig auf die Pflanzenentwicklung. 2535.

Köhler, Hedwig; Aschersleben, Inst. für Phytopathol. der Biol. Zentralanst. der Dtsch. Akad. der Landwirtsch.-Wiss. zu Berlin. **Bekämpfungsmöglichkeiten von Blattfleckenkrankheiten der Rose mit Antibiotika.** Zbl. Bakteriol., Parasitenkunde, Infektionskrankh. Hyg., II. Abt. **115** (1962) Nr. 5. S. 512–524. – 3 Abb., 5 Tab., 29 Lit.

Es galt, antibiotisch aktive Actinomyceten-Stämme zu ermitteln, die gegen Sternrußtau und Echten Mehltau eingesetzt werden können. Bei der Suche nach geeigneten Testmethoden der Actinomyceten-Stämme erwiesen sich Sporenkeimversuche infolge ungenügender Keimung als ungeeignet, vielmehr erfolgte die Vorauslese mittels Strich- und Lochtesten unter Verwendung von *Fusarium culmorum* als Testorganismus. Eine weitere Auslese boten Spritzversuche (Gewächshaus) an Gerste gegen *Erysiphe graminis* und an Gurke gegen *E. cichoriacearum*. Von insgesamt 1500 Stämmen vermochten Mehltau-Befall an Gerste 535 Stämme völlig zu unterdrücken (davon nur 9 ohne phytotoxische Wirkung); den Befall durch Gurkenmehltau verhinderten 439 Stämme (17 nicht phytotoxisch). – Im Freiland zeigten Spritzungen mit Actidion und Actinomycin-Tetraen gegen *Marssonia rosae* Lib. = *Sphaerotheca pannosa* an Polyantha-Rosen gute Wirkung. jedoch nicht ohne Spritzschäden. Blatt- und Triebinfektionen an 'Gloria Dei' und 'Druschky' durch *Actinonema rosae* (Lib.) Fries ließen sich durch Tetraen, Heptaen, Actinomycin-Tetraen und Actidion verhindern. Nach Spritzung im Aug. waren phytotoxische Schäden nicht festzustellen. Die Wirkstoffaufnahme war größer, wenn die Spritzung in den Abendstd. vorgenommen wurde.

W. Wolde. 2535.

Inaktivierung pflanzlicher Viren durch Stoffwechselprodukte von Actinomyceten. Aschersleben, Inst. Phytopathol. Dtsch. Akad. Landwirtsch.-Wiss. Berlin Plan-Nr.: 17 01 12 h-2-36. 6 S. Abschlußber. – 2 Tab.

Bei Untersuchungen über das Vorkommen von Virushemmstoffbildnern in der Actinomycetenflora verschiedener Böden wurden die Kulturfiltrate von 1574 Actinomycetenstämmen an *Datura stramonium* L. unter Verwendung des Tabakmosaikvirus (TMV) auf ihre virushemmende Wirkung geprüft. Die Mehrzahl aller Stämme bewirkte eine bedeutende Reduktion der Infektiosität des TMV; eine 100%ige Virusinaktivierung konnte jedoch noch nicht erreicht werden. Die besten Virushemmstoffbildner scheinen mit einer Ausnahme der Art *Streptomyces griseus* (Krainsky) Waksman et Henrici anzugehören. Unter den schlechten Virushemmstoffbildnern finden sich zahlreiche Stämme mit braunem Substrat- und grauem Luftmycel, jedoch keine vom *S. griseus*-Typ. Für einen Stamm vom *S. griseus*-Typ erwiesen sich Komplexnährböden für die Hemmstoffbildung geeigneter als synthetische Medien. Die Hemmstoffbildung des beimpften Pepton-Glucose-Nährbodens nahm mit fortschreitender Kulturdauer gleichmäßig zu und erreichte etwa am 15. Wachstumstag ihr Maximum. 2535.

Rall', Ju. S. (Rall, Ju. S.) Vjaloe plesnevenie kukuruznogo zerna i ego posledstvija. **(Über das Verschimmeln des Maiskornes und seine Folgen.)** Izvestija Timirjazevskoj sel'skochozjajstvennoj akademii, Moskva **1962** Nr. 2. S. 31–36. – 6 Tab., 6 Lit. Zus. in Engl.

Es werden der Pilzbefall, die Keimfähigkeit und einige biochem. Eigenschaften des Maiskornes bei einer Feuchtigkeit von 12,6 bis 15,0% untersucht. Die Lagerung der Körner erfolgte bei einer Temperatur von 18 bis 22 °C. und bei einer Feuchtigkeit von 14,8 bis 28%. Bei Lagerung in den Mon. Jan. und Febr. 1959 schwankte die Temperatur zwischen – 19,5 bis – 10,4 °C. Die biochem. Veränderungen verliefen auf Grund des Vorhandenseins von Mikroorganismen trotz verschiedener Bedingung gleichsinnig. Die Pilzentwicklung beginnt bei einer Feuchtigkeit über 13%. In den Anfangsetappen der Verpilzung werden eine Verringerung der Löslichkeit der Eiweiße des Keimlings, eine Abnahme der Saccharose sowie die Herabsetzung der Aktivität von Dehydrogenase, Katalase und der wasserlöslichen β-Amylase beobachtet. Die Keimfähigkeit wird herabgesetzt. Es wird angenommen, daß die Pilze Stoffe ausscheiden, die die Löslichkeit der wasserlöslichen Eiweiße des Keimlings herabsetzen. Dies führt zur Zerstörung der fermentativen Tätigkeit des Kornes. H. Beyer. 2540.

Bollmann, W. und Ramson, A.; Magdeburg, VEB Fahlberg List, Biol. Inst.; Biol. Zentralanst. der Akad. der Landwirtsch.-Wiss. zu Berlin. **Einsatz von Isopropyl-N-phenylcarbamat (IPC) und Isopropyl-N-(3-chlorphenyl)-carbamat (CIPC) als Keimhemmungsmittel in gebläsebelüfteten Kartoffelgroßlagern.** Nachrichtenbl. dtsch. Pflanzenschutzdienst [Berlin] [N. F.] **16(42)** (1962) Nr. 11. S. 221–225. – 2 Abb., 2 Tab., 24 Lit.

Während sich Keimhemmungsmittel bei der Lagerung von Speise- und Futterkartoffeln in Haushalt und Landwirtschaft seit Jahren gut bewährt haben, bestand ein Mangel an geeigneten Mitteln zur Behandlung von Kartoffelgroßlagern. In Großversuchen wurden für je 100 t Kartoffeln 8 kg eines 25%igen IPC-Nebelmittels bzw. 4 kg eines 50%igen CIPC-Nebelmittels verwendet. Die Ausbringung erfolgte mit dem Kompressor-Nebelgerät HKN 2 Ende Jan. bzw. Anfang Febr. Der Nebel gelangte durch Exhaustoren und Windkanäle in die Kartoffelstapel. Endauswertungen Mitte Mai bzw. Anfang Juni ergaben Keimgewichtsprozente, die zwischen 3–8% – im ungünstigsten Falle bei etwa 12% – der unbehandelten Kontrollen lagen. Dieses Verfahren kann zu jedem beliebigen Zeitpunkt angewendet werden und behindert die Einlagerung im Herbst nicht. Eine Herabsetzung der natürlichen Wundverkorkung bei Herbstanwendung IPC-haltiger Mittel konnte nicht festgestellt werden. Obwohl nach der Lit. die Behandlung der Kartoffeln mit IPC- und CIPC-Mitteln toxikologisch unbedenklich ist, sind in dieser Richtung weitere Untersuchungen notwendig. R. Wabnitz. 2540.

Herford, G. V. B. Protection of foodstuffs from insect pests. **(Schutz der Nahrungsmittel vor schädlichen Insekten.)** Wld. Crops **14** (1962) Nr. 8. S. 250–255. 281.

Es wird das Problem des Insektenbefalls an gelagerten Nahrungsmitteln erörtert und es werden die Notwendigkeit des Vorratsschutzes – bes. in den tropischen und subtropischen Ländern – hervorgehoben und die Bekämpfungsmöglichkeiten chem. und phys. Art dargelegt. Von den phys. Verfahren zur Abwehr und Bekämpfung der Schädlinge wird neben der Vorratshygiene bes. die luftdichte Lagerung der Nahrungsvorräte behandelt. Sie gewinnt in neuerer Zeit bei der langfristigen Lagerung von Getreide an Bedeutung. Erwähnt werden die in Cypern errichteten luftdichten Behälter, die je 1000 t Getreide aufnehmen können. Sie bestehen aus einer konischen Erdgrube mit Betonwänden, auf deren Rand eine ebenfalls aus Beton gefertigte Kuppel ruht. Im Inneren sowie außen auf dem oberirdischen Teil ist der Behälter mit einer wasser- und luftundurchlässigen Bitumenschicht versehen. Die Füllung und Entladung werden mechanisch durch eine Öffnung in der Kuppel vorgenommen. In solchen Behältern ist Gerste 3 Jahre lang schädlingssicher aufbewahrt worden. Als Voraussetzung für die Einlagerung in diesen Behälter darf der Feuchtigkeitsgehalt des Getreides 13 % nicht überschreiten. Vf. führt weiterhin einige Beispiele erfolgreichen Vorratsschutzes in den afrikanischen Ländern des Commenwealth an. In einigen Fällen wurden Erfolge durch Änderung der Gewohnheiten bei der Einlagerung von Vorratsgütern erzielt, durch die Einrichtung von Gemeinschaftslager für die Bauern eines Dorfes, in denen eine Behandlung mit Insekticiden unter Aufsicht eines Landwirtschaftsbeamten vorgenommen werden konnte. Durch die Behandlung mit Lindanstaub konnten in solchem Gemeinschaftslager im Gambiagebiet die Schäden durch *Caryedon* gonagra (F.) an Erdnüssen erheblich vermindert und die Keimfähigkeit des Erdnußsaatgutes von 50 auf 90% erhöht werden. Der Massenentwicklung des Khaprakäfers, *Trogoderma granarium*, an gesackten Erdnüssen, die sich in Nigeria in den Versandzentren anhäuften, wurde durch eine Begasung der Sackstapel mit Methylbromid unter gasdichten Planen mit Erfolg begegnet. Gegen einen Befall der Erdnüsse durch *Tribolium castaneum* erwies sich das Besprühen der

Säcke mit Malathion als erfolgversprechendes Verfahren. Nach einem Jahr konnten jedoch die Käfer immer schwieriger auf diese Weise abgewehrt werden, da inzwischen Stämme entstanden waren, die eine beträchtliche Resistenz gegen Malathion erlangt hatten. I. Bahr. 2540.

Majumder, S. K. und Gundurao, H. R. Possible use of food preference of an insect pest as a factor for its control in a stored commodity. **(Die mögliche Ausnutzung der Nahrungswahl eines schädlichen Insekts als Faktor für seine Abwehr von einer gelagerten Ware.)** Current Sci. [Bangalore] **31** (1962) Nr. 6. S. 238–239.

Vff. untersuchten die Repellentwirkung von Kümmel, Gelbwurz (Turmeric), Koriander und Pfeffer auf die Imagines von *Tribolium castaneum* (Herbst). Die Gewürze wurden fein gemahlen und im Verhältnis von 5–2500 ppm unter Weizengries gemischt. Testschalen, die zur Hälfte gewürzhaltigen und zur Hälfte reinen Weizengries enthielten, wurden mit je 20 Reismehlkäfern versehen und im Dunkeln bei 23–25 °C aufgestellt. Die Anzahl der Käfer, die sich in den behandelten und unbehandelten Hälften der Schale aufhielten, wurde in bestimmten Zeitabständen festgestellt. Dabei zeigte sich, daß Kümmel, Gelbwurz und Schwarzer Pfeffer bei 500–2500 ppm abstoßend auf *T. castaneum* wirkten. Bei niedriger Konz. (5 ppm) übte Kümmel eine Lockwirkung auf das Testinsekt aus. Vorläufige Versuche ergaben, daß Säcke mit Weizenmehl oder -gries vor Befall durch *T. castaneum* geschützt werden können, wenn sie von außen mit Kümmel oder Gelbwurzstaub behandelt werden. Nach Ansicht der Vff. eröffnen diese Befunde neue Möglichkeiten für den Schutz der Vorratsgüter vor schädlichen Insekten. I. Bahr. 2540.

Bailey, S. W. The effects of percussion on insect pests of grain. **(Die Wirkungen der Erschütterung auf getreideschädigende Insekten.)** J. econ. Entomol. **55** (1962) Nr. 3. S. 301–304.

Die Bekämpfung getreideschädigender Insekten auf phys. Wege ist mit einem Gerät möglich, welches „Entoleter" genannt wird. Beim Durchlaufen durch den „Entoleter" wird das Getreide oder Mehl geschleudert und so der Zentrifugalkraft und der Erschütterung ausgesetzt. Trotz seiner Verwendung in Mehlmühlen hat sich das Gerät bei der Getreidelagerung und im Getreidehandel nicht einbürgern können, da es viele Körner beschädigt. Versuche haben ergeben, daß die Abtötung der im Getreide vorhandenen Insekten durch dieses Gerät nicht auf die Wirkung der Zentrifugalkraft, sondern auf die Erschütterung zurückzuführen ist. Es wurde daraufhin untersucht, welche Erschütterungskraft einerseits erforderlich ist, um die erwachsenen Insekten sowie die ungeschützten und die in den Körnern vorhandenen Jugendstadien abzutöten, und welche Kraft andererseits das Zerbrechen der Körner hervorruft. Einzelne Weizenkörner wurden mit Preßluft durch ein Rohr auf eine Messingscheibe geschleudert. Die Fluggeschwindigkeit und damit die Aufschlagskraft der Körner konnten durch den Preßluftdruck verändert werden. Erwachsene Kornkäfer (*Sitophilus granarius* L.) und ungeschützte Jugendstadien überlebten es nicht, wenn sie mit verhältnismäßig geringer Aufschlagskraft auf die Scheibe trafen. Zur Abtötung der in den Körnern vorhandenen Jugendstadien des Kornkäfers war jedoch eine Aufschlagskraft nötig, bei der die Körner in erheblichem Umfang beschädigt wurden. Die Beschädigung war umso größer, je feuchter die Körner waren. Solange das Getreidekorn nicht beschädigt wird, überstehen die jüngeren Entwicklungsstadien des Kornkäfers die Erschütterung offenbar deshalb, weil das Korn sie vor einem Zerdrücken schützt. I. Bahr. 2540.

Bruel, W. E. van den, Bollarts, D., Pietermaat, F. und Dijck, W. van. Gembloux, Stat. d'Entomol. de l'État; Louvain, Univ. Catholique, Inst. d'Électrotechn. Étude des facteurs déterminant les possibilités d'utilisation du chauffage diélectrique à haute fréquence pour la destruction des insectes et des acariens dissimulés en profondeur dans les denrées alimentaires empaquetées. **(Studium der Faktoren, die die Möglichkeit der Anwendung von dielektrischer Erwärmung mit Hilfe hoher Frequenzen zur Vernichtung von Insekten und Milben im Inneren von verpackten Lebensmitteln bestimmen.)** Parasitica [Gembloux] **16** (1960) Nr. 2. S. 29–61. – 11 Abb., 6 Tab., 22 Lit.

Die erreichbare dielektrische Erwärmung des behandelten Gutes erfolgt plötzlich und kurz. Hg-Thermometer sind als Meßinstrumente für diese Erwärmung ungeeignet. Hierauf beruhen große Meßfehler vorangegangener Arbeiten. Die zu behandelnde Substanz soll sich in einer starren, quaderförmigen Verpackung befinden, von der 2 Flächen zu den Elektroden parallel liegen sollen. Luftzwischenräume im Behälter bedingen eine ungleichmäßige Wirkung des elektrischen Feldes. Die Dichte des behandelten Materials muß überwacht werden, da sie entscheidenden Einfluß auf die erreichbare Erwärmung hat. Eine wichtige Einschränkung der vollen Wirksamkeit der Methode wird durch Wärmeableitung, vor allem an der Oberfläche der Pakkung hervorgerufen: dicht darunter sitzende Insekten oder Milben werden daher nicht sicher abgetötet. Durch vorherige Erwärmung der Innenwandung des Behandlungsbehälters wird die volle Abtötung der Populationen durch die Erwärmung im dielektrischen Feld (ca. 50 °C im Mehlpaket) erreicht. Die Thermoelemente („Thermocouples“) gestatten eine Temperaturmessung 10–20 Sek. nach der Unterbrechung des elektrischen Feldes (Vorteile: geringe Verzögerung, hohe Empfindlichkeit). Neuere Thermometer mit veränderlichem Widerstand (”Thermophil“) messen unter sonst gleichen Bedingungen höhere Temperaturen. Es wurden 3 verschiedene Generatoren. benutzt: 2,5 KW – 40 MHz, 2 KW – 90 MHz und 50 W – 80 MHz (jeweils 7,5, 3,33 und 3,78 m Wellenlänge). W. Tannert. 2540.

Davies, J. C. A note on in-sack storage of beans using 0,04% gamma BHC dust. **(Eine Mitteilung über die Lagerung von Bohnen in Säcken nach Behandlung mit 0,4%igem Gamma-HCH-Staub.)** East African agric. Forestry J. **27** (1962) Nr. 4. S. 223–224.

Versuche mit einer kleinen Menge Bohnen hatten gezeigt, daß diese durch Einstreuen von 0,04%igem Gamma-HCH-Staub (8 oz./200 lb. = 1 ppm) unter den Bedingungen von Uganda 9 Mon. lang vor Schäden durch den Speisebohnenkäfer (*Acanthoscelides obtectus* Say) bewahrt werden können. Dieser Befund wurde im großen mit Bohnen 3 verschiedener Sorten nachgeprüft, von denen je 3000 lb. behandelt und davon je 1000 lb. zusammen mit unbehandelten Bohnen 12 Mon. lang im selben Lager aufbewahrt wurden. Während der Anteil beschädigter Körner bei den unbehandelten Partien von unter 1% nach 12 Mon. auf 34,8–44,3% angestiegen war, konnte sich in den behandelten Bohnen der Anfangsbefall in dieser Zeit nicht weiter ausbreiten. Aus Proben, die von den behandelten Partien entnommen wurden, schlüpften keine Käfer mehr. Demgegenüber wurden in 500 g-Proben von den unbehandelten Partien bis fast 1000 Käfer gezählt. Die 3 verwendeten Bohnensorten ('Mutike‘, 'Banja‘ und 'Canadian Wonder‘) scheinen eine unterschiedliche Anfälligkeit für den Bohnenkäferbefall zu besitzen. I. Bahr. 2540.

Bang, Yong Ho und Floyd, E. H. Effectiveness of malathion in protecting stored polished rice from damage by several species of stored-grain insects. **(Die Wirksamkeit des Malathions zum Schutz von poliertem Reis vor Schäden durch verschiedene Insektenarten.)** J. econ. Entomol. **55** (1962) Nr. 2. S. 188–190.

Malathion wurde in Gaben zu 4, 8, 16 und 25 ppm als Emulsion und in Staubform auf polierten Reis gespritzt bzw. gestreut und gut untergemischt. Der so behandelte Reis wurde in offenen Beuteln in einem Lagerhaus aufgestellt, wo *Sitophilus oryzae* (L.), *Cryptolestes pusillus* (Schönherr) und *Tribolium castaneum* (Herbst) zahlreich vorhanden waren. Nach 1, 3 und 5 Mon. wurden Proben entnommen und diese auf tote und lebende Käfer untersucht. Durch 8 ppm Malathion als Emulsion oder als Staub konnte der Reis 5 Mon. lang vor Befall durch *S. oryzae* geschützt werden. Nach 5 Mon. waren bei dieser Dosis noch so viel Rückstände vorhanden, daß auf den Reis gesetzte Reiskäferimagines bei 85 °F. und 80% rel. Luftfeuchtigkeit innerhalb von 10 Tagen abstarben. Gegen *C. pusillus* waren 4 ppm 5 Mon. lang wirksam. Zur Abtötung der Imagines von *T. castaneum* war eine stärkere Dosis erforderlich. Während mit 16 ppm als Staub und 25 ppm als Emulsion nach 1 Mon. noch eine 100%ige Abtötung erreicht wurde, betrug die Mortalität der zugewanderten Reismehlkäfer nach 5 Mon. nur 80% in der mit 25 ppm behandelten Partie. Malathion scheint gegen *S. oryzae* sowohl toxisch als auch als Repellent zu wirken. I. Bahr. 2540.

Vorschriften zur Ausführung der Verordnung über die Schädlingsbekämpfung mit hochgiftigen Stoffen. Zusammengestellt und bearbeitet in der Biologischen Bundesanstalt für Land- und Forstwirtschaft Berlin-Dahlem. Berlin; Hamburg: Verlag Paul Parey. 1961. (XV, 99 Blatt) 20,5 × 14,5 cm. DM 10,50. Die Vorschriften enthalten für die einzelnen Giftstoffgruppen Anweisungen über die Anwendung, die gesetzlich zugelassene Konz., von der Herstellungsfirma einzuhaltende Verpackungsvorschriften, Anweisungen zur Verhütung von Unglücksfällen bzw. von Gesundheitsschädigungen beim Gebrauch giftiger Pflanzenschutzmittel, Bestimmungen zur Ausführung von Begasungen. — Folgende Giftstoffgruppen sind in einzelnen Abschnitten behandelt: Arsenhaltige Verbindungen, Blausäure, Blausäure-Verbindungen, Nitrile, Phosphorwasserstoff, Phosphorwasserstoff entwickelnde Mittel und Zubereitungen, Äthylenoxyd, Cartox, Pb-haltige Verbindungen und Zubereitungen, Nicotin, Chlorpikrin, Methylbromid, Quarzmehle, Schwefelkohlenstoff, Tetrachloräthan und Trichloräthan. W. Wolde.

Sbornik trudov Moldavskoj stancii Vsesojuznogo instituta zaščity rastenij (1959–1960 gg.). (Sammlung von Arbeiten der Moldauischen Station des Unions-Instituts für Pflanzenschutz in den Jahren 1959–1960. Nr. 4.) Hrsg.: Minist. sel'skogo chozjajstva SSSR; Vsesojuznaja ordena Lenina Akademija s.-ch. nauk im. V. I. Lenina. Kišinev. 1960. (323 S. m. 5 Abb., 141 Tab. u. 195 Lit.) 8°. Rbl. 9,50. In den letzten 2 Jahren durchgeführte Forschungsarbeiten der genannten Station sind in 36 Veröffentlichungen folg. Themengruppen behandelt: Schutz der Obstkulturen vor Schädlingen und Krankheiten, 2. Schutz der Weinrebe vor Schädlingen und Krankheiten, 3. Schutz der Getreidekulturen vor Schädlingen, Krankheiten und Unkraut, 4. Warndienst; Schädlings- und Krankheitsprognose, Organisation des Pflanzenschutzes, 5. Mechanisierung der Bekämpfungsmaßnahmen (Einsatz von Sprüh- und anderen Geräten zur Bekämpfung von Schädlingen). W. Peitz.

Rasprostranenie vreditelej i boleznej sel'skochozjajstvennych kul'tur v SSSR v 1961 g. i prognoz ich pojavlenija v 1962 g. (Verbreitung von Schädlingen und Krankheiten landwirtschaftlicher Pflanzen in der UdSSR im Jahre 1961 und die Prognose ihres Auftretens 1962.) Hrsg.: Minist. sel'skogo choz. SSSR; Vsesojuz. naučno-issledovatel'skij inst. zaščity rastenij. Leningrad: Sel'chozizdat. 1962. (199 S.) 4°. (1962 B 278)

Literatur über Phytotoxizität und Wirkungsweise des Fungizids Captan. Hrsg.- Instn.: WTZ f. Pflanzenschutz- u. Schädlingsbekämpfungsmittel b. VEB Fahlberg-List, Magedburg. (Lit.-Nr.: 63/63. Titelanzahl: 43. Ber.-Zeit: 1956–1962).

Literatur über phytotoxische Schäden durch Insektizide und Fungizide an Baumwolle, Kaffee, Erdnuß und Reis. Hrsg.- Instn.: WTZ f. Pflanzenschutz- u. Schädlingsbekämpfungsmittel b. VEB Fahlberg-List, Magdeburg. (Lit.-Nr. 47/62. Titelanzahl: 11. Ber.-Zeit.: 1956–1962).

Literatur über Methoden zur Prüfung der Phytotoxizität bei Insektiziden und Fungiziden. Hrsg.-Instn.: WTZ f. Pflanzenschutz- u. Schädlingsbekämpfungsmittel b. VEB Fahlberg-List, Magdeburg. (Lit.-Nr.: 46/62. Titelanzahl: 15. Ber.-Zeit: 1956–1962).

Literatur über die Bekämpfung der Kirschfruchtfliege. Hrsg.:-Instn.: WTZ f. Pflanzenschutz- u. Schädlingsbekämpfungsmittel b. VEB Fahlberg-List, Magdeburg. (Lit.-Nr.: 49/63. Titelanzahl: 19. Ber.-Zeit: 1956–1962).

XII. UNKRAUTBEKÄMPFUNG

B. Unkrautbekämpfungsmittel

Kurth, H. und Pallutz, H.; Leuna, VEB Leuna-Werke „Walter Ulbricht". **Betrachtungen über die selektiven Wirkungen von Herbiziden in biologischer und chemischer Sicht.** Albrecht-Thaer-Arch. **7** (1963) Nr. 5. S. 429–453. — 11 Abb., 59 Lit. — nach Zus.

Die Arbeit gibt eine Übersicht über die Wirkungen einiger weltwirtschaftlich wichtiger Herbicide. Zunächst wurden die Herbicide entspr. ihrer Anwendung und Wirkungsweise unterschieden, und zwar in Blattherbicide, Bodenherbicide, Blatt-Boden-Herbicide und Boden-Blatt-Herbicide sowie in Ätz- oder Kontaktmittel und translokale Mittel. Nach der Behandlung allg. biol. Grundlagen der Herbicidwirkung wurden gemäß den Stoffgruppen, denen die verschiedenen Herbicide angehören, die Faktoren besprochen, auf denen die Wirkungsweise und Selektivität der einzelnen Mittel beruhen. Diese Betrachtungen gelten den Wuchsstoffherbiciden, Ätzmitteln, chlorierten aliphatischen Carbonsäuren, Carbamaten, Thiocarbamaten, Dithiocarbamaten, substituierten Harnstoffen, s-Triazinen, dem Amitrol sowie einigen außerhalb dieser Verbindungsgruppen stehenden Herbiciden. — Die in den Pflanzen durch Herbicide ausgelösten physiol. Veränderungen sowie die Beeinflussungen, denen die Residualherbicide durch die Eigenschaften unterschiedlicher Bodenarten unterworfen werden, sind an ausgewählten Beispielen erläutert worden. Dabei fanden auch die Beziehungen Berücksichtigung, die in den Atomgruppierungen der Herbicidmoleküle und der phytotoxischen Wirkung bestehen. Da aber bereits geringfügige Änderungen in bezug auf Art und Stellung eines einzigen Substituenten die phytotoxische Grundwirkung eines Herbicids verändern oder gar annullieren können, lassen sich aus den bisher vorliegenden Kenntnissen noch keine allgemeinen Regeln aufstellen. Von weiteren Forschungen über die Beziehungen zwischen chem. Konstitution eines Herbicids und den phytotoxischen sowie physiol. Wirkungen auf die Pflanze werden noch entscheidende Fortschritte auf dem Gebiet der Herbicidentwicklung erwartet. 2710.

Scheuerer, G. und Fischer, A.; Ludwigshafen/Rh., Badische Anilin- und Soda-Fabrik AG, Hauptlab. und Versuchsstat. **Über den Zusammenhang zwischen Konstitution und herbizider Wirksamkeit bei cycloaliphatischen Harnstoffverbindungen.** Weed Res. 2 (1962) Nr. 2. S. 130–135. — 1 Abb., 2 Tab., 17 Lit. Zus. in Engl., Franz.
Substituierte N-Cycloalkylharnstoffverbindungen wurden auf ihre Verwendung zur Bekämpfung unerwünschten Pflanzenwuchses untersucht. Die Herbicidwirksamkeit ist abhängig von der Größe des Cycloalkylringes und der Art der Ringsubstituenten, sowie von deren Stellung und sterischen Anordnung am Ring. Das Wirkungsoptimum liegt bei 8 Ringkohlenstoffatomen. Die wirksamen Vertreter dieser Klasse eignen sich zur Bekämpfung von Unkrautwuchs in Hackfrucht- und Sonderkulturen. H. Kurth. 2710.

Gysin, H. Triazine herbicides—their chemistry, biological properties and mode of action. **(Triazin-Herbicide, ihre Chemie, biologischen Eigenschaften und Wirkungsweise.)** Chem. & Ind. **14** (1962) Nr. 31. S. 1393–1400. 2710.

Šipinov, N. A. (Schipinow, N. A.); Leningrad, Unions-Forsch.-Inst. für Pflanzenschutz der Lenin-Akad. der Landwirtsch.-Wiss. Polevye ispytanija gerbicidov. **(Feldprüfungen von Herbiciden.)** Zaščita rastenij ot vreditelej i boleznej, Moskva 7 (1962) Nr. 8. S. 31–33.
Im Jahre 1961 wurden eine Reihe von Präparaten Feldprüfungen unterzogen: Alanap-2 (90% n-1-Naphthylphthalaminsäure), Wegadex (2-Chlorallyl-N-N-diäthyldithiocarbamat), Dau-General (2.4-Dinitro-6-sek.-butylphenol), Karbin (4-Chlor-2-butynyl-N-[3-chlorphenyl]-carbamat), Propasin (2-Chlor-4.6-bis-isopropylamino-simm-triazin), Randox (N,N-Diallyl-2-chloracetamid), Trisben 200 (Dimethylaminsalze der 2.3.6-Trichlorbenzoesäure und deren Isomere), Tropotox (Na-Salz der 4-[2-Methyl-4-chlorphenoxy]-buttersäure), Endothal (Na-3.6-Endoxo-hexahydrophthalat), Eptam (Äthyl-N_1-N-di-norm.-propylthiolcarbamat) und Erbon (2-[2.4.5-trichlorphenoxy]-äthyl-2.2-dichlorpropionat). Alle geprüften Präparate werden als aussichtsreich bezeichnet. H. Decker. 2710.

Duchanin, A. A. und Kolosova, A. A. (Duchanin, A. A. und Kolossowa, A. A.) Vlijanie 2,4-D na nitratno-fosfatnyj pitatel' nyj režim pesčanych i černozemnych počv. **(Der Einfluß von 2.4-D auf den Nitrat-Phosphat-Haushalt der Sandböden und Schwarzerden.)** Trudy Vsesojuznogo naučno-issledovatel'skogo, instituta udobrenij i agropočvovedenija, Moskva **1962** Nr. 39. S. 226–232. – 3 Abb., 3 Tab.

Auf die Erdoberfläche ausgebrachte 2.4-D erhöht den Gehalt des Bodens an Nitraten und löslicher Phosphorsäure. Die Anreicherung von NO_3 und P_2O_5 im Boden ist bes. stark in den ersten 2½ Mon. nach der Anwendung des Herbicids. Dieser Einfluß ist am stärksten in der obersten Bodenschicht nachweisbar. Diese Wirkung konnte sowohl in Sand- als auch in Schwarzerdeböden beobachtet werden. H. Lehmann. 2710.

Sheets, Thomas J., Crafts, Alden S. und Drever, Harold R.; Davis, Calif., U.S. Dep. of Agric.; Univ. of California, Dep. of Bot. Influence of soil properties on the phytotoxicities of the s-triazine herbicides. **(Einfluß von Bodeneigenschaften auf die Phytotoxizität von s-Triazin-Herbiciden.)** J. agric. Food Chem. **10** (1962) Nr. 6. S. 458–462. – 1 Abb., 4 Tab., 16 Lit.

Die Initial- und Rückstandstoxizitäten von 9 s-Triazinen in 5 verschiedenen Böden wurden miteinander verglichen. Die Toxizität der Cl-Derivate mit einer Methyl-, Äthyl- oder Isopropylgruppe an jeder Aminogruppe war größer als die der mit einem Substituenten an der einen und zwei Substituenten an der anderen Aminogruppe. Verbindungen mit zwei Substituenten an jeder Aminogruppe wiesen die geringste Toxizität auf. Die Untersuchung der Beziehungen zwischen Phytotoxizität von Simazin und Gehalt an org. Subst. und Ton sowie Kationenaustauschkapazität und pH-Wert der Böden ergab, daß der ED_{50}-Wert mit dem Gehalt an org. Subst. und der Kationenaustauschkapazität positiv und mit dem pH-Wert negativ korrelierte. Die negative Korrelation zwischen ED_{50}- und pH-Wert erwies sich als Folge einer Korrelation zwischen org. Bodensubst. und pH-Wert. Von den genannten Bodeneigenschaften war der Gehalt an org. Subst. am besten zur Bestimmung der erforderlichen Dosierung der Herbicide geeignet. Die Unterschiede zwischen beobachteten und vorausgesagten ED_{50}-Werten wurden durch Einbeziehung der anderen Bodeneigenschaften nicht wesentlich verringert. Simeton (2-Methoxy4-6-bis[äthylamino]-s-triazin) erwies sich unter den Versuchsbedingungen als beständigste Verbindung. | P. Stoß. 2710.

Jordan, L. S. und Day, B. E.; Riverside, Univ. of California, Citrus Res. Centre. Effects of soil properties on EPTC phytotoxicity. **(Die Wirkungen von Bodeneigenschaften auf die Phytotoxizität von EPTC.)** Weeds **10** (1962) Nr. 3. S. 212–215. – 5 Tab., 10 Lit.

In Metallgefäßen von 1 kg Bodeninhalt wurden Hafer, *Cyperus rotundus* und *Sesbania macrocarpa* als Testpflanzen ausgelegt. Auf die Bodenoberfläche von 9 verschiedenen Bodenarten erfolgte dann die Applikation von 50 ml Wasser mit 0,5, 1, 2, 4, 8 und 16 ppm EPTC (Äthyl-N.N-di-n-propylthiolcarbamat) bei 5 Wiederholungen. Monatlich erfolgte eine Gewichtsfeststellung des Aufwuchses der Testpflanzen als Kriterium für den herbiciden Effekt. Auf den Böden mit dem höchsten Sandgehalt trat die stärkste phytotoxische Wirkung ein. Eine negative Relation bestand zwischen dem Gehalt des Bodens an org. Subst. und der herbiciden Wirkung. Der pH-Wert des Bodens, Tongehalt und Kationenaustauschvermögen beeinflußten nicht die Phytotoxizität von EPTC. H. Krüger. 2710.

Rauser, W. E. und Switzer, C. M.; Guelph, Ontario Agric. Coll., Dep. of Bot. Factors contributing to the loss of amiben phytotoxicity in soils. **(Faktoren, die zur Abnahme der Phytotoxizität von Amiben im Boden beitragen.)** Weeds **10** (1962) Nr. 1. S. 62–64. – 4 Tab., 7 Lit.

In Gefäßversuchen wurde Amiben auf 4 verschiedene Bodenarten (Sand, Lehm, Ton und Kompost) gespritzt. Mit verschiedenen Herbicid- und Wassermengen wurde der Einfluß der Auswaschung untersucht. Die Ermittlung der rel. herbiciden Aktivität der aus verschiedenen Tiefen gezogenen Bodenproben erfolgte im biol. Test (Trockengewichtsbestimmung angesäter Haferpflanzen). Die Phytotoxizität nahm im Sandboden am schnellsten ab; dann folgen Ton, Lehm und Kompost. Wiederholte Amiben-Behandlungen ergaben nur in Lehm einen schwachen kumulativen Effekt. Die schädigende Wirkung von Amiben auf Mikroorganismen ist in Böden mit hohem Anteil org. Materials bedeutungsvoll. H. Lehmann. 2710.

Castelfranco, Paul und Deutsch, Deborah B.; Davis, Calif., Univ., Dep. of Bot. Action of polysulfide ion on simazine in soil. **(Die Wirkung von Polysulfidionen auf Simazin im Boden.)** Weeds **10** (1962) Nr. 3. S. 244–245. – 3 Abb., 1 Tab., 2 Lit.

Wäßrige Lösungen von Na- und Ca-Polysulfiden führen ^{14}C-markiertes Simazin in ein chloroformunlösliches, an Kohle adsorbierbares Derivat über, bei dem es sich wahrscheinlich um Hydroxysimazin handelt. Im Erdboden beschleunigen Ca-Polysulfide den Abbau des Simazins, wie Versuche mit Hafer zeigten. Diese Ergebnisse weisen auf die Möglichkeit hin, unerwünschte Rückstände von Herbiciden aus der Gruppe der Chlortriazine aus dem Boden zu entfernen. G. Kunert. 2710.

Guillemat, J., Charpentier, M., Tardieux, P. und Pochon, J. Interactions entre une chloro-amino-triazine herbicide et la microflore fongique et bactérienne du sol. **(Wechselwirkungen zwischen einem Chloramintriazin-Herbicid und der Pilz- und Bakterienflora des Bodens.)** Ann. Inst. nat. Rech. agronom. Sér. C **11** (1960) Nr. 3. S. 261–296. 2710.

Overbeek, J. van; Modesto, Calif., Shell Development Co., Agrc. Res. Div. Physiological responses of plants to herbicides. **(Physiologische Reaktionen der Pflanzen auf Herbicide.)** Weeds **10** (1962) Nr. 3. S. 170–174. – 1 Abb., 41 Lit.

Das Übersichtsreferat behandelt den Einfluß von Herbiciden verschiedener chem. Herkunft auf die Photosynthese und die Zellmembranen. U. a. sollen Herbicide aus den Gruppen der Phenylharnstoffverbindungen, der Alkylamide und der Triazine auf den Vorgang der Wasserspaltung und der Abscheidung molekularen Sauerstoffs schädigend einwirken, während andere Herbicide die Plasmamembranen angreifen und ihre Durchlässigkeit derartig erhöhen sollen, daß Wasser und wasserlösliche Bestandteile aus dem Zellinnern durch die Membranen hindurch auslaufen. G. Kunert. 2710.

Al'tergot, V. F. (Altergot, W. F.); Nowosibirsk, Zentr. Bot. Garten der Sibir. Abt. der Akad. der Wiss. der UdSSR. Fiziologičeskie osnovy ėffektivnogo ispol'zovanija gerbicidov i udobrenij na posevach zernovych v Zapadnoj Sibiri. **(Physiologische Grundlagen für die Wirkung von Herbiciden und Düngemitteln auf Getreide in Westsibirien.)** Izvestija Sibirskogo otdelenija Akademii nauk SSSR, Novosibirsk **1962** Nr. 9. S. 88–100. – 1 Abb., 9 Tab., 40 Lit.

Für die praktische Landwirtschaft erscheint der gleichzeitige Einsatz von Kontaktherbiciden und blattaufnehmbaren Düngemitteln zur Ertragssteigerung aussichtsreich. Die Untersuchungen wurden vor allem an Weizen und Roggen durchgeführt, wobei als Herbicid 2.4-D sowie verschiedene N-Dünger Verwendung fanden. Die Kombinationslösung erhöhte die Herbicidverträglichkeit und für eine gewisse Zeit auch sämtliche physiol. Prozesse des Getreides, während Dikotyle in stärkerem Maße geschädigt wurden. Diese synergistische Wirkung tritt bes. stark bei Kombination von 2.4-D mit Ammoniumsalzen in Erscheinung. Bei Weizen wurden im Vergleich zur üblichen Unkrautbekämpfung mit 2.4-D allein Mehrerträge von 2–4 dt/ha erzielt. H. Lehmann. 2710.

Bruinsma, J.; Wageningen, Plant Physiol. Res. Centre. The effect of 4,6-dinitro-o-cresol (DNOC) on growth, development and yield of winter rye (Secale cereale L.). **(Die Wirkung einer DNOC-Spritzung auf Wachstum, Entwicklung und Ertrag des Winterroggens [Secale cereale L.].)** Weed Res. 2 (1962) Nr. 2. S. 73–89. – 12 Abb., 8 Tab., 15 Lit. Zus. in Franz., Dtsch.
Das Spritzen mit DNOC-Lösungen auf junge Wi-Roggenpflanzen im Spätherbst führt zu einer Ertragssteigerung auch dann, wenn die Versuchsfelder unkrautfrei sind. Zur Ermittlung der Reaktionskette, welche die Spritzung im Winter verbindet mit der Ernte im Sommer, wurden Wachstum, Entwicklung und Ertrag auf den gespritzten Parzellen verglichen. In dem entspr. Versuch wurden in dieser Hinsicht 7 Saatdichten verglichen. Die Spritzung hemmte zunächst das vegetative Wachstum, aber nachher erholten sich die gespritzten Pflanzen und bildeten mehr Frisch- und Trockenmasse als die Kontrollpflanzen. Da der Gehalt an Tr.-Subst. etwas niedriger war und der N-Gehalt etwas höher, kann man die gespritzten Pflanzen als etwas jugendlicher bezeichnen. In einzelnen Fällen war die Blattzahl am Halm erhöht, die Blätter waren größer, die Blätter und der Halm enthielten mehr Chlorophyll und blieben länger grün. – Die Entwicklungsgeschwindigkeit der jungen Ähren wurde durch die Spritzung nicht beeinflußt, aber das Austreten, Blühen und Reifen der Ähren wurde verzögert. Auf den gespritzten Parzellen trat eine Ertragssteigerung von rund 10% ein. Die Halmdichte war um 3% erhöht, und pro Halm hatten sich 5% mehr gleichschwere Körner gebildet. Die erhöhte Halmdichte wird auf das kräftigere vegetative Wachstum zurückgeführt, während das gesteigerte Körnergewicht pro Ähre offenbar vom N-Gehalt des Halmes abhängt. Aus den Versuchen wird gefolgert, daß die Ertragssteigerung auf üppigerem vegetativem Pflanzenwachstum beruht, das mit einer Verlängerung der generativen Entwicklung verbunden ist.
H. Kurth. 2710.

Baker, Ralph S. und Warren, G. F.; Lafayette, Ind., Purdue Univ., Agric. Exp. Stat. Selective herbicidal action of amiben on cucumber and squash. **(Besondere Herbicidwirkung von Amiben auf Gurke und Kürbis.)** Weeds **10** (1962) Nr. 3. S. 219–224. – 7 Abb., 3 Tab., 20 Lit.
Die rel. Toleranz von Gurke und Kürbis gegenüber Amiben (3-Amino-2.5-dichlorbenzoesäure) wurde an keimenden Samen und an jungen Pflanzen ermittelt, wobei die Aufnahme der Subst. durch die Blätter und durch die Wurzeln erfolgte. In allen Fällen war die für eine 50%ige Entwicklungshemmung benötigte Menge bei Kürbis 6–8mal größer als bei Gurke. Bei Pfropfungen von Gurkenpflanzen auf Kürbiswurzeln und umgekehrt zeigten die Radioautogramme nach Zusatz von ^{14}C-markiertem Amiben zur Nährlösung, daß die Kürbiswurzel im Gegensatz zur Gurkenwurzel eine Blockade des Amibentransportes verursacht. Die Aufnahme von ^{14}C-markiertem Amiben durch die Blätter war bei Gurke größer als bei Kürbis, der Übergang in unbehandelte Pflanzenteile aber bei beiden sehr gering. G. Kunert. 2710.

Suomela, H. und Paatela, J.; Helsinki, Univ., Dep. of Plant Husbandry. The influence of irrigation, fertilizing and MCPA on the competition between spring cereals and weeds. **(Die Wirkung von Beregnung, Düngung und MCPA auf die Konkurrenzfähigkeit des Sommergetreides mit Unkräutern.)** Weed Res. 2 (1962) Nr. 2. S. 90–99. – 8 Tab., 13 Lit. Zus. in Franz., Dtsch.
Der lufttrockene Ertrag des ohne Getreide gewachsenen Unkrauts (2660 kg/ha) war fast viermal so groß wie derjenige des unter dem Getreide gewachsenen Unkrauts (740 kg/ha). Die Düngung erhöhte Anzahl und mittleres Gewicht der Unkräuter auf den beregneten und den unberegneten Parzellen. Behandlung mit MCPA senkte den Ertrag der Unkrautparzellen auf ein Drittel (36%) und denjenigen des unter dem Getreide gewachsenen Unkrautes auf ein Viertel (26%). Die Wirkung von MCPA war auf den gedüngten Parzellen besser als

auf den ungedüngten. Durch Beregnung wurde in dieser Hinsicht wenig verändert. Den durch das vernichtete Unkraut freigewordenen Wuchsraum eroberte die Quecke zum großen Teil. Die Konkurrenzfähigkeit des Hafers gegen das Unkraut war besser als die der Gerste und des Weizens. Auf den unberegneten und ungedüngten Parzellen wirkte MCPA (1,26 kg/ha) schädlich auf das So-Getreide. Gerste war am empfindlichsten. Dagegen steigerte die Behandlung mit MCPA auf den gedüngten Parzellen, auf denen die Pflanzen bessere Wachstumsbedingungen hatten, den Gersten- und Hafererertrag bedeutend – sogar auf den unkrautfreien Parzellen. H. Kurth. 2710.

C. Unkraut und Unkrautbekämpfung

Kott, S. A.; Moskau, Abt. des Unions-Forsch.-Inst. für Landwirtsch. Mikrobiol., Lab. für Pflanzenernähr. Biologičeskie tipy sornych rastenij. **(Biologische Typen von Unkräutern.)** Agrobiologija, Moskva **1962** Nr. 5. S. 722–728. – 7 Abb., 15 Lit.

An zahlreichen Beispielen aus der Literatur und eigenen Beobachtungen weist Vf. nach, daß bei veränderten Wachstums- und Entwicklungsbedingungen und mit zunehmendem Alter bei zahlreichen mehrjähr. Pflanzen die Fähigkeit zur vegetativen Vermehrung durch neue, für diese oder jene Pflanze nicht spezifische Möglichkeiten entsteht. Häufig treten dabei morphol. Veränderungen der unterirdischen Organe auf. So verstärkte sich die Wurzelsproßbildung als höchstentwickelte Form der vegetativen Vermehrung unter dem Einfluß der landwirtsch. Nutzung bei *Convolvulus, Cirsium arvense, Sonchus, Linaria, Picris* u. a. Ähnliche Erscheinungen wurden bei *Potentilla, Plantago lanceolata, Centaurea* u. a. beobachtet. Bes. anpassungsfähig sind dabei die pfahlwurzelbildenden mehrjähr. Unkräuter. Bei gleichen Umweltbedingungen verschwinden die morphol. Unterschiede zwischen *Agropyrum repens* var. *vulgare* Roshev. und *Agropyrum repens* var. *caesium* (Presl.) Schmalh. völlig. *Taraxacum officinale* Wigg. zeigt auf lockeren Böden Übergangserscheinungen vom Pfahlwurzel- zum Wurzelsproßtyp. Vf. zeigt auf, daß zwischen den heute bekannten biol. Typen mehrjähr. Krautpflanzen keine scharfen Grenzen bestehen. Auf die praktische Bedeutung dieser Fragen im Hinblick auf die Unkrautbekämpfung wird hingewiesen. G. Graul. 2735.

James, D. B. Growth of Nardus stricta on a calcareous soil. **(Das Wachstum von Nardus stricta auf kalkhaltigem Boden.)** Nature [London] **196** (1962) Nr. 4852. S. 390–391. 2735.

Stöhr, W.; Kassel-Harleshausen, Pflanzenschutzamt. **Mehrjährige Versuchserfahrungen zur Ungrasbekämpfung auf dem Ackerland.** Gesunde Pflanzen **15** (1963) Nr. 2. S. 35–39. – 5 Lit.

Die Gründe der zunehmenden Verunkrautung, bes. im Getreidebau, werden untersucht. Vf. berichtet über mehrjährige Versuche zur Bekämpfung von Windhalm (*Apera spica venti*), Ackerfuchsschwanz (*Alopecurus myosuroides*) und Flughafer (*Avena fatua*) mit verschiedenen Herbiciden.

M. Amme. 2740.

Kuročkin, K. I. (Kurotschkin, K. I.); Moskau, Landwirtsch. Timirjasew-Akad. Bor̂ba s osotom rozovym. **(Bekämpfung der Ackerkratzdistel.)** Kukuruza, Moskva **7** (1962) Nr. 9. S. 54-57. – 6 Abb., 1 Tab.

Das von der o.g. Akad. entwickelte Verfahren zur Bekämpfung der Ackerkratzdistel (sowie auch der Kohlgänsedistel und der Ackerwinde) durch Zerkleinerung ihrer Wurzeln in senkrechten und waagrechten Ebenen, was ein schnelles Keimen der schlummernden Knospen, Schwächung des Wurzelsystems und Eingehen des Unkrautes hervorruft, wird beschrieben. Die Vorrichtungen zum 3schichtigen horizontalen und zum vertikalen Zerschneiden der Wurzeln mit nachfolgendem tiefem Pflügen werden beschrieben und in Abb. dargestellt. L. Rang. 2740.

Hoyt, P. B. und Carder, A. C.; Beaverlodge, Alberta, Dep. of Agric., Res. Branch, Exp. Farm. Chemical control of field horsetail. **(Chemische Bekämpfung von Ackerschachtelhalm.)** Weeds **10** (1962) Nr. 2. S. 111–115. – 3 Abb., 5 Tab., 32 Lit.
In Kanada und Nordeuropa ist der Ackerschachtelhalm auf Böden mit hohem Grundwasserstand stark verbreitet. Vff. geben einen Literaturüberblick und berichten über eigene Versuche. In Parzellenversuchen wurden mit mehrfacher Wiederholung verschiedene Herbicide zu verschiedenen Wachstumsstadien des Schachtelhalmes auf Ödland und in Kulturen geprüft. 8 lb./acre Aminotriazol vernichteten den Sch. Mitte Juni und ergaben im folgenden Jahr ein Wiederaustreiben von nur 4%. Von den Wuchsstoffherbiciden war MCPA mit 4–8 oz./acre am wirksamsten und schonte die Gerste mehr als 2.4-D bei gleicher Aufwandmenge. Bei allen Behandlungen war der späteste Bekämpfungszeitpunkt – nach völliger Entwicklung des Schachtelhalmes – der sicherste. 10 lb./acre Dalapon und TBA wirkten unbefriedigend.
H. Krüger. 2740.

Berezovskij, M. Ja. (Beresowski, M. Ja.); Moskau, Landwirtsch. Timirjasew-Akad. Ob agronomičeskich trebovanijach k mašinam dlja vnesenija gerbicidov v počvu. **(Agronomische Forderungen an die Geräte zur Ausbringung von Herbiciden.)** Zemledelie, Moskva **24** (1962) Nr. 10. S. 31–37. – 5 Tab.
Das übliche oberflächliche Ausbringen bringt infolge Festlegung an der Oberfläche auf Schwarzerden bei Niederschlagsmangel geringe Wirkung. Vergleichsweise wurden daher geprüft: a) oberflächliche Aufbringung, b) Vermischen mit den obersten 5 cm Boden, c) Vermischen mit den Boden in 5–10 cm Tiefe, d) Einspritzen in 5 cm Tiefe. Das letzte Verfahren mittels Spritzvorrichtung an den Gänsefußscharen des Grubbers oder an der Drillmaschine führt bei 2 kg/ha Simazin zur weitgehenden Unkrautvernichtung.
R. Schlenker. 2740.

Gruzdev, G. S. und Bezuglov, V. G. (Grusdew, G. S. und Besuglow, W. S.) Ėffektivnyj sposob bor̂by s sornjakami v posevach kukuruzy na dernovo-podzolistych počvach. **(Eine effektive Unkrautbekämpfungsmethode in Maiskulturen auf Rasenpodsolböden.)** Izvestija Timirjazevskoj sel'skochozjajstvennoj akademii, Moskva **1962** Nr. 3. S. 25–33. – 7 Abb., 5 Lit. Zus. in Engl.
Das Saatbett wurde nach Düngung mit Kompost gut vorbereitet. Am 29. Mai wurde ausgelegt und am 17. Juni das erste Mal gehackt und hierbei je 1 dt/ha Salpeter, Superphosphat und Kali in den Boden gebracht. Das 2. Mal wurde am 10. Juli gehackt. Vor dem Auflaufen wurde mit Atrazin gespritzt (1000 l/ha Flüssigkeit). Am 20. Juni wurde mit 2,4-D und Atrazin gespritzt (1000 l/ha Flüssigkeit). Die Anwendung von 2,4-D nach dem Auflaufen ist günstig, da die Wirkung gegenüber mehrjährigen Unkräutern effektiver als bei Atrazin und Simazin ist. Die Anwendung von 2–4 kg/ha Atrazin macht sich durch höhere Erträge bezahlt. Es wurde eine stimulierende Wirkung von Simazin und Atrazin auf das Wachstum und die Entwicklung des Maises beobachtet. Festgestellt wurden die Unkrautarten und ihre Masse, die Bodenfeuchtigkeit, die Wachstumsdynamik des Maises, der Ernteertrag und der ökonomische Effekt.
H. Beyer. 2740.

Holmes, H. M. und Pfeiffer, R. K.; Chesterford Park, Essex, Res. Stat. Some aspects of the use of barban for wild oat control in winter wheat. **(Probleme der Anwendung von Barban bei der Wildhaferbekämpfung im Winterweizen.)** Weed Res. **2** (1962) Nr. 2. S. 110–121. – 2 Abb., 4 Tab., 5 Lit. Zus. in Franz., Dtsch.
Untersuchungen über die Keimung und Entwicklung von *Avena fatua* in Wi-Weizen ergaben, daß nach den milden Wintern 1960 und 1961 die im Herbst

gekeimten Wildhaferpflanzen ein viel größeres Problem sind als die im Frühjahr gekeimten Pflanzen. Daraus wird gefolgert, daß die Anwendung von Barban auf die Vernichtung dieser herbstkeimenden Wildhaferpflanzen gerichtet sein soll. In Erweiterung ihrer früheren Arbeit, die der Vernichtung von Wildhafer in So-Getreide galt, untersuchten Vff. die Wirkung von Barban auf die rel. Kornerträge von Wi-Weizen und Wi-Hafer-Mischkulturen. Eine Reduktion des Haferanteiles war von einer Ertragssteigerung des Weizens begleitet; der Gesamtertrag von Weizen + Hafer war fast unverändert. Es werden auch Versuchsergebnisse über das Vorkommen und die Bedeutung einer interessanten Schwankung der Verträglichkeit des Wi-Weizens gegenüber Barban während der Wintermonate diskutiert. Eine Korrelation zwischen erhöhter Weizenempfindlichkeit und Entwicklungsstadium oder Temperatur konnte nicht nachgewiesen werden. Die Fähigkeit des Wi-Weizens, sich von dem Einfluß des Barbans zu erholen, war hoch. H. Kurth. 2740.

Gluchovskij, A. B. (Gluchowski, A. B.); Krasnodar, Forsch.-Inst. für Landwirtsch. Sočetanie chimičeskich i mechaničeskich priemov bor'by s sornjakami v posevach kukuruzy. **(Verbindung mechanischer und chemischer Unkrautbekämpfung im Mais.)** Zemledelie, Moskva **24** (1962) Nr. 6. S. 82–84. – 2 Tab.
Bei starkem Maisanbau im Kubangebiet ist die Stellung Mais nach Mais möglich. In Versuchen der Jahre 1960 und 61 wurde Atrazin (8 kg/ha) in Vergleichen mit mechan. Unkrautbekämpfung eingesetzt. Im 1. und 2. Jahr waren die Maiserträge nach Atrazinbehandlung höher als bei mechan. Bekämpfung. Damit vereinfacht sich der Maisanbau. Auf die Hackarbeit kann teilweise oder sogar ganz verzichtet werden. R. Schlenker. 2740.

Karch, Karl; Halle/S., Martin-Luther-Univ. Halle-Wittenberg, Inst. für Acker- und Pflanzenbau. **Versuchsergebnisse zur Anwendung neuer Herbizide.** Kühn-Arch. **76** (1962) Nr. 1/2. Theodor-Roemer-Gedenkschr. S. 27–31. – 1 Tab., 2 Lit.
In den Jahren 1952–61 wurden synthetische Wuchsstoffherbicide in Getreide, Kartoffeln und Rübenbeständen eingesetzt zwecks Erfassung der Wirkungen auf die Kulturpflanzen. Weiterhin wurde die Einsatzmöglichkeit verschiedener Herbicide in Lein- und Erbsenbeständen erprobt. Im Rübenbau wurden Vorsaat-, Vorauflauf- und Nachauflaufmittel geprüft. In Maisbeständen gelangten Simazin und Atrazin zur Anwendung. Die vom Vf. berichteten Forschungsarbeiten sind bereits an anderen Stellen veröffentlicht. M. Amme. 2740.

Ferenczy, L. New data to superselective weed control. Researches with 2,4-dichlorophenoxyethylamine and 2,4-dichlorophenoxyacetonitrile. **(Neue Angaben zur selektiven Unkrautbekämpfung. Untersuchungen mit 2.4-Dichlorphenoxyäthylamin und 2.4-Dichlorphenoxyacetonitril.)** Acta agronom. Acad. Sci. hung. **11** (1962) Nr. 3/4. S. 281–292. – Aus: Ung. Agrar-Rdsch. **1963** Nr. 1.
Vf. untersuchte die herbicide Wirkung von 2.4-Dichlorphenoxyacetonitril (2.4-DN) und 2.4-Dichlorphenoxyäthylamin (2.4-DEA) im Vergleich zu 2.4-Dichlorphenoxyessigsäure (2.4-D). 2.4-DEA und 2.4-DN zeigten an 28 Unkrautarten starke Herbicidwirkung. In einer Menge von 500 g je ha auf die Blätter gespritzt, vernichteten die Präparate die 2keimblättrigen Pflanzen. 2.4-DEA wirkt jedoch auf Hanf fast gar nicht und auf Lein ebenfalls nur schwach. Die Wirkung von 2.4-DN ist mit der von 2.4-D identisch. Der mit einer Konzentrationsreihe durchgeführte Versuch zeigte, daß am Hanf schon 10 g/ha 2.4-D wahrnehmbare Deformationen verursachen, während bei 2.4-DEA solche Deformationen erst von 5000 g/ha hervorgerufen werden. Für den Hanf ist die letale mittlere Dosis bei 2.4-D 500 g je ha, während bei 2.4-DEA keine Menge festgestellt werden konnte, die durch wuchsstoffartige Wirkung den Hanf vernichtet hätte. Es ist demnach zu erwarten, daß 2.4-DEA oder dessen Hydrochlorid in den Samenhanfbeständen als selektives Herbicid zur Anwendung gelangen wird. Die selektive Wirkung ist dadurch zu erklären, daß

2.4-DEA in den meisten Pflanzen in 2.4-D verwandelt wird, während die Umwandlung in Hanf nicht oder nur in sehr beschränktem Maße stattfindet. 2740.

Kabiersch. **Chemische Unkrautbekämpfung in Kartoffeln.** Gesunde Pflanzen **13** (1961) Nr. 11. S. 251–255. – 1 Tab.
Zur Vernichtung der Unkräuter, die den Ernteablauf behindern, können die auch das Kraut abtötenden oder ätzenden Herbicide verwendet werden. Wuchsstoffpräparate sind nicht geeignet, weil sie die Unkrautpflanzen in deren voller Entwicklung nicht vernichten, hingegen ihre Beeinflussung der Kartoffelknollen noch zu wenig bekannt ist. Wichtiger als die Vernichtung der Unkräuter vor der Ernte ist ihre Beseitigung vor dem Auflaufen der Kartoffeln. Vor dem Auflaufen mit Simazin behandelte Bestände blieben bis kurz vor der Ernte der Kartoffeln unkrautfrei, wiesen einen äußerlich völlig normalen Wuchs auf, brachten aber eine recht erhebliche Ertragsminderung bis zu 25%, wenn das Simazin nach dem Auflaufen der Kartoffeln eingebracht wurde. Ätzende Herbicide, deren Anwendung beim Durchstoßen der allerersten Kartoffeltriebe erfolgte, brachten gute Anfangswirkung, die nach einiger Zeit nachließ. Die Wirkung hängt wesentlich vom Zeitpunkt des Bestandsschlusses ab.
J. Lange. 2740.

Caldicott, J. J. B.; Wheathampstead, St. Albans, Herfords., Murphey Chem. Co., Ltd. Further investigations into the field use of a mixture of endothal and propham for pre-emergence application to sugar beet. **(Untersuchungen über die Anwendung einer Endothal-Propham-Mischung zur Vorauflaufbehandlung in Zuckerrüben.)** Weed Res. **2** (1962) Nr. 2. S. 100–109. – 1 Abb., 4 Tab., 9 Lit. Zus. in Franz., Dtsch.
Bei der Anwendung der Markenformulation von Endothal/Propham-Mischung (Propham = IPC) vor der Keimung auf verschiedenen Bodenarten mit unterschiedlichem Mineralgehalt ließ sich hinsichtlich der Wirksamkeit ein Zusammenhang zwischen den Anteilen grobkörnigen Sandes und Tones im Boden und der Aufwandmenge des Präparates feststellen. Es wurde gefunden, daß die Wirksamkeit einer bestimmten Dosierung für jeden Bodentyp von ausreichendem Regenfall zwischen der Zeit der Anwendung und der Unkrautkeimung abhängig ist. Das Minimum der notwendigen Niederschlagsmenge ändert sich mit der Zeit der Anwendung. Ein breites Spektrum der Unkrautkeimlinge wurde stets befriedigend vernichtet, und die behandelten Parzellen, die eine gute Abtötung des keimenden Unkrautes aufwiesen, waren noch 14 Tage nach der Anwendung des Präparates unkrautfrei. H. Kurth. 2740.

Anonym. Bekæmpelse af lugtløs kamille i rødkløver til frø. Foreløbig meddelealse. **(Die Bekämpfung von Matricaria inodora L. in Rotklee-Beständen zur Samengewinnung. Vorl. Mitt.)** Tidsskr. Planteavl **66** (1962) Nr. 4. S. 707–708.
Zur Bekämpfung der Falschen Kamille in Rotklee gelangten im Herbst 1958 folgende Mittel zur Anwendung: 2,5 kg DNOC/50 l Dieselöl/ha (**I**), 4 kg M-Hormon/ha (**II**) und Endothal „Weedkiller" (20 bzw. 40 l/ha) (**III** bzw. **IV**). Es wurden 500 l/ha Brühe gespritzt. Mit der höchsten Konz. Endothal wurde die Kamille völlig vernichtet, und der Samenertrag konnte gegenüber der Kontrolle (360 kg/ha) auf 626 kg/ha gesteigert werden. Bei **III** betrug der Samenertrag 660 kg/ha. Nach einer Versuchswiederholung (1959/60) mit 10, 20 bzw. 40 l/ha Endothal betrug der Samenertrag 143, 156 bzw. 132 kg/ha gegenüber der Kontrolle mit 121 kg/ha. Eine Beeinträchtigung der Keimfähigkeit des Samens konnte nicht beobachtet werden, jedoch bedingten 20 und 40 l/ha Endothal eine bedeutende Verzögerung in der Blütenentwicklung und Fruchtreife. Die Anzahl Kamille-Pflanzen/10 m^2 betrug am 1. 7. 1960 bei der Kontrolle 184 und bei den Parzellen, die mit 10, 20 bzw. 40 l/ha Endothal Weedkiller behandelt wurden 56, 22 bzw. 12. Für die Praxis werden 10 bis 15 l/ha Endothal empfohlen. Vor der Anwendung des Präparates in Rotklee-Grasgemischen und Weißkleebeständen wird gewarnt. L. Seidewitz. 2740.

Urmanova, Ch. U. und Sborščikova, M. P. (Urmanowa, Ch. U. und Sborstschikowa, M. P.) Boŕba s sornjakami risovych polej chimičeskim sposobom. **(Chemische Unkrautbekämpfung in Reisfeldern.)** Tr. Otd. risa i drugich orošaem. zernovych kul'tur. N.-i. in-t chlopkovodstva. UzSSR **1961** Nr. 1. S. 57–60. – Aus: Referativnyj žurnal. Biologija, Moskva **1962** Nr. 2. G 502. S. 54.

Die Anbauflächen für Reis wurden monatlich sowie 10tägig bis zum Keimen mit folgenden Lösungen (400 l/ha) behandelt: 2.4-D-Butyläther (2-6 kg/ha), 2.4-D (10 kg/ha), Nz (30–150 kg/ha), Na-Pentachlorphenol (20–30 kg/ha) und TCA (20–30 kg/ha). Bei beiden Bearbeitungszwischenräumen zeigte sich die Wirkung von 2.4-D bei den Unkräutern (Ackerwinde, Minze, Amarant, Portulak, Melde, Nachtschatten) bereits am 2. Tag nach dem Spritzen. Am 4.–5. Tage starb das Unkraut ab. Riedgräser wurden durch Herbicide in geringerem Maße geschädigt, bei Darrgräsern (*Holcus*) zeigten Herbicide überhaupt keine Wirkung. Die übrigen Herbicide erbrachten keine positiven Resultate. Bei Sumpfreis waren 2.4-D-Na-Salz in Gaben von 2 kg/ha und 2.4-D-Butyläther in Gaben von 1,5 kg/ha wirksam in der Riedgrasbekämpfung. Die Toxizität von 2.4-D-Na war in der Variante mit 3-5 cm Wasserstand höher. übersetzt v. E. Fröhmcke. 2740.

Stählin, A.; Gießen, Justus-Liebig-Univ., Inst. für Grünland und Futterbau. **Zur chemischen Bekämpfung von Grünlandpflanzen.** Wirtschaftseigene Futter **9** (1963) Nr. 1. S. 1–11. – 29 Lit. Zus. in Engl., Franz.

Auf Grund des Wandels in den Ansichten über die „Unkrautnatur" vieler Grünlandpflanzen unterscheidet Vf. zwischen „fakultativen" und „absoluten" Unkräutern, wobei nur für die letztgenannten eine chem. Bekämpfung in Betracht kommt. Als Vorteile der Verwendung von Herbiciden werden angeführt die rasche Wirkung der Mittel und die Möglichkeit der völligen Vernichtung verunkrauteter Narben auf nicht pflugfähigem Standort. Nachteile sind die Gefahr der Artenverarmung, der Lückenbildung und somit sekundären Massenvermehrung minderwertiger Pflanzen, der Ertragsminderung im Anwendungsjahr, das Risiko der Wirksamkeit der Mittel, der langsame Abbau der Wirkstoffe in der Pflanze und schließlich die bisher beschränkte Wirksamkeit selektiver Mittel auf wenige Pflanzenarten. – Die Herbicidanwendung kann die Ursachen der Verunkrautung nicht beseitigen. Ein dauerhafter Erfolg wird nur im Zusammenhang mit intensiven Kultur- und Bewirtschaftungsmaßnahmen gesehen. E. Kreuz. 2750.

Richter, W.; Oldenburg/Oldbg, Biol. Bundesanst. für Land- und Forstwirtsch., Inst. für Grünlandschädlinge. **Versuche zur Bekämpfung des Wasserkreuzkrautes (Senecio aquaticus Huds.) auf nordwestdeutschen Weiden.** Z. Acker- u. Pflanzenbau **116** (1962) Nr. 2. S. 205–212. – 6 Tab., 3 Lit. Zus. in Engl.

Vf. berichtet über Versuchsergebnisse der Jahre 1957–61 mit den Herbiciden 2.4-D, 2.4.5-T, MCPA und MCPB. Dabei wird festgestellt, daß *Senecio aquaticus* auf Wuchsstoffe, bes. 2.4-D, anspricht. Bei Koppelung der Spritzung mit Kulturmaßnahmen genügten für nordwestdeutsche Verhältnisse die normalen Aufwandmengen. Ganzflächige Wuchsstoffbehandlung wird nicht empfohlen, da sich die Art unter Vermeidung unerwünschter Bestandsänderungen schon durch wiederholte Mahd und intensive Narbenpflege leicht bekämpfen läßt. M. Amme. 2750.

Thompson, F. B.; Rukuhia, Soil Res. Stat. Control of barley grass. **(Bekämpfung von Mäusegerste.)** New Zealand J. Agric. **105** (1962) Nr. 4. S. 353. 355. 357. – 3 Abb.

Hordeum murinum ist rel. leicht chem. bekämpfbar: TCA (20 lb./acre) wird im Juni bei regnerischem Wetter eingesetzt, dazu folgen im Sept. (Schönwetter) noch 2 lb./acre Dalapon. Eine andere Bekämpfungsmöglichkeit besteht darin, daß zu Septemberbeginn 2 und Mitte Okt. 1–1,5 lb./acre Dalapon zur Anwendung kommen. Die Ausrottung der Mäusegerste ist dagegen sehr schwierig. Es ist notwendig, unbedingt die generative Phase dieses annuellen Grases abzubrechen. Dazu erscheint neuerdings Paraquat als aussichtsreich, das kurz vor der Samenausbildung angewendet wird (mindestens 1 lb./acre). Während Paraquat auch andere Weidegräser schädigt, bleiben Kleearten verschont. H. Lehmann. 2750.

Moskalenko, L.; Wolgograd, Landwirtsch. Inst. Primenenie gerbicidov na bezrassadnych tomatach. **(Verwendung von Herbiciden zur Unkrautbekämpfung in Tomaten.)** Kartofel' i ovošči, Moskva **7** (1962) Nr. 5. S. 48–50. – 2 Tab.

2jähr. Versuche in Tomatenkulturen ergaben, daß sich Na-Trichloracetat (TCA) zur Unkrautbekämpfung eignet. Das Mittel wird 5–7 Tage nach der Aussaat auf den Boden gespritzt. Die Aufwandmenge beträgt 15–17,5 kg/ha in 400–600 l/ha Wasser. Werden aufgelaufene Tomatenpflanzen gespritzt, kommt es zu starken Ertragsdepressionen. H. Lehmann. 2760.

Suter, C. Le Gésamil, désherbant de premier choix des cultures de carottes et de céleris. **(Gesamil, Unkrautbekämpfungsmittel der Wahl in Kulturen von Mohrrüben und Sellerie.)** Rev. horticole suisse **35** (1962) Nr. 4. S. 130–134. – 2 Abb.

Das seit 2 Jahren im Handel befindliche Gesamil, ein Propazin-Mittel, ist in seiner Wirkung weitgehend vom Feuchtigkeits- und Humusgehalt des Bodens abhängig. Humose Böden erfordern 2 kg/a, mineralische 1 kg/a. Der Einsatz erfolgt unmittelbar nach Aussaat der Möhren. Oberflächliche Bodenbearbeitung ist ohne Wirkungseinbuße möglich. Im Notfalle kann die Aussaat ohne Schaden wiederholt werden. Sellerie wird unmittelbar nach der Bodenbehandlung gepflanzt. Beim Pflanzen mit der Maschine kann Gesamil auch trocken auf trockene Pflanzen ausgebracht werden. Anschließend ist gründlich zu wässern. Herta Schmidt. 2760.

Orsenigo, J. R.; Belle Glade, Everglades Exp. Stat. Evaluation of N-(3,4-dichlorophenyl)-2-methylpentanamide for post emergence weed control in celery. **(Anwendung von N-[3.4-Dichlorphenyl]-2-methylpentanamid zur Bekämpfung aufkommender Unkräuter beim Sellerie.)** Proc. Florida State horticult. Soc. **73** (1960, hrsg. 1961) S. 184–191. – 3 Abb., 7 Tab., 4 Lit.

Das Herbicid N-(3.4-Dichlorphenyl) -2-methylpentanamid mit dem Namen „Karsil" ist (in Gaben von 1–4 lb./acre) zur Vernichtung aufkommender einjähriger Gräser und breitblättriger Unkräuter sowohl in der Selleriekultur auf dem Feld als auch im Saatbeet geeignet. Je weiter die Selleriepflanzen in der Entwicklung fortgeschritten sind, um so höhere Dosen können verabreicht werden. Im Saatbeet können Schäden durch die Behandlung von Karsil auftreten, jedoch sind die Sämlinge gegenüber Gaben bis zu 3 lb./acre tolerant, bes. nach der Entwicklung von 3 Laubblättern. Rückstände von Karsil in frischgeerntetem Sellerie waren kaum nachweisbar, sie lagen bei 0,05 ppm oder darunter. E. Wittenberg. 2760.

Davidson, Harold und Ries, S. K. Weed control studies with nursery crops. **(Unkrautbekämpfungsstudien mit Baumschulkulturen.)** Michigan State Univ., agric. Exp. Stat., quart. Bull. **44** (1962) Nr. 4. S. 751–758. – 2 Abb., 4 Tab., 8 Lit.

Verunkrautete Baumschulkulturen bringen geringere Erträge und verursachen höhere Produktionskosten. Die mechan. Pflege wird notwendigerweise durch Herbicideinsatz ersetzt. Die zitierte Literatur erwähnt u. a. die Verwendung von Neburon, CIPC, NPA, Dalapon, Methylbromid, Vapam und Mylone. Vff. berichten über Queckenbekämpfung in 5-8jähr. Kulturen von *Taxus* sp., *Clethra alnifolia, Juniperus chinensis* und *Pinus silvestris.* Die 8 cm hohen Quecken wurden Ende Apr. mit a) Amitrol (1 lb./acre), b) Simazin

(3 lb./acre), c) Simazin + Amitrol (3 + 1 lb./acre und 6 + 2 lb./acre), d) Atrazin (3 lb./acre; 6 lb./acre) und e) mit Atrazin + Amitrol (3 + 1 lb./acre) behandelt. Die Kombinationen c und e wirkten sehr gut. Gegen 15 cm hohe Quecken in *Acer* sp. waren Simazin + Amitrol 6 + 2 lb./acre erfolgreich und wirkten etwa wie Variante e. Gegen keimende Unkräuter in *Berberis* sp., *Forsythia intermedia, Hedera helix, Evonymus* sp. und *Rosa hybrida* waren Simazin (2 lb./acre), gelöst und in Granulatform ausgebracht, besser als CIPC (4 lb./acre) und Amiben (4 lb./acre). H. Krüger. 2760.

Dermine, E.; Gembloux, Stat. d'Amélioration des Plantes Fruitières et Maraichères. Desherbage chimique en culture fruitière. A propos de rémanence de certains désherbants chimiques dans le sol. **(Chemische Unkrautbekämpfung in Obstkulturen. Über den Verbleib von einigen Herbiciden im Boden.)** Rev. Agric. [Bruxelles] **15** (1962) Nr. 3. S. 423–435. — 6 Tab.
Verschiedene Herbicide, die sich zur Unkrautbekämpfung in Obstkulturen bewährt haben oder für geeignet befunden werden (CMU, Simazin, Diuron, HOE 2747 — bei 4–10 kg/ha Aufwandmenge), wurden auf ihren Verbleib im Boden untersucht. Die Versuche liefen teilweise 4 Jahre, wobei jährlich die gleiche Aufwandmenge je Präparat appliziert wurde. 135 Tage nach Versuchsende wurden Bodenproben aus verschiedenen Tiefen (1, 5, 10, 15, 20 cm) entnommen und in Gefäßen folgende Testpflanzen ausgelegt: *Poa pratensis, Brassica napa, Vicia sativa, Trifolium incarnatum, Scandix cerefolium, Lepidium sativum.* Die nach 8 Mon. in dem schweren Versuchsboden verbliebene Herbicidmenge betrug durchschnittlich 10%. H. Krüger. 2760.

Rastorguev, L. I. (Rastorgujew, L. I.) Chimičeskie sposoby bor'by s sornjakami v zaščitnych lesnych nasaždenijach. **(Chemische Unkrautbekämpfung in Waldschutzstreifen.)** Sbornik rabot. Vsesojuznyi naučno-issledovatel'skij institut agrolesomeliorcaii (VNIALMI), Moskva - Leningrad **32** (1961) S. 135 bis 137.
In während der Jahre **1938–39** gepflanzten, stark verunkrauteten Waldschutzstreifen (Eiche, Esche, Akazie, Ahorn und verschiedene Straucharten) kamen 2.4-D, 2.4.5-T und Fordex (engl. Präparat) zur Anwendung. Nach 2.4-D-Behandlung (3,5 kg/ha) starben die Unkräuter nach 5–6 Tagen ab, während Bäume und Sträucher nicht geschädigt wurden Bei Mengen über 4 kg/ha traten bei Akazie u. a. Schäden auf. Um in feuchten Jahren Schäden zu vermeiden, werden 2,5 kg/ha empfohlen. Fordex 0,5 kg/ha) hat den gleichen Erfolg wie 2.4-D, kommt jedoch schon nach einigen Std. zur vollen Wirkung. H. Lehmann. 2780.

Redaktionsschluß: 14. 6. 1963

Herausgeber: Deutsche Demokratische Republik · Deutsche Akademie der Landwirtschaftswissenschaften zu Berlin, Institut für Landwirtschaftliche Information und Dokumentation, Berlin W 8, Krausenstr. 38/39; Fernsprecher: 22 51 61. Chefredakteur: Dr. Ursula Wittbrodt, stellvertretender Chefredakteur: Dr. Werner Kleeberg, Berlin W 8, Krausenstr. 38/39; Fernsprecher: 22 51 61. Redaktion der Abteilung II – Pflanzliche Produktion: Bodenkunde, Pflanzenernährung und Düngung: Prof. Dr. Anton Arland, Leipzig; Phytopathologie und Pflanzenschutz: Prof. Dr. Alfred Hey, Berlin, und Prof. Dr. Maximilian Klinkowski, Aschersleben; Pflanzenbau: Prof. Dr. Gustav Könnecke, Halle; Gartenbau: Prof. Dr. Johannes Reinhold, Berlin; Pflanzenzüchtung: Prof. Dr. Rudolf Schick, Groß-Lüsewitz, Kreis Rostock. Hauptredakteur: Dr. Werner Kleeberg, Berlin W 8, Krausenstraße 38/39; Fernsprecher: 22 51 61. Verlag: Akademie-Verlag GmbH, Berlin W 8, Leipziger Straße 3 – 4; Fernsprecher: 22 04 41, Telex-Nr. 011773, Postscheckkonto Berlin 350 21. Bestellnummer dieses Heftes: 1030 II – VIII/9. Das Landwirtschaftliche Zentralblatt, Abt. Pflanzliche Produktion, erscheint monatlich. Einzelheft DM 20, – einseitig bedruckte Ausgabe DM 24, –. Jahresbezugspreis DM 240, –; einseitig bedruckte Ausgabe DM 288, – einschl. Register, zuzüglich Porto- und Versandkosten. Gesamtherstellung: VEB Druckerei „Thomas Müntzer" Bad Langensalza. Veröffentlicht unter der Lizenznummer 1291 des Presseamtes beim Vorsitzenden des Ministerrates der Deutschen Demokratischen Republik.

32403

FSC
www.fsc.org
MIX
Papier | Fördert gute Waldnutzung
FSC® C083411

Kolibri 360 GmbH
Ferdinand-Jühlke-Straße 7
99095 Erfurt, Deutschland
produktsicherheit@kolibri360.de